U0201464

Polymer Electrolyte Fuel Cells
Physical Principles of Materials and Operation

聚合物电解质燃料电池
——材料和运行物理原理

（德）迈克尔·艾克林（Michael Eikerling）
（俄罗斯）安德烈·库伊科夫斯基（Andrei Kulikovsky） 著

张 明 万成安 文 陈 白晶莹 译

化学工业出版社
·北京·

该书首先介绍了燃料电池的基本概念，然后重点对聚合物电解质膜的状态、形成理论与模型、膜内吸附与溶胀、质量传输；催化层结构与运行；催化剂性能模型以及具体的应用等进行了详细的介绍。理论性较强，较多地涉及理论知识和模型的建立等，可供从事燃料电池，尤其是聚合物电解质燃料电池研究和应用的教师、学生、科学家和工程师参考。

Polymer Electrolyte Fuel Cells：Physical Principles of Materials and Operation，1 edition/by Michael Eikerling，Andrei Kulikovsky

ISBN 978-1-4398-5405-1

Copyright © 2015 by CRC Press.

Authorized translation from English language edition published by CRC Press, an imprint of Taylor & Francis Group LLC；All rights reserved；

本书原版由 Taylor & Francis 出版集团旗下 CRC 出版公司出版，并经其授权翻译出版。
版权所有，侵权必究。

Chemical Industry Press is authorized to publish and distribute exclusively the Chinese (Simplified Characters) language edition. This edition is authorized for sale throughout Mainland of China. No part of the publication may be reproduced or distributed by any means，or stored in a database or retrieval system，without the prior written permission of the publisher.

本书中文简体翻译版授权由化学工业出版社独家出版并在限在中国大陆地区销售，未经出版者书面许可，不得以任何方式复制或发行本书的任何部分。

Copies of this book sold without a Taylor & Francis sticker on the cover are unauthorized and illegal.
本书封面贴有 Taylor & Francis 公司防伪标签，无标签者不得销售。

北京市版权局著作权合同登记号：01-2018-2628

图书在版编目（CIP）数据

聚合物电解质燃料电池：材料和运行物理原理/（德）迈克尔·艾克林（Michael Eikerling），（俄罗斯）安德烈·库伊科夫斯基（Andrei Kulikovsky）著；张明等译.—北京：化学工业出版社，2018.4

书名原文：Polymer Electrolyte Fuel Cells：Physical Principles of Materials and Operation

ISBN 978-7-122-31534-2

Ⅰ.①聚⋯　Ⅱ.①迈⋯ ②安⋯ ③张⋯　Ⅲ.①燃料电池-研究　Ⅳ.①TM911.4

中国版本图书馆 CIP 数据核字（2018）第 031355 号

责任编辑：赵卫娟　　　　　　　　　装帧设计：刘丽华
责任校对：吴　静

出版发行：化学工业出版社（北京市东城区青年湖南街 13 号　邮政编码 100011）
印　　装：三河市航远印刷有限公司
787mm×1092mm　1/16　印张 25¾　字数 610 千字　2019 年 5 月北京第 1 版第 1 次印刷

购书咨询：010-64518888　　　　　　售后服务：010-64518899
网　　址：http://www.cip.com.cn
凡购买本书，如有缺损质量问题，本社销售中心负责调换。

定　　价：168.00 元　　　　　　　　　　　　　　　版权所有　违者必究

译 序

从 1956 年钱学森向党中央提出建立中国国防工业意见开始，中国航天已经走过 60 多年的发展历程，从"东方红一号"到各类应用卫星，从近地到月球探测，从卫星到载人飞船，经历了艰苦创业、配套发展、改革振兴和走向世界等几个重要时期，形成了完整的空间飞行器系统和分系统的规划、设计、生产、测试及运行体系。中国航天技术走出一条独立自主、自主创新的发展之路，建立了一套完整的材料、器件、部组件、单机到系统的门类齐全的技术体系，创造了中国科学家"自力更生、艰苦奋斗、大力协同、无私奉献、严谨务实、勇于攀登"的航天精神，推动着我国航天事业蓬勃发展，取得了举世瞩目的成就。

我国从 20 世纪 70 年代就已开展应用于载人航天的静态排水石棉膜型氢氧碱性燃料电池技术研究工作。随着我国载人航天工程从空间实验室、空间站到载人登月等工程的开展，为适应航天器多飞行工况、高比功率和比能量等应用需求，迫切需要进一步开展空间燃料电池等新型能源系统技术的攻关与探索。

我欣慰地看到一本有关氢氧燃料电池专业技术方面的译著出版，对聚合物电解质燃料电池的材料及运行机理进行了深入的分析，是一本不可多得的氢氧燃料电池技术研究的参考书籍，也是一本具有一定理论深度的教科书，对我国航天器燃料电池电源系统技术的发展有重要的推动作用。

中国工程院院士
2019 年 3 月

序

(1) 聚合物电解质燃料电池的物理学基础——本书的写作背景

本人很高兴和荣幸能够为我朋友和前同事们的这本百科全书（或者从其他角度看是综合专著或教科书）写序。

这本书在许多方面是独一无二的。首先，本书每一点都是从物理学开始，聚焦于燃料电池运行过程中所有零部件的物理诠释，更为重要的是，解释这些部件是如何一起工作的。事实上，燃料电池对于作者和物理学家（在物理学领域任何水平）来说，都是十分有趣的物理现象。燃料电池是非常有趣的物理学物体。

通常来说，一个燃料电池包括膜、膜电极组件（MEA）、集流板和气体扩散层、含流道双极板等部件。

如果针对聚合物膜燃料电池（PEFCs），本书讨论的主题是，质子在聚合物电解质膜复杂的含水多孔环境中的传输理论；以及水在膜内质子传输过程中的吸附过程和分布。

MEA 是燃料电池的关键。在阳极催化层，燃料氢气发生氧化反应，并在催化剂层和膜电极材料（两相必须互穿）界面裂解成质子和电子。催化剂必须是电子导电的连续渗透网络的一部分，能够将新生电子引导到集流板，而催化剂层内部的膜相态必须为质子提供传输至膜本体的连续路径。在阴极，氧气分子与质子和电子结合形成水，氧气浓度下降。催化剂和膜片段之间的界面必须可接近氧，并且水的形成不应阻碍其他过程如气体输送。因此，每个 MEA 都经历多组分渗透、气体运输、分子电化学、纳米结构等过程，而所有这些都发生在同一个地方。

气体扩散层的问题不太重要，但也涉及气体和电流分布的潜在不均匀性流动，当然这取决于双极板的设计。双极板与电堆的设计相关，在设计错误的情况下，它们可能导致燃料电池过干或水淹。

这是对在聚合物电解质燃料电池理论中所遇到问题的简单概述，本书全面覆盖或至少涉及了所有这些内容，它本质上是关于这些电池的第一本综合性的书籍。

在讨论本书具体章节之前，我想先介绍下本书作者和他对燃料电池领域的贡献。

迈克尔·艾克林（Machael Eikerling）于 1995 年作为博士加入我的研究团队。当时，项目组开展所有类型电化学物理工程相关工作。由于工作在能源系统材料和过程研究所，因此理所当然地开展了燃料电池的研究工作。

迈克尔加入了团队后，我也真正进入该领域工作，致力于固体氧化物燃料电池的一些高温渗流模型，并发现它是非常有趣的。而研究聚合物电解质燃料电池则是一种逻辑延续。我提供给迈克尔两个"化学物理"主题让他选择：第一个是基本知道所有自己要做的，第二个则是具有更大挑战性的、一个我一无所知的领域——PEFC 领域。迈克尔毫不犹豫地选择了更具有挑战性的后者，即对聚合物电解质膜结构和性能的研究。这项工作产生了一系列论文，我们在不同水平模拟膜的复杂性：从现象渗透模型到质子的运输机制。那时我们开始对多孔复合材料进行建模，这项工作非常成功，我们决定研究阻抗的电极，并且在迈克尔做出继续进行博士后工作决定的一年后完成了这项工作。这显然是一个不错的时间投资，因为所有的工作都得到了高度引用并广为人知。

接下来，迈克尔在洛斯阿拉莫斯国家实验室 Tom Zawodzinski 和 Shimshon Gottesfeld 的团队中做了一个"真正的博士后"，开始研究膜的结构、性质和分子水平的建模，包括量子化学等。之后他回到德国，在慕尼黑工业大学物理学院加入了 Ulrich Stimming 领导的界面与能源转换部门，并工作至今。他在那主要研究纳米电极结构中的分子电催化模型。

他的任期接近结束的时候，我从朱利希搬到伦敦帝国学院，并准备为迈克尔提供一笔可观的奖学金以将他引进我们化学系。然而，当时迈克尔收到了一封非常有吸引力的邀请函：在加拿大国家研究理事会（NRC）新成立的燃料电池创新研究所担任西蒙弗雷泽大学助理教授兼初级研究员。我强烈建议他直接接受这个职位。

在温哥华定居后，迈克尔建立了充满活力的研究小组，通过各种分子动力学和量子化学方法研究各种燃料电池从宏观到纳米的相关问题。在我的小组工作的时候，迈克尔从来不害怕未知的领域，总是勇敢地解决任何他想解决的问题。这些年来在西蒙弗雷泽大学和 NRC，这种勇敢的精神带来了一系列突破性的发现。

他探求的量子力学模拟和理论发展项目阐明了在高带电界面分子结构、酸化功能表面基团对自排序、酸离解、水结合和质子动力学的影响。该课题组的核心结果为，提出了光孤子-质子传输机制，其一直被作为计算质子迁移率的方法。

《Journal of Physics：Condensed Matter》期刊将此成果作为这个领域选定的 2013 年文章："对未来的研究具有原创性，有重要潜在影响"（http：//iopscience. iop. org/0953-8984/labtalk-article/52010）。

在膜研究中，迈克尔与 Peter Berg（NTNU Trondheim）联合提出了一种水吸附和膨胀的孔隙电弹性理论。它解释了外部条件、阴离子基团的统计分布以及聚合物微观弹性性能对水的吸附和溶胀的影响。此项工作开创了一个有趣的研究领域：水吸附引起的带电弹性介质内部机械应力。

在慕尼黑工作以前迈克尔开始了纳米粒子电催化领域的研究，他和他的同事揭示了电催化过程对纳米颗粒和界面结构的敏感性。金属氧化物材料催化效应研究揭示了 Pt、金属氧化物和石墨烯薄膜有趣的电子结构。在纳米颗粒溶解和退化建模方面，迈克尔的小组已经开发了一个 Pt 在催化剂层质量平衡的综合理论。这个理论涉及 Pt 的表面张力、表面氧化状态和溶解动力学。

将研究尺度转向纳米多孔电极水平，迈克尔团队开发了无离聚物超薄催化剂层（一种实现了极大节省催化剂担载量的催化层）的第一个理论模型。基于泊松-能斯特-普朗克理论，这个模型解释了界面孔壁处充电效应和纳米孔隙率对电化学性能的影响。最后，这个模型链接基本材料属性：动力学参数和在纳米多孔电极中具有电流产生的传输性质。

在 NRC，迈克尔同 Kourosh Malek 一起开始了自组装催化层中粗粒度分子动力学的开创性研究，模拟揭示了表皮型离聚物形态的形成，成为了目前广泛实验探索的内容。

沿着这些路线，迈克尔的小组不断地从纳米颗粒研究、孔隙级建模和催化剂层分子建模等领域进行探索。本书概括了最完整的催化剂层模型，它跨越所有的尺度范围，详细说明了催化剂利用和不均匀反应条件的统计效应，最重要的是计算 Pt 利用率的有效因子。迈克尔的团队与学术界、政府建立了广泛的合作关系，将他的理论发现进行试验验证并应用到诊断方法中。

迈克尔所取得的成就为理解燃料电池打开了新的视野，并被多次引用。他当选为国际电化学学会物理电化学司司长，并于 2012 年晋升为西蒙弗雷泽大学的全职教授。这些年来，我们保持良好的联系，已出版了多项关于燃料电池各个方面的联合随访、论文和综述。

我与安德烈·库伊科夫斯基的关系不太一般。我们都毕业于莫斯科的同一精英技术大学的核科学专业（MEPHI），他比我低几届。然而，我们首次相见是在滑雪场，安德烈当时刚成为我们大学高山滑雪队的成员，他是一个优秀的回旋运动员，同时更擅长大回转。我们毕业多年后仍继续在一起训练和比赛，并在苏联科学院的赛车队一起经历了很艰难的情况，成为亲密的私人朋友。在那些日子，对于成年人来说是矛盾的，比赛和科学一样重要。但随着时间流逝，我们的体育活动降级到了不那么令人兴奋的老兵比赛，科学完全征服了我们的心灵。

几年后，就在迈克尔决定在 Jülich 多留 1 年的时候，我获得了一个高级科学家的招人名额，并说服 Jülich 将该职位提供给安德烈，那时候他已经成为低温等离子体放电理论的权威人士。那时他对燃料电池一无所知，却在解决燃料电池理论中出现的非线性方程方面十分在行。他从燃料电池的物理（非工程）模型建模的三维计算开始，同时考虑到主要的影响因素，开创了一个我称之为燃料电池功能映射图的研究方向，这个术语后来被广泛使用。这些图揭示了依赖于集流板尺寸的一些燃料电池部件，这些部件在系统中毫无用处，只是增加体积和重量。

很多高效率的模型均出自于此。但有趣的是，基于这些发现的灵感，我们开始做一些导致燃料电池"饥饿效应"和供应燃料电池合适配方的简单法则的分析建模。安德烈对分析理论非常感兴趣，在我搬到伦敦帝国学院后，他在后来的工作中花了很多精力去计算和分析。在我离开后，我们一起发表了几篇后续文章，包括与迈克尔一起写的《电化学百科全书》专著，也是这本书的原型。

安德烈在 Jülich 的后几年里，展示了巨大的创新和创造力。在 Perry，Newman 和 Cairns 的论文以及我们关于催化层的论文启发下，安德烈将他的理论扩展到更通用的电极领域，适用于各种类型的燃料电池，包括氢燃料电池（PEFC）、直接甲醇燃料电池（DM-FC），甚至固体氧化物燃料电池（SOFC）。他将催化层的模型与扩散层和气体供应流道过程描述结合起来，得到了半电池分析模型，该模型已经被工程师用于 PEFC 堆的设计。而在我们早期的工作中，迈克尔和我提出了催化剂层的阻抗基本模型，安德烈则开发了整个燃料电池阻抗的广义物理模型，包括气体通道和气体扩散层中的氧传输。

他发表了一系列关于燃料电池性能下降和电池性能"灾难性"恶化的可能情况机理的原创论文，例如描述了 PEFCs 中沿着气体流道衰减的效应和 DMFC 中甲醇耗尽引起的 Ru 腐蚀。他成功解释了在阳极中氢缺乏的条件下，PEFCs 中外来的"直流"和"回流"扩展。在回流主导下，当阳极侧的氧气减少时，阴极催化层的碳被用作燃料。这个模型解释了在直流/回流界面局部氢氧燃料电池的形成模式，以及由此造成的膜电极上大平板质子电流的原因。

他还对新型诊断方法的背景做出了重要贡献，例如他描述了 PEFC 阳极中无 Pt 点周围的局部电流分布，以及燃料电池阴极 X 射线吸收光谱传输的关键问题。他在相关理论工作基础上发表了许多专利。

安德烈的成果更多，大部分都可以从本书中找到。他是一个孤独的黑客旅行者，平均每年发表 10 篇文章，其中 9 篇都是他独立完成的。这些论文并非同一主题的重复：他的每一次实际工作背后总是有新的想法。尽管他的论文引用和知名程度比迈克尔较低，但这不会影响这些工作的重要性。鉴于对燃料电池的贡献，他最近获得了著名的国际电化学学会理论电化学 Alexander M. Kuznetsov 奖。

安德烈在 Elsevier 出版了他的第一本关于燃料电池的书，重点阐述了燃料电池性能的分析模型。作为一本巨作，这本书涵盖了他所有的 40 篇论文以及其他作者的关键工作的发现和方法，为在燃料电池领域开展工作的理论学家们提供了全面的指导。然而，相比于当前这本书，它更适合于专业的读者。

自从 15 年前在我的团队中相遇，除了我们一起写的一些综述和一篇的论文外，安德烈和迈克尔并没有合作出版物。这本书讲述了催化剂层阻抗模型的发展——关于如何从阻抗谱"无配合"中获得其参数，对实验操作者非常有用。在这次里程碑式的合作之后，他们似乎找到合适在一起工作的"化学作用"。这些年来，他们各自完成了大量关于燃料电池理论方面的工作，他们协同合作，完成了这本覆盖了 PEFCs 基本理论各个方面的巨著。我很高兴他们能够完成它，令人惊讶的是，这几乎没有妨碍他们的研究工作。

我在这里花大篇幅介绍了本书作者对燃料电池科学的各种贡献，是为了清楚地说明这本书是由专业人士编写的，其中大部分知识是互补的（迈克尔更多地关注微观理论，而安德烈则更多地关注连续模型），但他们的工作都处于燃料电池理论的前沿，并通过他们的理解对本书做出了很多贡献。

（2）本书结构

第 1 章是这本书中"最精彩"的部分，阐述了从热力学、电化学基本原理到膜电极关键材料的结构与功能等 PEFC 中的基本科学。其旨在为燃料电池领域未来的研究进展提供物理学方法的支撑。

第 2 章详细阐述了聚合物电解质膜结构及功能的方方面面。对水基质子导体进行了详细论述，可以说，水是自然界最喜欢的媒介。本章的核心是离聚物束的自发形成，它囊括了聚合物物理学、大分子自组装、相分离、离子交联聚合物壁的弹性、水吸附行为、质子密度分布、质子和水的耦合传输以及膜性能。

第 3 章介绍了基于催化层的结构模型，可以追溯到 1998 年迈克尔和我在 Jülich 开展的工作。当时，我们已经提出了催化剂层结构的直观图片（图 3.1），但仅有少量来自孔隙率测定研究的数据支持。如今，我们已经通过分子建模和大量演化实验表征对其进行了细化和提炼。值得注意的是，当发生 Pt / C 颗粒的团聚、双峰孔径分布以及在团聚体处形成离子聚合物表层等变化时，这些图片的关键特性仍能够看到。这种结构的重要影响是离子聚合物表层和充水孔不应看做是混合的高效电解质相，孔隙中的水在保持催化剂"活性"方面起关键作用，尽管存在显著降低"效率"的潜在风险。本章中描述的效率因子概念对评估不同的催化剂层设计至关重要。

第 4 章介绍了为处理催化剂层性能模型复杂性而设计的通用建模框架。本章全面涵盖了所有相关的近似和极限情况。它揭示了对组成、孔结构及厚度进行最优化的潜力。此外，它还首次精确描述了催化剂层模型中产生电流的精度水平。这些模型将极化曲线同局部电位形状、浓度和物质通量联系起来。这些工具，即"形状"（或催化剂层的功能图），对于那些对催化剂层性能评估和结构设计优化感兴趣的应用科学家将是非常有用的。

第 5 章进一步讲述了性能模型在 MEA 层面上的影响。物理模型的实际效果由大量极化曲线和阻抗谱的拟合方程得到证实。例如，图 5.9 和图 5.10 通过拟合极化曲线以及分解不同因素对电压损失的贡献，显示了这种方法的突出效能。

只要有足够的输入信息，扩展的"多尺度"和"多物理场"方法就有望快速再现任何种类的燃料电池函数响应；多尺度模型越复杂，可以描述的现象越多，可以找到答案而不提问题。这里概述的迈克尔和安德烈的方法遵循不同的指导原则，驱使我们在 Jülich 迈出第一步：从制定一个感兴趣的科学问题或疑问开始；使用适当的科学概念，构建一个一致的模型，然后开发并解决，并回答相关问题。在这个研究过程中会出现一些新的问题，这时应选择某些应优先解决的问题。其中关键的原则是：模型越简单，并在叠代过程的任何阶段能够提供一致答案越好。这种方法的主旨是根据阿尔伯特·爱因斯坦所说的："一切都应该尽可能简单，但不是更简单！

本书引用了大量的文献，但是无法完全包括所有的相关文献。受到两位作者取向、喜好和知识影响以及篇幅限制，一些现有的方法和特定的论文未包括在本书中。但我相信这本书将出现第二版。在第一版之后，作者将从读者那里收到必要的反馈，解决在第一版中忽略的问题，并改正他们指出的差错及印刷错误，这在第一版书中是不可避免的。安德烈也很清楚，这就像是在大回转中（滑雪）总有第一步和第二步一样。

总体来说，这本书写得很好，前面部分很简单，但复杂性逐渐增加。作者试图将数学形式保持尽可能紧凑但仍全面。章节内容尽可能短但是内容丰富，不是太多的实验数据，但包含重要的概念。它适合相关专业博士生和博士后，希望更多了解燃料电池物理学的电化学理论家和实验家，想进入这个领域而对电化学了解不多的物理学家，当然还有在企业工作的电化学工程师。后者通常采用叠代的工程方法，并伴有许多参数非常复杂的方程组，其中一些参数的值甚至是未知的。这本书可以指导他们进行复杂的数学建模。总之，我相信这本书是成功的，但只有未来才能判断我是否正确。

Alexei A. Kornyshev

Professor of Chemical Physics

Imperial College London

London，June 2014

参 考 文 献

[1] For a review，see M. Eikerling，A. A. Kornyshev，and E. Spohr，Proton-conducting polymerelectrolyte membranes：Water and structure in charge. In Fuel Cells，Ed. G. G. Scherer，Advances in Polymer Science **215**，15-54，2008；M. Eikerling，A. A. Kornyshev，and A. R. Kucernak，Water in polymer electrolyte fuel cells：Friend or foe? Phys. Today **59**，38-44，2006.

[2] M. Eikerling and A. A. Kornyshev，Modelling the cathode catalyst layer of polymer electrolyte fuel cell. J. Electroanal. Chem. **453**，89-106，1998. For later developments，see M. Eikerling，A. S. Ioselevich，and A. A. Kornyshev，How good are the electrodes we use in PEFC? Fuel Cells 4，131-140，2004.

[3] A. A. Kornyshev and M. Eikerling，Electrochemical impedance of the catalyst layer in polymer electrolyte fuel cells. J. Electroanal. Chem. **475**，107-123，1999.

[4] M. Eikerling，S. J. Paddison，L. R. Pratt，and T. A. Zawodzinski，Defect structure for proton transport in a triflic acid monohydrate solid. Chem. Phys. Lett. **368**，108-114，2003.

[5] See，for example，a champion paper of that period—F. Maillard，M. Eikerling，O. V. Cherstiouk，S. Schreier，E. Savinova，and U. Stimming，Size effects on reactivity of Pt nanoparticles in CO monolayer oxidation：The role of surface mobility. *Faraday Discuss.* **125**，357-377，2004.

[6] A. Golovnev and M. Eikerling, Theoretical calculation of proton mobility for collective surface proton transport. *Phys. Rev. E* **87**, 062908, 2013.

[7] Golovnev and M. Eikerling, Soliton theory of interfacial proton transport in polymer electrolyte membranes. *J. Phys.: Cond. Matter* **25**, 045010, 2013.

[8] S. Vartak, A. Roudgar, A. Golovnev, and M. Eikerling, Collective proton dynamics at highly charged interfaces studied by *ab initio* metadynamics. *J. Phys. Chem. B* **117**, 583-588, 2013.

[9] M. Eikerling and P. Berg, Poroelectroelastic theory of water sorption and swelling in polymer electrolyte membranes. *Soft Matter* **7**, 5976-5990, 2011.

[10] L. Zhang, L. Wang, T. Navessin, K. Malek, M. Eikerling, and D. Mitlin, Oxygen reduction activity of thin-film bilayer systems of platinum and niobium oxides. *J. Phys. Chem. C* **114**, 16463-16474, 2010.

[11] L. Zhang, L. Wang, C. M. B. Holt, B. Zahiri, K. Malek, T. Navessin, M. H. Eikerling, and D. Mitlin, Highly corrosion resistant platinum-niobium oxide-carbon nanotube electrodes for PEFC oxygen reduction reaction. *Energy Environ. Sci.* **5**, 6156-6172, 2012.

[12] S. G. Rinaldo, W. Lee, J. Stumper, and M. Eikerling, Theory of platinum mass balance in supported nanoparticle catalysts. *Phys. Rev. E* **86**, 041601, 2012.

[13] S. G. Rinaldo, J. Stumper, and M. Eikerling, Physical theory of platinum nanoparticle dissolution in polymer. *Electrolyte Fuel Cells. J. Phys. Chem. C* **114**, 5775-5783, 2010.

[14] K. Chan and M. Eikerling, Water balance model for polymer electrolyte fuel cells with ultrathin catalyst layers. *Phys. Chem. Chem. Phys.* **16**, 2106-2117, 2014.

[15] K. Chan and M. Eikerling, Impedance model of oxygen reduction in water-flooded pores of ionomer-free PEFC catalyst layers. *J. Electrochem Soc.* **159**, B155-B164, 2012.

[16] K. Chan and M. Eikerling, Model of a water-filled nanopore in an ultrathin PEFC cathode catalyst layer. *J. Electrochem. Soc.* **158**, B18-B28, 2011.

[17] K. Malek, T. Mashio, and M. Eikerling, Microstructure of catalyst layers in polymer electrolyte fuel cells redefined: A computational approach. *Electrocatalysis* **2**, 141-157, 2011.

[18] K. Malek, M. Eikerling, Q. Wang, T. Navessin, and Z. Liu, Self-organization in catalyst layers of polymer electrolyte fuel cells. *J. Phys. Chem. C* **111**, 13627-13634, 2007.

[19] E. Sadeghi, A. Putz, and M. Eikerling, Hierarchical model of reaction rate distributions and effectiveness factors in catalyst layers of polymer electrolyte fuel cells. *J. Electrochem. Soc.* **160**, F1159-F1169, 2013.

[20] See, for example, a pedestrian oriented review—M. Eikerling, A. A. Kornyshev, and A. A. Kulikovsky, Can theory help to improve fuel cells? *Fuel Cell Rev.* (*IOP*) **1**, 15-24, 2005.

[21] A. A. Kulikovsky, J. Divisek, and A. A. Kornyshev, Modeling of the cathode compartment of polymer electrolyte fuel cell: Dead and active reaction zones. *J. Electrochem. Soc.* **146**, 3981-3991, 1999.

[22] A. A. Kulikovsky, J. Divisek, A. A. Kornyshev, Two dimensional simulation of direct methanol fuel cell. A new (embedded) type of current collectors. *J. Electrochem. Soc.* **147**, 953-959, 2000.

[23] A. A. Kulikovsky, A. Kucernak, and A. A. Kornyshev, Feeding PEM fuel cells. *Electrochim. Acta* **50**, 1323-1333, 2005.

[24] M. Eikerling, A. A. Kornyshev, and A. A. Kulikovsky, Physical modeling of fuel cells and their components. In *Encyclopedia of Electrochemistry* **5**, Eds. A. Bard et al., Wiley-VCH, New York, 429-543, 2007.

[25] M. L. Perry, J. Newman, and E. J. Cairns, Mass transport in gas diffusion-electrodes: A diagnostic tool for fuel cell cathodes. *J. Electrochem. Soc.* **145**, 5-15, 1998.

[26] A. A. Kulikovsky, The regimes of catalyst layer operation in a fuel cell. *Electrochim. Acta* **55**, 6391, 2010; Catalyst layer performance in PEM fuel cell: Analytical solutions. *Electrocatalysis* **3**, 132-138, 2012.

[27] A. A. Kulikovsky, A model for DMFC cathode performance. *J. Electrochem. Soc.* **159**, F644-F649, 2012; A model for Cr poisoning of SOFC cathode. *J. Electrochem. Soc.*, **158**, B253-B258, 2011.

[28] A. A. Kulikovsky. The effect of stoichiometric ratio λ on the performance of a polymer electrolyte fuel cell. *Electrochim. Acta* **49**, 617-625, 2004.

[29] A. A. Kulikovsky, A model for local impedance of the cathode side of PEM fuel cell with segmented electrodes. *J. Electrochem. Soc.* **159**, F294-F300, 2012.

[30] A. A. Kulikovsky, H. Scharmann, and K. Wippermann, Dynamics of fuel cell performance degradation. *Electrochem. Comm.* **6**, 75-82, 2004.

[31] A. A. Kulikovsky, A model for carbon and Ru corrosion due to methanol depletion in DMFC. *Electrochim. Acta* **56**, 9846-9850, 2011.

[32] A. A. Kulikovsky, A simple model for carbon corrosion in PEM fuel cell. *J. Electrochem. Soc.* **158**, B957-B962, 2011.

[33] A. A. Kulikovsky, Dead spot in the PEM fuel cell anode. *J. Electrochem. Soc.* **160**, F1-F5, 2013.

[34] A. A. Kulikovsky, *Analytical Modelling of Fuel Cells*, Elsevier, Amsterdam, 2010.

[35] A. A. Kulikovsky and M. Eikerling, Analytical solutions for impedance of the cathode catalyst layer in PEM fuel cell: Layer parameters from impedance spectrum without fitting. *J. Electroanal. Chem.* **691**, 13-17, 2013.

译者前言

近些年来，国内外对燃料电池的研究不断深入，燃料电池技术基于自身的特点及优势在地面、航空航天等领域的应用均取得了较大的进展，但离全面商业化、工程化应用需求仍然存在较大的差距，特别是在航空航天领域的应用需要开展更深入的研究工作。

基于应用背景的差异，燃料电池已经形成 5 种类型，其中 3 种（固体氧化物 SOFC、熔融碳酸盐 MCFC、磷酸盐溶液 PAFC）燃料电池需要在中高温工作（大于 160℃，最高 500～1000℃）。室温型燃料电池包括碱性燃料电池及高分子燃料电池，后者又细分为质子交换膜燃料电池（PEMFC）及直接甲醇燃料电池（DMFC）两种。碱性燃料电池已经在美国 Apollo 航天飞机上得到应用，美国国家航空航天局（NASA）使用了三个碱性燃料电池模块作为 Apollo 飞船的电力来源，其额定功率高达 6kW，并可提高 12kW 的峰值功率。随后，NASA 将质子交换膜燃料电池应用于"双子座（Gemini）"载人飞行计划，Gemini 飞船的主电源由 3 个 1kW 燃料电池模块构成，其中两个模块用于满足飞行任务中的全部电力消耗。随着 Nafion 膜的出现，NASA 再次将质子交换膜燃料电池应用于生物卫星项目中。研究发现，与碱性燃料电池技术相比较，氢氧质子交换膜燃料电池具有更大的优势和发展空间，是未来宇航燃料电池电源系统的重点发展方向之一。

本书的翻译人员均具有多年从事宇航应用燃料电池电源系统技术研究工作的经历，为了实现我国燃料电池技术在宇航领域的应用，在研究过程中调研了大量的国内外文献和相关资料，在众多文献中，正如 Michael Eikerling 博士在序中描述的"这本书在许多方面是独一无二的"，因此选择对本书进行翻译。本书重点介绍"质子在聚合物电解质膜复杂的含水多孔环境中的传输理论以及水在膜内质子传输过程中的吸附过程和分布"，从物理学角度，诠释燃料电池运行过程中的材料特性、运行机理和燃料电池的运行规律。如此深入而全面的分析对于宇航用高可靠氢氧质子交换膜燃料电池技术的研究是不可多得的资料。

本书在翻译过程中得到中国空间技术研究院神舟学院制造分院和北京卫星制造厂有限公司的大力支持与帮助。空间燃料电池研究团队负责本书的翻译和审核工作，感谢李思振、冯磊、王景润、陈学成、王楠、谢文、唐林江、刘健等对本书的翻译出版给予的大力支持！

译者
2019 年 3 月

前　言

　　自克里斯蒂安·弗里德里希·肖恩贝和威廉·格罗夫爵士发现和第一次验证燃料电池原理以来，已经过去了 175 年。然而，尽管经过多年的研究，燃料电池仍然是特殊而且昂贵的电源。主要原因是材料成本高和缺乏燃料电池运行的基本知识。

　　本书中，详细讨论了低温聚合物质子交换膜燃料电池（PEM：polymer electrolyte membrane）。低温燃料电池的典型代表包括氢聚合物燃料电池（PEFCs：polymer electrolyte fuel cells）和液体甲醇燃料电池（DMFCs：direct methanol fuel cells）。尽管本书中大部分内容是介绍 PEFCs 的材料及性能模型，但是由于 DMFCs 具有应用于移动手机领域的广泛前景，本书对 DMFCs 的一些特点也进行了介绍。

　　众所周知，PEFC 是一个高效和环保的电源。燃料电池反应的唯一化学产物是水；废气中既不含二氧化碳也不含有毒性氧化物以及化石燃料燃烧除水外的产物。与内燃机（ICE）相反，燃料电池不产生噪声。燃料电池的另一个优点是简单，比 ICE 简单得多。当打开 ICE 车的整流罩，看见很多管道。在 PEFC 系统中，管道也存在，但它们是不可见的，因为它们是纳米尺寸的。

　　纳米尺度特征尺寸是电化学能量转换系统特有的结构特征。小维度研究难度的固有性能增益是科学家和工程师在材料和尺寸方面性能研究面临的巨大挑战。电化学特性要求阳极电催化剂材料具有活性表面积，同时阴极的活性表面积也尽可能高；这就意味着燃料电池电极必须设计为多孔复合结构。这个电极和气体扩散层以及质子传导膜一起组成了膜电极组件（MEA：membrane-electrode assembly）。MEA 为分层多孔材料，其中分子化学、物理、电化学和动力均在此交汇。燃料电池性能主要取决于 MEA 的动力学和传输性能，这不是很好理解。本书用大部分篇幅介绍 MEA 及所使用材料的物理特性。

　　燃料电池无疑是将氢氧反应自由能转换成电能的最好方式。一旦我们有氢，燃料电池是利用其的最好方式。氢的生产、储存和分配是一系列超出本书范围的科学和工程挑战。由于任何自然丰富的电源（如直接的阳光或风）均可用于产生 H_2，燃料电池代表未来任何一个高效、低碳和无排放能源经济的绝对重要的组成元素。

　　像任何潜在的革命性技术转变一样，氢经济引起巨大的期待、忧虑以及怀疑。到目前为止，许多期望还没有实现，但是，也看到了曙光，科学技术的进步是惊人的。有迹象表明，氢经济是全球能源挑战唯一可行的解决方案，而且它实际上正在出现。

　　在过去几十年中，我们目睹了计算功率（摩尔定律）的指数式增长。20 世纪初，计算机在出现前没有类似物；然而，这正如 100 年前我们仍然依赖于我们的汽车中的 ICE，同时使用热机（煤，天然气和石油发电厂）用于大规模电力生产一样。切尔诺贝利和福岛的核灾难已经破坏了核能发电的未来。电化学能源的快速发展似乎无可替代，而氢燃料电池在这个转变中占据领先位置。重要的是，PEFCs 中的关键参数之一，Pt 催化剂的质量活性，在过去 50 年中也表现出指数生长，这是一个新兴技术的独特标志！

　　燃料电池科学已经发展成为物理学前沿、化学和工程的交叉学科，难以完全叙述该领域应用前景的所有方面。我们不得不减少很多有趣的、基础材料方面以及有趣的工程方面的讨论。相反，我们试图集中讨论材料结构和功能的通用方面，例如，流体传输和在多孔介质中的反应以及重要的燃料电池现象，例如，水基质子传输。本书中所选材料反映了作者研究覆盖的重点，我们为没有涉及 PEFC 材料和运行过程中其他研究者认为重要的方面表示道歉。

我要感谢所有的同事们在研讨会等会议和私下讨论对我们的指导。首先，我们都深深感谢 Alexei Kornyshev 参与了我们的燃料电池研究。他具有鼓舞人心的力量，并作为一个讲原则、充满创造力和精力的模范继续为我们服务。我们感谢在 Jülich、洛斯阿拉莫斯和慕尼黑的许多同事、合作者以及学生，我们为在燃料电池研究旅程中的各种延伸合作而感到快乐和荣幸。M. E. 希望对来自工业界、国家研究委员会和大学的专家、学生所做出的无与伦比的贡献表示感谢，他们的工作将要使"低陆平原"转变为燃料电池"流域"。

在我们的妻子 Silke 和 Maria 的坚定支持下，我们才得以完成此书。十分感谢她们给我们时间和鼓励，让我们把这项工作完成。M. E. 希望将他对本书的贡献奉献给 Finn、Liv 和 Edda，感谢他们毫无瑕疵的灵感，希望他们未来能从中受益。

目　录

绪　论

早在 1838 年，瑞士化学教授 Christian Friedrich Schoenbein 在他的实验室开展了水电解实验。虽然 Schoenbein 没有公布他的实验细节，但在他的论文中叙述了实验结果，基于此我们可以重建其中的细节。把玻璃封装的两个 Pt 丝电极浸入水-酸溶液中收集氢和氧 ［图 0.1 （a）］。Schoenbein 将电池与电极连接 （由 Alessandro Volta 在 1800 年左右发明） 以将水转化为氧气和氢气。气体收集在玻璃容器内部。断电后，Schoenbein 注意到电极之间存在一个小电压（Mogensen，2012 年）。

Schoenbein 于 1839 年 1 月在 "Philosophical Magazine" 的一篇论文中报道了这种效应（Schoenbein，1839 年）。他写道："……确定发生电解最精确的测试，是电极的极化状态。" 这个描述毫无疑问说明：Schoenbein 将电压与容器内阳极氢和阴极氧的存在关联起来。

水电解之后，电极出现的现象之一是在电解液/电极表面一端围绕着氢，一端围绕着氧。Schoenbein 首先发现了燃料效应，他的系统也被认为是首个燃料电池。

这项工作启发了威尔士出生的 William Robert Grove，他是伦敦的一个大律师和物理科学家，在他自己的实验室里验证了这种效应（Bossel，2000 年），确定了电压的存在。他的著作中介绍了后续通过多组燃料电池串联的实验示意图 ［图 0.1 （b）］。

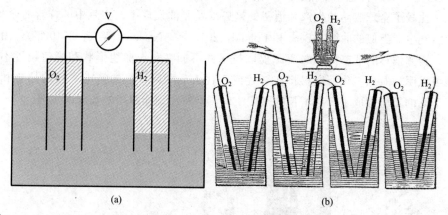

图 0.1　（a）Schoenbein 实验示意图 （1838 年）；（b）Grove 实验过程 （1839 年）。有趣的是，Grove 图中存在一处缺陷：实际上，氢氧体积比应该为 2∶1 （Mogensen，2012 年，Private Communication）

在近两个世纪的研究中，燃料电池能源世界的概念跌宕起伏。德国化学家弗里德里希·威廉·奥斯特瓦尔德（1909 年诺贝尔化学奖得主）于 1894 年在电气工程和电化学杂志上发表了电化学科学现在和未来的技术论文（Ostwald，1894 年），燃料电池无与伦比的热力学效率和低环境影响自此出名。Ostward 从抱怨能量转换装置蒸汽机的各种缺点开始，进一步分析得到这种结果，主要是因为燃烧过程在 1000℃ 以上引起的热力学限制。他进一步指出，热力学允许通过其他途径将反应能量转化为机械能，并称之为冷燃烧。他进一步在他的教育小册子写下了 "通过电化学的方法得到更便宜的能源来解决该技术问题。" 这句话包括两个启示：奥斯特瓦尔德（Ostwald）认为花时间确保廉价能源是最大挑战，并断言电化学将是唯一的解决方案。而且热机会产生不可接受的大气污染，通过电化学能源转换直接供电的方式具有高效、安静、无污染等优势。在奥斯特瓦尔德的愿景中，这种转变将会标志着一场技术革命，但他聪明和负责任地指出，这要在实际中实现还需要一段很长时间的过渡。

Schoenbein 的发现过去近两个世纪以及奥斯特瓦尔德的惊人预测经过一个多世纪后，聚合物电解质燃料电池已经成为燃料电池多样化家族中最有希望的成员（Eikerling 等人，2006 年，2007 年）。由于无与伦比的热力学效率、高能量密度和氢燃料理想的相容性，PEFCs 已成为不断寻求的、努力解决全球能源挑战的关键技术之一（Smalley，2005 年）。这些电池可以替代车内的内燃机并提供能源到耗电的便携式设备和固定系统中。然而，将 PEFC 成功应用仍需在两项科学技术方面取得突破性进展：（ⅰ）开发廉价、充足、稳定及功能优化的材料；（ⅱ）开发功率密度、电压效率以及热和水控制优化的电池和燃料电池堆。此外，燃料电池必须在运行条件、耐用性、寿命和成本方面与其他的能源技术相比具有"竞争力"。

（1）全球性能源挑战

人们开始普遍认识到全球能源基本格局必须经历戏剧性的转变（Kümmel，2011 年；Smalley，2005 年）。作为单位时间的能量消耗，对电力的需求预计到 2050 年将翻一番，而到 2100 年将增加三倍（Nocera，2009 年）。20 世纪奥斯特瓦尔德预测的丰富而廉价的化石燃料时代即将结束。在约 50 年内，化石燃料主要来源的生产率将超过目前全球能源使用量的 80%，达到顶峰后将急剧下降。

图 0.2 比较了全球成品油生产和消费的趋势以及原油发现率。文献中同样含有全球原油、煤炭和天然气生产类似的曲线（Berg 和 Boland，2013 年；Nashawi 等人，2010 年）。由于电力需求增长，资源估算的战略操纵和资源提取技术的不同变化，曲线形状和峰值位置不同。但是，仍然可以明显看出：化石燃料将在一代或两代人后骤降。能源需求增长的趋势和化石能源生产率下降的矛盾形成了日益增长的供需缺口，即将出现能源短缺和成本飞涨。

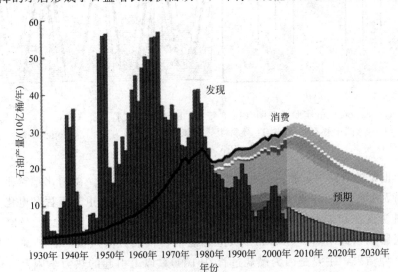

图 0.2　新探明原油储量与炼制石油产量/消耗的差距增长

（参考 Roscoe Bartlett，Maryland）

如图 0.3 所示，每人每年的能源使用量与人类发展指数（HDI）呈现出一定的相关性（Smil，2010 年，第 35 章）。人类发展指数是由联合国开发计划署评估和比较预期寿命、教育和收入的综合指标。可以看出，人均能源使用量每年超过 100 GJ，与 HDI 的相关性小，呈现出强劲波动。

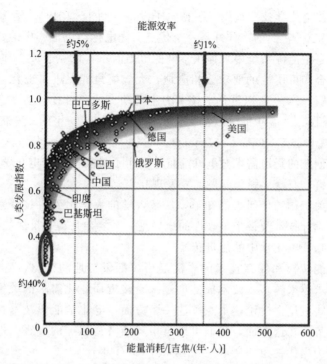

图 0.3　人类发展指数（HDI）和能量消耗的关系，能量消耗被转变为"社会"能源效率，该效率是基于一个成年人日平均 2500kcal（1cal＝4.1840J，余同）摄入量估计的
［授权自 Smil，V. Vision of Discovery：New Light on Physics，Cosmology，and Consciousness. Cambridge University Press（2010）］

为了更好地说明这一点，每日人均能源使用量可以转换为社会能源效率，通过一名成年人每天推荐摄入饮食能量（假定为 2500kcal）除以每日人均能源消耗计算。根据这个定义，生活在贫困线上的人员的"社会"能源效率约为 40％。这种"社会"能源效率数值如图 0.3 所示。高于 5％"社会"能源效率由于与这个范围内的 HDI 不相关，是非常不理想的。另外，在低于约 5％的情况下，能源效率的下降似乎对 HDI 没有任何可预测的影响。而且，"社会"能源效率在具有类似 HDI 的国家之间出现巨大的波动。年人均能源使用量过高的国家能源效率约为 1％～2％。如果通过热力学实体评估，高的"社会"能源效率被认为是能量和健康习惯表现的指标，这样比较的话，高度发达的国家将会惨败。

电力需求增长趋势取决于化石燃料资源的不断减少以及发达国家不乐观的能源效率和其对环境和气候致命的影响（IPC，2011 年），对人类社会的经济前景造成了前所未有的威胁。

（2）走向电化学时代

全球能源基本格局转型对社会经济带来了严重挑战。同时，它为广泛使用的、丰富的可再生能源、发展的创新能源技术和基础设施创造了巨大的机会。

储能和转换的概念和技术通过以下几点进行了评估和比较：（i）有形性能指标，即效率、功率密度和能量密度；（ii）制造和运营期间自然资源的投入；（iii）广泛部署的基础设施要求；（iv）寿命和耐用性；（V）当前环境条件的适应性。电化学能源技术提供了这些因素的有机组合。根据这些标准提供的有利评估，吸引着技术创新者走向电化学技术。

独特的模块化使电化学技术适用于手持电子设备（约 1～10W）、运输（约 100kW）和固定应用（> 1 MW）。它们的多样性是一个优点：光电化学电池、电池、超级电容器和燃料电池可以组合在自主能源系统中来提供不同的电力需求，以克服成本和材料的耗量问题，并满足基础设施整合和可用性的要求。相应地，大规模集群促进了电化学技术的发展。全球对清洁能源的投资，2010 年以电化学技术为主要动力的项目投资达 211 美元，政府小型投资和行业研发项目从 2008 年的 260 亿美元大幅增长到 2009 年的 370 亿美元，2010 年达 680 亿美元（环境规划署 UNEP，2011 年）。

材料及系统对创新的紧迫需求与美好前景，催生了科学模拟与电化学能源技术的研究。对于广大研究者而言，有众多科学问题需要发现！

然而，从事相关工作的任何人都知道，从新入学的大学生到科技专家，理解电化学现象和电化学材料的设计技术及带来突破性的成果是一个复杂且富有挑战的过程。

（3）化学、生物和电化学中的能量转换

人们对电化学能转换和储存技术的看法经历了翻天覆地的变化，特别是在过去十年。随着电化学装置需求越来越多，技术成熟度越来越接近商业化需求的关键水平，相关争论越来越激烈。我们跳过这个讨论，重点关注一个方面：电化学能源技术在热力学效率中表现出不可否认的优势。在这方面，我们可以重申奥斯特瓦尔德的发言，他的文章经过一点点修饰，仍可以作为当代视角的文章（Ostwald，1894 年）。

要解决的核心问题如下：为什么电化学能源技术具有这么高的效率？答案必须通过有关热力学和静电学以及完成化学氧化还原过程所需要的部分反应的空间分离原则来解释。

① 反应焓。主要考虑释放一定焓量的化学反应。任何自发的反应物直接接触的化学反应，将反应焓完全转变成热。燃烧，一种特殊的燃料和氧化剂之间的放热反应，可以说是人类利用的第一个化学过程。在其他许多用途中，直接燃烧产生的热量可以通过在热机中转化为机械作业，也可用于发电机发电。现在，考虑一下将相同反应物转化成相同产物的电化学反应：反应为电化学路径，大部分生成焓直接转化为电。

通常认为化学过程就是原子、分子或凝聚体可用能级之间的电子再分配。过程包括原子和分子中的电子杂化和转移，或凝聚物中电子能级的填充、消耗、形成或转移。然而，在直接化学过程中，由于转移的微观距离导致电荷无法转移。

② 生物能量转换。接下来，让我们将失去电子/氧化过程和得到电子/还原过程分离；这是基于生物有机体能量转换的。这种情况下分离距离约为 100nm；它存在于线粒体的内膜和外膜之间；距离短是生物能量转换过程效率高的原因。

③ 电化学能转换。最后，让我们从宏观角度（约 1mm）考虑进一步分离氧化还原物质和部分反应。现在我们来处理一个电化学过程，由于氧化和还原物质分离距离的增加，完成这个过程需要进行一些调整。这个反应估计与直接燃烧或生物能量转换过程一致或者类似。从热力学可知，这个过程将具有相同的反应焓和吉布斯自由能，如果可逆进行，也就是说，无限慢或接近平衡，理论上任何电化学过程的效率与在通过化学或生物条件下进行的同类过程相同。

如图 0.4 所示（Hambourger 等人，2009 年），比较了生物有机体自发氧化生成水和氢氧燃料电池生成水的过程。生物能源转换的复杂过程是基于地球丰富元素的微观电荷分离。在生物有机体中，由呼吸系统供应的燃料发生氧化，起到一定的作用。在一些生物中，实际反应焓变定义为能量转换效率，可达到 90% 或更高。相比之下，高分子电解质燃料电池的使用效率显著低于 60%，即使它具有相似的过程和在相似的条件下运行。

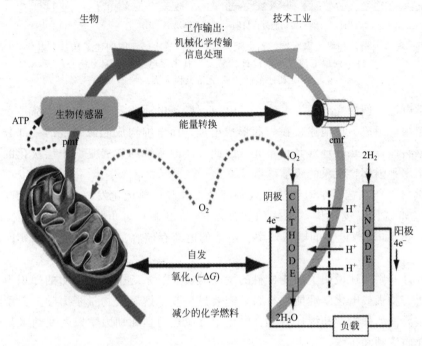

图 0.4　生物能量转换和电化学能量转换对比［M. Hambourger et al.，2009. Chem.
Soc. Rev. 38，25-35，Fig. 1（b），1999. The Royal Society of Chemistry 授权］

为什么 PEFC 的效率更差？PEFC 宏观尺度的电荷分离带来了组件和运行方面额外的需求：反应气体必须通过流道和多孔电极提供；电子和质子必须通过导电介质的宏观距离传输以完成反应；部分氧化还原反应在界面发生，它们必须克服激活能。因为传输过程与传输距离的有效阻力，宏观传输过程在效率方面造成重大损失。

如上所述，生物学作为燃料电池的蓝图似乎更好——具有更高的能量转换效率。但是，这个成功是有代价的。为什么？汽车制造商会告诉我们，他们需要功率密度 $1\sim2kW\cdot L^{-1}$ 的燃料电池堆。生物体的功率密度为 $1\sim2W\cdot L^{-1}$，但是他们的运行电流密度低得多，相应的单位体积时间内产水量也少得多。因此，生物能源的高效率是以十分低的电流密度作为代价的，这在大规模技术应用中是不可行的。

（4）电化学能量转换原理

任何电化学系统的核心是金属电极和电解质之间的带电界面，如图 0.5 所示。充电存储和传输发生在该界面。相应地，电化学介质单位体积的界面面积是关键的结构参数；它与电储存容量、能量密度和功率密度直接相关。为了使单位体积界面面积最大，推动了纳米复合材料和纳米多孔材料介质的应用。在这样的介质中，界面过程之间产生复杂相互作用，涉及静电电荷分离、吸附物形成/去除、电化学电荷转移以及电子、质子、离子、分子、反应物及互渗相反应产物的传输。

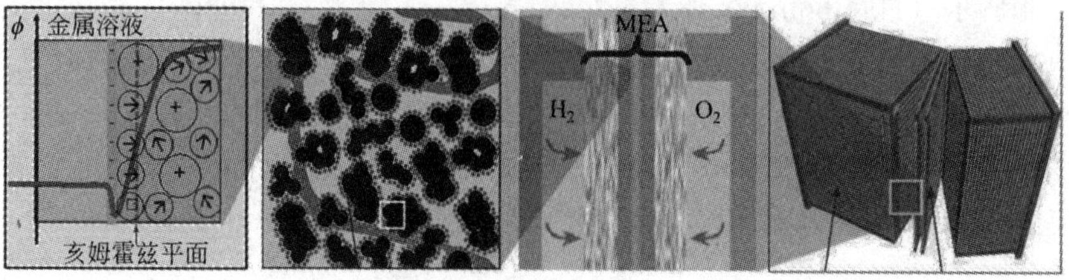

显微电化学界面　纳米多功能复合材料　膜电极(MEA)与单电池　燃料电池堆

图 0.5　理解、设计和优化聚合物燃料电池系统的结构层次。该图阐述了从基本电化学科学和材料科学到单电池及电堆设计的转变。其中膜电极的装配为核心过程，它包含了其他范围内科学和工程方面的所有挑战

电化学电池，例如光电化学电池、蓄电池、燃料电池或超级电容器，都是由功能电极和电解质层组件组成。单池连接在一起形成电堆，而电堆构成能源系统的一部分，能源系统还包括燃料储存、热管理等其他单元。因此，能源系统的发展是一个层次化的、涉及多层连接结构水平强耦合现象的跨学科项目。

电化学材料与工艺科学对于满足设备部件设计和材料优化发挥着关键作用：（ⅰ）运行范围广（如运行温度范围，车辆的加油范围）；（ⅱ）可负担性（材料和制造成本）；（ⅲ）性能（例如燃料电池的电压效率、电池的电荷存储容量、功率密度）；（ⅳ）耐久性和寿命。

总体设计原则概述说明了功能材料的发展需要通过系统全面而简明的知识得知。成功设计具有所需物理或电化学性能的材料，需要进一步了解凝聚物量子力学、分子和表面化学、电化学界面的静电学和统计力学、电化学反应热力学和动力学以及在纳米复合材料和多孔中的介质流动和传输。

未来能源技术发展战略要求的科学驱动阶段需要对基础物理化学现象和材料科学进行长期的研究。Whitesides 和 Crabtree 在他们的 Science 文章里指出需要 50～100 年（2007年）。这个预计是比较理智的，这与燃料电池关键材料的研究历史是一致的，也就是 Pt 基催化剂和导电聚合物电解质分别发展了 170 年和 50 多年。工程可以提供改进现有材料和技术的即时解决方案，但并不能解决根本问题。真正的突破性进展需要一种融合科学和工程驱动的综合方法。

（5）睡美人：100 年还不够！

Schoenbein 在 1838 年提出了他的发现，Ostwald 于 1894 年写了他的有远见的文章。燃料电池哪里需要这么长时间？电化学技术的发展被化石燃料时代所限制，人们沉浸在童话般的化石燃料取用方便且看似取之不尽的供应中。在整个时代更大部分时间里，可预见的问题如资源枯竭、能源使用加速以及能源使用对气候和环境的不利影响都为了短暂的经济繁荣而被抛在一边。

燃料电池技术一直到 20 世纪 80 年代才得以快速发展。术语“燃料电池”于 1889 年由 Charles Langer 和 Ludwig Mond 创造。直到 1959 年，剑桥工程教授弗朗西斯培根先生展示了第一个 5kW 级燃料电池系统——碱性燃料电池。质子交换膜燃料电池的发展，现在主要称为聚合物电解质燃料电池，起始于 19 世纪 50 年代末通用电气公司。威廉·托马斯·格鲁布在通用电气公司提出了他们的发明：第一个固体聚合物电解质专利以他的名字（Grubb，1959 年）发行。他继续通过与通用电气的另一位研究员 Leonard Niedrach 合作开展研究。

为应用于双子座空间计划，与美国航空航天局合作开发了 Grubb-Niedrach 燃料电池。当时的苏联也开展了空间飞行任务中类似的燃料电池研究。

通用汽车公司和壳牌公司从 20 世纪 60 年代中期开始研究将氢燃料电池和直接甲醇燃料电池应用于车辆。20 世纪 70 年代中期，其他汽车制造商在德国、日本和美国推出燃料电池电动车开发项目。1983 年，加拿大公司巴拉德，首先在北温哥华，现在在不列颠哥伦比亚省弗雷泽河成立了第一家主要从事燃料电池研发的公司。此后，巴拉德能源系统公司一直处于开发 PEFC 和 DMFC 技术的领先地位。该公司已经培养了一个巨大的专家队伍，为其他燃料电池公司的创建培育了种子。

20 世纪 60 年代初，在双子座太空计划中使用的燃料电池非常贵，且在 60℃ 下寿命短于 500h。磺化所用的聚苯乙烯-二乙烯基苯共聚物膜容易氧化降解，使这类电池成本太高，商业应用寿命短暂。聚合物电解质发展的里程碑是杜邦公司 Walter R. Grot 在 20 世纪 60 年代末（Grot，2011 年）Nafion 膜的发明。Nafion 膜在氯碱工业中的应用将 PEFC 的寿命延长，使其超过 1000h。直到今天，它仍然是聚全氟磺酸离聚物膜普遍应用的典型材料。

令人惊讶的是，将 Nafion 膜应用于燃料电池电极分离花费了大约 25 年的时间。在 20 世纪 90 年代初，洛杉矶阿拉莫斯国家实验室（Springer，Zawodzinski 和 Gottesfeld）的一个小组和通用汽车公司（Bernardi 和 Verbrugge）的一个小组广泛研究了氢气 PEFCs。他们的著名论文（Bernardi 和 Verbrugge，1992 年；Springer 等人，1991 年）降低了关于这个话题出版物的指数级增长。如今，基于 PEFC 技术的燃料电池涵盖了应用于便携式领域的瓦特级，至应用于住宅系统的百万级（由联合技术公司设计），再到潜艇应用电堆的百千瓦级（西门子研发）。这些例子说明 PEM 燃料电池具有卓越的可扩展性。

(6) 燃料电池的极化曲线和"摩尔定律"

PEFC 研究的典型问题：如何评估和比较采用不同设计或运行在不同条件下的包含不同材料电池的电化学性能？

所有尺度和燃料电池组件所围绕的单一特征是燃料电池极化曲线。膜电极组件（MEA）的极化曲线，单电池或燃料电池堆反映了燃料电池组件和宏观电池工程在微观结构与物理化学性质之间的不同。包含了数量众多的参数，这些参数在 $50\sim100s$，成为单个响应函数。极化曲线中的参数依赖性分析可能非常强大；同时，如果"盲目"地应用它也会产生误导。

对于 MEA 设计人员或燃料电池堆工程师，极化曲线是非常实用的分析工具。它允许对电池中的电压损耗来源、燃料电池故障模式、临界或极限电流密度和水管理的影响进行比较评估。对于材料科学家，极化曲线需要影响材料改性性能相关的有效信息。分析极化曲线必须考虑燃料电池材料的结构和组成物化特性以及电催化和传输性能测量。通过这种方式，电压损失现象可以被分解到单独的部件和过程中，直接电压损失可以量化分析。该评估也就是 Baghalha 等人所述（2010 年）的所谓电压损耗分解。然而，这是一个不充分和误导性使用极化曲线作为多尺度的唯一验证燃料电池系统和电堆的多参数模型。

图 0.6（a）显示了从跨越了 125 年的出版物中提取的燃料电池极化曲线。纵坐标描绘燃料电池电压 $E_{cell}(j_0)$，如公式（1.21）所示。横坐标表示对数（以 10 为底），燃料电池电流密度已经标准化到表面的 Pt 的特定质量担载 m_{Pt}。

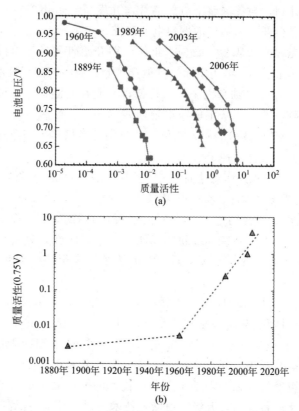

图 0.6　过去 125 年间，燃料电池极化曲线（Debe 等人，2006 年，Gore 和 Associates，2003 年；Grubb 和 Niedrach，1960 年；Mond 和 Langer，1889 年；Raistrick，1989 年）。（a）中燃料电池电压 $E_{cell}(j_0)$ 为质量活性 j_0/m_{Pt}（kW · g_{Pt}^{-1}）的对数函数。（b）为 $E_{cell}=0.75V$ 时 $\lg(j_0/m_{Pt})$ 值，大体表明过去 50 年内 PEFC 性能呈指数增长趋势

　　燃料电池工程师将 j_0/m_{Pt} 称为质量活性。从电化学角度，图 0.6（a）表示 Tafel 曲线。然而，电压 $E_{cell}(j_0)$ 不仅仅是一个单一的电气化接口，而且还取决于所有组件和穿越 MEA 所有界面的电子通量、离子通量和质量传输。

　　基本性能指标可以从图 0.6（a）中推导出来。质量活动的固定值 E_{cell}，通常选择为 0.9V，被广泛作为催化剂活性的比较指标，虽然不是催化体系真正的动力学参数，如交换电流密度或速率常数一样。燃料电池电压与电压效率直接相关，$\epsilon_\nu = E_{cell}/E_{O_2,H_2}^{eq}$。体积能量密度是 $W_{cell}=FE_{cell}/l_{CL}(J \cdot L^{-1})$，体积功率密度是 $P_{cell}=j_0 E_{cell}/l_{CL}(W \cdot L^{-1})$，比功率是 $P_{cell}^s=j_0 E_{cell}/m_{Pt}(W \cdot g_{Pt}^{-1})$。

　　图 0.6（a）还揭示了燃料电池设计里程碑的时间表。最左边曲线是 Mond 和 Langer（Mond 和 Langer，1889 年）建立的第一个实际的 H_2/O_2 燃料电池性能曲线。电极为 $0.1\mu m$ Pt 黑色颗粒覆盖的多孔 Pt 薄片。电解质是多孔陶瓷材料，即在硫酸中浸泡的陶器酸。Pt 担载量为 2 mg · cm^{-2}，燃料电池电压为 0.6V 时电流密度约为 0.02A · cm^{-2}。图 0.6（a）中的下一曲线标示着 PEFC 的诞生，其由 Grubb 和 Niedrach（Grubb 和 Niedrach，1960 年）构思。在该电池中，磺化的交联聚苯乙烯膜用作气体分离器和质子导体。然而要作为电池组件广泛应用，聚苯乙烯 PEM 质子传导率太低，并且膜寿命太短。它需要以 Nafion PFSA 的形式发明一类新型聚合物电解质 PEM 以克服这些局限性。

图 0.6（a）中，1989 年的极化曲线呈现最显著的性能飞跃。这个创新的电池设计由洛斯阿拉莫斯国家实验室（Raistrick，1989 年）的 Ian D. Raistrick 提出，该实验室在当时是燃料电池前沿研究的温床。该 MEA 设计采用装载有 Pt 纳米颗粒并用离聚物浸渍的纳米多孔碳基电极。这两个组合允许性能改善，且 Pt 担载量降低了一个数量级，从 $4mg \cdot cm^{-2}$ 减少到 $0.4mg \cdot cm^{-2}$。后一个值仍然代表现代 PEFC 的典型担载量。通过催化层组成的优化，部分通过系统模型研究，以及 MEA 制备中扩散介质和过程的结构设计优化，于 2003 年得到了 Gore® MEA（Gore 和 Associates，2003 年）。

另一个性能相关的里程碑由 3M 公司 Mark K. Debe 通过催化层制备的纳米结构薄膜技术的实现（Debe 等人，2006 年）。通过这种创新的方法，m_{Pt} 在关键的阴极侧可以减少一个数量级，同时性能保持不变，而催化剂的耐久性和寿命实际上得到显著提高。

燃料电池性能的惊人进展如图 0.6（b）所示。它显示了 $E_{cell} = 0.75V$ 时的特定功率（或等效地，质量活性）与发表年份的关系。自从 1960 年 PEFC 出现以来，比功率大致遵循指数增长；在这个时期，大约每 5.4 年翻一番，导致了质量活性总体增加和比功率按照 10^3 系数增长。显著地，所有的改进对这一增长的贡献代表了工业的发展。另一个有趣的观察是，所有的进展都是用 Pt 基催化剂实现的，尽管也有对新催化剂材料大量研究以及对新活性增强材料开发的频繁报道。关键步骤涉及将催化剂尺寸缩小至纳米级范围，纳米多孔载体上催化剂的致密度，通过浸渍具有离聚物的催化层使催化剂周围的局部反应条件优化，用于选择性传输和反应多孔电极的系统模型优化。在 3M 技术下，从根本上不同于不含离聚物的超薄催化层的设计。

一般来说，图 0.6（a）中的曲线并未出现 Tafel 曲线中法拉第电极过程简单的线性斜率部分。这些曲线体现了来自不同等级尺度现象的复杂影响，从分子量级的表面现象到电堆级。在分子尺度上，催化剂的表面反应途径和机制决定了有效的交换电流密度和电子转移系数。这些参数都是电极电位的函数。纳米多孔电极中传输和反应的非线性相互作用导致不均匀的反应条件，且随着有效 Tafel 斜率变化而发散。在"厚"的多孔电极不同空间条件下，反应速率进一步平均化导致催化层产生新的等效参数。PEM 中的欧姆降和多孔扩散介质中的传输损失导致进一步偏离燃料电池平衡电压。最后，燃料电池中 MEA、单电池和燃料电池堆的水分布和通量效应导致燃料电池电压与电流密度的非线性效应。本书的主要章节将针对这些现象并解释它们对如图 0.6（a）所示效果的贡献。

（7）关于本书

聚合物电解质燃料电池研究历史约 50 年。PEFC 从 20 世纪 80 年代末开始成为了科学研究的焦点。通常，PEFC 设计简单，所有需要的组件都可在市场上购买。两个气体扩散电极和一个聚合物膜和膜电极组件，电极通过两块具有氢气和空气流道的石墨极板组成——燃料电池就准备好了。

然而，这种明显的简单性掩盖了燃料电池结构和功能的巨大复杂性。显然，第一个工作的 PEFC 原型是通过试错法构建的。然而，巨大的市场要求燃料电池必须廉价、高效和长寿命。目前，要解决这些问题，必须要电化学、量子化学、物理、流体力学、机械和化学工程等领域专家通力合作。

这个单独的学科列表显示了问题的规模。毫不夸张地说，燃料电池的商业化是文明史上最大的挑战之一。燃料电池引起的人们日常生活变化和电力的发明相当。不再需要电线、变压器、电网等；所需的电力是在使用场所产生的：家庭、汽车、可穿戴设备等。这个未来的宏图越来越近地成为现实。

本书代表了作者对 PEFC 研究现状和趋势的看法。这本书不可能是完整无缺的：材料的选择反映了作者的科学兴趣和重点。重点在于 PEFCs 关键材料的结构、性质和功能方面：电催化原理，多孔电极中的流动、传输和反应，水在纳米多孔介质中的平衡、传输和水基质子传导。

我们从燃料电池热力学和电化学基础的讨论开始（第 1 章）。本章可作为该领域的简单介绍，我们希望对于对该问题感兴趣的一般读者将是有用的。第 2 章介绍聚合物电解质膜的结构和运行的基本原理。第 3 章讨论了催化层中的微观和中尺度现象。第 4 章介绍了催化层性能建模的最新成果。第 5 章读者将会发现前几章介绍的几种建模方法的应用。

本书中考虑的模型涵盖了许多不同维度的空间尺度，从数纳米（例如，膜电极中质子传导通道的规模）到几十厘米（PEFCs 中氧气通道的典型长度）。然而，我们避免使用现在在燃料电池文献中常见的多尺度建模或多物理场等术语。这些术语被软件公司引进，将其产品推广为"通用多尺度"和多物理场"燃料电池建模"的数字代码。使用这些术语只不过是营销，对于那些开始工作的人来说，这可能是误导的。我们更喜欢谈论分层建模，这意味着在较低级别获得的信息"压缩"成为力场、速率常数、传输系数等，然后在较大规模的水平上使用。这是多年来在物理和化学领域建立的标准方法。

本书主要是理论与建模，然而，这些术语故意从标题中删除，以强调对理解的重视。这不能只通过理论和建模来实现，还需要与实验者进行关于开发特征和诊断工具、与材料科学家修改策略和限制的理解、与工程师们能将物理模型合理转化为边界环境条件进行紧密互动。

这本书旨在满足不同的读者群。

（1）对问题和方法感兴趣的理论和建模专家。

（2）对建模结果，特别是对理论边界感兴趣的实验者。

（3）对理解能力、建模、诊断、障碍和缺点感兴趣的燃料电池开发商和工程师。

（4）第 1 章旨在将一般读者引入燃料电池领域。

第1章 基本概念

本章对聚合物电解质燃料电池（PEFCs）的基本概念进行了综述。目的是使读者对于下面的燃料电池运行过程有一个直观的理解。最近出版的书（Bagotsky，2012 年；Barbir，2012 年）对燃料电池设计和运行进行了更加详细的说明。讨论不同类型的燃料电池以及它们运行的特定方面时，请参考这些书籍。

1.1 燃料电池的原理和基本布局

1.1.1 燃料电池的自然界蓝图

生物细胞中的能量传导是通过在水介质中的氧化还原反应进行的，这一过程中包括分子之间（Kurzynski，2006 年；Kuznetsov 和 Ultrup，1999 年）的质子和电子转移。在光合作用期间，吸收一个光子可以产生一个被激活的分子态。分子的传导过程将这个分子的激活态转变为稳定的电荷分离态。因此，光子能量被吸收并且被转变为质子电化学势能的一个梯度，也就是生物能学中的专业名词：质子动力势。质子动力势有一个横跨膜 pH 差异和一个伽伐尼电位差。它相当于储存在生物细胞中的能量，通过化学作用、渗透作用或者机械运动来释放（Hambourger 等人，2009 年）。氧化磷酸化（相反的线粒体过程），对于释放储存的化学能来说，是一个高效的方法。呼吸系统提供了在此过程中被消耗的那些氧气，这些氧气被消耗是为了将存储的能量转变为肌肉的运动。

1.1.2 电动势

在一个 PEFC 中，电化学能的转化遵循相似的原则。它在穿过质子交换膜（PEM）的过程中，产生了一个电化学势（也就是所谓的电动势 EMF）梯度。图 1.1 中以图表的方式说明了 PEFC 的结构，在这个结构中，PEM 提供了用于质子流道的低电阻通路，同时高度有效地阻断电子和气态反应物的流动。

通过保持不同的化学组成的电解质膜（PEM）的阳极侧和阴极侧上的电极隔室来保持电动势。向一个电极（阳极）供应燃料，向另一个电极（阴极）供应氧化剂。除非另有说明，本书假定以氢气作为燃料，氧气（空气）作为氧化剂。

电极处的气体混合反应物的不同化学组成引起电极电位的差异。将阳极浸入富氢气氛中，而此时，该阳极也作为氢氧化反应（HOR）的原料。

$$2H_2 \Longrightarrow 4H^+ + 4e^- \tag{1.1}$$

该电极结构的平衡电极电位（氢电极）由下式给出：

$$E^{eq}_{H^+,H_2} = E^{0,M}_{H^+,H_2} + \frac{R_g T}{F}\ln\left(\frac{a_{H^+}}{p_{H_2}^{1/2}}\right) \tag{1.2}$$

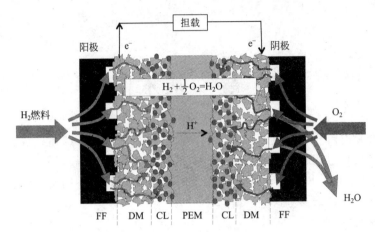

图 1.1　聚合物电解质燃料电池的示意图，该图展示了各功能部件及反应过程。
FF、DM 和 CL 分别为流场、扩散介质和催化层的缩写；在本书中，
DM 也将被称为 GDL（气体扩散层）

其中，$p_{H_2} = p_{H_2}/p^0$ 是无量纲的氢分压，规定标准压力 $p^0 = 1\text{bar}$（$1\text{bar} = 10^5 \text{Pa}$，余同），$a_{H^+}$ 为电解液中质子的活度。通过公式（1.2），遵循标准电化学惯例：我们给出了在阴极方向［在公式（1.1）中从右到左的方向］上反应进程中的电极电位。

公式（1.2）右侧的第一项是给定金属材料的 HOR 标准平衡电位（上标 M）。

$$E_{H^+,H_2}^{0,M} = \frac{2\mu_{H^+}^{0,s} + 2\mu_{e^-}^{0,M} - \mu_{H_2}^{0,g}}{2F} \tag{1.3}$$

该公式需要各个相中的标准化学势，即分子氢气相中的标准化学势 $\mu_{H_2}^{0,g}$、电解质溶液中质子的标准化学势 $\mu_{H^+}^{0,s}$ 和电极金属相中电子的标准化学势 $\mu_{e^-}^{0,M}$。最后一项包括了 $E_{H^+,H_2}^{0,M}$ 对金属材料的依赖性。

在电化学文献中最广泛使用的惯例是将铂的 HOR 标准平衡电位定义为电化学电位标尺的参考或零点（$E_{SHE} = E_{H^+,H_2}^{0,M} = 0$）。这种特定的电极结构被称为标准氢电极（SHE）。在阴极处，从膜提供的质子和从外部电路到达的电子必须转化为中性分子。阴极反应的一个自然选择是氧化还原反应（ORR），因为氧气容易从大气中获得。通过将阴极浸入富氧气氛中，ORR 根据以下反应将质子和电子通量转化为水通量：

$$O_2 + 4H^+ + 4e^- \rightleftharpoons 2H_2O(l) \tag{1.4}$$

氧电极的平衡电极电位由下式给出：

$$E_{O_2,H^+}^{eq} = E_{O_2,H^+}^{0,M} + \frac{R_g T}{F}\ln\left(\frac{a_{H^+} p_{O_2}^{1/4}}{a_{H_2O}^{1/2}}\right) \tag{1.5}$$

式中，$p_{O_2} = P_{O_2}/P^0$ 是标准化的氧分压。注意：ORR 中的水以液体形式产生，因此，其活性可以设定为 $a_{H_2O} = 1$。氧阴极的标准平衡电位是：

$$E_{O_2,H^+}^{0,M} = \frac{\mu_{O_2}^{0,g} + 4\mu_{H^+}^{0,s} + 4\mu_{e^-}^{0,M} - 2\mu_{H_2O}^{0,l}}{4F} \tag{1.6}$$

其中，$\mu_{O_2}^{0,g}$ 和 $\mu_{H_2O}^{0,l}$ 是气态氧和液态水各自的标准化学势。相对于 SHE、ORR 的标准平衡势为 $E_{O_2,H^+}^{0,M} = 1.23\text{V}$。

整体燃料电池反应：

$$2H_2 + O_2 \rightleftharpoons 2H_2O(l) \tag{1.7}$$

产生称为电动势（EMF）的平衡电位差：

$$E_{O_2,H_2}^{eq} = E_{O_2,H^+}^{eq} - E_{H^+,H_2}^{eq} = E_{O_2,H_2}^{0} + \frac{R_g T}{4F} \ln(p_{H_2}^2 p_{O_2}) \qquad (1.8)$$

具有标准的电动势：

$$E_{O_2,H_2}^{0} = \frac{\mu_{O_2}^{0,g} + 2\mu_{H_2}^{0,g} - 2\mu_{H_2O}^{0,l}}{4F} \qquad (1.9)$$

公式（1.8）与公式（1.9）一起形成了著名的能斯特方程，其将电化学电池的平衡电势差与标准平衡电势、电池组成和温度关联起来。

在公式（1.8）推导过程中，假定两个电极由相同的金属制成，并且它们与具有相同组成和伽伐尼电位 ϕ 的电解质接触。因此，取决于电解质质子或金属电子的化学势将被忽略 事实上，阴极和阳极处的金属电子的电化学电势差与 EMF 成比例关系：

$$\tilde{\mu}_{e^-}^{c} - \tilde{\mu}_{e^-}^{a} = \tilde{\mu}_{e^-}^{c} - \tilde{\mu}_{e^-}^{a} - F(\phi^{c,eq} - \phi^{a,eq}) = FE_{O_2,H_2}^{eq} \qquad (1.10)$$

如果两个电极由相同的材料制成，对应于上述情况，电子在阳极和阴极处一定具有相同的化学势，$\tilde{\mu}_{e^-}^{c} = \tilde{\mu}_{e^-}^{a}$。因此，电化学电位差或 EMF 的差等于金属电极之间的平衡静电伽伐尼电位差的差值：

$$E_{O_2,H_2}^{eq} = \phi^{c,eq} - \phi^{a,eq} \qquad (1.11)$$

该伽伐尼电位差可以以用电压表测量。它代表从阳极到阴极的电子通量的最大驱动力。由于可以合理地假设金属丝中的电子传输在可忽略的欧姆电阻损耗下发生，所以阳极和阴极处的金属端口之间的电势差几乎完全可用于在电负载或电器中进行电力工作，如图 1.1 所示。H_2/O_2 燃料电池的标准 EMF 为 $E_{O_2,H_2}^{0} = 1.23V$。

为了使恒定的电流流过外部金属丝（方向如图 1.1 所示），电极处反应气体组成的差异必须保持稳定。否则，电池将松弛至总体热力学平衡，这由逐渐减小的电池电流表示。在该松弛期间，我们将使用氢和氧直至达到在电极隔室中具有相同组成和电极电位的构造。

在恒定电流条件，即在稳态操作下，反应物必须连续且以恒定速率供应，以精确平衡反应物在电极反应中消耗的速率。电子、质子和气体反应物的耦合通量遵循两个基本守恒定律：电荷和质量守恒。这些定律允许在所有涉及的种类中写入平衡或连续性方程。在阳极 HOR 中的电子和质子产生速率［公式（1.1）］必须匹配通过外部金属丝的电子通量以及通过 PEM 的质子通量。在阴极处，这些通量必须精确平衡 ORR 中电子和质子的消耗速率［公式（1.4）］。

总而言之，燃料电池原理解释了如何通过控制进料组分来产生和维持静电势梯度或电动势。负载的电流取决于反应物通过扩散介质的耦合和平衡速率、电极上阳极和阴极反应的速率以及电子和质子在各自导体中的通量。

1.1.3　单节电池的基本构造

最简单的燃料电池可以由被电解质分离的两个平面铂电极组成，如图 1.2（a）所示。将氢分子引入左侧的 Pt/电解质界面，同时将氧分子引入右侧的电解质/Pt 界面会使电池极化，并在电极之间产生伽伐尼电势差。物理上，电位由沉积在左和右界面处的相反电荷的分离形成。在电化学文献中，电极极化称为双层充电。术语"双层"反映了界面附近的最大值和最小值的偶极电荷密度分布的形状（Schmickler 和 Santos，2010 年）。

然而，这种简单的电池由于可用于反应的催化剂表面积较小而导致产生的电流不足。

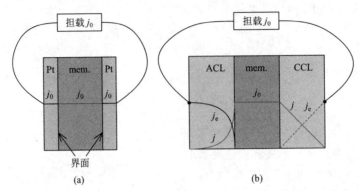

图 1.2 （a）为具有两个平面 Pt 电极的电池中电流的示意图。（b）为具有多孔电极的 PEM 燃料电池中的电流示意图。ACL 和 CCL 代表阳极和阴极催化层，j 和 j_e 是催化层中的局部质子和电子电流密度，并且 j_0 表示的是电池电流密度。注意，电极中的局部电流的形状对应于小的电池电流（参见本书"电极操作方法"部分）

对于提供大约 $1A \cdot cm^{-2}$ 的有效电流的电池，电极/电解质界面面积必须扩大。这使我们进行了单个 PEFC 的多层设计，如图 1.1 所示。

电池的一般布局包括夹在阳极和阴极之间的质子传导聚合物电解质膜（PEM）。每个电极室的组成如下：（ⅰ）活性催化层（CL），其非常好地容纳了分散的 Pt 纳米颗粒，该纳米颗粒是附着到高度多孔且导电的载体表面上的；（ⅱ）气体扩散层（GDL）和（ⅲ）流场板（FF）同时用作集流板（CC）和双极板（BP）。该板在燃料电池堆中的相邻电池之间传导电流。在阴极侧，通常将强疏水性微孔层（MPL）插入到 CL 和 GDL 之间，这有助于从阴极 CL 除去产物水。PEM 和多孔电极层（不包括双极板）组成的中心单元被称为膜电极组件（MEA）。

PEFC 的主要结构部件是多孔复合电极。利用多孔电极的主要目的，是与具有相同面内几何面积的平面电极相比，可将催化剂的活性表面积增加几个数量级。在 CLs 中，反应气体、质子和电子的通量在催化剂颗粒表面相遇。活性催化剂纳米颗粒位于一些点上，这些点同时与质子、电子和气体输送介质的渗滤相连接。电极有限厚度的重要含义是提供穿过多孔电极深度中性分子和质子的传输的必要性。额外的损耗是由中性反应物通过 FF、GDL 和 MPL 的输送引起的。这导致电极中特定电势的损失，这一部分将在第 4 章中详细解释。

多孔电极电池中电流的示意图如图 1.2（b）所示。可以看出，催化层中的质子和电子电流连续相互转换，因此在每个层的相对侧上，电流在本质上是完全质子的或电子的。

那些消耗（氧化）其他基于碳氢化合物燃料（例如甲醇，乙醇或甲酸）的燃料电池具有相同的基本布局。它们遵循同 H_2/O_2 燃料电池一样的热力学原理，而氧化还原对可以是（CH_3OH/O_2）、（C_2H_5OH/O_2）等，其中产物涉及 H_2O 和 CO_2。

1.2 燃料电池热力学

如在"电动势"部分中所讨论的，可以从热力学计算平衡或开路电池电势。事实上，热力学说明了对于任何可逆反应，以下关系都成立：

$$\Delta H = T\Delta S + \Delta G \tag{1.12}$$

其中，ΔH 是焓变，T 是绝对温度，ΔS 是熵变，ΔG 是产物（H_2O）和氧化还原对（H_2/O_2）的反应物之间的吉布斯自由能变化。为了方便，所有热力学势、功和热的学术名词将以在燃料电池反应中交换的每摩尔质子的焦耳数为单位。根据该惯例，我们将公式（1.7）中的氧化还原对（H_2/O_2）与液态水的燃料电池反应的标准热力学参数列于表1.1中。

表 1.1　液体水作为产物的氧-氢反应［公式（1.7）］的标准热力学值

ΔH^0	ΔG^0	ΔS^0
$-142.9\text{kJ} \cdot \text{mol}^{-1}$	$-118.6\text{kJ} \cdot \text{mol}^{-1}$	$-81.7\text{J} \cdot \text{mol}^{-1} \cdot \text{K}^{-1}$

注：所有的值是在反应中交换的每1mol质子所给出的。

氢气在氧气中的直接燃烧与公式（1.7）中的反应相同。在这个过程中，ΔH 完全转化为热能（热），其可以使用蒸汽轮机转换成机械功。此后，它可以转换为电力发电机的电功。任何热或蒸汽循环的热力学效率的上限对应于假想的卡诺热机的效率：

$$\epsilon_{\text{rev}}^{\text{heat}} = -\frac{W_{\text{rev}}}{\Delta H} = 1 - \frac{T_2}{T_1} \tag{1.13}$$

式中，W_{rev} 是从过程中提取的可逆机械功；T_1 和 T_2 分别是发动机在运行过程中的上储热器和下储热器的温度。

在燃料电池中，两个电极处的反应气体组成的差异导致了阴阳两极之间的伽伐尼电势差的形成，如在"电动势"部分中所讨论的。因此，燃料电池反应的吉布斯自由能 ΔG 直接转化为了电功。在理想运行中，没有涉及动力学和传输过程中的热损失，反应的吉布斯自由能可以完全转化为电能，从而推导出电池的理论热力学效率：

$$\epsilon_{\text{rev}} = \frac{\Delta G}{\Delta H} = 1 - \frac{T\Delta S}{\Delta H} \tag{1.14}$$

如果反应的等温熵变为负，如对于 H_2/O_2 燃料电池以及对于大多数其他技术相关的燃料电池构造，热力学效率将小于1，即 $\epsilon_{\text{rev}} < 1$，它将会随着温度的增大而线性减少。热力发动机和 H_2/O_2 燃料电池的理论热力学效率随温度的变化趋势如图1.3所示。燃料电池效率随温度降低，而卡诺效率增加。在远低于1000℃的温度下，燃料电池在热力学效率方面比热力发动机具有绝对的优势。

为了更好地模拟，假定平衡燃料电池电势 E_{O_2,H_2}^{eq} 的温度依赖性是线性的（Kulikovsky，2010年）：

$$E_{O_2,H_2}^{\text{eq}} = E_{O_2,H_2}^0 + \frac{\Delta S^0}{F}(T - T^0) \tag{1.15}$$

O_2-H_2 反应的熵变为负（表1.1），其产物水为液态。因此，电池电势随温度的增长线性减小。因子 $\Delta S^0/F \approx 0.85 \times 10^{-3}\text{V} \cdot \text{K}^{-1}$，表明100℃时的电池电位比标准条件下低大约63mV。

$$Q_{\text{rev}} = -T\Delta S \tag{1.16}$$

上式是在燃料电池反应期间与环境交换的可逆热。如果反应产物是气态水，而不是液态水，则传递到环境的热量更小。因此，前者的热力学效率较高（图1.3）。在标准条件下，H_2/O_2 燃料电池的热力学效率对于气态的产物水为96%，对于液态的产物水为83%。液态水产生的热力效率降低是含水电解质燃料电池的固有缺点。

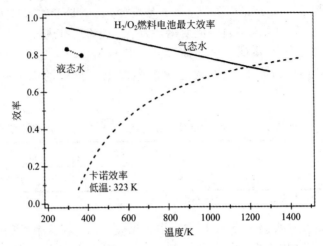

图 1.3 将燃料电池和假想的卡诺热机的热力学效率绘制为温度的函数，与产生液态水的燃料电池相比，形成气态水的燃料电池具有更高的效率，效率的差别对应于蒸发焓

最大的电功对应于公式（1.7）中理想化可逆的（或无限缓慢）燃料电池反应，由下列公式得出：

$$W_{rev,el} = -\Delta G = FE^{eq}_{O_2,H_2} \tag{1.17}$$

因此，燃料电池的可逆热力学效率可以表示为：

$$\epsilon_{rev} = \frac{FE^{eq}_{O_2,H_2}}{FE^{eq}_{O_2,H_2} + Q_{rev}} \tag{1.18}$$

在无限接近电化学平衡（或开路条件）下运行的电池将不产生任何有用的功率输出。例如，为了产生足以推进车辆的有效功率输出，电池必须以 $1A \cdot cm^{-2}$ 量级的电流密度运行。在负载下，燃料电池运行的电流密度 j_0 决定功率输出。电流密度与催化层上的反应速率以及流动电子、原子、反应物和电池组成中的产物种类直接相关。这些过程中的每一个都促进了电池中的不可逆热损失。这些损耗减少了电池电功的输出。

对于不可逆热损失的主要作用，以重要性降低的顺序列出：（ⅰ）阴极的 ORR 中的动力学损失（Q_{ORR}），其中包括阴极催化层中的质子转移造成的损失；（ⅱ）在 PEM（Q_{PEM}）中的质子传输造成的电阻损失；（ⅲ）通过多孔传输层（Q_{MT}）中的扩散和对流的质量传输造成的损失；（ⅳ）阳极处的 HOR 中的动力学损失（Q_{HOR}）；（ⅴ）电极和金属线（Q_M）中的电子传输的电阻损耗。这些损失中在图 1.4 中示出。能量（热）损失项与 $|\eta_i|$ 的超电势有关，$|\eta_i| = Q_i/F$，这部分将在"电位"一节中讨论。

电池输出的最终电功为：

$$W_{out} = W_{rev,el} - \sum_i Q_i \tag{1.19}$$

电池的效率可以由 ϵ_{rev} 的结果和电压效率来定义：

$$\epsilon_v = W_{out}/W_{rev,el}$$

$$\epsilon_{cell} = \epsilon_{rev} \ \epsilon_v = \frac{\Delta G}{\Delta H} \times \frac{W_{out}}{W_{rev,el}} = \frac{FE^{eq}_{O_2,H_2} - \sum_i Q_i}{FE^{eq}_{O_2,H_2} + Q_{rev}} \tag{1.20}$$

如今，汽车制造商的报告称，汽车 PEFC 堆的效率在 60% 或以上。为了确定电压效率的精确值，我们必须量化不可逆热损失 Q_i。知道这些值，我们就得到了 $|\eta_i|$ 项以及 W_{out}

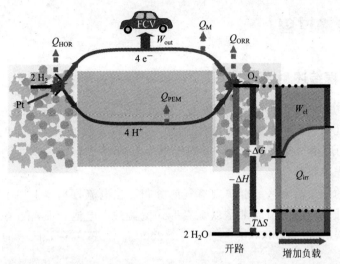

图 1.4 基本燃料电池过程及其与电池热力学性质的关系。由电池产生的电功率 W_{el} 对应于反应焓 $-\Delta H$ 减去由于熵产生的可逆热 $-T\Delta S$，并减去有限担载下的不可逆热损失的总和 $\sum\limits_i Q_i$。这些损失是由电化学界面处的动力学过程以及在扩散和传导介质中的运输过程引起的

和 ϵ_{cell} 的对应值。因此，我们可以得到任何电流密度的电池电压：

$$E_{cell}(j_0) = E_{O_2, H_2}^{eq} - \sum_i |\eta_i| \tag{1.21}$$

电池的功率密度可以由下面的等式计算得到：

$$P_{cell}(j_0) = j_0 E_{cell}(j_0) = j_0 \left(E_{O_2, H_2}^{eq} - \sum_i |\eta_i| \right) \tag{1.22}$$

$E_{cell}(j_0)$ 和 $P_{cell}(j_0)$ 的典型数据如图 1.5 所示。

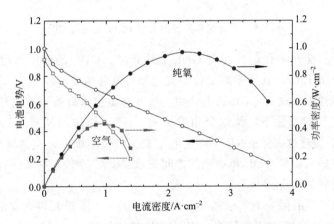

图 1.5 典型 PEFC 的极化曲线和功率密度

Q_i 或 η_i 与电池设计的复杂功能、电池材料的特定性质、电池组成、热力学条件和运行下的电流密度相关。燃料电池科学的所有努力都是为了解开这些功能依赖关系。应用研究和开发集中于寻找使得 Q_i 和 $|\eta_i|$ 作用最小化的方法，从而可以得到 ϵ_{cell} 和 P_{cell} 的最佳值。优化问题的目标值和性能限制、成本、耐久性和寿命按照终端用户的要求设置。

1.3 物质传输过程

1.3.1 传输过程综述

典型的 PEM 燃料电池的示意图如图 1.6 所示。PEFC 的最大优势之一是 MEA 的小厚度以及其较大的几何表面积。典型的 MEA 为约 1mm 厚，而单元有效面积通常为约（10×10）cm^2。MEA 的厚度与其特征面内长度的比率约为 $10^{-3}\sim10^{-2}$。这是为燃料电池构建简单的传输模型的先决条件。

为了在电池的整个活性区域上实现氧气的分布，在电流收集器上加工了流道系统（图1.6）。在电池的任一侧的流道通常是以蜿蜒形式覆盖整个电池表面，当然也提出了一些特殊的分形几何（Senn 和 Poulikakos，2004 年，2006 年）。覆盖有效区域的流道系统被称为流场。

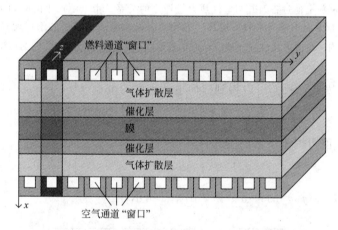

图 1.6 具有蛇形流场的典型 PEFC 的示意图

流道下的第一功能性多孔电极层是 GDL（图 1.6）。GDL 的作用是最小化氧气浓度在面内的不均匀性（图 1.6），其通常由交替的流道和集电器构成。GDL 的另一个重要作用是防止氧气的快速消耗：在没有 GDL 的电池中，氧气在流道入口处迅速消耗，使电池的大部分面积处于缺乏氧气的条件下。从这个角度来看，GDL 的作用是延迟氧气到催化层的输送。最后，GDL 必须通过去除 ORR 中产生的水来在阴极侧确保适当的液体水平衡。通常，将强疏水的微孔层插入阴极 GDL 和催化层之间。该层促进高电流下水分的去除，并且使膜在小电流下保持较好的水合。

由于催化层的厚度有限，氧气输送必须通过 CL 的深度。最新催化层的厚度通常在 5～10μm 的范围内。电极孔隙率通常足够大以最小化氧的传输损失。然而，在高电流密度下，电极倾向于被淹没，这可能显著增加其对氧气输送的阻力。

1.3.2 流道中的空气流动

通常，由于在 ORR 中产生的液态水的存在，阴极流道中的流体是两相的。然而，在中低电流密度下，液态水的质量分数小，并且不会显著影响流动的速度。为了较好近似，它可以被认为是塞流（具有速度恒定、混合均匀的流体）。

在这种假设下，流道（图 1.7）中的氧浓度 c_h 的质量平衡是 $hwv^0[c_h(z+dz)-c_h(z)]=-wdzj_0/(4F)$，也就是说，沿 z 向的流动变化是由于穿过平面方向上的化学计量氧气通量。在这里，z 是沿着流道方向的坐标，$j_0(z)$ 是局部电池的电流密度，h 是流道高度（深度），w 是流道宽度。取质量平衡方程的连续极限得到：

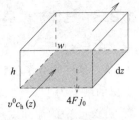

图 1.7 燃料电池流道的
基本模型

$$v^0 \frac{\partial c_h}{\partial z} = -\frac{j_0}{4Fh} \qquad (1.23)$$

等式（1.23）表示的是氧摩尔通量 $v^0 c_h$ 以由局部电流 j_0 给定的速率向流道出口方向减小。

燃料电池化学工程的一个基本参数是氧化学计量 λ。根据定义，λ 是总入口氧通量 $4Fhwv^0 c_h^0$（以电单位表示）与电池中产生的总电流 $L_h wJ$ 的比率：

$$\lambda = \frac{4Fhv^0 c_h^0}{L_h J} \qquad (1.24)$$

式中，c_h^0 是入口氧浓度；L_h 是流道长度；J 是电池中的平均电流密度。注意：忽略了流道/肋几何结构的细节，并且假设流道覆盖整个电池的有效区域。

公式（1.23）可以用 λ 表示：

$$\lambda J = \frac{\partial \tilde{c}_h}{\partial \tilde{z}} = -j_0, \quad \tilde{c}(0)=1 \qquad (1.25)$$

其无因次变量为：

$$\tilde{z} = \frac{z}{L_h}, \quad \tilde{c} = \frac{c_h}{c_h^0} \qquad (1.26)$$

将式（1.25）在 $\tilde{z}$ 上积分，并考虑 $\int_0^1 j_0 d\tilde{z} = J$，得到：

$$\tilde{c}_1 = 1 - \frac{1}{\lambda} \qquad (1.27)$$

该式可以重写为 $\tilde{c}_1 = 1 - u$，其中 u 是氧气利用率，其等于逆化学计量：

$$u = \frac{1}{\lambda} \qquad (1.28)$$

例如，$\lambda = 2$ 时 $u = 0.5$，即 50％的氧气被消耗，50％离开电池。利用该性质，可以定义燃料电池的总燃料效率为：

$$\epsilon_{fuel} = u \; \epsilon_{rev} \epsilon_v \qquad (1.29)$$

假如跨越阴极流道的氧气扩散快，"充分混合"的流动假设就是有效的。沿流道的氧通量的变化为 $v^0(\partial c_h/\partial z)$。由于扩散而在流道上的通量的变化是 $D_{free}(\partial^2 c_h/\partial x^2)$，其中 D_{free} 是自由空间中的氧气扩散系数，x 是穿过流道的坐标。估计这些变化分别为 $v^0(c_h/L_h)$ 和 $D_{free}c_h/(h/2)^2$，并且将第一个除以第二个，可以看出，如果无因次 Pe 数较小，则跨越流道的扩散传输是快速的：

$$Pe = \frac{v^0 h^2}{4D_{free}L_h} \ll 1 \qquad (1.30)$$

估计的参数值 $v^0 = 10^2 \text{cm} \cdot \text{s}^{-1}$，$h = 0.1\text{cm}$，$L_h = 10\text{cm}$，并且 $D_{free} \approx 0.2\text{cm}^2 \cdot \text{s}^{-1}$，得出 $Pe \approx 0.13$，这表示满足了所需的标准。

1.3.3 气体扩散层和催化层中的传输

在大气压力下，空气中分子的平均自由程为 $l \approx 1/(N_L \sigma_g)$，其中 $N_L \approx 2.69 \times 10^{19}$ cm^{-3}，是气体分子的数量密度；$\sigma_g \approx 10 \sim 14 cm^2$，是分子弹性碰撞的横截面积。这些数值得出的结果为 $l_{free} \approx 3.7 \times 10^{-6} cm$，或 37nm。GDL 的孔半径平均在 $10 \mu m$ 的量级，这意味着 GDL 孔中的流动以连续的方式进行。因此，在干燥多孔 GDL 中的压力驱动氧传输，可以建立一个在等效导管中的黏性 Hagen-Poiseuille 流体模型。然而，等效管道半径和该半径对 GDL 孔隙率的依赖性的确定是一个非常重要的任务（Tamayol 等人，2012 年）。最近已经开展了许多工作来开发多孔 GDL 的统计模型，并通过 Navier-Stokes 方程（Thiedmann 等人，2012 年）来计算这些系统中的黏性气体流量。

在没有外部压力梯度的情况下，GDL 中氧气运输的主导机制是浓度梯度扩散（Benziger 等人，2011 年；Thiedmann 等人，2012 年）。在 PEM 燃料电池中，是以大气压力下的空气和氢气运行的。由于 GDL 中平均孔径较大，所以扩散在分子状态下进行，并且多孔介质中的氧气扩散系数可以预测到与自由空间中的氧气扩散系数非常相似。然而，GDL 中氧气扩散率受到介质迂曲度的影响。在物理上，迂曲度增加了 GDL 两点之间的平均扩散路径。设 a 和 b 两点之间的直线距离为 l_s；氧分子从 a 扩散到 b 的路径长度为 τl_s，其中 τ 是 GDL 迂曲度。有效和实际的质量转变系数的表达式相等时，即 $D_b/l_s = D_{free}/(\tau l_s)$，可以看出，以下关系成立：

$$D_b = \frac{D_{free}}{\tau}$$

其中，D_{free} 是自由空间中的扩散系数。一个包括 GDL 孔隙率 ε 的修正的简单表达式为：

$$D_b = \frac{\varepsilon}{\tau} D_{free}$$

参看 Fishman 和 Bazylak（2011 年）及其中引用的文献。

解释 GDL 结构与其有效水渗透性之间的关系是更加困难的任务。在过去十年中，人们付出大量的努力，试图建立 GDL 中传输的结构-功能关系。参看关于这个主题的评论（Thiedmann 等人，2012 年；Zamel 和 Li，2013 年）；也可以参看 Becker 等人的论文（2009 年）及其中的参考文献。

催化层中的氧传输可能与 GDL 中的传输不同，因为半径约为 $0.01 \mu m$ 的小孔隙具有不可忽略的影响。在这些孔中，氧传输遵循 Knudsen 扩散机制（见下文）。对于多孔 CL 和 GDL 中的传输机制的详细讨论，参见 Hinebaugh 等人（2012 年），Wang（2004 年）以及 Weber 和 Newman（2004 年）的文章。

在可比较浓度的混合气体中，任何组分的扩散都是浓度梯度引起的，而且其导致了其他组分的反扩散。在理论上，一个组分的再分布必须通过其他组分的扩散来弥补，以保持系统中的恒定压力。多组分混合物中，气体组分的通量与 Stefan-Maxwell 方程（Bird 等人，1960 年）相关：

$$\sum_i \frac{\xi_i N_k - \xi_k N_i}{D_i K} = -c_{tot} \nabla \xi_k \qquad (1.31)$$

式中，ξ_k 和 N_k 分别是第 k 个组分的摩尔分数和通量；c_{tot} 是混合物的总摩尔浓度；D_{ik}

是组分 k 的混合物中成分 i 的二元扩散系数。

加和等式（1.31）k 次，等式左侧变为零，并且我们得到一个恒等式：

$$c_{\text{tot}} \sum_k \nabla \xi_k = 0$$

当 $\sum_k \xi_k = 1$ 时，$\sum_k \nabla \xi_k = \nabla (\sum_k \nabla \xi_k) = 0$，这意味着公式（1.31）不是独立的：这些方程的任意一个都可以表示为其他的线性组合。在理论上，公式（1.31）仅确定相对通量；为了建立通量的参考系，必须确定一个独立的闭合关系。在 PEFC 建模中，阴极侧的氮通量为零，并且条件 $N_{\text{N}_2} = 0$ 通常用作闭合关系。

在半径小于 10nm（$0.01\mu m$）的小孔中，分子碰撞的频率远小于分子与孔壁碰撞的频率。流动不再是连续型；尽管如此，孔中的物质通量仍然可以通过 Fick 扩散定律［公式（1.34）］来表示，其中 Knudsen 扩散系数 D_{K} 和孔半径 r_{p} 及分子的平均热速度成比例关系。

$$D_{\text{K}} = \psi r_{\text{p}} \sqrt{\frac{8R_g T}{\pi M}} \tag{1.32}$$

M 是分子的摩尔质量，ψ 是校正因子。需要注意的是在孔半径为 $10\text{nm} < r_{\text{p}} < 100\text{nm}$ 的孔中，分子和克努森机制共同决定了通量。在这种情况下，菲克扩散方程仍然可以适用，其中的平均有效扩散系数 D_{eff} 由下式决定：

$$\frac{1}{D_{\text{eff}}} = \frac{1}{D} + \frac{1}{D_{\text{K}}} \tag{1.33}$$

这种高度简化的方法可用于分析建模，以分析趋势；更精确的数值模型是基于体积平均的概念。

在这本书中，不考虑多孔电极层中的压力驱动传输，我们假定扩散传输是由浓度梯度引起的。此外，这种传输通常会用菲克扩散方程来描述：

$$N_i = -D \nabla c_i \tag{1.34}$$

即摩尔通量 N_i 被认为与物质浓度的梯度成正比。式（1.34）确切来说，是气体的分子扩散构成的混合物中的一小部分。空气中的氧含量是 0.21，它可以被视为本书研究的一个最实用参数。式（1.34）还正式描述了克努森扩散，因此，我们可以预测，在所有的情况下，这个方程会导致理论上一致的结果。

1.4　电位

（1）平板电极

再次考虑在两个平板电极之间配置质子传导膜的最简单的燃料电池构造［图 1.8(a)］，氢气处于阳极/电解质的界面（图中左侧），氧气处于阴极/电解质的界面（图中右侧），保持阴阳极上不同的成分，从而在两个金属板之间产生伽伐尼电位差。这个电位差决定了式（1.11）中所描述的电池平衡电位。

在正常情况下，由于电化学双电层在两个金属/电解质界面形成，使得阳极表面带负电，阴极表面带正电。该电解液中的伽伐尼电位就是阳极和阴极伽伐尼电位的中间值。需要注意在金属/电解质界面处，在没有任何外部电位"喂养"的情况下出现了电位降低。简单地只是因为金属中的电子吸引电解液中的阳离子并排斥阴离子，导致在界面处形成双层。

然而，为了有利于产生连续电流，"喂养"分子的存在改变了界面处的电势降。这将在本节"电化学动力学"中讨论。

当 HOR 将氢分解成质子和电子时，左界面被充电。质子对电解质充电，靠近金属表面，同时过量电子在金属表面形成厚度约为 1Å（$1\text{Å}=10^{-10}\text{m}$，余同）的电荷表皮层。在右界面上，ORR 消耗电解质中的质子，离开最近位置的带负电荷电解质区域。ORR 还消耗金属电子，在金属界面正电充电表面层 [图 1.8（a）]。从而确定了独立在每个电极上，具有限定电极电位和表面电荷密度 σ 的状态。

所得到的电荷分布导致的电位轮廓如图 1.8（a）所示。在电化学平衡时，体相的电极和电解质是等电位的；仅双层区域存在很大的电位差异 [图 1.8（a）]。请注意，在图 1.8 中，电位是连续的，因此 ϕ 和 Φ 表示相同的物理性质。但是，在这里我们保留不同的符号来强调向膜电位 Φ 的转变，通过 ϕ 到 Φ 的变化来代替界面处电位的平滑变化（见下文）。

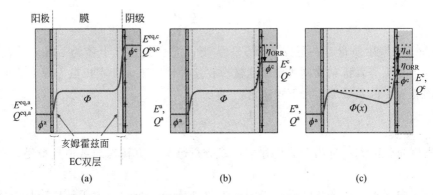

图 1.8　燃料电池中平面 Pt 电极的电势分布。（a）为平衡（开路）条件；（b）为负载下，假设膜电导率无限大；（c）为负载下，假定有限的膜电导率。在（b）和（c）的情况下，阳极极化假设保持恒定，这意味着阳极电极电位变化可以忽略不计

如果从电池中流出的电流 $j_0 > 0$，则电位的轮廓改变了。图 1.8（b）是在（i）理想动力学的假设下获得的阳极反应和（ii）电解质的理想质子传导。第一个假设意味着阳极双层区域的电位分布与电化学的偏差平衡可忽略不计。第二个假设意味着恒定的电解质相电位。在这种情况下观察到的唯一变化是阴极侧的金属相电位偏离平衡的偏移，是由阴极反应的动力学差引起的；它对应于在阴极/电解质界面处跨越双层区域的电位降低。氧阴极上的负电势定义为超电势 η_{ORR}，可以写成：

$$\eta_{ORR} = E_{O_2,H^+} - E^{eq}_{O_2,H^+} = \phi^c - \Phi^c - (\phi^{c,eq} - \Phi^{c,eq}) \tag{1.35}$$

式中，上标 c 是界面双层外的膜阴极侧的电位。当假定电解质的理想质子传导率减小时，得到图 1.8（c）所示的情况。阴极界面电位下降，因此 η_{ORR} 的值保持不变，但是非理想的质子传导率引起额外的电位降，即超电势 η_{PEM}。假设电解液表现得像欧姆电阻一样：

$$\eta_{PEM} = R_{PEM} j_0 \tag{1.36}$$

式中，R_{PEM} 是电解质（膜）电阻。

假定在氢阳极处理想的反应动力学可以减弱。这种变化导致阳极电位从平衡到正偏差，称为阳极超电位 η_{HOR}，有：

$$\eta_{HOR} = E_{H^+,H_2} - E^{eq}_{H^+,H_2} = \phi^a - \Phi^a - (\phi^{a,eq} - \Phi^{a,eq}) \tag{1.37}$$

留给读者绘制这种情况下的电位分布情况。在这里，ϕ^a 是双电层外膜的阳极侧电位。一般来说，超电势描述了由电化学反应引起的电位从平衡的偏离。对于简单的电池构造，利用全部三个电位损耗总和来降低阳极之间的电位差 ϕ_a 和阴极之间的电位差 ϕ_c，金属相的值为：

$$\eta_{tot} = E_{O_2,H_2}^{eq} - E_{cell}(j_0) = \eta_{HOR} - \eta_{ORR} + R_{PEM}j_0 = \eta_{HOR} + \mid \eta_{ORR} \mid + R_{PEM}j_0 \quad (1.38)$$

在两个界面上分离电荷的特征长度是 10Å 级。在燃料电池建模中，这种连续的电势分布区域通常不能解决，而是引入两个电位：金属驱动电子的相电位以及电解液的相电位控制离聚物相中的质子流。在金属/电解质界面两个电位由于有限跳跃而分开（图 1.8）。

在经典的电化学背景下，这个约定意味着弗鲁姆金校正（Schmickler，1996 年）对界面法拉第电化学反应动力学的影响可忽略不计或不变。这个简化假设有什么好的地方呢？氢阳极是合理的，其中过电位一般较小。在阴极处，界面电位降随着电流密度 j_0 的值而显著变化，这还存在着争议。如果在由金属表面限制的狭窄区域和反应中的位置或亥姆霍兹平面在电解质侧上发生显著双层电位降低，这是合理的。换句话说，与在底层上的下降相比，双层扩散部分的电位降低（ζ 电位）应该是小的，这在电解质中以足够大的平衡质子浓度保证。在经典的多孔电极理论或催化层建模中，通常漫反射层中的电势下降可忽略的假设，其中高浓度的电解质以液体形式或通过离聚物浸渍提供。在不能进行这种假设的情况下，例如，在不含离聚物的超薄催化层（UTCL）中遇到的质子和电解质电势的分布下，必须使用泊松-恩斯特-普朗克理论确定，如在第 3 章中的"水填充纳米孔洞的 ORR 反应：静电效应"。

（2）多孔电极

从平面到多孔电极，引入了另一个长度尺度，即电极厚度。在 PEM 燃料电池催化层中，厚度 l_{CL} 约在 $5 \sim 10\mu m$。多孔电极理论的目的是描述静电位的分布以及反应物和产物的浓度及在这个条件下的电化学反应速率。

对于金属/电解质界面，电势分布的下降的准确描述将需要大约 1Å（$1Å = 10^{-10}$ m）的空间分辨率。由于长度尺度的巨大差异，该分辨率在电极建模中几乎不可行（并且在大多数情况下不是必需的）。金属和电解质相的两个连续电势分布的有效介质多孔电极的简化描述，似乎是对这些结构进行建模的一致且可行的选择。

更具体地，描述这种情况的常规方法是引入所谓的表征体单元（REV），REV 的尺寸必须比电极厚度的尺度小，但在电极结构和微观组成变化的规模上很大。在双层厚度，即低于约 1nm 的范围内的波动被平均化。REV 的电化学性质由金属和电解质相电位的局部值定义。这些电位是空间坐标的连续函数。

在一维电极建模中，$\phi(x)$ 表示金属相电位，$\Phi(x)$ 表示电解液相电位。金属（碳）相电位的梯度驱动电子通量，而质子沿着电解质（离聚物）相的电位梯度移动。在平衡时，这些梯度为零，不同相位的电位为常数，$\phi(x) = \phi^{eq}$ 和 $\Phi(x) = \Phi^{eq}$。具有有限厚度的多孔电极的工作 PEFC 的电位分布如图 1.9 所示。为了进一步进行说明，展示出了阳极催化层、PEM 和阴极催化层的简单组装结构。

局部过电位 $\eta(x)$ 是多孔电极中位置 x 处的表征体单元（REV）中电极与平衡偏离的量度。根据定义，η 定义为：

$$\eta(x) = \phi(x) - \Phi(x) - (\phi^{eq} - \Phi^{eq}) \quad (1.39)$$

在公式 $\phi^{eq} - \Phi^{eq} = E_{1/2}^{eq}$ 中，$E_{1/2}^{eq}$ 是半电池反应的平衡电位，式（1.39）可变为：

$$\eta(x)=\phi(x)-\varPhi(x)-E_{1/2}^{eq} \tag{1.40}$$

在阴极催化层中,必须使金属相电位 ϕ 降低到其平衡值,以提高 ORR 的速率。因此,阴极过电位 η_{ORR} 为负(图 1.9)。注意,在许多情况下,方便使用时才采用正 ORR 超电势,这时 $|\eta_{ORR}|=-\eta_{ORR}$。阳极过电位具有正值。例如,如果阳极接地($\phi^a=0$)为负,而 $\eta_{HOR}=0-\varPhi$ 为正。

简单又直观地说明一个多孔电极电势分布和电流磁通的模型是传输线模型(TLM),这是由 R. 德莱维在 20 世纪 60 年代开发的。图 1.10 显示了 CCL 在稳态电流通量下的传输线等效电路。

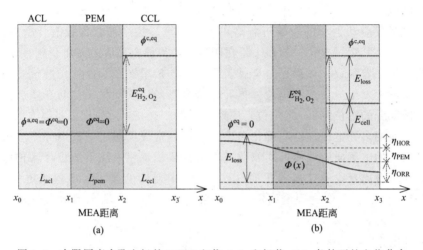

图 1.9 有限厚度多孔电极的 PEFC 空载(a)和担载(b)条件下的电位分布

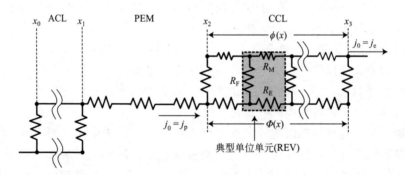

图 1.10 以阴极催化层为输电线的等效电路图[来自 Levie,R. De. 1963. Electrochim. Acta,8(10),751-780]

在图 1.9 中,金属相中的电子传输的电阻 R_M、离聚物相中的质子传输 R_E 和这些相界面处的法拉第过程 R_F,确定电极中的电位分布。

这些电阻元件中的三个限定电极的 REV(或单位单元),如虚线框所示。从 PEM 侧到达 CCL 的电流完全是由于质子通量,$j_0=j_p(x_2)$。在 CCL 的右边界,该电流已经完全转换成电子通量,$j_0=j_e(x_3)$。电流转换发生在沿电极厚度的 REV 中。由于质子和电子电荷的符号相反,电子和质子电流从左向右流动,而电解质和金属相中的电势从左向右减小。通常,高金属相电导率可以用 $\phi(x)$ 函数表示,对应于 $R_M\approx0$。

对于离散 TLM,可以通过代数求解给定等效电路的基尔霍夫方程组,来获得电流和电位分布。如果 REV 的厚度可以选择为与电极厚度相比非常小，则可以通过取 TLM 的连续极限以高精度研究多孔电极的性质。在该极限中，REV 的厚度变为零，REV 的数量变为无穷大，使得电极厚度保持有限；离散基尔霍夫方程由一组一阶微分方程代替，其解决方案将给出电位和电流分布，参见第 5 章中的"催化层阻抗的物理建模"一节。

CCL 的总超电势对应于图 1.10 中在有限电流密度下取得的位置 x_3 和 x_2 之间的电势降减去在平衡处取得的相同差：

$$\eta_{ORR} = \phi(x_3) - \Phi(x_2) - (\phi^{c,eq} - \Phi^{eq}) = \phi(x_3) - \Phi(x_2) - E_{ORR}^{eq} \quad (1.41)$$

图 1.9 中，由 PEM 和 ACL 引起的超电势的贡献分别为：

$$\eta_{PEM} = \Phi(x_1) - \Phi(x_2) \quad (1.42)$$

$$\eta_{HOR} = \phi(x_0) - \Phi(x_1) - (\phi^{a,eq} - \Phi^{eq}) = \phi(x_0) - \Phi(x_1) - E_{HOR}^{eq} \quad (1.43)$$

应该留给读者去验证，以下直接关系是成立的：

$$E_{cell}(j_0) = E_{O_2,H_2}^{eq} - \eta_{HOR} - \eta_{PEM} - |\eta_{ORR}| = \phi(x_3) - \phi(x_0) \quad (1.44)$$

金属和电解质相中的电势的绝对值无关紧要；此外，它们不能被直接测量。为了确定催化层局部过电位，它仅仅取决于 ϕ 和 Φ 的局部值偏离它们的平衡值多少。

为了完成该部分，应当注意的是，燃料电池中的任何传输损失都转化为了电极超电势的增加。这个陈述可以使用 Tafel 方程的电化学转化率来说明。假设通过电极深度的反应速率是均匀的；那么，在电极中产生的电流密度 j_0 仅仅是 Tafel 反应速率与电极厚度 l_{CL} 的乘积：

$$j_0 = l_{CL} i^0 \left(\frac{c_t}{c_h^0}\right) \exp\left(\frac{|\eta_0|}{b}\right)$$

电池中的氧传输损失降低了催化层中的氧浓度 c_t。从上面的方程可以看出，如果 c_t 减小，$|\eta_0|$ 必须增加以保持 j_0 稳定。

1.5　热产生和传输

1.5.1　阴极催化层中的热产生

PEFC 中最大的热源是阴极 CL 中的 ORR。该反应中的热生成体积速率 Q_{ORR}（W·cm^{-3}）由下式给出：

$$Q_{ORR} = \left(\frac{T|\Delta S_{ORR}|}{F} + |\eta_{ORR}|\right) R_{ORR} \quad (1.45)$$

式中，T 是电池温度；S_{ORR} 是 ORR 每摩尔电子的熵变；R_{ORR} 是 ORR 的反应速率（反应中单位体积转换的质子的总电荷，A·cm^{-3}）

式（1.45）中的第一项表示 ORR 的可逆热。在平衡时，反应在还原和氧化方向上自发进行，并且根据进行方向，在每个反应中释放或消耗热量 $T\Delta S_{ORR}/F$。反应方向的变化改变了 S_{ORR} 的符号。在燃料电池（负载下）运行中，ΔS 为负，$|\Delta S_{ORR}|$ 将在下面的表达式中使用，请记住这是热源。式（1.45）中的第二项是与 ORR 中的电荷转移相关的不可逆热。

在式（1.45）中估计的 Q_{ORR} 是可信的。$|\Delta S_{ORR}|$ 可以从表 1.1 中查得；PEFC 运行的特征温度为 350K，这些数字提供了一个估计值 $T|\Delta S_{ORR}|/F \approx 0.3V$。工作单元中的 η_{ORR} 的典型值在 0.3～0.5V 之间，因此等式（1.45）中的两个项对总发热量的贡献是相同的。

另一个热源是由电流通过电池产生的焦耳热。催化层的电子传导率比质子大两个数量级，电子传导相中释放的热量可忽略不计。CCL 中焦耳热的速率 Q_J 由下式给出：

$$Q_J = \frac{j^2}{\sigma_p} \tag{1.46}$$

式中，j 是局部质子电流密度；σ_p 是电解质相的质子传导率。

式（1.45）和式（1.46）中的参数 η_{ORR}、j 和 R_{ORR} 是通过催化层的距离的函数。应根据 CCL 性能问题的解决方案计算 CCL 的总热通量，这将在"催化层的热量"部分介绍。

1.5.2 膜中热产生

膜中唯一的热源是由质子流产生的焦耳热。热生成体积速率由 j_0^2/σ_{PEM} 给出，其中 j_0 是电池电流密度；σ_{PEM} 是膜质子传导率。假设膜均匀水合，膜中的电位降为 $\eta_{PEM} = R_{PEM} j_0 = l_{PEM} j_0 / \sigma_{PEM}$，其中 l_{PEM} 是膜厚度。假设，$j_0 = 1A \cdot cm^{-2}$，$\sigma_{PEM} = 0.1\Omega \cdot cm^{-1}$（完全水合的 Nafion 膜的电导率），膜厚为 $2.5 \times 10^{-3} cm$（$25\mu m$），得到 $\eta_{PEM} = 0.025V$。在第 4 章"催化层的热通量"部分中，我们将看到式（1.45）中的 R_{ORR} 可以估计为 j_0/l_{CL}。另外，膜中焦耳热生成速率为 $\eta_{PEM} j_0 / l_{PEM}$。根据 $l_{CL} \approx l_{PEM}$，我们可以简单地将 η_{PEM} 与式（1.45）中的电位进行比较。在正常工作条件下，$\eta_{PEM} \approx 0.1 \eta_{ORR}$，因此，膜中释放的热量很小。请注意，如果膜完全水合，该估计是正确的。在强干燥条件下，膜中的热量生成可能会增加一个数量级，不能忽视。

1.5.3 水蒸气

在 ORR 中产生的液态水的蒸发有助于电池冷却。如果我们将蒸发相关的摩尔转移速率乘以相应的焓变 ΔH_{vap}（Natarajan 和 Nguyen，2001 年），则通过液体蒸发得到热消耗 Q_{vap}（$W \cdot cm^{-3}$）比率。

$$Q_{vap} = -K_{vap} \xi_{CL}^{lv} \left(\frac{\Delta H_{vap} \rho_w}{M_w}\right) (P^s - P^v) \tag{1.47}$$

式中，K_{vap} 是蒸发速率常数；ξ_{CL}^{lv} 是每个电极表面的总液/蒸气界面面积；ΔH_{vap} 是水的蒸发焓；ρ_w 是液体水密度；M_w 是分子量；P^s 是饱和水蒸气压力；P^v 是水蒸气的分压。注意，如果 $P^v > P^s$，公式（1.47）改变符号，并且给出水凝结期间的热生成速率。

在理论上，ξ_{CL}^{lv} 是部分饱和多孔电极中汽化交换的异质性因子，而 $\Delta H_{vap} \rho_w / M_w$ 是单位体积液体水蒸发消耗的能量；$(P^s - P^v)$ 是蒸发或冷凝（取决于符号）的"驱动力"，与饱和实际水蒸气压力的差异成正比。$K_{vap} \xi_{CL}^{lv}$ 描述了多孔介质中水相转变的动力学。

饱和水蒸气压力由下式给出：

$$P^v = P_0 \tilde{p}(T) \tag{1.48}$$

式中，$P_0 = 1atm$（$1atm = 101325Pa$，余同）。

$$\tilde{p}(T) = \exp[a_0 + a_1(T - 273K) + a_2(T - 273K)^2 + a_3(T - 273K)^3] \tag{1.49}$$

系数 a_0，a_2，a_3 在表 1.2 中给出。

表 1.2　公式（1.49）中的系数

a_0	a_1	a_2	a_3
$-2.1794\ln(10)$	$0.02953\ln(10)$	$-9.1837\times10^{-5}\ln(10)$	$1.4454\times10^{-7}\ln(10)$

根据式（1.47），速率 Q_{vap} 由 CL 中的液体/蒸汽界面面积、温度和水蒸气密度确定。它不明确取决于电池电流密度。然而，在结构参数 ξ_{CL}^{lv} 中，对 j_0 的依赖性是"隐藏的"。

通过将 Q_{vap} 乘以 CCL 厚度 l_{CL} 获得与 CCL 中的水蒸发相关的热通量 q_{vap}。不幸的是，蒸发常数 K_{vap} 很少知道，这使 q_{vap} 的数值评估相当不可靠。图 1.11 显示了 CCL 中水分蒸发产生的无因次热通量，假设 $P^v=0$，即快速去除水蒸气，相对于 100℃ 下的通量归一化。可以看出，热通量 q_{vap} 是电池温度的函数。蒸发是电池/电池组冷却的重要机制，图 1.11 提供了有利于高温下电池运行的另一个论据。

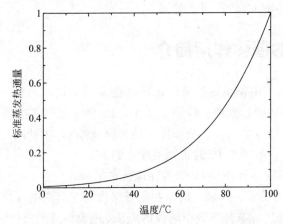

图 1.11　催化层中液态水蒸发引起的无因次热通量。曲线用表 1.3 和 $P^v=0$ 的
数据获得，其对应于 CCL 中的水蒸气的零压力（快速蒸汽去除的极限），
热通量在 100℃ 下归一化为该通量

热通量 q_{vap} 的量级估计可以使用以下参数来得到。假设所有的水在 CCL 中蒸发；蒸发消耗的热量为 $1/2\times42kJ\cdot mol^{-1}=21kJ\cdot mol^{-1}$（按电子计）。假设阴极侧的总电位为 $\eta_0\approx0.3V$，根据式（1.45），CCL 中产生的热量在 350K 时，每摩尔电子约为 60kJ。因此，在 ORR 中产生的液态水的完全蒸发带走了约 1/3 的反应热。

1.5.4　热传导方程

一般来说，两种机制有助于在 PEFC 传输热：在固体介质中的热传导和水的传输中引起的对流。在第 4 章中的"备注"部分已表明，与液体水的传输相关的热通量不大。通常情况下，从 CCL 离开的热通量是微不足道的，它小于离开 CCL 的总热通量的 20%，因为只有该通量的总值体现在整个电池或电池部件的热平衡方程中。还应注意，由于液体/金属界面面积大和液体在多孔介质中有足够的停留时间，通常会形成液体水和固相之间的热平衡。因此，不会针对固相和液相中的热传输来制定单独的方程。取而代之的是一个将所有热源、冷源都考虑的用以描述温度为 T 的单相固/液体的单一方程。

根据傅里叶定律，固体介质中的热通量与温度梯度成比例，$q=-\lambda_T\nabla T$，其中 λ_T 是介质热导率。传导热通量的散度 $\nabla(-\lambda_T\nabla T)$ 等于体积源的总和。在催化层的垂直方向，公式为：

$$-\lambda_T \frac{\partial^2 T}{\partial x^2}=Q_{ORR}+Q_J+Q_{vap} \tag{1.50}$$

其中公式右侧的术语已经在上面讨论过。

一般来说，式（1.50）是非线性的，因为出现在式（1.45）和式（1.46）中的 R_{ORR} 和 j 取决于温度。然而，CCL 很薄，并且沿 x 方向的温度变化通常非常小。为了简化计算，源项中的 CCL 温度可以取为恒定。CCL 中产生的热通量的简单表达式，将在第 4 章中的"催化层中的热通量"部分介绍。该表达式可以应用于相关电池和电堆的建模，其中基于反应物的不均匀分布可能产生非常显著的平面内温度梯度。

多孔介质的热导率取决于材料的组成和结构，已经针对多孔 GDLs 热传导模型做了很多研究（Sadeghi 等人，2008 年，2011 年）。电池和电堆建模通常采用 λ_T 的实验数据，从中可见 Khandelwal 和 Mench 的发现（2006 年）。

1.6 燃料电池的催化作用简介

由 Schoenbein 和 Grove 制备的最早的燃料电池采用了铂丝电极。如今高性能的 PEFC 电堆在交通运输行业中将要达到商业应用的水平，Pt 仍然是电堆的关键材料。铂具有氢氧化和氧还原反应的良性结合，以及强酸条件下的耐腐蚀性能（Debe，2012 年）。

尽管有许多的研究，但关于 Pt 的主要关注点如下。

① 什么样的物理和化学性质使 Pt 成为性能优良的催化剂？

② Pt 基纳米材料的尺寸、形状、组成和原子结构与它们的电催化活性有什么关系？

③ 什么界面性质和反应条件导致中间体的 ORR 作为促进剂或抑制剂？

④ 铂氧化物层如何影响 ORR 的机制和动力学？

⑤ 什么是 Pt 溶解速率，什么因素催化或抑制 Pt 或 Pt 氧化物的溶解以及溶解产物会发生什么变化？

⑥ 如何利用电势、氧化层或吸附的氧中间体改变电极的润湿性？

⑦ 如何建立对金属电极的化学组成和电子性质的相互联系，如何确定反应机理和动力学？

⑧ 支持材料和铂催化剂的协同作用是什么？

⑨ 电解质的组成以及特定的添加剂和杂质的存在，如何影响电化学过程的方向？

⑩ 非贵金属电催化剂可否在低活化能的反应路径中与 Pt 竞争；催化剂活性位点的密度怎样？

燃料电池工程师和企业家可能更喜欢忽略这个想法，但燃料电池技术的成功或失败可能归因于科学团队的能力。首先，找到这些问题的答案；其次，将其运用到材料的改进和燃料电池设计中。

阴极处发生的 ORR 是燃料电池模型的关键。ORR 及其逆过程、水分解或析氧反应是电化学中最重要的反应之一。ORR 反应需要在溶液中使催化剂和质子之间交换四个电子。它涉及几种吸附的氧中间体的形成和还原，其与在水的氧化期间形成吸附的含氧物质竞争游离催化剂表面位点。

对 Pt 基催化剂的首要要求是它必须能够成功产生 ORR 活性和耐久性之间的微妙平衡。

"catch-22" 不能单独实现 ORR 活性和 Pt 溶解。这两个过程通过在 Pt 表面形成氧化物物质来进行（Rinaldo 等人，2010 年，2012 年，2014 年）。

ORR 中涉及的具体过程将在第 3 章 "铂氧化还原反应的电催化" 一节中讨论。这里，重点是在 PEFC 的器件建模中引入电催化反应所需的基本现象学概念。对于电催化中基本概念的更详细的介绍参见 Schmickler 和 Santos（2010 年）的最新版教科书以及 Bard 和 Faulkner（2000 年）的经典教科书。

将概念用于解释通用电极工艺：

$$O + e^- \rightleftharpoons R \tag{1.51}$$

式中，O 和 R 表示氧化和还原的电活性物质。这些电子受体和供体在浓度为 c_O 和 c_R 的电解质中可用。

1.6.1　电化学催化基本概念

术语 "电催化" 是指在固体电极处发生的电化学反应速率的加速。催化剂材料的主要作用是降低电解质上的电活性物质的能级和金属中的费米能级处的电子态之间的电子转移的活化能。尽管电极本身不经历任何化学转化，但它通过充当电子储存器间接参与反应。此外，催化剂表面提供用于吸附反应中间体的活性位点。

良好的电催化剂应具有以下特性：（i）高导电性；（ii）化学稳定性；（iii）机械稳定性；（iv）大表面积；（v）长寿命；（vi）低生产成本；（vii）丰富的可用性。最后一点是 PEFC 技术的商业化方案中的主要关注点，因为 Pt 在稀有元素中排名很高。

可以用两个电化学参数定义电催化剂材料的电化学性质：本征交换电流密度 j^0_* 和塔菲尔参数 b。这些参数通过经典电化学的伏安法测量的电流-电势关系确定（Bard 和 Faulkner，2000 年）。可以为 b 写一个表达式：

$$b = \frac{R_g T}{\alpha_{eff} F} \tag{1.52}$$

将在下面说明有效电子传递系数 α_{eff}。

对于简单的电极工艺，其涉及在溶液中的电活性氧化还原物质和金属表面之间交换单个电子，对 α_{eff} 和 b 具有简单的解释。对于所谓的外球电子转移反应，其不涉及吸附和解吸过程并且保留电活性物质的化学结构，包括它们的溶剂化壳未受影响，预计 $\alpha = 1/2$ 和 $b \approx 50mV$（在室温下）。对于涉及吸附的中间体的多电子转移过程，如 ORR 的四电子通路，随着超电势 η 增加，α_{eff} 取 $1/2 \sim 1$ 之间的离散值序列。α_{eff} 的值可以从反应路径和机制的分析中找到，如在第 3 章的 "解密 ORR 反应" 部分中所讨论的。随着反应路径在 η 的离散范围中进化，不仅必须找到 b 的值，对于给定的电位范围，还应有对应的 j^0_* 值。

良好的催化剂应显示出高的 j^0_* 值和小的 b 值。b 值低是有益的，因为其允许降低驱动电化学过程的过电位 η。有效的电催化剂可以在低 η 下传送大的电流密度。在能量生成电化学装置（例如 PEFC）中，大的 η 转化为功率损失。j^0_* 的低值需要依靠催化层设计，主要增加每单位燃料电池活性区域的催化表面积。

1.6.2　电化学动力学

燃料电池电极的主要功能是在电化学界面处将反应物的化学通量转化为带电粒子的通量，反之亦然。电化学动力学将局部界面电流密度 j 与金属和电解质相之间的局部界面电位降相关,如图1.8所示。平衡电位的下降对应于界面处的局部超电位 η,这是界面反应的驱动力。反应速率取决于过电位、活性物质的浓度和温度。对于本节的其余部分,假设金属电极材料是理想的催化剂,即它不经历化学转化并用作电子的湮灭或来源。电化学动力学的基本问题是:界面电子转移速率如何依赖于金属相电位?

简单的单电子转移反应在金属电极的费米能级的电子状态及式(1.51)所示的物质 R 和 O 的供体或受体状态之间等效地进行。图1.12显示了一个简单的外球单电子转移过程的直观原理,垂直轴是单电子能量。在金属一面,电子态被填充到费米能级 ε_F^*。金属电子的能量密度 ε_F 由该状态下的电子密度给出,其可以使用电子结构理论计算(Ashcroft 和 Mermin,1976年)。

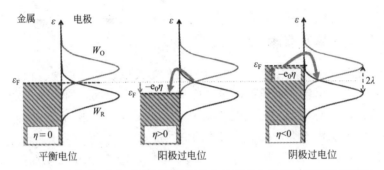

图1.12　在金属/电解质界面处的简单的外层单电子转移过程的原理图

在电解质中,图1.12显示了电解质中供体和受体的能量为 ε 的单一的 R 或 O 的概率密度分布 W。分布的最大值转移到 2λ 处,λ 是溶剂重组能。有限宽度的概率密度分布上升是由溶液中 R 和 O 溶剂化态的热波动造成的。这些能用高斯分布函数表示(图1.12)。R 和 O 的概率分布是相等的,通常与电解质的伪费米能级 ε_F^{el} 有关。ε_F^{el} 不能代表量子力学电子状态的本征能量,它是一个结合 R 和 O 中供体和受体能量的概率密度分布的热均值,因此取决于热波动。

单电极系统的平衡意味着金属中的反应电子和在溶液中的 R 具有相等的总能量(电化学电位),即 $\varepsilon_F = \varepsilon_F^{el}$。因此 ε_F^{el} 能用来定义平衡电极电位,$\varepsilon_F^{el} = -e_0 E^{eq}$,其中 e_0 是电子电荷。现在,让我们考虑电极的电位转移,这将产生一个新的金属相电位,$\phi = \phi^{eq} + \Delta\phi$。金属的费米能级的电位变化,$\Delta\varepsilon_F = -e_0\Delta\phi$。在电解质中,$\varepsilon_F^{el}$ 表示 ϕ 的独立值。在实践中,这个假设意味着电解质浓度高并有效屏蔽了电极电位。在此条件下,电解质的界面电位下降将发生在 Stern(斯特恩)层。扩散双电层中电位下降可以忽略不计,并且溶液中的伽伐尼电位不会被金属相电位所影响。从热力学角度来看,随着 ϕ 的应用,式(1.51)的正反应吉布斯自由能为 $\Delta G = -F\Delta\phi$。$\Delta\phi > 0$,则 $\Delta G < 0$,这意味着在阳极方向进行的反应将加速,随着电子迁移,溶液中的 R 转移到金属中,溶液中只剩下 O。从电化学的角度看,电极电位将变成一个新的值,$E = E_{eq} + \Delta\phi$。这表示 $\Delta\phi = \eta$,那就是,金属相的伽伐尼电位等于电极反应的过电位。阳极反应要求 $\Delta\phi = \eta = E - E^{eq} > 0$,而阴极反应则要求 $\Delta\phi = \eta = E - E^{eq} < 0$。

在平衡条件下,阳极和阴极电荷转移的速率是完全平衡的,界面电子转移过程的净速率为零。非平衡条件下,$\eta \neq 0$,净速率可表示为:

$$v_{net} = K_R c_O^s - K_O c_R^s \tag{1.53}$$

式中，c_O^s 和 c_R^s 表示氧化和还原物质的表面浓度；K_O 和 K_R 代表氧化和还原速率常数。通过定义，阴极反应的净速率或电流 [式（1.51）的左至右] 将增大。

为了了解反应的速率有多快，需要确定式（1.53）中的速率常数。使用过渡态理论，这些速率常数可写为：

$$K_R = A\exp\left(-\frac{\Delta G_R^{\ddagger}(E)}{R_g T}\right) \text{和} K_O = A\exp\left(-\frac{\Delta G_O^{\ddagger}(E)}{R_g T}\right) \tag{1.54}$$

下一步需要确定的就是吉布斯活化能，也就是 $\Delta G_R^{\ddagger}(E)$ 和 $\Delta G_O^{\ddagger}(E)$，这取决于 E。出于方便，选择 E^0 作为参考标准。如图 1.12 所示，反应的吉布斯自由能变化量为 $\Delta G_r(E) = F\eta = F(E-E^0)$。brønsted-evans-polanyi 之间的线性关系的正确性意味着反应的吉布斯自由能和活化能有如下关系：

$$\Delta G_R^{\ddagger}(E) = \Delta G_R^{\ddagger}(E^0) + \alpha F(E-E^0)$$
$$\Delta G_O^{\ddagger}(E) = \Delta G_O^{\ddagger}(E^0) - \beta F(E-E^0) \tag{1.55}$$

式中有无量纲阴极转移系数 α 和阳极转移系数 β。通常，这些系数都是 E 的函数。可以理解为 $\Delta G_{R,O}(E)$ 在 $E=E^0$ 处的泰勒展开的线性回归系数，表示为：

$$\alpha = \frac{1}{F}\times\frac{\partial\Delta G_R^{\ddagger}}{\partial E}\bigg|_{E=E^0} \text{和} \beta = -\frac{1}{F}\frac{\partial\Delta G_O^{\ddagger}}{\partial E}\bigg|_{E=E^0} \tag{1.56}$$

公式（1.55）表示高阶贡献在 E 和 E^0 间的偏差变得显著。α 和 β 的标准值在 $0\sim1$ 之间。对于简单的外球面单电子转移不涉及金属上的吸附质的形成，反应的 $\alpha+\beta=1$，因此 $\beta=1-\alpha$，当二者都为 1/2 时最有效。更严格的推导 α 和 β 值是利用电子转移理论的概念，明确处理电荷转移过程中的溶剂重组的影响。基础理论优先于 Marcus-Hush 理论以及 Schmickler 和 Santos（2010 年）讨论的 Gerischer 理论。

由于电极电位 E 的变化，电子转移过程的动力学速率趋势明显。E 相对于 E^0 增加，则 $\Delta G_O^{\ddagger}$ 的值减少，加速阳极反应的进行；E 相对于 E^0 减小，加速阴极反应的进行。利用这种形式，可以很简单地确定式（1.51）中的类电极反应的电流密度，单位为 A·cm^{-2}。

$$j = Fv_{net} = F[K_R c_O^s - K_O c_R^s] \tag{1.57}$$

使 $\beta = 1-\alpha$。

$$k^0 = A\exp\left(-\frac{\Delta G^{\ddagger,0}}{R_g T}\right) \text{和} \Delta G^{\ddagger,0} = \Delta G_O^{\ddagger,0} = \Delta G_R^{\ddagger,0} \tag{1.58}$$

有人发现：

$$j = Fk^0\left[c_O^s\exp\left(-\frac{\alpha F(E-E^0)}{R_g T}\right) - c_R^s\exp\left(\frac{(1-\alpha)F(E-E^0)}{R_g T}\right)\right] \tag{1.59}$$

这就是著名的 Butler-Volmer 方程。与能斯特方程合并，将平衡电极电位、标准平衡电位和电解质的平衡组成（浓度上标 b）联系起来：

$$E^{eq} = E^0 + \frac{R_g T}{F}\ln\left(\frac{c_O^b}{c_R^b}\right) \tag{1.60}$$

通过上式得到：

$$j = j_*^0\left[\frac{c_O^s}{c_O^b}\exp\left(-\frac{\alpha F\eta}{R_g T}\right) - \frac{c_R^s}{c_R^b}\exp\left(\frac{(1-\alpha)F\eta}{R_g T}\right)\right] \tag{1.61}$$

代入交换电流密度：

$$j_*^0 = Fk^0(c_O^b)^{1-\alpha}(c_R^b)^{\alpha}$$

在特殊情况下，从电解质转运到电极表面的弥散的转移速率快，这意味着表面浓度和体积浓度的偏离相差无几，得到最简单的 Butler-Volmer 方程：

$$j = j_*^0 \left[\exp\left(-\frac{\alpha F \eta}{R_g T} \right) - \exp\left(\frac{(1-\alpha)F \eta}{R_g T} \right) \right] \tag{1.62}$$

这些方程中，哪些适用于电化学装置中的反应建模？这取决于电极的结构和条件。式（1.62）是最简单的形式。它只能被使用在各种传质限制可以忽略不计的情况下，即均匀分布的反应物，简单的非多孔几何形状的电极，或搅拌良好的电解质溶液。式（1.61）和式（1.59）是等价的，式（1.61）中的体积浓度是平衡条件下的。

对于一个特殊的反应，标准的交换电流密度为 $j^{00} = F k^0 l$（$mol \cdot L^{-1}$）。不同反应的 j^{00} 值可以在不同的数量级范围内。单电极转移过程的 j^{00} 值很大，即使是平衡状态下一个小的电极电位偏差，都将会导致很大的电流密度。涉及吸收反应中间体的多级电极转移过程，比如说 ORR，具有很小的 j^{00} 值，它们具有不同的动力学机制以及 α_{eff} 和 j_{eff}^0 的不同有效值。这种情况下，$\alpha + \beta = 1$ 不再成立。

当 $|\eta| < R_g T / F$ 时，就会产生小过电位极限，这种情况通常和可以忽略不计的弥散转移限制相同，也就是统一的反应条件。对式（1.62）进行泰勒展开可得到：

$$j = R_{ct} \eta, \quad R_{ct} = \frac{j_*^0 F}{R_g T} \tag{1.63}$$

这与电荷转移电阻 R_{ct} 的欧姆定律类似。

当 $|\eta| \geq 3 R_g T / F$ 时，也就是所谓的塔菲尔体系。在这个体系中，式（1.59）中的局部电流起主要作用。简单假设弥散转移限制可以忽略不计，当 $\eta < 0$ 时，可以得到阴极电流：

$$\lg|j| = \lg(j_*^0) - \frac{\alpha F}{2.3 R_g T} \eta \tag{1.64}$$

$\eta > 0$ 时，得到阳极电流：

$$\lg(j) = \lg(j_*^0) + \frac{(1-\alpha)F}{2.3 R_g T} \eta \tag{1.65}$$

塔菲尔曲线表示 $\lg|j|$ 是 η 的函数。塔菲尔曲线的斜率可以得到 α，而线的交点和纵坐标拟合可以得到 j_*^0。

氧化还原反应的速率非常慢。Butler-Volmer 方程的阴极支流会产生感应电流密度：

$$j = j_*^0 \left(\frac{c_{O_2}}{c_{O_2}^0} \right)^{\gamma_{O_2}} \left(\frac{c_{H^+}}{c_{H^+}^0} \right)^{\gamma_{H^+}} \exp\left(-\frac{\alpha_{eff} F}{R_g T} \eta \right) \tag{1.66}$$

式中，j_*^0 是交换电流密度，对应于参考浓度 $c_{O_2}^0$ 和 $c_{H^+}^0$。文献中交换电流密度的值 j_*^0 在 $10^{-9} \sim 10^{-8} A \cdot cm^{-2}$ 之间，比 HOR 中的低 $5 \sim 6$ 个数量级（Neyerlin 等人，2006 年）。氧的反应级数通常被认为是 $\gamma_{O_2} = 1$。质子的反应级数 γ_{H^+} 取决于电位范围和相应的吸附条件。对于传统的离聚物浸渍的催化层，质子浓度是由离聚物的量决定的。如果质子浓度足够高，其在扩散双层的变化可以忽略不计。出于此限制，我们可以在反应面上假定一个恒定的质子浓度。在这种情况下，式（1.66）的第二部分就是一个常量，这包含在交换电流中。

恒定的 c_{H^+} 在充水凝聚物中的衰退的假设，在第 4 章的"CCL 分级模型"部分中考虑。自由离子 UTCLs 层的充水孔隙在第 3 章的"水填充纳米孔洞的 ORR 反应：静电效应"部分被研究。在这些情况下，质子浓度必须被明确考虑作为一个变量，它对 Pt 利用率的有效因子产生了强烈影响。

1.7　聚合物电解质燃料电池中的关键材料：聚合物电解质膜

在很大程度上，质子交换膜决定燃料电池的操作范围，即温度范围、压力和加湿要求。质子交换膜的独特性能，即气密性、高质子传导性和电子绝缘，是燃料电池标准最根本、最重要的原则。这取决于在阳极和阴极侧的部分氧化还原反应的空间分离。该膜应为质子浓度高、流动性强的介质。此外，该膜应在机械上和化学上稳定超过所需的时间。

燃料电池的寿命要求范围对于客车是 3000～5000h，对于巴士高达 20000h，对于固定发电高达 40000h。尽管有广泛的寿命要求，它们必须在广泛变化的运行条件下完成。然而燃料电池对于汽车应用需要兼容 $-40～100℃$ 的温度，固定应用需要更加少的要求，但是在这方面，需要的寿命最长。

质子交换膜由于其耐质子传递和反应气体的交叉，导致在燃料电池操作时不可逆的电压损失很大一部分。从阳极到阴极的未反应的燃料交叉是直接醇类燃料电池的一个主要问题，因为质子交换膜含有大体积液态水，容易溶解和运输醇分子如甲醇或乙醇。如果聚合物电解质燃料电池是在其良性运行范围以外操作，即环境温度太高（$T > 90℃$）或太干，在质子交换膜中的电压损失是特别有害的。除了质子交换膜直接引起的电压损失，聚合物电解质的结构和过程影响了聚合物电解质燃料电池中的所有成分和尺度的水控制。

1.7.1　膜的研究

质子交换膜的研究是一个多学科、跨层次的从埃（Å）到米（m）的研究。它需要解决的挑战涉及：（ⅰ）离子化学；（ⅱ）离聚物溶液的自组装特性；（ⅲ）纳米多孔介质中的水吸附平衡；（ⅳ）水介质和带电界面中的质子传输现象；（ⅴ）随机非均匀介质中的渗流效应；（ⅵ）耦合水和质子通量的工程优化。图 1.13 说明了质子交换膜结构和现象的三个主要层次及层次结构。

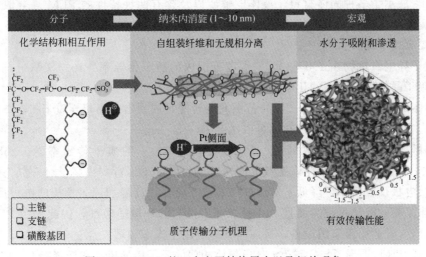

图 1.13　PEMs 的三个主要结构层次以及相关现象

质子交换膜研究的主要目的是理顺并最终预测在热力学条件下，燃料电池的电流密度与以下各因素的关系：（i）化学结构和组成；（ii）吸水性；（iii）质子传导率；（iv）水通量机制和参数；（v）电化学的基本概念；（vi）PEM的衰退机理和比例。引导物理性能和电化学性能的特定结构功能可以被设定为一个材料的形成阶段；它们也可以在运行过程中可逆地响应变化的条件；此外，它们也会由于薄膜的降解而产生不可逆的恶化。

从最佳性能和耐久性角度看，这些多元响应函数的综合、一致的知识是调谐化学结构和膜的纳米形貌的必要条件。争取这些关系的完整知识是虚幻的。然而，最重要的是使主要原理合理化以及了解膜结构与功能的局限性。这种了解是有形的性能和寿命预测的先决条件。此外，它为膜设计中系统方法的探索提供了基础。

1.7.2 基础结构图

在Mauritz和Moore（2004年），Peckham和Holdcroft（2010年）以及Yang等人（2008年）的研究成果中可以发现关于酸基聚合物的化学结构、形貌和性能的一些总结。典型的全氟磺酸离聚物的基础聚合物如图1.13（左）所示，由四氟乙烯（TFE）的主链和随机附着的下垂的侧链全氟乙烯基醚所构成，磺酸基固定在链头（Kreuer等人，2004年；Tanimura和Matsuoka，2004年；Yang等人，2008年；Yoshitake和Watakabe，2008年）

全氟磺酸的当量定义为每摩尔离子交换位点的干聚合物的质量，从公式中计算得到 $EW = (100n + 444)(g \cdot mol^{-1})$。括号里的第一个数 $100g \cdot mol^{-1}$ 表示TFE主链单体（CF_2CF_2）的摩尔质量，n 表示相邻侧链间的TFE链段的平均数量。括号中的第二补充项是一个单一的全氟磺酸侧链（$C_7F_{13}O_5SH$）的摩尔质量，$444g \cdot mol^{-1}$。侧链化学结构不同的离聚物，则这个数字也会不同。现在用于描述PEMs的离子容量的最佳参数是离子交换能力，定义为当量的倒数，即 $IEC = EW^{-1}$。

1.7.3 谁是质子最好的朋友？

质子从不独自旅行。质子的迁移很大程度上取决于它所处的环境，通常由电解质和固体或者柔软的基体材料组成。

图1.14展示了多种固体材料、液体电解质以及含有两种特性的PEM等合成材料的质子传导率。质子传导材料根据使用温度范围、质子传导率和随温度变化时传导性变化进行分类，主要有以下几种：

• 质子导电氧化物在 $400 \sim 1000℃$ 温度范围内的质子传导率 $> 10^{-3}S \cdot cm^{-1}$。质子传导机理依赖于晶体构型缺陷的化学特性。

• 固体酸质子导体在 $100 \sim 200℃$ 范围发生转变，展现出高温超导质子状态。在这个高温无序结构状态下得到的离子传导率可以达到 $10^{-1}S \cdot cm^{-1}$。

• 磷酸（PA）基-聚苯并咪唑（PBI）膜在 $150℃$ 下的质子传导率 $> 0.25S \cdot cm^{-1}$（Xiao等人，2005年）。该膜允许燃料电池在较高的温度下运行，提高了对一氧化碳杂质的容忍能力及电极反应速率，降低了对湿度的要求。然而，高温加速了期望的电极反应速率，同时也加速了膜的降解过程。而且PBI膜表现出很差的环境适应性，因此采用PEI质子交换膜的PEFCs可适用于家用设备，目前尚不能应用于汽车领域。

• 水基PEMs展现了与盐酸等液体电解质相似的质子传导机理和迁移能力。以PFSA型离聚物为例，其质子传导率可以达到 $0.1S \cdot cm^{-1}$，嵌段共聚物体系可以达到 $0.5S \cdot cm^{-1}$。

PEMs 膜的使用温度范围在 $-30 \sim 90$℃，运行温度的下限取决于水的凝固温度，凝固温度降低则是因为纳米孔中的水分子具有较高的表面能。运行温度的上限取决于水的蒸发温度；只有很少几种水基 PEMs 可以在 100℃ 以上维持质子传导率。

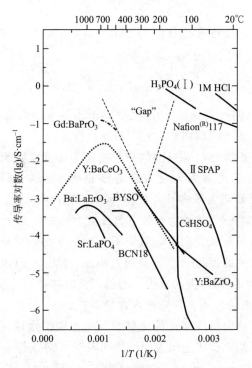

图 1.14　各种固体化合物、液体电解质以及合成材料的质子传导率 ［Solid State Ionics，125 (1-4)，T. Norby，Solid-state protonic conductors：Principles，properties，progress and prospects，1-11，Copyright (1999)．Elsevier 授权］

　　水是自然界最受欢迎的质子溶剂和载体，液态水是任何已知材料中质子迁移能力最强的。简单来说，任意过量的质子从 PEFC 阳极进入膜内以后，可以轻易与结合水分子的质子转换角色。因此水中电荷浓度为 $110 \mathrm{mol} \cdot \mathrm{L}^{-1}$。相比之下，磷酸（$H_3PO_4$）的质子浓度只有 $58 \mathrm{mol} \cdot \mathrm{L}^{-1}$。

　　水是万物的生命源泉，也是生命最有效的资源。因此，水的性能可以完美匹配自然界发展的要求。考虑到相同的运行环境、自然界的基础，在技术能源应用领域给水基质子导体的应用提供了一个具有说服力的观点。

　　水分子的从头算（ab initio）分子动力学研究经过近 20 年的发展，已经绘制出一张精确的质子迁移机理图。过量质子在水中的移动由 Eigen 等水合质子和 Zundel 离子之间顺序转变组成。转变过程由旋转振动引起，伴随着与水分子网络之间氢键的断裂和形成。如今该机理已被验证并代替了 Baron C. J. T. 和 Grotthuss 1806 年提出的质子水中迁移的机理图。然而，Grotthuss 的直观机理依然沿用至今：对于远程传输，一个质子缺陷沿着一排不含质子的水分子传递。

1.7.4　质子和水的耦合传输

　　在第 2 章"PEM 电导率：仅仅是组成的一个函数"部分，根据公式（2.1）提出了一个初步的传导率模型。空隙内质子密度和移动能力的局部变化使公式（2.1）的因式分解形式并不适用于空隙级。例如柱形孔隙长 L_p，半径 R_p，孔壁表面电荷密度均匀，其传导率 Σ_{pore} 计算公式如下：

$$\Sigma_{pore} = \frac{2\pi}{L_p} \int_0^{R_p} r\rho_H + (r)\mu_H + (r)d_r \qquad (1.67)$$

它解释了沿径向质子的密度和迁移性的变化。与质子电荷密度分布和迁移能力相关的孔壁可简化为平板孔：

$$\Sigma_{pore} = \frac{L_x}{L_y} \int_{-z_0}^{z_0} \mu + (z)\rho + (z)d_z \qquad (1.68)$$

式中，L_y 是沿传输方向孔的长度；L_x 是垂直于传输方向孔隙平面的宽度。$\pm z_0$ 表示厚度方向的带电界面层。表达式假定质子密度和迁移性无关。

为了将单个孔的传导系数推广到湿润的质子交换膜中充水孔组成的随机网络的离子传导率，采用了渗流理论、场论和均匀化方法等随机多相介质中常用的方法（Torquato，2002 年）。然而，PEM 并不是常规多孔介质。吸水改变了孔尺寸、形状和孔网格结构，导致在溶胀过程中，因为重组而无法维持孔的总数量。

电渗流将水分子从阳极拖拽到阴极，对质子和水移动之间的耦合产生不良影响。扩散和渗透作用引起的向阳极侧的回流会部分平衡电渗流。然而，电渗流需要形成水和液压内部梯度，就意味着水在 PEM 阳极侧的减少。通过阳极电渗造成的膜干会极大降低离子传导能力，因为目前 PEM 的离子传导率与局部水含量相关。

另外，水迁移到阴极侧会造成多孔催化层和气体扩散层水淹现象。液态水阻塞孔会极大地减小催化剂的供养速率，造成电压大幅下降和限流（Berg 等人，2004 年；Eikerling 和 Kornyshev，1998 年；Ihonen 等人，2004 年；Kulikovsky，2002 年；Mosdale 和 Srinivasan，1995 年；Paganin 等人，1996 年；Weber 和 Newman，2004 年）。

因此，质子和水的耦合通量造成了膜、催化层、整个电池的水控制问题（Eikerling，2006 年）。然而，PEM 不同区域在过量吸水和失水过程中造成的尺寸不稳定性降低了 MEA 的耐久性。这通常是膜和电极层分离的起源（Mathias 等人，2005 年）。Weber 和 Newman（2006 年）以及 Nazarov 和 Promislow（2007 年）的数学模型解释了机械压力对 PEM 吸水和溶胀的影响，机械压力降低了含水量和水传递，使水分布均匀。

综上所述，需要理解以下几点：（ⅰ）PEM 离子交换膜自组装；（ⅱ）外部水的热动力学；（ⅲ）孔吸水溶胀和网格重组；（ⅳ）质子和水的相关传输性能。以上几点将在第 2 章继续研究。

1.8 聚合物电解质燃料电池关键材料：多孔复合电极

电极电化学反应发生在金属/电解质界面，整个界面反应将反应物传输到电活性界面。同时涉及金属表面吸附反应中间体的形成；电子在溶液中的电活性颗粒、吸附中间体及金属间的转移；反应产物颗粒的解吸；以及反应产物由界面离开的传质等过程。这些过程中形成的界面电荷转移，质子、电子、反应气体和水的传输均发生在多孔电极。

多孔电极广泛应用在电化学能转化和储存领域，包括光电化学电池、电化学双电层电容器、赝电容超级电容器、电池和燃料电池等。交换电流密度是描述电催化活性电极材料的主要参数，它说明了电子交换在阳极和阴极界面电荷转移平衡速率的动力学平衡状态下如何快速发生，见"电化学动力学"章节。这个参数表达了金属表面实际区域的单位反应速率。

多孔电极的主要优化参数是单位体积理想电化学活性表面积 S_{ECSA}^{id}。根据计算，在 PEFC 电极中，S_{ECSA}^{id} 值大约与电催化活性材料 Pt 的数量呈正比；与沉积催化层的多孔催化介质中孔隙或棒状结构纳米管直径 d 值（即催化剂直径）呈反比。换句话说，S_{ECSA}^{id} 也可以与电极能够生成的能量密度和电流密度呈正比：

$$S_{ECSA}^{id} \sim \frac{1}{d} \sim \begin{cases} 能量密度 \\ 电流密度 \end{cases} \tag{1.69}$$

通过这些基本参数，我们可以定义多孔电极单位体积的电催化活性，$i^{0,id}=j_*^0 S_{ECSA}^{id}$；电极几何表面积的单位理想交换电流密度，$j^{0,id}=j_*^0 S_{ECSA}^{id} l_{CL}$。表明了电极活性与 l_{CL} 有关。

多孔电极设计和装配要求确保催化层表面接触特性和反应的均匀性。如果活性电极材料表面部分无法接触反应物，表面电化学活性区域将低于理想表面积，即 $S_{ECSA} < S_{ECSA}^{id}$，τ_{stat} 为统计利用系数。

$$\tau_{stat} = \frac{S_{ECSA}}{S_{ECSA}^{id}} \tag{1.70}$$

均匀的反应状态要求粒子的快速传递。如果电子、质子或者气体反应物的传递速率过低，将会导致反应速率分布不均匀。第 3 章中"非均匀反应速率分布：效率因子"定义的总效率因子 τ_{CL} 量化了统计利用率和传输作用的综合影响。

1.8.1 催化层形貌

在催化层设计和制造中改进的典型结构，如图 1.15 所示。铂的纳米粒子尺寸分布为 2～5nm，并附着在催化剂载体材料的初级粒子上，其中有 5～20nm 典型尺寸。最广泛使用的催化剂载体材料是炭黑或石墨化炭黑（Soboleva 等人，2010 年，2011 年；张，2008 年）。在过去的十年中，纳米碳逐渐被采用，例如，碳纳米管已经通过测试（Zhang 等人，2012 年）。像许多其他能源的应用，需要具有高表面积和高导电性基材，表面处理或掺杂石墨烯作为一种新兴的、有前途的催化剂载体材料逐渐应用在燃料电池中（Brownson 等人，2012 年；Shao 等人，2010 年）。此外，利用金属氧化物材料如 TiO_2，Nb_xO_y 的独特性质作为支撑材料也进行了大量研究（Zhang 等人，2010 年）。

金属铂修饰的碳颗粒形成了尺寸在 100nm 范围的团

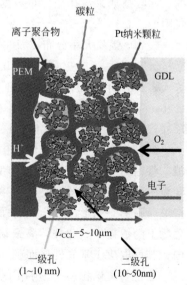

图 1.15　一个典型的催化层结构图

聚体，并能够进一步形成 $1\mu m$ 大小的聚集体（Soboleva 等人，2010 年）。聚集过程的不同阶段产生了三种孔隙类型：①微孔（小于 2nm）在结晶域内的初级颗粒之间；②中孔（2～20nm）在附聚物内主要的 Pt/C 颗粒之间；③大孔（大于 1/20nm）在团聚体之间。在 CLs 中，中孔和大孔通常也分别被称为原生孔隙和次生孔隙。孔隙空间部分充满了液态水，主要积累在亲水性原生孔隙，而次生孔隙，是典型的更大和更疏水的孔，通常充满气体。

催化剂墨通过在分散介质中含 Pt/C 粒子的催化剂粉末制备，该分散介质是水、醇或其他有机化合物的混合物（谢等人，2008 年）。通过加入离聚体达到所需离聚物-碳质量比。催化层的制造方法，见文献第 19 章（Zhang，2008 年）。增加的离聚物自组装成一个独立的在孔隙空间的互连相，主要是在次生孔隙。最终的 CL 结构取决于所用的材料、碳组合物、分散介质、制造条件、MEA 制造和干燥的方法。CL 的质量组成是由铂、C 和离子确定，即 m_{Pt}、m_C 以及 m_I 单位为 $mg \cdot cm^{-2}$。该层的物理性质取决于体积组成、连通性和不同的相畴扭曲（固体 Pt/C、离子和孔隙空间）。至关重要的是在复合材料中形成不同类型接口的特定区域。体积组成可以由以下关系确定：

$$1 - X_p = \frac{1}{l_{CL}} \left(\frac{m_{Pt}}{\rho_{Pt}} + \frac{m_C}{\rho_C} + \frac{m_I}{\rho_I} \right) \tag{1.71}$$

ρ_{Pt}、ρ_C 和 ρ_I 代表各组分的质量密度。通过测量相关的厚度 l_{CL} 或总孔隙率 X_p，可利用公式（1.71）得出其余参数，此后，所有组分的体积分数可以从 $X_i = m_i / l_{CL} \rho_i$ 中计算得出。高阶结构信息、体积分数，需要更复杂的实验方法。孔径分布函数可以使用氮气物理吸附汞（Soboleva 等人，2011 年）或标准汞的通用方法获得（vol'fkovich 等人，2010 年）。标准汞的差分测量使用水和辛烷值允许孔的润湿角来计算一个孔隙半径的函数。因此，定量的亲水性和疏水性的孔隙可以量化。这些研究被用来分析 Pt 沉积和离聚物担载的亲水性-疏水性的 CLs 形成的不同的碳载体材料的影响。

此外，等压水吸附数据和动态蒸汽吸附（Soboleva 等人，2011 年）提供对水吸收的数据。此数据如果与孔径分布数据相结合，可以作为孔径的函数帮助确定孔隙的润湿角或水吸附的吉布斯能。

C、Pt 颗粒大小分布以及单个粒子的结构和形态，可以直接利用高分辨率透射电子显微镜（TEM）可视化分析（Mayrhofer 等人，2008 年；Meier 等人，2012 年；Shao Horn 等人，2007 年）。断层的方法正在开发中，信息可以从 TEM 和聚焦离子束扫描电子显微镜（Fibsem）获得，重建一个三维的催化层图像（Thiele 等人，2013 年）。目前，最小的特征尺寸，可以解决约 10nm 催化层的断层成像。

到目前为止提及的任何结构表征方法的挑战是离聚物结构的确定。粗粒分子动力学模拟，将在第 3 章中详细讨论，暗示了离聚物在表面形成厚度为 3~10nm 的黏性皮层的 Pt/C 颗粒附聚物（Malek 等人，2008 年，2011 年）。通过对 CL 结构和组成的实验数据分析，支持该薄膜形态的形成。Pt/C 表面的性质决定离聚物结构，即离聚物膜的厚度和离聚物在附聚物上的覆盖率。此外，离聚物表层的特征在于离聚物侧链上解离的磺酸头基团的优先取向，其可取决于基底性质而朝向或远离团聚体表面取向。

独特的离聚物形态影响 Pt/C 表面和离聚物之间的液态水薄膜的形成。在团聚体表面和团聚体孔中，离聚物和水的分布是必要的结构性质。这些分布决定了催化剂的电化学活性表面积（SECSA）、催化剂表面的质子浓度（或 pH）和该层的质子传导性的实际值。

通常，催化层模拟必须考虑在 Pt/C、离聚物、液体水和气体孔的互连和互穿相以及这些组分之间的界面处的传输现象。因此，PEFC 中的催化层代表非常规的四相复合介质。如果我们忽略孔中和离聚物薄膜上的水的区别，这意味着我们将这些组分作为具有有效性质的一个电解质相处理，结构模型降低到常规的三相气体扩散电极。直到最近，这种有效的电解质方法一直是 CL 建模中的标准。然而，它没有解释电解质替代其他离聚物在 CLs 中的影响，以及在 CCL 和 MEA 中的水控制的合理化，我们必须明确考虑水分布和通量。

一组重要的结构性质是形成的界面区域一方面在 Pt 和载体之间，另一方面在离聚物和液体水或气相之间。这些界面区域将确定该层的 Pt 利用率和电化学性能。催化剂粉末中的电催化活性表面积可以由在 H_2SO_4 溶液中通过薄膜旋转盘电极（TF-RDE）伏安法测量的 H 吸附或 CO 振动波的电荷估计（Easton 和 Pickup，2005 年；Schmidt 等人，1998 年；Shan 和 Pickup，2000 年）。总催化剂表面积可以由催化剂担载或从 X 射线衍射图和 TEM 图像获得的粒度分布计算。该分析基于催化剂颗粒是球体的假设（Rudi 等人，2012 年）。循环伏安法可用于推导氢吸附（在催化剂处）和双层形成（在催化剂和载体处）的表面积。

1.8.2　Pt 的困境

在降低 Pt 担载量的同时提高电池性能方面的进展令人印象深刻。担载在碳上的 Pt 纳米颗粒比体相多晶 Pt 的质量比表面积增加了 100 倍。在 20 世纪 80 年代末，Ian D. Raistrick 在 Los Alamos 国家实验室引入了 Pt 在高度多孔碳材料上分散的纳米颗粒催化剂。同时，他提出用离聚物电解质浸渍多孔 Pt/C 燃料电池电极（Raistrick，1986 年，1989 年）。这些代表了 PEFC 的 CL 设计的重大突破。它们使得在阴极处 Pt 担载量从约 $4mg \cdot cm^{-2}$ 减少到 $0.4mg \cdot cm^{-2}$。最近，研究人员和材料开发商已经寻求替代现有技术的 Pt/C 催化剂材料，以努力减少 Pt 担载，尽管最有希望的候选物仍是将 Pt 作为基础催化材料（Debe，2012 年；van der Vliet 等人，2012 年）。

尽管有进展，阴极中的 ORR 仍然引起电池中所有不可逆能量损失约 40% 以及相应的电压成比例损失。此外，在高电池性能所需的质量担载下，Pt 占燃料电池堆的总成本的 30%～70%，尽管其仅占堆积体积的约 0.1%。PEFC 研究中最重要的挑战仍然是使用最少量的 Pt 实现性能最大化。

如果仍然可以满足性能和寿命要求，则 Pt 担载的显著减少将会引起 PEFC 堆成本的巨大节省。另一个 Pt 担载降低的重要性是不言而喻的。在地球地壳中的元素丰度的图表中，Pt 被发现接近底部。需求与材料丰度的比率决定了其价格。

让我们对汽车 PEFC 堆中的 Pt 担载要求进行简单的估计。假设 $0.5mg \cdot cm^{-2}$（包括阳极和阴极）的 Pt 担载和 $1.5W \cdot cm^{-2}$ 的功率密度，Pt 要求为 $0.3g \cdot kW^{-1}$。世界上的汽车数量超过 10 亿辆，并表现出快速增长趋势。假设每辆车平均功率为 50 kW，按照当前技术标准，使用 PEFC 产生 10 亿辆汽车的累计功率将需要 15000t Pt。估计世界储量的 Pt 为 66000t（其中 70%～80% 在南非发现）。

当前世界生产的铂的汽车生产率是多少？2012 年 Pt 的世界产量为 200t。如果 50% 的 Pt 生产被转用于制造燃料电池电动车辆，则足以生产 6 兆台车辆。目前汽车的年产量为 60 兆台。因此，即使在大胆的商业化情况下，Pt 要求将大大削弱 PEFC 技术对世界汽车生产的贡献。Pt 要求进一步降低 10 倍将是一个游戏规则。

目视检查图 1.15 表明，Pt 的统计利用率预计远低于最佳值，且反应条件预期为高度不均匀。物质传递和界面电化学动力学的相互作用在具有有限厚度的多孔电极的运行中是固有的。它导致 CCL 运行的不同区域的差别，将在下面解释。最重要的问题是：催化剂的利用率有多低，Pt 未充分利用对性能的影响是什么？

在深入了解催化层设计的秘密之前，应该深思熟虑一些基本问题和简单的估计。为了建立用于评价催化剂担载的基线，可将1mg的Pt作为具有Pt（111）表面的晶体构造和体相Pt（$a=3.92$Å）的晶格常数的完全单层展开。获得的总表面积是多少？简单的计算得出了2000cm^{2}的表面积。如图1.15所示，离聚物浸渍的CCL的典型Pt质量担载是$m_{Pt}=0.4$mg·cm^{-2}，这对于理想的单层扩散对应于表面积增强因子$\xi_{Pt}=800$。参数ξ_{Pt}定义为总（实）催化剂表面积与几何（表观）电极表面积的比率。

实现PEFC的性能目标所需的表面积增强因子是多少？在电化学性能方面的最佳的催化层（留下水管理的问题）是UTCL。UTCL是3M公司根据Mark K.Debe发明的纳米结构薄膜（NSTF）技术制造的（Debe，2012年，2013年）。UTCL中的催化剂由物理气相沉积在茜红的芯的晶须表面产生的Pt连续层组成。假设晶须是圆柱形，可以从中计算表面积增强因子：

$$\xi_{NSTF}=(1-X_P)\frac{4l_{UTCL}}{d} \tag{1.72}$$

估计厚度为$l_{UTCL}=300$nm，孔隙率为$X_p=20\%$，晶须直径为$d=50$nm，得到$\xi_{NSTF}=20$。在单层约束下，这种表面积增强因子将达到的Pt担载量为0.01mg·cm^{-2}。尽管基于粗略的估计，这个数字给出了CCL中进一步减少Pt担载的余地可能是什么。在现有技术CL中的最小Pt担载（在理想条件下）与实际Pt担载的比率可以被认为是Pt利用的有效性因子的估计。根据提供的数字，这种有效性预期在2%～3%。如第4章中的"CCL分级模型"部分所示，这些值与从结构的物理模型和常规离聚物浸渍的CL获得的有效性因子一致。此外，它们与Pt利用的有效性因子的实验评估一致。

对于3M型UTCL，其中的实际Pt担载量在0.05～0.1mg·cm^{-2}。由于几个原因，这种担载偏离理想的单层担载：UTCL中的Pt层为5～10个单层厚，导致了Pt的低表面原子比。此外，UTCLs中的静电效率因子显著低于1。

1.8.3 催化层设计

催化层的最优函数是电流密度，是用给定的燃料电池电压和运行时间j（E_{cell}，t）除以Pt在生命开始时的质量担载m_{Pt}^0（mg·cm^{-2}）得到的。该函数可以通过下式定义：

$$\frac{j(E_{cell},t)}{m_{Pt}^0}\alpha j_*^0\Gamma_{np}\Gamma_{stat}f(结构,条件) \tag{1.73}$$

式中，Γ_{np}是结晶纳米颗粒的表面原子比例；Γ_{stat}代表降低催化剂统计利用的渗透和润湿性效应；函数f（结构，条件）包含了由于不均匀的反应速率分布造成的所有的效应。

了解催化层的结构和功能是一个挑战。式（1.73）中的依赖关系可以通过区分四个尺度来合理解释，如图1.16所示。在最低尺度，根据催化剂纳米颗粒的尺寸、形状和表面原子排列以及催化剂和载体材料之间的相互作用，可确定固有的电催化活性。这些影响在j_*^0中呈现。由于只有表面原子参与反应，表面原子比被引入到式（1.73）中。这个因子与粒子半径大致成反比，$\Gamma_{np}\approx1/r$，并且它对粒子的形状很敏感。具有更多球形形状的颗粒，如立方八面体颗粒，具有最小的Γ_{np}；而非球形形状，如四面体颗粒，表现出更高的表面原子分数。

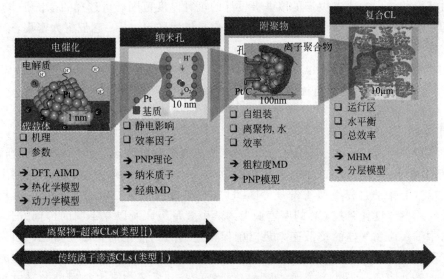

图 1.16　阴极催化层结构和功能缩放图

图 1.16 中的下一层显示了 Pt 沉积物在孔壁的单个充水孔。典型的孔径在 2～20nm。最终，PEFC 中的化学反应必须在 Pt/水界面进行，并且它可以假定这些界面大部分存在于充水纳米孔中。气体填充纳米孔不会对电流产生做出贡献。单孔效应将成为函数 f （结构，条件）中一个解释，并作为一个静电效率因子。在孔隙水平下的电流转化率取决于 Pt 在界面处的量和分布。孔半径和金属壁的表面电荷密度 σ_M 随金属相电位 ϕ_M 而变化。

水填充的纳米孔存在于 Pt/C 的团聚体内部，其代表下一个结构层面。典型的附聚物尺寸在 100～300nm。附聚物部分地被厚度为 3～10nm 的离聚物薄膜覆盖。在这个层面上，膜的厚度和覆盖度是重要的结构特征。此外，重要的是在离聚物膜处的大部分的磺酸头基团向附聚物表面取向。这种有利的取向使团聚体表面和离聚物膜之间的界面区域亲水，并且赋予凝聚表面的水膜高质子浓度。在聚合物层面上，朝向聚合物表面取向的磺酸头基的高界面密度增强了附聚物的电催化活性和质子传导性。利用在团聚体表面的氧浓度、电解质相电位和质子浓度，可以提出一个模型，使反应速率分布和聚合物有效性因素得到合理解释。附聚效果因子 Γ_{agg} 代表对 f （结构，条件）的重要贡献。由于在附聚物表面的部分离聚物覆盖和附聚物中孔的部分液体饱和，Pt 颗粒的一部分可以与气相形成接触，因此保持无活性。Pt 表面的非活性部分用 Γ_{stat} 来表示。

在宏观尺度上，多孔复合层的传输性能取决于在互穿功能相中的渗透效应。这些传输性质决定了宏观尺度下的反应物分布。由于差的氧扩散率导致的氧不均匀分布将减小 f （结构，条件）的值。此外，Pt 表面的一部分可能不被水覆盖，使它们失活。必须在建模研究中耦合团聚和宏观尺度，以确定跨层和内部附聚物的反应速率分布。耦合模型将给出团聚体的有效性因子作为厚度坐标 x 的函数，$\Gamma_{agg}(x)$。对 $\Gamma_{agg}(x)$ 进行平均可以得到聚集有效因子。

利用结构分级制度，我们在 PEFCs 中定义了两个基本的催化剂膜层的设计类型。如图 1.16 所示：三相气体扩散电极（Ⅰ型电极）和两相浸没电极（Ⅱ型电极）。Ⅰ型电极代表主要的催化层设计。这些层，通过常规的基于油墨的方法制造，结合所有功能相（金属：Pt/C；电解质：离聚物和液态水；气孔），它们跨越所有结构层级。对活性催化剂表面积增强因子和对互穿相体积的要求决定了该电极设计的可行厚度范围。可选择的范围是 $5\sim10\mu m$。在更低的厚度，这种类型催化剂膜层将不会提供足够大的 S_{ECSA}，它们将太密集，严重影响气体扩散能力。

厚度和成分必须一致优化。对于上面给出的最佳厚度范围，最佳离聚物体积分数 $X_{PEM}\approx35\%$。该体积分数使目标电流密度下的燃料电池功率密度最大为 $1A\cdot cm^{-2}$。综合 Γ_{np} 和 Γ_{stat} 统计因素以及在图 1.16 的 4 个尺度上的传输过程，Pt 利用的效率在大约 3%。这个值同 Pt 效率因子的实验研究得到的值相一致。

Ⅱ型电极的主要特征在于制造方法既不涉及与离聚物的混合，也不涉及离聚物浸渍步骤。这些结构不含离聚物。这些电极的厚度约 200nm，它们被称为 UTCL。在纳米孔尺度或以下，UTCL 中的过程类似于常规 CL。UTCL 可以被认为是具有平面几何形状的团聚体。由于它们的厚度比常规 CL 的厚度低大约两个数量级，所以在不同的传输方式中运行。溶解在水中的反应物气体的扩散速率足以确保快速输送到催化剂表面。因此，如果 UTCL 的孔隙空间被液态水完全饱和，这对最大化 Γ_{stat} 的值是有益的。虽然气体反应物的质量传递效应在 UTCL 中不太明显，但它们的电化学性能受到质子与带电金属壁的静电相互作用的强烈影响。这些界面带电效应决定了充水孔隙中的 pH，从而确定了催化剂的活性。

存在Ⅱ型电极的两个例子，对应于 UTCL（a）导电纳米孔或纳米结构催化剂载体，或（b）绝缘催化剂载体，其需要在孔壁处的 Pt 的连续膜以确保连续的电子通量。第一个设计选项，使用导电支撑，通过脱合金或模板的方法可以用多孔金属箔或泡沫实现（Zeis 等人，2007 年）。第二个设计选项对应于 3M′s 的 NSTF 技术。并且与Ⅰ型电极相比，这些已经在显著降低 Pt 担载时表现出优异的性能。UTCL 展现了重要的设计简化；因为这些层是超薄离聚物，它们不需要气体孔隙率。3M′s 型 NSTF 层的 Pt 利用率的有效因子在约 15%；这个估计不考虑表面原子比造成对厚度溅射沉积的 Pt 膜的影响。值得注意的是，用 Pt 合金催化剂测试的 NSTF 层展现出对所有燃料电池 CLs（ORR）的最高的电催化活性（Debe，2013 年）。

1.9　Ⅰ型电极的性能

1.9.1　理想电极的运行

在普通的Ⅰ型电极中，大的 S_{ECSA} 只能以非常大的电极厚度代价来实现。这使层中反应物和产物的输送复杂化。具有较小传输损耗的、理想状态下的 CL 在图 1.17 中示意性地示出，其显示了通过有限厚度的催化层的电流和浓度。质子电流密度 j 随电极深度呈线性减小，而电子电流密度呈线性增加。因为在理想情况下，假定 CL 质子传导率大，沿 x 的过电位 η 的变化小。假定氧通过该层传输是快速的，变化氧浓度 c 也很小。

在阴极侧处的电化学转化的速率（ORR 速率）R_{ORR}，可以通过 Tafel 方程描述。

$$R_{ORR}=i^0\left(\frac{c}{c_h^0}\right)\exp\left(\frac{\eta}{b}\right) \tag{1.74}$$

式中，i^0 是体积交换电流密度（$A\cdot cm^{-3}$）；c 和 c_h^0 分别是局部和参考氧浓度。

根据图 1.17 所示的情况，η 大约等于 η_0，c 大约等于 c_1。ORR 速率因此沿着 x 恒定，并且 CCL 中的转换电流密度简单地就是 $l_{CL}R_{ORR}$ 或：

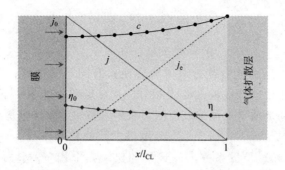

图 1.17　I 型阴极催化层操作的理想方案的示意图

$$j_0 = l_{CL} i^0 \left(\frac{c_1}{c_h^0} \right) \exp \left(\frac{\eta_0}{b} \right) \tag{1.75}$$

　　质子电流密度 j 通过电极深度线性减小，而电子电流密度线性增加。沿 x 的过电位 η 的变化很小，因为 CL 质子传导率大。氧浓度 c 的变化小，是因为氧通过该层传输快。

　　这个方程是 CCL 的最简单的极化曲线，表明典型转换的电流密度对阴极过电位的指数依赖性。解式（1.75）的方程得到 η_0 的解：

$$\eta_0 = b \ln \left(\frac{j_0}{j^0 c_1 / c_h^0} \right), \quad j^0 = l_{CL} i^0 \tag{1.76}$$

　　此处需注明，j_0 是多孔电极的单位面积的交换电流密度。它与本征交换电流密度 j^0 有关，因为 $j^0 = \xi_{Pt} j_*^0$，其中 ξ_{Pt} 是每平方厘米电极具有的特定的催化剂表面数值。

　　在小电流密度下，j_0 和 η_0 / b 小，反向反应不能忽略，则公式（1.75）中的指数应该被 $2\sinh(\eta_0 / b)$ 代替，并且公式（1.76）转换为公式（1.77）：

$$\eta_0 = b \,\text{arcsin}h \left(\frac{j_0}{2j^0 c_1 / c_h^0} \right) \tag{1.77}$$

　　最终，在小的单位电流密度下，扩展公式（1.77），$\text{arcsin}h$ 函数简化为公式（1.78）：

$$\eta_0 = R_{ct} j_0 \tag{1.78}$$

$$R_{ct} = \frac{b}{2 l_{CL} i^0 c_1 / c_h^0} \tag{1.79}$$

　　式中，R_{ct} 是催化层电荷转移电阻（单位为 $\Omega \cdot cm^2$）。注意这个参数仅在小电流密度下定义。还要注意，在恒定的 i^0 处增加 l_{CL} 意味着 CL 中较高的催化剂担载，这降低了 R_{ct} 的值。

1.9.2　电极运行规则

　　CCL 中质子通量的连续性方程为：

$$\frac{\partial j}{\partial x} = -R_{ORR}, \quad j(0) = j_0 \tag{1.80}$$

　　质子电流密度相对 x 的变化是由右侧给出的 ORR 中的质子消耗速率造成的。

　　（1）小电池电流密度

　　在小电池电流下，传输损耗可忽略不计，R_{ORR} 与 x 成正比，式（1.80）描述了线性关系。

$$j(x) = j_0 \left(1 - \frac{x}{l_{CL}} \right) \qquad (1.81)$$

式中，j_0 可通过式（1.75）用 η_0 来表示。如图 1.17 所示，在 CCL 中的质子电流密度的这种线性关系表明膜层的所有部分对电流转换具有同等的贡献；同时也用到了催化剂。这种理想的情况与理想反应物传输的假设相对应，在足够小的电流下，可在任意电极上得以实现。该情况下，局部质子电流是线性的，而超电势和反应速率是沿 x 方向的常量。

在非理想情况下，不得不评估三个有效电极参数的相互作用关系，即体积交换电流密度 i^0、质子传导率 σ_P 和氧扩散系数 D。评价和比较三个相应的特征电流密度更具有意义的，而不是仅仅考虑这些参数。这些包括上面所定义的电流转换能力 $j^0 = i^0 l_{CL}$，由质子传输所致的特征电流密度：

$$j^p = \frac{\sigma_p b}{l_{CL}} \qquad (1.82)$$

以及由氧扩散所致的特征电流密度：

$$j^d = \frac{4FDc_1}{l_{CL}} = \frac{4DP_1}{b_* l_{CL}} \qquad (1.83)$$

式中，c_1 为 CCL/GDL 界面处的氧浓度；P_1 为相应的氧分压（假设为理想气体），且

$$b_* = \frac{R_g T}{F}$$

CCL 的运行方法取决于这些彼此联系，和与 j^0 相关的特征电流密度值。理想情况下，平均反应速率需同时满足两个条件：

$$\frac{\sigma_p b}{l_{CL}} \gg j_0 \text{ 和 } \frac{4FDc_1}{l_{CL}} \gg j_0 \qquad (1.84)$$

传统 CL 阴极的典型参数为：$l_{CL} = 10\mu m$，$\sigma_p = 0.01 S \cdot cm^{-1}$，$b = 25mV$，$D = 10^{-3}$ $cm^2 \cdot s^{-1}$，且 $c_1 = 7.36 \times 10^{-6} mol \cdot cm^{-3}$。使用这些参数，发现阴极表面交换电流密度 j^0_{ORR} 的范围在 $10^{-7} \sim 10^{-6} A \cdot cm^{-2}$，$j^p$ 为 $0.3 A \cdot cm^{-2}$，且 j^d 为 $3 A \cdot cm^{-2}$。可以看出，除了在高液态水饱和度下的 CCL 中，质子传输限制预计比氧扩散限制更加显著。值得注意的是，对于 CL 阳极的氢扩散，j^d 比上述的预估值大一个数量级。

在 Butler-Volmer 方程的线性关系中，如果电流密度小，则质子流与局部过电位的曲线形状通常为 x 的指数型。指数电流衰减定律的特征尺度由一个重要的本征电极参数所决定，即反应渗透深度：

$$l_N = \sqrt{\frac{\sigma_p b}{2i^0}} = \sqrt{\frac{j^p}{2j^0} l_{CL}} \qquad (1.85)$$

术语"渗透深度"反映了电化学反应从薄膜/电极界面向多孔电极渗透的概念。这个概念源于平面电极反应动力学中的经典研究，其代替了多孔电极的平面概念，将反应领域延伸到电极的深度方向。

式（1.85）表明，l_N 描述了电极转换能力与质子传导性之间的相对关系，若 $l_N \gg l_{CL}$，沿 x 方向的局部质子电流的形状呈现为线型。然而，如果 $l_N \leqslant l_{CL}$，沿 x 方向的局部电流交换密度是指数型。

在 PEFC 的阳极催化层，可将氢的传输假定为理想状况。此外，电极的转换能力很高，且质子传输速率通常并不理想。沿电极深度方向的质子电流密度的曲线形状为指数型［图

1.2（b）］。形式上，指数型的出现是因为 HOR 的交换电流密度比 ORR 大很多个数量级，因此在阳极一侧的反应渗透深度为 $l_N \leqslant l_{CL}$。相反，在阴极区，上述估计给定的 l_N 与 $10^3 l_{CL}$ 对等，固有反应渗透深度远远大于电极深度，$l_N \gg l_{CL}$。电流密度很小时，CCL 中的质子电流曲线是线型的，且式（1.81）中 σ_p 是独立的。

（2）大电池电流密度

参数 l_N 与电池电流密度 j_0 相互独立。如果电池电流大，将产生两个依赖于电流的新的空间尺度。如果中性反应物的传输仍然很快，而质子传输速率是有限的，在膜界面有限厚度的薄层中的局部质子电流和反应速率呈指数衰减。相应指数函数的特征空间尺度由反应渗透深度给出：

$$l_p = \frac{\sigma_p b}{j_0} = \frac{j^p}{j_0} l_{CL} \tag{1.86}$$

在该情况下，质子和电子电流曲线如图 1.18（a）所示。可以看出，反应主要发生在膜层界面的转换区域。与低电流密度原则相反，渗透深度 l_P 与电池电流密度 j_0 成反比。也就是说，随着电池电流密度增大，转换区域缩小。在相反的情况下，随着液态水由孔隙溢出所导致的中性分子的快速质子传输和扩散严重受限，转换区域移动到 CL/GDL 界面，且质子电流及浓度在该界面呈现指数衰减。各自的反应渗透深度（转换域的宽度）由下式给出：

$$l_d = \frac{4FDc_1}{j_0} = \frac{j^d}{j_0} l_{CL} \tag{1.87}$$

值得注意的是，在这两种情况下，反应渗透深度与较低的传输效率成正比，且与电池电流密度成反比［式（1.86）与式（1.87）］。因此，电流很大时，电极操作由参数 l_P 和 l_d 表征，这两个参数在电极设计中十分重要。理想情况下，l_P 和 l_d 应该比 l_{CL} 大。第 4 章进一步讨论了这些参数对电极性能的影响。

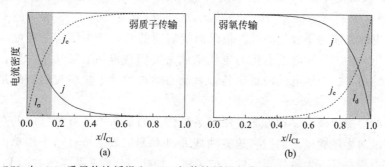

图 1.18　CCL 在（a）质子传输缓慢和（b）氧传输缓慢的情况下两种大电流模式的图示。膜层在左边，而 GDL 在右边；在任一种情况下，电化学转换发生在 CCL 界面上的小转换区域 l_σ 和 l_d 中。值得注意的是，在两种情况下，转化区域的厚度与电池电流密度成反比

值得注意的是，l_p 和 l_d 均与交换电流密度相互独立。若 l_p 和 l_d 都比 l_{CL} 大得多，则 j_0 的依赖关系将出现在该问题中。这种情况对应于在章节"小电池电流密度"中所讨论的小电流制度。若 l_p 与 l_d 中的一个比 l_{CL} 小，速率取决于各自反应物的传输。且反应渗透深度与催化剂的活化表面相独立，这具体体现在 j_0 中。

通过 l_d 划分 l_p，给出一个复合参数：

$$\kappa = \frac{\sigma_p b}{4FDc_1} \tag{1.88}$$

若 $\kappa \ll 1$，随着电池电流的增大，CCL 进入质子传输受限模式，驻留在膜层/CCL 界面的转换区域厚度 l_P 增大。当 $\kappa \gg 1$ 时，在足够高的电流下，随着在 CL/GDL 界面处转换区域厚度 l_d 的增加，CCL 进入氧传输受限模式。

在这两种模式中，极化曲线的效应是表观塔菲尔斜率的两倍：

$$j_0 \propto \exp\left(\frac{\eta_0}{2b}\right) \tag{1.89}$$

如式（1.75）中与塔菲尔定律的比较所示。值得注意的是，不论 $\kappa \ll 1$ 还是 $\kappa \gg 1$，它保证了相应传输限制模式的进行。κ 值仅表明何种类型的限制首先与电池电流密度的提高发生冲突。相反，条件 $l_d \leqslant l_{CL}$ 或 $l_p \leqslant l_{CL}$ 表明了各自传输限制的发生。

其性能规律有待讨论。电流密度很大时，这种情况 $j_0 \gg \{j_p, j_d\}$，或等同的 $l_{CL} \gg \{l_p, l_d\}$ 可能出现。这种情况反映了设计不佳的电极具有离聚物负荷不足与孔隙空间被液体充斥等问题。严重受限的质子与氧气传输的协同作用是什么？缺氧将阻碍 CCL/GDL 界面处 CCL 厚度区域的活性部分，与 PEM 相近的 CCL 非活跃部分将只像一个欧姆质子电阻，尽管其电导率差。该模型在极化曲线中的标志是"膝盖"形，这表明质子传输受到严重阻碍。这种规律通常体现在催化层中。

1.9.3　性能模型是什么？

第 4 章和第 5 章着重介绍了电极与燃料电池的各种性能模型。在这些章节中讨论模型处理如何提高燃料电池性能的问题。术语"性能"取决于语境，它可能有不同的含义。一方面，电池的电机效率可能是关键的优化参数；另一方面，电池设计者可能致力于实现最高的电池功率密度。其他设计优化的目标参数，可以是最低热损失、最小电池体积（对于移动设备）、最大的电池寿命或这些中的任意结合。本书中，性能与燃料电池的电功率相关。

描述燃料电池性能的是极化曲线，极化曲线表明的是在产生给定负载电流的情况下所消耗的开路电压大小。实际电池电位与电池电流密度相乘得到电流功率密度，即单位电池有效面积产生的功率。理解电池的每个传输和动力学过程对电位损失的贡献是性能建模的关键任务。

燃料电池的性能建模有多种方法，用于系统仿真的最简单的方法解决的是处于研究中的电池或反应堆的半经验极化曲线。这些曲线通过对测试数据拟合一个简单的解析模型方程得到的。该思想在具有大量外围元件（鼓风机、加热器、回收装置等）的 FC 系统优化中十分有用。然而，该方法受限于一个特定类型，或者甚至是一个电池或反应堆的启动，因此它不具有通用性。

电池模型的层次结构通常表现为一个由不同维度（从一维到三维）的模型组成的链；这幅图来源于流体动力学，其中三维模型在传统上被认为是优于一维或二维模型。然而，在燃料电池的研究中，这种情况更为复杂。

经典的计算流体力学（CFD）处理一个完善的系统方程。通常情况下，传输参数和动力学常数（如果有的话）也是有明确定义的。由于系统中湍流的存在，科学的 CFD 问题是复杂的。湍流谱涵盖了多个数量级，这需要无穷的计算资源来解决所有的空间尺度和时间尺度问题。

在 FC 建模中，方程本身没有得到很好的定义。描述膜间物质传输的最好的方法是什么？多孔层间两相传输的最恰当的模型是什么？多孔层的传输性能如何取决于它们的结构？在很大程度上，所有这些问题仍然未得到解决。

从本质上讲，每个 FC 模型由以下几个模块组成：催化层模型（CLs）、膜层的模型（GDLs）和流场模型（FFs）。电池中浓度和电位的最大梯度是沿膜电极法向的。这使得一维平面模型对于 FC 技术具有重要意义。由于其低维度，该类型的模型可以包含非常复杂和详细的 MEA 层模型。这些模型可以很容易地处理成非线性，最后，他们为用户请求提供快速的响应。在接下来的章节中，主要的重点将是一维模型。

在每个维度中（1D，2D 或 3D），有多种电池元件性能的建模方法。例如，1D 模型通常处理催化层，而 3D 模型通常视 CLs 为薄界面。

大尺寸应用相关的电池建模需要多维组合的方法。幸运的是，燃料电池是一个二维尺度的系统：其平面尺寸比 MEA 厚度大两到三个数量级。这为分离平面内和法平面的传输过程提供了一个可能。分离的思路很简单，在 MEA 内部，假定所有进程都定向穿越膜，而在双极板中，质量和热传输主要发生在平面内。这使得能够构建快速的 1D+2D 混合模型。明显的简化是一个 1D+1D 的电池模型，两侧有一个单一的直流道。该 1D+1D，或准二维模型，对于了解与沿流道分子消耗相关的影响是非常有用的（第 5 章）。关于三维建模更详细的讨论，参见由 Wang 审阅的原始文件（2004 年）。

1.10　燃料电池模型的空间尺度

确定燃料电池操作的空间尺度跨越了从纳米（反应动力学、纳米孔洞中质子传输的基本步骤）到米（一个阴极流道长度）的范围。在过去的几年中，燃料电池文献中，术语"多尺度建模"已经出现，并应用到各种空间尺度的模型中。

为了说明这个术语，考虑图 1.15 所示的信息传递链之间的空间尺度。反应过程中的小尺度模型状态是基于应用密度泛函理论（DFT）的量子力学计算。下一层次是电化学界面的表面现象。这些现象可由一系列浓度与反应物表面覆盖物的质量平衡及动力学方程，和催化剂（Pt）表面吸附的反应中间体所描述。最大空间尺度提供催化层或燃料电池的性能模型，该模型采用质量、电荷和热传输方程中反应动力学的规律。

DFT 建模的目的是了解基本反应的电化学转化过程，并计算这些步骤的速率常数。从 DFT 中获得的反应机理和速率常数，随后被用来建立吸附/脱附物质的时间和质量平衡方程。表面覆盖方程的稳态解提供了转换函数，其可用于 CL 模型中简化电流守恒方程。CL 性能模型的解服从 CL 极化曲线，可用于燃料电池或反应堆模型。信息传递链看起来像这个示意图：

DFT → 表面过程动力学模型 → CL性能模型 → 燃料电池模型

值得注意的是，在每个层次，建模的结果通常经实验验证。此外，也应用了更复杂的验证方案。例如，CL 性能建模的结果考虑到拟合电极极化曲线、发展阻抗模型等。比较测量电极和预测电极的性能，保证了基本反应计划的估计质量，这出现于 DFT 中。

小尺度层次通常为更大尺度层次提供空间和时间平均的传输参数和动力学速率常数。这种层次之间的信息传递对于燃料电池模型来说是典型的。每个层次都有着悠久的研究历史。在本质上，术语"多尺度建模"不具备任何新的内容：它是几十年来，该领域的研究人员所做的一些工作。在该术语的应用中，可能被认为是误导的是：多尺度模型不能取代做出的假设，或在不同层次空间尺度的验证参数的需要。简单地说，多尺度模型的精度不能优于其最弱部分的准确性。此外，偶然误差的消除可能导致偶然的，不可靠的或误导的结果。

　　本书中介绍的方法主要集中在二维和三维的简单可解模型（宏观反应动力学和 CL/电池性能）。这样的模型很少给出确切的数字；但是，它们明确地显示系统中的基本特征和参数依赖。该类型的分析研究着眼于理解而不是给出完整的描述。它们忽略了许多次要细节，以捕捉系统的基本特征。最接近的类比是标新立异的刻画手法，它修正了人脸的特征，一个远离详细经典肖像的新型形象，往往告诉更多关于人物的性格。

第 2 章　聚合物电解质膜

2.1　简介

聚合物电解质膜（PEM）是聚合物电解质燃料电池（PEFC）的核心部分。它将氧化还原反应在阳极和阴极分离，因此能够保证燃料电池的原理有效性。

2.1.1　聚合物电解质膜的结构和运行的基本原理

（1）原理 1：稳定的分离和高选择性传输

聚合物电解质膜必须阻止气体反应物间的交换，因此要强迫氢和氧分离，在各自的正极和负极上反应。如果单层聚合物电解质膜无法实现这一基本功能，由于混合势能的产生，反应物交换会导致寄生电压的损失。此外，反应物的交换加速了降解过程。聚合物电解质膜必须显示出电绝缘性，其电导率 $\ll 10^{-4} S \cdot cm^{-1}$，因此迫使在正极产生的电子通过电子回路流向负极。电子流动的驱动力就是正负极之间吉布斯自由能的差值。与此同时，聚合物电解质膜必须实现质子从正极到负极快速、低电阻的传输。

（2）原理 2：水是天然的质子滑梭

最普遍的聚合物电解质膜是利用水作为质子溶剂和穿梭通道的独特性质。由于其高浓度的质子和氢键结合的特性，液态水是质子传输的理想介质。以这一基本原则来构建蓝图，自然界完全通过液态水来促进细胞内能量转化的质子传输（Kuznetsov 和 Ultrup，1999年）。

（3）原理 3：质子传导

聚合物电解质膜的主要物理性质是它的质子传导性和质子抵抗性 $R_{PEM} \propto 1/\sigma_{PEM}$。这一性质决定了热损失，体现为焦耳热 Q_{PEM} 和相关的电压损失 η_{PEM}。

（4）原理 4：离子交换能力

在材料的化学设计与合成中需考虑的关键材料特性就是离子交换能力（IEC），其定义为每单位质量的聚合物产生的离子交换位的摩尔数量。它决定着体积电荷密度 ρ_{H^+}。

（5）原理 5：水含量作为聚合物电解质膜的状态变量

水含量是一个决定聚合物电解质膜热力学状态的变量。水的含量控制着相分离聚合物电解质膜形貌的形成并决定了其质子和水的传输性质。对于聚合物电解质膜研究的挑战就在于理解水吸附、膜溶胀和水滞留与热力学条件和电流密度的关系。

（6）原理 6：聚合物电解质膜的操作范围

应用于汽车领域的 PEFCs 和 PEM 应在宽泛的条件下保持功能的高效性。比如从 $-40 \sim 100$℃的温度条件下和从干燥到完全潮湿的湿度条件下。120℃以上的操作过程会加速电极动力学过程，提高催化剂抗一氧化碳中毒和抗污染的能力，加快电池的热量散失。水基的质子导体在高温下承受了大量的气相水损失，使得在超过 90℃时无法运行。源于对液态水依赖的材料设计挑战是用不同的质子溶剂代替水或在 PEM 中保持足够量的、温度高于 100℃的水，并通过氢键键合到聚合物主体上。

（7）原理 7：水的管理

水的管理是优化聚合物电解质燃料电池操作的关键。由于聚合物电解质膜是质子传输的媒介，并且鉴于膜性质对于水含量的敏感性，聚合物电解质膜决定了可操作的范围以及在整个燃料电池中所有其他组分中水的管理。

（8）原理 8：聚合物电解质膜的降解和寿命

聚合物电解质膜应该具有物理和化学上的稳定性。它要能够适应电化学侵蚀的环境，超过设定的工作周期和使用寿命（在汽车应用中超过 5000h，在重型汽车应用中超过 20000h，在静止系统中超过 40000h）。电压负载的过多循环、加湿条件和温度也会导致聚合物电解质膜寿命的减少以及不可逆的老化。

2.1.2 导电能力评估

我们假设燃料电池的制造商在燃料电池运行中的目标即时电流 j_0 下，已经指定了一个电压损失 η_{PEM}。对应的最低传导率为 $\sigma_{PEM}^{min} = l_{PEM} j_0 / \eta_{PEM}$。以这种方式，导电性的要求便与膜的厚度 l_{PEM} 联系了起来。对于典型数值 $j_0 = 1A \cdot cm^{-2}$ 和 $\eta_{PEM} = 50mV$，导电性的要求是在 $l_{PEM} = 25\mu m$ 时 $\sigma_{PEM}^{min} \approx 0.05S \cdot cm^{-1}$ 和 $l_{PEM} = 50\mu m$ 时 $\sigma_{PEM}^{min} \approx 0.1S \cdot cm^{-1}$，其代表了当前膜的厚度范围（Adachi 等人，2010 年；Peron 等人，2010 年）。像 Nafion，Aquivion®，3Ms PEM 的 PFSA 型 PEMs 和类似的材料满足这样的电导率要求。

在这个评估当中，膜的厚度是决定 σ_{PEM}^{min} 的关键因素。事实上，过去的 10 年，聚合物电解质膜最有意义的发展就是将其膜厚度从 2000 年 $200\mu m$ 左右降低至 2012 年的 $25\mu m$ 左右（DuPont Nafion 117），达到了工业标准（DuPont Nafion PFSANRE211 膜）。然而，厚度的降低导致了水流量的增加以及未反应的燃料和氧气的渗透。由于混合电极电位的形成，交叉反应降低了电压效率，加速了聚合物电解质膜的分解。

而聚合物电解质膜是否像线性电阻器一样，正如上述 σ_{PEM}^{min} 的估计，电压降和电流密度具有线性关系？传导率 σ_{PEM} 是膜的水含量、温度和时间的函数。导电性与温度有关，主要是因为在一个正常条件下质子传输是遵守 Arrhenius 方程的活跃的分子过程（Cappadonia 等人，1994 年，1995 年；Kreuer 等人，2008 年）。水含量的决定因素包含水分子状态的影响，离子交联聚合物的聚合，纳米相的分离和渗透含水通路的形成。在聚合物燃料电池系统中局部聚合物电解质膜的降解能够导致 η_{PEM} 和 j_0 之间的非线性关系。非欧姆电阻体系将在第 5 章提到（Eikerling 等人，1998 年）。σ_{PEM} 的时间依赖性源于水含量，微观结构和传输性能响应于变化的外部条件而经历可逆变的事实以及长期的机械和化学降解造成的不可逆转变。通常来说，聚合物电解质膜的质子传输性能比欧姆导体要复杂得多。

2.1.3 PEM 电导率：仅仅是组成的一个函数？

在一个水分充足的聚合物电解质膜中，水和质子的结构与动力学性质接近体相自由水。高度酸担载介质中近乎完全的酸分离引起的高质子浓度、质子的体相水迁移和渗水孔随机网络的良好渗透，保证了质子的传导性。这些阐述表达了聚合物电解质膜体系的主要原则。

基于聚合物电解质膜结构和功能的必要原则，提出聚合物电解质膜导电性的一个可能的简单表述如下所述，简单的处理方式就是限制高的水含量。假定磺酸位点 100%分离而且假定所有的质子拥有自由流体水中一样的体相质子流动性，$\mu_{H^+}^b$ 质子传导率为：

$$\sigma_{PEM}^b = \rho_{H^+}^{eff} \mu_{H^+}^b \cdot f(X_w) \tag{2.1}$$

这一表达式彻底简化了结构对质子电荷密度和质子流动性的影响。在接下来的部分中其将作为处理这些影响的一个跳板。

在完全的酸分离下，理想的质子电荷密度为

$$\rho_{H^+}^{eff} = F \cdot IEC \cdot \rho_p^{dry}(1-X_w) \tag{2.2}$$

式中，F 为法拉第常数；ρ_p^{dry} 为干燥聚合物的密度；X_w 为水的体积分数；$(1-X_w)$ 为随着水含量增加，质子的稀释作用。决定膜的有效性质 $\rho_{H^+}^{eff}$ 的参数既可以在合成阶段控制，也可以在宏观测试中获取。

在一个固定几何构造的自由渗透网状物中，基于结构的因素 $f(X_w)$ 展现了决定于 X_w 的渗透类型：

$$f(X_w) \approx \left(\frac{X_w-X_c}{1-X_c}\right)^{\nu} \Theta(X_w-X_c) \tag{2.3}$$

式中，$\Theta(X_w-X_c)$ 是海维赛德函数。作为一个三维空间可渗透的网状物，$\nu=2$ 应该是一个均匀渗透传导的参数（Sahimi，1994 年；Stauffer 和 Aharony，1994 年；Zallen，1983 年）。渗透的临界值 X_c 与水体积分数的临界值相关，在此处出现填充水的孔样品跨越连续路径，并连接到相反的膜表面。这取决于自由网状物的几何结构。在聚合物电解质膜的例子中，有一个准渗透现象的例子（Eikerling 等人，1997 年；Hsu 等人，1980）。在 X_c 之下，一个含水量最低的网状结构，保持了贫乏的导电小孔。小孔在这种低含水量的状态下维持着表面质子传导机理 σ_{PEM}^s，因为磺酸阳离子在其含水壳层中保持了一小部分强烈键合的水分子。在 X_c 之上，充水孔洞的渗透会引起较高的体相传导率 σ_{PEM}^b。传导率的增加与含水量强烈相关，即 $\sigma_{PEM}^s \ll \sigma_{PEM}^b$。Nafion 型膜的渗透临界值是在 $X_c=0.1$ 或者更小值时，意味着水填充区域一种高度连接的网状结构。

在无限稀释，25℃条件下体相水中质子流动性为 $\mu_{H^+}^b = 3.63\times10^{-3}\ cm^2 \cdot V^{-1} \cdot s^{-1}$（Adamson，1979 年；Meiboom，1961 年）。杜邦 PFSA 型 Nafion 膜（NRE211 和 NRE212）IEC≈1mmol·g^{-1} 和 ρ_p^{dry}≈2g·cm^{-3}，与最高的质子电荷密度 $\rho_{H^+}^{max} = F \cdot IEC \rho_p^{dry} \approx 2\times10^8 C \cdot m^{-3}$ 相一致。含水样品单位体积的质子浓度大约为 2mol·L^{-1}。

在公式（2.1）中最主要的未知量为结构常数 $f(X_w)$。假设正常的渗透值为 $X_w=0.4$，$X_c=0.1$ 和 $\nu=2$，给出 $f(X_w)\approx0.1$ 且 $\sigma_{PEM}^b\approx0.05$S·cm^{-1}（在 25℃），这一传导性的估计接近于实验观测到的 Nafion 和类似聚合物电解质膜的数值。溶胀，包括孔隙的重组引起了孔隙结构的重组，导致 $f(X_w)$ 值增大。

公式（2.1）揭露了通过增加有效质子电荷密度 $\rho_{H^+}^{eff}$、参数 $f(X_w)$ 和水中 $\mu_{H^+}^b$ 的固有质子流动性，实现更高 σ_{PEM}^b 数值的多种途径。如上述提到的操作，为了增加离子交换能力采用更明显的方式来获取更大的 $\rho_{H^+}^{eff}$；然而，离子担载率的增加与稀释效应竞争，这是因为大量的水被高 IEC 的聚合物电解质离子膜提取（Tsang 等人，2007 年，2009 年）。正如图 2.1（a）所示，在高的 IEC 下，渗透聚合物电解质离子膜中的水含量将显著增加。质子稀释和 $f(X_w)$ 对传导率造成的复合效应，由下式给出：

$$\sigma_{PEM}^b \propto (1-X_w)\left(\frac{X_w-X_c}{1-X_c}\right)^{\nu}\Theta(X_w-X_c) \tag{2.4}$$

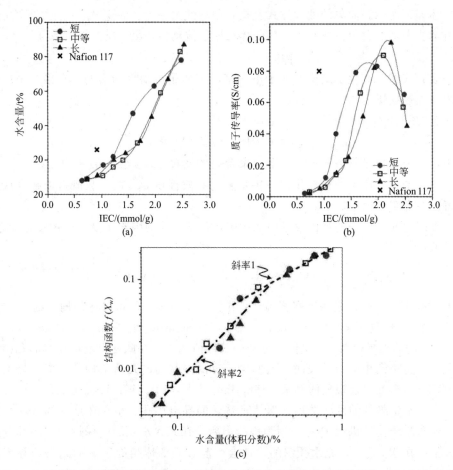

图 2.1 一系列具有不同离子交换能力和侧链长度的接枝共聚物离子交换膜的 （a）水含量和离子交换能力 IEC；（b）质子传导率和离子交换能力 IEC；（c）给予结构的函数 $f(X_w)$ 和水含量 （X_w）之间的关系。其中函数是通过将质子传导率除以体相水中有效质子电荷密度和质子迁移率获得的。这种函数展现了两个截然不同的度量体系，一种是 $0 < (X_w) < 0.4$ 的渗透体系，一种是 $0.4 < (X_w) < 1.0$ 的水凝胶的接枝共聚物体系［图 （a） 和图 （b） 参见 Tsang，E. M. W. et al. 2009. Macromolecules，42 （24），9467-9480. Copyright （2009） American Chemical Society. With permission］

相关关系解释了 IEC 增加，质子渗透和随机网络渗透的相互作用，增加了 σ_{PEM}^b 对 IEC 和 X_w 的非单调依赖。随着 IEC 的增加，σ_{PEM}^b 达到最大值，如图 2.1 （b） 中所示。

应用公式 （2.1） 和公式 （2.2），分析实验数据在假定的完全酸溶解和所有质子体相迁移的条件下，提供一种分析结构函数 $f(X_w)$ 的方法和评估它是否与随机多相媒介的结构模型一致。图 2.1 （c） 展示了从图 2.1 （b） 中传导率数据提取出来的函数 $f(X_w)$。聚合物电解质膜在这一部分展示的是化学接枝共聚物。通过改变长度和侧链接枝的密度来评估材料，然后跨越宽范围的 IEC 值，水含量在 $X_w = 0.07$ 到 $X_w \approx 0.90$。双对数图说明了 $f(X_w) \sim (X_w - X_c)^\nu \Theta(X_w - X_c)$ 两种扩散机制的函数的存在。在 $X_w \leqslant 0.4$ 时，指数 $\nu \approx 2$，与典型的多孔介质的渗滤类似。这个体系下渗滤的最大值不超过 0.05。在 $X_w > 0.4$ 时，观察到指数 $\nu \approx 1$，这意味着交联的离子聚合物原纤维形成了离子聚合物水凝胶。

质子传导性和稳定性最好的折中条件是中等离子交换能力和适合的水含量。水含量不足会降低体相水的质子传导性。当然，溶胀过多也会带来问题。质子稀释会降低稳态的性能。此外，溶胀过多会增加聚合物纤维微观压力，使具有高离子交换能力的聚合物电解质膜更倾向于机械降解。

所有这些基础考虑得出一条结论，聚合物电解质膜中具有高的质子电荷密度，可通过高的质子交换能力来实现，这是有好处的。需要磺酸组的充分水合来实现完全的酸溶解和水合质子的体相水迁移。水体积分数的增加提高了随机网状物的渗透作用，但也造成了质子的稀释。因此聚合物电解质膜溶胀过多是不利的。具有高的离子交换能力和连接良好的孔网络的聚合物电解质膜，同时限定孔隙的溶胀才是理想状态。

如何能够获取质子传导性的最大化呢？质子传导性的上限估计可以通过 $\sigma_{PEM}^{max} \approx 0.5 S \cdot cm^{-1}$ 的离子聚合物材料实现。这个估计结果是在 $80^{\circ}C$，$\mu_{H^+}^b = 6.75 \times 10^{-3} cm^2 \cdot V^{-1} \cdot s^{-1}$，假定 $IEC = 2.5 mmol \cdot g^{-1}$，$X_w \approx 0.5$，$f(X_w) \approx 0.3$ 条件下进行。

到目前，上述的处理方式，并没有用到聚合物电解质膜的结构形成和传输现象的知识细节。在充分水合条件下，当基于聚合物电解质膜有效参数例如离子交换能力的变化来预测传导的趋势时是有效的。另外，可从传导数据中提取聚合物电解质膜渗滤效应的信息。

对于单一体相传导模型的主要假定在高含水量下是有效的。这种措辞暗示了一种低含水量特征值的存在，在这一数值下其模型是无效的。这一数值表明了膜的重要特性。基于水吸附性质和质子与水传输动力学的评定将在下面的部分讨论。

如果操作的环境过热或过干，η_{PEM} 有时就戏剧性地增加，这是质子传导性的显著降低引起的。弱结合水在 $T > 90^{\circ}C$ 时汽化，使体相水原生缺陷结构不能实现高效扩散。同时，在 PEFC 操作中电渗透水的阻力使靠近 PEM 阳极侧脱水，导致较差的导电性时（Eikerling，2006 年；Eikerling 等人，1998 年，2007 年；Springer 等人，1991 年；Weber 和 Newman，2004 年）。

2.1.4　理解 PEM 结构和性能的挑战

想要理解聚合物电解质膜结构、物理性质与性能的关系是一个挑战，正如公式（2.1）中展示的一样。其包括水作为成孔剂、孔填料、质子溶剂和质子滑梭等多种多样的角色。对于膜材料的深入研究存在两个问题。

（1）离子聚合物分子的主要化学结构如何决定离子聚合物的聚集程度，聚合物电解质膜中的含水量和聚合物电解质膜的水吸附性质？

（2）形貌、水分布以及水的吸附性质如何决定聚合物电解质传输性质和电化学性能？

举几个例子，这里涉及一些复杂的特征，将在接下来的部分讨论：（ⅰ）酸的不完全解离程度。这个不利影响是空间约束的结果，阻碍了离子聚合物侧链酸性基团的溶剂化。（ⅱ）质子迁移率是微观参数，决定质子和水在分子动力学上的耦合。其动力学受到孔隙中纳米水和水配合物与聚合物-水界面的质子化影响，由密集的阴离子表面基团排列而成。质子与表面基团间的静电相互作用可以减缓质子运动。（ⅲ）在单一的孔隙级别，质子浓度和流动性为各自变化的函数。质子浓度沿带负电荷的孔方向上增加，而质子流动性表现出相反的趋势。（ⅳ）质子和水运动的耦合产生电渗透效应。这种影响造成操作条件下聚合物电解质膜中水和质子传导率的不均匀分布。

假定填充水的区域大小和形状是已知的，即聚合物/水的界面结构已知，微观尺度上质子分布能通过分子动力学模拟研究（Feng 和 Voth，2011 年；Kreuer 等人，2004 年；Petersen 等人，2005 年；Seeliger 等人，2005 年；Spohr，2004 年；Spohr 等人，2002 年），或者使用经典离子在电解质填充带电荷壁的孔隙的静电理论得到（Commer 等人，2002 年；Eikerling 和 Kornyshev，2001 年）。深入理解孔隙中质子迁移率的空间变化才能保证在量子力学下的模拟。

2.2　聚合物电解质膜的状态

2.2.1　PEM 的化学结构和设计

在 20 世纪 60 年代初，第一种全氟化离子聚合物由 Walther G. Grot 在 E. I. DuPont de Nemours 提出（Grot，2011 年）。其以 Nafion 为商品名而广为人知。从 20 世纪 60 年代中期开始，Nafion 用作氯碱工业中的电化学隔膜材料。其在燃料电池电解质方向的探索也在同时期开始。杜邦 Nafion 的成功推动了其他具有类似化学结构聚合物材料的发展。最引人注目的材料是陶氏实验膜，Flemion、Aciplex 和 Hyflon 离子以及它的改性材料 Aquivion。另外，由于优异的离子传导率，PFSA 家族由于存在特氟隆状主链，如图 2.2 所示，而具有优异的稳定性和高腐蚀酸环境下的耐久性（Yang 等人，2008 年；Yoshitake 和 Watakabe，2008 年）。

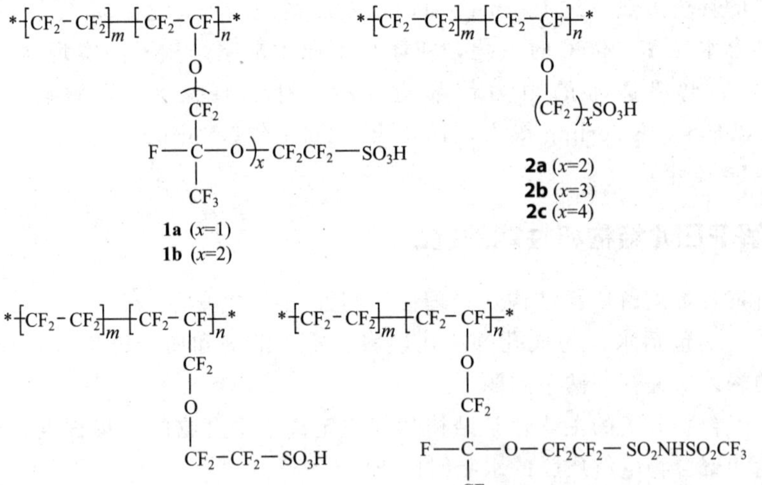

$$*[CF_2-CF_2]_m[CF_2-CF]_n* \quad\quad *[CF_2-CF_2]_m[CF_2-CF]_n*$$

$$\begin{array}{c} O \\ | \\ CF_2 \\ | \\ F-C-O)_x\,CF_2CF_2-SO_3H \\ | \\ CF_3 \end{array} \quad\quad \begin{array}{c} O \\ | \\ (CF_2)_x SO_3H \end{array}$$

1a (*x*=1)　　　　　　　　　　**2a** (*x*=2)
1b (*x*=2)　　　　　　　　　　**2b** (*x*=3)
　　　　　　　　　　　　　　　　2c (*x*=4)

$$*[CF_2-CF_2]_m[CF_2-CF]_n* \quad\quad *[CF_2-CF_2]_m[CF_2-CF]_n*$$

$$\begin{array}{c} CF_2 \\ | \\ O \\ | \\ CF_2-CF_2-SO_3H \end{array} \quad\quad \begin{array}{c} O \\ | \\ CF_2 \\ | \\ F-C-O-CF_2CF_2-SO_2NHSO_2CF_3 \\ | \\ CF_3 \end{array}$$

3　　　　　　　　　　　　　　　**4**

图 2.2　全氟磺酸离子聚合物（**1a**＝Nafion，Flemion；**1b**＝Aciplex；**2a**＝Dow，Hyflon Ion；**2b**＝3M，**2c**＝Asahi Kasei Asahi Kasei；**3**＝Asahi Glass）和双全氟烷基磺酸基团（**4**）（Peckham，T. J. ，Yang，Y. ，and Holdcroft，S. 等，Proton Exchange Membrane Fuel Cells：Materials，Properties and Performance，Wilkinson，D. P. et al. ，Eds. ，Figure 3.16，138，2010，CRC Press，Boca Raton. CRC Press 授权）

PFSA 离子聚合物是疏水性聚四氟乙烯的线型共聚物，具有随机接枝的乙烯基醚侧链的主链，由磺酸头基决定。这种类型的材料中侧链的化学结构多种多样。其他的材料通过增加嫁接支链密度来进行降低膜厚度和增加离子交换能力的改性。最近，带有短侧链和高体积密度离子交换位的 PFSA 膜，例如 Aquivion，一个现代版的陶氏实验膜，已经得到增强质子传导性、保水性和热稳定性方面的显著关注。这些材料正在逐步取代商业化的 Nafion 膜。

用不同化学组成的嵌段和接枝共聚物重复单元获得具有聚合物结构可控的可替代离子材料来备选离子聚合物材料（Gubler 等人，2005 年；Hickner 等人，2004 年；Peckham 和 Holdcroft，2010 年；Schuster 等人，2005 年；Smitha 等人，2005 年；Yang 和 Holdcroft，2005 年）。嵌段共聚物体系为在一种材料中同时设计高质子传导和良好机械强度提供了一种可能性，这两种性质通常是互斥的。除了全氟化离子聚合物，可设计和研究的聚合物体系还包括局部氟化离子聚合物、聚苯乙烯基离子聚合物、聚亚芳基醚、聚酰亚胺、聚苯并咪唑和聚磷腈。膜的实验制备方法能够在 Smitha 等人（2005 年），Hickner 和 Pivovar（2005 年），Yang 等人（2008 年）的研究结果中找到。热力学，力学性能和电化学稳定性的增加可通过将 Nation 浸渍到黏土、二氧化硅或磷钨酸的无机基质酸或多孔特氟隆中实现（Yang 等人，2008 年）。在温度高于 120℃时这种操作可以使杂化膜溶胀减少，改善保水性与操作适应性，可达到更高的粉末密度。在其他方面，通过利用酸基混合物或者简单地用其他质子传导基团来代替 Nafion 中的水，可以实现无水系统的开发。例如咪唑，其可以通过共价键连接到聚合物骨架上来固定（Herz 等人，2003 年）。

2.2.2　水的作用

水是聚合物电解质燃料电池的命脉，且是聚合物电解质膜的工作介质。从可操作性角度来讲，聚合物电解质燃料电池研究的主要挑战就是了解水在结构上的双面性以及在聚合物电解质燃料电池所有功能膜的作用。

固定聚合物侧链上阴离子基团之间水介质的相互作用，在中等尺度上水合质子与疏水离子聚合物主链控制着离子聚合物的自组装。主体结构主要从圆柱形原纤维的纳米尺度和高纵横比的一致性过程中展示出来（Rubatat 等人，2002 年）。图 2.3 展示了原纤维自发组成笼形、圆柱形或薄片状结构（Ioselevich 等人，2004 年；Schmidt-Rohr 和 Chen，2008 年；Tsang 等人，2009 年）。

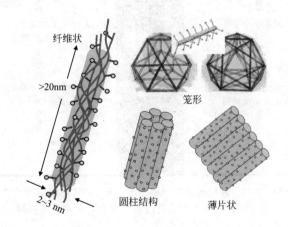

图 2.3　离子聚合物溶液自组装棒状纤维束（Rubatat 等人，2002 年）以及进一步装备的笼形（Iose-levich 等人，2004 年）和圆柱结构（Rubatat 等人，2004 年，2002 年；Schmidt-Rohr 和 Chen，2008 年）或薄片状结构（Tsang 等人，2009 年）。

离子聚合物的形态决定了水吸附。水含量的定义有两个：总体水含量 $\lambda = \dfrac{n_{\mathrm{H_2O}}}{n_{\mathrm{SO_3H}}}$，被定义为在聚合物电解质膜中吸附的水分子摩尔数与—SO_3H 摩尔数的比例。而水的体积分数由 $X_{\mathrm{w}} = \dfrac{V_{\mathrm{w}}}{V_{\mathrm{w}} + V_{\mathrm{p}}^{\mathrm{dry}}}$ 定义，其中 V_{w} 是水的体积，而 $V_{\mathrm{p}}^{\mathrm{dry}}$ 是干燥聚合物的体积。

聚合物电解质膜阴离子头基间氢键相互作用强度决定了水的不同类型。表面水和体相水对 λ 的贡献不同，$\lambda = \lambda_{\mathrm{s}} + \lambda_{\mathrm{b}}$，这对于解释水的吸附和聚合物电解质膜的动力学性质是十分必要的，将在下文进行阐述。在聚合物与水的界面上，表面水与原生表面基团有强烈结合作用。氢键的强度和表面水的流动模型受带电生源基团的包裹密度的影响（Roudgar 等人，2006 年）。体相水与带电生源基团存在弱相互作用。在实验研究中，表面水的量在水成分的定义当中是不确定的。通常很难发现表面水是否能够并入到 λ 值，或者说它是否对 V_{w} 或 $V_{\mathrm{p}}^{\mathrm{dry}}$ 起作用。

假定体相水仅对 V_{w} 起作用，因此，X_{w} 可以得出以下的公式：

$$X_{\mathrm{w}} = \frac{\lambda_{\mathrm{b}}}{\lambda_{\mathrm{b}} + V_{\mathrm{p}}/V_{\mathrm{w}}} \tag{2.5}$$

式中，V_{p} 和 V_{w} 为离子聚合物（每个主链重复单元，包括一个侧链）和水的摩尔体积。

图 2.4 中分析了不同类型水的影响。在 $\lambda \leqslant \lambda_{\mathrm{s}}$ 时，界面占主导地位。在这一范围内，界面聚集密度、长程有序度和硫酸基的灵活性以及界面水的分布和氢键结构，控制着界面处导电质子的丰富性和流动性。通常来说，界面水层中有一个强静电自旋的质子会降低质子的流动性。然而，在原生表面基组达临界密度时，由于类溶液机制，界面质子会获得更高的传输比率，这一部分将在"表面质子传导的孤子活跃度"部分进行描述。

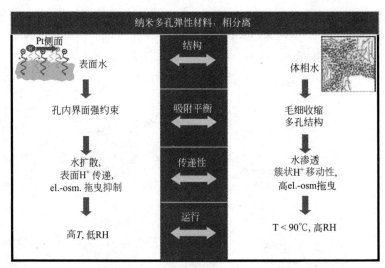

图 2.4　聚合物基体材料对传递机理和性能的影响。从 PEM 性能受改变外部条件和吸水率影响可以看出表面水和自由水之间存在关键性的差异

而在 $\lambda > \lambda_{\mathrm{s}}$ 时，毛细效应控制着聚合物中水的平衡。在这一体系中，质子和水的分子流动性数值与自由体相水中的相关数值接近，流体动力学效应影响传输现象。聚合物电解质膜的传导性在公式（2.1）中有了良好描述。在这一体系中高度功能化的聚合物-水界面对于传输性能有微小的影响。图片中重要的结论是离子膜结构的质子传输的分子水平研究

严格要求 $\lambda \leqslant \lambda_s$。在 $\lambda > \lambda_s$ 时，有充足的理由将这种成熟的体相水中的质子传输机制应用并投入到聚合物电解质膜的模型结构中去。

2.2.3　膜的结构：实验研究

对于聚合物电解质膜的了解主要从散射的研究中获得。超小、小和宽角度的 X 射线散射以及小角度中子散射，在长度上从千分尺尺度到原子距离尺度提供结构细节的研究（Gebel 和 Diat，2005 年；Rubatat 等人，2004 年，2002 年）。其余的实验技术已被用来理解不同时间和长度尺度下水合离子膜中聚合物和水的形貌以及动力学过程。这些包含准弹性中子散射（QENS）(Perrin 等人，2007 年；Pivovar 和 Pivovar，2005 年；Volino 等人，2006 年)，红外和拉曼光谱（Falk，1980 年；Gruger 等人，2001 年），FTIR（Wang 等人，2003 年），核磁共振（MacMillan 等人，1999 年；Schlick 等人，1991 年），电子显微镜（Rieberer 和 Norian，1992 年），正电子湮没光谱（Dlubek 等人，1999 年），扫描探针显微镜（Lehmani 等人，1998 年），电化学原子力显微镜（Aleksandrova 等人，2007 年；Hiesgen 等人，2012 年），扫描电化学显微镜（SECM，Mirkin，1996 年）和电化学交流阻抗光谱（EIS，Affoune 等人，2005 年；Kelly 等人，2005 年）。这些实验技术的应用在 Kreuer 等人（2004 年），Hickner 和 Pivovar（2005 年），Mauritz 和 Moore（2004 年）报道中均有涉及。

（1）实验散射结果的深入研究

散射探测的特征长度尺度为 $l_s \approx 2\pi/q$，其中 q 为波数。Nafion 在水中的典型 X 射线散射曲线如图 2.5 所示，来源于 Rubatat 等人（2004 年）。

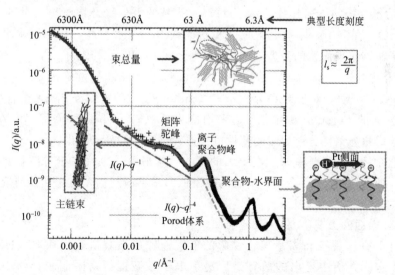

图 2.5　吸水溶胀的 Nafion 膜典型的 X 射线散射图。图采用对数标度以散射波数 q 表达散射强度。展示了不同比例下的特征以及长度尺度下的结构特点 [Rubatat, L., Gebel, G., and Diat, O. 2004, Macromolecules, 37 (20), 7772-7783, Figure 4. American Chemical Society 授权]

通过对形成因数和结构因数扫描数据的分析，得到如下信息：①对离子聚合物主链的疏水域或亲水域物体大小和形状扫描，其容纳水、阴离子表面基团和质子；②单位阴离子表面基团的界面面积；③晶界区域的密度和大小；④聚合物超晶格结构的信息，如图 2.3

所示；⑤将这样的物体组装成为带有局部或长程有序结构的孔隙结构。

图 2.5 中展示了以对数标度的关于 q 的函数。这个图像阐述了散射曲线的关键特点和他们对结构的解释。

对于一个非常低的数值（$q<0.004\text{Å}^{-1}$），散射曲线有一个明显的上升过程，这归因于束状离子聚合物主链的聚集与方向上延伸约 100nm 的特征长度，具有一致相关性（Gebel 和 Diat，2005 年；Rubatat 等，2004 年）。对于一个更大的 q，当 $0.004\text{Å}^{-1}<q<0.1\text{Å}^{-1}$ 时，主要是一个线性缩放关系 $I(q)\propto q^{-1}$，伴随着矩阵曲线驼峰叠加。发现基质曲线对膜表面水合状态并不敏感，这可从离子聚合物主链细长圆柱形束的散射角度解释。这些束的直径在 3nm 左右而且其长度约为 50nm 左右，这个束长度值是离子聚合物持久长度的估计。

小角度区域散射曲线的主要特点是在 $q\approx 0.1\sim 0.2\text{Å}^{-1}$（$l_s\approx 3\text{nm}$）附近发现的离子峰。这一峰值与结构因数的第一峰值对应。这已经由离子聚集体的尺寸和局部有序分布进行了解释。离子聚合物峰的高度和位置已经根据 λ、IEC 和 T 的函数进行了分析（Mauritz 和 Moore，2004 年）。

在散射强度的 q 值范围为 $0.2\text{Å}^{-1}<q<0.6\text{Å}^{-1}$，同时 $l_s\approx 1\sim 3\text{nm}$ 时，根据 Porod 定标法，$l(q)\propto q^{-4}$（Porod，1982 年）。这种比例关系表明聚合物和含水区域之间存在尖锐的界面。比例因数由下式给出：

$$\lim_{q\to\infty}\left(\frac{Iq^{-4}}{\varphi_p}\right)=2\pi\Delta\rho^2\frac{\sigma_{SG}}{\nu_{SG}} \tag{2.6}$$

其中，$\Delta\rho$ 为聚合物和水之间的散射长度密度的差异（对于中子 $\Delta\rho=5.27\times 10^{10}$ cm^{-2}）；φ_p 为聚合物的体积分数；ν_{SG} 为每离子头基的平均聚合物体积（对于 Nafion 117，$\nu_{SG}=0.87\text{nm}^3$）。在 Porod 体系中，Iq^{-4} 和 q 曲线为一条水平线，从这一水平线中可以提取出单位离子头基比表面积的数值 σ_{SG}，前提是已知 $\Delta\rho$ 和 ν_{SG}。对于 IEC $=0.9\text{mmol}\cdot\text{g}^{-1}$ 的 Nafion 聚合物电解质膜，G. Gebel 和 J. Lambard 从 Porod 分析确定 $\sigma_{SG}=54\text{Å}^2$（Gebel 和 Lambard，1997 年）。对于 IEC 为 $0.8\sim 1.5\text{mmol}\cdot\text{g}^{-1}$ 的短侧链 PFSA 聚合物电解质膜，在水溶胀状态下的 Porod 分析给出 σ_{SG} 平均值为 61Å^2（Gebel，2000 年）。在图 2.5 中，$q>0.6\text{Å}^{-1}$ 的广角光谱部分，更多的特性可根据无定形和结晶峰得出。

对初入这个领域的科学家来说有更大的挑战，其最大的争议在于对散射数据的分析和解释。而这一研究跨越了 30 余年，适合的模型依旧是不清楚的，对于实验研究的结构解释依旧不清楚。

（2）PEM 表面的微观研究

区域尺寸的直接观察和离子聚合物膜的形貌能够从微观研究中获取（Hiesgen 等人，2010 年）。从这些方法中得出的信息是用透射电子显微镜严格限制膜（约 100nm）厚度（切片来自于溶液或者显微镜切片机），或者在原子力显微镜下的表面结构。

Holdcroft 和合作者利用透射图比较水合氢接枝共聚物膜与带有相似离子成分的无规共聚物膜的形貌（Ding 等人，2001 年，2002 年）。对于水合接枝类型的膜，观察到一个直径在 $5\sim 10\text{nm}$ 的水填充通道的连续相分离。无规共聚物展示出一个较弱的趋势，观察到水被分散到共聚物中的观相分离。既然自然孔道的憎水性阻碍了水的传输，所以在接枝膜中水的含量被限制到更低的数值。然而，他们的离子电导率相比于无规共聚物膜来说有序度更高，这归因于水区域传导性的增加。

Hiesgen 和同事（Hiesgen 等人，2010 年，2012 年）用覆盖 Pt 的原子力探针扫描了聚合物电解质膜的表面。膜的背面是产生质子流的含 Pt 多孔电极。原子力探针作为阴极，其收集了流出聚合物电解质膜的局部质子电流。这种方法提供 Pt 表面的即时电流密度。这种电流测量的区域分辨率是纳米范围的。在同样的实验设置条件下，可以通过扫描表面来证实表面的拓扑学和力学性能（附着力，刚度）。传导性和力学性能之间的关联被研究。根据导电性和绝缘性区域，质子电流的局部分布展示了聚合物电解质膜表面良好的结构。异质结聚合物电解质膜表面的拓扑模型，在较高分辨率电导率图上重组，与区域排列的水通道模型具有一致性（Gebel，2000 年；Rubatat 等人，2002 年；Schmidt-Rohr 和 Chen，2008 年）。这揭示了随着水含量的增加，通道尺寸和传导性也增加。

原子力研究中一个有趣的发现是聚合物电解质膜的表面有一个极性的重组结构。在聚合物电解质膜-气体的界面，成捆的离子聚合物支柱优先平行于表面的平面，形成一层憎水皮肤层。在聚合物电解质膜表面区域气孔入口处形成的这样一层材料，会抑制水渗入到膜中。连接一个蓄水设备，将在聚合物电解质表面形成快速的离子聚合物的再取向，便于聚合物电解质膜内和蓄水设备之间的水交换。此外，发现高质子电流驱动的强电渗透水通量造成了孔堵塞效应，激活与周围环境进行水交换的 PEM 表面。因此，界面效应在控制结构优化和聚合物电解质膜中的水通量中起到了重要作用。

（3）局部排序

聚四氟乙烯骨架局部排序相关的结晶性在机械和热力学稳定性方面被认为是聚合物电解质膜的重要性质。结晶度的尺度对于微观应力应变关系以及聚合物电解质膜的水吸附性质均有影响。在聚合物电解质膜过度溶胀和消溶胀循环条件下，高的结晶度增强了压力的抵抗性。纳米晶起到物理交联作用，增强了机械稳定性，减少溶胀和抑制反应物交叉。

结晶度取决于离子聚合物的化学组成。此外，其受到聚合物电解质膜的热加工过程、制备过程中用到的溶剂和膜厚度的影响（Kim 等人，2006 年；Moore 和 Martin，1988 年）。

中子和 X 射线衍射能够用来分析有序区域的大小、形状以及晶格间距。对于 SAXS 和 SANS 谱图中的基质曲线来说，微晶的骨架结构的散射被认为是 $q \approx 0.04 \text{Å}^{-1}$。晶格间距在 $150 \sim 500 \text{Å}$ 范围变化，随着聚合物电解质膜厚的增加而增加。

结晶区域的形貌和有序度的信息是从广角部分的衍射光谱中获得的（Fujimura 等人，1981 年）。结晶度被定义为散射强度比例（Tsang 等人，2009 年）。当 IEC＝0.9mmol・g^{-1} 时，Nafion 展现了体积分数为 14% 的结晶度（环境条件）和 20% 的体积吸附水。这与 28% 结晶的基体区域具有一致的规律（Chen 和 Schmidt-Rohr，2007 年）。结晶度随着 IEC 增加而降低并在某一个临界 IEC 值变为零。长度以及不规则支链分布的增加阻止了结晶区域的形成。值得注意的是，晶体结晶区域的形貌依旧不清楚而且结晶相通常难以观察。

2.2.4　膜的形貌：结构模型

（1）离子聚集的团簇-网状模型

基于 WAXS 数据的分析，Longworth 和 Vaughan（1968 年）提出了聚乙烯离子中的离子聚集的团簇网状模型。有机聚合物离子聚集的热力学理论在 1970 年由 Adi Eisenberg 提出（Eisenberg，1970 年）。在 20 世纪 80 年代早期，T. D. Gierke 和杜邦的同事，利用从

SAXS 数据获取的信息构建了第一个水合 Nafion 膜的聚合物模型（Hsu 和 Gierke，1982 年，1983 年）。众所周知的 Gierke 模型将水合离子聚合物的形貌描述为具有纳米尺寸的倒置球形胶束网络，并由侧链的阴离子头基团限制。在干燥的状态下，假定胶束彼此断开，胶束的直径约为 2nm。随着水吸附量的增加，胶束的直径生长到 4nm。为了形成质子和水传输的渗透途径，在水介质中，据推测，长度和直径约为 1nm 的窄的水性细长部分应与中等水含量的球形胶束连接。

在 Gierke 模型中，细长部分的临界数量代表质子传输中的逾渗转变，这意味着，一个不间断的传导路径在胶束和颈状网络结构中出现。在水吸附过程中，团簇网络通过单个簇的溶胀和合并以及通过形成额外颈状部分而连续重组（Eikerling 等人，1997 年；Hsu 和 Gierke，1982 年，1983 年）。这种孔隙网络演化包含了在聚合物-水界面处的阴离子头基团的重组。预测其密度随水含量的增加而降低。

基于 Gierke 模型的假定，自由网状模型被证明对于理解燃料电池中聚合物电解质膜水流动和质子传输性质是十分有用的。对于水吸附时质子传导的合理化逾渗转变是有帮助的。

然而，颈状结构作为反胶束之间质子连接的想法已引起了争议并造成了困惑。因为对于这样的颈状结构形成没有实验证据可以证明，离子含量和质子传导能力依旧让人难以捉摸。由 Ioselevich 等人提出的颈状物形成的理论，强调了这些观点。

刚性疏水离子聚合物主链的物理吸引力驱动离子聚合物组装成刚度进一步增加的胶束，与细长的原纤维具有一致性，正如"从拉曼实验中的发现"部分中的讨论一样。胶束的长度据预测超过 10nm。高密度离子头基支链的存在限制了束的生长。三种 Nafion 主链的束在图 2.3 中展示。因此，纤维束在介观尺度上显现为主要的结构基序。纤维束可以进一步组装成有序或者无序的超结构。例如，具有圆柱形和片状的几何结构。

可以容纳液滴状水包裹体的四面体笼状超结构如图 2.3 所示。由图可知，在水吸附微观溶胀期间，涉及两个基本过程，束彼此滑动引起的水滴生长和连接笼子的颈部的生长。Ioselevich 等人（2004 年）推测后一过程是质子传输逾渗转变的原因。

与图 2.3 中的描述不同的超结构应该被视为限制结构。一个聚合物电解质膜由这些物质自由混合而成。然而，散射、水吸附和水传输数据表明最可能在该混合物中发现的限制结构应该类似于圆柱形孔，这将在接下来的部分讨论。

（2）原纤维结构模型

当其用于描述来自高度稀释的聚合物（$X_w \to 1$）溶液的 PEM 的结构演变过程时，团簇网状模型的缺陷变得十分明显，对于干燥的膜状态则是 $X_w \to 0$。由 Gebel（2000 年）提出的这样一个形态重组的概念模型，包含一个 $X_w \approx 0.5$ 结构反演的模糊概念，从 $X_w > 0.5$ 的稀溶液棒状聚合物的分散聚合体中，到 $X_w \leqslant 0.5$ 嵌入聚合物基质中的水填充离子区域（或反胶束）。这个想法演变出 Nafion 膜新的结构模型，在干燥的膜和稀释的聚合物溶液之间产生了连续的转变（Rubatat 等人，2002 年）。

目前采纳的结构模型由具有圆柱形或带状形状的疏水性聚合物主链细长聚集体组成。这些元素沿着支链的解离阵列方向排列并被溶剂和移动的抗衡离子包围（Gebel，2000 年；Gebel 和 Diat，2005 年；Gebel 和 Moore，2000 年；Loppinet 和 Gebel，1998 年；Rollet 等人，2002 年；Rubatat 等人，2004 年）。类似的，Schmidt-Rohr 和 Chen 得到水合 Nafion 的小角度散射数据支持管状结构模型（Schmidt-Rohr 和 Chen，2008 年）。提到的结构由一个圆柱形，随机填充的阵列离子水排列，嵌入到局部排列的聚合物基质中。引入疏水性聚合物的微晶作为物理交联点对于再现散射数据是至关重要的。通过应用经验拟合方法，Schmidt-Rohr and Chen 指出其他的结构模型难以解释之前实验散射曲线的细节。

　　Teflon 的持久性长度在 5～10nm 的范围内变化（Rosi-Schwartz 和 Mitchell，1996 年）。梳状离子聚合物分子如 Nafion 具有相同的 PTFE 主链，但与 Teflon 相比，它们表现出明显增强的持久性长度。这样的增强是由静电作用和空间硬化的组合作用造成的（Dobrynin，2005 年）。进一步的硬化在棒状的离子聚合物从自组装分割成主链的胶束时发生。这些进程将会在"聚合物电解质膜的理论和结构形成模型"部分描述。一个典型的束包含约 10 个棒。它具有约 2～3nm 的直径和超过 20nm 的刚性段长度。

　　离子聚合物主链的细长纤维束的形成与主要的散射和微观数据是一致的，与热力学所讨论的一致（Gebel 和 Diat，2005 年；Hiesgen 等人，2012 年；Melchy 和 Eikerling，2014 年；Rubatat 等人，2004 年；Schmidt-Rohr 和 Chen，2008 年）。图 2.3 中阐述的这些纤维束是用来构建离子聚合物超结构的区域的。

　　最近聚合物电解质膜中质子和水传输的模型趋向于支持圆柱孔系统的理论。在下面将基于水吸附数据的分析和孔隙网络重组对水吸附的影响的评估，来进行超结构之间的定性区分。

2.2.5　PEM 中水和质子的动力学性质

　　聚合物电解质膜中的水分子和质子的动力学表现研究解释了自由形态和水吸附对于物化性能的影响，包括质子传导性，水的通量和电渗阻力。

　　相分离和膜的局部组成决定了水的状态，在聚合物、水、离子系统之间复杂的相互作用，固定磺酸盐基团的振动模式以及水分子和质子的迁移性。膜的动力学性质能够通过微观尺度上的光谱技术来证实，包括傅里叶转换红外光谱（NMR）和核磁共振技术（Mauritz 和 Moore，2004 年）。FTIR 提供了关于支链运动的信息（Cable 等人，1995 年；Falk，1980 年）。核磁共振研究证明了质子和水分子在溶液中的迁移过程（Zawodzinski 等人，1991 年，1993 年）。

　　在宏观尺度上，质子的传输可以通过电化学阻抗谱来研究。Cappadonia 等人（1994 年，1995 年）通过电化学阻抗法，研究了 Nafion117 在不同的水含量和温度下的质子传导性（见图 2.6）。阿伦尼乌斯公式表明在最低的水合程度下的活化能为 0.36eV，在水合程度最高的条件下是 0.11eV。转变发生在临界水含量 $\lambda_{crit} \approx 3$。在固定的 λ 下，在约 260K，完全水合的膜处发生高低活化能的转变。这一发现被推测为由于水在小孔中的限制而导致的凝固点抑制。

　　脉冲场梯度核磁共振对于研究在受限空间内的分子传输机制和参数是一个十分有用的工具（Stejskal，1965 年；Stilbs，1987 年）。许多实验组已经采用这种方法来测量聚合物电解质膜中水的自扩散（Kreuer，1997 年；Zawodzinski 等人，1991 年）。QENS 已经被用来分析分子运动的特定时间和长度尺度（Perrin 等人，2007 年；Pivovar 和 Pivovar，2005 年；Volino 等人，2006 年）。水流动性随着含水量增加而在数值 λ 约为 10 时，几乎接近体积饱和。在 Perrin 等人的研究中（2007 年），水合 Nafion 的 QENS 数据被用来分析局部平移扩散的高斯模型。典型的限制区域的尺寸、水分子局部或长程的扩散系数以及分子级别跳跃过程的特征时间，都由 λ 的函数描述。根据聚合物电解质膜的结构和吸附特性与结果的一致性证明其合理性。

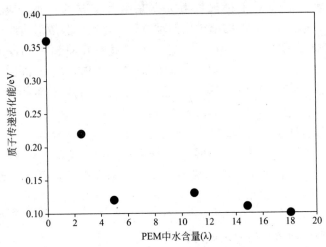

图 2.6　Nafion 117 质子传递的活化能，摘自不同含水量下离子传导率阿伦尼乌斯表达式
（授权自 Springer Science＋Business Media：Fuel Cells I, Proton-conducting polymer
electrolyte mem-branes：Water and structure in charge, 2008, pp. 15-54,
Eikerling, M., Kornyshev, A. A., and Spohr, E）

根据 Larmor 角频率 ω 的量级，核磁共振驰豫对于 20ns 到 20μs 范围内质子运动研究是一种合适的技术（Perrin 等人，2006 年）。核磁共振的纵向弛豫速度 R_1 对于水的相互作用特别敏感，因此非常适合研究受限几何形状中的流体动力学。对聚酰亚胺膜，R_1 分散在低频范围，遵守 $R_1 \sim \omega^\alpha$ 的规则（相对应的时间为 0.1～10ms）。这表明与"界面"亲水基团的第 3～4 水分子间在聚合物基体处，发生强烈的吸引相互作用。R_1 和 λ 的变化暗示了两步水合过程；包含了在界面带电头基组的水团簇中心的形成和溶解，R_1 取决于 ω 的对数，表明了质子在孔隙中水合聚合物表面的界面区域产生二维扩散。

QENS 在聚合物电解质膜动力学上的研究表明了水和质子的微观流动性与在体相水中十分类似，这意味着质子的跳跃时间在 1ps 的数量级。实验的扫描数据包括两部分，"快"〔$\Delta t \sim 0$（1ps）〕和"慢"〔$\Delta t \sim 0$（100ps）〕运动。后者类型的运动的观察表明了 Nafion 中水合氢离子的长时间存在（Perrin 等人，2006 年）。

水的局部（t）和长程（l_r）扩散系数，由 QENS 证明，$D_t = 0.5 \times 10^{-5} \text{cm}^2 \cdot \text{s}^{-1}$ 变到 $2.0 \times 10^{-5} \text{cm}^2 \cdot \text{s}^{-1}$ 和 $D_{lr} = 0.1 \times 10^{-5} \text{cm}^2 \cdot \text{s}^{-1}$ 变到 $0.1 \times 10^{-5} \text{cm}^2 \cdot \text{s}^{-1}$，对应于水含量 $\lambda \approx 3 \sim 18$（Perrin 等人，2007 年）。为了比较，Nafion 中水的自扩散系数由 PFG 核磁共振测得，在 $\lambda = 14$ 时 $D_s = 0.5 \times 10^{-5} \text{cm}^2 \cdot \text{s}^{-1}$（Kreuer，1997 年；Zawodzinski 等人，1993 年）。正如图 2.7 中所示，$\lambda > 10$ 时，在 Nafion 聚合物电解质膜中水的长程扩散系数由 QENS 测得，D_{lr} 与 PFG-核磁共振的自扩散系数 D_s 接近，在超过 0.1μm 时检测到质子迁移。长程的扩散系数比体相水中的自扩散系数大约降低了 4 倍，$D_s = 2.69 \times 10^{-5} \text{cm}^2 \cdot \text{s}^{-1}$。这个降低要归因于无规结构的影响，即孔隙空间连通性和曲折性。另外，在亚纳米尺度上聚合物电解质膜中水的局部扩散系数是由 QENS 决定的，D_t 与 D_w^b 的数值接近。Nafion 中水的局部扩散系数和远程扩散系数见图 2.7。

局部区域和长程扩散的比较阐述了在完全水合的聚合物电解质膜下，对于水运动的主要结构限制高达数十纳米。这意味着在充分水合膜条件下，纳米和微米尺度上对于迁移没有明显的限制。对于质子的扩散也可以得到类似的结论。

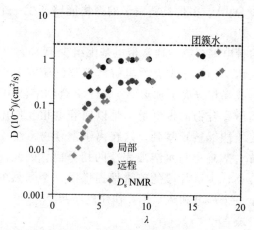

图 2.7　Nafion 中水的局部扩散系数 D_t 和远程扩散系数 D_{lr}（QENS 测得）表明水分子动力学系数随膜水含量增加而增强。Nafion 膜内水自扩散由 PFG-NMR 测得，与自由水自扩散作比较［Perrin，J. C.，Lyonnard，S.，and Volino，F. 2007. Quasielastic neutron scattering study of water dynamics in hydrated Nafion membranes. J. Phys. Chem. C.，111（8），3393-3404. American Chemical Society 授权］

　　这些实验的研究为聚合物电解质的分子模型提供了重要的信息：如果类似的 100nm 尺寸的盒子被使用，聚合物电解质膜的主要影响在于对传输性能的捕获。对于更大规模的多模型方法的实施将不会对聚合物电解质膜缺陷性质产生新的见解。值得注意的是，在超低水合下的操作强调了更多的纳米尺度现象，这种纳米尺度现象受到聚合物-水-质子系统间相互作用的控制。

2.3　PEM 结构形成理论和模型

　　离子聚合物聚集的自组装结构和性质决定了聚合物电解质膜中水的吸附性质和稳定性。这些性质反过来对于聚合物燃料电池中的聚合物电解质膜的运行十分关键：他们保证水的分布和传输，质子的密度和传导性以及膜对于机械应力的响应。

　　在更广泛的背景下，在生物和电化学系统中，带电聚合物控制一系列关键材料的性质和功能。根据主链分子的组成和结构，主链结构的酸性分子基的长度和密度以及酸性基团的化学结构来区分。

2.3.1　带电聚合物在溶液中的聚集现象

　　聚合现象是带电聚合物溶液中的常见特征。他们取决于长程静电的相互作用和短程疏水相互作用以及熵效应（Henle 和 Pincus，2005 年）。形成的束状物在聚合物的特定位置发生聚集，可以被视为刚性棒。这些刚性棒的长度通常保持聚合物的持久性长度量级（Rubinstein 和 Colby，2003 年）。

　　生物聚电解质分子的聚集行为，如 DNA 或者 F-肌动蛋白，对于其生物功能具有重要的影响。对于聚电解质溶液中的基本作用和聚集机制的研究已经有较长的历史（Dobrynin 和 Rubinstein，2005 年；Ha 和 Liu，1999 年；Kornyshev 和 Leikin，1997 年；Manning，1969 年，2011 年；Oosawa，1968 年；Rouzina 和 Bloomfield，1996 年）。在带电聚合物电解质链的盐溶液中，比如 DNA，多价抗衡离子的聚集能够产生一个有效的吸引作用，会导致支链的聚集。

离子聚合物是稀疏的带电聚合物，通常带电基因组少于 15%（摩尔分数）。离子聚合物在单价反离子存在的聚集情况相比于聚合物电解质聚集的研究要少得多，尽管对于聚合物电解质膜的性质来讲束形成和相分离更加重要。离子聚合物溶液中束形成的驱动力是什么？与聚合物电解质相反，离子聚合物的带电量不足以使静电相互作用成为主要相互作用。只有当其他力起作用时聚集才能够被观察到，这在离子聚合物系统中是可以发现的。不带电的水合聚合物，像 Teflon，表现出与水溶液完全的相分离。因此，对于一个带有带电侧链与疏水性主链的离子聚合物，主链片段的疏水性提供了一个强烈的相互作用。因此，离子聚合物溶液中的聚集，是一个静电和疏水相互作用的结果。

（1）离子聚合物束形成理论

Melchy 和 Eikerling（2014 年）等人提出了离子聚合物溶液中束形成的物理理论，特别对于 PFSA 型离子聚合物。这一模型系统涵盖了带电刚性棒的水性溶液，其代表了离子聚合物分子的刚性链段。棒状物被假定为完全稀释且彼此之间没有化学联系。此外，这些棒状物被认为是均等尺寸和长度的。棒状物聚集成紧密排列的圆柱形束的过程，用聚集数目 k 来表示。棒状物被水包围，其中并没有涵盖带电的离子。含酸离子聚合物基团的离解将质子释放到水相中。棒状物模型如图 2.8 所示。

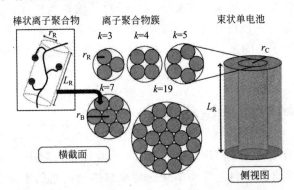

图 2.8 Nafion 离子聚合物示意图，以及半径 r_R、长度 L_R 的圆形柱示例。阴离子电荷由连续的表面电荷密度 σ 表示。图中间部分为棒状离子聚合物以一定的聚合数 k 聚集成半径为 r_B 的柱形束。右图中平均场理论假定一个有效单电池由中心柱形束组成，离散质子聚集在束中心，周围围绕着半径为 r_C 的电解质壳，假设中心束不含电解质和质子

平衡棒状物尺寸的计算采用了一种平均场的方法，可以分几步进行解释。第一步，系统被划分成没有相互作用的相同尺寸的单元，每一个单元中，含有核中一个单一棒状物和一个包含分解和水合质子的带电外壳。在第二步中，单元的合并可以被圆柱形的单一有效单元取代，与核中的纤维束同心。单元的长度被假定为与棒的长度 L_R 相同。单元半径 r_C 是棒的密度函数：

$$r_C = \sqrt{\frac{k}{\pi \rho L_R}} \tag{2.7}$$

图 2.9（a）表明了 r_C 和 r_B 作为 k 的函数，k 是每捆中棒的数目。

模型假定一束棒状物之间的空间是无电解质的。因此，酸解离只能发生在束的表面。束中酸的解离程度决定了束表面的电荷密度和每单位单元中的质子数目，假定电荷密度是

均匀的。

$$\sigma = \eta k \frac{r_R}{r_B} \sigma_R \tag{2.8}$$

在公式 (2.8) 中，σ_R 为理想的表面电荷密度，其中所有可离子化基团被离子化。电离基团的分数 η 取决于支链的性质。比解离度如图 2.9 所示。

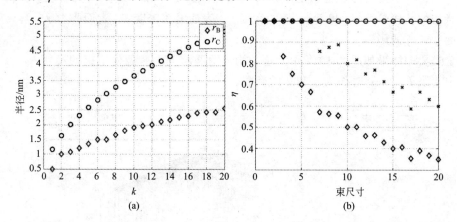

图 2.9　(a) k 数量棒组成束中的束半径 r_B 和单电池半径 r_C。$L_R = 20nm$，$r_R = 0.5nm$ 棒的计算结果。(b) 作为束尺寸函数的每束解离酸基团部分。曲线越低对应解离越小的无支链情况，$l_{SC} \to 0$。当 $\eta = 1$ 时解离完全，表示侧链越长，$l_{SC} \gg r_R$。当 $l_{SC} \approx r_R$ 时表示侧链长度与棒的层厚相当

在溶液中仅有一种类型离子物质的情况下，即质子的解离，如果考虑静电作用是唯一的相互作用类型，静电相互作用会驱使系统趋向于自发分解状态。然而，主链结构的疏水性对于聚集方向保持着一个有利的驱动力，来阻碍这一种趋势。

质子由一个均匀分布的 n_H 表示。在质子分系统中静电相互作用和熵的影响被默认为用包含德拜近似的泊松-玻尔兹曼方法处理。这种简单的处理适合解决弱电解质中的问题，并且其被成功用来描述宏观生物之间的静电相互作用，尤其是在 DNA 中（Kornyshev 和 Leikin，2000 年）。在质子和棒状物阳离子表面基团之间的静电作用在这些棒状物之间引起了静电排斥作用。这由在其表面带负电荷的核中的圆柱形单元中一束质子密度 n_H 的静电能给出。使用由表面张力和圆柱体表面的表面积确定的界面能来进行疏水相互作用的计算。根据上述的简化处理，k 束的自由能密度由下式给出：

$$f(k) = L\rho(\widetilde{f}_k - \widetilde{f}_1) - T(s_k - s_1) \tag{2.9}$$

其中

$$s_k = -\rho_0 k_B [x_k \ln x_k - (1 + x_k) \ln(1 + x_k)] \tag{2.10}$$

s_k 是每 k 束的熵，其被表示为 k 束相对于水的摩尔分数的一个函数，$x_k = \rho/(kN_A\rho_w)$ 和 $N_A\rho_w = 55 mol \cdot L^{-1}$。在公式 (2.9) 中，$f_1$ 为单一棒限制的自由能，其被认为是混合能的一个基线，而 $\widetilde{f}_k$ 则是在独立的单元中每个棒和每一个 k 束单位长度的贡献。

$$\widetilde{f}_k = \frac{2\pi}{k} \left\{ \left[\frac{\gamma}{\beta} - \frac{\sigma}{q} E_{solv} + \int_0^\sigma d\sigma' \varphi r_B(\sigma') \right] r_B + q \int_{r_B}^{r_C} r dr \varphi(r) n_H(r) \right\} \tag{2.11}$$

式中，$1/\beta = k_B T$，E_{solv} 为酸性头基的解离和溶解量；γ 是表面张力；φ 为周围电解质中的势能。等式 (2.11) 右侧方括号中的第一项代表疏水性的相互作用。第二项代表阳离

子解离能。第三项表示棒间静电斥力。在大括弧内的最后一项代表 k 束和解离的质子之间的静电相互作用。质子密度 n_H 从泊松-波尔兹曼公式的结论中获得，并用其来评估圆柱形单元的几何形状和在德拜近似中的近似。

（2）稳定的束尺寸：构型图

这一理论的主要突出点是稳定的束尺寸 k 是从函数 $f(k)$ 最小值处获取。束的尺寸是单一棒状物的几何参数 r_R 和 L_R、棒的密度 ρ、表面电荷密度 σ、表面张力 γ、解离能 E_{solv} 和溶解度参数 η 的函数。

一个经典的结果如图 2.10 所示。这一构形图展示了平衡条件下束的尺寸 k，在中间解离过程中，当 $l_{SC} = r_R$ 时作为 σ 和 γ 的函数。

$$\frac{k\widetilde{f}_k}{2\pi}\left[\frac{\gamma}{\beta}+\frac{4\pi}{\varepsilon\kappa}\widetilde{\Delta}(r_B)\sigma^2+\left(\frac{1}{q\beta}-\frac{E_{solv}}{q}\right)\sigma\right]r_B+q\int_{r_B}^{r_C}r\,\mathrm{d}r\varphi(r)n_H(r) \qquad (2.12)$$

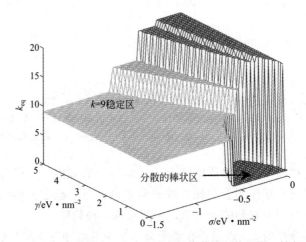

图 2.10 $l_R=20\mathrm{nm}$，$r_R=0.5\mathrm{nm}$ 棒在 $l_{SC}\approx r_R$ 时中间解离情况构型图，溶解能 $E_{solv}=-0.2\mathrm{eV}$

图 2.10 中表示稳定的束尺寸，$k\to\infty$，作为表面变化电荷密度的极限，$\sigma\to0$。这种行为是在无电荷的疏水聚合物中自发相分离的特征。在构型图中另一个清楚可见的限制是棒的分散区域，其中 $k=1$，其对应于静电作用是主要作用的体系。如果自由能以下述形式（式 2.12）重新改写，这一区域的边界可以明确地看出是抛物线状。

方括号中的项代表抛物线形状。在这两个限制之间（完全的相分离和分散棒极限），一个转变的层叠可以在稳定构型之间被看见。主要趋势是稳定束的聚集数量 k 随着 σ 增加和 γ 减小而减小。在足够大的 σ 情况下，k 取的值为 9。这种束的尺寸允许束表面有 90% 的支链产生。由于可电离基团的不完全解离而导致的溶剂化能量的损失是决定可离子化基团稳定尺寸的离子聚合物束的重要参数。

可以从详细的模型分析中清楚地看出束形成对解离过程和溶剂化能量的敏感性。发现最小的溶解方案，即根据零长度支链，$l_{SC}\to0$（酸性基团直接附着在离子聚合物主链上），导致一个非聚集态的强烈偏向，其分散棒极限 $k=1$。完全的溶解方案（$\eta=1$）表示强烈的相分离。然而，假定 $l_{SC}>r_B$，在强烈的分离下不成立，因为支链有一个有限的长度，典型的是 $l_{SC}\approx r_R$。基本上，相分离程度和束尺寸由侧链长度和它们的灵活程度决定，这对于酸性头基与束表面的反应必须是充分的。

所有在这一部分中讨论的主要趋势均与实验中对于支链性能和支链接枝密度对离子聚

合物聚集的影响一致。

2.3.2　PEM 自组装的分子模型

对于可行系统的基本要求和对于燃料电池材料的计算模型包括：①计算方法要与基本的物理原则一致，即要遵守热力学，统计力学，动力学，经典力学和量子力学的基本原则；②必须能够提供一个代表真实系统的足够详细的结构模型，它必须包含适合的物质，代表合适的组成，并以组分的质量分数或体积分数表示；③渐近极限时，对应于系统组分的单一相和均匀相以及基本的热力学和动力学性质必须再现，例如、密度、黏度、介电性质、自扩散系数和相关性功能；④必须能够处理充足的模拟尺寸和模拟时间，以便对体系提供有意义的结果；⑤模拟的主要结构必须与实验上在结构或者传输性质的发现保持一致。

要求必须严格执行标准要求。唯一可能的情况是，经典力学定律足以建立一致性方法，使用严格的量子力学方法计算。其他的要求是要提供合适的空间来适应特殊模拟目标，优先根据体系的物理性质和结构系统规范来进行。

对于在聚合物电解质膜或者界面处电子传输的研究，通常需要量子理论模拟来进行电子结构效应和氢键动力学的合并。对于异质结处结构形成和传输性质需要高效的计算方法能够模拟足够的长度（>20nm）和时间（>20ns）。在中尺度模拟中，通常不足以将电子自由度平均，可将该自由度量子力学模拟变换为传统的全原子模拟方法。在许多情况中，进一步的简化是单个原子被原子基团取代的过程，采用所谓的粗粒化过程。这一过程不仅是改变系统结构，而且该定义涵盖一个基本相互作用和未改变结构和体系动力学性质的力场。

针对多尺度方法研究近期也开展了许多工作。这些模拟方法的挑战在于误差倍增发生在对不同长度尺度上线性模拟的优化上。这涉及多个参数的传递，每个参数都受不确定性的影响。因此，多尺度方法的适当校准，需要研究者的良好直觉和大量实验数据的测试和优化。

在中、微和原子级别，采用宽范围的计算机模拟来对实验和理论进行补充，有利于理解自组装和聚合物电解质膜的结构相关的传输性质（Cui 等人，2007 年；Devanathan 等人，2007 年；Elliott 和 Paddison，2007 年；Elliott 等人，1999 年；Galperin 和 Khokhlov，2006 年；Goddard 等人，2006 年；Khalatur 等人，2002 年；Mologin 等人，2002 年；Spohr，2004 年；Spohr 等人，2002 年；Venkatnathan 等人，2007 年；Vishnyakov 和 Neimark，2000 年，2001 年；Wescott 等人，2006 年；Zhou 等人，2007 年）。类似的方法被用来研究催化层，这将在第 3 章中讨论。

至少 3 个主要等级必须用异质结构模拟媒介来区分：①原子级别，需要解释催化剂体系或分子中的电子结构效应或控制质子和水传输的氢键波动；②电化学双层膜的范围从几个埃到几个纳米；在这个层次上，模拟应该考虑势能和在金属 -电解界面区域中的离子分布；③尺度在 10nm 到 $1\mu m$ 之间，来描述多相中的传输与反应组成和多孔结构的函数关系。

许多计算方法已经被用来理解溶胀的 Nafion 膜中水和质子的结构和传输性质，包括第一性原理（Eikerling 等人，2003 年；Roudgar 等人，2006 年，2008 年；Vartak 等人，2013 年），经典的全原子理论（Cui 等人，2007 年；Devanathan 等人，2007 年；Goddard 等人，2006 年；Spohr 等人，2002 年；Vishnyakov 和 Neimark，2000 年，2001 年）和系统中粗晶粒的描述（Galperin 和 Khokhlov，2006 年；Wescott 等人，2006 年）。

从头算模拟技术源于从量子基本原则角度考虑的系统间的相互作用，通过解决每一个核构型之间电子结构的"不停机"问题来计算作用在系统中原子核上的力（Marx 和 Hutter，2009 年）。第一性原理技术是高度精确的。然而，这种精确度建立于过高的计算消耗。它们的适用范围受限于微观尺度的长度和时间（尺寸在 1nm，时间在 100ps）。在第一性原理模拟下系统的尺度对于水合离子聚合物系统的结构研究是十分必要的。

离子聚合物分子模拟系统应用经典力场，根据系统的尺寸和时间来描述原子和分子之间的相互作用，但是必须满足一系列的其他要求：需要解释化学离子聚合物结构的细节并代表分子间相互作用。此外，应该与基本的聚合物性质保持一致如持久长度、聚集度和相分离行为，离子在疏水性主链的棒和束附近的离子分布，聚合物的弹性性质和微观溶胀。应该在相关的时间和长度尺度上体现传输性质。在几十纳米长度尺度和 100ns 的时间标度上，经典的全原子分子动力学方法可应用于生物系统模型的平衡流动和凝聚体。

粗粒度介观模型提供最大的灵活度以及长度和时间模拟的可适用范围。在粗粒度模型中，基本的相互作用种类中没有原子，但有原子基团，其可以形成代表粗粒度的颗粒。颗粒之间相互作用。介观 CG 方法将微观自由度和微观波动平均化，可以实现更大系统和更长时间的跨度模拟，主要与生物学物质和复杂的异质材料相关，如聚合物电解质膜和聚合物燃料电池中的催化层。粗颗粒模型分辨度的降低导致计算效率的巨大提升。合适的构造、标准粗颗粒模型以及力场能够捕获复杂的相互作用和相关转变过程，如蛋白质折叠。然而，代表性的结构和力场参数是不清楚的。在许多实例中，粗粒度模拟仅限于定性分析，以致定性结论可能造成误导。更多的计算要求被结构模型过度校准和有效相互作用参数所取代。这种冗长的校准包括与已知物理性质的实验参数的比较，同时通过创建所有原子和粗粒度模型之间一致的结构关联函数来进行系统微调。

粗粒度模拟的重参数化能够削弱他们的预测能力。潜在的风险是对结构的形成和动力学性能的模拟结果是无法预测的，但在参数化的过程中已经被内置到模拟当中。

（1）聚合物电解质膜片段和子结构的原子模拟

原子和粗粒度模拟方法间的边界是浮动的。离子膜系统的原子模拟通常应用全电子代表水分子、阳离子头基和质子。对于成分，粗粒度和代表性的联合原子对于 CF_x 基组在氟烃主链和侧链上的使用能够有效地提高原子模拟中的计算效率。与全电子力场相比联合原子力场允许进行更大、实质上的系统模拟。例如，Urata 等人（2005 年）已经应用联合原子，来代表 CF_x 基组来模拟带有 12000～25000 原子，超过 1.3～2.5ns 的系统。原子/粗粒度的代表性缺陷是结果没有精确地解释聚合物主链对形貌和传输性质的影响。在任何情况下，全原子方法是计算的要求，用来建立严格的基准并细化粗粒度模拟的力场参数。

在通常的情况下，全原子或混合表示法结果已经证实了在聚合物电解质膜中微观相分离形貌的形成，虽然在尺寸、形状和相区域的分布仍然存在不确定性。与实验的结果相比，分子模型可用来估计离子团簇的尺寸。

此外，原子的动力学研究阐明了不同类型水的区别。结合水因为与带电荷的磺酸盐基团之间有一个强的静电相互作用表现出对水动力学的抑制。更松散的"自由"水显示出体相的性质，与在聚合物电解质膜中水的动力学发现的实验结果一致（Elliott 等人，2000 年；James 等人，2000 年；Urata 等人，2005 年）。在界面处的结合水分子和"游离"水分子之间可以观察到二者频繁的交换。

Dupuis（Devanathan 等人，2007 年；Venkatnathan 等人，2007 年）模拟了温度和水合效应对于膜纳米结构、水流动性和水合氢离子的影响。他们利用传统的带有 Dreiding 的动力学模拟（Mayo 等人，1990 年）和修饰后的 AMBER/GAFF 力场。他们的研究表明，在界面磺酸盐基团随着 λ 的增加而转移，与之前分子动力学研究结果相符。模拟表明，在 λ <7 时，水分子和水合离子键合到了磺酸盐基团上。与实验数据相比，这些模拟似乎高估了磺酸盐-水相互作用。对水合聚合物密度，水、离子聚合物和质子的径向分布函数，侧链的配位数，水和质子的扩散系数进行分析。水的扩散效应与实验数据吻合完好，而水合氢离子的共扩散与体相水相比，数值上小了 6～10 个数量级。

Jang（2004 年）使用一种全原子的分子动力学方法，探索了在主链结构中支链分布对于结构形成的影响。聚合物主链上具有高度不均匀分布侧链的 Nafion 离子聚合物，与具有侧链均匀分布的体系相比形成更大的相分离的区域。

Elliott 和 Paddison（2007 年）使用 QM/MM 计算的 Oniom 方法（Vreven 等人，2003 年）来理解在 PFSA 膜上的局部结构水合的影响。对附着于主链的三个侧链的短侧链（SSC）PFSA 离子聚合物的片段进行计算。对于带有 6～9 个水分子的低聚片段的全优化被展开。6 个水分子时能态最低。水分子进一步增加后，通过相互关联水团簇连接的侧链水合作用的能量偏差消失。在 $\lambda = 2.5$ 时两种低聚物片段系统展示出扭结的主链在能量上倾向于约 $37kJ \cdot mol^{-1}$ 的结构，其中氟烃主链完全延伸。Paddison 和 Elliott 指出主链的构象、侧链的灵活性、低水合程度下结合度和侧链的聚集度决定着水中质子的形成（Zundel 和 Eigen）。然而，对于单一离子聚合物支链，这些计算并没有解释离子的聚集。因此，他们忽视了主链、侧链、质子和水之间的重要的相互关联性。

（2）中尺度模拟

在更长时间（>10ns）和更大尺度上（>10nm）原子分子的动力学模拟不能预测聚合物电解质膜中的结构相关性质。中尺度模拟模型能够搭建离子聚合物化学结构和自组装相分离形态间的尺度间隙。"粗粒度的分子动力学模拟"对聚合物电解质膜中结构形成的粗粒度分子动力学进行了详细描述。基于离子聚合物-溶剂系统粗粒度模型的其他模拟将在这一部分进行介绍。

首次的水合 Nafion 的中尺度模拟是基于混合的 MC/RISM 模型（Khalatur 等人，2002 年）。这一模型将蒙特卡洛方法和旋转异构态理论相结合，由 Flory 发展而来（Flory，1969 年）。Khalatur 等人（2002 年）使用粗粒度表示法，其中 CF_2 和 CF_3 由一个团聚的原子基团代替，并沿着主链有一个均匀分布的支链。这些计算结果表明水和极性磺酸基分离成一个三层结构，一个中心富水区域和两个外层的与水分子强烈作用的侧链基团。与实验具有一致性（Mayo 等人，1990 年），他们发现一个依赖于 λ 的线性微观溶胀，归因于离子聚合物原纤维或束之间水填充区域的生长。

基于动力学的自治平衡场理论（SCMF）的 CG 模型，在近期已经用来研究在变化的 λ 下水合离子聚合物的结构。每一个侧链和主链是由多个粗粒度片段构成，其代表了不同原子的基组。相互作用的参数和颗粒尺寸能够通过原子的分子动力学方法校准来获取。在 SCMF 方法中，颗粒的密度分布 $\rho(r)$，在缓慢变化的外在势能 $U(r)$ 影响下的发展，其与聚合物侧链的瞬间平衡相关。对于 SCMF 理论的主要假设是在外在势能，在理想的体系起作用，产生一个密度分布，其与相互作用的系统相匹配。自由能函数由具有高斯拉伸环项的外在势能下的颗粒组成。

颗粒与颗粒之间的作用参数既可以由传统的原子分子动力学匹配，也可以由 Flory-Huggins 参数计算来产生（Flory，1969 年；Galperin 和 Khokhlov，2006 年；Groot，2003 年；Groot 和 Warren，1997 年；Wescott 等人，2006 年）。模拟建议在低的含水量下（$\lambda < 6$），独立的阴离子表面基团的亲水区域，水合氢离子和水是球形的；而在较高水含量下（$\lambda > 8$），它们变形成椭圆形状。既然这些水含量明显高于实现质子传导所需的值，可以得出质子的传输可能经过缺水区域，亦或是通过界面扩散或通过第二相离子来实现。

另外一种用于预测水合 Nafion 膜的介观结构的方法是耗散粒子动力学方法（DPD）。这个介观方法在 20 世纪 90 年代被引入，用来模拟复杂的流体（Hoogerbrugge 和 Koelman，1992 年）。它使用 CG 模型处理 Nafion 且其处理方案基于 Langevin 方程，这是一个描述布朗运动的随机微分方程（Groot，2003 年；Groot 和 Warren，1997 年；Yamamoto 和 Hyodo，2003 年）。由牛顿方程控制相互作用粒子的时间演化。作用在颗粒上的力来自于保守力、耗散力、成对随机力和束缚弹簧力的贡献。

DPD 模拟已经对各种 λ 下水合 Nafion 的微观分离结构进行了分析（Hayashi 等人，2003 年；Vishnyakov 和 Neimark，2005 年；Yamamoto 和 Hyodo，2003 年）。一个典型的结构在图 2.11 中进行了描述。离子团簇的尺寸和分离距离随着 λ 线性增加。在增加 λ 过程中，膜经历了从分离的亲水团簇到随机互连水通道的 3D 网状的一个渗透转变。Wu 等人（2008 年）用 DPD 模拟方法，比较不同水合程度和 IECs 条件下 Nafion 的形貌，Solvay-Solexis 短侧链（SSC）PFSA PEMs，3M 的 PFSA PEMs 形貌结构。他们发现更长的侧链导致磺酸基团更大量的聚集并形成更大的水团簇，对 $5 < \lambda < 16$，团簇的尺寸为 2～13nm。

图 2.11　DPD 模拟 $\lambda = 9$ 时 Nafion 膜的微相结构。Nafion 骨架用灰色表示，第一个支链球用白色表示，第二个支链球、水和水合氢离子用黑色表示，定义了离子簇区域（Malek, K. et al. 2008. J. Chem. Phys.，129，204702，Figures 1，2，5，6，9，10. American Institute of Physics 授权）

尽管他们有许多优点，DPD 和 SCMF 方法并不能精确预测依赖于时间相关函数的物理性质，例如，扩散效应。水合离子聚合物膜的更可行的中尺度方法是粗粒分子动力学（CGMD）模拟。

CGMD 和 DPD 方法的一个重要区别值得注意。与 DPD 技术相比，CGMD 是一个必要的多尺度方法（参数直接从经典原子分子动力学方法中提取），而且正如下面所描述的，它有一个不同的力场处理方法。在 DPD 中忽略了角和二面角相互作用，而 CGMD 中采用这种相互作用来解释离子聚合物分子的构象柔性。

2.3.3　粗粒度的分子动力学模拟

近些年，CGMD 模拟在柔性材料和生物分子系统中具有广泛的应用。在这些体系中，CGMD 方法具有高洞察度和可靠性（Voth，2008 年）。

为了提高分子模拟的计算效率，CGMD 方法将原子或分子结合到一起形成新的粗粒位点或"颗粒"，其经历了高效重定义的相互作用。且前的任务是设计一个代表分子结构的粗粒度模型和保留系统的基本化学和物理特性系统间的相互作用。CGMD 方法的一致性必须通过原子分子动力学基准建立并与实验数据进行比较。对于力场和有效的相互作用参数进行微调以便能够在粗粒度和全原子模型的结构相关功能和传输参数间达成一致。

在严格的统计力学要求下，粗粒度系统必须能够代表一种合理的方法，考虑到以下公式：

$$\exp(-F_H/k_BT) = C\int dr\exp[-V(r)/k_BT] \approx C'\int dr_{CG}\exp[-V_{CG}(r_{CG})/k_BT]$$

$$(2.13)$$

式中，F_H 为系统的亥姆霍兹能量；$V(r)$ 为作为全原子配位函数的系统势能；V_{CG} (r_{CG}) 是粗粒度系统的配位势能，其是粗粒度颗粒配位的函数。找到一个代表性 $V_{CG}(r_{CG})$ 来满足公式（2.13）要求是 CGMD 方法的主要挑战。Voth 讨论于依赖于"极简"，"反演"或"多尺度"技术的粗粒度方案（Voth，2008 年）。

（1）粗粒度模型和模拟协议

在接下来的部分，采用一个 PEM 微观结构的典型 CGMD 模拟方法。第一步，原子系统必须映射到粗粒度模型，其中具有预定义的球状颗粒，用亚纳米长度尺寸来代替原子基团。CGMD 模型使用极性、非极性和带电颗粒代表水合离子聚合物体系中的水、聚合物主链、阴离子侧链和水合氢离子（Marrink 等人，2007 年）。

在第二步中，强调了颗粒间相互作用能的参数，定义为系统轨迹演变下的力场。颗粒间的相互作用能通过原子相互作用力的匹配过程来确定（Izvekov 和 Violi，2006 年；Izvekov 等人，2005 年）或通过结构关联函数来匹配（Marrink 等人，2007 年）。

需要设计一个模拟的协议，定义粗粒度系统中和相互作用下的代表性结构。这个协议包含一个平衡或热化相。在生产运行过程中，系统的轨迹是在完全热力学条件下进行模拟，以便生成一个非关联系统构型的统计学意义的集合。在最后一步中，这些构型使用 RDF，提供关于复合介质中的相区域的尺寸、形状和分布的密度图进行分析。

结果与全原子模拟进行比较并通过相互作用参数进行校准。在 CGMD 模拟形成的结构中，通过包含蒙特卡罗过程的更多分析方法获得离子聚合物和水簇的形状和尺寸分布的信息。此外，从 CGMD 中得到的稳定结构形成流动性研究的基础，通过原子 MD 模拟，使用重映射过程。

Malek 等人（2008 年）采用典型的水合 Nafion 的粗粒度参数化方法。4 个水分子团簇代表极性颗粒。三个水分子团簇和对应于带电离子的水合氢离子。离子聚合物侧链由单一带电颗粒代表。在主链上的 PTFE 的四单体单元（$\{CF_2-CF_2-CF_2-CF_2-CF_2-CF_2-CF_2\}$），与无极性团簇一致。所有团簇的半径为 0.43nm，体积为 0.333nm³。

在 CGMD 模拟中非键合不带电团簇间的相互作用采用兰纳-琼斯势建模。

$$U_{LJ}(r_{ij}) = 4\varepsilon_{ij}\left[\left(\frac{\sigma_{ij}}{r_{ij}}\right)^{12} - \left(\frac{\sigma_{ij}}{r_{ij}}\right)^{6}\right] \tag{2.14}$$

其中有效的团簇半径假定为 $\sigma_{ij} = 0.43nm$。相互作用的强度 ε_{ij} 假定为从弱（1.8kJ·mol^{-1}）到强（5kJ·mol^{-1}）的变化的 5 个可能值。带电粒子 i 和 j 通过库仑相互作用而作用：

$$U_{el}(r_{ij}) = \sum_{i<j}\frac{q_i q_j}{r_{ij}} \tag{2.15}$$

离子聚合物主键化学键间的相互作用由键长度和角度的和谐势能构建：

$$U_{bond}(r_{ij}) = \frac{1}{2}K_{bond}(r_{ij}-r_0)^2$$

$$U_{angle}(\theta_{ij}) = \frac{1}{2}K_{angle}[\cos\theta - \cos\theta_0]^2 \tag{2.16}$$

式中，$K_{bond} = 1250kJ·mol^{-1}·nm^{-2}$ 和 $K_{angle} = 25kJ·mol^{-1}$ 是力的常数；r_0 和 θ_0 是平衡的键长度和角度（Marrink 等人，2007 年）。

Malek 等人（2008 年）考虑的模拟盒子尺寸为 $(25\times25\times25)nm^3$。其包含 72 个粗粒度 Nafion 支链，如图 2.12 中所示。添加 1440 个 CG 水合氢离子到电中性体系中。加入不同数量的水团簇来模拟 $\lambda = 4$、9、15 时的水含量。

图 2.12　Nafion 链的粗略表示。20 个重复单元的低聚物中含有 40 个的主链球（黑色）和 20 个侧链球（白色）[Malek, K. et al. 2008. J. Chem. Phys., 129, 204702, Figures 1, 2, 5, 6, 9, 10. Copyright (2008). American Institute of Physics 授权]

根据 Malek 等人（2008 年）的研究，典型的模拟按照以下步骤进行：

① 从一个随机的初始结构开始，采用最快下降算法来确定能量最小值；

② 进行热退火（Allen 和 Tildesley，1989 年），首先将温度从 298K 提高到 398K，在 50ps 的时间内溶胀。接下来是 NVT 系统的 50ps 的短程分子动力学模拟，最后是降温到 298K 的过程。

③ 在带有一个 0.05ps 积分时间的步速 NVT 系统中的一个平衡条件下进行。温度由 Berendsen 温控器控制，其模拟 298K 下外部热浴的弱耦合（Berendsen 等人，1995 年；Lindahl 等人，2001 年）。通过检测总能来确定平衡结构。在 Malek 等人（2008 年）的研究中，总能被发现是在 $0.05\mu s$ 平衡时间内垂直降低的，之后收敛并逐渐稳定。最终的密度 1.7g·cm^{-3}，与实验值保持一致。

④ 对于统计样品构型的过程，在 NVT 系统、298K $0.7\mu s$ 下进行。保存并分析每 500 步（25ps）的结构。

⑤ 在计算期间应用蒙特卡洛过程获取形成的结构、离子聚合物的尺寸分布和水的团簇（Lindahl 等人，2001 年）。两个水颗粒之间距离如果小于 0.43nm，将属于同一团簇。孔的半径是通过基于 Channel 的算法进程来决定的（Kisljuk 等人，1994 年）。在这样的算法中，一个初始的随机位置是在网状孔内部选择的，并且在任何给定的距离上都沿着孔的方向。孔径通过计算球形探头的最大尺寸来预测，且不与孔壁中的颗粒范德华半径

重叠。

（2）粗粒度膜结构的分析

水、水合氢离子和带电荷的侧链颗粒的亲水相形成一个三维网状的不规则通道。在水含量 $\lambda = 4$，9，15 时，典型的通道尺寸分别是 1nm，2nm，4nm。

对应于 Nafion 主链、侧链、水合氢离子和水描绘了密度分布的二维等高线图，对不同 λ 处的自组装离子聚合物形态提供了新视野。离子聚合物主链的有效密度降低且随着 λ 的增加波动较小。这是在高 λ 下形成亲水性团簇的主要结果。在低 λ 下，低于渗滤的临界值时，离子团簇更小、更独立。

RDFs 的分析，$g_{ij}(r_{ij})$ 提供了多颗粒系统模拟的有价值的结构信息。它允许原子和颗粒间的结构关联，聚合行为以及相分离，不同相区域的尺寸和形状以及配位结构更加合理化。实验上，RDF 是从结构因数 $S(q)$ 中获取，其决定了 X 射线或中子散射的强度（Ashcroft 和 Mermin，1976 年）。从由单一组分形成的相区域的散射结构因子，例如，离子聚合物主链的原纤维中的非极性颗粒，由下式给出：

$$S(q) = 1 + \frac{N}{V} \int_V [g(r) - 1] \exp(iqr) \mathrm{d}r \qquad (2.17)$$

从微观角度上看，RDF 被定义为在相对于参考颗粒 i 的位置在 r_{ij} 处发现一个颗粒 j 的配位密度的可能性。

$$g_{ij}(r_{ij}) = \frac{V}{N_i N_j} [\delta(r - r_{ij})] \qquad (2.18)$$

式中，V 是总的样品体积；N_i 和 N_j 指的是 i 和 j 颗粒的总数。右边方括号表示系统的平均值。对于一个孤立的系统，RDF 为：

$$g_{ij}(r) = \left(\frac{N_j}{V}\right)^{-1} \frac{\Delta n_j}{4\pi r^2 \Delta r} \qquad (2.19)$$

式中，Δn_j 是距颗粒 j 的径向距离为 r 处的厚度 δ_r 的壳中的 j 颗粒的数量。

i 和 j 能够代表相同或不同类型的颗粒。N_j 与 V 的比率对应于 j 颗粒的颗粒密度。$g_{ij}(r)$ 的计算值包含在足够数量的统计独立构型上进行系统的平均，沿着模拟弹道和在参考颗粒的统计学上进行独立的选择。

对于一个孤立的体系，$g(r)$ 与两个颗粒 $w^{(2)}(r)$ 间的主要的力的势能有关（Hansen 和 McDonald，2006 年）

$$g(r) = \exp\left(-\frac{w^{(2)}(r)}{k_B T}\right) \qquad (2.20)$$

对比 CGMD 和原子动力学中的 $g(r)$ 是评价模拟方法的一致性和细化力场参数化的方法。

图 2.13 展示了在不同水含量 λ 下离子聚合物水平衡时的微观结构。图 2.14 展示了对应的 RDFs。这些结构对应的函数可以从下列角度进行分析：①在疏水区域的离子聚集；②离子区域的形成；③水和水合离子相对于支链和主链分布；④水和网状离子聚合物的连接。

骨架颗粒的配对相关函数，g_{BB}，如图 2.14（a）所示，展示了 $r < 1.5nm$ 的若干峰。图 2.14（a）表明主链聚集小于 3nm。这一尺寸与棒形成理论（Melchy 和 Eikerling，2014 年）和散射实验数据研究的结果一致，侧链对应的耦合函数为 g_{SS}。

图 2.14（b）表示由于聚合物主链的聚集和折叠导致的侧链聚集（Allahyarov 和

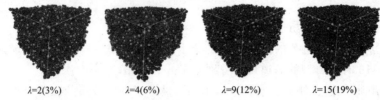

$\lambda=2(3\%)$ $\lambda=4(6\%)$ $\lambda=9(12\%)$ $\lambda=15(19\%)$

图 2.13   Nafion 膜（每摩尔离子交换基团 1100g 干膜聚合物当量）与水在不同 λ 比例混合下
CGMD 模拟得到的平衡状态的微相结构。骨架球用黑色表示，带电支链球用白色表示。亲水
性决定其含水量，水合质子用灰色球表示（Malek，K. et al. 2008. J. Chem. Phys.，129，
204702，Figures 1，2，5，6，9，10. American Institute of Physics 授权）

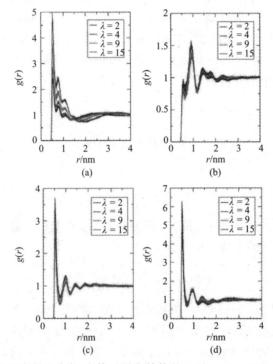

图 2.14   不同比例 λ 的离子聚合物-水体系平衡结构的 RDFs。（a）B-B，（b）S-S，（c）S-W，
（d）W-W 的 RDFs 图。W：水；S：侧链；H：水合氢离子；B：Nafion 主链（Malek，K. et al. 2008.
J. Chem. Phys.，129，204702，Figures 1，2，5，6，9，10. American Institute of Physics 授权）

Taylor，2007 年）。侧链和水颗粒间的耦合关联函数 g_{sw} 和 g_{ww}，如图 2.14（c）所示，而
图 2.14（d）揭示了在离子聚合物-水界面存在的三个水合层。界面处的水的有序度随 λ 的
增加而减小。

图 2.15 表明了支链分离与 λ 的关系。随着水合程度的增加，支链游离分开。他们平均
的分离从约 1nm（$\lambda < 4$）到 1.3nm（$\lambda > 15$）范围。在单个离子聚合物链上，侧链分离集中
在 1.5～1.7nm。将骨架组装成束或原纤维增加了束表面上侧链的净密度。观察到的界面
处支链密度的增加源于有 3～6 个棒组成的纤维聚合物的聚集。聚集体变得更薄和更大的拉
伸导致较大的 λ 侧链的分离增加。这种侧链分离的趋势可能对在水填充的孔中聚合物-水界
面处的质子传输有重要的影响，如"质子传输"部分的讨论。

（3）传输性质模拟

CGMD 模拟的平衡结构能够用作 PEM 中传输性质模拟的输入。水的自扩散系数可通

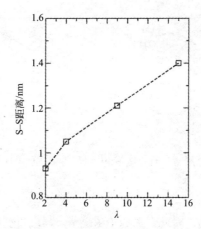

图 2.15　λ 函数的聚合物侧链平均距离［Malek，K. et al. 2008. J. Chem. Phys.，129，204702，Figures 1，2，5，6，9，10. Copyright（2008）. American Institute of Physics 授权］

过长时间的均方位移（MSD）的斜率来获取。

$$D = \frac{1}{2dN_\alpha} \lim_{t \to \infty} \left[\frac{1}{t} \sum_{i=1}^{N_\alpha} |r_i^\alpha(t) - r_i^\alpha(0)|^2 \right] \qquad (2.21)$$

式中，N_α 为组分 α 分子的数目；d 为空间维度；t 为时间；r_i^α 为组分 α 的中心分子 i 的质量。自扩散系数通过速度-时间的积分函数计算得到：

$$D = \frac{1}{dN_\alpha} \int_0^\infty \left[\sum_{i=1}^{N_\alpha} \nu_i^\alpha(t) \nu_i^\alpha(0) \right] \mathrm{d}t \qquad (2.22)$$

式中，ν^α 为 α 分子的中心质量速度。第一个公式是爱因斯坦公式，而第二个是 Green-Kubo 关系（Dubbeldam 和 Snurr，2007 年）。

在短的时间尺度上（$t < 500\mathrm{ps}$）MSD 展示了一个二次时间的依赖性。这是已知的弹道制度，其颗粒碰撞是不频繁的。在纳米多孔材料中，中间体系从颗粒碰撞时开始，但是只能是小颗粒结构。当颗粒能够从局部结构中逃离，进入全部的宏观网状物，就形成了扩散的体系。在扩散的体系中，MSD 与时间呈线性关系，在 lg-lg 图中，斜率为 1。

对于在水合 Nafion 中自扩散的计算，能够产生一个水通道的原子结构，其基于从 DPD 和 CGMD 计算过程中获取的介观结构。这种重新映射的原子孔模型可以在原子分子动力学计算中进一步优化。Malek 等人（2008 年）在不同的 λ 值下得到这一过程。

图 2.16 是原子 MD 和 CGMD 模拟计算得到的水的扩散系数与从 PFG-NMR 测量得到的对比结果。λ<9 时两种模拟方法存在一致性。在体相水的相关计算中，两种方法的实验值均为 $2.3 \times 10^{-5} \mathrm{cm}^2 \cdot \mathrm{s}^{-1}$。在水合离子的模拟中，在 λ>4 时出现了与实验值的差异。这种偏差可以用 MD 模拟的限制效应来解释。这种差异在更高的水含量下增大，其在采样过程中需要较长的轨迹长度。

（4）基于 CGMD 的形貌描述

结合不同 λ 的结构分析和水扩散的信息，获得了在水合 Nafion 膜中网状水形貌模型。在低的 λ 下，膜内部包括小的、连接微弱的水团簇。在高的 λ 下，水团簇因为小团聚的聚结造成尺寸上的增加，形成水和水合氢离子的亲水区域高度互连的随机网状物。由于约束效应，由 DPD/MD 和 CGMD 模拟方法计算的水扩散效应与体相水相比是降低的。水合氢离子的 CG 模型并没有包含水合氢离子和水之间的静电以及氢键相互作用。这些模拟过多

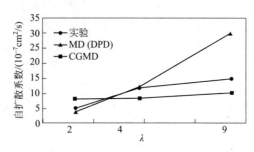

图 2.16 λ 函数水的 自扩散协同系数。模拟 MD 和 GCMD 轨迹计算值与 PEF-NMR 值对比
〔Malek，K. et al. 2008. J. Chem. Phys.，129，204702，Figures 1，2，5，6，9，10.
Copyright（2008）. American Institute of Physics 授权〕

估计了水合氢离子的扩散效应，因此，并没有在这一部分讨论。

在 CGMD 模拟中，水合 Nafion 形貌的许多特点与小角度散射实验的结构特点是一致的。在低的水含量（λ<4）时，半球状的亲水区域被嵌入到主链的疏水结构区域中。在高的水含量（λ>4）时，因为颈部的出现和扩大，疏水区域变为圆柱形。在模拟中，亲水区域的平均直径从 λ=2 的 1nm 到 λ=9 的 3~4nm。从散射实验中发现的这些值展现了水通道的直径范围。

CGMD 和 DPD 模拟都表明了亲水区域的渗透临界值在 λ≈4，其对应的水的体积含量约 10%。Nafion PEM 中的低电导率渗流临界值也已从质子传导率的研究中得出结论（Cappadonia 等人，1994 年，1995 年）。水通道的高互连性和聚合物基的溶胀和重组基于低水含量的水吸附渗透作用（Eikerling 等人，1997 年，2008 年）。

其他的分子动力学模拟预测了一个较大的渗滤临界值（Devanathan 等人，2007 年；Elliott 和 Paddison，2007 年）。计算的渗透临界值的差异可能是将分子级别模拟的离子聚合物链过于简单化了。原子模型如果使用的单体序列太短，那么在再现水团簇和聚集体尺寸和形貌时以及预测渗透临界值上会就失败。值得注意的是，出于相同的原因，许多模拟将无法再现离子聚合物的持久长度。

（5）PEM 模型的分子模型：下一步是什么？

离子聚合物-水系统的分子模拟的基本目标是解释水和质子传输对水合水平变化的依赖性。一个实际的目标是提供膜材料选择的可预测的模型。实验提供基于水吸附和传输性质的结构演变的经验观点。在材料设计中需要系统地理解化学结构如何影响物理化学性质和电化学性能。本节中描述的任何单独的模拟技术在对 PEM 材料的形态和有效性质上进行准确预测都略显不足。

对于分子模型和 PEM 计算研究中的自洽方法的要求包括：①主要聚合物构型的代表结构；②充足的分子间相互作用；③模拟系统的充足尺寸，允许纳米级约束和随机网状形态对水和质子传输的影响；④充分的结构构型的统计抽样或者通过基本传输过程来获取可靠的热力学性质和传输参数。关于①，离子聚合物的单体序列的长度大于聚合物主链持久长度是必要的，其长度明显超过 10nm。原子模型经常在再现水团簇与聚合物聚集过程的尺寸和形状以及预测水合膜的渗滤性质和溶胀行为中失败，因为它们依赖的单体序列太短。

在 PEM 膜中结构形成问题需要一个分层的建模框架。在原子尺度上进行量子力学的计算，其能够通过质子的传输和局部的静电相互作用来开发模拟的方法。使用分子相互作用的信息和从这些模拟中获取的耦合关联函数，模型和有效的力场参数可以衍生为经典原子分子动力学模拟。在更远的一步中，基于动力学和能量的数据，可以粗略描述 PEFC 膜材料的，得到有关材料合成，结构表征和传输现象的重要参数。

2.4　膜的水吸附和溶胀

正如前述部分的描述，主要的化学离子聚合物结构和热力学性质条件控制着离子聚合物溶液中的聚集现象。分子模型和物理理论具有完全相同的条件，在此条件下形成有限尺寸的离子聚合物束。此外，他们提供工具来解释这些束的构型、静电和机械性能。离子聚合物束的性质决定了微观压应力和在阳离子表面基团的密度。事实证明，束形成的步骤在离子聚合物溶液中已经很复杂，因此保留着部分不确定性。例如，化学成分的角色、长度、接枝密度和侧链的柔性是未解决的。沿着疏水主链的离散电荷分布的影响是不清楚的。

对于结构形成过程进一步的理解，尤其是形成一系列水填充的孔隙和离子区域，注定了更大的不确定性。从文献和会议讨论中来看，对此并未留有争议。这一章竭力解释棒的柔性和电学性能的相互作用怎样决定在网状孔中水的分布和占据。这个相互作用掌握了阐明微观、介观溶胀关系和 PEM 膜传输性质合理化的关键。

2.4.1　PEM 中的水：分类体系

在过去的 30 多年间，人们对 Nafion 形貌已经进行了广泛的研究。同样，人们对水的结构和分布问题也在实验和理论中做出了很多成果。主要的水分类如下。

①表面水和体相水（Eikerling，2006 年；Eikerling 等人，1997 年，2007 年，2008 年）；②非冻结、冻结和自由水（Nakamura 等人，1983 年；Seung 等人，2003 年；Siu 等人，2006 年）；③气相水或流体水（Choi 等人，2005 年；Elfring 和 Struchtrup，2008 年；Weber 和 Newman，2003 年）。在内部离子聚合物-水界面处，孔隙中与极性表面基团强烈相互作用的表面水形成高度择优取向的氢键网状物（Narasimachary 等人，2008 年；Roudgar 等人，2008 年）。体相水由流体水相质子动力学和水分子定义，正如"PEMs 中水和质子动力学性质"章节中讨论的一样。

表面水和体相水的存在可以解释水含量对质子微观迁移率的影响，由质子传输的活跃自由能从约 0.1 eV（$\lambda>4$）增加到约 0.36 eV（$\lambda<2$）就可以表明，如图 2.6 所示（Eikerling 等人，2008 年；Ioselevich 等人，2004 年）。此外，一个膜水吸收和质子传导的统计学模型，由 Eikerling 等人（1997 年，2001 年）探索，建议在低的 λ 条件下，通过表面质子的迁移严格地控制膜的导电性；而在大的 λ 条件下，质子电流由纳米元素渗透团簇负载，其代表了体相水的质子迁移率。

网状孔模型，基于 Gierke 结构模型和圆柱形孔隙模型用来解释从表面到体相的过渡（Eikerling 等人，2001 年）。用孔隙络模型计算的不同水含量的导电性，与 PFSAX 型膜的实验数据一致。

未冻结、冻结束缚和自由水的种类是基于不同的散射热量测定 DSC 和 NMR（Yoshida 和 Miura，1992 年），观察到的水的冻结现象。DSC 已经用于确定不同类型水的含量。未冻结水紧紧地连接在磺酸头基上。它使聚合物变成可塑性并降低了其玻璃化转变温度 T_g。冻结水稀疏依附于离子聚合物，在到 20℃ 时展现出一个冰点抑制，其可以由吉布斯-汤姆森关系解释。

Cappadonia 等人在导电性数据的 Arrhenius 线中发现冰点的抑制（Cappadonia 等人，1994 年，1995 年）。PEM 中的自由水拥有和体相水一样的熔点，并且它维持了质子和水的高体相迁移率。与不同的分类体系相比，似乎在表面水和非冻结/冻结限制水之间有一个关联，但这种关联并不是独有的。冻结限制和自由水的差异是不明确的。

PEM 中液态水和气相水的分类并没有物理关系。而是被外部条件对气相吸附等温线控制上的经验结果所误导。在采用这种分类时，膜外水的状态是与膜内水的状态相混乱的。Schröder's paradox（Onishi 等人，2007 年）引用了更多的、混淆的部分概念，其实质上，指的是在不同的热力学条件下不同的膜吸水率的本质区别。其既不假定膜中气相水的存在，也不把施罗德的观察作为一个悖论来调整（Eikerling 和 Berg，2011 年；Freger，2009 年；Onishi 等人，2007 年）。在 PEM 模型中，水吸附平衡的物理模型消除了这些问题。

2.4.2 水吸附现象

基于吸附的实验包括等静压蒸气吸附等温线（Morris 和 Sun，1993 年；Pushpa 等人，1988 年；Rivin 等人，2001 年；Zawodzinski 等人，1993 年）和毛细管等温线，通过标准孔隙率测量法测量（Divisek 等人，1998 年；Vol'fkovich 和 Bagotsky，1994 年；Vol'fkovich 等人，1980 年）。许多小组（Choi 和 Datta，2003 年；Choi 等人，2005 年；Elfring 和 Struchtrup，2008 年；Freger，2002 年，2009 年；Futerko 和 Hsing，1999 年；Meyers 和 Newman，2002 年；Thampan 等人，2000 年；Weber 和 Newman，2004 年）提出通过气相平衡的 PEM 的水吸收的多个热力学模型。模型解释了界面能、弹性能和吉布斯函数能的熵。

水吸附模型的主要缺点是他们应用了单一的平衡条件，表示水在 PEM 中和相邻的液体水或蒸汽的储层中的活动。这些模型与形态膜模型很不相称，并且它们经常引起 PEM 中出现水蒸气，可通过接触角略高于 $90°θ$ 的疏水孔来证明，以便获取一个外在压力条件下的平衡（Choi 和 Datta，2003 年；Choi 等人，2005 年；Elfring 和 Struchtrup，2008 年；Weber 和 Newman，2004 年）。然而，这样的方法在热力学上是不一致的，并且不足以描述 PEMs 中水的状态。没有证据表明有疏水性气体孔隙率或 PEM 内部存在水蒸气。对这些概念的争论在于脱水时膜的气密性和它们多孔结构的破坏。此外，实验研究了膜外表面上的浸润角，表明是疏水的（Hiesgen 等人，2012 年；Zawodzinski 等人，1993 年）。然而，这些数据与 PEMs 内部微观聚合物/水界面无关。

对于膜内部，对蒸气和疏水孔存在不同的见解。Gebel 组的结构数据表明没有疏水孔，而是有圆柱形原纤维或带形成的孔壁，具有密集分布的原生表面基团（Gebel，2000 年；Gebel 和 Diat，2005 年；Gebel 和 Moore，2000 年；Rubatat 等人，2002 年）。水吸附的吉布斯自由能 $G_s(λ)$，可通过等静压蒸气吸附等温线来获得（Morris 和 Sun，1993 年；Pushpa 等人，1988 年；Rivin 等人，2001 年；Zawodzinski 等人，1993 年）。分析表明 $G_s(λ)<G_w$，其中 $G_w=-44.7kJ·mol^{-1}$ 是在环境条件下自由水表面气相吸附的吉布斯自由能。因此，膜的水吸收比在自由体相水表面的键合能力要强，证实 PEM 中水吸附的亲水性质。最后，水结合致密表面基团的界面阵列的 DFT 计算，代表了 PEMs 中酸终止支链（Roudgar 等人，2006 年，2008 年），揭示了当 SG 的聚集密度不太高时，正常条件下在界面阵列处水分子的强烈结合。

2.4.3　水吸附模型

为了建立 PEMs 中水吸收溶胀模型，在 PEM 和相邻介质中必须考虑三种水的微观平衡条件。总体平衡状态相当于热力学自由能的最小值，在这种情况下即为吉布斯能。

对于聚合物孔隙中的水系统，状态的变量为温度、压力和化学势。在平衡条件下，每一个变量必须均匀而且连续，且与外部的相应值保持平衡。与这些变化一致的独立平衡条件是热力学、化学和机械平衡（Bellac 等人，2004 年）。任何应用到少量平衡条件对膜状态的描述都与吉布斯相规则不一致。

在 Eikerling 和 Berg（2011 年）提出的水吸附模型中，将水填充的 PEM 处理为一个多孔弹性介质。从这种介质的溶胀开始定义，模型建立了一个微观和宏观溶胀间的关系。它与气相吸附数据、结构数据、聚合物弹性和体积溶胀相关。

为了导出分析模型，需要若干的简化假设，模型涵盖了所有相关的物理过程。尤其是它对于温度、压力和化学势应用热力学平衡条件来获得单个圆柱形 PEM 孔的水吸附状态方程。这一状态方程相当于孔半径或体积孔溶胀参数与环境条件的函数关系。必须考虑微观区域中规定的弹性模量、介电常数和电荷密度的组成关系。为了处理水吸附平衡条件下的集合效应，需考虑上述材料的分散性质。

2.4.4　毛细冷凝作用

在水含量充足的情况下，表面水数量 $\lambda > \lambda_s$，平衡水吸收通过毛细管力实现。为了支持这一假设，将图 2.17（a）中的 Nafion 等压蒸汽吸附等温线与图 2.17（b）中孔隙尺寸分布数据进行比较，孔隙尺寸通过标准孔隙率测定法获得。在图 2.17（a）中，存在一个简单的函数关系。

$$\lambda = 3.0 \times \left(\frac{P^v}{P^s}\right)^{0.2} + 11.0 \times \left(\frac{P^v}{P^s}\right)^4 \tag{2.23}$$

式中，P^s 为给定温度下的饱和蒸气压，与实验吸附数据一致（Zawodzinski 等人，1993 年）。在式（2.23）中，第一项表现为对外部蒸气压的弱依赖性。它可以用带电聚合物表面附近的强结合水来鉴定。公式（2.23）表明在 $\lambda_s = 3$ 时的表面含水量。第二项由体相水来确定，其表现了对 P^v 的强依赖性。

图 2.17（b）再现了具有对数正态孔径分布的孔隙率数据，如 Divisek 等人所述（1998年）中建议的一样。

$$\lambda = \frac{\lambda_{\max}}{\Lambda} \int_0^{R_c} \mathrm{d}R \exp\left[-\left(\frac{\lg(R/R_m)}{\lg s}\right)^2\right]$$

$$\text{和} \quad \Lambda = \int_0^{\infty} \mathrm{d}R \exp\left[-\left(\frac{\lg(R/R_m)}{\lg s}\right)^2\right] \tag{2.24}$$

式中，R 为孔半径；R_c 为毛细管半径；$\lambda_{\max}$ 为最大含水量；$R_m = 0.75\mathrm{nm}$；$s = 0.15$。

对于吸附等温线，水吸附的吉布斯自由能 G_s 是从热力学关系式中计算得到的。

$$\Delta G^s = \Delta G^w + R_g T \ln \frac{P^v}{P^s} \tag{2.25}$$

$$P^c = \frac{2\gamma\cos\theta}{R_c} \tag{2.26}$$

式中，γ 为孔中水的表面张力；G_w 为自由水表面的水吸附的吉布斯能。通过毛细管冷凝吸水，孔中水的吉布斯能与毛细管压力有关。

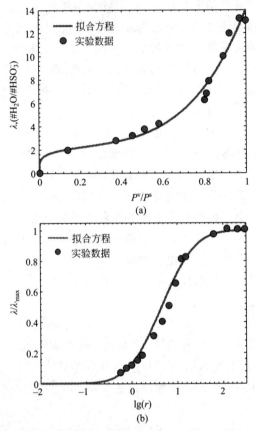

图 2.17　Nafion117 吸水率。（a）恒压吸水数据 ［extracted from Springer et al.（1991），由式（2.23）拟合］；（b）毛细管等温线 ［extracted from Divisek et al.（1998），由式（2.24）拟合；［Eikerling, M. and Berg, P. 2011. Soft Matter, 7（13），5976-5990，Figures 1～7. The Royal Society of Chemistry 授权］

$$\Delta G^c = \Delta G^w - P^c V_w \qquad (2.27)$$

式中，V_w 为水的摩尔体积。$\lambda = f(P^v/P^s)$ 和 $\lambda = g(R_c)$ 实验关系给出了两个以 λ 为函数的水吸附吉布斯自由能函数表达式。$\Delta G^s(\lambda) = \Delta G^w + R_g T \ln[f^{-1}(\lambda)]$ 和 $\Delta G^c(\lambda) = \Delta G^w - 2\gamma \bar{v}_w \cos\theta/g^{-1}(\lambda)$。图 2.18 比较了这两个表述。在 $\lambda/\lambda_{max} > 0.2$，两个图是难以区分的，即 $\Delta G^s(\lambda) \approx \Delta G^c(\lambda)$。在这一范围，随着 λ 的减小，$\Delta G^s(\lambda)$ 的适度降低是由于水在亲水性孔中的限制作用。这支持在这一范围内毛细管冷凝控制水吸收的假设。该一致性在 $\lambda/\lambda_{max} < 0.2$（低水含量）时失效。在最低的水含量 $|\Delta G^s(\lambda)|$ 下，水结合强度的急剧增加，是由界面效应造成的，其无法在 $|\Delta G^s(\lambda)|$ 中解释。在低的 λ 下，大的水结合能量，如图 2.18 所示，与 Roudgar 等人得到的水合分子的带电表面基团水合阵列的从头算值一致（2006 年）。

2.4.5　单孔内水吸收平衡

本节重点介绍单孔吸水和溶胀。模型在纳米级采用连续描述方法。这种方法的精确度

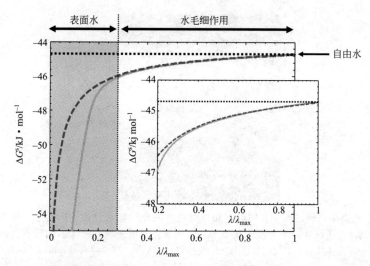

图 2.18　从图 2.17 中等温线得到的 Nafion 117 吸水吉布斯能、吸附等温线能（实线）和毛细等温
线能（虚线）的对比（Eikerling，M. and Berg，P. 2011. Soft Matter，7（13），5976-5990，
Figures 1～7. The Royal Society of Chemistry 授权）

随着孔半径减小到 1nm 以下而降低。Stern 层没有明确建模，这导致与孔内实际质子分布
有轻微偏差。尽管有这些简化，但仍可反映水吸附中的关键现象。

（1）平衡条件

孔中水与周围相的平衡是在控制的温度 T、蒸汽压力 P^v、气体压力 P^g 下保持的。根
据热力学条件的变化，在孔隙中水平衡需要 3 个独立的微观条件，其中前两个是显而易见
的：①离子聚合物-水系统的热平衡意味着零热通量和均匀温度。②化学平衡意味着水的零
扩散和 PEM 中水的化学势的均匀性，$\mu_w^{PEM}(\lambda)$，其与外在水相平衡；如果外相是气相，
化学平衡为 $\mu_w^{PEM}(\lambda)=R_gT\ln(P^v/P^s)$；如果外在相是液态水，化学势能则要由水的标准
值给出。③机械平衡可以通过系统界面的压力平衡来解释；涉及压力包括 P^g 和 P^c，孔中
液态水压 P^l，渗透压 P^{osm}，塑性压力 P^{el}（Silberstein，2008 年）。

模型区域是一个包含单一孔隙的均匀单元，如图 2.19 中所示。无因次的显微溶胀在单
胞模型中的变化由 $\eta=v_p/v_0$ 给出。其中，v_p 是圆柱形孔的体积，v_0 是干燥条件下单胞单
元的体积。每单元聚合物体积分数由 $\varphi_p=(\eta+1)^{-1}$ 给出。

单位小室包含四个区域。区域 I 是具有固定 T、P^v 和 P^g 值的环境相。温度决定了水
的饱和蒸气压 P^s 和聚合物-水系统的其他参数，如水的表面张力、水的介电常数，$\varepsilon=\varepsilon_0\varepsilon_r$
和聚合物相的剪切模量 G。区域 II 表示具有不带电壁和零质子浓度的纳米孔的入口部分。
流体压力 P^l 决定了这一区域中水的状态。区域 III 对应于正常的孔区域，其中溶解的质子平
衡了孔壁处阳离子表面的电荷。该模型的基础版假定孔壁均匀带电。它忽略了阴离子电荷
的离散性的影响。在区域 III 中，P^l 和 P^{osm} 加起来等于总流体压力，$P^{fl}=P^l+P^{osm}$，其中
P_{osm} 为孔壁处距离的函数。最后，区域 IV 表示由聚集的离子聚合物主链形成的聚合相，其
随着孔溶胀经历了应变和变形。

第二部分的介绍允许 I 和 II 区域之间定义分离平衡条件下的界面，区域 II 和区域 III 也
是一样，使该模型适于分析处理。对于区域 II 需要引入两个约束：①位于区域 II 和 III 之间
的界面处以保持区域 II 无质子的虚拟半透性网，其可透过水分子但对于质子是不可渗透的；

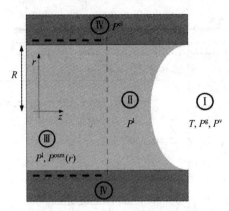

图 2.19 单孔模型，通过四个相同温度和压力的区域介绍吸水过程。区域Ⅰ：外部环境（液态或者气态水）。区域Ⅱ：不含质子孔隙水。区域Ⅲ：含质子的孔隙水。区域Ⅳ：弹性膜骨架（Eikerling, M. and Berg, P. 2011. Soft Matter, 7（13），5976-5990, Figures 1～7. The Royal Society of Chemistry 授权）

②限制区域Ⅱ的聚合物壁的弹性常数，调节以保持孔均匀的宽度。由于这些约束，在孔入口处定义一个毛细管，并且 Kelvin-Laplace 方程确定孔中的液体压力。这种方法高度简化了 PEM 表面处的影响。然而，区域Ⅱ对 PEM 的总水吸附量的贡献微不足道；因此，可得到体积效应在水中的吸附和溶胀。

需要一张实际的孔颈的图片来解释在 PEM 的表面的孔溶胀。这种处理将包括一个复杂的、非均匀的磺酸基的排列，不均匀的孔半径和有限的质子浓度。这些效应的掺入将使得不可能对问题进行分析处理。

区域Ⅰ和区域Ⅱ将气-液界面的平衡可以表示为：

$$P^{l}\big|_{\text{Ⅱ}}=P^{g}\big|_{\text{Ⅰ}}-P^{c} \tag{2.28}$$

在区域Ⅲ和区域Ⅳ之间的流体-聚合物界面，聚合物的弹性压力和流体压力的平衡由下式给出：

$$P^{el}\big|_{\text{Ⅳ}}=P^{fl}\big|_{\text{Ⅲ}} \tag{2.29}$$

将 PEM 中的吸水率与外部热力学条件联系起来的方法是引入图 2.19 中的区域Ⅱ。在区域Ⅱ和Ⅲ之间的界面处的半渗透和固定网孔提升该界面处的机械平衡。流体压力在界面上是均匀的，而总的流体压力经历不连续过渡，即，$P^{l}_{\text{Ⅲ}} \rightarrow P^{fl}_{\text{Ⅲ}}$。

（2）孔中水的平衡状态

目前讨论的平衡条件是能够用于在任意几何形状的 PEM 孔中建立的水状态方程。即使膜的真实描述应包括一系列可能的孔几何形状，对直圆柱形孔给出推导，如图 2.19 所示。孔半径 R 对应于体相水吸收的区域，不包括孔内的表面水。

用公式（2.26）表示毛细管压力，采用 Kelvin-Laplace 方程：

$$P^{v}=P^{s}\exp\left(-\frac{2\gamma\overline{V}_{w}\cos\theta}{R_{g}TR_{c}}\right) \tag{2.30}$$

给出了孔内部流体压力的关系：

$$P^{l}=P^{g}+\frac{R_{g}T}{\overline{V}_{w}}\ln\left(\frac{P^{v}}{P^{s}}\right) \tag{2.31}$$

此后，假定内部孔表面理想润湿，$\cos\theta=1$。此外，离子聚合物-水系统的固有性质，像

介电常数 ε_r、表面电荷密度 σ 和剪切模量 G，假定都是均匀的。

在内部孔壁中获取的均匀条件是：

$$P^{el} = P^{fl}(R) = P^l + P^{osm}(R) \qquad (2.32)$$

式中，$P^{osm}(R)$ 是孔壁处的渗透压，其表达式由 Eikerling 和 Berg（2011 年）给出。

膜弹性对溶胀的影响纳入水吸附的几个模型中（Choi 和 Datta，2003 年；Choi 等人，2005 年；Elfring 和 Struchtrup，2008 年）。Freger 提出一种处理溶胀的方法，是通过小的水簇或"液滴"将其作为疏水性非脂肪溶胀的聚合物基质，其将聚合物基体的薄聚合物膜分离（Freger，2002 年）。该模型是基于聚合物弹性的经典 Flory-Rehner 理论的改性（Flory 和 Rehner，1943 年）。在溶胀过程中，包含水的聚合物壁在厚度上经历了一个压缩过程。假定聚合物相的体积不变，那膜必须在平面方向上展开。对于孤立的平面溶胀，弹性压力和孔溶胀之间的关系为：

$$P^{el} = \frac{2}{3} G \left[\left(\frac{1}{\eta+1} \right)^{1/3} - \left(\frac{1}{\eta+1} \right)^{7/3} \right] \qquad (2.33)$$

通过聚合物统计热力学可直接获得该表达式（Freger，2002 年）。对于在一个方向上的面内各向异性溶胀的情况，沿着壁的宽度方向，弹性压力和孔溶胀的关系是：

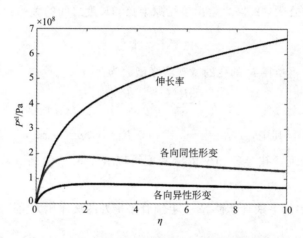

图 2.20　显微应力与应变关系。弹性压力 P^{el} 为本章讨论的溶胀参数 η 在三种孔壁变形情况的函数。分别为各向同性形变［公式（2.33）］，各向异性形变［公式（2.34）］和伸长率［公式（2.35）］

$$P^{el} = \frac{2}{3} G \left[\left(\frac{1}{\eta+1} \right)^{1/3} - \left(\frac{1}{\eta+1} \right)^{5/3} \right] \qquad (2.34)$$

对于具有均匀收缩的离子聚合物区域的束或壁延伸情况，该关系变为：

$$P^{el} = \frac{2}{3} G \left[\left(\frac{1}{\eta+1} \right)^{-1/3} - \left(\frac{1}{\eta+1} \right)^{5/3} \right] \qquad (2.35)$$

在这一部分中讨论的 P^{el} 和 η 之间的关系如图 2.20 所示。所有三个变形情况预测 P^{el} 在脱水极限下降低。在零溶胀下，即 $\eta=0$，接近 $P^{el}=0$。微观应力与应变关系与实验是一致的（Freger，2002 年；Silberstein，2008 年）。聚合物壁的剪切模量 G 与杨氏模量 E 相关，$E=2(1+\nu)G$，Choi 等人（2005 年）提出泊松比 $\nu=0.5$。壁电荷密度的缩放定律与孔半径相关。这一定律控制着渗透压和弹性压力的平衡。接下来提出强制依赖规定。

$$\sigma(R) = \sigma_0 \left(\frac{R_0}{R}\right)^\alpha \tag{2.36}$$

式中，σ_0 是在参考半径 R_0 处给出的壁电荷密度，$R_0 = 1\text{nm}$。指数 α 表示孔溶胀时表面基团重组的程度。据推测，可以取 $0 < \alpha \leqslant 1$。正如接下来的阐述，单孔溶胀和水吸附的分析数据提供了 α 范围的定义标准。α 的值接近 1，表示在溶胀时阴离子表面基团的强烈重组与具有弯曲壁的孔相关，例如，球形孔。α 的值接近 0，表示表面基团的弱重组作用，更可能表示层状或板状孔。

α 的认知需要在水吸附时，水合离子聚合物孔几何形状和结构演化的微观信息。在实验上，这种认知可以通过监测孔尺寸、形状和单位比表面积来获得，正如"散射实验的洞察"一节中的描述。致力于水吸附过程的微结构重组分子模拟和理论研究有助于将 α 值合理化。

对于水含量的范围，不包括完全干燥的情况，可以假定总的壁电荷是完全保留的。强的守恒定律要求保留每个孔的磺酸根阴离子的数量（$n_{SO_3^-}$），仅在 PEM 水平上保持阴离子电荷的数量的要求比较低，允许孔隙间的带电基团再分布。在强要求下的不变条件是：

$$n_{SO_3^-} = 2\pi q^{-1}\sigma(R)RL = 2\pi q^{-1}\sigma_0 R_0 l_0 \tag{2.37}$$

公式（2.36）和公式（2.37）得出了孔隙半径和长度之间的关系：

$$\frac{L}{L_0} = \left(\frac{R_0}{R}\right)^{1-\alpha} \tag{2.38}$$

使用该缩放定律，半径 R 的孔的微观溶胀函数为：

$$\eta = \frac{\pi R^2 L}{\nu_0} = \xi \left(\frac{R}{R_0}\right)^{1+\alpha} \tag{2.39}$$

$\xi = R_0 \rho_{SO_3^-} / 2\sigma_0^-$，其中，$\rho_{SO_3^-} = -\rho_{H^+}^{max} = -F \cdot IEC\rho_p^{dry}$，而 σ_0^- 是通过统计密度分布定义的平均壁电荷密度。孔半径和壁电荷密度可以表示为 η 的函数，$R/R_0 = (\eta/\xi)^{\frac{1}{1+\alpha}}$ 和 $\sigma = \sigma_0(\xi/\eta)^{\frac{\alpha}{1+\alpha}}$。

以溶胀变量 η_c 表示毛细管半径 R_c，毛细管平衡处的液体压力由下式给出：

$$P^l = P^g - \frac{2\gamma}{R_0}\left(\frac{\xi}{\eta_c}\right)^{\frac{1}{1+\alpha}} \tag{2.40}$$

最后，Berg 和 Ladipo（2009 年）提出了渗透压的表达式，在几步简化后给出了下列关系式：

$$P^{osm} = R_g T c_{H^+}(R) = 2\sigma_0 \left[\frac{\sigma_0}{4\varepsilon} - \frac{R_g T}{FR_0}\left(\frac{\xi}{\eta}\right)^{\frac{1-\alpha}{1+\alpha}}\right]\left(\frac{\xi}{\eta}\right)^{\frac{2\alpha}{1+\alpha}} \tag{2.41}$$

其中 $c_{H^+}(R)$ 为孔壁上的质子浓度。

$$\frac{2}{3}G\left[\left(\frac{1}{\eta_c+1}\right)^{1/3} - \left(\frac{1}{\eta_c+1}\right)^{7/3}\right] = P^g - \frac{2\gamma}{R_0}\left(\frac{\xi}{\eta_c}\right)^{\frac{1}{1+\alpha}} + 2\sigma_0\left[\frac{\sigma_0}{4\varepsilon} - \frac{R_g T}{FR_0}\left(\frac{\xi}{\eta_c}\right)^{\frac{1-\alpha}{1+\alpha}}\right]\left(\frac{\xi}{\eta_c}\right)^{\frac{2\alpha}{1+\alpha}} \tag{2.42}$$

将式（2.33）［或式（2.34），式（2.35）］，式（2.40）和式（2.41）代入式（2.32）中，得到半径 R_c 的孔的平衡水吸附状态方程。

其中公式（2.33）被用来表示塑性压力（面内各向同性溶胀）。

该方程的解可以写为孔壁的电荷密度之间的关系，其中存在毛细管平衡 $\sigma_{0,c}$ 和溶胀变

量 η_c：

$$\sigma_{0,c} = \frac{2\varepsilon R_g T}{FR_0}\left(\frac{\xi}{\eta_c}\right)^{\frac{1-a}{1+a}}\left\{1 - \sqrt{1 + \left(\frac{F}{R_g T}\right)^2 \frac{R_0^2 \Phi}{2\varepsilon}\left(\frac{\xi}{\eta_c}\right)^{\frac{-2}{1+a}}}\right\} \tag{2.43}$$

其中：

$$\Phi = \left\{\frac{2}{3}G\left[\left(\frac{1}{\eta_c + 1}\right)^{1/3} - \left(\frac{1}{\eta_c + 1}\right)^{7/3}\right] - P^g + \frac{2\gamma}{R_0}\left(\frac{\xi}{\eta_c}\right)^{\frac{1}{1+a}}\right\} \tag{2.44}$$

公式（2.43）和公式（2.44）描述了与外部气相平衡单孔中水的吸附现象。η_c 的值与相对湿度 P^v/P^s 相关，根据式（2.30）、式（2.43）和式（2.44），在环境条件（T，P^v，P^g）和 η_c 之间建立了联系。控制孔吸水率的参数是电荷密度 $\sigma_{0,c}$、水的介电常数 ε 和聚合物壁的剪切模量 G。

用这一结论，当孔中的水与液体压力 P_{ext}^l 下的外部体相水相平衡时，平衡关系可以轻易从液体平衡（LE）情况下的溶胀参数 σ_0 和 η_l 中获取，

$$\sigma_0 = \frac{2\varepsilon R_g T}{FR_0}\left(\frac{\xi}{\eta_l}\right)^{\frac{1-a}{1+a}}\left[1 - \sqrt{1 + \left(\frac{F}{R_g T}\right)^2 \frac{\Phi_0 R_0^2}{2\varepsilon}\left(\frac{\xi}{\eta_l}\right)^{\frac{-2}{1+a}}}\right] \tag{2.45}$$

$$\Phi_0 = \left\{\frac{2}{3}G\left[\left(\frac{1}{\eta_l + 1}\right)^{1/3} - \left(\frac{1}{\eta_l + 1}\right)^{7/3}\right] - P_{ext}^l\right\} \tag{2.46}$$

在公式（2.45）和公式（2.46）中，外部的流体压力 P_{ext}^l 已经包含在 P^l 中。此外，在 σ_0 处的下标"c"已经被丢弃。进行这两种修改是因为在 LE 条件下液体压力必须是均匀的，该系统包括孔内部和外部环境。

由公式（2.45）和公式（2.46）代替公式（2.43）和公式（2.44）对应于零毛细管压力下的转变。在周围相中用液态水代替水蒸气，即，从 VE 到 LE 的转变，导致孔中水的流体压力不连续转变，造成溶胀变量中提升。这种行为代表孔隙水平的一阶相变。

因此，每个孔的水吸附机理如下：在相对湿度不足时，孔处于塌缩状态。一旦达到孔壁电荷密度 $\sigma_{0,c}$ 的临界相对湿度，孔隙水会填充到溶胀水平 η_c。用周围相中的液态水替代饱和蒸汽来消除毛细管平衡。孔隙，因此，经历不连续的溶胀转变，导致得到一个较大值的 η_l，该值由公式（2.45）和公式（2.46）给出，并对应一个更大的平衡半径。

（3）单孔模型的探索

参数的设置如 Eikerling 和 Berg（2011 年）所述。在特定材料参数中，电解质是基准体系。孔壁是亲水性的，因此，$\theta = 0$ 是合理的。对于壁电荷密度的平均值，当参考半径固定为 $R_0 = 1\text{nm}$ 时，取 $\bar{\sigma} = -0.08\text{C} \cdot \text{m}^{-2}$。此值的选取与离子交换容量和离子交联聚合束有关。

Nafion 型聚合物电解质膜的弹性性能已由 Silberstein（2008 年）和 Jalani、Datta（2005 年）讨论过。数值只在宏观有效弹性膜中有效，这些特性随着温度和相对湿度，离子交联聚合物化学和膜预处理不同而急剧变化。在模型中，需要微观聚合物纤维或壁的弹性模量的信息。这些值比宏观情况下要大很多，大概处于 $G = 200 \sim 400\text{MPa}$ 范围。

在接下来对孔填充和溶胀的研究中，假定每个孔有个特征值 σ_0。和气相平衡情况下公式（2.43）、公式（2.44）及液相平衡情况下的公式（2.45）、公式（2.46）中用值 σ_0 研究溶胀系数 η。模型预测具有最低值 σ_0 的孔具有最低的溶胀系数，因此具有最小的平衡半径溶胀状态。考虑到气相平衡条件下的水吸收，这种预测就转变成一种规则，即具有最低 σ_0

的孔在相对湿度（RH）最低时填充，具有最高 σ_0 的孔在相对湿度（RH）最高时填充，原因是溶胀需要一个足够大的渗透压，随着 σ_0 增加，迫使孔隙达到更大的平衡半径。

图 2.21 表明 $\alpha=0.5$ 的孔隙在如图 2.20 所示的各向异性非平面扩张中，不同 σ_0 值下 P^{el} 和 P^{fl} 随 η 的变化。虚线表示气相平衡条件下 $P^{fl}=P^g-P^c+P^{osm}$，实线表示液相平衡条件下 $P^{fl}=P^g+P^{osm}$。流体压力曲线和弹性压力曲线的交点分别表示等式（2.43）、等式（2.44）或者等式（2.45）、等式（2.46）中的溶液。

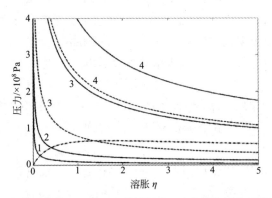

图 2.21　流体压力（实线和虚线），P^{fl}，和弹性压力 P^{el} 之间的压力平衡（实线和虚线），在孔壁 $\alpha=0.5$ 下的各向异性非平面扩张如图 2.20 所示。气相平衡（虚线）和液相平衡（固体）下膜的孔隙流体压力随壁电荷密度增加（此处为 $-0.05C\cdot m^{-2}$，$-0.1C\cdot m^{-2}$，$-0.2C\cdot m^{-2}$，$-0.4C\cdot m^{-2}$）（Eikerling, M, Berg, P. 2011. Soft Matter 7（13），5976-5990，Figures 1～7。授权自 The Society of Chemistry）

这些结果说明了气相平衡条件下 η_c 和 $\sigma_{0,c}$ 及液相平衡下 η_l 和 σ_0 之间的关系，如图 2.22 所示。图 2.22 表明，在单孔模型中，气相平衡和液相平衡条件下水吸收之间的差别。这种差别的原因在于流体压力的不连续性。

2.4.6　水吸附和溶胀的宏观效应

可以通过小角度 X 射线散射、小角度中子散射、孔隙密度测定法、水吸附来研究孔隙尺寸的分布和聚合物电解质膜孔隙大小分布随水吸附的变化。水吸附时孔隙空间形貌的变化表明聚合物电解质膜传输特性的改变（Eikerling 等人，1997 年，2007 年，2008 年；Kreuer 等人，2004 年）。然而，宏观溶胀现象的机理仍然不确定。

这一部分主要研究水吸附的整体效应和孔隙网络重组。将重点解释微观材料中结构改变和空间改变是如何联系在一起的，特别是 σ_0 的影响。

（1）总孔隙的水吸收机制

如图 2.22 所示，不同的 σ_0 值对应着不同的 η_c 平衡值，σ_0 的统计空间波动促进了水吸附孔隙半径分布（PRD）的变化。孔隙半径分布（PRD）变化同时也受弹性和介电性能分布的影响。由于更强的弹性约束限制溶胀，更大的 G 值会导致更小的平衡孔隙半径。下面，只对 σ_0 波动的影响进行评估。

壁电荷分布的空间离散性通过引入一个密度分布函数 $n(\sigma_0)$ 来解释，定义为每 σ_0 无限小区间气孔的数量。对 $n(\sigma_0)$ 的了解是预测聚合物电解质膜（PEM）水吸附行为的先决条件。下面的积分表达式将 $n(\sigma_0)$ 与总体积 V_0 的样本中单胞的数量 N_{uc} 联系起来。

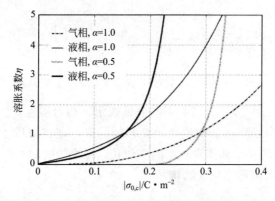

图 2.22　两种不同的 α 值下气相平衡和液相平衡下溶胀系数 η 与壁电荷密度 σ_0 的
关系曲线（Eikerling，M，Berg，P. 2011. Soft Matter 7 (13)，5976-5990，
Figures 1~7。授权自 The Society of Chemistry）

$$N_{uc} = \int_0^{\sigma_0^{\max}} d\sigma_0 n(\sigma_0) \tag{2.47}$$

$$\bar{\sigma}_0 = \frac{1}{N_{uc}} \int_0^{\sigma_0^{\max}} d\sigma_0 n(\sigma_0)\sigma_0 \tag{2.48}$$

式中，$N_{uc}=V_0/v_0$。式（2.48）将 $n(\sigma_0)$ 与平均壁电荷密度联系起来。

式（2.49）将 $n(\sigma_0)$ 与聚合物电解质膜体积溶胀联系起来。

$$\frac{\Delta V}{V_0} = \frac{1}{N_{uc}} \int_0^{\sigma_{0,c}} d\sigma_0 n(\sigma_0)\eta(\sigma_0,\sigma_{0,c}) \tag{2.49}$$

式中 $0<\sigma_0$，$c<\sigma_0^{\max}$，V_0 是聚合物电解质膜的干燥体积。式（2.49）需要微观溶胀参数 η 的卷积计算，占单个孔隙中的压力平衡和总孔隙中密度分布 $n(\sigma_0)$。符号 $\eta(\sigma_0,\sigma_{0,c})$ 表明溶胀参数是最大孔隙中本征 σ_0 和 $\sigma_{0,c}$ 的两变量函数，在最大的孔隙中毛细管平衡处处可见。

从 Eikerling 和 Berg（2011 年）的相关参数中得到了图 2.23，解释了水吸附和总孔溶胀的现象。图 2.24 是对此过程所做的相应说明，即具有不同 σ_0 的两个相连接孔的高度简化体系。聚合物电解质膜中的水吸附分为三个过程：（i）孔隙填充；（ii）连续的孔溶胀；（iii）液体水浴代替气相环境转变中的不连续溶胀。

孔隙填充是一种不连续过程，通过此过程，初始的干孔达到由开尔文-拉普拉斯方程 [等式（2.30）] 决定的水吸附平衡下的毛细管半径 R_c。这个过程对应于图 2.23 中最右边的曲线。随着 P^v/P^s 的增加，毛细管平衡沿着此条曲线增加至具有更大 R_c 和 η_c 的孔。根据式（2.40），流体压力增加至 $\sigma_{0,c}$。图 2.24 给出了孔隙填充和溶胀的不同阶段的 R 和 P^l 值。

均匀和各向同性液体压力是水填充孔网络高连通性的保证。在吸脱附水等温线中不存在滞后效应，而实验表明，这种要求是孔溶胀机理的先决条件。

压力平衡要求在临界孔（在 $\sigma_{0,c}$ 处）中的液体压力是均匀的和各向同性的。因此，相同的液体压力适用于已经充满水的所有孔隙（$\sigma_0<\sigma_{0,c}$）。作为 P^l 的增加的结果，这些孔将经历连续溶胀以获得 η 的新的平衡值 η，其以下隐式形式确定。

$$\sigma_0 = \frac{2\varepsilon R_g T}{FR_0}\left(\frac{\xi}{\eta}\right)^{\frac{1-\alpha}{1+\alpha}}\left[1-\sqrt{1+\left(\frac{F}{R_g T}\right)^2 \frac{\Phi_1 R_0^2}{2\varepsilon}\left(\frac{\xi}{\eta}\right)^{\frac{-2}{1+\alpha}}}\right] \tag{2.50}$$

以及

$$\Phi_1 = \left\{ \frac{2}{3}G \left[\left(\frac{1}{\eta+1} \right)^{1/3} - \left(\frac{1}{\eta+1} \right)^{7/3} \right] - P^l \right\} \tag{2.51}$$

$P^l = P^g - \frac{2\gamma}{R_0}\left(\frac{\xi}{\eta_c}\right)^{\frac{1}{1+a}}$，对应于在毛细管半径处的最大充水孔隙中的液体压力。孔的溶胀在图 2.23 中由虚线在 $\sigma_0 < \sigma_{0,c}$ 的三个中间值处表示。相对湿度 P^v/P^s 的值从式（2.31）和式（2.40）中获得。每条虚线从初始孔填充开始溶胀，即在对应于 $\eta = \eta_c$ 时开始。在图 2.24 中，对于步骤Ⅲ中的孔 1 和步骤Ⅳ中的两个孔，在增加的 P^v/P^s 下发生连续溶胀。孔径可以在初始填充和最大溶胀之间显著增加。

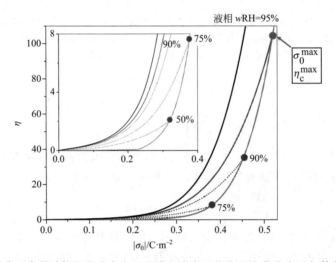

图 2.23　通过典型参数计算的孔隙中水的吸附和溶胀。最右边的曲线表示气体氛围下（气相平衡）毛细管平衡条件下的初始孔隙填充。最左边的曲线表示液相平衡条件下的水吸收。虚线表示不同壁电荷密度值 $\sigma_{0,c}$ 下的最大限度的孔溶胀，对应于曲线中的相对湿度。内插图为在低的 σ_0 值下的情况（Eikerling, M. and Berg, P. 2011. Soft Matter, 7 (13), 5976-5990, Figures 1~7. 授权自 The Royal Society of Chemistry）

从图 2.23 中可以看出，在壁电荷密度 $|\sigma_0| < 0.2 \text{C} \cdot \text{m}^{-2}$ 的孔中，初始孔填充时的吸水率较小，即 $\eta_c < 1\%$。然而，当 P^v/P^s 增加时，这些孔基本上溶胀到与 $\eta \approx 100\%$ 一样多，如图 2.23 的插图所示。这一现象说明相对低的 σ_0 的孔隙在高相对湿度（RH）下对总的水吸收的贡献，即使中间不考虑孔隙效应。

当 $\sigma_{0,c} = \sigma_0^{\max}$ 时，蒸汽气氛中聚合物电解质膜（PEM）达到最大溶胀，如图 2.23 中的实线蓝色曲线所示，从算模拟的带电表面组阵列表明最大壁电荷密度 $\sigma_0^{\max} \approx -0.5 \text{C} \cdot \text{m}^{-2}$（Roudgar 等人，2006 年，2008 年）。超过 $\sigma_0^{\max}$ 时需要将水分子和水合氢离子从阴离子头基之间的空间排出。这种情况被界面处不利的静电相互作用所阻碍，使得聚合物基质不稳定。

在饱和蒸汽气氛中的平衡状态下，$\sigma_0^{\max}$ 决定溶胀孔的半径、溶胀参数和液体压力的最大值。典型的参数是 $R_c^{\max} = 21 \text{nm}$，$\eta_c^{\max} = 105$ 以及 $P^l \approx -67 \text{atm}$。在这种情况下，来自蒸汽的水吸附将在 $P^v/P^s \approx 0.95$ 时消失。Divisek 等人（1998 年）观察到在 10nm 的孔半径上的整体孔体积分布的平衡，与这种行为在本质上一致。

如果饱和蒸汽被液体水浴代替，则可能发生进一步的溶胀，如图 2.24 的步骤Ⅴ所示。

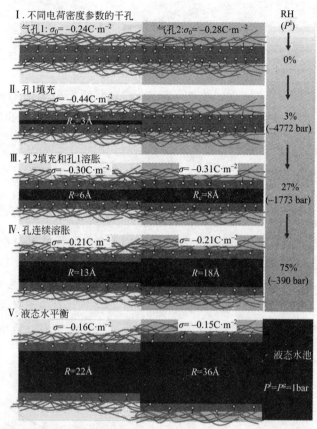

图 2.24　孔隙组合中水吸附和溶胀过程。对于具有不同参考电荷密度值的两个平衡孔系统,示意性地表示出了溶胀过程中的顺序。地表水用浅灰色背景表示。体相水对应于深灰色区域。已经使用在 Eikerling 和 Berg（2011 年）中给出的参考参数计算了相对湿度（RH）、液体压力 P^l,壁电荷密度 σ 和孔半径 R 的值（Eikerling, M. and Berg, P. 2011. Soft Matter, 7（13）, 5976-5990, Figures 1~7. 授权自 The Royal Society of Chemistry）

在该转变期间,液体压力从饱和蒸汽中的 $P^{l,\max} = P^g - \dfrac{2\gamma}{R_0}\left(\dfrac{\xi}{\eta_c^{\max}}\right)^{\frac{1}{1+a}}$ 不连续变化到液体水中的 $P^l = P^g$。图 2.23 中的溶胀参数 η 从实线蓝色曲线上的值 $\sigma_0^{\max}$ 计算为实心黑色曲线上的值。这种液体压力和吸水率的不连续性解释了 Schröder 的悖论。

（2）蒸汽吸附等温线

水吸附模型必要的检查就是计算蒸汽吸附等温线。公式（2.49）给出 V/V_0 随着 $\sigma_{0,c}$ 变化的函数。计算时输入环境参数（T, P^g, P^v）、材料参数（ε_r, G, $\rho_{SO_3^{2-}}$）和概率密度分布 $n(\sigma_0)$。η_c 的值可以用式（2.31）和式（2.40）转换为相对湿度。

为了简化计算,使用式（2.49）的修正版本:

$$\frac{\Delta V}{V_0} = \frac{1}{N_{uc}} \int_0^{\eta_c} \mathrm{d}\eta\, n(\sigma_0)\,\eta\, \frac{\mathrm{d}\sigma_0}{\mathrm{d}\eta} \tag{2.52}$$

使用公式（2.50）,将 σ_0 代入 η 和 η_c 的函数。在饱和气相平衡条件下的最大溶胀:

$$\frac{\Delta V_{VE}^{\max}}{V_0} = \frac{1}{N_{uc}} \int_0^{\eta_c^{\max}} \mathrm{d}\eta\, n(\sigma_0)\,\eta\, \frac{\mathrm{d}\sigma_0}{\mathrm{d}\eta} \tag{2.53}$$

其中上积分极限在 $\sigma_0(\eta_c) = \sigma_0^{\max}$ 时得到,通过公式（2.43）计算得到。类似地,在液相平衡条件下的溶胀：

$$\frac{\Delta V_{\mathrm{LE}}^{\max}}{V_0} = \frac{1}{N_{\mathrm{uc}}} \int_0^{\eta_1^{\max}} \mathrm{d}\eta_1 \, n(\sigma_0) \eta_1 \frac{\mathrm{d}\sigma_0}{\mathrm{d}\eta_1} \tag{2.54}$$

利用式（2.45），得到 $\eta_1^{\max}$ 为 $\sigma_{0,\mathrm{w}}(\eta_1) = \sigma^{\max}$ 的解。

$\Delta V/V_0$ 的曲线如图 2.25 所示，输入 $n(\sigma_0)$ 的对数正态分布。$n(\sigma_0)$ 分布在 $\sigma_0^{\max} = 0.52\mathrm{C \cdot m^{-2}}$ 处截止，并根据积分区域的有限宽度进行归一化。从而获得相应的微分孔径分布。

$$\frac{\mathrm{d}}{\mathrm{d}R}\left(\frac{\Delta V}{V_0}\right) = \frac{(1+\alpha)\xi^2}{N_{\mathrm{uc}}}\left(\frac{R}{R_0}\right)^{1+2\alpha}\left[n(\sigma_0)\frac{\mathrm{d}\sigma_0}{\mathrm{d}\eta}\right]_{\eta \to f(R)} \tag{2.55}$$

其中方括号中的项必须在对应于 R 值的 η 值处，使用等式（2.50）和（2.51）中的 σ_0 和 η 之间的唯一关系，以及 η 作为 R 的函数的定义［公式（2.39）］。

图 2.25（a）显示了不同变形情况的影响，对应于各向同性的面内变形，各向异性变形和单轴拉伸。图 2.25（b）说明了公式（2.36）中引入的系数 α 的影响。应当注意，表示侧链在溶胀时弱重组的 $\alpha < 0.5$ 的值，导致单孔溶胀中的非物理行为。如图 2.25（c）所示，将离子交换容量（IEC）从 $0.91\mathrm{mmol \cdot g^{-1}}$ 增加到 $1.2\mathrm{mmol \cdot g^{-1}}$，对应于吸水率的显著增加。对聚合物壁施加较大的剪切模量，抑制了孔溶胀，如图 2.25（c）中 $G=450\mathrm{MPa}$ 的情况。

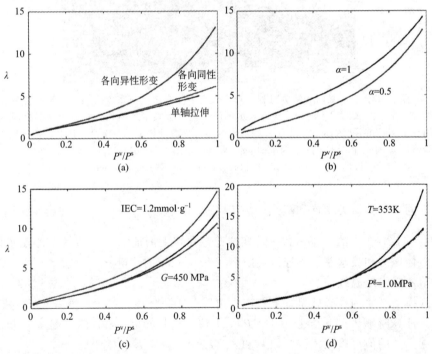

图 2.25　各种参数对水吸附等温线的影响。（a）中的各向异性变形，IEC$=0.91\mathrm{mmol \cdot g^{-1}}$，$G=380\mathrm{MPa}$，$P^g=0.1\mathrm{MPa}$，$T=298\mathrm{K}$ 以及 $\alpha=0.5$。输入在参考状态中的表面电荷密度的对数正态分布。（a）比较了式（2.33）～式（2.35）给出的不同弹性变形情况，其中各向异性变形被视为（b）～（d）中的参考情况。（b）说明表面基团重组程度对溶胀的影响，由式（2.36）中的参数 α 表示。（c）表示出了相对于参考情况（中心）的弹性模量（对于 $G=450\mathrm{MPa}$，下线）增加或 IEC 增加（对于 IEC$=12\mathrm{mmol \cdot g^{-1}}$，上线）。（d）示出了气体压力（对于 $P^g=1.0\mathrm{MPa}$，与参考情况不可区分的下线）和温度（对于 $T=353\mathrm{K}$，上曲线）增加对水吸附等温线的影响

图 2.25 （d）说明了不同热力学条件对水吸附的影响。水吸附对 P^g 从 1atm 增加至 10atm 时相当不敏感。温度的影响相对更大。该计算将 ε_r，γ 和 G 的变化与 T 结合。由于取决于 T 的不同压力贡献，T 的影响可能不明确。关于孔填充对 P^g 变化的不敏感性，与实验证据一致。其原因是气体压力的正常范围比 P^{osm}、P^c 和 P^{el} 小 2～3 个数量级。这解释了看起来矛盾的研究结果，即使聚合物电解质膜（PEM）中的孔隙填充由压力平衡控制，P^g 的变化对水吸附只有微小的影响。

水吸附和溶胀对 P^g 的不敏感性不应被视为在聚合物电解质膜（PEM）操作模型中忽略压力驱动通量机制的理由。P^v/P^s 的小变化引起孔中内部液体压力的大变化，为液压水通量建立了驱动力。使用参考情况参数进行简单的演示，在 $P^v/P^s = 0.95$（$V/V_0 = 0.34$）和 $P^v/P^s = 0.80$（$V/V_0 = 0.23$）时的液体压力分别为 -67bar 和 -304bar，从而建立从高相对湿度（RH）区域到低相对湿度（RH）区域的液压渗透 $\Delta P^l \approx 250$bar 的驱动力。这个实例适用于由外部 RH 差异或电渗阻力产生的水力水通量，在聚合物电解质燃料电池（PEFC）的聚合物电解质薄膜（PEM）中控制水平衡的主要机制（Eikerling 等人，1998 年，2007 年）。

图 2.26 比较计算得到的水吸附等温线与 Nafion 的两组独立的实验数据（Maldonado 等人，2012 年；Zawodzinski 等人，1991 年）。因为该理论仅描述了体相水，所以在实验等温线中减去固定量的表面水。进行此修正后，可以得到正确的结果。

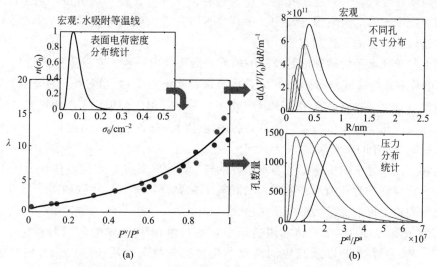

图 2.26　（a）以表面电荷密度的统计分布作为输入的理论吸附等温线（Zawodzinski 等人，1991 年）（深灰色圆点）和（Maldonado 等人，2012 年）（浅灰色圆点）；（b）孔径和压力的微观统计分布（从左到右：$P^v/P^s = 0.25$，0.5，0.75，0.90）

该模型提供宏观和微观溶胀之间的关系。对于图 2.26 中的等温线，孔隙中孔径和弹性压力的统计分布在不同相对湿度时显示在不同的值。两个分布都移动到较大的值，并且它们的宽度随着相对湿度（RH）增加而增加。随着相对湿度（RH）的增加，压力分布的变化表明增加的内应力和增加的应力分布在孔隙水平上的不均匀性。这对理解可能限制聚合物电解质薄膜（PEM）和聚合物电解质燃料电池（PEFC）寿命的机械降解效应是非常重要的。在增加相对湿度（RH）时，施加在孔壁处的弹性压力转化为更高的束或壁断裂可能性，同时还有裂缝的形成和扩张。

2.4.7 水吸附模型的优点和限制

在单孔状态下，通过液体、渗透和弹性压力的平衡调节水的吸附和溶胀。这种平衡可以得到微观溶胀参数 η 与热力学条件（T，P^v，P^g）和微观结构相关性质的状态方程，包括孔壁处阴离子基团的密度、孔中水的介电常数和聚合物壁的剪切模量。此外，该模型还可用于在溶胀期间壁电荷重组的经验定律，将在式（2.36）中给出。

在增加外部相对湿度（P^v/P^s）时，毛细管平衡从具有小 σ_0 的孔向具有大 σ_0 的孔延伸。因为相对弹性压力，它们具有较小的渗透压来推动孔壁分开，所以弱带电孔首先填充，并且获得较小的平衡半径。

在孔溶胀期间，表面基团重新取向的程度 [由式（2.36）中的 α 表示] 对压力的平衡具有明显影响，因此对孔中的吸水和溶胀也具有明显影响。鉴于在孔生长期间保持大的渗透压，在溶胀时阴离子表面基团的弱重组（其对应于小的 α 值）引起大的溶胀。具体来说，该模型表明了在相对平壁处具有表面基团的刚性阵列（$\alpha=0$）的层状孔隙没有有限的稳定尺寸。在这种情况下，模型预测了孔生长的无限性。实验上，具有层状结构的嵌段共聚物的聚合物电解质膜（PEM）比形成圆柱形超结构的 PFSA 型聚合物电解质膜（PEM）吸收更多的水。溶胀时阴离子表面基团或侧链在孔壁处的重组（由 $\alpha>0$ 表示）是有限尺寸的水填充孔稳定化的必要条件。另外，在由 $\alpha\approx1$ 表示的溶胀壁电荷强烈重组的孔中时，渗透压在孔生长时明显降低，这限制了孔的溶胀。这种情况导致孔径小的分散，弱溶胀和在低于 70% 的相对湿度下的水吸附等温线的流平。这可以从蒸汽吸附等温线中收集对水吸收的表面基团重组以及 α 值的定性理解。

该模型与单孔水平的微观溶胀及孔隙的宏观溶胀效应一致。宏观体积溶胀 V/V_0 涉及由 η 表示的单孔溶胀与密度分布 $n(\sigma_0)$ 的卷积。聚合物电解质膜（PEM）的吸水和溶胀是一种集体现象。总之，具有 $\sigma_0\approx\sigma_0^{max}$ 的大孔隙是罕见的，但它们限定了膜中最高的液体压力。对于良好连接的孔，液体压力是均匀的和各向同性的。这种液体压力使得 $\sigma_0\approx-\sigma_0$ 的孔明显溶胀，导致 PEM 的宏观溶胀。

从饱和蒸汽条件下的平衡到液态水条件的转变，意味着孔隙中的液体压力的不连续性，这使得施罗德悖论作为孔隙水平上的一阶相变。在聚合物电解质膜（PEM）水平上，水吸收的变化与理论上可能的最大壁电荷密度 σ_0^{max} 相关。

该模型预测巨大的内部液体和渗透压力，绝对值在 10^2 bar 的范围内。这些压力强烈依赖于 P^v/P^s 和温度 T 以及孔中的微观结构。聚合物电解质膜（PEM）对巨大内部压力梯度和在 PEM 表面的 P^v/P^s 的小差异作出响应。与巨大的内部压力相比，大约 10 bar 的外部压力差的影响是微不足道的。因此，该模型解决了表面上的矛盾，膜水吸收对外部压力不敏感，而水力通量是内部水通量的主要机制。

模型的定量预测对孔的形状、孔壁处固定带电基团的分布、溶胀时孔壁处带电基团的重组、孔中的质子分布效应和聚合物基质的微观弹性性质是敏感的。模型必须考虑并正确验证所有这些细节。然而，存在与所有这些性质相关的实验不确定性，并且在它们中都存在统计空间波动。

未来的工作应该仔细检查这些结构并不断改进方法。与恒定介电常数情况相比，由于改进的质子分布，孔中水的有效介电常数随孔径增大，导致较低的渗透压。因此，在大的相对湿度（RH）下，水吸收应该不那么陡峭。内部的斯特恩层将进一步影响质子分布，并因此影响水吸附。事实上，改进的泊松波尔兹曼方法可能更适合描述这种聚合物电解质膜（PEM）孔中的静电现象。

虽然不是不可能，但面临的问题是难以明确地再现基线值。这是因为膜组成、微观结构、溶胀后的重组和有效的材料性质（ε，σ_0，G）的复杂的相互作用以及它们在孔组合中的统计波动。这种随机性可以通过表面基团密度的概率分布的适当选择来捕获。一个关键目标是建立每种膜的概率分布，以此定义结构研究的目标。相反，水吸附等温线的分析可以提供给定聚合物电解质膜（PEM）的孔径分布以及进一步的表面电荷密度分布。

聚合物电解质膜（PEM）运行的宏观模型不包括适当的单孔级压力控制平衡条件，不能正确地预测膜水吸附、传输性质和燃料电池运行对外部条件变化的响应。另一方面，不能解释微观膜性质的统计空间波动的单孔模型一定失败，因为它们不能预测孔隙尺寸的分散和水吸收时孔径分布的演变。

提出的聚合物电解质膜（PEM）水吸附机制与热力学原理一致，同时预测实验发现的趋势是正确的。目前，全尺寸分子动力学模拟将不能捕获孔电荷的壁电荷密度效应和弹性效应。

在"聚合物溶液中的聚集现象"部分中的束形成理论提供了离子聚合物束的尺寸以及静电和弹性性质。在本节中描述的水吸附和溶胀的理论给出了孔隙尺寸和孔隙中局部应力的统计分布。两种理论的合并点是带电聚合物膜中的裂纹形成的理论。裂纹形成是统计物理学的一个重要领域（Alava 等人，2006 年；Gardel 等人，2004 年；Shekhawat 等人，2013 年；Yoshioka 等人，2010 年）。裂纹的形成和延伸决定了材料的寿命。与聚合物电解质膜（PEM）中的裂纹形成相关的挑战源于弹性和渗透效应的相互作用以及由水吸附引起的波动内部应力的存在。后一点如图 2.26 所示，表示了孔隙中弹性压力的统计分布。离子聚合物束的弹性性质，包括它们经受的局部应力，因此受到统计波动的影响。

2.5　质子传输

质子传输对于包括酸碱化学、生物能量传导、腐蚀过程和电化学能量转换（Proton transport，2011 年）的大量材料和过程是至关重要的。无处不在的相关性和对基础机制的协调性的永恒魅力促进了从基础物理学，到化学和生物学以及化学工程学科的研究。

主体材料和过量质子的强耦合能够使质子在水中、在生物膜、在生质表面基团的 Langmuir 单层以及沿着一维氢键（所谓疏水性纳米通道中的质子线）快速移动（Nagle，Morowitz，1978 年；Nagle，Tristam-Nagle，1983 年）。另外，这种耦合也可以产生负协同作用。溶剂偶联使得生物材料和电化学质子传导介质中的质子移动对质子溶剂的含量和结构高度敏感。质子在纳米尺寸的水通道中移动的聚合物电解质膜（PEM）中，由蒸发或通过电渗透耦合引起的膜脱水导致质子传导性的显著降低。

在水基电解质中的高浓度结合的质子由于结构扩散而具有高的质子迁移率。然而，它不能有助于增加整体质子传导性，这需要存在过量的电荷载体或化学计量的缺陷。与其差的自解离相关，纯水在环境条件下具有仅仅 $10^{-8}\,S\cdot cm^{-1}$ 的质子传导率。低值是由于自由质子的小浓度（$10^{-7}\,mol\cdot L^{-1}$）。25℃下，水中过量质子迁移率为 $\mu_{H^+}^b = 3.63\times10^{-3}\,cm^2\cdot V^{-1}\cdot s^{-1}$。水是具有最高本征质子迁移率的介质。质子的迁移率比钠离子的迁移率高约

7 倍，并且比钾离子的迁移率高 5 倍，它们是与水合氢（H_3O^+）离子（Erdey-Gruz，1974年）尺寸相似的物体。

含水电解质中过量的质子由强酸溶液、水合聚合物电解质或蛋白质中的酸分子或分子基团的解离产生。在酸性溶液中，质子和抗衡阴离子都是可移动的。在聚合物电解质膜（PEM）中，只有质子是移动的，而阴离子固定在孔网络的大分子基质或骨架上。

设计优异的水基质子导体的目标是：①尽可能多用额外的质子充电；②确保最大数量的质子可以获得体相水迁移率。如本章开始所讨论的，只要水合水平高于临界值，目前的聚合物电解质膜（PEM）似乎接近实现第二个目标。质子密度的改进是可能的，可以通过增加离子聚合物树脂的离子交换容量来实现。然而，高离子交换容量（IEC）降低了离子聚合物聚集的倾向，这对于形成稳定的多孔基质是必不可少的。此外，因为过度的孔溶胀和对聚合物聚集体或壁的机械应力的增加，孔中的高质子和阴离子密度导致高渗透压，从而导致不稳定性，这些效应加速机械降解。

该部分提供了水基聚合物电解质膜（PEM）中质子传输机制的系统描述，呈现了越来越复杂的系统中质子传输现象的研究。水中质子传输的部分将探讨水性网络的分子结构和动力学对质子传输的基本机制的影响。强酸官能化界面的质子传输的描述阐明了水合阴离子表面基团的化学结构、堆积密度和波动自由度对协同的机制和质子动力学的作用。水填充纳米孔的随机网络中的质子传输的描述集中在孔几何形状、表面和体相水的不同作用以及渗透效应的影响。

2.5.1　水中的质子传输

由于生物学、化学、材料科学和能源技术过程的重要性，水中质子迁移率的实验和理论研究有着悠久的历史。质子如何沿氢键网络水移动使几个世纪的科学家展开想象（Grotthuss，1806 年；Eucken，1948 年；Franck 等人，1965 年；Gierer，1950 年；Gierer，Wirtz，1949 年；Noyes，1910 年；Noyes 和 Johnston，1909 年）。Gierer（1950 年）给出了水体系中质子传导性早期研究的概述，阐明了水中"正常"阳离子的经典水动力质子运动或斯托克斯扩散的异常质子迁移率的差异。相关研究考虑了非常规质子运动和由于 H_3O^+ 离子的经典流体动力学运动的残余贡献之间共存的可能性。然而，最近基于从头算的分子动力学的详细研究反驳了所有的经典研究。

对于 $\lambda > 3$ 的水含量，聚合物电解质膜（PEM）中的质子传输的活化能低（约 0.1eV），并且其类似于体相水中的值，如图 2.6 所示。这种相似性表明广泛研究的体相水中原生态迁移的中继型机制与临界含水量以上的聚合物电解质膜（PEM）相关。

水中质子转移的分子机制在 20 世纪 90 年代中期提出。最近的研究可以在（2006 年）中看到。分子动力学的"Car-Parrinello 技术"的发明（Car 和 Parrinello，1985 年）开启了在固态科学、软物质科学、化学、生物物理学、分子电子学和工程学的原子计算机模拟（Marx 和 Hutter，2009 年）。大约 10 年后，这种技术的第一次模拟被应用到"蒸馏水"。在这项开拓性的工作中，水的性质在模拟为 32 水分子的聚类模型（Laasonen 等人，1993年）上展开。

在对纯水团簇的第一个从头算分子动力学研究后不久，Car-Parrinello 分子动力学（CP 分子动力学）方法开始应用于探索离子溶剂化和水中传输的现象。从 1994 年开始进行过量质子迁移水溶液的研究（Marx 等人，1999 年；Tuckerman 等人，1994 年，1995 年，2002

年）。所提出的机制被称为"结构扩散"，以将其与经典离子运动（或"运载机理"）区分开，并且强调其与被理解为"Grotthuss 机制"的传统概念并不同。同时与 Agmon（1995年）的光谱数据的详细分析一致，其支持了 Tuckerman，Laasonen，Sprik 和 Parrinello 的理论计算研究的主要发现。

更具体地，Agmon 的详细光谱分析发现水分子旋转的时间尺度（其在室温下需要 $1\sim2\mathrm{ps}$）与由 Meiboom（1961 年）的核磁共振研究中的 $^{17}\mathrm{O}$ 共振的分析确定的质子跳跃时间相似。使用 $\tau_\mathrm{p}=1.5\mathrm{ps}$ 的跳跃时间和 $l_\mathrm{p}=2.5\text{Å}$ 的跳跃长度，可以从爱因斯坦关系获得对三维网络中的质子迁移的估计，$D_{\mathrm{H}^+}=l_\mathrm{p}^2/6\tau_\mathrm{p}=7.0\times10^{-5}\,\mathrm{cm}^2\cdot\mathrm{s}^{-1}$。这个估计接近于 $9.3\times10^{-5}\,\mathrm{cm}^2\cdot\mathrm{s}^{-1}$ 的实验值。从这种相关性，Agmon 得出结论，水中的质子运动是一种不连贯的马尔可夫过程。

下一个问题涉及质子运动中速率限制的性质。从观察到的质子运动的动力学同位素效应（Erdey-Gruz，1974 年），以及其他观察结果，Agmon 得出结论，质子迁移的反应坐标不涉及质子运动。相反，氢键断裂被确定为质子迁移中的速率决定步骤。他发现核磁共振质子跳跃时间与单个水分子旋转的时间尺度一致，这可能触发氢键断裂。约 0.1eV 的质子迁移的活化能类似于与水重新取向相关的定向焓，验证了氢键断裂的决速步骤是由水分子旋转引起的推测。

为了设计在水中分子水平的质子传输方案，剩下的问题涉及过量质子结构的性质和它们在质子跃迁期间的转化。相关质子配合物的鉴定、寿命和相互转化的表征是从头算分子动力学的特定要求。过量质子的初级水合结构是水合氢离子 $\mathrm{H_3O^+}$。长期以来，作为刚性单元的 $\mathrm{H_3O^+}$ 以流体动力学离子迁移的方式传输，可以对水中质子传输的总速率产生约 20% 的贡献。然而，$\mathrm{H_3O^+}$ 不是刚性分子物质，而仅仅是亚稳态质子。它与三个相邻的水分子形成氢键，构建称为本征阳离子（Eigen，1964 年）$\mathrm{H_9O_4^+}$ 的配合物，如图 2.27 所示。$\mathrm{H_9O_4^+}$ 中的氢键比自由体相水中的氢键更强，与在体相水中的 $d_{\mathrm{OO}}\approx2.8\text{Å}$ 相比，OH $\cdots$O 的距离 $d_{\mathrm{OO}}\approx2.6\text{Å}$ 相应更短。Agmon 推测 $\mathrm{H_3O^+}$ 的第一溶剂化壳中的强氢键在质子跃迁期间必须保持完整，因为它们的断裂将产生比在质子传输更大的活化能。

然而，这个结论引发了下一个问题：质子怎么能从供体本征阳离子 D 上的稳定的位置重新定位到受体本征阳离子 A，而不必离开其溶剂化壳并破坏氢键网络，这应该需要打破至少一个强氢键？这里，过量质子配合物，Zundel 阳离子（Zundel 和 Fritsch，1986 年），$\mathrm{H_5O_2^+}$ 的另一个限制结构将起作用，如图 2.27 所示。Zundel 阳离子具有进一步减少的氢键长度，$d_{\mathrm{OO}}\approx2.4\text{Å}$。重定位质子的自由能分布可以表示为双变量函数。它取决于 d_{OO} 以及质子位移坐标，其可以定义为 $\delta_{\mathrm{H}^+}=d_{\mathrm{OD_{H^+}}}-d_{\mathrm{H^+O_A}}$，其中 $d_{\mathrm{OD_{H^+}}}$ 和 $d_{\mathrm{H^+O_A}}$ 表示转移质子与供体和受体氧核的分离距离。在 Zundel 复合物的短 O—O 距离处，作为 δ_{H^+} 的函数的质子的自由能减少到单阱形式。对应于对称构型，其中心质子以最高概率处于两个水分子之间的中心对称位置。对于质子在水中的结构扩散，Zundel 阳离子显示过渡结构。

结合由 Tuckerman 等人的光谱研究和 Car-Parrinello 分子动力学（CP 分子动力学）模拟，构想了质子传输的分子机制，如图 2.27 所示。图 2.27 中的上部给出了作为 δ_H 函数的质子能量的调整，对应于不同的 d_{OO} 值。质子转移的不同阶段如下。

（1）在左侧所示的初始状态中，位于本征阳离子上的质子是过量的，过量的质子电荷集中在供体氧原子 OD 的位置。以 δ_{H^+} 为的函数的质子自由能分布展示非对称双阱特性。

（2）$\mathrm{H_3O^+}$ 的第二水合壳中的水分子旋转（决速步骤）诱导第二水合壳和第一水合壳

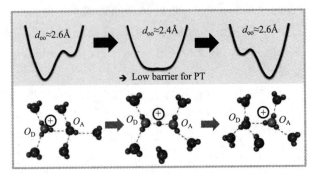

图 2.27　水中通过结构扩散的质子传输示意图。上部显示作为沿着中心氢键的位移坐标的函数的过量质子的自由能。供体（OD）和受体（OA）氧核的距离 d_{OO} 为参数。对于本征阳离子复合物 $H_9O_4^+$，在左边和右边，这个距离是 $d_{OO} \approx 2.6\text{Å}$。这些配合物对应于局部质子态。在第二水合壳中的氢键断裂导致 Zundel 阳离子 $H_5O_2^+$ 的形成，如中间所示。Zundel 阳离子具有缩短的氢键距离 $d_{OO} \approx 2.4\text{Å}$，导致其在中心具有离域质子的浅（或可能单阱）自由能分布（Macmillan Publishers Ltd.，Nature，Tuckerman，M. E.，Marx，D.，and Parrinello，M. 2002.417，925-929）

之间的单个氢键的裂解。这个过程的能量成本约为 0.1eV，主要由水分子旋转引起，其发生在约 1ps 的时间尺度上。

（3）将 H_3O^+ 的第一水合壳中的水分子的氢键数目从四个减少到三个，需要强化并相应地缩短 OD 和 OA 之间的氢键，从 $d_{OO} \approx 2.6\text{Å}$ 减至 $d_{OO} \approx 2.4\text{Å}$。这种在飞秒时间尺度上发生的超快重组形成了图 2.27 中间图所示的 Zundel 阳离子。

（4）在 Zundel 阳离子中，质子最可能的位置在 OD 和 OA 之间的中心，对应于图 2.27 所示的单阱能量函数。Zundel 阳离子表示离域质子态。

（5）水分子和 OD 之间的新氢键的形成使 Zundel 阳离子变得不稳定，从而使以 OA 为中心的受体质子复合物形成新的本征阳离子。该过程完成了基本质子的转移。净质子电荷已从本征阳离子 D 的中心迁移到本征阳离子 A 的中心，对应于约 5 Å 的净电荷位移。

总之，$H_5O_2^+$ 波动引起的断裂和氢键结合，水分子的局部重定向和无障碍质子传递的序列建立了体相水中异常高质子运动性的本征——Zundel-Eigen 机制。在这种机制中，Eigen 和 Zundel 阳离子以短寿命或"限制性"结构存在（Marx 等人，1999 年）。

2.5.2　表面质子传输：为何麻烦？

描述聚合物电解质膜（PEM）运行的最简单的近似在"聚合物电解质膜（PEM）电导率：仅仅是组成的函数"一节中讨论，它包括以下基本指令。

（1）用体相水填充聚合物主体材料的孔，并假定孔中的平均质子密度与聚合物电解质膜（PEM）的离子交换容量（IEC）一致。

（2）假设水保持动态性质，即水分子旋转和氢键波动发生在与自由体相水类似的时间尺度上。

如上所述，这种方法在远高于临界含水量 λ_c 的条件下实施。

聚合物科学家和燃料电池开发者的努力受到一个问题的驱使：聚合物主体材料的哪些具体性质决定了聚合物电解质膜（PEM）的传输性质，特别是质子导电性？答案取决于水含量的评估制度。在水含量高于 λ_c 时，由体相组成，孔径分布和孔网络连通性描述可知，相关结构性质与多孔聚合物电解质膜（PEM）的形貌相关。如前面所示，有效参数是离子交换容量（IEC）、pK_a 和聚合物壁的拉伸模量。在这种情况下，多孔介质或复合材料理论（Kirkpatrick，1973 年；Stauffer 和 Aharony，1994 年）的方法可用于将膜中的水分布与其传输性质相关联。Eikerling 等人采用随机网络模型和更简单的多孔结构模型（1997 年，2001 年）研究孔径分布、孔隙空间连通性、吸水后的孔隙空间演化和质子传导性之间的相关性，如在"膜电导率的随机网络模型"一节中所讨论的。

在水含量低于 λ_c 时，聚合物-水界面处的特定分子结构决定了聚合物电解质膜（PEM）的传输性质。分子界面结构的相关细节包括离子聚合物侧链的化学组成和长度、侧链的堆积密度和在磺酸头基和界面水之间形成的界面氢键网络的结构。在 $\lambda < \lambda_c$ 和侧链的低界面密度（以下称为 SGs）时，质子将在界面处被捕获并且不能产生显著的质子传导性。

然而，如果聚合物-水界面处的 SGs 密度增加，则会产生有趣的现象。在高 SG 密度的体系中，PEM 中的质子传输变得类似于在酸官能化表面处的质子传输。表面质子传导现象对生物学中的过程是重要的。然而，在密集排列的阴离子 SG 的超快质子传输的实验发现仍有争议。理论上，对基本机制的理解在理解体相水中的质子传输之后。

2.5.3　生物学和单体中的表面质子传输

从 20 世纪 60 年代 Mitchell 的化学假说（Heberle 等人，1994 年；Mitchell，1961 年）开始，蛋白质通道中和线粒体膜上的酸性残基周围的质子迁移已引起了极大的关注。Teissie 等人（1985 年）使用 pH 敏感的荧光探针监测脂质单层中质子浓度的变化，获得了表面质子扩散系数的估计值，其为体相水的值的 20 倍，为 $9.3 \times 10^{-5}\,cm^2 \cdot s^{-1}$。这个结果引起了争议（Polle 和 Junge，1989 年）。Zhang 和 Unwin 使用 SECM 与质子反馈方法，发现表面质子扩散系数为 $6 \times 10^{-6}\,cm^2 \cdot s^{-1}$（Zhang 和 Unwin，2002 年）。Serowy 等人（2003 年）使用闪光光解产生质子和脂质结合荧光染料以监测局部 pH 的变化，表面质子扩散系数为 $5.8 \times 10^{-5}\,cm^2 \cdot s^{-1}$。Morgan 等人（1991 年）测量关于表面积的函数的脂质单层-水界面处的表面压力和侧向质子电导。在表面压缩期间，各个单层的表面电势和界面电导在每个 SG 的表面积的临界值处表现出显著的增加。由此得出结论，单层压缩期间的横向电导的增加是由于质子沿单层头部基团和相邻水分子之间的二维氢键键合网络的传输。这个结论与 Sakurai 和 Kawamura（1987 年）的发现一致，他们测量了沿着磷脂酰胆碱单层的侧向质子传输。Leberle 等人的红外光谱研究（1989 年）支持 Morgan 和 Sakurai 等人的研究结果。其表明，磷脂酰丝氨酸头基氢键绑定大质子极化率，通过创建横向电化学梯度支持质子供体-受体基团之间的有效质子转移。

尽管对表面质子的扩散系数进行预测，上述研究提供了单层组成、降低的维度和界面排序对质子动力学的影响的一致的说明。总而言之，有充分的证据表明有效的表面质子传输对于酸性头基的密度和化学性质的敏感性。在低于临界面积的单层压缩时，表面压力、表面静电势和侧向质子传导率显著增加，每个 SG 25~40Å^2。该临界面积对应于 SG 的最近相邻分离距离为 6.5~7Å^2（Leite 等人，1998 年；Mitchell，1961 年）。

图 2.28 显示了作为表面积函数的硬脂酸单层的质子电导 G 的典型数据。该图揭示了结构转变（由表面压力，π 表示）和质子动力学中的转变之间的相关性。质子电导在 SGs 的临界密度处表现出急剧增加；它在较小密度的 SGs 下达到基础值。带电聚合物体系中表面质子传输的研究是粗略的。认为表面质子传输在非常低的 λ 处占优势。在低相对湿度或＞

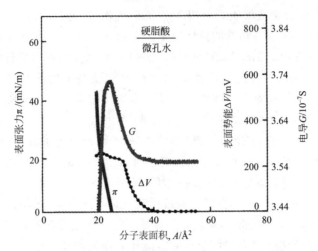

图 2.28　硬脂酸单层上的质子电导 G 和表面张力 π 作为表面积的函数，两种性质在约 SGs 的临界表面积上显示出跃迁〔选 Oliveira, O. N., Leite, A. 和 Riuland V. B. P., 2004. Braz. J. Phys., 34, 73-83, Figure 1. 授权自 Sociedade Brasilliera de Fisica（2004）〕

100℃的温度下，质子传导率下降到一个小的残余值，$\sigma_H^+ \approx 10^{-5} S \cdot cm^{-1}$（Wu 等人，2011年），这对于聚合物电解质燃料电池（PEFC）运行是不够的。在固定 λ 下，从 Arrhenius 曲线获得的 Nafion 中质子传输的活化能在最小水合下增加到 0.36eV，如图 2.6 所示。因此，表面质子传导被广泛认为与聚合物电解质膜（PEM）运行无关，并且通常的解释是：（ⅰ）酸头部基团的氢键网络和界面处的残留水相当僵硬，由强氢键引起；（ⅱ）触发质子运动的分子波动模式在界面处被抑制；（ⅲ）在界面处的介电常数的降低导致在阴离子位点处的过量质子电荷的强静电捕获，与 Eikerling、Kornyshev（2001 年）和 Commer 等人（2002 年）的研究一致。然而，这些结论是不全面的，因为它们忽略了单层体系中质子传导性研究。表面质子传输速率对酸官能化 SGs 的填充密度有很强的依赖性。

Matsui 等人报道了用于设计具有改进的保水性和质子传导性的聚合物电解质膜（PEM）的界面质子传输的目标实验研究（2011 年）。作者在具有磺酸头基团的单层的纳米片组件上进行表面压力和电导测量。这项工作是第一个明确的具有磺酸头基团终止 SGs 的单层研究的表面质子传输的研究。上述表面质子传输的实验研究使用了羧酸头基。这种方法并不令人惊讶，因为这些研究的主要驱动力是对生物能量传导的兴趣。如下所示，磺酸根阴离子的三角结构对于强烈影响界面质子跃迁和动力学的有序氢键网络的形成是必要的。对于由它们的纳米片组件组成的有序多层膜，发现在 70℃下，有 $10^{-2} S \cdot cm^{-1}$ 的量级的电导率值。在本研究中，表面质子传导的活化能估计在 0.3～0.35eV。

2.5.4　模拟表面质子传输：理论和计算

对于有序界面或单层系统，通过沿强氢键的集体质子迁移解释了高质子传导性，形成了孤立的行波（Leite 等人，1998 年；Pnevmatikos，1988 年）。孤子机理（Gordon，1990年；Woafo 等人，1995 年）已经在冰中、一维氢键链（Kavitha 等人，2011 年；Peyrard 和 Flytzanis，1987 年；Zolotaryuk 等人，1991 年）和二维朗缪尔薄膜（Bazeia 等人，2001年）中进行了研究。已经提出了各种孤子哈密顿函数。类似的数学形式被应用于其他系统中的集体现象，例如 DNA 中的构象转变的非线性动力学（Forinash 等人，1991 年）和铁磁学中的畴壁扩散（Collins 等人，1979 年）。

　　分子建模方法在高电荷界面系统的结构和质子动力学的研究应用中是非常复杂的。它面临着一个困境：（ⅰ）包含在结构模型中的自由度的数量和（ⅱ）所使用的计算方法的复杂程度之间的最佳折中是什么？凝聚态质子动力学的研究需要基于第一原理的计算方法（Marx 和 Hutter，2009 年）。这个要求限制了可以提供的结构复杂性。尽管高性能计算的基础设施的急剧增长和计算方法的巨大进步，但是在与聚合物电解质膜（PEM）相关的实际孔隙或孔隙网络内，完全利用从头算计算质子和水传输仍然是"一个梦想"。孔系统的结构太复杂，质子迁移事件非常罕见。模拟需要高度简化的结构模型和计算技术，允许罕见事件的高效采样（Bolhuis 等人，2002 年；Dellago 等人，1998 年；Mills 等人，1995 年；Torrie 和 Valleau，1974 年）。

　　Paddison 等人的工作是在 DFT 水平上利用分子模拟来检查酸溶剂化和解离，水介质的侧链相关以及水分子和侧链结合的酸基团之间的直接质子交换。一系列 DFT 研究集中在侧链中相邻基团取代对质子解离和离子分离的作用，研究了水分子加入量的函数关系（Eikerling 等人，2002 年；Paddison，2001 年）。详细描述参见 Clark 等人的文献（2012 年）。Paddison 和 Elliott 对连接到单个聚合物主链的若干侧链的 DFT 研究揭示了离子聚合物-水之间的相互作用（Elliott 和 Paddison，2007 年；Paddison 和 Elliott，2006 年）。他们提到水合侧链的适当柔性是质子运动的关键。另外，对具有少量侧链的单侧链基团或主链片段的模拟不能解释在自组装聚合物电解质膜（PEM）结构中出现的 2D 界面相关效应。这些效应影响了水合界面处的氢键形成、酸解离和 SGs 的柔性。

　　Eikerling 等人研究了三氟甲磺酸—水合物（TAM）固体（2003 年）。虽然该系统不为 PEM 中的表面质子传导自组装结构，其允许研究在高密度的三氟甲磺酸基团、PFSA 离子聚合物膜中的侧链头基团和在低水合条件下的相关效应。

　　TAM 晶体的规则结构（Spencer 和 Lundgren，1973 年）如图 2.29（a）所示。Vienna 从头算模拟方案（VASP）用于研究系统中的动力学（Kresse 和 Furthmüller，1996 年；Kresse 和 Hafner，1993 年，1994 年）。总体上，模拟了＞200ps 的分子动力学轨迹。该轨迹对于直接观察质子转移而言太短，其发生在＞1ns 的时间尺度上。质子-空穴缺陷引发从具有局部过量质子态的天然晶体结构到具有两个离域质子的活化状态的跃迁，如图 2.29（b）所示。这些质子一部分驻留在 Zundel 阳离子 $H_5O_2^+$ 内，而另一部分位于两个 SO_3^- 基团之间，它们在氢键附近彼此接近。这种磺酸盐 $O\cdots H\cdots O$ 配合物的形成需要晶体结构的重新排列。这两类质子复合的同时形成稳定中间状态。缺陷态的形成能量约为 0.3eV。这些计算表明，阴离子侧链的适当的柔性对于在最小水合和高密度的固定阴离子的条件下，聚合物电解质膜（PEM）中的高质子迁移率是至关重要的。此外，观察到 Zundel 阳离子的漂移，表明其可能是中继基团，用于水合氢离子或磺酸根阴离子之间的质子滑梭。

　　Hayes，Paddison 和 Tuckerman 使用 Car-Parrinello 分子动力学（Hayes 等人，2009年，2011 年）研究了三氟甲磺酸的水合物。每个酸性质子可用的大量的水导致形成更大的质子复合物和更通用的质子缺陷结构。这种缺陷的形成涉及局部质子转移过程。观察到的缺陷对应于局部结构。它们形成能量更高，似乎不大可能在晶体中传播。

　　这些研究的结论是合理的，但如果用于解释高度酸官能化表面不能维持长程质子传输的证据，可能会引起误解。在三氟甲磺酸水合物中，由结晶构型施加的刚性顺序阻止

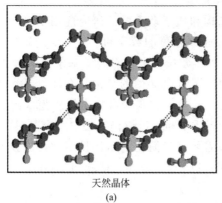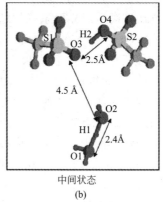

天然晶体　　　　　　　　　　　中间状态
(a)　　　　　　　　　　　　　　(b)

图2.29　三氟甲磺酸一水合物晶体的分子动力学模拟。(a) 表示天然晶体的结构；(b) 显示具有两个
离域质子的中间状态的能量比天然晶体 (a) 的有序构造高0.3eV (Chem. Phys. Lett.，368，
Eikerling. M.，Defect structure for proton transport in a triflic acid monohydrate solid，
108-114，Figures 1，2，4，Elsevier 授权)

长程质子运动。该系统不能解释在生物膜和 Langmuir 单层上观察到的表面质子的高速运动。这些解释需要一个更灵活的模型系统。特别地，表面质子传输的可行模型应该允许侧链波动。

2.5.5　单孔内质子传输的模拟

为了在更接近聚合物-水界面的真实孔模型中模拟质子传输，人们不得不求助于经典或半经验方法。已经利用连续电介质方法和半经典分子动力学模拟来探讨界面阴离子分布对PEM 的单孔中的质子迁移的影响。

30多年前，Warshel 及其同事设计的实证价电子成键（EVB）方法（Aqvist 和Warshel，1993年；Warshel，1991年；Warshel 和 Weiss，1980年）提供了一种研究溶液中化学键断裂和形成的溶剂效应的强大方法的化学键。该方法利用反应物状态、产物状态、适当时间、多个中间状态之间的相互作用的经验参数。通过对溶液中相关物质或复合物的势能函数的研究，来校准对应于经典哈密尔顿算子的非对角矩阵元素的相互作用参数。该程序显著降低了分子建模的计算费用。实证价电子成键（EVB）方法已经在催化、生物化学和质子传导性研究中进行了广泛的应用。

Petersen 等人（2005 年），Petersen 和 Voth（2006 年），Kornyshev、Spohr 和Walbran（Commer 等人，2002年；Spohr，2004年；Walbran 和 Kornyshev，2001年）采用基于实证价电子成键（EVB）的模型来研究 PEM 中纳米尺寸孔的约束影响，并解释了聚合乙烯-官能化聚合物在质子溶解和传输中的作用。Voth 的结果表明，磺酸根阴离子在孔隙表面对质子运动的抑制作用。由 Kornyshev，Spohr 和 Walbran 开发的实证价电子成键（EVB）模型研究了 SO_3^- 基团内的电荷位移、侧链磺酸对质子迁移的影响。该组发现，质子迁移率随着 SO_3^- 上负电荷的离域增加而增加。侧链和磺酸根阴离子的波动运动增强了质子的移动性。因此，基于实证价电子成键（EVB）的研究，可以认为随着水含量的增加，质子传导性增加。

已经利用连续电介质方法来计算充电孔壁对聚合物电解质膜（PEM）的模型孔中的质

子分布和质子迁移的静电效应（Commer 等人，2002 年；Eikerling 和 Kornyshev，2001 年；Eikerling 等人，2008 年；Spohr，2004 年）。Eikerling 和 Kornyshev（2001 年）的连续体理论评价了板状孔中固定表面阴离子的静电质子俘获。该模型假定孔隙厚度为 L，填充有具有均匀介电常数 ε_r 的连续水。聚合物侧链和阴离子反电荷（SO_3^- 基团）由在孔的相对表面上的点电荷的静态正方形晶格阵列表示。阴离子的密度和 L 是两个参数。平均场泊松-玻尔兹曼方程用于解决关于位置 $\rho^+(z)$ 的函数的质子密度的分布。由于界面点电荷的表面电荷密度分布决定了表面处的质子的吸引势阱。低密度的阴离子对应于阴离子位点处的表面质子的强定位。质子密度从带电表面附近的位置朝向孔的中心急剧降低。在阴离子位点的势阱中的质子的强静电钉扎被限制为在孔壁处厚度为 3～5Å 的层。在增加阴离子点电荷的密度时，电位调制变得更浅。

孔中的迁移率包括在体相水中和沿着带电表面基团阵列的质子传输的分子机制。在质子的强静电钉扎的情况下，在阴离子表面基团附近可能出现质子迁移的库仑势垒。

Eikerling 和 Kornyshev（2001 年）评估了对活化的质子传输的吉布斯能量的静电贡献 $G_a=(E_r+G)2/(4E_r)$（Krishtalik，1986 年）。重组能量 E_r 是在其平衡溶剂化壳中的质子的溶剂化自由能与仍保留质子的平衡溶剂化壳的去质子化状态的溶剂化能之间的差。这不包括具有高于 k_BT/h 的特征频率的自由度。G 是质子的初始和最终平衡状态之间的吉布斯能量差。在体相液体中为零。

在表面附近，G 由库仑能量分布支配，因此，其近似等于转移之前和之后质子位置处的静电势的差。该差异主要取决于质子与表面的距离。G 的值在 $0.5eV$ 内。然而，当质子-表面距离超过约 3Å（一个单层水的厚度）时，该值减小了体相水中质子传输的活化能。此外，静电活化能是表面电荷之间的距离的函数，其在 7～15 Å。

在 Eikerling 等（2001 年）提出的简单的孔隙电导模型，随着孔中的水含量的增加，经历从表面到体相质子传导的连续过渡。在孔隙电导的计算中，考虑到 SO_3^- 表面基团之间的平均间隔随孔径而变化，并且介电常数是孔径的函数。在纳米孔中，在氢键网络中降低的取向灵活性提供了对水重组的更大阻力，导致介电常数的降低（Booth，1951 年；Kornyshev 和 Leikin，1997 年；Paul 和 Paddison，2001 年）。

体积电导主要受到从孔隙表面到中心质子 $\rho^+(z)$ 浓度的减少的影响。另外，由于存在库仑势垒，可以抑制 SO_3^- 基团附近的质子的表面迁移率。较高密度的 SO_3^- 基团减少库仑势垒，并因此促进表面附近的质子运动。随着孔隙中水含量的增加，质子浓度和迁移率之间的折中有利于体相电导。

Commer 等人提出的静电方法（2002 年）解决了几个缺点。主要的改进是对磺酸根阴离子上的过量负电荷使用模糊分布；考虑侧链和阴离子头部基团的构象波动模式，通过 Debye-Waller 因子说明形成 Zundel 或 Eigen 阳离子的质子配合物的大小。由于这些变化，质子迁移的活化能对孔尺寸的强依赖性没有恢复。使用磺酸基团的动态全原子模型的分子动力学模拟支持这个结论。

基于实证价电子成键（EVB）的分子动力学模拟以及连续介电方法涉及聚合物电解质膜（PEM）中酸官能化界面的结构与水中的质子分布和迁移率之间的相关性。关于侧链和 SO_3^- 基团的分子机制和质子传导的填充密度，波动和电荷离域的作用的结果仍然是不确定的。最重要的是，他们没有描述质子传导聚合物电解质膜（PEM）在低水合与 $\lambda<3$ 的条件下，其界面效应占优势。

2.5.6　界面质子动力学的原位算法

在致密表面基团（SG）的密集阵列处的 PT 的分子建模需要量子力学计算。在聚合物电解质膜（PEM）中开发表面质子传导的可行模型的关键是在介观尺度上的自组装聚合物电解质膜（PEM）形态。图 2.30（a）说明了离子聚合物束表面的水合和离子化侧链的随机阵列。

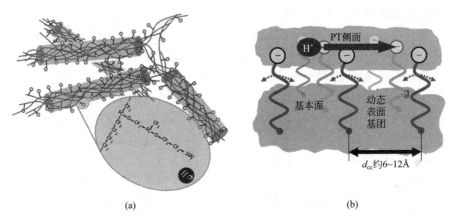

(a)　　　　　　　　　　　　　　　(b)

图 2.30　致密表面基团密集阵列的结构和过程。梳形离子聚合物分子自组装，形成亲水孔网络（a）的基质的纤维束。在（b）中的 R-SO$_3$H 型阴离子表面基团（SG）的密集阵列模拟了在高表面基团（SG）密度下的束界面的结构。表面基团（SG）的终端碳原子固定在六方晶格的位置。Roudgar 等人（2006 年，2008 年）和 Vartak 等人（2013 年）指出是 R＝CF$_3$（三氟甲磺酸），每个表面基团（SG）添加一个水分子〔2013 年版权所有，美国国家科学院学报（自然科学版）物理研究所〕

基于以下考虑，Roudgar 等人（2006 年，2008 年）创建了用于计算研究的模型。假定侧链的界面动力学与聚合物聚集体的动力学解耦。假设支撑骨架聚集体形成惰性基底平面，SG 的疏水尾部通过其末端碳原子在该基底平面上的正六边形晶格的位置处固定。

因此，所得模型由具有固定端点的酸性表面基团（SG）的正六边形阵列组成，如图 2.30（b）所示。尽管描述进行了简化，该模型依旧保留了结构构象以及聚合物侧链，水和质子的动力学的基本特征。该方法意味着聚合物动力学对孔内部的影响主要由化学结构、填充密度和 SGs 的振动柔性的变化引起。

（1）原生表面基团密集阵列的结构转变

在第一组研究中，使用 VASP（Kresse 和 Furthmüller，1996 年；Kresse 和 Hafner，1993 年，1994 年）和 Car-Parrinello 分子动力学（CP 分子动力学）(Car 和 Parrinello，1985 年；Marx 和 Hutter，2009 年）的量子力学计算，来阐明 SGs 的分子结构和堆积密度对自发排序、酸离解和表面水结合的影响。SGs 的 C 原子的六方晶格的晶格常数 d_{cc} 在 5～15Å 内变化。每个 SG 的表面积 $\left(A_{SG}=\dfrac{\sqrt{3}}{2}d_{CC}^2\right)$ 从 22Å^2 变化到 190Å^2。最初，基于对称考虑选择六边形排列。此后，据推测，基于所进行的结构模拟，由强界面氢键介导的 H$_3$O$^+$ 和 SO$_3^-$ 离子之间的自组装在高 SG 密度下进行六方排列。

在具有三个 SG 和三个水分子的晶胞上进行计算。所研究的主模型系统是 CF$_3$SO$_3$H（三氟甲磺酸）类型的 SG 的阵列。图 2.31 显示了每单位晶胞的形成能 E_{fuc}。它被定义为优

化的总能量 $E_{total}(d_{CC})$ 和具有一个水分子的独立表面基团的系统总能量在无限分离的极限 E_f^{∞} 之间的差异。

$$E_f^{uc}(d_{CC})=E_{total}(d_{CC})-E_f^{\infty} \qquad (2.56)$$

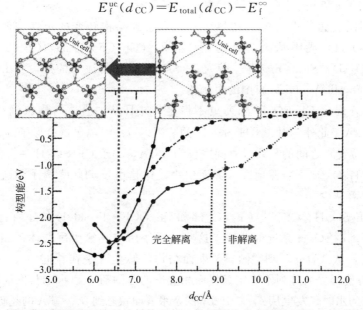

图 2.31　全氟甲磺酸湿润界面排列最低构型能。构型能为六角形排列 d_{CC} 表面基团间的空间距离函数。随着 SGs 变稠密，在 $d_{CC}\approx9\text{Å}$ 时，由非解离状态向解离状态转变，在 $d_{CC}\approx6.5\text{Å}$ 时，表面变稠密（Roudgar, A., Narasimachary, S. P., and Eikerling, M. 2006. J. Phys. Chem. B, 110 (41), 20469-20477, Figures 3 and 8 (a). American Chemical Society 授权）

在这个定义中，E_{fuc} 合并了静电相互作用和界面层中的氢键在 SGs 之间的相关能量。

二维阵列的最稳定的构型在 $d_{CC}\approx6.2\text{Å}$，$E_{fuc}=-2.78\text{eV}$ 处。从图 2.31 可以看出，在这种构型中，酸性 SGs 达到完全解离状态。它们相对于基面处于直立位置。H_3O^+ 阳离子和 SO_3^- 头基形成高度有序的氢键网络。每种离子物质其与相邻物质的氢键达到饱和。强的定向氢键使得这种结构相当稳定，类似于 2D 水合物晶体。疏水侧链基团的高电负性排斥来自界面的 H_3O^+ 离子中的氧。H_3O^+ 阳离子（O 原子的位置）和阴离子 SO_3^- 头基（S 原子的位置）之间的平均垂直距离为 1.0Å。平均氢键长度为 $d_{OO}=2.6\text{Å}$，并且 H_3O^+ 离子中的平均 OH 键长度为 1.02Å，其略大于水中的 OH 键长度（0.98Å）。

在 d_{CC} 增加时，完全解离的"直立"结构不稳定。平均氢键距离从 $d_{CC}\approx6.2\text{Å}$ 处的 $d_{OO}=2.6\text{Å}$ 增加到在 $d_{CC}\approx7.1\text{Å}$ 处的 $d_{OO}=2.7\text{Å}$，由此形成较弱的氢键，形成能量的绝对值较低，$E_{fuc}=-1.67\text{eV}$。"直立"构象在 $d_{CC}\approx6.5\text{Å}$ 时变得不稳定，对应于 $A_{SG}=37\text{Å}^2$。

在 $d_{CC}=6.5\text{Å}$ 时，将产生完全解离的"倾斜"结构。在该结构中，单元电池中的三个表面朝向彼此倾斜。与"直立"结构相比，表面基团（SG）围绕其 C—S 轴旋转，一个 H_3O^+ 离子横向移动。倾斜角从 $d_{CC}\approx6\text{Å}$ 时的 $75°$，到 $d_{CC}>10\text{Å}$ 时的 $14°$，单调减小。在 $d_{CC}=7.4\text{Å}$ 时，每单位晶胞的氢键数从 9 减小到 7，此时，晶格间氢键断裂，导致形成阴离子 SG 和 H_3O^+ 离子簇。

从完全解离到部分解离的"倾斜"构型的转变发生在 $d_{CC}=8.7\text{Å}$ 处，每个单位细胞剩余两个 H_2O 和一个 H_3O^+ 离子。在 $d_{CC}=9.2\text{Å}$ 时，发生从部分解离到完全非解离状态的另一转变。在超过这一点的 d_{CC} 时，每个酸基团仅与最接近的水分子保持一个氢键。团簇内氢键断裂并且形成能 E_{fuc} 接近 0。从表示单个水合侧链部分的簇的水合研究中已知，每个侧链添加单个水分子不足以解离三氟甲磺酸（Clark 等人，2012 年；Eikerling 等人，2002 年；Paddison，2001 年）。

对于具有不同表面基团（SG）的界面阵列观察到结构转变的定性相似序列，其中化学组成（CH_3SO_3H）或尾基团的长度是变化的（$CF_3CF_2SO_3H$，$CF_3CF_2CF_2SO_3H$ 和 $CF_3OCF_2CF_2SO_3H$）（Narasimachary 等人，2008 年）。值得注意的是，列出的最后一个表面基团类似于 Dow 和 Aquivion 膜中的短侧链。

CH_3SO_3H 阵列比 CF_3SO_3H 阵列更不稳定，并且从"直立"构象到"倾斜"构象，d_{CC} 最小值约 0.3Å。此外，对于 CH_3SO_3H 的阵列，H_3O^+ 离子（O 原子的位置）和 SO_3^- 基团（S 原子的位置）之间的平均垂直间隔仅为 0.1Å，小于 CF_3SO_3H 系统的 0.9Å。在相同的 d_{CC} 值下，H_3O^+ 离子更深地嵌入界面层中，这是由于 H_3O^+ 离子和疏水侧链尾部之间的排斥作用显著减少。

用于 $CF_3CF_2SO_3H$、$CF_3CF_2CF_2SO_3H$ 和 $CF_3OCF_2CF_2SO_3H$ 的阵列的 $E_{\text{fuc}}(d_{\text{CC}})$ 曲线看起来类似于 CF_3SO_3H 系统的曲线。这些体系经历与三氟甲磺酸体系相同的一系列转变。最重要的是，从"直立"到"倾斜"表面结构的转变几乎在相同的 d_{CC} 值处发生。增加 SGs 的长度将使得界面阵列不稳定。界面相关性的范围随着 SGs 的长度而增加。

在加入额外的水时，发生从 $d_{\text{CC}} > 7.5$Å 的亲水表面状态到 $d_{\text{CC}} < 6$Å 的超疏水表面状态的转变。图 2.32 显示了最小水合阵列处额外水分子的结合能。为了比较，绘制垂直线，其表示在自由水表面处的水吸附的吉布斯能量。在凝聚的超疏水状态下，界面氢键的数量是饱和的，这解释了与额外水分子的相互作用是非常弱的。在"正常"亲水表面状态下，在最小水合阵列处的水结合强度比自由水表面的强度显著增加（Roudgar 等人，2006 年）。

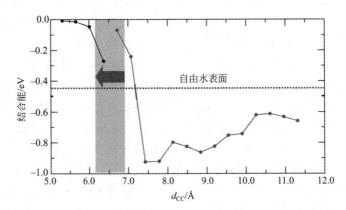

图 2.32　额外水分子与三氟甲磺酸基的最低水合界面阵列的相互作用的能量。用于比较在自由水表面的水吸附的吉布斯能量。在 SGs 致密化时，从正常亲水状态到超疏水状态的转变发生在 $d_{\text{CC}} \approx 6.5$Å 处。它与向阵列的冷凝表面状态的转变一致〔Roudgar. A.，Narasimachary，SP，Eikerling. 2006. J. Phys. Chem. B，110（41），20469-20477〕

凝聚态的形成与 —SO_3^- 和 H_3O^+ 的三角结构之间的完美匹配有关，这使得界面氢键达到饱和数目。$d_{\text{CC}} \approx 6.5$Å，与单层体系实验中的表面压力和表面电导的临界堆积密度一致，如图 2.28 所示（Leite 等人，1998 年；Oliveira 等人，2004 年）。这些发现表明，在凝聚状态下的水结合、酸解离和质子动力学对表面基团（SG）密度的波动高度敏感。这种敏感性应该是未来实验研究中评价的一个重要方面。

（2）界面阵列处质子传输机制

最重要的是了解有序和稳定阵列的密集 SGs 是否可以支持长程质子传输。图 2.33 介绍了通过 CP 分子动力学（Vartak 等人，2013 年）确定的界面结构转变临界值（$d_{CC} = 6.7\text{Å}$）时，可能的界面 H_3O^+ 离子跃迁。在该 d_{CC} 下，局部表面基团（SG）密度的波动触发具有相似能量的质子态之间的质子跃迁。

图 2.33 表示跃迁期间对氢键结构的简单评价。填充的三角形表示移动的 H_3O^+ 离子。顶点对应于 SO_3^- 离子。实心三角形的角对应于指向磺酸根阴离子的氢键。图 2.33（a）显示了完全有序的凝聚态。图 2.33（b）中，H_3O^+ 离子的单个易位对应于填充三角形到空的相邻三角形的易位。这种缺陷型易位在供体表面基团（SG）处留下氢键缺陷，并且在受体表面基团（SG）处产生过量氢键。晶格上的任何界面质子转移可以表示为这些 H_3O^+ 离子移动的协调或不稳定序列。

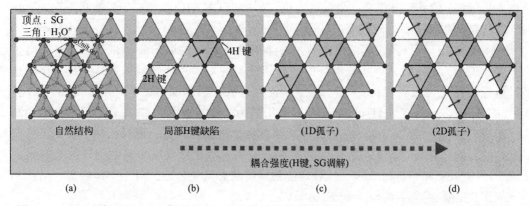

图 2.33　H_3O^+ 离子和 SO_3^- 离子的 2D 双组分晶格的晶格构型。（a）中的原始 2D 晶体结构以 $d_{CC} \approx 6.7\text{Å}$ 的临界 SG 密度显示。灰色三角形表示 H_3O^+ 离子的位置，顶点表示 SO_3^- 离子的位置。如（b）中所示，单个 H_3O^+ 离子移动在供体位点产生氢键缺陷，并在受体位点产生氢键过量。集体 H_3O^+ 离子易位显示在（c）和（d）中［2013 年版权所有，美国国家航空航天局版权所有（2013 年）美国国家航空航天局物理学研究所］

图 2.33（c）和（d）显示了单个和多个 H_3O^+ 离子传递之后的最终结构。这些转变保持界面氢键的数目。此过程涉及供体和受体表面基团（SG）的定向运动。总体运动通过增加界面氢键的强度来实现。

（3）界面质子传输的动力学研究

Vartak 等人的分子模拟研究（2013 年）利用 Laio 和 Parrinello（Ensing 等人，2005年）的初始拉格朗日从头算方法，来探索界面水合氢离子跃迁的反应路径和表面自由能。从头算方法是探索复杂分子系统和凝聚介质中稀有事件的有效方法。它利用在几个时间依赖的变量（CV）空间中的粗粒度动力学来模拟系统轨迹。沿分子动力学轨迹添加小高斯函数，创建关联电位。考虑到自由能计算的采样效率和精度，必须优化这些高斯函数的高度和宽度。此外，在拉格朗日从头算方法中的现实和虚拟 CV 之间的谐波耦合，确保了在自由能量景观的井区域中的配置的均匀采样。这导致关联电位的均匀分布。在添加适当数量的高斯函数之后，系统获得具有水平能量分布的扩散状态。达到这一点上时，仿真终止。在最终状态时，从总自由能中减去高斯函数，显示作为 CV 的函数的自由能。

使用 CP2K 封装在 DFT 级执行初始化的动力学模拟，其实现高斯和平面波方法（GPW

方法）混合（VandeVondele 等人，2005 年）。使用该方法，确定局部缺陷型［参见图 2.33 (b)］和高度集合的 H_3O^+ 离子跃迁［参见图 2.33（d）］的活化能和反应路径。在这两种情况下，初始结构是在 $d_{CC}=6.7Å$ 时完全有序的凝聚态。

在这些计算中，价电子由双 ξ 增强高斯基组（DZVP-MOLOPT）表示（VandeVondele 和 Hutter，2007 年）。Goedecker、Teter 和 Hutter（GTH）的赝势代表核心电子（Goedecker 等人，1996 年）。平面波扩展的能量是 300 Ry。使用 BLYP 函数（Becke，1988 年）在 GGA 近似中计算交换能和相关能量。对于每个时间步长，电子结构精确到 10^{-7} Hartree 的精度。从凝聚态的优化几何开始运行每个从头算，系统在 NVT 中热化约 3ps。使用 Nose-Hoover 恒温器将温度设定为 300K。时间步长分别设定为 0.3fs 和 0.5fs，用于模拟总体和局部缺陷型机制。拉格朗日从头算的耦合常数为 $k=0.5a.u.$ 和 $0.4a.u.$，并且虚拟颗粒质量为 $M=50$ 和 75a.u. 分别用于总体和局部缺陷型模拟。使用高度 $h=0.013eV$ 和宽度 $\delta=0.02Å$ 的高斯电位来产生关联电位。每次当 CV 的位移相对于先前状态达到 $3\Delta\delta/2$ 时，将高斯函数添加到原依赖电位。

H_3O^+ 离子跃迁涉及快速氢键波动，表面基团（SG）的取向波动和平移 H_3O^+ 离子运动。进行了从头算运行，以从该组自由度找到适当的 CV 并且微调从头算参数。作为这些基础研究的结论，选择侧向 H_3O^+ 离子移位作为唯一的从头算 CV，由图 2.34 中 $d_{CV}=d_{12}-d_{23}$ 定义。在转变中 H_3O^+ 离子的迁移距离为 3～4Å。图 2.35 比较了局部缺陷和总体质子跃迁。分别在 140ps 和 45ps 内完成局部和总体路径的转变。同时给出了作为 CV 函数的重构的亥姆霍兹能量分布与转变期间的组态说明。活化和反应缺陷型跃迁的亥姆霍兹能量为 $F_a=0.6eV$ 和 $F_r=0.5eV$。这种转变的最终状态是亚稳态。对于集体转变，活化和反应亥姆霍兹能量为 $F_a=0.3eV$ 和 $F_r=0eV$。

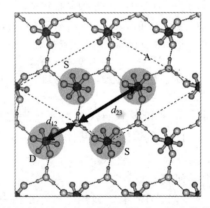

图 2.34　质子传输机制研究中考虑的界面构造。给出供体（D），受体（A）
和未反应质子（S）SG，还示出了集合变量 $d_{CV}=d_{12}-d_{23}$

基于增加的氢键强度，集体转变的 F_a 值比预期的体相水中的质子传输的活化能（0.1eV）大 2～3 倍。在从头算模拟的改进中可以看出，CV 的不同选择和较长 SG 的评估将显著降低 ΔF_a。

图 2.35 中的结构是在亥姆霍兹能量分布中在点 A～D 处取得的转变期间的中间结构。供体 SG 的定向波动触发过渡 H_3O^+ 离子（A）的氢键断裂。氢键断裂和重整导致沿着 CV 的自由能的陡峭上升和下降。H_3O^+ 离子迁移发生在鞍点区域（B）。它涉及 H_3O^+ 离子的翻转，而其剩余的两个 HBs 与未反应质子 SGs 保持完好。C 显示了具有受体 SG 的 HB 的

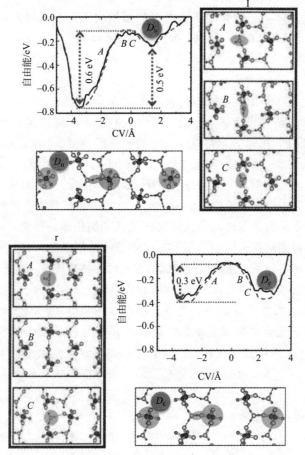

图 2.35　从从头算方法中获得的局部缺陷（顶部图，1）和集体 H_3O^+ 离子迁移（底部图，r）的自由能分布。快照显示在自由能量分布图上标记的点 A，B，C 和 $D_{n/c}$ 处的结构
〔Vartak，S. et al. 2013. J. Phys. Chem. B，117（2），583-588，Figures 1，2，4.
Copyright（2013），American Chemical Society 授权〕

形成。界面网络的松弛发生在最终状态（D_n 或 D_c）的阱区中，包括 SGs 的进一步旋转和倾斜。在集体转变的情况下，每个供体 SG 旋转以从左边接受另一个 HB，同时在 H_3O^+ 离子和受体 SG 之间形成 HB。在局部跃迁完成时达到的最终状态（D_n）是在供体（欠饱和）和受体 SG（过饱和）处显示出 HB 缺陷，使得这种状态高度不稳定。

　　动力学方法允许使用几个 CV 来重新构造系统的自由能表面。模拟计算的成本依赖于所使用 CV 的数量。静态计算（Roudgar 等人，2008 年）的（对于集体质子运动）活化能为约 0.5eV，对于相同的跃迁，元动力提供了约 0.3eV 的活化能。因此，在界面质子传递的模拟中包括动态效应是最重要的。此外，结果表明，界面质子传递的集体性质对于实现高质子传导可能是必要的。

　　（4）表面质子传导中的孤子

　　实验和分子模拟研究已经提供了在致密表面基团的密集排列的快速质子运动的令人信服的证据。界面质子集体迁移开启孤子模型的研究（Davydov，1985 年）。研究者们开发了几种孤子方法来解释氢键体系中的集体质子传输，已经取得一定的成功，原因将在下面解释。孤子模型预测的低质子传导率导致近年来的研究兴趣下降。然而，因为它们遵循的模型中的假设过于简单，所以这些预测可能产生误导。

在冰中或界面处总体质子运动的研究大多数采用由无限准一维氢键链表示的模型系统（Gordon，1990 年；Pnevmatikos，1988 年；Tsironis 和 Pnevmatikos，1989 年；Weiner 和 Askar，1970 年）。链由交替移动质子和重阴离子的两个耦合亚晶格组成。每个移动质子位于一对重阴离子之间，如前所述，称为 SGs。SGs 被认为是用它们的尾基团固定的，但是它们的阴离子头基允许在平衡位置周围波动，作为质子中继组。

移动质子可以以运动方式迁移：①质子可以在有效衬底势能的对称最小值之间来回颤动。最小值位于来自两个相邻 SG 中的任一个的氢键距离处。间歇质子的双阱电位取决于 SGs 的平衡分离及其波动。类似于在水中形成 Zundel 离子时发生的情况，当相邻的 SGs 接近时，双阱电位可以转变为单阱电位。与这些质子运动相关的自发对称破裂导致无限链的两个平衡构型的形成，其中所有质子位于从 SGs 到左边或从 SGs 到右边的氢键。在强质子-质子耦合的情况下，这两个平衡构型之间的跃迁将涉及孤子的传输。然而，这种单独的质子的扭结运动并不能形成大范围的质子传输。②第二类质子运动包括 SGs 的旋转以及它们的以氢键结合的质子。这个运动将质子重新定位到相邻的单元，导致形成 Bjerrum 型离子缺陷，其中两个 SGs 之间的间隙是无质子的（L-Bjerrum 缺陷）或由两个质子（D-Bjerrum 缺陷）占据。

两种类型质子运动的质子有效衬底电势显示出双周期形式，如图 2.36 所示（Pnevmatikos，1988 年）：低活化势垒分离相邻表面基团（SG）之间的质子的位置，而大活化势垒在表面基团（SG）在平衡位置处遇到阻挡。表面基团（SG）的势垒较高，因此它们产生氢键缺陷。离子表面基团（SG）位点的高势垒阻碍一维系统中的长程质子传输。

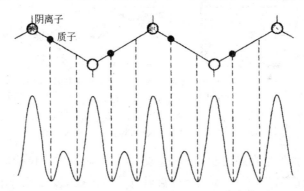

图2.36　线性交替排列的阴离子和质子的双组分系统。代表 SG 的阴离子占据固定的晶格位置。移动质子位于间隙位置。该图显示了在 Pnevmatikos（1988 年）的论文中考虑的双周期可变形衬底电势［Pnevmatikos，S. Phys. Rev. Lett.，60，1534-1537，1988，图 1. Copyright（1988）. The American Physical Society 授权］

Golovnev 和 Eikerling（2013 年）的二维模型系统地考虑了表面质子传导中带来的决定性变化。该系统消除了阴离子表面基团位点处的高（基本上不可克服的）势垒。二维模型系统见图 2.34。它由具有磺酸头基的表面基团（SG）的阵列组成。如图所示，在高 SG 密度和最小水合条件下，该阵列组装成完全解离的和六边有序的基态。表面基团（SG）的紧密堆积导致氢键的强度增加，使得界面构型稳定并且有利于质子集体运动而产生局部质子缺陷。

在界面处的 H_3O^+ 离子迁移如图 2.33 所示。H_3O^+ 离子的所有移动在结构上是等价的，并且长程质子传输的任何机制可以完全被设想为移动的序列。如果相邻电池中的

H_3O^+ 离子的移动同时发生，在供体和受体位点几乎同时发生氢键断裂和重整，界面氢键的数目是不变的。这些水合氢离子迁移的活化能显著降低至约 $0.3eV$。

H_3O^+ 离子迁移的一致性取决于界面氢键的强度。弱氢键有利于不稳定的 H_3O^+ 离子跃迁，而强氢键，对应于表面基团（SG）和水合氢离子亚晶格的强耦合，协同促进机制。在有规律运动的情况下，同时移动的 H_3O^+ 离子产生行波，其在行进时保持稳定的形状，形成孤子。孤子可以使电荷传输更高效，因为它同时重新定位大量的 H_3O^+ 离子。此外，有规律运动使转变到初始状态的概率最小化。

（5）界面上的远程质子传输：孤子理论

Golovnev 和 Eikerling（2013 年）开发了一种体系来描述可以实现长程质子传输的晶格。晶格是由代表单个质子运动的一维孤子组成的二维形式，如图 2.33（c）所示。

单质子运动的哈密尔顿算子：

$$H = \sum_i \frac{m}{2}\dot{u}_i^2 + \frac{k}{2}(u_{i+1} - u_i)^2 + V(u_i) \tag{2.57}$$

式中，i 是沿着孤子轨道的 H_3O^+ 离子的标记；u_i 是第 i 个 H_3O^+ 离子的位移；m 为 H_3O^+ 离子质量；k 是水合氢离子-水合氢离子耦合常数，以及由表面基团（SG）子晶格产生的有效衬底电势 $V(u_i)$。作为系统的周期性结果，$V(u_i)$ 是位于 H_3O^+ 离子的平衡位置处的势阱。假设孤子的尺寸远大于晶格常数 d_{CC}，则连续性极限见式（2.57）：

$$H = \frac{1}{\sqrt{3}\,a}\int dx\left[\frac{m}{2}(\partial_t u)^2 + \frac{ka^2}{2}(\partial_x u)^2 + V(u)\right] \tag{2.58}$$

式中，$\sqrt{3}a = d_{CC}$；x 是沿扭结路径的空间坐标；∂_t 表示相对于时间 t 的导数。使用欧拉-拉格朗日法，得到运动方程：

$$m\ddot{u} = ka^2\partial_{xx} - \frac{\partial V(u)}{\partial u} \tag{2.59}$$

为了描述行波解，引入具有孤子速度 v 的波坐标 $\xi = x - vt$。运动的一次积分方程为：

$$\partial_\xi u = \pm\sqrt{2}\,\Omega\,\sqrt{V(u) + \varepsilon} \tag{2.60}$$

式中，ε 是势阱深度，$\Omega^2 = [m(v_0^2 - v^2)] - 1$，$v_0 = \sqrt{ka^2/m}$。

在转变期间，H_3O^+ 离子重新定位在 $a = d_{CC}/\sqrt{3}$ 位置上。在 $d_{CC} = 6.7\text{Å}$ 时，传输距离为 $a = 3.75\text{Å}$。扭结运动以相同的位移 a 重新定位所有 H_3O^+ 离子。在跃迁的过程中，H_3O^+ 离子必须克服相同的势垒。衬底电位 $V(u)$ 说明了 SGs 的旋转和倾斜运动对 H_3O^+ 离子运动的影响。可以假设 $V(u)$ 是单周期函数，其相对于在 $u = a/2$ 处的最小值的中心对称。$V(u)$ 的形式可以从表面质子动力学确定，在"界面质子传输的从头算研究"一节中讨论。在从"直立"到"倾斜"构型的过渡期间，电势不是严格对称的。然而，这表明这种假设并不重要。为了计算方便，需要电位函数满足 $V(a/2) = 0$ 和 $V(0) = V(a) = -\varepsilon$。

等式（2.60）的解给出了孤子能量的表达式：

$$E = \frac{E_0}{\sqrt{1 - \left(\dfrac{v}{v_0}\right)^2}} \tag{2.61}$$

和每个扭结的 H_3O^+ 离子的数目：

$$N = N_0\sqrt{1 - \left(\frac{v}{v_0}\right)^2} \tag{2.62}$$

式中，$E_0 = \sqrt{(2\epsilon ka^2/3)}$ 和 $N_0 = \sqrt{ka^2/2\epsilon}$ 是静态孤子的 H_3O^+ 离子的能量和数目。$EN = E_0 N_0 = ka^2/\sqrt{3}$，是孤子运动的不变量，它与孤子速度无关。

采用标准方法来找到孤子迁移率：在运动方程中，加上黏性摩擦系和作用在每个水合氢离子上的外力 f 的附加项，计算漂移速度。在 $f \to 0$ 时评估漂移速度与外力的比率，得出了孤子的迁移率。

$$\mu_v \equiv \lim_{f \to 0} \left| \frac{v_k}{f} \right| = \frac{1}{b} \sqrt{\frac{ka^2}{2\epsilon}} \tag{2.63}$$

式中，b 是黏性摩擦系数。

所获得的表达式将孤对性质，例如能量和迁移率，与界面模型的微观参数，即 k、a 和 ϵ 相关联。这些参数由 SGs 的界面阵列的堆积密度和 SGs 与水合氢离子之间的氢键强度决定。三个参数之间存在相互依赖关系。Vartak 等人研究了 ϵ 对 a 的依赖性（2013 年），是由氢键长度的变化引起的。k 对 a 的依赖性尚未被研究，但也应该对氢键长度表现出高灵敏度。这些依赖关系将只留下一个参数，即 a。a 的最佳值是合成具有高界面质子迁移率的新材料的关键。

常数 k 和 a 仅以 ka^2 的形式出现，代表用于理论讨论的参数。随着 ka^2 的增加，孤子能量增加，孤子的迁移率增加，而孤子产生的概率减小。因此，存在大量非移动激发孤子（小 ka^2）或少量高度移动孤子（大 ka^2）。因此，必须有使传导率最大化的 ka^2 的最佳值。找到这个最佳值需要描述孤子产生和湮灭过程，这是需要进一步研究的主题。

对于上面描述的各种不同的电位函数 $V(u)$，其适用于分析溶液，并且可以表示作用于水合氢离子的不同局部的力。发现描述 H_3O^+ 离子运动的微观参数，例如孤子尺寸和形状，强烈依赖于电位分布。令人惊奇的是，孤子的能量和迁移率独立于电势分布，仅由势阱的深度和水合氢离子之间的分离和耦合强度确定。

（6）能量损失机制：孤子迁移

在酸官能化单层或聚合物电解质膜（PEM）中的质子传输研究中的关键是质子传导性。它由质子迁移率和浓度决定。在最简单的情况下，传导率可以表示为这些性质的乘积。

公式（2.63）中所需的表面模型的一些参数是已知的。如图 2.35 所示，水合氢离子的迁移距离 a 与晶格间距 d_{CC} 相关，$\sqrt{3}a = d_{CC}$。临界值 $d_{CC} \approx 6.7Å$ 对应于 $a = 3.9Å$。势阱深度 ϵ 的参数由 Vartak 等人发现（2013 年），其中 $\epsilon = 0.3eV$。

Golovnev 和 Eikerling（2013 年）进一步确定了微观表面结构与有效质子迁移率相关。理论模型的关键是找到黏性摩擦系数 b 和水合氢离子-水合氢耦合常数 k。

模型的基本要素是孤子能量损失机制。行进的 1D 孤子将能量传递到表面基团（SG）子晶格。孤子运动产生表面基团（SG）子晶格的扰动，其沿着孤子路径发散并垂直其传播。假设表面基团（SG）子晶格的扰动小，可以将其视为谐波。

以下是黏性摩擦系数的表达式：

$$b = 2\sqrt{kM} \frac{\delta^2}{a^2} \tag{2.64}$$

式中，M 是表面基团（SG）的质量；δ 是平面中的最大表面基团（SG）位移，即投影到平面上的在"倾斜"和"直立"结构中的坐标的差。b 的表达式与式（2.58）中的衬底电势 $V(u)$ 的形式无关。

将公式（2.64）代入公式（2.63），得到孤子迁移率的新表达式：

$$\mu = \frac{a^3}{\delta^2 \sqrt{8\varepsilon M}} \qquad (2.65)$$

这种迁移率的表达既不依赖于水合氢离子之间的耦合常数 k，也不依赖于水合氢离子质量 m，但是它取决于表面基团（SG）质量 M。对于简单的估计，M 可以假定为表示 SO_3^- 离子，$M = 80m_p$，其中 m_p 是质子的质量。使用 $\varepsilon = 0.3eV$ 和 $\delta = 0.09a$ 估计出孤子迁移率 $\mu = 1.6 \times 10^{14} m(Ns)^{-1}$。相应的质子扩散系数 $D = 8 \times 10^{-3} cm^2 \cdot s^{-1}$。它显著大于体相水中的质子扩散系数（$9.3 \times 10^{-5} cm^2 \cdot s^{-1}$）。然而，它是一个理想模型，在 SGs 的最佳界面密度处没有任何缺陷。这些条件将提供质子迁移率的最佳值。由于表面基团（SG）密度和表面基团（SG）长度的变化，实验系统中的非理想性预期会降低界面质子传输的效率，并导致更小的质子迁移率值。此外，对于具有较长表面基团（SG）的界面阵列，应使用较大的 M 值。

在孤子方法中得到表面质子导电性的值的第二个挑战是孤子的统计学发展。已经找到孤子迁移率的表达方式，孤子的统计将产生孤子密度。为此，有必要理论化和模拟孤子形成和湮灭的机制。在这种情况下，关键是孤子的产生和湮灭与表面基团（SG）密度的时空波动和自发晶格缺陷的关系。

2.5.7　膜电导率的随机网络模型

有效的聚合物电解质膜（PEM）电导率取决于随机异质形态，即含质子的含水通道的尺寸分布和连通性。Eikerling 等人（1997 年）提出了 PEM 的随机网络模型。它包括孔溶胀孔隙网络连通性对吸水的影响。该模型用于研究膜电导率对水含量和温度的依赖性。它可以使具有不同离子聚合物结构的聚合物电解质膜（PEM）的溶胀性和导电性更趋向合理化，这与实验一致。

通常，如在"聚合物电解质膜（PEM）的水吸收和溶胀"部分中所说，孔不均匀溶胀。作为简化，假定无规网络由两种类型的孔组成。非泡沫或"干"孔（称为"红色"孔）仅允许由紧密结合的表面水产生的小的残留电导。溶胀或"湿"孔（称为"蓝色"孔）含有具有高"体积"电导的额外的水。吸水量对应于"湿"孔的溶胀和其相对分数的增加。在这个模型中，聚合物电解质膜（PEM）中的质子传输被映射为渗滤问题，其中随机分布的位点代表可变尺寸和电导的孔。"红色"和"蓝色"孔的区别解释了由于微观尺度下不同的水环境导致的质子传输性质的变化，如"聚合物电解质膜（PEM）中的水：分类方案"一节中所讨论的。

"蓝色"孔所占比例与水含量 λ 的关系：

$$x(\lambda) = \frac{N_b}{N} \qquad (2.66)$$

式中，孔隙总数 N 以及"蓝色"孔隙 N_b 的数量都是 λ 的函数。两个"蓝色"孔，"蓝色"孔和"红色"孔以及两个"红色"孔之间的键概率如下。

$$p_{bb}(\lambda) = x(\lambda)^2, p_{br}(\lambda) = 2x(\lambda)[1-x(\lambda)], p_{rr}(\lambda) = [1-x(\lambda)]^2 \qquad (2.67)$$

在大约 15 年前开发该模型时，它利用基于 Gierke 的实验数据的孔溶胀现象学定律，用于水吸收时膜的结构重组（Gierke 等人，1981 年；Hsu 和 Gierke，1982 年，1983 年）。从每孔 SG 平均数 $n(\lambda) = n_0(1+\alpha\lambda)$ 和充水孔隙的平均体积 $v(\lambda) = v_0(1+\beta\lambda)^3$ 的数据中提取经验关系，其中 n_0 是干膜中每孔的表面基团（SG）的平均数，v_0 是干膜中的平均孔体积，α 和 β 是拟合参数。根据膜中解离的 SO_3^- 基团的总数和总水含量与"蓝"孔的体积增加之间的关系，得到经验溶胀定律：

$$x(\lambda) = \frac{\gamma\lambda}{(1+\beta\lambda)^3 - \alpha\gamma\lambda^2} \tag{2.68}$$

可以调节参数 α，β 和 γ 以便再现水吸收时聚合物基质的溶胀和重组程度。该公式解释了在溶胀时较小的孔合并成较大的孔。它可以代表导致不同水分布的聚合物膜基质的不同弹性。在软聚合物基质中，分布的相当不均匀，其中单独的孔溶胀至较大的平衡半径，并且因此吸收大量的水。在更具弹性的聚合物基质中，孔隙以更小的平衡半径、更均匀地溶胀。

具有单分散孔的刚性微孔，其在水吸收时不重组，对应于线性定律 $x(w) = \gamma w$。在这种情况下，模型存在类似刚性壁的无规多孔介质中的典型渗滤问题（Stauffer 和 Aharony，1994 年），溶胀导致偏离该定律。因此，普遍渗滤指数是不能保证正确的。

孔尺寸依赖性电导被分配给各个孔和通道。孔之间存在三种可能类型的键。可以建立相应的键电导，即 $\sigma_{bb}(\lambda)$、$\sigma_{br}(\lambda)$ 和 $\sigma_{rr}(\lambda)$。通过将电容并联分配给孔隙的电导，将模型扩展到膜的复阻抗的计算。键的电导率 σ_{bb}、σ_{br} 或 σ_{rr} 为：

$$f(\sigma_b) = p_{bb}(\lambda)\delta(\sigma_b - \sigma_{bb}) + p_{br}(\lambda)\delta(\sigma_b - \sigma_{br}) + p_{rr}(\lambda)\delta(\sigma_b - \sigma_{rr}) \tag{2.69}$$

式中，δ 是狄拉克三角分布。

对应于电导元件的随机网络的 Kirchhoff 方程的最简单的解决方法是单键有效介质近似（SB-EMA），其中在周围键的有效介质中考虑两个孔之间的单个有效键。有效键的电导率 σ_b 作为方程的解，得到：

$$\int d\bar{\sigma} f(\bar{\sigma}) \frac{\sigma_b - \bar{\sigma}}{\bar{\sigma} + (d-1)\sigma_b} = 0 \tag{2.70}$$

其对应于有效键上的电压波动的平均值，其中 $d = z/2$，z 是连接到单个孔的通道的数量。使用等式（2.69），从中获得有效键合电导率 σ_b。

$$p_{bb}(\lambda) \frac{\sigma_b - \sigma_{bb}(\lambda)}{\sigma_{bb}(\lambda) + q\sigma_b} + p_{br}(\lambda) \frac{\sigma_b - \sigma_{br}(\lambda)}{\sigma_{br}(\lambda) + q\sigma_b} + p_{rr}(\lambda) \frac{\sigma_b - \sigma_{rr}(\lambda)}{\sigma_{rr}(\lambda) + q\sigma_b} = 0 \tag{2.71}$$

其中，$q = (d-1)$ 表示孔隙网络的连通性。当"红"孔和通道的电导率消失时，获得真正的渗滤行为。

$$\sigma_b(\lambda) = \frac{1}{q} \left[(1+q)x^2(\lambda) - 1 \right] \sigma_{bb}(\lambda) \tag{2.72}$$

与渗透阈值：

$$x_c = \sqrt{\frac{1}{1+q}} \tag{2.73}$$

值 $q = 24$ 再现了 Nafion 的准渗滤行为，离子电荷容量（IEC）$= 0.9\,mmol \cdot g^{-1}$。

随机网络模型解释了各种磺化膜的 $\sigma_b(\lambda)$ 的差异（Eikerling 等人，1997 年）。它解释了不同水化程度下，膜的弹性和溶胀行为对性能的影响。随机网络模型的 EMA 解再现了在 Nafion 型膜和 Nafion 复合膜中观察到的渗滤行为（Eikerling 等人，1997 年；Yang 等人，2004 年）。膜基质的高弹性和孔的高连通性产生低的渗滤阈值，对 $\sigma_b(\lambda)$ 是有利的。另外，在软聚合物基质中，充水孔隙的分数 $x(\lambda)$ 在低到中等水含量时缓慢增加，表明孔隙溶胀相当不均匀。在这方面，Nafion 提供了聚合物基质的最优弹性。

在 Eikerling 等人（2001 年）的论述中，对不同的孔网络模型（随机网络，串联和平行孔模型）进行比较。同样溶胀的平行圆柱形孔的形态对 $\sigma_b(\lambda)$ 最有利，在低水含量下质子传导率的增加最多。该形态获得的结果与短侧链聚合物电解质膜（PEM）（例如，Dow 实验膜）的电导率数据是一致的。为了使孔隙空间演化的模型适应不同的结构膜模型，主要任务是找到溶胀 $x(\lambda)$ 的适用定律。

2.5.8　电渗系数

聚合物电解质膜（PEM）的充水纳米孔中的质子流诱导水通过电渗透耦合传输。耦合系数、电渗阻力系数 n_d 是 λ 的函数。它纳入了质子化水簇（即 H_3O^+ 离子或更大的水合质子配合物）的分子扩散以及纳米尺寸水通道中的流体动力学耦合（Lehmani 等人，1997 年；Rice 和 Whitehead，1965 年）。通过体积通量测量、放射性示踪剂方法、流动电势测量或电泳核磁共振获得的 n_d 的典型值为 1～3（Kreuer 等人，2004 年；Pivovar 和 Pivovar，2005年；Pivovar，2006 年）。

电渗透阻力现象与质子在孔隙中的分布和移动密切相关。分子贡献可以通过在单离子聚合物孔中的质子和水的直接分子动力学模拟获得，如在"水中的质子传输"和"促进孔中的质子传输"部分中所述。至少在质量上，使用连续介电方法可以研究对 n_d 的流体动力学贡献。泊松-玻尔兹曼方程的解：

$$\nabla\left[\varepsilon_0\varepsilon_r\nabla\phi(r)\right]=-\rho_0\exp\left[-\frac{F\phi(r)}{R_gT}\right] \tag{2.74}$$

在孔壁处的电荷密度的边界条件下给出了质子电荷密度分布：

$$\rho(r)=\rho_0\exp\left(-\frac{F\phi(r)}{R_gT}\right) \tag{2.75}$$

和孔中的电势 $\phi(r)$。这里，假设孔具有半径为 R 的圆柱形几何形状。圆柱形孔中的无因次化 PB 方程是：

$$\frac{1}{x}\times\frac{d}{dx}\left(x\frac{d\bar\psi(x)}{dx}\right)=-(\kappa r_p)^2\exp\left[-\bar\psi(x)\right]$$

$$和\ x=r/R,\bar\psi=\frac{F\phi}{R_gT},\quad \kappa=\left(\frac{F\rho_0}{\varepsilon_0\varepsilon_rR_gT}\right)^{1/2} \tag{2.76}$$

电场的径向分量是：

$$E_r=-\frac{R_gT}{FR}\times\frac{d\bar\psi}{dx} \tag{2.77}$$

式中，孔隙中心的 $E_r(x=0)=0$，孔壁处的 $E_r(x=1)=\dfrac{\sigma_s}{\varepsilon\varepsilon_0}$；$\sigma_s$ 是表面电荷密度。用 $u=\ln x$ 和 $g=2u-\bar\psi$ 替换，公式（2.76）可以被转换为一维 PB 方程：

$$\frac{d^2g}{du^2}=(\kappa r_p)^2\exp(g) \tag{2.78}$$

该式在 Eikerling 和 Kornyshev（2001 年）以及 Berg 和 Ladipo（2009 年）的研究中获得。它由：

$$\phi(r)=\frac{2k_BT}{e_0}\ln\left[1-\frac{(\kappa r)^2}{8}\right] \tag{2.79}$$

和：

$$\rho(r) = \rho_0 \left[1 - \frac{(\kappa r)^2}{8} \right]^2 \tag{2.80}$$

其中，κ 是逆德拜长度，即：

$$\lambda_D = \kappa^{-1} = \sqrt{\frac{\varepsilon_0 \varepsilon_r k_B T}{e_0 \rho_0}} \tag{2.81}$$

和：

$$\rho_0 = \frac{8\varepsilon_0 \varepsilon_r k_B T \sigma_s}{e_0 \sigma_s R^2 - 4\varepsilon_0 \varepsilon_r k_B T R} \tag{2.82}$$

引入特征孔参数，类似于德拜长度：

$$\lambda_p = \sqrt{\frac{4\varepsilon_0 \varepsilon_r k_B T R}{e_0 \sigma_s}} \tag{2.83}$$

使用此参数将公式（2.82）转换为：

$$\rho_0 = \frac{2\sigma_s}{R} \times \frac{\lambda_p^2}{R^2 - \lambda_p^2} \tag{2.84}$$

参数范围为 $\lambda_p \approx 0.3 \sim 0.5\text{nm}$，$2\sigma_s/R \approx 0.4 \times 10^9 \sim 0.7 \times 10^9 \text{C} \cdot \text{m}^{-3}$，而且 $\rho_0 \approx 0.05 \times 10^9 \text{C} \cdot \text{m}^{-3}$，$\sigma_s \approx 0.5 \text{C} \cdot \text{m}^{-2}$，$R \approx 1.5\text{nm}$，$T \approx 300\text{K}$，$\varepsilon_r = 80$。

如 Eikerling 和 Kornyshev（1999 年）所研究，孔隙尺寸和孔隙中水的介电常数 ε_r 对质子分布具有显著的影响。孔壁附近的 ε（Booth，1951 年）和介电饱和现象（Cwirko 和 Carbonell，1992 年）可导致质子浓度的非单调分布。

在压力梯度 $\mathrm{d}P^l/\mathrm{d}z$ 和轴向电场 E_z 的影响下，圆柱形孔中的不可压缩流体的静止轴向速度 $v_z(r)$ 的流体动力学运动方程（Navier-Stokes 方程）：

$$\frac{1}{r} \times \frac{\mathrm{d}}{\mathrm{d}r} \left(r \frac{\mathrm{d}v_z}{\mathrm{d}r} \right) = \frac{1}{\mu} \times \frac{\mathrm{d}P^l}{\mathrm{d}z} - \frac{E_z}{\mu} \rho(r) \tag{2.85}$$

其中，μ 是动态黏度。对于消失的压力梯度，水输送完全由电渗透阻力驱动，速度由下式确定：

$$\frac{1}{r} \times \frac{\mathrm{d}}{\mathrm{d}r} \left(r \frac{\mathrm{d}v_z}{\mathrm{d}r} \right) = \varepsilon_0 \varepsilon_r \frac{E_z}{\mu} \times \frac{1}{r} \times \frac{\mathrm{d}}{\mathrm{d}r} \left(r \frac{\mathrm{d}\phi}{\mathrm{d}r} \right) \tag{2.86}$$

在孔壁处的零通量速度的边界条件（无滑移）与电势分布 $z(R)=0$ 和孔隙中心对称性 $\mathrm{d}v_z/\mathrm{d}r \mid_{r=0} = 0$ 相关，速度分布：

$$v_z(r) = -\varepsilon_0 \varepsilon_r \frac{E_z}{\mu} [\phi(R) - \phi(r)] = \frac{2\varepsilon_0 \varepsilon_r k_B T}{e_0 \mu} E_z \ln \left[\frac{8 - (\kappa r)^2}{8 - (\kappa R)^2} \right] \tag{2.87}$$

该式中使用式（2.79）中提供的解。公式（2.87）适用于具有 ε_r 和 μ 的常数值的圆柱形孔。来自电渗透的体积水通量由下式给出：

$$V_{eo} = 2\pi \int_0^R r \mathrm{d}r v_z(r) = -\frac{\varepsilon_0 \varepsilon_r \phi(R)}{\mu} \pi R^2 I_g E_z \tag{2.88}$$

其中：

$$I_g = \frac{2}{R^2} \int_0^R r \mathrm{d}r \left[1 - \frac{\phi(r)}{\phi(R)} \right] \tag{2.89}$$

是几何因子。利用 $\phi(R)$ 的解给出：

$$I_g = -\frac{(\kappa R)^2 + 8\ln[1 - (\kappa R)^2/8]}{(\kappa R)^2 \ln[1 - (\kappa R)^2/8]} \tag{2.90}$$

对于 $\kappa R < 2.5$，该因子的值为 $0.5 \leqslant I_g < 0.6$。对于 $(\kappa R)^2 \to 8$，它接近 1。

使用 $j_{pore} = \sigma_{pore} E_z$ 的质子传输欧姆定律和流体动力学通量密度 $j_{hydr} = -\frac{Fc_w \varepsilon_0 \varepsilon_r \phi\ (R)}{\mu} I_g E_z$，其中 c_w 是水的浓度，$c_w = 55\mathrm{mol \cdot L^{-1}}$，则：

$$n_{hydr} = \frac{j_{hydr}}{j_{pore}} = -\frac{Fc_w \varepsilon \varepsilon_0}{\mu \sigma_{pore}} I_g \phi(R) = -\frac{2c_w \varepsilon \varepsilon_0 R_g T}{\mu \sigma_{pore}} I_g \ln\left[1 - \frac{(\kappa R)^2}{8}\right] \tag{2.91}$$

公式（2.91）揭示了 n_{hydr} 对介电常数 ε_r、水黏度 μ、孔隙表面电荷密度 σ、孔隙半径 R 和孔隙质子传导率 σ_{pore} 的依赖性。$R = 1\mathrm{nm}$ 的典型孔的流体动力学电渗透系数 $n_{hydr} \approx 1 \sim 10$。

总电渗透系数 $n_d = n_{hydr} + n_{mol}$，包括由于水力偶合引起的 n_{hydr} 和与质子缺陷的结构扩散相关的分子耦合 n_{mol}。n_{hydr} 和 n_{mol} 的相对贡献取决于孔中质子传输的机制。

与质子传导率类似，有效膜参数由膜分子结构，特别是水填充通道中的酸质子的浓度确定。结构效应转化为 n_d 对 λ 的特征依赖性。通常，观察到 n_d 随着 λ 的增加而增加。低 λ 的表面质子传输表明，在具有窄通道和强的聚合物-溶剂相互作用的膜中，例如与 Nafion 相比，在 S-PEEK 中 $n_d \approx n_{mol} \approx 1$。如上所述，这些趋势可以用流体动力学组分 n_{hydr} 的降低来解释。

2.6　结束语

聚合物电解质膜（PEM）建模的巨大挑战是建立离子聚合物的化学结构、膜结构和物理化学性质之间的预测关系。解决这些目标涉及现象的分类。本章讨论了主要挑战和方法。膜的应用将在第 5 章再次提及。

2.6.1　自组装的相分离膜形态学

离子聚合物分子聚集并相分离成纳米尺度的疏水性聚合物区域和亲水性水填充路径。这些现象基于散射数据（SANS，SAXS，USAXS）来理解。然而，对这些数据的解释仍然是有争议的。膜形态的结构图，重点在水填充的纳米通道的尺寸、分布和连通性，仍在修订中。相对好的是离子聚合物主链形成为圆柱形或带状束或原纤维。这些原纤维限定聚合物相的弹性性质。它们在其表面上排列有密集的聚合物侧链阵列，其含有（或被磺酸头部基团）封端。

相对于阴离子表面基团的界面层，通过酸离解产生的游离水合质子在多孔畴内部移动。自相一致的理论和粗粒度分子模拟可以解释这种结构。在证明与结构和传输的现有数据一致性后，这些建模方法可以用作聚合物设计中的预测工具。

如果分子模拟使用离子聚合物分子的不充分的表达，则将产生不切实际的形态（孔径，形状，连通性）。模拟结果取决于输入提供的交互参数。参数必须从基本建模研究（基于 DFT 的计算）和实验研究（例如吸附研究）中获得。粗粒度的分子动力学（CG 分子动力学）模拟提供了计算效率和结构表达的正确权衡。粗粒度处理意味着相互作用的简化，这可以用先进的力匹配程序进行系统改进，但同时允许模拟具有足够大小和足够的统计抽样。

此外，可以研究聚合物电解质膜（PEM）的结构相关性、热力学性质和传输参数。

2.6.2　外界条件下的水吸附和溶胀

膜结构和外部条件决定水的吸附和溶胀。水分布决定了传输性能。聚合物电解质膜（PEM）的物理性能和电化学性能的重心在于水吸附和溶胀。决定膜的热力学状态的关键变量是水含量 λ。平衡水含量取决于毛细管压力、渗透压力和静电力的平衡。相关的外部条件包括液体水或蒸汽的相邻储存器中的温度、相对湿度和压力。理论挑战是建立这些条件与 λ 相关的聚合物电解质膜（PEM）的状态方程。水吸附现象的一致处理，在"水吸附模型"一节中提出，解决了在理解聚合物电解质膜（PEM）结构和功能中的许多有争议的问题。

2.6.3　水的结构和分布

被用来解释聚合物电解质膜（PEM）的水吸收和传输性质的最小区别是与聚合物/水界面处的带电表面基团有强烈相互作用的化学吸附的表面水和与聚合物具有弱相互作用的体相水。毛细管冷凝对于聚合物电解质膜（PEM）中的体相水的平衡是必要的。水吸附以及质子和水的传输（例如渗滤阈值，从质子传输的高活化能到低活化能的转变）的分析表明，表面水大致对应于聚合物/水界面处的单层水。

2.6.4　质子和水的传输机制

传输机制的区别在于表面水和体相水的区别。在典型的聚合物电解质膜（PEM）中，表面水层中的质子传输表现出高活化能，因此具有低迁移率。在基于密度泛函理论（DFT）的理论研究中表明，表面迁移率表现出对带电表面基团的密度的强依赖性。在高表面基团密度下，即使在最小水合的条件下，表面处的质子传输也可以变得高度有效。了解表面质子传输的协同机制是最基本的。在实践方面，可以设计在几乎干燥条件下有利于高质子传导的膜。

孔隙中的质子和水分子的动力学非常类似于自由体相水中的动力学。渗透模型和随机网络模拟可用于研究孔溶胀和孔连通性变化对水吸收及质子传导性的影响。孔隙网络模型可以提供与电导率数据一致的结果。需要更新这些模型以解释对膜形态的理解的进展。

水传输通过表面水相对于聚合物基质的扩散和大量水的水力渗透而发生。水含量决定了扩散和水力渗透对水输送净速率的相对贡献。

质子和水传输的电渗耦合取决于质子传输的分子机制。它有效区分了电渗透阻力系数对水分子动力学的贡献。后者的贡献随着水吸收和温度而显著增加。

第3章 催化层结构与运行

对于电催化而言，没有什么比催化层的性能更重要的了，绝对没有！燃料电池的电极设计要求高性能、长寿命和低成本，这些都需要将催化剂（通常是电池中最昂贵同时也是稳定性最差的材料）嵌入多孔结构的复合载体中。因此载体材料的选择与结构设计就变得和催化剂材料本身同样重要。

催化层设计的目的可以从两个角度来考虑。从一个材料学家的角度来看，通过以下两种手段可以实现单位体积催化介质的电化学活性表面积（the electrochemically active surface area，ECSA）：（ⅰ）将催化材料分散为纳米颗粒甚至是单原子薄层；（ⅱ）优化界面反应中消耗的电化学活性物质的量。从燃料电池开发者的角度来看，目标是在给定的成本和寿命要求下优化关键性能指标，例如电压效率、能量密度和功率密度（或特定功率）。这些性能指标都可以通过催化层结构的良好设计而整合成高活性和良好稳定性的催化剂。

本章系统介绍了催化层结构设计中的挑战与解决途径。我们讨论的结构效应和物理现象包括如下几个层次：高表面积和可实现性的材料设计以及在每个原子基础上评估的Pt的利用率，带电物质和中性反应物在具有纳米到中等孔隙率的复合介质中的传输性质，局部反应在部分电解质填充的多孔介质中的内部界面处的条件以及在电化学性能和水管理的响应函数方面评估的总体性能。

3.1 质子交换膜燃料电池的能量来源

由于多变量和分层结构设计的挑战，催化层就代表了质子交换膜燃料电池的主要竞争领域。在电池中的某些物质，结构组分和过程首先在阴极，然后在阳极中显示出来。

主要过程包括带电的金属-电解质界面处的电化学反应，反应物通过多孔网络结构的扩散，水中的质子传输和离聚物分子的聚集，在电子供给材料中电子的传输，水通过气态扩散而传输，液压渗透，在部分饱和多孔介质中的电渗阻力以及微孔中的水在液态和气态间的界面处的蒸发/冷凝等。

确定这些过程的关键结构特征是催化剂的原子表面结构和电子结构，孔洞网络结构的形态，载体的表面结构和润湿性，催化剂纳米颗粒形状和尺寸，离聚物结构，复合层的混合润湿性，最后但同样重要的是电极厚度 l_{CL}。

3.1.1 催化层结构与性能的基本原理

本节概述了催化层结构与性能的基本原理。

（1）原理1

质子交换膜燃料电池电极的性能主要通过如下参数进行评价：（ⅰ）单位电极表面积Pt的担载质量，$m_{Pt}(mg \cdot cm^{-2})$；（ⅱ）伏特效率，$\epsilon_v = E_{cell}/E_{O_2,H_2}^{eq}$；（ⅲ）（体）能量密度，$W_{cell} = FE_{cell}/l_{CL}(J \cdot L^{-1})$；（ⅳ）（体）功率密度，$P_{cell} = J_0 E_{cell}/l_{CL}(W \cdot L^{-1})$；（ⅴ）比

功率，$P_{cell}^s = j_0 E_{cell}/l_{CL}$，$(W \cdot L^{-1})$。很显然，从定义中可以看出，这些参数是相互关联的。然而，可以独立地根据能耗设备的特定要求来调整它们的数值。

（2）原理2

催化层中的电化学反应是一种界面过程。较高的 P_{cell} 和 W_{cell} 值需要金属-电解质之间具有较大的单位体积界面面积，由参数 S_{ECSA} 来表征。因此，S_{ECSA} 的最大化是催化层结构设计和制造的关键目标。

（3）原理3

催化材料最主要的性质是本征电流密度，归一化为活性催化剂表面积的单位。它是由电子结构效应决定，并且受催化剂材料的组成以及纳米颗粒催化剂的粒径尺寸和形状所影响。在催化剂薄膜为纳米结构的情况下，其数值取决于膜层厚度、表面形态以及载体材料的性质。电极单位体积的电催化活性通过相关公式计算。严格来讲，对于纳米晶的催化剂，这个公式仅适用于单分散的粒径分布。由于催化活性受颗粒尺寸和形状所影响，因此应当使用活性颗粒的平均值进行计算。电极单位表面积的交换电流密度由相关公式进行计算。催化层设计的关键目标是用最少量的催化剂使其电流密度最大化。

（4）原理4

为了使参数最大化，就必须采用具有纳米颗粒、纳米孔或纳米棒这样的小特征尺寸的纳米结构的载体材料。因此，开发高性能电催化剂系统的成败取决于纳米结构材料的设计。

（5）原理5

没有一种单一的物质可以同时满足高电化学活性，反应气体、电子、质子及产物水高的传输速率。一般来说，催化层需要具有纳米级特征尺寸的几个互穿相的复合形态。催化层设计可以分为两种主要类型。

① I型电极，主要类型是三相复合介质，由 Pt 和电子载体材料组成的固体相、离聚物和水组成的电解质相以及多孔介质中的气相组成。气体的扩散是气体供给和水分移除最有效的机制。然而，具有足够气体通道的催化层，通常为 30%～60%，必须制成厚度≥ $10\mu m$。在这个厚度范围内，电子的传输只能在电解质环境中进行。因此，多孔气体扩散电极需要用质子传导离聚物浸渍。通常用于这种电极的三相界面的概念是不充分的。电化学活性界面的量通常通过 Pt 和水之间的界面处的两相边界效应来控制。

② II型电极是由填充了液态电解质或离子液体的纳米孔洞及电子传到介质组成的复合相。电化学活性界面由两相的边界所组成。电解质相必须提供质子，水和反应物的扩散和渗透通道。这种填充的两相结构只有在它们被设计得很薄（催化层厚度不超过 200nm）的情况下才能正常运行。只有这样，反应物分子和质子的扩散速率才能够在整个催化层中均匀分布。

（6）原理6

催化层设计的主要目标是获得均匀一致的反应条件。金属和电解质相中的气相反应物、质子和静电势的分布由微观结构、组成和催化层厚度所决定。均匀一致的反应条件要求氧（在阴极侧）和质子的传输速率要与在界面反应中消耗这些物质的速率相匹配。其中的关键参数是氧扩散系数和质子传导率与厚度的比率。可以通过计算特征反应渗透深度并与其比较来评价反应速率分布的均匀性。

（7）原理7

催化层的设计应该在厚度方向上进行划分。对于 I 型电极催化层应该由 1～10μm 的不同层所组成。而Ⅱ型电极则由数个 $100 \sim 300\mathrm{nm}$ 的超薄层所组成。不同催化层设计的电化学性能可以通过 Pt 利用率的有效因子来进行评价。研究已经证明，在传统的阴极催化层设计中，由于 Pt 不能完全被润湿，渗透的影响以及传输速率的限制，Pt 的利用率严重不足。但是在传统的催化层的设计优化中，过去的进展似乎没有为提高留下很大的空间。

（8）原理 8

水管理是 CCL 优化中的关键问题，涉及液态水和水蒸气的两相流以及液-气界面处的蒸发交换速率。水是燃料电池反应的唯一产物。任何高性能质子交换膜燃料电池都面临着如下难题，水必须以与其产生相同的速率去除。因此，不言而喻的是去除水对于电池的性能而言，与其他电催化过程一样重要。水是在 CCL 中形成的。CCL 不仅由电化学电流转换的效率和质子交换膜燃料电池中的不可逆电压损失率所决定，而且控制水的分布对于整个电池的水平衡以及电池部件中的气体和液体通量也是同样重要的。传统的 CCL（Ⅰ型电极）具有良好的双峰以及双官能团特征的多孔结构，大多数孔的直径为纳米级。这种特征使常规 CCL 成为质子交换膜燃料电池中最常使用的水（和热）交换器。具有超薄催化层结构的 MEA 的主要挑战是Ⅱ型电极的蒸发能力不足。多孔复合材料 CCL 中的液体渗透，蒸汽扩散和界面蒸发交换的相互作用具有与多孔电极中的电荷通量和界面电荷转化的相似性。这两种类型的质量或电荷转换现象可以用经典的传输线方法来描述。

（9）原理 9

催化层材料的耐久性和寿命是燃料电池开发人员最关注的问题。在 ORR 反应中，有利于反应物快速转化的反应条件也加速 Pt 溶解和担载物的腐蚀。这个过程使得催化层的结构、组成以及水的分布不断发生改变。通常可以观察到的变化包括 Pt 颗粒半径分布的"熔融"和"移动"，S_{ECSA} 和 i° 的减小，固体 Pt 质量损失以及催化层厚度和孔隙率减小。同时我们还能观察到亲水性增强，相关溶液的饱和度提高。这些变化通常对局部反应环境和性能的影响是有害的。高电极电位使得反应环境呈现出强氧化性，会加速上述过程。高电位区的快速电位循环以及电池的频繁启动和关闭，对于催化层的损伤则更加严重。

3.1.2　催化层中结构与功能的形成

在前面的章节中我们提到过，催化层设计是根据其厚度来分类的。目前，Ⅰ型电极常见的催化层结构设计如图 3.1 所示。这种结构中，催化层每一单层的尺寸为 $5 \sim 10\mu m$。传统催化层的两个主要改进是：（ⅰ）掺入 Pt 或 Pt 族金属纳米颗粒；（ⅱ）Pt/C 的高表面积颗粒分散体与离聚物的浸渍或与胶体进行混合。前一种方法能够显著增大电催化活性表面积。后一种方法是为了确保质子更均匀地进入整个层中的活性 Pt 表面。

这种方法最早由洛斯阿拉莫斯国家实验室（Los Alamos National Laboratory，LANL）的 Ian D. Raistrick 所证实，这种改进使催化剂担载显著降低（Raistrick，1986 年，1989 年）。随后在 LANL（Wilson 和 Gottesfeld，1992 年），这种基于油墨的制造方法得到改进，并逐步演变成催化层和 MEA 制造的标准方法。该方法已被世界各地的实验室采纳和不断改进。目前，离聚物已经完全取代了 PTFE，成为催化层的黏结剂和疏水剂。催化层中 Pt 的使用量也从 1980 年的 $10\mathrm{mg} \cdot \mathrm{cm}^{-2}$ 降低至如今的 $0.4\mathrm{mg} \cdot \mathrm{cm}^{-2}$。

如图 3.2 所示，产生电流的催化剂纳米颗粒具有 $2 \sim 5\mathrm{nm}$ 的典型粒度。最广泛使用的载体材料为炭黑或者石墨化炭黑，例如 Ketjen Black 以及 Vulcan XC-72，这些载体材料的比表面积可达 $1500\mathrm{m}^2 \cdot \mathrm{g}^{-1}$（Kinoshita，1988 年）。

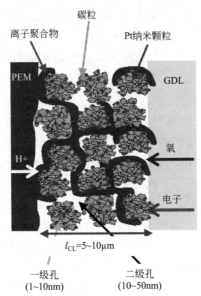

图 3.1　目前催化层普遍的常规设计。这些层，被称为Ⅰ型电极，是三相复合介质。稳定的基体是由多孔的支撑材料组成，这种材料必须导电性良好，电导率$> 0.01\mathrm{S} \cdot \mathrm{cm}^{-1}$。铂纳米颗粒沉积在载体的表面上，显示形成稳定的键和良好的分散。多孔结构浸渍的电解质具有足够的内质子浓度，具有足够的质子传导性。水分布于界面和开放的孔洞结构中。这种类型的催化层大多由 Pt/C 颗粒的聚集而形成，并具有双峰孔径分布的团聚介孔结构。在团聚体内部具有半径为 1～10nm 的初级孔隙和在团簇之间的 10～50nm 的次级孔隙体。这种催化层模型的难点是如何理解纳米颗粒尺度，团聚体尺度和宏观尺度上相互关联的现象的层次

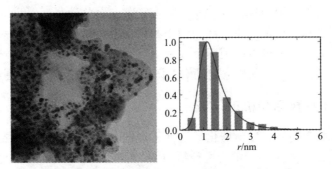

图 3.2　分散均匀的 Pt 纳米颗粒的高分辨率透射电镜照片以及高比表面积
载体材料上 Pt 纳米粒子的粒度分布

　　如何描述催化层形成的过程？在油墨制造过程中，自组装离聚物（通常为 Nafion）和胶体油墨溶液中的主要 Pt/C 颗粒导致形成了相分离的团聚形态。由半径尺寸为 5～10nm 的初级 Pt/C 颗粒组成了 R_a 为 30～100nm 的团聚体。粗粒度范围的分子动力学研究表明（Malek 等人，2007 年，2011 年），离聚物分子形成厚度为 3～10nm 的致密表层，包裹在团聚体的外表面。离聚物到团聚体的渗透取决于制造技术、离聚物浓度、碳的类型和附聚过程的动力学。通常来讲，假定离聚物分子在很大程度上渗透到团聚内孔中。Malek 等人的研究（2007 年，2011 年）表明，微观结构的形成取决于 Pt、碳和离聚物的材料性质，催化层的组成，分散介质的介电性质以及制造条件，如温度和压力。

　　用 PFSA 型离子交联聚合物浸渍多孔网络能够赋予该层较高的质子浓度和导电性。较高的质子浓度有利于提高催化层的 ORR 活性，但它不利于催化剂的稳定性。在固体 Pt/C

载体中，离聚物电解质和孔洞的互穿网络中的相互渗透保证了 Pt 表面电子、质子、反应物（H_2，甲醇，O_2 等）和产物中水的有效传输。

催化剂中离聚物和 Pt/C 催化剂的聚集过程导致了孔径呈双峰函数（PSD）分布。团聚体内部的初级 Pt/C 颗粒之间存在的孔半径 R_μ 约为 1～10nm 的孔洞为初级孔。团聚体之间孔半径 R_M 约 10～50nm 的孔洞为次级孔。由于都占据着团聚体之间的孔隙，因此次级孔体积和离聚物体积之间存在着此消彼长的关系。这种双孔隙网络的团聚和自发形成对于催化层的性能十分重要。这种团聚行为不仅与粗粒度分子动力学模拟的结果一致（Malek 等人，2007 年，2011 年），而且也与实验结果完全吻合（Soboleva 等人，2010 年，2011 年；Suzuki 等人，2011 年；Uchida 等人，1995 年）。

近年来，为了找到作为炭黑载体材料良好的替代品，测试了不同材料的性能，包括多种纳米结构碳的同素异形体和金属氧化物（Malek 等人，2007 年；Wieckowski 等人，2003 年；Zhang 等人，2010 年，2012 年）。在电化学能量存储和转换方面，人们对碳纳米管（CNTs）进行了大量的研究与开发（Lota 等人，2011 年）。在 ORR 的条件下，CNTs 具有良好的导电性与电化学稳定性，因此 CNTs 被认为是 Pt 良好的载体材料，但是到目前为止，这方面的研究仍然没有成效（Soin 等人，2010 年；Wen 等人，2008 年；Zhang 等人，2010 年）。在金属氧化物基载体材料的研究方面，人们尝试了 Nb 和 Ti 的各种氧化物（Orilalletal 等人，Sasak 等人，2008 年；Zhang 等人，2010 年，2012 年）。通常情况下，这些氧化物与碳基材料相比具有更好的电化学和热稳定性，但它们的导电性都较差。例如，未掺杂的 TiO_2，其体电导率在 0.1S·cm^{-1} 内，显著小于商业化的碳材料 Vulcan XC-72 的体电导率（4S·cm^{-1}）。

载体材料所需的电导率完全由 l_{CL} 所决定。在载体相中，局域电流的产生和传输电子的相互作用的简单数学模型，可用于估算所需的最小电导率。在 Eikerling 等人（2007 年）的讨论中，这个基础模型与评估质子传输极限和 CCLs 中反应的相互作用的模型是相同的，这个模型表明如果电子传导相的导电性符合以下要求，电子传输的效率则不会影响 CL 的性能：

$$\sigma_{el}^{min} \approx \frac{j_0 l_{CL}}{2b} \exp\left(-\frac{\Delta\eta_{max}}{b_{eff}}\right) \tag{3.1}$$

式中，$\Delta\eta_{max}$ 表示由于电子电导率的不足导致的电压损失；$b_{eff}=R_g T/(\alpha_{eff}F)$，它表示 Tafel 参数与 ORR 的有效电子传递系数 α_{eff} 的关系；j_0 是交换电流密度。例如，在 $l_{CL}=10\mu m$，$j_0=1Å·cm^{-2}$，$\alpha_{eff}=1$，$T=333K$，$\Delta\eta_{max}=1mV$ 的条件下，CL 所需的电导率为 $\sigma_{el}>0.01S·cm^{-1}$。在厚度 L 为 100nm 的超薄催化层（UTCL）中，这个边界值通常会更低，为 $\sigma_{el}>10^{-4}S·cm^{-1}$。这个模型就解释了为什么 3M 公司采用 NSTF 制造的 CLs 中，溅射沉积的 Pt 薄膜提供了足够的电导率，UTCLs 对于载体材料电导率的要求要低得多。

这些估算表明，电导率对于基材的要求是合适的，而且目前使用的碳基材料可以满足电导率需求。选择载体材料的另一个标准是其耐蚀性和孔径分布，这种性能与其厚度共同决定了 CLs 的有效界面面积与传输性能。

阳极催化层（ACL）负责燃料的氧化。在使用氢燃料 PEFC 的情况下，人们通常不太关注阳极的性能。在氢燃料电池中，由氢氧化反应（HOR）引起的过电位损失是可忽略的。在直接甲醇，乙醇或甲酸燃料电池中，ACL 则会引起电压相当大的损失，这一性质降低了电池的功率密度，并且很大程度上限制了这些燃料电池的应用范围（详见第 4 章）。在随后的阐述中，我们将关注 ORR 的 CCL。同时，所提出的大多数理论概念和建模研究可以容易地采纳和修正 ACLs。在过去的十年中，燃料电池的研究表明，在 CCL 设计没有重大飞跃的情况下，PEFC 的功率密度，耐久性和成本降低方面发生巨大飞跃是不可能的。

3.1.3 本章的概述和目标

从宏观尺度到原子尺度的 CLs 结构效应的层次结构如图 1.16 所示。研究 CLs 的主要努力方向是解决 Pt 的困境。将 PEFC 使用到的所有材料中，在 CCL 中的 Pt 对电池的性能、成本、耐久性和使用寿命影响最大。此外，在地球地壳中，Pt 为最不丰富的元素而成为一种稀有的商品。同时，在 CCL，特别是 CLs 中，Pt 的利用率很差。

本章将讨论 CL 研究的主要议题，重点关注：（ⅰ）ORR 的电催化性能；（ⅱ）多孔电极理论；（ⅲ）纳米多孔复合材料的结构和性能；（ⅳ）了解 CL 作用的研究进展。多孔电极理论是应用电化学的经典理论。它是所有电化学能量转换和存储技术的核心，例如电池、燃料电池、超级电容器、电解器和光电化学电池。将讨论多孔电极的一般概念及其渗透特性，分层多孔结构和流动现象以及它们对反应渗透深度和有效性因素是如何影响的。

关于电催化的单独章节将集中讨论阴极催化剂上的电化学过程，包括 ORR 和 Pt 的腐蚀性溶解。这两个过程中最重要的是在 Pt 表面形成氧的中间产物。ORR 在存在和通过这些中间产物的情况下进行，同时它们的形成和还原加速了 Pt 的溶解过程。因此，主要关注的是 Pt 氧化物形成以及还原的过程。鉴于以下难题，这种理解是至关重要的：催化层如何设计？反应条件如何改变以加速 ORR？如何降低 Pt 的溶解腐蚀？在如下章节中将讨论涉及深刻理解纳米多孔介质中的反应条件的可能解决方案："水填充纳米孔洞的 ORR 反应：静电效应。"

在"催化层的结构形成和有效性能"这一节中，我们将讨论 CL 浆液的自组装现象。这一现象决定了传输和电催化活性的有效性。此后，将讨论与结构、工艺和反应条件相关的参数的催化层性能模型。

在本章中，将建立电催化表面现象和多孔介质二者之间的联系。最基本的逻辑似乎很简单，一目了然。外部提供的热力学条件、操作参数和输送过程中的物质选择决定了反应条件，特别是反应物和电位的空间分布。局部反应条件又决定了催化剂表面反应的速率。这将决定在给定的电极电位下催化介质的有效反应物转化率。

在数学上，这个过程可以表示为自我一致性问题。主要的变量是金属相的电位。从属变量包括金属表面的电荷密度、电解质相中的质子浓度、氧浓度以及金属的表面氧化态。所有这些变量是空间坐标和时间的函数。这些相互关联的函数确定了表面反应中产生的界面法拉第电流。这些之间的关系取决于电极组成、多孔结构、表面结构、催化剂和载体材料的电子结构以及电解质相的性质。正如下文所描述的，电解质相本身就是一种复合材料，它由具有高质子浓度的团聚体表面处的"近离聚物"区域和具有低质子浓度的团聚体内部的"块体-水"区域所组成。

为了简化问题，将使用假设的层次结构；它们按照通用性降序排列：（ⅰ）由 Kulikovsky（2006 年）所确定，可在所有相关条件下假设等温运行；温度梯度在 MEA 和电池组水平上可能是明显的，但是它们在催化层中是很小的，即 $\Delta T < 0.5K$。（ⅱ）在大多数情况下，模型将仅限于讨论稳态反应。（ⅲ）由于电子的导电性，CL 中的金属相可以被认为是等电位的。（ⅳ）将 CL 视为一维系统就足够了；与流场通道的特征尺寸（长度和宽度）

相比，CL 的厚度非常小，这可能引起反应物和反应速率在平面内的变化。（Ⅴ）如果忽略金属表面带电对质子密度的影响，大多数离聚物浸渍的 CL 模型可以假定具有恒定的质子浓度；特殊部分，"水填充纳米孔洞的 ORR 反应：静电效应"部分只针对无离聚物的 UTCL，该假设无效。

从上述观点，将得出关于通过优化的反应条件和先进的结构设计可以得到的催化剂效率、电压效率、功率密度、水处理能力和稳定性的改进的结论。

3.2　多孔电极的理论与建模

理论和模型探讨了常规 CLs 的组成、多孔形态和厚度对性能的影响（Chan 等人，2010 年；Eikerling，2006 年；Eikerling 和 Kornyshev，1998 年；Eikerling 和 Malek，2009 年；Eikerling 等人，2004 年，2008 年；Liu 和 Eikerling，2008 年；Perry 等人，1998 年；Springer 等人，1993 年）。本节将从多孔电极理论这一模型的早期根源开始讲起。

3.2.1　多孔电极理论简史

图 3.3 为多孔电极理论和到目前为止催化层理论模型的发展。

气体扩散电极中，在开发出当前一代 PEFCs 的 CL 之前很多年就已经意识到结构效应的重要性。气体扩散电极的基本理论，包括通过多孔网络的反应物传输和在分散的电极-电解质界面处的电化学过程的相互作用可追溯到 20 世纪 40 年代和 50 年代（Frumkin，1949 年）。后续的工作确定了总表面积和电极催化剂在多孔电极中利用的重要性（Mund 和 Sturm，1975 年）。R. DeLevie 的一系列创新贡献为电化学阻抗测量在多孔电极的表征应用铺平了道路（Levie，1963 年，1967 年；Raistrick，1990 年）。De Levie 的传输线方法构成了用于研究具有分形表面的电极界面现象的基础（Halsey，1987 年；Kaplan 等人，1987 年；Pajkossy 和 Nyikos，1990 年；Sapoval，1987 年；Sapoval 等人，1988 年；Wang，1988 年）。

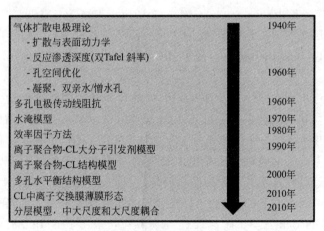

图 3.3　多孔电极理论和催化层模型的发展时间表

从 19 世纪 70 年代到 19 世纪 80 年代，Yu. A. Chizmadzhev，Yu. G. Chirkov 和他的同事们为宏观动力学或宏观同质的多孔电极理论发展做出了巨大的贡献（Chizmadzhev 等人，1971 年）。他们的研究探讨了多孔介质中的氧扩散和催化剂表面的界面动力学的相互作用。

对于氧还原电极，单位体积电化学活性表面积必须要很大，以补偿目前任何已知的氧还原催化剂真实单位表面积较小的不足。为了保证较大 S_{ECSA}，孔径 R 一定要很小，因为二者存在反比的关系，$S_{ECSA} \approx 1/R$。

另外，电化学反应的速率应该均匀地分布在电极的整个厚度上，这就需要通过扩散路径的反应物和产物具有较高传输速率。如果反应物扩散速率足够快，内部电极表面将被均匀用于电流转换，因此电流密度呈现出线性变化的关系，$j \propto j_*^0 + S_{ECSA} l_{CL}$。只有当 $l_{CL} \ll \delta_{CL}$ 的时候（δ_{CL} 为反应渗透深度），这种关系才有效。总而言之，在当时，关于优化气体传输和电化学反应的孔洞体积的必要性已经认识得十分透彻。

Tantram 和 Tseung 的研究强调了疏水性气体扩散电极微结构优化的重要性（1969年）。他们把多孔电极看成是由聚四氟乙烯（PTFE）黏结剂和分散好的 Pt 颗粒组成的混合物。疏水和亲水部分形成多孔 PTFE 和多孔催化剂聚集体组成的互联网络。团聚体和双疏水/亲水孔隙的重要性被两位作者所证明。

Giner 和 Hunter（1969年）在区分疏水介孔和亲水微孔二者的功能基础上，建立了湮没团聚模型（flooded agglomerate model）。两位作者探讨了催化剂的固有活性、内部孔隙率和实际催化剂表面积对 Teflon 黏合电极的电化学性能的影响。他们的模型最初是将电极看作是一组由均匀的催化剂和液态电解质组成的平行圆柱体。圆柱体之间是细长的、自发形成的孔隙，能够作为反应物气体扩散的通道。

Iczkowski 和 Cutlip（1980年）以及 Björnbom（1987年）等人也采用了类似的等效方法。他们的研究证明 Tafel 曲线斜率提高两倍，是质量传输和界面电化学反应动力的相互作用共同导致的结果。采用湮没团聚模型能够有效计算出不可逆的电位损失，最佳电极厚度和催化剂利用效率。此外，上述研究还证明，如果交换电流密度和传递系数固定不变，那么在催化剂和电解质的连续分布电极中，电流密度则不受扩散的影响。

目前，简单孔洞模型（Srinivasan 等人，1967年）、薄膜模型（Srinivasan 和 Hurwitz，1967年）、宏观均质模型和更加精细化的聚集模型仍然在广泛使用，并用于进一步开发 PEFCs 中由离聚物结合的复合催化层（Gloaguen 和 Durand，1997年；Jaouenetal，2002年；Karan，2007年；Kulikovsky，2002年，2010年；Sunetal，2005年）。有效因子方法作为定量比较活性层性能的工具而广泛使用（Stonehart 和 Ross，1976年）。宏观均匀电极模型被引入到 PEFCs 的模拟方法中，使 PEFCs 的理论更加完善（Bernardi 和 Verbrugge，1992年）。

尽管人们广泛认识到在 CLs 中微观结构效应的重要性，燃料电池建模中的许多早期方法，特别是在单电池和电池组水平采用 CFD 的那些方法，采取的是所谓的界面近似。这种近似将 CL 视为无内部结构的无限薄界面。在这种模型下，CL 中物质的传输和两相效应被完全忽略，唯一被考虑到的物理性质是电流转换的净速率。这种过于简单的处理方法可能会导致人们推测 PEFC 性能不佳的原因时出问题。目前，人们在 FLUENT 和 CFD Ace＋中进行燃料电池的相关研究时，CL 中的结构细节和多相流现象被引入到 CFD 模型中。

在 1986 年，Raistrick 发明了碳担载 Pt 纳米颗粒，采用了 Nafion 离聚物作为质子导体和黏合剂的第一代催化层（Raistrick，1986年）。这种新型的由离聚物结合的催化层 PEFC 中的复合效应的详细理论模型由 LANL 的 Tom Springer 及其同事们首先提出（Springer 等人，1993年）。在 Springer 的一维宏观均匀模型中，考虑了由于反应物扩散、质子迁移和在 Pt/离聚物界面处的动力学导致的电位损失。这个模型将 PEFCs 中的反应条件导致的电位损失与物质传输和反应的有效参数关联起来。理论模型和实验数据的拟合结果量化了这种由动力学过程和氧以及质子的传输引起的电位损失。

在当时，另一些研究团队也得到了相似的理论模型（Eikerling 和 Kornyshev，1998 年；Perry 等人，1998 年）。这些模型的主要特征是：（ⅰ）它将 CCLs 的整体性能与反应物的空间分布、电解质相的电位和反应速率关联起来；（ⅱ）它限定了反应渗透深度或者称为反应的活性区；（ⅲ）它证明了在性能损失最小化和催化剂利用率最大化的时候，电流密度和催化层厚度具有最佳的范围。

多孔电极的宏观均匀方法与随机复合介质的有效性质的统计，二者都是基于渗流理论的概念（Broadbent 和 Hammersley，1957 年；Isichenko，1992 年；Stauffer 和 Aharony，1994 年）。上述这些概念明显在 CL 模型研究中增强了，人们不断优化设计厚度、组成和多孔结构的能力（Eikerling 和 Kornyshev，1998 年；Eikerling 等人，2004 年）。这种基于结构模型的结论将 CCL 的性能与 Pt，C，离聚物和孔的容积量相关联起来。渗透方法的基础是只有当催化剂粒子同时接触到渗透的 C/Pt、电解相和电解质簇的时候，它才能够参与反应。最初，人们假定电解质相仅由离聚物组成。然而，为了正确描述局部的反应条件和反应分布，就必须要将被水填充的孔洞和离聚物相看作是质子传输的介质。

3.2.2　误解与存在争议的问题

尽管多孔电极理论的研究已经有很长时间，并且最近基于结构的离聚物结合的 CLs 有了很大的进展，关于 PEFC 中的模型仍然存在很多误解和有争议的问题。首先，在很长时间里，人们一直不清楚究竟是 Pt-气、Pt-水、Pt-离聚物中的哪个界面存在最为广泛，并且对电化学电流影响最大。Pt-液界面与提供质子的网络结构是非关联的，并且被认为是没有相互反应的。CCL 中的水以液体形式产生。然而，过去的许多模型方法包括一个误导的假设，即水蒸气是由水产生的。同时，水管理的最重要问题是如何防止冷凝。

Pt-离聚物和 Pt-水界面对电催化反应的相对贡献取决于相分离、多孔形态和孔的润湿性能。相对于 Pt-离聚物界面，更多的亲水性微孔将增加 Pt-水界面的贡献（Eikerling，2006 年；Liu 和 Eikerling，2008 年）。

具有电催化活性的催化剂表面，其性质与 Pt/C 的聚集程度和这些 Pt/C 聚集体与致密离聚物之间的自发相分离程度有关。人们对如何理解 CL 浆液中这些中等尺度自组装现象的兴趣促进了最近分子动力学的研究。实际上，团聚体是难以判定和表征的。支持团聚体存在的大量数据都是基于 TEM 显微照片和测定出的孔隙率（Uchida 等人，1995 年；Xie 等人，2004 年，2005 年）。

人们对于团聚体的尺寸与组成持续争论了很久。在这些研究中，离聚物的结构和分布以及离聚物同 C/Pt 之间的相互作用是至关重要的。比较常见的是如下几种假设：（ⅰ）团聚体是离聚物和 Pt/C 颗粒的均匀混合物；（ⅱ）很薄的均匀离聚物膜（表层）包覆在 C/Pt 的团聚体的表面；（ⅲ）C/Pt 和离聚物是不相关的渗滤相。实际上，许多关于聚集体的理论模型都遵循第一种假设，即通过所谓的三元模型描述聚集体的性质（Perry 等人，1998 年；Thiele，1939 年）。它需要通过固有的质子传导介质均匀地渗透进入到聚集体的孔洞中。离聚物原纤维可以渗透到 Pt/C 聚集体的纳米尺寸的孔中，并形成嵌入的质子导电相。然而，考虑到孔洞的尺寸，这似乎是不可能的。其他两种假设的相似之处在于，较薄的离聚物是在聚集体表面形成图层还是与聚集体分离，取决于碳和离聚物之间的黏合力的类型和强度。

目前，研究的热点开始慢慢向双峰多孔形态的作用、不同相之间的润湿性和孔中的水聚集状态转移。Pt/C 聚集体内部的大部分孔洞，其半径在 4～10nm 区间，这有利于提高沉积 Pt 的表面积。这些孔洞之间充满水以使 Pt 的表面积最大化。因此，这些孔洞最好是亲水性的。半径为 10～50nm 的团聚体之间的次生孔对于反应物的气体输送是至关重要的。这些孔洞应该是输水的。正如 Eikerling（2006 年）与 Liu 和 Eikerling（2008 年）所强调的，了解组成、多孔结构、内表面的润湿性能和反应条件之间的相互影响对于确定 CCL 和 MEA 中水的分布、通量和相变速率至关重要。

对于 CCL，增加电流密度时从部分饱和状态到完全饱和状态的转变是由孔洞的润湿现象所决定的。这种转变伴随着燃料电池电压的显著下降（Eikerling，2006 年；Liu 和 Eikerling，2008 年）。在这种情况下，频繁在 PEFCs 极化曲线中观察到的电流被限制的现象，通常是由于 CCL 被水完全充满造成的。然而，完全饱和的 CCL 却不产生限制电流行为。完全被水浸没的 CCL 氧扩散系数 D_Π^0，与部分饱和的 CCL 相比，减小了大约两个数量级。在第 1 章中我们介绍了反应的渗透深度（$\delta_{CL} \propto D_\Pi^0$）和有效交换电流密度（$j_{eff}^0 \propto \sqrt{D_\Pi^0}$）则随之而降低。同时，极化曲线将向下偏移约 100～200mV，具体数值取决于有效 Tafel 的斜率。只有当其具有非常差的质子传导性（$\ll 0.01S \cdot cm^{-1}$）时，CCL 被水浸没会导致燃料电池的电位显著降低。这是由于在非活性 CCL 区域具有较高的欧姆损失造成的。在稳态极化曲线中，从 CCL 反应的部分饱和状态到完全饱和状态的过渡区域会表现出双稳态行为。双稳态是指在一个给定的电流密度值时会出现两个电位响应，这两个电位分别对应于部分饱和和饱和这两个状态。这种非线性现象在反应条件的选择中起重要作用，因此在系统性改进 CCL 的结构和性能时应充分考虑到这一效应。

3.3 如何评估 CCL 的结构设计？

评估 CCL 的性能需要定义理想的电催化剂性能的许多参数，同时还需要允许与理想行为的偏差被合理化和量化。只有当单位体积 Pt 的总表面积 S_{tot} 完全充分反应，同时在催化剂表面附近的反应平面（或亥姆霍兹层）处的反应，在整个平面内是均匀分布的时候，才是理想的电催化反应。这时催化剂表面的每个部分都具有相同的活性。催化剂原子的利用不充分，或由于传输能力不足导致，在反应平面内反应物和反应速率分布不均匀都会导致电催化反应偏离理想状态。本节将介绍影响 Pt 利用率的因素，并解决从原子到宏观尺度不同层次的结构效应，这一点非常有价值。

3.3.1 粒子半径分布的统计结果

CCL 中催化剂的总量等效成 Pt 的担载量 m_{Pt}，以每单位电极或 MEA 的单位表观（外部）表面积 Pt 的质量计算，单位为 $mg \cdot cm^{-2}$。分散的催化剂纳米颗粒的主要结构特征是颗粒半径分布（PRD）函数，$f(r_{Pt})$。实际上，$f(r_{Pt})$ 可以从高分辨率 TEM 照片中观察到或者通过 XRD 的结果计算得出。函数 $f(r_{Pt})$ 是考察 CL 性能退化的主要参数。假定粒子为球形，可以通过 $f(r_{Pt})$ 计算出平均粒子半径 $\bar{r}_{Pt}$，催化剂总表面积 S_{tot} 以及 Pt 担载量 m_{Pt}：

$$\bar{r}_{Pt} = \frac{\int_0^\infty r_{Pt} f(r_{Pt} dr_{Pt}) dr_{Pt}}{\int_0^\infty f(r_{Pt} dr_{Pt}) dr_{Pt}} \tag{3.2}$$

$$S_{tot} = 4\pi \int_0^\infty r_{Pt}^2 f(r_{Pt} dr_{Pt}) dr_{Pt} \tag{3.3}$$

$$m_{Pt} = l_{CL} \frac{4\pi}{3} \rho_{Pt} \int_0^\infty r_{Pt}^3 f(r_{Pt} dr_{Pt}) dr_{Pt} \tag{3.4}$$

在性能退化的情况下，加入时间变量，函数 $f(r_{Pt})$ 可以计算出不同时刻下的 $\bar{r}_{Pt}$，S_{tot} 和 m_{Pt}。

3.3.2 Pt 利用率的实验评估方法

Eikerling 等人（2008 年）和 Xia 等人（2008 年）研究了关于 Pt 利用率和有效性的影响因素。在此之前，催化剂效率的定义一直模糊不清，因此文献中报道的计算值也千差万别。改进催化层的结构设计，可以提升燃料电池的性能。然而提升的数值则很难被统计出来。毫无疑问，准确区分和确定催化剂利用率和有效性因素对于催化层性能的判断有着重要的影响。

Pt 的利用率是 CCL 的统计学特征，它可以通过非原位的电化学研究所表征。其定义为电子和溶剂化质子可达到的电催化活性表面积与 Pt 的总表面积的比率：

$$\Gamma_{stat} = \frac{S_{ECSA}}{S_{tot}} \tag{3.5}$$

该公式涵盖了不同条件下表面积利用率因数 Γ_{stat}，特别是在催化剂粉体和反应 PEFCs 的 MEA 中。催化剂中电催化活性表面积可以通过在 H_2SO_4 溶液中的薄膜旋转盘电极（TF-RDE）伏安法测量的 H-吸附或 CO-剥离波形所确定（Easton 和 Pickup，2005 年；Schmidt 等人，1998 年；Shan 和 Pickup，2000 年）。基于粒子是球体的假设，S_{tot} 可以通过 XRD 谱图计算或 HR-TEM 观察得到 Pt 粒子的平均粒径，进而通过公式 $4\pi\bar{r}_{Pt}^2$ 计算出 Pt 总表面积（Easton 和 Pickup，2005 年，Shan 和 Pickup，2000 年）。对于碳担载的 Pt 粉体颗粒，Easton 和 Pickup（2005 年）文献中报道的 Γ_{stat} 数值是 109%；Shan 和 Pickup（2000 年）文献中报道 Γ_{stat} 的数值是 125%；Schmidt 等人（1998 年）报道的数值是 100%。值大于 100% 是由于背景电流对总测量电荷的影响造成的（例如，包括 H_2 的生成形成的电流）。

研究催化剂粉体中 Pt 的利用率，其目的是评估 C 与 Pt 之间的电子传递，并且使 Pt 纳米粒子离子化程度最大化。Pt 利用率达到 100%，意味着所有 Pt 纳米颗粒都连接到电子传输网络中来，同时全部 Pt 表面可以接触到质子。如果可以忽略表面被碳覆盖的这一小部分 Pt 粒子，浸没在液态电解质中碳担载 Pt 催化剂的利用率则可以接近 100%。文献中报道，对于 PEDOT/聚（苯乙烯-4-磺酸）担载的 Pt 纳米粒子，其利用率为 43%~62%。

采用驱动单元模式（driven-cell mode）的循环伏安曲线（CV），可以从 H 吸附曲线下的电荷量估算反应的 MEA 的 CCL 中 Γ_{stat} 的数值（Schmidt 等人，1998 年）。例如，为了保证阴极表面 Pt 的性能，采用加湿的氮气对单电池的阴极腔进行吹扫。与此同时，作为参比电极，单电池的阳极腔也应采用加湿的氮气进行吹扫。一些文献中报道，S_{tot} 可以由平均粒径计算，此时阴极中 Pt 的利用率分别为 34%（Dhathathreyan 等人，1999 年），45%（Cheng，1999 年），52%（Sasikumar，2004 年）或 55%~76%（Li 和 Pickup，2004 年）。

前文中也曾提到，S_{tot} 也可以通过 TF-RDE 的方法进行计算，Schmidt 等人（1998 年）的文献报道的 Pt 利用率为 86%～87%，而 Gasteiger 和 Yan（1998 年）的估算值则为 90%（2004 年）。与催化剂粉体中 Pt 的利用率相比，完全功能化的 MEA 的 CL 中，被以下两种效应降低，从而会降低 Pt 的利用率：（ⅰ）一部分纳米 Pt 粒子被离聚物所包覆，因此造成了电子的传导效率降低；（ⅱ）一部分 Pt 粒子既不被离聚物电解质所包覆也不被液态水所润湿，此时 Pt 粒子无法连接到质子传递的网络中。

上述讨论中，揭示了利用实验的方法估算 Γ_{stat} 时，较大的不确定性产生的原因。氢吸附时转移的总电荷可能会影响到未润湿的催化剂表面，这一区域在 PEFC 的反应中将没有活性，或者包含了催化惰性基体表面的溢出效应（Zhdanov 和 Kasemo，1997 年）。总而言之，通过 H 吸附和 CO 分离的方法得到的表面积与反应中燃料电池中的有效面积可能存在差异。此外，计算 Γ_{stat} 值的时候如果不考虑不均匀的反应速率分布，会导致在稳态的燃料电池反应中，反应物的传输和消耗无法满足反应速率的要求。

3.3.3　催化活性

为了描述催化材料的活性，人们定义了各种参数。许多实际研究着眼于 PEFC 运行条件下催化剂材料的性能，考察在某个特定阴极电位下测量的电流密度值。

评价催化材料的基本参数中，最重要的是比交换电流密度 j_*^0。根据其定义，被归一化为单位催化剂的表面积。这个参数是电催化领域中许多研究的基本目标，其研究实例不胜枚举（Adzic 等人，2007 年；Debe，2013 年；Gasteiger 和 Markovic，2009 年；Kinoshita，1992 年；Paulu 等人，2002 年；Stamenkovic 等人，2007 年；Tarasevich 等人，1983 年；Zhang 等人，2005 年，2008 年）。

大量的实验研究探讨了催化剂纳米颗粒的尺寸和形状以及载体材料的性质对 j_*^0 的影响（Wieckowski 等人，2003 年）。然而，由于颗粒尺寸影响其表面的电子分布和几何性质，因此难以建立粒径和活性之间的对应关系。采用 j_*^0 对催化剂性能进行评价的好处是，它可以从可重复条件下进行的外推的 Tafel 分析中获得。不同电极电位下，反应路径也会随之改变。因此，一定要在给定的电极电位下测量 j_*^0。

对于给定的单位表观（外部）电极表面积，多孔复合 CL 的有效交换电流密度是 CL 中关键的物理参数，$j^0 = j_*^0 S_{ECSA} l_{CL} = j_*^0 S_{tot} l_{CL} \Gamma_{stat}$。这个公式揭示了提高 j^0 值的两个主要途径：提高催化材料的本征交换电流密度 j_*^0，或者优化 CL 的结构设计，增大 S_{ECSA} 和 l_{CL}。

对于具有平均粒径尺寸 $\bar{r}_{Pt}$ 的单分散 PRD，有如下关系：$m_{Pt} = \frac{1}{3} S_{tot} l_{CL} \rho_{Pt} \bar{r}_{Pt}$。其中 ρ_{Pt} 是 Pt 的质量密度。

因此，该公式还可以写成：

$$j^0 = j_*^0 \frac{3 m_{Pt}}{\rho_{Pt} r_{Pt}} \Gamma_{stat} \tag{3.6}$$

这个公式也可以改写为：

$$j^0 = j_*^0 \frac{m_{Pt} N_A}{M_{Pt} v_{Pt}} \Gamma_{np} \Gamma_{stat} \tag{3.7}$$

式中，M_{Pt} 是 Pt 的原子质量，是催化剂每单位表面积的 Pt 原子数。因数是催化剂纳米颗粒的表面积与体积原子比。在 PRD 平均范围内，这是一个恒定的几何参数，它表示纳米尺度的催化剂的利用率。等式（3.7）右侧的分数是理想催化剂表面积与电极的实际几何表面积的比率。最为理想的催化剂表面是所有的催化剂原子都按照单原子层的形式进行铺展。对于 Pt 原子，Pt（111）晶面是其最密堆排列的方式，此时 $a_{Pt}=3.92$Å。假定所有催化剂表面的 Pt 原子都按照这种方式进行排列，此时：

$$j^0 \approx j^0_* 2060 [m_{Pt}] \Gamma_{np} \Gamma_{stat} \tag{3.8}$$

其中，Pt 担载量是标准为 $1mg \cdot cm^{-2}$ 的无因次数。

参数 j^0_*，v_{Pt} 和 Γ_{np} 由催化剂纳米粒子的尺寸、形状和微观表面结构所决定。式（3.8）中提出的公式是一种近似解。只有当 PRD 是完全单分散或者说一定尺寸和形状纳米颗粒的数量占绝对优势的时候，这种估算催化剂利用率的近似解才是有效的。

3.3.4　基于原子的 Pt 纳米粒子利用率因子

图 3.4（a）为尺寸＜2mm、具有不同晶型的 Pt 纳米粒子多面体（Burda 等人，2005年；Frenkel 等人，2001 年；Narayanan 和 El-Sayed，2008 年；Narayanan 等人，2008 年；Rioux 等人，2006 年；Wang 等人，2009 年）。公式（3.7）中介绍了对于较大的球形粒子，表面原子占比 $\Gamma_{np}=N_S/N$，其中 N_S 为表面原子数，N 为总原子数。其期望值与 $N^{-1/3}$ 成正比。对于图 3.4（a）中展示的，总原子数 $N<200$ 的粒子，Γ_{np} 可以表示为：

$$\Gamma_{np} = A + a N^{-\frac{1}{3}} \tag{3.9}$$

不同晶型的 Γ_{np} 计算结果如图 3.4（b）所示。系数 a 和 A 由不同形状的粒子所决定。对于由四个 Pt（111）晶面组成的四面体结构，具有最大的 Γ_{np} 值。对于每个给定原子数的催化剂粒子，四面体和立方八面体分别对应 Γ_{np} 的最大值与最小值，其差值大约为 15%～20%。一般来说，纳米粒子中非球形颗粒的比例越大，那么其 Γ_{np} 值也越大。

图 3.4 中所示的不同 Γ_{np} 值，揭示了形状控制可能是影响 Pt 纳米颗粒催化活性的重要手段（Wang 等人，2009 年）。然而，对于 Γ_{np} 较高的小、非球形纳米粒子，其表面通常具有较大的欠配位的角和较多的边缘原子。这些边缘的原子在热力学上很不稳定，电化学活性较高，因此这就意味着这些原子在反应中更加容易溶解。此外，ORR 的活性受颗粒形状影响。在边缘和角落位点的低配位表面原子具有最高的氧吸附能，这是 ORR 活性的重要特征。对于 Pt 催化剂，氧吸附能增加会使催化剂 ORR 反应活性降低。

通过式（3.6）和式（3.7），可以得到 Γ_{np} 值的近似方程：

$$\Gamma_{np} \approx \frac{3m_{Pt}v_{Pt}}{\rho_{Pt}N_A} \frac{1}{\bar{r}_{Pt}} \approx \frac{\sqrt{3}\,\bar{a}_{Pt}}{\bar{r}_{Pt}} \tag{3.10}$$

式中，$\rho_{Pt} \approx 4m_{Pt_{atom}}/(a^b_{Pt})^3$，$v_{Pt}=4/\sqrt{3}(a^S_{Pt})^2$。$a^b_{Pt}$ 与 a^S_{Pt} 分别表示粒子整体与表面的有效晶格常数，并且 $\bar{a}_{Pt}=(a^b_{Pt})^3/(a^S_{Pt})^2$。对于直径＜3nm 的粒子，其 Γ_{np} 值＞50%。

3.3.5　统计利用率因子

式（3.6）中 Γ_{stat} 的物理意义是什么？统计利用率因子 Γ_{stat} 代表了被电解质润湿并且可以参与 ORR 反应的催化剂质子的表面所占的比例。它对与 "Pt 利用率的实验评估" 这一章中介绍的利用率因子相对应。

在最初 Eikerling 和 Kornyshev 提出的基于结构的 CCL 模型中（Eikerling 和 Kornyshev，1998 年；Eikerling 等人，2004 年，2007 年），Γ_{stat} 是基于随机三相复合介质

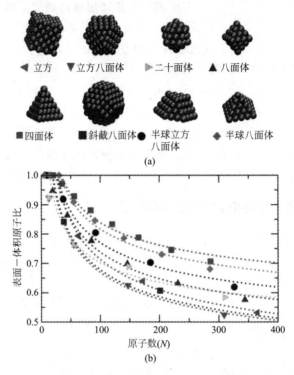

图 3.4　(a) 尺寸＜2mm，具有不同晶型的 Pt 纳米粒子多面体；(b)(a) 中所示的不同
颗粒形状，每个颗粒的表面原子数占比 Γ_{np} 的计算结果

中活性键的理论推导而得出的。

在"渗滤理论在催化层性能中的应用"一节中我们会讨论到，Γ_{stat} 对应于处于或接近 Pt/C 相（体积分数为 X_{PtC}）、离聚物相（X_{el}）和孔洞相（$X_P=1-X_{PtC}-X_{el}$），这三相界面的 Pt 颗粒的统计分布。

在现实的 CCL 结构中，采用"渗透理论"（percolation laws）来对 Γ_{stat} 进行量化时，两个关键的假设具有一定的争议，这在 CL 结构的更详细知识的基础上则显得不够充分。第一个假设是 ORR 所需的质子仅在离聚物相内部可用。第二个假设是氧的扩散仅发生在气相中，而水、离聚物和 Pt/C 等凝结相对于氧是不可渗透的。

对于第一个假设，电解质相必须被看作是混合相，这个混合相是由 Pt/C 团聚体表面的离聚物和不含离聚物的团聚体内孔中的水组成的薄膜结构。质子的密度在离聚物膜中最高（pH≈1，或更低），同时它比被水填充的孔洞中低得多（pH＞3）。然而，在统计利用率因子 Γ_{stat} 中不包含质子密度分布，质子密度分布只包含在附聚效应因子中，这一点将在"CCL 分级模型"这一节中进行讨论。

在第二个假设中，直接进入气孔网络不是保持 Pt 表面活性的必要条件。氧在水和离聚物的凝聚相中的渗透性较低，这会导致由电解质包覆的 Pt 粒子表面很难接触到氧。这也是反应速率分布不均匀的问题，这一点也会在"CCL 分级模型"这一节中进行讨论。在这一节中，我们将提出一个二维尺度上的性能模型。在该模型下，团聚体和宏观两个尺度上，氧和质子的传输和分布将耦合起来。

简单来说，统计利用率因子 Γ_{stat} 代表了被电解质和水覆盖的催化剂表面所占的比例。

3.3.6　非均匀反应速率分布：效率因子

认识到电极设计的最终优化目标既不是 Pt 利用也不是内在活性非常重要。催化层设计的两个优化函数是单位电极体积的净反应活性（交换电流密度）和 Pt 利用的有效因子。有效因子代表了统计效应和不均匀的反应速率分布。不均匀的反应速率分布则是由在燃料电池反应中有限的电流密度下的质量传递不均匀的现象造成的。在简单的一维电极理论中，当氧的扩散缓慢并且质子的传输速率较低的时候，j^0 决定了反应渗透的深度 δ_{CL}。反应速率是否均匀分布的判据是任何传输现象的反应渗透深度大于 CL 的厚度，即 $\delta_{CL} > l_{CL}$。这就意味着催化层的厚度必须要很好地适应介质的输送性质（Chan 等人，2010 年；Eikerling，2006 年；Eikerling 和 Kornyshev，1998 年；Eikerling 和 Malek，2009 年；Eikerling 等人，2004 年，2008 年）。

结构和反应过程对 CL 的稳态性能影响的 1D 模型至少需要两个反应参数来确定：交换电流密度 j^0 和反应渗透深度 δ_{CL}。这两个参数都是催化层结构和反应条件的函数。忽略进一步使问题复杂化的参数，例如，与液态水平衡相关的问题，这两个参数可以唯一确定 CCL 的电位损失。从而可以进一步计算出电压效率、能量密度、功率密度和在给定电流密度和担载量下催化剂的利用率。

交换电流密度 j^0 是在"催化活性"这一部分中定义的材料的静态属性。反应渗透深度 δ_{CL} 是由催化层的传输性质和局部电催化活性的相互作用确定的稳态性质，并体现在 j^0 中。j^0 和 δ_{CL} 共同决定了催化剂利用的总有效性。为了进一步说明问题，下面将讨论氧扩散严重受到限制这种较为简单的场景。

CL 的 Pt 利用的总有效性因子，包括传输效应，可以定义为：

$$\Gamma_{CL} = \Gamma_{np} \Gamma_{stat} \frac{j_0}{j_0^{id}} \tag{3.11}$$

其中，Γ_{np} 和 Γ_{stat} 的物理意义已经在上文中给出。j_0/j_0^{id} 的比值可以从求解反应问题中入手。实际电流密度 j_0 会受到传输现象的影响。如果忽略所有的传输现象，将得到理论电流密度 j_0^{id}。它实际上代表了传输速率无穷大，反应完全均匀分布时的反应速率。

在"CCL 分级模型"这一节中，将会提出一个分层反应的模型。它在团聚体的介观尺度和催化层的宏观尺度上耦合了质子和氧传输的多个效应。在一般情况下，CL 的效率因子可以定义为：

$$\Gamma_{CL} = \Gamma_{np} \Gamma_{stat} \bar{\Gamma}_{agg} \tag{3.12}$$

团聚体的平均效率因子 $\bar{\Gamma}_{agg}$ 可以通过整个 CCL 厚度方向局部有效因子 $\Gamma_{agg}(z)$ 的加权平均值计算得到：

$$\bar{\Gamma}_{agg} = \frac{1}{l_{CL}} \int_0^{l_{CL}} \Gamma_{agg}(z) \mathrm{d}z \tag{3.13}$$

对于 j_*^0 和 Γ_{CL} 的讨论表明，如果想要优化催化层的结构与性能，应该从以下三个方面着手：①纳米粒子电催化剂（影响 j_*^0 和 Γ_{np}）；②催化剂的统计利用率（Γ_{stat}）；③复合介质中的混合传输过程（$\bar{\Gamma}_{agg}$）。这三个方面包括动力学和传输过程的不同层次，并跨越了多个尺寸范围。

3.3.7 氧消耗过程中的效率因子：一个简单的例子

对于氧传输严重受限并且质子传输完全理想的情况下，有如下关系：

$$\Gamma_{CL} = \Gamma_{np}\Gamma_{stat}\Gamma_{\delta} \tag{3.14}$$

扩散情况的详细讨论将在第 4 章的"理想情况下的质子转移过程"一节中体现。在氧缺乏的条件下，可以得出 Γ_{δ} 的直接表达式。如果假定质子传输限制可以忽略，同时氧只在厚度 $\delta_{CL} \ll l_{CL}$ 的薄层中发生反应，那么在这种条件下，可以得到控制氧分压 $p(x)$ 和质子电流密度 $j(x)$ 分布的一组传输方程：

$$\frac{dj}{dx} = -j^0 \frac{p(x)}{p_L}\exp\left(-\frac{\eta_0}{b_c}\right) \tag{3.15}$$

$$\frac{dp}{dx} = \frac{j_0 - j_p(x)}{4fD^0} \tag{3.16}$$

这里，$f = \frac{F}{R_gT}$；p_L 是 $x = l_{CL}$ 处的氧分压；η_0 为 CCL 的过电位；D^0 为氧的扩散系数；$b_c = \frac{R_gT}{a_cF}$，表示 ORR 的有效 Tafel 斜率（详见"解密 ORR 反应"一节）。在"具有常量属性的宏观模型"一节中讨论到，这些方程表示定义大宏观模型的一般方程组的子集。其具体的条件假设为：组成和传输参数固定不变；在恒定的电解质电位下，理想的质子传输速率；氧的传输严重受到抑制。

取式（3.16）的一阶导数并将式（3.15）插入其中，可以得到二阶常微分方程：

$$\frac{d^2p}{dx^2} = \frac{1}{\delta_{CL}^2}p(x) \tag{3.17}$$

在这种条件下，定义的反应渗透深度为：

$$\delta_{CL} = \sqrt{\frac{4fD^0P_1}{j^0}\exp\left(\frac{\eta_0}{2b_c}\right)} \tag{3.18}$$

当边界条件为 $p(x=l_{CL})=P_1$，并且 $\left.\frac{dp}{dx}\right|_{x=0}=0$ 时，式（3.17）的代数解为：

$$p(x) = p_L\exp\left[-\frac{l_{CL}}{\delta_{CL}}\left(1-\frac{x}{l_{CL}}\right)\right] \tag{3.19}$$

并且：

$$j(x) = I\frac{l_{CL}}{\delta_{CL}}\left\{1-\exp\left[-\frac{l_{CL}}{\delta_{CL}}\left(1-\frac{x}{l_{CL}}\right)\right]\right\} \tag{3.20}$$

其中：

$$I = \frac{4fD^0P_1}{l_{CL}} \tag{3.21}$$

燃料电池电流密度和过电位有如下关系：

$$j_0 = \sqrt{Ij^0}\exp\left(-\frac{\eta_0}{2b_c}\right)\left\{1-\exp\left[-\sqrt{\frac{j^0}{I}}\exp\left(\frac{\eta_0}{2b_c}\right)\right]\right\} \tag{3.22}$$

Γ_{δ} 的表达式为：

$$\Gamma_{\delta} = \frac{\delta_{CL}}{l_{CL}}\left[1-\exp\left(-\frac{l_{CL}}{\delta_{CL}}\right)\right] \tag{3.23}$$

在此条件下，Γ_δ 可以表示为一个的简单的 η_0 解析函数：

$$\Gamma_\delta = \sqrt{\frac{I}{j^0}} \exp\left(\frac{\eta_0}{2b_c}\right)\left\{1 - \exp\left[-\sqrt{\frac{j^0}{I}}\exp\left(\frac{\eta_0}{2b_c}\right)\right]\right\} \tag{3.24}$$

还有一个很有用的关系：

$$\delta_{CL} = l_{CL}\frac{1}{j^0} = \frac{4fD^0 P_1}{j^0} \tag{3.25}$$

由此，立即就可以看出无效的氧扩散对反应穿透深度的影响。总体有效性因子为：

$$\Gamma_{cl} = \Gamma_{np}\Gamma_{stat}\frac{\delta_{CL}}{l_{CL}}\left\{1 - \exp\left(-\frac{l_{CL}}{\delta_{CL}}\right)\right\} \tag{3.26}$$

简单计算可以得出，对于 D^0 为 $10^{-5}\,\mathrm{cm^2 \cdot S^{-1}}$ 数量级的这种设计较差的 CCL，当 $j_0 = 1\mathrm{A \cdot cm^{-1}}$ 时，Γ_δ 为 0.1 这个数量级。式（3.26）强调了以 $\delta_{CL} \geqslant l_{CL}$ 这种方式调节 CL 中氧输送的厚度和有效性质的重要性。该分析可用于优化质子和静电势均匀分布时 CL 的设计。

3.4　理论和模型中的最高水平：多尺度耦合

催化层建模的目的是建立制备过程与条件，微观结构，传输和反应的有效性以及催化性能这几者之间的关系（Eikerling 等人，2007 年）。前文部分主要阐明了催化层的结构和功能在较宽范围尺度上的演变规律。然而，CLs 结构与性能的模型却是一个多尺度上的问题。

对于 CL 反应的理论和建模的不断挑战，可以使问题变得清楚而理性化；同时，如果主要结构效应发生在完全分开的、相差一个或两个以上数量级的不同尺度上，则可以相应地简化物理-数学计算中的难度。主要的尺度分别对应于催化剂纳米粒子（$r_{Pt} \approx 2\mathrm{nm}$），Pt 和碳组成的团聚体（$R_a \approx 100\mathrm{nm}$）和宏观尺度（$l_{CL} \approx 10\mu\mathrm{m}$），在这种尺度上，CL 可以被认为是有效的均匀介质。

在纳米尺度上，交换电流密度 j_*^0 除了对 Pt 纳米颗粒的尺寸、表面结构和表面电子结构较为敏感之外，还对载体材料的电化学性质较为敏感（Boudart，1996 年；Eikerling 等人，2003 年；Housmans 等人，2006 年；Maillard 等人，2004 年）。更好地理解催化剂粒度和活性之间的关系以及它们的影响对于高性能催化剂的设计十分重要（Cherstiouk 等人，2003 年；Maillard 等人，2007 年，2005 年）。显而易见，粒子尺度减小会提高催化剂的利用率因子 Γ_{np}。由于颗粒的尺寸对其表面的电子和几何性质有显著的影响，因此粒子尺寸与催化活性之间的关系是非单调的（Hansen 等人，1990 年；Wang 等人，2009 年）。分子吸附、表面扩散、电荷转移和脱附等基本的表面过程之间的复杂相互作用共同决定了表面反应的净速率。

对于载体材料纳米粒子稳态构型及其表面基本现象的研究，要依靠 DFT 计算和基于蒙特卡罗模拟以及平均场方法的动力学建模（Andreaus 和 Eikerling，2007 年；Andreaus 等人，2006 年）。由于电催化中结构效应具有非常复杂的性质，在结构和反应活性关系的研究中，只有少数的理论研究结果是系统性并且合理的。其中，最重要的贡献是 Hammer 和 Norskov 提出的 d-带（d-band）模型（Hammer 和 Norskov，1995 年；Hammer 和 Nørskov，2000 年）。该模型将过渡金属表面上的吸附物质的化学吸附能量的变化趋势与

d-带中心的位置关联起来，这是第一次从费米能级出发来计算状态密度（the density of states）。各种类型 Pt_3M（M＝Ni，Co，Fe 和 Ti）多晶合金薄膜的系统性 DFT 计算和实验研究已经证明了 d-带中心的位置，氧的化学吸附能和 ORR 的电极活性之间关系与模型的预测完全一致（Stamenkovic 等人，2006 年）。d-带模型的成功，推动了将基于 DFT 的组合筛选方案应用于高活性电催化剂材料设计的研究（Greeley 等人，2006 年）。

一般来说，从 DFT 计算获得的结果不能直接应用于催化材料的设计。在电催化剂中，可以直接应用 DFT 的计算结果来研究具有单晶表面结构的催化剂体系上的基本表面过程。而对于不同材料担载纳米颗粒的实际催化剂体系，直接应用 DFT 的计算结果则会出现很多问题（Gross，2006 年；Kolb 等人，2000 年）。担载的催化剂纳米颗粒通常由数百个原子组成，因此它是一种更加庞大的体系。它们表现出不规则的表面结构，在表面上具有不同的晶面，同时低配位的表面位点、边缘、角或缺陷原子在其中具有显著的比例。此外，还要考虑到载体材料的影响。近期采用 DFT 计算的研究主要集中于小金属纳米团簇的形貌和电催化性能（Song，2005 年；Xiao 和 Wang，2004 年）。Roudgar 和 Groß（2004 年）的计算结果表明，担载于 Au（111）晶面上会对 Pd 粒子的化学性质有十分显著的影响。这一类研究采用热力学和动力学上结合能较低的配位原子或分子（如 OH_{ad}，Co_{ad} 或 H_{ad}）对催化剂电子结构造成的影响来评价催化剂的电子结构效应。

在宏观尺度上，不同分子组成之间的相互作用控制着分子组分的自组装，这会导致 CL 在制备期间发生随机的相分离现象（Malek 等人，2007 年，2011 年）。中等尺度模拟可以描绘出异质材料的形态并使其实际的性能更加合理化，而避免原子尺度模拟中空间和时间尺度带来的限制。最近引入的大颗粒的计算方法可以对 CL 制备期间的关键因素进行评估。这是一种理解团聚体内/外表面的结构与性质的有效方法，包括孔径尺寸、内部孔隙率以及润湿角等。它有助于解释离聚物是否能够渗透到团聚体内部的初级孔中（Fernandez 等人，2005 年）。此外，通过考察 Pt/C 聚集体尺寸控制、离聚物的范围以及由此产生的孔隙拓扑网络等性能，可以评估具有不同介电性质的分散介质。该方法可以得到在团聚体内的被水填充的孔洞内表面，团聚体的表面以及在与润湿的离聚物界面处的被浸润的 Pt 总电催化活性表面积。

如果把多孔催化层看作是一种随机的、非均匀的纳米多孔介质，那么其宏观性质应当定义为其相应微观性质的加权平均值，例如扩散速率以及反应速率等（Sahimi 等人，1990 年）。这种加权平均值应当通过各种组分的表征单元体积（REVs）来计算，与微观结构组成（孔洞、粒子）相比，这个尺度要更大。但是，与系统尺度相比，他们就显得小多了。采用随机非均质理论的概念，可以将复合催化层的微观形态与表征传输和反应的有效性质关联起来（Torquato，2002 年）。

最后，我们来讨论在宏观设备级的稳定反应所需的条件。所涉及的物质的平衡方程，即电子、质子、反应气体和水，可以在基本守恒定律的基础上建立起来。CL 反应的宏观模型一般通过电化学电流转换方程建立起来，例如，采用 Butler-Volmer 方程，或者在更加基础的层面上，界面处水的相变（汽化或凝结），可以通过过渡状态理论以及物质传输所需的条件，即传导介质中的电子/质子的迁移，水填充的孔中溶解的氧和质子的扩散以及气体填充的孔中的氧和蒸气的扩散等。

图 3.5 为催化层反应物理建模的两个步骤。第一步涉及催化层结构的物理性质，将其作为一种有效的研究媒介。第二步将这些有效的性质与电化学性能关联起来。液态水的形

成使得结构与性能的关系变得更加复杂，并对催化层的物理性质和宏观性能有着明显的影响。这个模型的提出，使催化层的结构、物理性质与宏观性能联系起来。通过这样的联系，可以预测催化材料的组成和反应条件。因此这种方法可以用来优化催化层和燃料电池的反应条件。

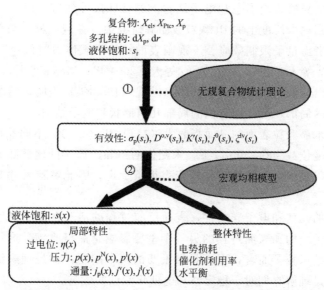

图 3.5　基于结构的催化层建模的一般框架。第一步①采用随机复合介质的统计理论使结构和组成的主要参数与物理化学性质关联起来。第二步②将这些性质与宏观性能相关联。这个模型既可以得到局部的性能，也可以得到燃料电池的整体性能指标

3.5　燃料电池催化剂的纳米尺度现象

3.5.1　粒子尺寸效应

过渡金属纳米粒子的电、磁、光学和催化性能与其块体材料完全不同。无论是基础研究还是为了能够在电池产品中得到应用，人们对纳米颗粒的尺寸、形状和电子结构的特殊效应都投入了极大的兴趣（Roduner，2006 年；Yacaman 等人，2001 年）。粒度小于 2nm 的特殊现象源于（准）自由电子的限制和电子结构的非连续（Halperin，1986 年）。在电催化领域，我们对如下两个问题更加感兴趣：（ⅰ）原子排列的经典效应；（ⅱ）在纳米颗粒表面的异质电子结构，控制界面吸附和电荷转移现象。实现燃料电池电极中电催化活性的不断提高的关键在于理解催化剂的结构如何对相关表面过程的速率造成影响（Bayati 等人，2008 年；Eikerling 等人，2007 年；Maillard 等人，2004 年；Mullaetal，2006 年；Vielstichetal，2003 年）。在纳米颗粒上，位于面、边缘和角落的不同表面位点的比例以及表面电子结构与颗粒尺寸密切相关（Bradley，2007 年；Mayrhofer 等人，2005 年；Mukerjee，1990 年；Mukerjee 和 McBreen，1998 年；Somorjai，1994 年）。这种尺寸效应对于不同反应表现出不同的影响规律（Ahmadi 等人，1996 年；Kinoshita，1990 年；Lee 等人，2008 年；Lisiecki，2005 年；Meulenkamp，1998 年；Susut 等人，2008 年；Xiong 等人，2007 年）。当粒径约为 3nm 时，Pt 上的氧化还原反应表现出最大的单位质量活性（Ross，2003

年；Sattler 和 Ross，1986 年）。Pt 粒子上氢还原的质量活性随着 Pt 簇尺寸减小而单调增加（Eikerling 等人，2003 年）。当颗粒尺寸减小到＜5nm 时，由于 CO_{ad} 的表面扩散速率降低，Pt 纳米颗粒上的 CO_{ad} 电化学氧化速率明显下降（Andreaus 和 Eikerling，2007 年；Andreaus 等人，2006 年；Maillard 等人，2004 年，2007 年，2005 年）。

由于纳米颗粒的异质表面形态和电子结构上的特殊尺寸效应，研究宏观材料表面性质的结论，很难推广到纳米尺度上的 Pt 颗粒或团簇研究中。在载体材料与催化剂纳米颗粒构成的系统中，必须考虑量子限制效应、不规则表面结构和载体材料效应造成的影响（Jiang 等人，2008 年；Lin 等人，2008 年；Lopez 等人，2004 年；Meier 等人，2002 年；Rupprechter，2007 年）。Claus 和 Hofmeister 的研究结果（1999 年）表明，纳米颗粒的电催化活性取决于表面位点的局部环境，即它们的局部几何形状和电子结构。

图 3.4 中的纳米晶颗粒表面的晶面指数为（111）和（100）。不同晶面原子、角原子和边原子具有不同的配位数。在 2nm 以下，未配位的角和边原子的比例随着颗粒尺寸的减小而显著增加。这使得纳米颗粒的物理性质变得很不稳定，因此颗粒尺寸对粒的溶解速率有着显著的影响。

由于颗粒表面的几何和电子异质性，表面反应过程的活性在原子尺度上表现出显著的空间波动性。对电子结构和表面过程的另一个重要影响是晶格收缩，这是由表面原子的欠配位造成的。对于纳米粒子而言，下面是最重要的两个问题：一是理解纳米粒子大小和形状之间的关系，二是理解它们对于稳定性和电催化活性的影响。

3.5.2 Pt 纳米粒子的内聚能

Wang 等人（2009 年）根据密度泛函理论水平（DFT-GGA），采用维也纳 Ab Initio 软件包（VASP）（Kresse 和 Furthmüller，1996 年；Kresse 和 Hafner，1993 年，1994 年）计算了 Pt 纳米粒子的稳定性。粒子核由 PAW（projected augmented waves）描述。Kohn-Sham 单电子波函数在具有 250eV 的动能截止的平面波基组中扩展。将通过 DFT 计算获得的优化颗粒构象的总能量除以原子数 N，能够得到如下关系：

$$E_{coh} = E_{tot}/N - E_{tot}^{gas} \qquad (3.27)$$

式中，E_{tot}^{gas} 是气相中一个 Pt 原子的总能量。

对于一个理想的球形粒子，Gibbs-Thompson 方程将吉布斯自由能与粒子半径关联起来。半径为 r_{Pt} 的颗粒的每个金属原子的化学势可通过下式计算：

$$\mu_{Pt}(r_{Pt}) = \mu_{Pt}^{b} + \frac{2\gamma_{Pt}}{n_{Pt}r_{Pt}} \qquad (3.28)$$

式中，$\mu_{Pt}(r_{Pt})$ 与 μ_{Pt}^{b} 均小于 0。其中，μ_{Pt} 为化学势；γ_{Pt} 为表面张力；n_{Pt} 为块体金属的原子数密度（Kuntova 等人，2005 年；Wynblatt 和 Gjostein，1976 年）。为了简单起见，假设原子数密度和表面张力与粒子尺寸无关，方程（3.28）可以改写为：

$$|\mu_{Pt}(N)| = |\mu_{Pt}^{b}| - 2\left(\frac{4\pi}{3}\right)^{1/3}\frac{\gamma}{n_{Pt}^{2/3}}N^{-1/3} \qquad (3.29)$$

由纳米颗粒中的原子振动引起的吉布斯能量的熵变化很小，并且几乎不随颗粒尺寸变化而变化。当粒子为近似球形的时候，$|E_{coh}(N)| \approx |\mu_{Pt}(N)|$，在预期的粒度范围内是成立的。

在 $|E_{coh}|$ 对 $N^{-1/3}$ 的坐标系中，与纵坐标的交点（例如，在极限 $N \to \infty$ 时）对应于

金属块体材料的化学势 $|\mu_{Pt}^b|$，斜率表示为 $\gamma_{Pt}/n_{Pt}^{2/3}$。Lin 等人（2001 年）计算了原子数小于 25 时，Pt 纳米粒子 $|E_{coh}|$ 与 $N^{-1/3}$ 的关系。尽管它们的数据有良好的线性关系，但是由于粒度太小，因此外推至大量原子时的数据并不可靠。

图 3.6（a）为 Wang 等人针对图 3.4 中的粒子形状，在多达 92 个原子的尺度上，$|E_{coh}|$ 对 $N^{-1/3}$ 的计算结果。计算结果完全符合公式（3.29）中提出的线性关系。将这种线性关系推广至 $N \to \infty$ 时，可以用于估算块体材料的内聚能，此时 $|E_{coh}(N \to \infty)| = 5.83eV$。这个结果与实验中测得的 Pt 的内聚能 5.85eV（Lide，1990 年）十分吻合。这种关于内聚能的计算可以内推到至少 9 个原子（对应的团簇尺寸为 7Å）。如果采用图 3.4 中曲线的斜率，并且 Pt 的原子密度为 $6.22 \times 10^{22} cm^{-2}$，可以得到表面张力的计算结果，$\gamma_{Pt} = 3.8J \cdot m^{-2}$。这个结果与真空中 Pt 的实验值 $\gamma_{Pt} = 3.2J \cdot m^{-2}$ 大致吻合。这些发现表明，即使被分割到很小的团簇，由离域电子形成的金属键仍然存在。

图 3.6（a）表明，粒子形状与 $|E_{coh}|$ 之间不存在系统性的关联。对于一个给定的 N 值，不同形状的粒子对应的 $|E_{coh}|$ 差值小于 0.07eV。这种对于粒子形状不敏感的现象表明，对于大量的粒子整体应该期望找到粒子形状的统计分布。此外，可以推断在一个给定的、较小的 N 值范围内，热效应会导致粒子形状发生变化（Iijima 和 Ichihashi，1986 年）。

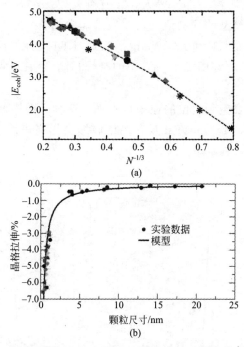

图 3.6 （a）针对高达 92 个原子的 Pt 纳米颗粒，基于 DFT 的优化获得的内聚能 $|E_{coh}|$ 的计算结果，其中 N 是每个颗粒包含的 Pt 原子数（Wang 等人，2009 年）。不同的符号代表了图 3.4 中不同的 Pt 粒子。从该图中可以看出，内聚能遵循线性关系，并且粒子形状对于内聚能影响不大。图中符号 * 表示 Lin 等人的计算结果。（b）纳米粒子的平均晶格收缩［表示符号与（a）中一致］是粒子尺寸的函数，其计算结果与实验值进行对比（Wasserman 和 Vermaak，1972 年）以及粒子形成的热动力学模型（Jiang 等人，2001 年）

Rinaldo 等人的研究（2010 年，2012 年）表明，由于 Pt 粒子的溶解和 Pt 离子的沉积，$|E_{coh}|$ 不断变化的结果是导致 Pt 的统计粒度分布向更大的尺寸进行漂移。其净效应是粒子尺寸增大，这个现象被称为 Ostwald 熟化。这是一种由小颗粒和大颗粒之间的表面能差

异驱动的动力学现象。粒子溶解速率与粒子半径的关系由下式给出：

$$k_{diss}(r,t) \propto \exp\left(\frac{\beta_{Ost}\gamma_{Pt}\overline{V}_{Pt}}{R_gT} \times \frac{1}{\gamma_{Pt}}\right) \quad (3.30)$$

式中，β_{Ost}称为 Ostwald 系数，与 Brønsted 系数大致相等。根据公式（3.30），较小的粒子在热力学上更加不稳定，并且会以更大的速率发生溶解。具有负增长趋势的指数函数的对应表达式可以写为 Pt 离子再沉积的速率，用以量化粒径的增加值。总的来说，小粒子不断溶解，形成大的粒子。如图 3.6（a）中所示，$N=9$ 时，$|E_{coh}|$ 对 $N^{-1/3}$ 曲线的不同之处在于，最小的团簇具有最快的溶解速率。

小金属纳米团簇和纳米粒子的内聚能取决于原子配位数和原子之间的距离（van Santen 和 Neurock，2006 年）。原子间距离与体积值的差值可以通过晶格收缩率来进行量化，$\varepsilon = (a_{np} - a_{cryst})/a_{cryst}$，式中，$a_{np}$ 和 a_{cryst} 分别为纳米粒子和扩大的晶体结构的晶格常数（Mavrikakis 等人，1998 年，Rigsby 等人，2008 年）。纳米颗粒中的配位数和晶格收缩在原子尺度上都会存在起伏。为了确定粒子尺寸和形状变化的一般性趋势，在计算中通常采用平均配位数 $\overline{z}$ 和平均晶格收缩率 $\overline{\varepsilon}$。图 3.6（b）显示了在 3～30nm 范围内 $\overline{\varepsilon}$ 的实验结果，表明 $\overline{\varepsilon}$ 是粒度的函数（Wasserman 和 Vermaak，1972 年）。实线是从假设颗粒为球形的简单热力学模型获得的晶格收缩率（Jiang 等人，2001 年）。Wasserman 和 Vermaak（1972 年）的计算结果表明，热力学模型的预测值与实验数据非常吻合。在粒子尺寸＜3nm 时，晶格收缩率随着粒子尺寸减小而明显增大。Wang 等人通过 DFT 计算得到了粒径＜1.5nm 的粒子中的晶格应力（2009 年）［与图 3.4（a）中的符号相同］，其计算结果也与热力学模型的预测值一致。

粒子尺寸减小，表面发生欠配位的原子数增加，这会导致表面原子的平均结合强度降低。这种效应与晶格收缩的趋势正好相反，晶格收缩会提高表面原子的结合强度。图 3.7 表明 $|E_{coh}|$ 是 $\overline{z}$ 与 $\overline{\varepsilon}$ 的函数，即：

$$|E_{coh}| = g(\overline{z},\overline{\varepsilon}) \quad (3.31)$$

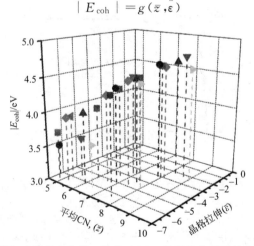

图 3.7　针对 92 个 Pt 原子组成的纳米粒子，从基于 DFT 的优化中得到的内聚能的绝对值 $|E_{coh}|$ 的计算结果。结果表明，对于尺寸为 1～2nm 的粒子，$|E_{coh}|$ 是 $\overline{z}$ 与 $\overline{\varepsilon}$ 的函数
（Wang 等人，2009 年，图 3.7 中的表示符号与图 3.4 中一致）

$\overline{z}$ 增大或 $\overline{\varepsilon}$ 减小均会导致 $|E_{coh}|$ 增大。欠配位效应比晶格收缩效应对 $|E_{coh}|$ 的影响更加显著。减小颗粒尺寸的净效应是颗粒的钝化。当 $-7\% < \overline{\varepsilon} \leq -6\%$，对应于尺寸范围

$0.5\sim1nm$ 时，$\bar{z}$ 会在 $5<\bar{z}<8$ 时，发生较大的不规则改变。在这个范围内，粒子的微观形貌会对 $|E_{coh}|$ 造成明显的影响。当 $\bar{\varepsilon}>-6\%$ 时，$|E_{coh}|$ 随着 $\bar{z}$ 的降低而单调递减。

本节讨论的结果揭示了 Pt 纳米颗粒稳定性的重要趋势。表面张力可以作为描述纳米粒子稳定性的重要参数。表面张力在纳米粒子溶解的动力学模型中起到了重要的作用（Rinaldo 等人，2010 年，2012 年）。然而，Pt 纳米颗粒溶解的主要动力学机制是 Pt 表面氧化物中间体的形成和还原。这一充分的证据表明，这里报道的在真空中评价的裸 Pt 纳米颗粒的稳定性研究，应该扩展到不同表面氧化态的 Pt 纳米颗粒以及模拟暴露于不同的电化学环境中的燃料电池催化剂性能的变化。

3.5.3　电化学氧化中 CO_{ad} 的活性和非活性位点

基本表面过程包括如下几种复杂的相互作用：（ⅰ）分子吸附；（ⅱ）表面扩散；（ⅲ）电荷转移；（ⅳ）吸附物质间的重组；（ⅴ）反应产物的解吸。氧的还原，氢、甲醇或二氧化碳的氧化，这几个过程共同决定了 PEFCs 中可观察到的反应速率。

PEFCs 中的所有相关的电化学反应都对催化剂的表面结构特别敏感（Boudart，1969 年）。纳米粒子的尺寸决定了不同性质表面位点的含量，例如，边缘位点、角落位点或小晶面上的位点（Kinoshita，1990 年）。载体-纳米粒子的相互作用可改变处于载体的边缘处的催化剂表面原子的电子结构（Mukerjee，2003 年）。此外，载体还可以通过所谓的溢出效应（spillover effect），作为反应物的来源或者聚集处（Eikerling 等人，2003 年；Liu 等人，1999 年；Wang 等人，2010 年；Zhdanov 和 Kasemo，2000 年）。

在下一部分中，我们将讨论利用动力学建模方法找到粒子尺寸、被担载的 Pt 纳米粒子表面不均匀性和电催化活性之间的联系。在原子尺度的分辨率上，电催化反应的速率在不同的表面位点之间可能存在显著的差异。催化剂表面原子的电化学活性存在明显差异，就意味着只有一部分点构成了反应的活性区域。而表面的其他区域则被看作是“无活性的”（Solla-Gull′on 等人，2006 年）。特别是对于合金催化剂，由于具有两种不同的功能机制，当第二种合金材料被加入到催化剂活性位点时，这种效果非常明显（Watanabe 和 Motoo，1975 年）。对于 PtRu 合金催化剂表面 CO_{ad} 的氧化反应，表面上的 Ru 原子构成了活性位点。它们通过水的分解反应促进了 OH_{ad} 的形成，成为了反应速率控制步骤（Gasteiger 等人，1993 年；Marković 和 Ross，2002 年）。Pt 表面原子则成为无活性位点，仅用于储藏被吸附的 CO_{ad}。合金成分不同，导致反应向不同的方向发展（Liu 和 Nørskov，2001 年；Marković 和 Ross，2002 年）。

Pt 纳米粒子上的 CO_{ad} 单层（ML）氧化反应作为电化学反应的原型，具有悠久的历史。此外，不可逆吸附的 CO_{ad} 会造成 PEFCs 中催化剂的毒化。许多研究都已经表明，粒度和微观形貌对 CO_{ad} 氧化的电催化活性具有明显的影响（Arenz 等人，2005 年；Cherstiouk 等人，2003 年；Friedrich 等人，2000 年；Maillard 等人，2004 年；Mayrhofer 等人，2005 年；Solla-Gull′on 等人，2006 年）。

围绕着关于 CO_{ad} 表面迁移是否可能是整个反应速率控制步骤的争论持续了很久（Kobayashi 等人，2005 年；Kope 等人，2002 年；Lebedeva 等人，2002 年）。不同的研究得到的 CO_{ad} 表面迁移率的值不同，并且差别很大，这个值在平坦表面更高一些（Feibelman 等人，2001 年），而在纳米颗粒的较小表面上的值要小得多（Ansermet，1985 年；Becerra 等人，1993 年）。Maillard 等人（2004 年）得到如下结论：在 Pt 纳米粒子最小的表面上，CO_{ad} 的表面迁移率明显受到抑制。

Pt 纳米粒子上的 CO_{ad} 氧化的异质表面模型应该由异质表面形态和 CO_{ad} 的有限迁移率所组成。最简单的建模方法是采用一个双状态模型，其中电催化活性位点作为独立的位点，其分数为 $0<\xi_{tot}\leqslant1$，在这个位点上可以发生水分裂反应而形成 OH_{ad}；无活性的位点只能用于存储 CO_{ad}，其分数为 $(1-\xi_{tot})$。将吸附 CO_{ad} 的有限表面迁移率，定义为 CO_{ad} 在非活性位点上到达活性位点的时间（Andreaus 等人，2006 年；Maillard 等人，2004 年）。

如图 3.8 所示，为了使 CO_{ad} 氧化动力学模型更加容易处理，异质 3D 纳米颗粒表面被映射到具有两个表面状态的规则六边形 2D 阵列中，为了匹配某种形状的纳米颗粒表面的位点数，将表面位点 N_s 的总数固定不变。对于直径为 3nm 的立方八面体粒子，位点 N_s 数量为 397。模型中，被定义的其他结构因数包括活性位点的分数 ξ_{tot} 以及具有其他活性位点 z_{aa} 或非活性位点 z_{an} 的活性位点的最近邻（NN）的数量。这些 NN 数目由表面上的活性位点聚集的程度所确定。

CO_{ad} 氧化的反应路径遵循 Langmuir-Hinshelwood 机制，它区分了 CO 吸附反应过程，包括在活性位点上的水分裂为 OH_{ad}、CO_{ad} 的表面迁移和 $COOH_{ad}$ 形成以及去除等反应步骤。反应物吸附到活性位点的有效表面迁移率由反应物表面迁移和原位反应发生相互作用决定。模型的状态变量有 CO_{ad} 的表面覆盖率（surface coverage）θ_{CO}，活性位点上非 CO_{ad} 反应分数 ξ_{tot} 以及被 OH_{ad} 覆盖的活性位点比例 θ_{OH}。在平均场近似理论中，这种覆盖率代表局部的平均值，将活性和非活性位点之间不相交的表面片段标准化。θ_{CO} 值的范围为 $0\leqslant\theta_{CO}\leqslant1$，其中，$\theta_{CO}=1-\xi_{tot}$，同时有 $0\leqslant\theta_{OH}\leqslant1$ 以及 $0\leqslant\theta_{\xi}\leqslant1$。此外，该模型涉及活性位点上 CO_{ad} 的迁移规律（成核过程），并且将 CO_{ad} 扩散的有限性考虑在内。

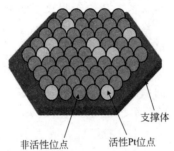

非活性位点　　　活性Pt位点

图 3.8　将 3D 纳米颗粒表面映射到具有两个表面状态的规则六边形 2D 阵列中的示意图。活性位点是纳米颗粒反应的异质表面模型中的重要组成部分，用于表征 θ_{CO} 的氧化。优先发生 OH_{ad} 吸附的特定位点被称为活性位点。在剩余的无活性催化剂位点上能够发现流动的 CO_{ad}

如图 3.9 所示，θ_{ξ}、θ_{CO} 以及 θ_{OH} 的平衡方程可以通过如下两个途径建立并求解：活性位点上的成核过程的平均场模型和动力学蒙特卡罗模拟。

瞬态电流可以通过如下方程求解：

$$j=e_0\gamma_s\xi_{tot}(v_{ox}^{a-a}+v_{ox}^{a-n}+2v_N+v_f-v_b) \tag{3.32}$$

式中，v_{ox}^{a-a} 表示活性位点上 OH_{ad} 与活性位点上 CO_{ad} 之间的氧化速率；v_{ox}^{a-n} 表示活性位点上 OH_{ad} 与非活性位点上 Co_{ad} 之间的氧化速率。$v_N=k_N(1-\theta_{\xi})$，表示成核反应速率。v_f 与 v_b 分别表示 OH_{ad} 形成的正、逆反应速率。图 3.10 为该反应的模拟图。

应当注意的是，当 CO_{ad} 的迁移率足够快，$\xi_{tot}=1$ 时，活性位点模型就转变为大家熟知的平均场（mean-field，MF）模型。此时，表面上所有位点的反应活性都完全相等

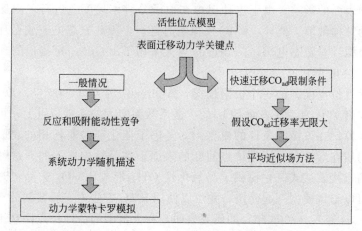

图 3.9 求解表面反应活性位点模型的方法。该方法的主要特点是基于表面迁移率进行计算。在一般情况下,这种方法能够描述原位反应和极低的 CO_{ad} 表面扩散之间充分的相互作用。对于整体动力学而言,所有的反应过程都很重要,包括 OH_{ad} 正向和逆向的反应速率 (k_f 和 k_b),CO_{ad} 的表面扩散系数 (k_{diff}),CO_{ad} 的氧化分解速率 (k_{ox})。在一般情况下,需要采用蒙特卡罗模拟进行求解,其中系统的演变是随机描述的,并且吸附的 CO_{ad} 和 OH_{ad} 的位置具有相关性。在 CO_{ad} 快速迁移的条件下,该模型被大大简化。如果假设 CO_{ad} 迁移率无限大,可以采用平均场近似的方法进行计算。平均场中,CO_{ad} 和 OH_{ad} 的位置可以完全忽略。

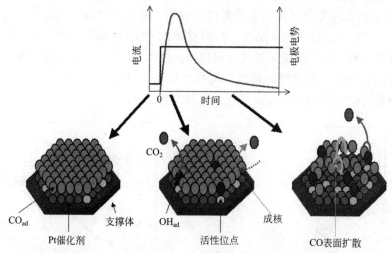

图 3.10 在纳米粒子催化剂上 CO_{ad} 氧化的典型暂态实验。电流(灰色曲线)是在催化剂表面上施加的电压阶跃最初被单层 CO_{ad} 完全覆盖时的测量结果。底部的示意图为异质粒子表面的 2D 模型中表面状态的演变趋势

(Bergelin 等人,1999 年;Koper 等人,1998 年;Petukhov,1997 年)。在迁移率坐标轴的另一端,在均匀表面上(即 $\xi_{tot}=1$),CO_{ad} 的迁移率为 0 时,活性位点模型此时就等同于成核-生长(NG)模型(Bewick 等人,1962 年;McCallum 和 Pletcher,1976 年)。因此可以认为,活性位点模型是均匀表面模型和结构化的表面模型的不同表述形式。

模型的一般代数解可以采用动力学的蒙特卡罗(kMC)模拟进行计算。这种随机方法已成功应用于纳米催化剂颗粒的非均相催化领域(Zhdanov 和 Kasemo,2000 年,2003 年)。它描述了结构空间中马尔可夫随机系统的短暂变化。这种方法反映了许多粒子的概率

效应对于催化剂表面的影响。由于这种模拟在原子分辨率尺度上进行，因此它很容易涵盖不同尺度水平的结构细节。此外，kMC 模拟实时进行，因此暂态电流或循环伏安的模拟是直接的。为了模拟计算暂态电流，Andreaus 等人采用了由 Gillespie 提出的（1976 年）可变时间步长算法（2006 年）。

作为一般活性位点模型的一个极限情况，Andreaus 等人（2006 年）以及 Andreaus 和 Eikerling（2007 年）认为，在表面 CO_{ad} 的扩散系数无穷大的活性位点上，可以采用 MF 近似的方法进行计算。在该极限条件的模型中，考虑了催化剂的非均相的表面结构。但是却假定了吸附的物质在活性和非活性位点间断的表面形态是均匀覆盖的。这种简化能够推导出动力学方程的直接表达式。它提供了当氧化性 OH_{ad} 形成比 CO_{ad} 去除快时完全的解析解法。系统拟合可以与该模型一起使用，并可以使用 kMC 方法为实验数据的更复杂模型提供初始值。Andreaus 等人（2006 年）的研究表明，在大范围的活性位点团簇上，相关效应导致 MF 近似和 kMC 解之间存在较大的差值。

CO_{ad} 的单层氧化问题可以通过活性位点模型进行求解，并且其计算结果与在各种粒径和电极电位下测量的计时暂态电流相吻合（Andreaus 等人，2006 年）。在每一个条件下，活性位点模型可以首先用于求解 CO_{ad} 表面扩散系数无穷大条件下的异质 MF 模型。该方法对于尺寸 >5nm 的粒子是有效的。此外，在电位 <$0.8V_{SHE}$ 条件下，MF 模型能够得出约 3.3nm 粒子的合理拟合结果。

但是，如果电位超过 $0.8V_{SHE}$，即在表面反应的快速动力学的电位范围内，MF 模型对于约 3.3nm 粒子的合理拟合结果与实际值偏差较大。对于尺寸在 1.8nm 以下的纳米粒子，MF 模型已经不再适用。在这种情况下，就需要考虑 CO_{ad} 的有限表面扩散率。因此，需要采用动力学蒙特卡罗模拟方法求解活性位点模型。图 3.11（a）表明，对于平均粒径尺寸为 3.3nm 的粒子，暂态电流的典型测量结果与模型比较吻合。动力学模型的分析数据可以对催化系统中重要的结构和动力学参数进行计算及分析。

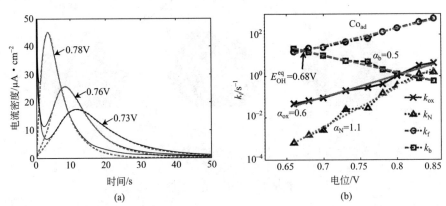

图 3.11 （a）在给定的电极电位（vs SHE）下，中心尺寸约 3.3nm 的 Pt 纳米粒子 CO 氧化的暂态电流拟合结果（虚线）与实验结果（细实线）。（b）在一定电极电位范围内，从计时电流的时间分析获得动力学速率的 Tafel 图。取值为对于表面电化学反应，从水中形成的 OH_{ad} 的平衡电位值 E_{OH}^{eq} 以及电荷传递系数 α_i

从图 3.12 可以明显看出，与代替表面模型（均质的 MF 和 NG 反应）相比，活性位点模型与实验结果具有优异的一致性。

对于尺寸 1.8～3.3nm 的小粒子，活性位点的比例约为 10%。对于具有纳米结构的较

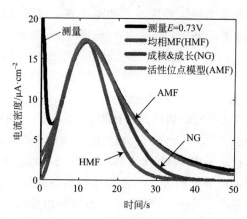

图 3.12　对于直径为 3.3nm 的粒子，当 $E=0.78V$ 时，使用均质 MF 模型、NG 模型以及
活性位点模型的最佳拟合结果与实验数据的对比

大颗粒，活性位点的比例会更大。这个结果表明，活性位点可能与缺陷位点有关，而不是
理想化的晶体结构中的欠配位表面。如图 3.11（b）所示，所有的电化学步骤，包括氧化性
OH_{ad} 的形成，活性位点的生成以及 CO_{ad} 和 OH_{ad} 的结合等，都可以采用 Tafel 定律来描述。
因此，形成氧化性 OH_{ad} 的平衡电位 E_{OH}^{eu}、各个步骤的电子传递系数以及一般速率常数都
可以计算出来。一般来说，成核过程是反应控制步骤，而 OH_{ad} 的形成则是最快的步骤。最
重要的是，CO_{ad} 的扩散速率随着粒子尺寸降低会下降两个数量级以上，CO_{ad} 从粒子尺寸为
5nm 时的大于 $10^{-14} cm^2 \cdot s^{-1}$，下降到粒子尺寸 1.8nm 时的约 $10^{-16} cm^2 \cdot s^{-1}$。

在纳米粒子的异质表面上，电催化的活性位点模型表现出与实验数据良好的一致性。
这个模型在粒子尺寸、表面形貌与动力学过程之间建立了重要的联系。将结果应用于系统
实验数据，该模型提供了用于分析表面结构对动力学影响和计算表面过程动力学参数的有
效手段。该模型可以直接推广到 PtRu 合金纳米粒子。此时，可以将 Ru 的表面原子定义为
活性位点。因此，拟合结果可以分析出 Ru 表面原子的比例和聚集状态。

后续的研究需要澄清活性位点和活性位点聚集的作用以及活性位点成核的机制。在
这方面，该模型将从模拟异质纳米颗粒表面的系统电子结构出发而得到结果。这些结果
可以为揭示表面结构、反应途径、表面迁移率和电荷转移等的动力学模型的不断改进奠
定基础。

3.5.4　Pt 纳米颗粒氧化产物的表面多向性

纳米粒子电催化剂的结构效应是非常复杂的。对于扩展的表面催化剂表面，使用一组
直观的反应参数，可以使电化学反应的表征更加合理（Greeley 等人，2009 年；Nørskov 等
人，2004 年；Suntivich 等人，2011 年）。对于金属基催化剂的 ORR 反应，氧原子的吸附
能 ΔE_0 被选为主要反应参数。对于 d-带 （d-bound） 金属，Hammer 和 Nørskov 建立了简
单的 d-带模型，该模型反应中间体的吸收能量和金属 d-带中心的能量之间存在基本线性关
系，这个性质可以通过电子结构计算得出（Hammer 和 Norskov，1995 年；Hammer 和
Nørskov，2000 年）。这个参数的有效性已经在催化剂筛选研究中得到证实，并成功预测了
Pt 基金属合金的大多数活性材料的组成和含量（Greeley 等人，2009 年；Stamenkovic 等
人，2007 年；Stephens 等人，2011 年）。

纳米粒子的表面多相性要求详细的能量学和基本表面过程的动力学空间构型。Han 等人（2008 年）采用 DFT 方法，研究了直径为 1nm 和 2nm 的立方八面体 Pt 纳米粒子上 O 和 OH 的吸附能。对于 O 和 OH，他们发现吸附能从理想 Pt（111）表面到实际纳米颗粒表面发生了明显的变化。吸附能的最大值出现在欠配位的边缘原子上。然而，这个研究没有对 Pt—Pt 键变形和粒子松弛效应进行单独讨论。

Wang 等人进行了类似的研究，他们详细计算了 Pt（111）晶面的半球形立方八面体纳米颗粒的氧吸附能（Wang 等人，2009 年）。相比图 3.4 中其他颗粒，这些颗粒提供了最多的表面位点配位结构多样性。考虑 37 个（约 1nm）和 92（约 1.5nm）个原子的两个尺寸。采用氧原子游离化学吸附的电势能研究表面电子结构的各向异性。氧原子和金属 d 电子中未配对的价电子可以形成两个共价键。金属表面不同吸附位点中相邻结构的多样性给 Pt（111）面心立方、密排六方、桥端、顶位和 Pt（100）顶面、桥端、四层空心位点中氧吸附提供了选择性（Eichler 等人，2000 年；Feibelman，1997 年；Jacob 等人，2004 年）。

纳米颗粒表面拓扑异构性增加了位点选择性，为了区分电子结构的重组和纳米颗粒的松弛对吸附能的影响，分别计算了两步的氧吸附作用。在第一步中 Pt 原子位置固定在松弛裸露的颗粒上的最佳位置，氧原子则位于颗粒上定义明确的吸附位置。

将横向位置固定，通过 DFT 优化发现表面垂直位置方向氧原子的最优位置。每一个表面上所有相关吸附位点重复进行如下过程：Pt（100）侧面的顶点、桥端、四重空心位点，Pt（111）面和顶面的顶点，桥端，面心和密排位置。从这些优化研究中可以得到未松弛颗粒氧吸附电势能的等高线。

在第二步中，对体系中所有原子的松弛进行优化，该体系中氧原子重新安置在初始的高对称表面位点。因此，颗粒松弛对吸附能的贡献可以被量化。与自由氧气分子能有关的每一步的吸附电势能都可以通过计算得到：

$$\Delta E_O = E_{PtO} - E_{Pt} - \frac{1}{2}E_{O_2} \tag{3.33}$$

根据热化学数据（Rossmeisl 等人，2005 年）得知，O_2 总能为 $-9.975eV$。

图 3.13 为原子构型中 92 个原子构成纳米颗粒的 3D 图。吸附能复杂的拓扑分布反映了原子表面的周期排列和纳米尺度限制的电子效应。边缘的吸附能绝对值最高，Pt 37 氧吸附强于 Pt 92。

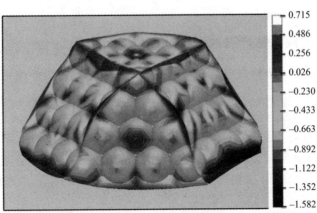

图 3.13　92 个原子组成的半球形立方八面体 Pt 纳米颗粒的表面氧原子吸附能 3D 图

通过扩展表面研究可以发现，表面原子配位作用引发了 d-带的收缩，造成吸附能增加。从另一方面说，晶格收缩导致 d-带增宽，吸附能减小。这两种影响在纳米颗粒表面相互竞争。如前面所述，表面原子配位的影响代替了晶格收缩影响。

为了比较未松弛纳米颗粒和未松弛的延展 Pt（111）表面的氧吸附能，对 3×3 晶胞的氧吸附能进行了基于 DFT-GGA 的计算，该晶胞为 0.1mL 氧覆盖范围内四层 Pt 的 Pt（111）片。通过 $3\times3\times1$ 的 Monkhorst-Pack 方法对 k 点采样表面布里渊区进行取样。图 3.14 展示了几何等效吸附位点的标准位点密度分布与 Pt 92（111）氧吸附电势能的对比。虚线为对未松弛延展 Pt（111）表面相同位点的吸附作用。

纳米级限制使吸附能位点密度分布发生明显改变和变宽。优先吸附位点从 Pt（111）面心结构变为 Pt92（111）桥端和密排六方。面心结构的纳米颗粒和平展表面间吸附能的明显转变，使其变为纳米颗粒上不明显的吸附位点。然而纳米尺度提高了 $|\Delta E_O|$，对大量桥端、密排六方和顶点造成的吸附作用比平展表面更强。桥端、密排六方和顶点处纳米尺度增强的 $|\Delta E_O|$ 最大为 0.62eV，0.33eV 和 1.11eV。桥端位点成为最易吸附位点。密度分布范围随颗粒尺寸增加而变窄，逐渐趋近于平展表面上同位点的值。

为了评估 Pt 纳米颗粒上化学吸附能趋势是否与 d-带模型相同，计算了不同吸附位点 d-带电子态密度，以确定与费米能级相对应的 d-带中心。通过对比发现，吸附能和位点 d-带中心并没有关系。即使纳米颗粒拥有连续电子能带结构及性能，它们的表面催化性能却并不是由能带结构影响控制，而是受吸附位点局部电子结构影响。因此可以得到一个重要结论，金属纳米颗粒基体材料性能并不能预测催化性能。

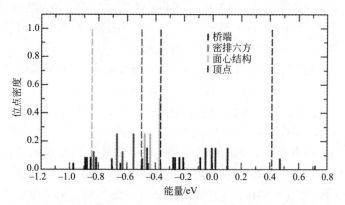

图 3.14　Pt 92（111）面吸附过程中具有不同几何过电位能的表面位点的正常密度分布。虚线对应平展的 Pt（111）表面点位吸附作用［Wang, L., Roudgar, A. and Eikerling, M. J. Phys. Chem. C，113（42），17989-17996，2009，Figures 1，2，3，4，5，9. The American Chemical Society 授权］

吸附氧原子的 Pt 颗粒和平展表面的完全松弛决定了每一个表面以及整个颗粒松弛过程中最大氧吸附能。对 Pt 37 来说，最适宜的吸附位点是 Pt（100）面的上顶角。对 Pt 92 来说，最适宜的吸附位点是 Pt（111）侧面的下底角。颗粒松弛对 Pt 37 的网格影响小于 Pt 92，因为 Pt 92 几何松弛涉及的原子数量更大。由于颗粒松弛，Pt 37 颗粒 Pt（100）面、Pt（111）侧面和 Pt（111）顶面的 $|\Delta E_O|$ 分别增加了 0.62eV、0.52eV 和 0.14eV。Pt 92 颗粒则分别增加了 0.28eV、0.74eV 和 0.41eV。

3.6 Pt 氧还原反应的电催化

氧还原反应和进化反应是生物和电化学系统中的能量转化的关键过程（Koper 和 Heering，2010 年）。就目前而言，Pt 对这些过程的催化能力是无可比拟的。因此，Pt 电化学和电催化在基础电化学和应用电化学材料科学中是最重要的一个话题。任何新催化剂材料都以铂为基准材料。决定催化层好坏的关键性能是质量比电催化活性，单位 $A \cdot mg_{Pt}^{-1}$。

Pt 基催化剂要求在性能和耐用性之间达到最佳平衡。理解 Pt 氧还原能力与分解性的关键在于分析铂氧化和还原反应的机理。对快速氧化还原反应的依赖似乎导致高 ORR 活性的催化剂材料同时含有高 Pt 分解活性。因此，确定材料、电极设计、根据容忍性和耐久性提高 ORR 活性和满足电池要求的操作环境成为一项艰巨的任务。从这点看，很容易理解为什么 Pt 的氧化还原反应在燃料电池电化学开始初期就吸引了众多研究者的注意（Alsabet 等人，2006 年；Angerstein-Kozlowska 等人，1973 年；Birss 等人，1993 年；Clavilier 等人，1991 年；Conway 和 Jerkiewicz，1992 年；Conway，1995 年；Conway 和 Gottesfeld，1973 年；Conway 等人，1990 年；Damjanovic 和 Yeh，1979 年；Damjanovic 等人，1980 年；Farebrother 等人，1991 年；Feldberg 等人，1963 年；Gilroy，1976 年；Gilroy 和 Conway，1968 年；Harrington，1997 年；Harris 和 Damjanovic，1975 年；Heyd 和 Harrington，1992 年；Jerkiewicz 等人，2004 年；Katsounaros 等人，2012 年；Markovic 等人，1997 年，1999 年；Sun 等人，153 年；van der Geest 等人，1997 年；Vetter 和 Schultze，1972 年；Wakisaka 等人，2010 年；Wang 等人，2006 年；Ward 等人，1976 年；Yamamoto 等人，1979 年；Yeager 等人，1978 年；Zeitler 等人，1997 年；Zolfaghari 和 Jerkiewicz，1999 年；Zolfaghari 等人，1997 年）。

众所周知，ORR 是一个复杂的反应，一个氧分子需要与四个电子和质子结合：

$$O_2 + 4H^+ + 4e^- \rightleftharpoons 2H_2O \tag{3.34}$$

在这个过程中，电子在新形成的水分子中占据能级，失去电势能。四个电子的吉布斯自由能变为 $-4.92eV$，相当于每个电子 $1.23eV$。

ORR 在催化剂表面发生，表面可以接触到电子，其浓度由金属电子云密度决定。电解质提供质子，其浓度由电解质和电极电势分布共同决定。ORR 至少包括三种表面吸附中间体，包括表面氧 O_{ad}、氢氧根 OH_{ad}、过氧化物和 OOH_{ad}。将这些粒子转变成另一种粒子或者水分子的过程中涉及动力学能阻，能阻决定总反应的净速率。在 $0.6 \sim 1.0V$（对比阴极 SHE）电极电势范围内，ORR 中间体表面氧化物的形成与水分解形成表面氧化物之间存在冲突。

通过大量理论和实验研究，ORR 逐渐解开神秘的面纱。DFT 电子结构计算推进了人们对金属催化剂表面电化学过程的理解。在本章，我们将探索以下几个问题：ORR 路径和机理融合图是否存在？我们是否理解了电子结构效应、表面吸附反应中间体的形成以及整个过程动力学限制的意义？

3.6.1 Sabatier-Volcano 原理

由于 ORR 是涉及吸附中间体的表面反应，它遵循多相催化剂 Sabatier-Volcano 原理（Balandin，1969 年；Sabatier，1920 年）。根据这一原理，催化表面反应的发生需要一些吸附中间体的键，但是键如果太强会阻碍表面并降低反应速率。Parsons（2011 年）讨论了一些遵循这些原则的多相催化和电化学反应案例。

图 3.15 为交换电流密度对数-中间体吸附标准自由能火山形曲线。曲线随着强吸附结合和慢解吸而向负吸附能方向线性下降；随着弱吸附结合和慢吸附，而向正吸附能方向线性下降。图表达了一个隐藏的信息：对任何催化系统而言，吸附能越大，反应速率越大。对材料设计而言，要达到火山形曲线的峰顶是个很大的挑战。通过催化表面过程的理论研究可以看出，吸附标准自由能可以有效地反映表面活性。

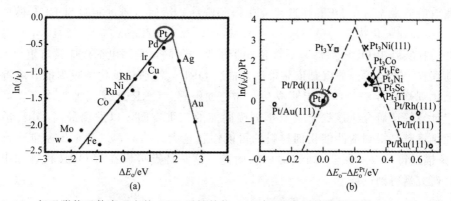

图 3.15　氧吸附能函数表现出的 ORR 活性趋势，（a）过渡金属催化剂系列 ΔE_O（Nørskov et al.，2004），（b）过渡金属合金 ΔE_O ［(a) is reprinted with permission from Nørskov，J. K. et al. J. Phys. Chem. B.，108（46），17886-17892，2004. American Physical Society 授权．（b) is reprinted from Greeley，J. et al. Nat. Chem.，1（7），552-556，2009，Figure 1，Macmillan Publishers Ltd. 授权］

近几年，Sabatier-Volcano 原理及其理论方法已经发展成一个行之有效的筛选催化剂的方法。通过 DFT 方法计算反应中间体的吸附能，能够预测其反应活性，并且预测火山形曲线与被测表面活性之间的一致性（Greeley 等人，2009 年；Nørskov 等人，2004 年）。

对于过渡金属，Nørskov 及其同事建立了催化剂电子能带结构的 d-带中心（相对于费米能级的位置），并且基于 d-带模型论证了氧吸附能和 d-带中心存在线性关系，即代表电子结构的集总参数对吸附结合存在影响（Hammer 和 Nørskov，2000 年）。通过 d-带模型可以成功研究 Pt 基系列过渡金属，如图 3.15 所示。图 3.15（a）中的火山形曲线说明了为什么纯 Pt 是 ORR 最好的元素催化剂选择：纯 Pt 位于火山曲线的峰顶偏左，与氧结合能量大概在 100 meV（Nørskov 等人，2004 年）。对于 Pt、Pd 甚至 Ni 或者 Co，还原产物的形成和解吸过程是速率控制步骤。Au 和 Ag 在火山顶的另一侧，因为氧中间体形成过程的第一步具有高活化能。

研究人员构建原子层模型，系统研究了晶格畸变对 Pt 沉积的金属或金属氧化物的影响。

基层的晶格畸变更改了 Pt 原子层的晶格常数。在紧凑的 Pt 原子层中，晶格常数的增加降低了 d-带的宽度。带宽的变窄使 d-带被转变为费米能级，氧结合强度增加。氢结合亦是如此。Pt 原子表面和另一种金属层之间的 d 态杂化产生了附加配体效应。实际上，在 Pt 单分子层催化剂（Zhang 等人，2005 年）和 Pt 合金催化剂，例如 Pt$_3$Ni（Stamenkovic 等人，2007 年）中，晶格畸变和配体的影响密不可分（Stephens 等人，2011 年）。

为了评估和研究催化剂设计中 d-带模型的预测作用，通过 DFT 计算了一系列 Pt 覆盖结构的过渡金属合金 Pt$_3$X 的氧吸附能。对应的火山曲线见图 3.15（b）。Pt$_3$Y 或 Pt$_3$Ni 的氧结合能低于 Pt。Pt 沉积在其元素周期表左侧的过渡金属上会导致 Pt 的 d-带中心降级。这种改变会使氧结合变弱，从而解释了这些材料中 ORR 活性的增加（Greeley 等人，2009年；Nørskov 等人，2004 年）。

然而图 3.15（b）中 j_k 和 ΔE_O 之间的相互关系并不像图 3.15（a）那样清晰。此外，两图吸收分支（右侧）的斜率不同，并且无法用现有理论解释。普遍来说，除了 d-带中心或 ΔE，其他决定活性的效应也应该在金属或者金属氧化物担载的薄片结构研究中得到解释。这些材料中电子功函数的不匹配导致了电荷重新分配，影响了 Pt-溶液界面的电荷性能。这些效应通常无法在 DFT 筛选研究中得到解释。然而，通过实验与 DFT 模型结合可以探索 Pt 沉积铌氧化物 Nb_xO_y（$y/x＝0$，1，2，2.5）（Zhang 等人，2010 年）薄层中的活性趋势。在实验中 ORR 活性并不符合 d-带模型的预测，表面电荷效应具有重要意义。

目前存在一个问题。那就是依靠单活性描述 ORR，特别是氧化学吸附能（或者 d-带中心）的催化剂筛选方法为什么能够成功？如前面解释，ORR 涉及三种吸附氧中间体。起初，假定计算筛选研究应该探索具有不同吸附能的三维空间，以发现最高 ORR 活性的材料。空间维度越高得到活性催化剂材料的可能性就越大。然而，过渡金属基催化剂材料的 ORR 现象描述符可以减少至一个 O_{ad} 的吸附能，这一特点可以在对 ORR 机理和中间体进行实验性研究后得到论证。

3.6.2 实验观察

为了从微观上详细了解界面结构，需要一个分辨率足够高的"显微镜"。循环伏安法就像一个表面电化学的显微镜（Gileadi，2011 年），电位扫描速率（即电位线性变化的速率）是它的分辨率，限定的电势窗口是它的焦点。图 3.16 展示了与含水电解质接触的 Pt（111）表面循环伏安过程（CV）。

图 3.16 中标出并解释了 Pt 氧化和还原反应的特点。应该注意的是，CV 图中的表面过程并不包括任何提供的反应物，而是对应了界面水分子与表面组分转变过程。CV 曲线表示阳极扫描方向时（氧化电流，$j＞0$）金属表面放出的或者阳极扫描方式时（还原电流，$j＜0$）到金属表面的电子电荷数量。在界面上电流的产生或者消耗是双层充电和法拉弟过程的结果。有趣的是，循环伏安测试中表面从来不处于一个稳定的状态。电势以稳定的扫描速率在一定的范围内不断线性上升或下降。

图 3.16 中，峰代表 Pt 表面在电压循环中的多种氧化状态，随着 ORR 电极电势在 0.6～1.0V（参照 SHE）范围内增加，表面水分子 H_2O_{ad} 发生氧化或者放电反应。表面氧化反应的起始电势在 0.6～0.8V（参照 SHE），纳米颗粒的起始值更低，因为它的氧中间体的约束力比平面型更强。在 0.7～0.8V 之间的镜像对称峰 ⅰ 和 ⅵ 与 ⅱ 和 ⅴ 组成了所谓的蝴蝶型特征。图中这些峰的出现与水氧化反应的顺序有关，包括 OH_{ad} 生成以及在比表面位点 O_{ad} 的转化。不对称峰 ⅲ 和 ⅳ 表示不可逆（动力阻碍）过程。图 3.16 可以看出 OO 形成过程是不可逆性的根源。

在图 3.16 中电势上限为 1.1V（参照 SHE），Pt 表面强电极区域通过所谓的场所交换机理（Jerkiewicz 等人，2004 年）将表面氧化层转变成 3D 晶格结构。交换场所 PtO 层包含 Pt^{2+} 和 O^{2-} 交错结构。Pt 的特点在于交换层的厚度：它增长为两层 Pt 原子厚度。

单纯靠 CV 数据解释是模糊的。然而，如果通过表面显微镜、X 射线吸收能谱、俄歇能谱或者光电子能谱、电化学石英晶体纳米秤（EQCN）的质量敏感技术得到的数据加以

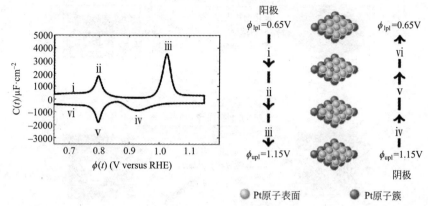

图 3.16　无吸附酸性电解质中 Pt（111）表面结构催化剂低扫描速率循环伏安图。图中纵坐标
$[C(t)=j(t)/v_s]$ 为界面电流密度，横坐标为电极电势。图右侧为 Pt 表面在电压循环中的多种
氧化状态（Reprinted from Electrocatalysis，Mechanistic principles of platinum oxide formation
and reduction，2014，1-11，Rinaldo et al. Springer 授权）

补充，可以得到明确的表面吸附物及吸附过程。并且，DTF 和分子动力学可以提供氧化反
应和还原反应的反应路径及机理。

　　为了定义及量化表面组分，Wakisaka 等人（2010 年）采用 X 射线光电子能谱（XPS）
结合电化学电池研究电势。电化学-XPS（EC-XPS）方法提供了 O 1s 光谱的表面敏感性和
能量分辨率。记录的光谱数据分成四种不同的表面成分，通过其结合能鉴别：Pt-O_{ad}
（529.6eV），Pt-OH_{ad}（530.5 eV），Pt-H_2O_{ad}，1（531.1 eV），Pt-H_2O_{ad}，1（532.6 eV）。
XPS 信号分析可以应用于不同电池和催化剂材料与结构分析。Pt（111）和多晶 Pt 的分析
结果如图 3.19 所示，支持了 Pt 氧化反应和还原反应的动力学模型。

3.6.3　Pt 氧化物形成和还原

　　在含水电解质中，Pt 表面氧化物可以通过界面水或者氧分子还原反应生成。吸附的表
面氧中间体的形成和还原依赖于催化剂表面结构、界面水的结构、电解质离子浓度、pH 和
氧浓度。在 Pt（111）表面的界面水为六角冰（Ih）结构。它具有氢键的强度和相邻表面区
域水偶极子的优先取向。由于趋向更多的正电势，水偶极子优先取向远离界面（接近表面
的 $O^{-2\delta}$），反之亦然。界面的定向水分子对表面电势和亥姆霍兹电容具有显著作用
（Schmickler 和 Santos，2010 年）。

　　图 3.16 中峰的位置、高度和宽度反映了催化剂表面结构的参数。根据有序程度和类
型，晶面能提供不同吸附能的吸附点。单晶表面具有少量明确的表面位点，无序表面或者
纳米颗粒表面具有更大不对称性的表面位点，与吸附氧化物形成更强的键。

　　图 3.17 尝试描述了电势能对应的金属氧化态。金属相电势 ϕ_M 决定了表面氧化状态和
催化剂表面电荷分布，包括表面电荷密度 σ_M、表面偶极距和高阶距。这些距离决定了溶液
界面电解质侧的相电势 ϕ_{el}。相反，电势决定了电解质中离子的浓度。

　　解决这些耦合函数属于一种自洽性问题，电化学第一原理新科学领域的研究方向，主
要目的是探索电化学体系模型的从头算（ab initio）法。然而，到目前为止，没有一种方法
可以得到 ϕ_M 和函数之间的完全匹配的关系（Janik 等人，2008 年；Jinnouchi 和 Anderson，
2008 年；Taylor 等人，2006 年）。现有的方法不能恰当反映出界面上的水和表面的氧化状

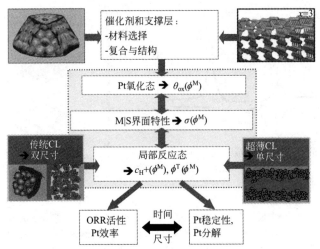

图 3.17 Pt 催化剂的一致性问题。金属相的电位决定催化剂表面的氧化状态和充电性能。这些性质又决定了在亥姆霍兹或反应平面的局部反应条件。从这一点上说，催化层的结构设计和传输性质（如图所示，对于常规和超薄催化层）起到决定性的作用。在电化学第一性原理新兴领域中新开发的方法试图找到解决这个自我一致性耦合问题的方法

态。因此，不能重复得出 pH 值的依存关系，或者，即使在最简单的情况下，也不能采用 σ_M 代替 ϕ_M。这种方法很容易求解，但结果往往无法控制。最近研究出的采用广义计算氢电极的方法正在试图克服这些不足（Rossmeisl 等人，2013 年）。

在宽范围的扫描速率和不同催化剂表面结构上，建立与 CV 数据一致的 Pt 氧化物形成的电位动力学模型是理解 Pt 氧化物形成和还原的重要步骤。基于电化学和光谱学数据以及反应路径和能量学的对比结果的评价模型能够得到反应机理的很多细节。

Rinaldo 等人（2014 年）认为，当在阳极方向上提高电极电位时，反应的第一步涉及在水的界面上两个不同的吸附位点 A 和 B 吸附氢氧化物。反应如下：

$$Pt_A + HOH_{aq} \rightleftharpoons Pt_A OH + H^+ + e^- \text{（第一步反应,1a）} \tag{3.35}$$

以及：

$$Pt_B + HOH_{aq} \rightleftharpoons Pt_B OH + H^+ + e^- \text{（第一步反应,1b）} \tag{3.36}$$

式中，Pt_A 和 Pt_B 表示自由 A 位点和 B 位点，$Pt_A OH$ 和 $Pt_b OH$ 来源于六方晶系的 (Ih) 水的部分氧化（Clayetal，2004 年；IwasitaandXia，1996 年；Nieetal，2010 年；Ogasawara 等人，2002 年；Su 等人，1998 年）。

在较高的电位下（大约为 0.9~1.1V），吸附的氢氧化物 $Pt_A OH$ 和 $Pt_B OH$ 发生进一步氧化，反应式如下：

$$Pt_A OH \rightleftharpoons Pt_A O + H^+ + e^- \text{（第二步反应,2a）} \tag{3.37}$$

以及：

$$Pt_B OH \rightleftharpoons Pt_B O + H + + e^- \text{（第二步反应,2b）} \tag{3.38}$$

$Pt_A O$ 和 $Pt_B O$ 导致在第 3 位点 C 形成 $Pt_C OO$

$$Pt_A O + Pt_B O \longrightarrow Pt_C OO \tag{3.39}$$

该反应可以认为是氧化反应的最后一步。建立该反应步骤（包括还原反应）的动力学方程组，并对其进行求解。通过与宽范围的扫描速率下的 CV 数据进行比较，可以获得一组一致的动力学参数。图 3.18 为该方程组的计算值与实验结果的对比。

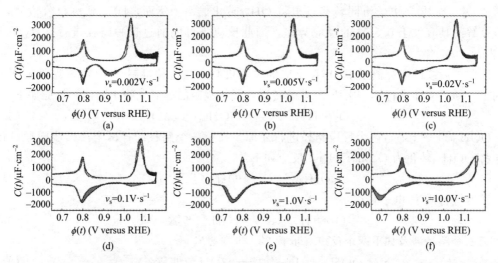

图 3.18 在非吸附性酸性电解质中，Pt（111）晶面上氧化物的形成与分解的理论模型与 CV 曲线的对比结果（Gomez-Marin 等人，2013 年）。图中，扫描速率从（a）到（f）变化四个数量级

动力学模型的解空间，包含了作为由扫描速率归一化的暂态电位下的电流函数，并考虑了不同种类的表面氧化物。采用从 CV 曲线的拟合结果中获得的参数，可以推导出在极限（$\nu_s \to 0$）情况下的电位函数的稳态方程。图 3.19 为该模型的计算值与 EC-XPS 数据分析结果的对比（Wakisaka 等人，2010 年）。从 CV 数据拟合结果中获得的参数，是在不同吸附位点处不同氧化物的吸附能。从 CV 曲线拟合得到的吸附能的差值与在 Pt（111）处的氧吸附 DFT 研究中计算的吸附能差值大致相等（Wang 等人，2009 年）。根据这个对比结果，最初 Pt-OH 形成的位置分别对应于 FCC 和 HCP 位点，其中 FCC 位点具有更负的吸附能。对多晶 Pt 中氧化物的形成进行分析，也能够得到类似的结果。同时，得到的模型参数也基本一致。

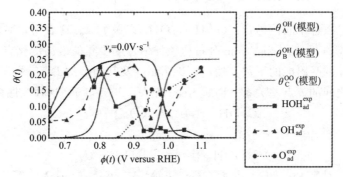

图 3.19 在趋近于零的扫描速率（恒电位）及氧化还原条件下的反应速率与 EC-XPS 分析结果的对比（Wakisaka 等人，2010 年）

3.6.4 ORR 反应的相关机制

ORR 反应分四或五步进行。这些基本步骤中涉及质子和电子的迁移。主要的 ORR 反应机理被称为解离和关联机制。在解离机制中，氧分子首先吸附到金属表面，然后随着 O—O 键的断裂而解离。O_2 的解离之后是两个电子和两个质子的转移，并形成两个吸附的

OH_{ad}。另一个质子-电子协同转移过程将 OH_{ad} 转化成水。然而，DFT 研究已经表明，O_2 的直接解离具有大于 $0.5eV$ 的反应势垒，因此反应不可能通过这种路径进行（Hyman 和 Medlin，2005 年）。

因此，后续的研究侧重于 ORR 反应的关联机制。在这种机制下，O_2 首先吸附到金属表面上，随后立即进行第一次质子-电子转移，形成吸附的超氧化物中间体，反应如下：

$$O_2 + H^+ + e^- \Longleftrightarrow OOH_{ad}（步骤1） \tag{3.40}$$

OOH_{ad} 进一步通过两个反应路径进行还原。在第一个路径中，两个后续步骤通过化学反应将 OOH_{ad} 转化为 O_{ad} 和 OH_{ad}，反应如下：

$$OOH_{ad} \Longleftrightarrow O_{ad} + OH_{ad}（步骤2） \tag{3.41}$$

随后进行质子-电子转移：

$$O_{ad} + H^+ + e^- \Longleftrightarrow OH_{ad}（步骤3） \tag{3.42}$$

第二个路径涉及如下两个反应（步骤 $2'$、步骤 $2''$）：

$$OOH_{ad} + H^+ + e^- \Longleftrightarrow 2OH_{ad}（步骤2'） \tag{3.43}$$

这个反应能够形成 2 个 Pt-OH。该步骤的另一个路径是形成过氧化氢：

$$OOH_{ad} + H^+ + e^- \Longleftrightarrow 2H_2O_2（步骤2''） \tag{3.44}$$

这个反应通过二电子途径形成非理想的反应副产物。在 PEM 中，作为自由基形成和反应的前驱体，过氧化氢起到了关键的作用。

将第一种路径的步骤 2 和步骤 3 联系起来，最后两个协同的质子-电子传递的两个相同反应将吸附的 OH_{ad} 转化为水，从而完成四电子的反应路径，即：

$$2(OH_{ad} + H^+ + e^-) \Longleftrightarrow 2H_2O（步骤4和步骤5） \tag{3.45}$$

每个基本反应具有相应的标准平衡电位，其值可以通过第一性原理计算得到。在平衡状态下，对于每一个基本的反应步骤，这些标准的平衡电位之间具有一种简单的数学关系。式（3.43）中，对于第一种四电子的反应路径，有如下关系：

$$\frac{E^0_{O_2,OOH} + E^0_{OOH,OH} + 2E^0_{OH,H_2O}}{4} = E^0_{O,H_2} = 1.23V \tag{3.46}$$

整个反应通过三种中间体进行：OOH_{ad}，OH_{ad} 以及 O_{ad}。这表明，对动力学中阻碍最大的步骤的活化能的 Sabatier-volcano 分析应该评估每一步骤的最高活化吉布斯自由能来作为所有三种中间体的吸附能的函数。然而，Nørskov 及其同事的 DFT 详细研究揭示了这些中间体的吸附能之间的位点差关系（Rossmeisl 等人，2005 年）。这种线性关系为：

$$\Delta G(OH_{ad}) \approx 0.5\Delta G(O_{ad}) + C_1 \tag{3.47}$$

以及：

$$\Delta G(OOH_{ad}) \approx 0.5\Delta G(O_{ad}) + C_2 \tag{3.48}$$

上述公式中，对于 Pt（111）晶面，$C_1 = 0.04eV$，$C_2 = 3.18eV$。等式右侧，系数 0.5 是因为 O_{ad} 与吸附表面形成双键，而 OOH_{ad} 及 OH_{ad} 与吸附表面形成单键造成的。这个比例关系将金属催化剂的 ORR 活性描述参量从 3 个减少到了 1 个。

ORR 反应的 Sabatier-volcano 分析曲线如图 3.20 所示。该曲线表明，ORR 的净活化电位的负值 $-\Delta G^{net}_{act}$，是 O_{ad} 吸附的吉布斯自由能 $\Delta G(H_{ad})$ 的函数。ΔG^{net}_{act} 是一个复合参数，它表示反应的准平衡步骤的吉布斯自由能和具有最大势垒的反应步骤的活化吉布斯能量的总和。在"自由能量模型"（ORR）以及式（3.56）和式（3.57）中，我们将继续讨论自由能曲线（free energy diagram），ΔG^{net}_{act} 的物理意义将会变得更加清楚。ΔG^{net}_{act} 与本征交换电流密度有关，即 $k_B T \ln j_*^0 \approx (-\Delta G_{act}^{net})$。在 $\Delta G(O_{ad}) > \Delta G^{ref}(O_{ad})$ 处的线性递减区间，通过的式（3.40）形成的 OOH_{ad} 具有最高的反应活化势垒。在该区间，反应能量有如下关系：

$$\Delta G_{act}^{net} = \Delta G_{act}^{ref} + \beta_r [\Delta G(O_{ad}) - \Delta G^{ref}(O_{ad})] \tag{3.49}$$

式中，β_r 表示 OH_{ad} 形成的 Brønsted 系数，其数值在 0～1 之间，而 ΔG_{act}^{ref} 则对应于火山曲线上活化能的最大值。

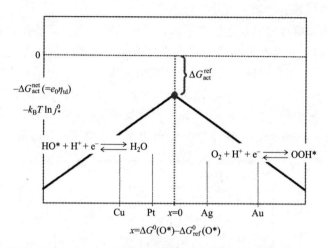

图 3.20　ORR 反应 Sabatier-volcano 曲线的示意图。该图表明，动力学上反应势垒最大的本征反应激活能的负值 $-\Delta G_{act}^{net}$ 是 O_{ad} 吸附的吉布斯自由能 $\Delta G(H_{ad})$ 的函数。对于曲线右侧线性递减的区间，第一个氧的形成是动力学控制步骤（吸附太小）。对于曲线左侧线性增大的区间，氧中间体的脱附是热力学控制步骤（吸附太大）

当 $\Delta G(O_{ad}) < \Delta G^{ref}(O_{ad})$ 时，公式（3.45）（即步骤 4 与步骤 5）中，反应产物的脱附是反应活化能最大的步骤。在该区间上，反应活化能有如下关系：

$$\Delta G_{act}^{net} = \Delta G_{act}^{ref} - \beta_1 [\Delta G(O_{ad}) - \Delta G^{ref}(O_{ad})] \tag{3.50}$$

式中，β_1 是 Brønsted 系数，其数值在 0～1 之间。图 3.20 中的曲线表明，此时吸附物的吸附能力太强，比如 Cu。对于吸附能力更小的物质，比如 Pt、Ag 甚至是 Au，氧化物在其表面的形成的动力学条件则更差。

ΔG_{act}^{ref} 的值是多少？对于过渡金属 HOR 的情况下，ΔG_{act}^{ref} 的理想值约为 0eV。如 Koper（2011 年）所讨论的，Nørskov 及其同事提出，对于过渡金属的 ORR 反应，ΔG_{act}^{ref} 的值约为 0.4eV。这个数值意味着 HOR 和 ORR 的交换电流密度应差大约六个数量级，这一点与实验的结果相吻合。

电极上的过电位对 volcano（火山形）曲线以及相关的活性值有什么影响？根据公式 $\Delta G_{act}^{ref}(\eta) = \Delta G_{act}^{ref}(\eta = 0) + \alpha e_0 \eta$，过电位会使反应活化能在火山曲线的任一个区间内升高。如果火山曲线的两个区间对的电子转移系数相同，ORR 的反应机制保持不变，同时 η 改变时，电极的反应条件也不发生改变，那么火山曲线将沿纵坐标轴平行移动。在此条件下，在右限 η 下的催化剂活性的变化值将与 $\eta = 0$ 时的变化值相同。然而，在上述这些条件中有任何一个条件不满足的情况下，火山曲线从 $\eta = 0$ 到 $\eta > 0$ 进行简单外推是不可行的。

3.6.5　ORR 反应的自由能

不同的研究小组从理论上对 ORR 的具体机制提出了不同的模型（Jacob，2006 年；Rossmeisl 等人，2005 年；Roudgar 等人，2010 年）。图 3.21 展示了通过 Rossmeisl 等人（2005 年）的反应机制计算的自由能曲线。这个机制与上一节提出的略有不同，但在基本的方面上是一样的。计算每一步反应的吉布斯自由能的复杂程序涉及热化学建模，以过滤掉那些可以使用 DFT 计算的性质。

图 3.21 中自由能曲线的不足之处在于，它只显示了基本步骤的反应吉布斯自由能。而对于每一个反应步骤，它没有显示活化吉布斯自由能。因此，不可能识别出具有最高活化能量势垒的反应步骤。如果要确定反应途径并准确描述 ORR 反应的动力学方程，那么这一点是非常必要的。在类似的方法中，Roudgar 等人（2010 年）研究了在水合 Pt_4 簇中的 ORR 反应机理。在这项研究中，他们考虑了 6 个反应步骤，并且采用轻推弹性带法（the nudged elastic band method），明确计算了质子-电子转移协同过程的活化能。

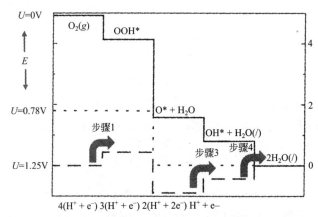

图 3.21　对应于 SHE 下，不同电极电位下 ORR 反应的吉布斯自由能的变化值的计算结果。接近平衡条件下（折线），该曲线包括两个向上的折线，代表了步骤 1、步骤 3 和步骤 4。图中部的曲线（点画线）对应于电极电位低于 0.78V 时，整个反应步骤的吉布斯自由能都是下行的

每一个反应的吉布斯自由能变化由内部的能量 ΔU 和由外加的电极电位导致的能量变化 ΔG_E 所组成，即 $\Delta G = \Delta U + \Delta G_E$。熵变和零点能量对于吉布斯自由能的贡献可以忽略不计。反应平衡对应于整体反应的总吉布斯自由能变为 0 的情况，此时 $O_2 + 4H^+ + 4e^- \rightleftharpoons H_2O$，相应的过电位 $\eta = E - E_{O_2,H^+}^{eq} = 0$。当过电位为负时，$\eta < 0$，涉及耦合的质子-电子的每一个反应步骤的吉布斯自由能的改变可通过等式 $\Delta G_E = e_0 \eta$ 进行计算。

沿着反应路径构建的吉布斯自由能曲线将水溶液中的 O_2 的初始状态与最终状态通过两个新形成的水分子连接起来。标准电极电位下平衡时，即 $E = E_{O_2,H^+}^{eq} = 1.23eV$，自由能曲线上呈现出两个向上的区间：第一个对应于从分子状态的氧形成 OOH_{ad}（步骤 1），第二个对应于 O_{ad} 转变为水分子（步骤 3 和步骤 4）。中间步骤 2（图 3.21 中未示出）在催化剂表面上将不稳定的中间体 OOH_{ad} 转化为更加稳定的物质。如 Rossmeisl 等人（2009 年）所述，对于 ORR 反应，理想的催化剂在反应平衡时表现出完全水平的吉布斯自由能曲线。然而，对于任何实际的 ORR 催化剂，这一点都不可能实现。在 Pt（111）处的 ORR 的电极电位 $E = 0.78V$（v_s SHE），低于该值，曲线则表现出一直下降的趋势。

3.6.6　解密 ORR 反应

到目前为止，我们呈现出的都是 ORR 反应的基本原理。我们讨论了表面吸附的氧中间体在电位控制下的形成机制，不同的反应途径以及典型的分步反应下的自由能分布。下面我们将讨论一个总的问题：对于 Pt 基催化剂，我们如何将这些要素考虑到一个总的反应机制中？是什么因素控制了反应的净速率？在 Butler-Volmer 方程中，这些与基本反应机理相关的反应参数又该如何定义？

在这里，我们讨论并分析了稳态条件下 ORR 的动力学模型。分析的重点是将这些反应机理联系起来，包括反应（3.40），（3.41），（3.42）和（3.45）。这些反应的平衡速率方程如下：

$$v_1 = k_1[O_2][H^+](1-\theta_O-\theta_{OH}-\theta_{OOH}) \tag{3.51}$$

$$v_2 = k_2\theta_{OOH}(1-\theta_O-\theta_{OH}-\theta_{OOH}) \tag{3.52}$$

$$v_3 = k_3[H^+]\theta_O - k_{-3}(1-\theta_O-\theta_{OOH}) \tag{3.53}$$

$$v_4 = k_4[H^+]\theta_{OH} - k_{-4}(1-\theta_O-\theta_{OH}-\theta_{OOH}) \tag{3.54}$$

光谱学的研究表明，OOH_{ad} 覆盖范围可忽略不计（Wakisaka 等人，2010 年；Wang 等人，2007 年）。此外，式（3.51）中，逆反应可忽略不计。由于 OOH_{ad} 不稳定，并且自发地反应形成 O_{ad} 和 OH_{ad}，因此式（3.52）中的逆反应可忽略不计（Rossmeisl 等人，2005 年，2009 年）。

在稳态下，反应速率必须达到以下平衡：$v_{ORR}=v_1=v_2=v_3=\frac{1}{2}v_4$，代表三个覆盖变量的三个独立方程，由于 $\theta_{OOH}\approx0$，可以假定 $k_1[O_2][H^+]\ll k_2$。该假设消除了由 v_2 代表的过程，其瞬态过程遵循慢得多的第一步反应，此时会形成 OOH_{ad}。因此，可以得到如下用于描述 ORR 的总体速率的方程：

$$v_{ORR}=\frac{k_1k_3k_4[O_2][H^+]^3}{k_1[O_2][H^+](2k_{-3}+k_4[H^+]+2k_3[H^+])k_3k_4[H^+]^2+k_3k_{-4}[H^+]+k_{-3}k_4} \tag{3.55}$$

这个烦琐的表达式可以转化成更具吸引力的形式，可以使统计变得更加简便，同时能够使求解变为可能。逆 ORR 反应速率可以通过式（3.56）进行求解：

$$\frac{1}{v_{ORR}}=\frac{1}{k_1^*}+\frac{1}{k_3^*}+\frac{2}{k_4^*}+\frac{2}{K_3k_4^*}+\frac{1}{K_4k_1^*}+\frac{1}{K_3K_4k_1^*} \tag{3.56}$$

式中，$k_1^*=k_1[O_2][H^+]$，$k_3^*=k_3[H^+]$，$k_4^*=k_4[H^+]$，这些速率常数取决于氧和质子浓度。并且，$K_3=k_3^*/k_{-3}$，$K_4=k_4^*/k_{-4}$。

在形式上，ORR 反应的逆反应总速率公式（3.56）可以看成是串联电阻网的总电阻。式（3.56）中的所有因数对反应速率都有贡献，但是反应速率最小的因数，即反应阻力最大的因数在 v_{ORR} 中起主导作用。分母中每一项都可以写成 $K_3^vK_4^\mu k_i^*$ 的形式，其中指数 v，$\mu=0$、1，$i=1$，3，4。K_s 是上坡反应步骤的准平衡速率常数，该反应不是由动力学速率决定的。它们代表了通过相应步骤的反应吉布斯自由能确定的热力学势垒。小的 k_i^* 是具有最大活化势垒 $\Delta G^\ddagger$ 的上坡步骤的动力学速率常数。

式（3.56）中，每一个反应的净速率都具有有效的电阻形式：（ⅰ）通过最高的能量势垒的"电荷载体"数量可由 K 值的乘积表示。（ⅱ）这些载体的迁移率由动力学速率 k^* 表示。在这种反应机制下，有三个可能的上坡反应存在，这三个反应都涉及了质子-电子的协同转移过程。分别对应于等式（3.40）中速率常数 k_1^* 代表的 OOH_{ad} 吸附，等式（3.42）中速率常数 k_3^* 代表的中间步骤以及等式（3.45）中速率常数 k_4^* 代表的水脱附。

作为基本规则，大多数的因数对于反应的贡献率都比较小。在等式（3.56）中，改变电极电位 E 或氧的浓度 $[O_2]$ 会导致所有速率的变化，并且会导致起主导作用的因数发生改变。这些转变对应于 Butler-Volmer 方程中动力学参数的转换，包括 α_c，j_*^0 以及反应顺序。原则上讲，通过 DFT 的方法，公式（3.56）中每个阻力因数的净速率都可以通过吉布斯自由能曲线确定。然而，迄今为止的 DFT 研究没有考虑到吸附的氧中间体的含量对于吉布斯自由能的影响，更不用说表面上氧中间体之间的相互作用。严格来说，它们只能以相同的方式来处理 Langmuirian 吸附。

式（3.56）中因数的主要特征与氧的浓度和电极电位的影响有关。关于 $[O_2]$，式（3.56）包含了在 $[O_2]$ 中的第 0 和第 1 步骤的混合。因此，有效的系数应该在 0 和 1 之间。在 $[O_2]$ 足够小的情况下，第 1 步骤将占优势。在这种情况下，吸附 OOH_{ad} 的形成速率是具有最高活化势垒的动力学过程，也就是说此时 $k_1^* \ll k_3^*$，k_4^*。实验结果均表明，ORR 的 $[O_2]$ 的依存关系在 ORR 的正常电位范围内是一阶的（Ihonen 等人，2002 年）。如果该吸附步骤代表最高的平衡势垒（或小的过电位），它必须保持在任何过电位降下具有最高活化势垒。

O_{ad} 或 OH_{ad} 的强结合是在热力学限制因素的条件下，式（3.56）是如何与图 3.20 中的火山图相互对应的？图 3.21 中吉布斯自由能的曲线将给出答案：最初的 OOH_{ad} 的形成（步骤 1）表现出任何单一步骤的最高活化势垒，因此此时该反应是热力学控制步骤；然而，如果合在一起考虑的话，对应于 K_3 和 K_4 两个最后的上坡步骤，构成了更大的吉布斯自由能差值，此时该反应则变成了动力学控制步骤。

对于等式（3.56）的进一步讨论将仅限于在 $[O_2]$ 的一阶依存关系下进行。在此条件下，当阴极过电位（$|\eta_{ORR}| = E_{O_2, H^+}^{aq} - E$）的绝对值增加时，ORR 反应的总速率将发生如下变化：

$$(\upsilon_{ORR} \sim K_3 K_4 k_1^*) \to (\upsilon_{ORR} \sim K_4 k_1^*) \to (\upsilon_{ORR} \sim k_1^*) \tag{3.57}$$

氧化物质的归一化稳态覆盖率由下式给出：

$$\theta_O = \frac{1}{1 + K_3 + K_3 K_4}, \quad \theta_{OH} = \frac{K_3}{1 + K_3 + K_3 K_4}, \quad \theta_{OOH} \approx 0 \tag{3.58}$$

为了与实验数据进行比较，定义总覆盖率为：

$$\theta_t = \theta_O + \theta_{OH} = \frac{1 + K_3}{1 + K_3 + K_3 K_4} \approx 1 - K_3 K_4 \tag{3.59}$$

Rossmeisl 等人（2005 年）、Jacob 等人（2006 年）以及 Roudgar 等人（2010 年）的研究均表明，从原则上讲，等式（3.59）中所需的反应和活化自由能可以从反应途径和机制的最初研究中获得。在反应平衡时，对于特定的反应步骤，这些能量参数的数值将决定 ORR 反应的有效活化电位和交换电流密度。这些关系由于吸附反应的相互作用以及氧中间体吸附能的特异性分散而变得非常复杂。目前，这种影响没有从根源上得到充分研究。

在吸附物相互作用的影响不起作用的情况下，这种分析就变得相当简单。这种情况在 Langmuirian 吸附下或在饱和极限 $\theta_0 \to 1$ 的时候发生。前一种假设是一种不切实际的理想条件，在 Sepa 等人的开创性工作（1981 年）中已经证明了这一点。在后一种假设中，可以进一步确定 Butler-Volmer 方程中有效传递系数的值。由 v_{ORR} 中的因数 K 所代表的每一个准平衡步骤，都可以通过公式 $\frac{1}{4}(E-E_{O_2,H^+}^{eq})$ 计算出净活化能的潜在依赖性部分。具有最高势垒的步骤是质子-电子协同转移反应，可以假定转移系数 $\alpha_{k_1}=1/2$。因此，有如下比例关系：

$$v_{ORR} \propto \exp\left(-\frac{\alpha_c F(E-E_{O_2,H^+}^{eq})}{R_g T}\right) \tag{3.60}$$

式中，有效传递系数：

$$\alpha_c = \frac{v+\mu+2}{4} \tag{3.61}$$

在室温下，提高过电位，式（3.57）中有效传递系数 α_c 和 Tafel 斜率 $b=R_g T/\alpha_c F$ 的变化趋势为：（i）高电极电位下，$\alpha_c=1$，$b=60\text{mV}$；（ii）中等电极电位下，$\alpha_c=0.75$，$b=80\text{mV}$；（iii）低电极电位下，$\alpha_c=0.5$，$b=120\text{mV}$。这些值与 Sepa 和 Damjanovic 的研究结果一致。

总体而言，式（3.59）的动力学模型和统计分析代表了一种调节表面反应的动力学模拟与反应途径和自由能曲线的初步研究方法，反应中间体含量的实验研究以及在表面中使用的宏观有效参数，基于现象学 Butler-Volmer 方程的反应模型。通过联合机制可以对基本反应步骤的特定规律进行研究。相同的表现形式可以用于不同的反应顺序。对于应用于宏观模型的 ORR 反应的有效动力学参数，假设氧浓度的反应条件为 $\gamma_{O_2}=1$ 似乎是合理的。作为电极电位的函数，ORR 反应的有效传递系数 α_c 为 1 和 0.5 之间的一系列变化的离散值。质子浓度 γ_{H^+} 的反应顺序取决于吸附的方式，然而对于其数值的推测也是非常重要的。$\alpha_c-\gamma_{H^+}$ 是催化层内水填充纳米孔洞中静电效应的决定因素，这一点将在后续章节"水填充纳米孔洞的 ORR 反应：静电效应"中进行讨论。

3.6.7　关键的说明

上文所提出的"解密 ORR 反应"的途径不代表一般的理论，而仅仅是分析反应机理和反应路径。它揭示了如何从动力学建模和热力学模拟以及从仿真的热力学参数中获得答案。它展示了如何构建 ORR 有效电子转移系数 α_c 的表达式的推导过程。相应地，ORR 反应的热力学活化电位 ΔG_{act}^{net}，也可以通过进一步的推导而得出。

图 3.21 中吉布斯自由能曲线以及图 3.20 所示的 ΔG_{act}^{net} 和 $\Delta G(O_{ad})$ 的相关性中存在两个不足。首先，如上文所述，ORR 反应的吉布斯自由能曲线仅涉及最基本的反应中的能量变化，而并没有考虑到反应活化能。因此，从这个曲线上来看，不可能用最高的活化能来判定反应序列中的步骤，而为了评估等式（3.56）中的各因数，这一点是非常必要的。对于电极电位低于 $0.78V_{SHE}$ 的吉布斯自由能分布，这个缺点是最为明显的。图 3.21 表示在（或更低）这个电位下，应该有 $\alpha_c=0$ 和无穷大的 Tafel 斜率。然而，如果活化势垒对于在动力学上抑制反应步骤 1 是有限的，那么可以预计在较小电位下 α_c 会一直维持在 0.5。这一推断与 Zalitis 等人最近的一项研究（2013 年）一致，该研究表明，在广泛的电位范围内 ORR 反应的 Tafel 斜率是有限的。

第二个不足是图 3.20 中火山图的一致性，可能会提出一个问题。氧浓度的一阶反应动力学关系意味着图 3.21 中 OOH_{ad} 形成的第一步是具有最高活化势垒的步骤。在这种条件下，为什么 Pt 出现在火山曲线极值的左侧？这表明表面氧中间体的强吸附是控制反应的主要步骤。ΔG_{act}^{net} 是一个复合参量，它表明步骤 3 和步骤 4 同步骤 1 进行得一样缓慢。步骤 1 应具有最高的活化能，使其成为动力学最受阻碍的步骤，但是步骤 3 和步骤 4 共同决定了 ΔG_{act}^{net} 的值。

3.7　水填充纳米孔洞的 ORR 反应：静电效应

CLs 中的反应条件由化学组成和微观结构决定。CL 建模的通常方法是将多孔复合电极层作为大孔分散介质。在宏观尺度上，其有效物理性质可以通过渗透理论、有效介质近似、随机网络模拟对空间变化的微结构特性进行平均来获得（Sahimi，2003 年；Stauffer 和 Aharony，1994 年；Torquato，2002 年），或者采用数学上严格的均匀化方法来获得（Schmuck 和 Bazant，2013 年）。多孔电极理论中任何经典方法的主要假设都是电中性的。本节将重点强调局部反应条件对 CLs 的纳米孔洞的重要性。在这种情况下，空间变化的离子电荷分布对内孔表面的电化学过程产生重大影响。在电化学双电层区域中发生的这种电荷分布，使电中性的假设变得不再成立。实际上，当双电层的名义上的厚度，即德拜长度，与孔洞的半径相同时，双电层的概念本身就变得毫无意义。

本节将阐述纳米多孔催化层介质中质子密度（或 pH 值）和溶液电位的相关变化带来的影响。这些变化在常规 CL（Ⅰ型电极）中的介观（或聚集体）尺度下是非常显著的（参见图 3.1）。在 Pt/C 聚集体的初级孔侧面的 Pt 纳米颗粒，对产生总 ORR 反应电流有显著的贡献。由于分子量大，离聚物可能无法渗透到这些孔洞中，而却可以在聚集体表面形成薄的黏合剂表层（Malek 等人，2007 年）。因此，聚集体中的大部分 Pt 颗粒不会被离聚物包围，而是被水包围。

在具有带电金属壁的充满水的纳米孔中，质子分布和传输的重要性在不含离聚物的 UTCL（Ⅱ型电极）中是最显著的（参见本节中讨论的重点案例）。无论对于哪种类型的 CLs，质子和纳米尺度的电位分布都是由静电现象决定的。

本节中将提出一个具有 Pt 带电壁的、充满水的单一孔洞中的 ORR 反应模型。这个模型提供了有效性因子的概念，通过这一概念，可以评估任何纳米多孔 CL 材料的性能。由于 ORR 反应动力学与金属腐蚀性溶解的相互作用，本节将得出一个引人注目的结论。

3.7.1　无离聚物的超薄催化层

最近几年，由于 CCL 的 Pt 担载量明显降低，UTCL 的先进设计展现出巨大的发展，超薄催化层中 Pt 的担载量从 $0.4g \cdot cm^{-2}$ 减少到 $0.1g \cdot cm^{-2}$。通过将 Pt 表面结构、支撑效应和纳米孔中独特的反应条件的变化相结合，这些 UTCL 可以显著改善 Pt 过氧离子体浸渍的 Pt/C 的质量比活性，例如用 3M 的纳米结构制备的 UTCL 薄膜技术（3M NSTF）（Debe，2013 年；Debe 等人，2006 年）。在功率密度方面，阴极侧具有 3M NSTF 层的 MEAs 与标准的 Pt/C 基 CCL 相当，并且具有优异的耐久性。

将 UTCLs 与常规 CLs 区分开来的主要特征是它们不含离聚物，并且在厚度上至少薄一个数量级（l_{CL} 尺寸为 20～500nm）。不同的组成和厚度，导致质子密度和溶液相电位的不同分布以及质子、电子和溶解氧等电活性物质的不同传输特性。Pt 担载量以及厚度的降低，导致其 ECSA 明显小于常规的 CLs。通过循环伏安法测定的 UTCLs 的典型表面积增强因子（ECSA 与表观电极表面积的比例）在 10^{-40} 以下。这一值远低于传统的离聚物浸渍的 CCLs。尽管常规 CCLs 中的 ECSA 值较低，依然能够通过改善局部反应条件提高催化性能或通过和更高的活性比表面积（A·cm^{-2}）来弥补。

对低 Pt 担载量的催化层的开发导致了一系列无载体和有载体的 UTCLs 的发展。无载体的 UTCLs 是通过溅射或离子束辅助沉积 Pt 直接在 PEM 或扩散介质上制备的（Gruber 等人，2005 年；O'Hayre 等人，2002 年；Saha 等人，2006 年）。在有载体的 UTCLs 中，人们已经研究了电子导电以及绝缘担载材料，二者的性能如图 3.22 所示。对于前一种情况，Pt 纳米颗粒沉积在导电载体上，以使纳米级的 Pt 利用率达到最大化。这种方法可以更大程度地降低 Pt 担载量。人们已经测试了大量的载体材料的性质，包括碳纳米管（Ramesh 等人，2008 年；Tang 等人，2007 年）、Au 纳米多孔箔（Zeis 等人，2007 年）以及有序的金属和金属氧化物的纳米多孔电极（Kinkead 等人，2013 年）。可以通过 Pt 盐的电沉积、化学沉积或溅射来制备 Pt 纳米粒子。碳载体层的优势是没有碳的腐蚀现象发生，能够进一步提高催化层的使用寿命。

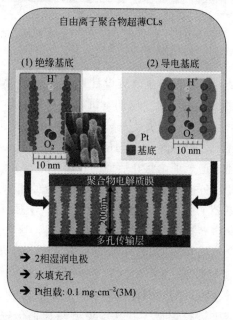

图 3.22　具有绝缘或导电载体材料的无离子交联聚合物超薄催化层的设计和关键性质的说明，其典型的厚度在 200nm 内

绝缘支撑材料的情况可以由 3M NSTF 设计来举例说明（Debe，2013 年；Debe 等人，2006 年）。这种催化层使用结晶有机颜料（苝红）作为载体材料。溅射沉积 Pt 形成的连续层将有机衬底转变成导电的、并且具有电催化活性的介质。形成连续 Pt 层所需的最小 Pt 担载量为 $20\mu g\cdot cm^{-2}$。所得的催化层由密集填充的晶须组成，晶须的横截面直径约为 50nm，纵横比为 20～50，填充密度为每平方厘米 30 亿～50 亿个晶须。

通过多个电压循环过程，在晶须上才能够形成平滑的多晶 Pt 表面，此后 3M NSTF 膜才能够正常稳定工作。通过氢欠电位沉积循环伏安曲线可以测定所得结构的表面积增强因子，其值为 10^{-25}。因此，典型 UTCLs 的表面积增强因子（或粗糙度因子，真实表观面积比）比常规的 CCLs 小 10～40 倍。这种不足可以通过改进催化剂利用率和增强 ORR 的活性比表面积来补偿。对于多晶 Pt，这一值可以达到直径 3nm 的 Pt 纳米颗粒的 5～10 倍。

图 3.23 为镀 Pt 催化层转移到 PEM 表面前后的 SEM 照片。Pt 的担载量在 0.1mg·cm^{-2} 时获得了极好的功率密度。3M NSTF 催化层的另一优势是对 ECSA 电阻降低的改善。研究清楚表明，用 3M NSTF 催化层制造的 MEA 具有优异的耐久性和使用寿命（Debe 等人，2006 年）。

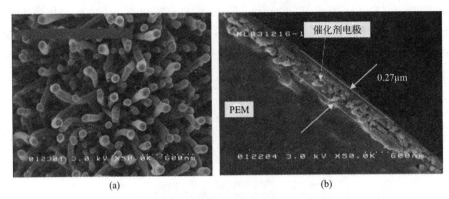

图 3.23　3M NSTF 镀 Pt 催化层转移到 PEM 表面之前（a）与
之后（b）的 SEM 照片。图像分辨率均为 50000 倍

人们普遍关心的问题是，通过进一步改进设计，能否实现 3M NSTF 催化层 Pt 担载量进一步降低以及提高耐用性和使用寿命。例如，沉积在导电载体上的纳米颗粒，可以作为催化增强剂。为了解决这个问题，我们需要一种使基于离聚物的 UTCLs 中的基本电化学过程更加趋于合理化的理论模型，特别是需要理解内壁具有充电孔洞的纳米多孔介质中质子传输和反应速率分布的机理。这个理论将在后面的章节中进行介绍。

众所周知，使用 3M NSTF 技术的 MEAs 面临着严重的水管理难题。它们在相对湿度较低时具有比常规 CCLs 更差的性能，这可能是水合物层中质子传输不足导致的。此外，NSTF MEAs 表现出更高的多孔扩散介质被水充满的倾向，这会关闭气态反应物的传输通道。这些问题对于其他不含离聚物的 UTCLs 也是很常见的，最近 Chan 和 Eikerling 对这一问题进行了相关研究（2014 年）。

UTCL 所需的最小电导率可以通过载体材料中产生的扩散速率和电子传导与电导率 σ_{el} 之间的相互作用的简单模型来进行评估。其基本模型与评估传统 CCLs 中质子传输限制和反应相互作用的模型大致相同，例如 Eikerling 等人的模型（2007 年）。将 $l_{CL}=100nm$ 代入公式（3.1），可得 $\sigma_{el}>10^{-4} S·cm^{-1}$。其他选择载体材料的相关性质包括：（ⅰ）孔洞或固体结构的特征尺寸，这决定了催化剂的 ECSA；（ⅱ）孔洞的网络形态，这决定了物质的传输性质；（ⅲ）催化层厚度，这决定了传输和反应的相互作用；（ⅳ）载体材料本身的稳定性；（ⅴ）ORR 反应活性和催化剂溶解状态下的催化性能。

由于 UTCLs 不含有额外的电解液，所以这一层中质子传输的模式仍然是一个有争议的问题。Chan 与 Eikerling 等人的研究中提到（2011 年），充满水的 UTCLs 孔洞中的质子在块体-水中的传输过程，类似于带电纳米流体通道中的离子迁移（Daiguji，2010 年；Stein 等人，2004 年）。质子与孔洞内壁表面的静电相互作用，决定了孔洞中质子的传导特性。

为了研究金属表面电荷密度对 UTCLs 性能的影响，Chan 和 Eikerling（2011 年）开发了一种连续的单孔模型，其特征为充满水的圆柱形孔洞内壁表面担载 Pt 进行氧还原反应。

在另一端，孔洞与 PEM 相接触，作为质子的存储层。质子与孔壁上金属表面电荷密度的静电相互作用力 σ_M 驱使质子迁移到孔洞中。金属-溶液界面的 Stern 模型将 σ_M 与金属相位电位 Φ^M 相互关联起来。

孔洞中的质子和电位分布可由 Poisson-Nernst-Planck 理论确定，氧的分布可由菲克定律进行求解。金属表面电荷密度和孔洞中相对应的质子传导率可通过电极电位与金属零电荷电位 ϕ^{pzfc} 的差值来确定，这是决定孔洞中电流转换效率的决定性因素。孔洞性能的其他决定性因素包括亥姆霍兹电容 C_H、ORR 反应的动力学参数、孔径以及长度。这种孔洞的简单模型可以与具有 UTCLs 的 MEAs 的实验极化数据进行对比来确定。我们将进一步讨论该模型对 UTCLs 材料选择和纳米结构设计的影响。

3.7.2　具有带电金属内壁的充水孔洞模型

如图 3.24 所示，不含离聚物的 UTCLs 中的水填充的纳米孔洞可以通过以下特征进行建模，半径为 R_p、长度为 L_p 的直的充水的圆柱形孔洞，Pt 粒子分布在平滑的孔洞内壁上。该模型忽略了几何表面粗糙度和原子尺度的异质性在孔壁上产生的影响。孔的一端由 PEM 限定，$z=0$，提供质子；另一端由 MPL 或 GDL 限定，$z=L_p$，提供氧。电荷转移发生在 Pt-溶液界面处。

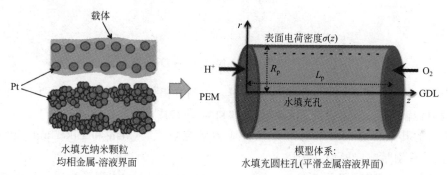

图 3.24　UTCLs 纳米孔洞的模型示意图。假定孔洞是表面载有 Pt 的直圆柱形。孔洞的一端是 PEM，另一端是多孔的传输层（MPL 或 GDL）。如左图所示，在真实的 UTCLs 孔洞中，若载体材料是导电的，Pt 可以以纳米颗粒的形式存在；若载体材料是绝缘的，则 Pt 层应该是连续的

UTCLs 中没有离聚物相，因此孔壁处的表面电荷是质子迁移到孔中的驱动力。由于研究的重点是大多数 UTCLs 的响应，所以在 PEM/UTCL 界面处的双电层效应可以被忽略。这是因为只有当 UTCLs 的大部分基本上处于非活动状态时，双电层的影响才会变得显著。

值得一提的是，在第 2 章"质子传输"一节中讨论的 UTCLs 孔洞中的质子传输现象与 PEM 充水孔洞中的非常相似。在这两种情况下，液态水都作为质子的载体，其质子浓度由孔壁上的电荷密度所决定。二者的主要区别在于，在 PEM 孔洞中，界面的电荷密度是在材料制备阶段就决定了的。它与固定的阴离子表面基团的堆积密度相对应。而在 UTCLs 孔洞中，表面电荷密度是施加的金属电位和金属结构的函数。

孔洞中的电化学性质需要通过界面处的法拉第电流密度 j_F 和 ϕ^M 之间的关系所确定。为了建立这种关系，需要以下几个条件：（ⅰ）将 ϕ^M 与 σ_M 相关联的电双层模型；（ⅱ）将 σ_M 与反应物浓度联系起来的传输方程；（ⅲ）将局部反应物浓度和电位与 j_F 相关联的电荷

转移动力学方程。Chan 和 Eikerling（2011 年）开发的连续模型由反应物传输、金属表面电荷和电荷转移动力学的耦合关系所组成。

与水合质子的尺寸相比，孔洞的尺寸较大时，这种连续模型是适用的。在生物离子通道的研究中，连续模型和分子动力学模拟的结果在直径 $>15\mathring{A}$ 的通道中表现完全相同（Noskov 等人，2004 年）。对于更小尺度的孔洞，该模型则需要进一步修正（Corry 等人，2003 年；Graf 等人，2004 年；Nadler 等人，2003 年）。由于 UTCLs 中典型的孔径大于 5nm，因此连续模型是适用的。

3.7.3　控制方程与边界条件

质子浓度 c_{H^+} 和溶液中的电位分布由 Poisson-Nernst-Planck（PNP）模型所决定，该模型广泛应用于生物膜离子迁移理论的研究（Coalson 和 Kurnikova，2007 年；Keener 和 Sneyd，1998 年）。氧的扩散由菲克定律所确定。在孔洞内，质子和氧的连续性和传输方程为：

$$\frac{\partial c_{H^+}}{\partial t} = -\nabla N_{H^+}, \quad N_{H^+} = -D_{H^+}\left(\nabla c_{H^+} + \frac{F}{R_g T}c_{H^+}\nabla \Phi\right) \tag{3.62}$$

$$\nabla \Phi = -\frac{F}{\varepsilon_0 \varepsilon_r}c_{H^+} \tag{3.63}$$

以及：

$$\frac{\partial c_{O_2}}{\partial t} = -\nabla N_{O_2}, \quad N_{O_2} = -D_{O_2}\nabla c_{O_2} \tag{3.64}$$

式中，c_i 和 N_i 表示物质 i 的浓度和通量。控制方程是轴向 z 和径向 r 两个空间维度上的时间函数传输方程（Chan 和 Eikerling，2011 年，2012 年）。

在本节的其余部分，求解稳态方程将成为研究焦点。Chan 和 Eikerling 已经发表了 UTCLs 的线性阻抗响应模型（2012 年）。

边界条件：在 PEM-孔界面处，$z=0$，c_{H^+} 与块体 PEM 的体积平均质子浓度相关。该假设忽略了 PEM 内的扩散层效应。假设界面处的电势是均匀分布的，并且氧气的通量为零，则有：

$$c_{H^+}(r,0) = c_{H^+}^0, \quad \Phi(r,0) = \Phi^0, \quad \left.\frac{\partial c_{O_2}}{\partial z}\right|_{z=0} = 0 \tag{3.65}$$

在 UTCLs 孔洞与多孔扩散介质的界面处，$z=L_p$，假设溶解氧的浓度是固定的，则可采用亨利定律从反应气体中的氧分压来确定，$c_{O_2}^0 = H_{O_2}p_{O_2}^0$。此外，质子通量一定为零。因此，有如下关系：

$$c_{O_2}(r,L_p) = c_{O_2}^0, \quad \left.\frac{\partial c_{H^+}}{\partial z}\right|_{z=L_p} = 0, \quad \left.\frac{\partial \Phi}{\partial z}\right|_{z=L_p} = 0 \tag{3.66}$$

该模型具有轴对称性，因此在孔洞的中心，$r=0$ 处，则有：

$$\left.\frac{\partial \Phi}{\partial z}\right|_{z=0} = 0, \quad \left.\frac{\partial c_{H^+}}{\partial z}\right|_{z=0} = 0, \quad \left.\frac{\partial c_{O_2}}{\partial z}\right|_{z=0} = 0 \tag{3.67}$$

对于内孔壁的边界条件，假定 $r=R_p$，与反应位置或亥姆霍兹平面相吻合，即水合质子最接近界面的平面。$r=R_p$ 处的数值通过上标"s"表示。反应平面正交的质子和氧通量与对应的法拉第电流密度有关：

$$N_{H^+}(R_p, z)n_r = \frac{j_F(z)}{F}, \quad N_{O_2}(R_p, z)n_r = \frac{j_F(z)}{4F} \tag{3.68}$$

其中法拉第电流密度被假定为 Butler-Volmer 方程的阴极部分，则有：

$$j_F(z) = j_*^0 \left(\frac{c_{O_2}^s}{c_{O_2}^0}\right)^{r_{O2}} \left(\frac{c_{H^+}^s}{c_{H^+}^0}\right)^{r_{H^+}} \exp\left[-\frac{\alpha_c F \eta^s(z)}{R_g T}\right] \tag{3.69}$$

其中，j_*^0 作为参考浓度 $c_{O_2}^0$ 和 $c_{H^+}^0$ 下的交换电流密度；r_{O_2} 和 r_{H^+} 为反应级数。

反应平面上的局部过电位为：

$$\eta^s(z) = [\phi^M - \Phi^s(z)] - (\phi_{eq}^M - \Phi_{eq}^0) \tag{3.70}$$

式中，下标 "eq" 表示平衡状态下的数值。引入 CCL 的总过电位

$$\eta_c = (\phi^M - \Phi^0) - (\phi_{eq}^M - \Phi_{eq}^0) \tag{3.71}$$

可以将式（3.71）改写为：

$$\eta^s(z) = \eta_c - [\Phi^s(z) - \Phi^0] \tag{3.72}$$

括号中的符号对应于 Frumkin 型扩散层校正（Bard 和 Faulkner，2000 年）。

在孔壁上的电势的边界条件需要特别考虑。基本上说，这个边界条件定义了孔洞中的静电反应条件。它代表溶液中充电金属内壁和质子之间的相互作用。边界条件应该将 ϕ^M 与 $\Phi^s(z)$ 相关联起来，并且进一步关联到 $\sigma_M(z)$。若要推导出这种关系，则需要金属-溶液界面的模型。这个问题由于形成吸附的氧而变得复杂，特别是在表面形成各种 Pt 氧化物的 ORR 反应的电位区域中更加困难。氧化物的形成会改变金属表面电荷分布。它导致赝电容效应，这使得不可能准确地确定 $\sigma_M(z)$。

基于 Stern-Grahame 双层模型的简化方法，给出了金属表面电荷密度的如下关系：

$$\sigma_M(z) = \int_{\phi^{pzfc} - \Phi^0}^{\phi^M - \Phi^s(z)} C_H(\varphi) d\varphi \tag{3.73}$$

假设具有恒定的亥姆霍兹电容 C_H，则电位有如下的 Robin 边界条件：

$$\sigma_M(z) = \varepsilon_0 \varepsilon_r \frac{\partial \Phi}{\partial r}\bigg|_{r = R_p} = C_H\{(\phi^M - \phi^{pzfc}) - [\Phi^s(z) - \Phi^0]\} \tag{3.74}$$

在这种形式中，在给定的 ϕ^M 下，反应平面 $\Phi^s(z)$ 处的溶液相电位的值由 C_H 和 ϕ^{pzfc} 所确定。

考虑到原电池中的扩散电荷效应、多孔电极的脱盐和电化学电池的瞬态响应，Biesheuvel 等人已经应用了与金属-溶液界面处的电势边界条件相类似的方法（Biesheuvel 和 Bazant，2010 年；Biesheuvel 等人，2009 年；van Soestbergen 等人，2010 年）。然而，他们的处理方式忽视了 ϕ^{pzfc} 的显著影响。从原则上讲，可以修改 PNP 模型以在纳米孔洞中引入尺寸依赖和空间变化的介电常数以及在界面处的离子饱和效应。然而，以一种更加具有启发性的方法进行考虑，这样的变化可以被带入到双层模型的赫尔霍兹电容中。

式（3.62）～式（3.74）形成一组可以对函数 $\Phi(r, z)$，$c_{H^+}(r, z)$，$c_{O_2}(r, z)$ 求解的闭式方程组。使用这些方程，可以计算出法拉第电流密度 $j_F(z)$。如果反应物和电位分布完全一致，即 $\Phi^s(z) = \Phi^0$，$c_{H^+}^s = c_{H^+}^0$ 以及 $c_{O_2}^s = c_{O_2}^0$，通过将获得的"理想"电流归一化，该式可用于计算孔洞中 Pt 利用的有效性因子，其定义为孔洞中产生的总电流，则有：

$$\Gamma_{pore} = \frac{1}{L_p j_{id}} \int_0^{L_p} j_F(z) dz, \quad \text{其中，} \quad j_{id} = j_*^0 \exp\left(-\frac{\alpha_c F \eta_c}{R_g T}\right) \tag{3.75}$$

3.7.4 求解稳态模型

$\Phi(r,z)$，$c_{H^+}(r,z)$ 和 $c_{O_2}(r,z)$ 的数值解可以通过像 MATLAB® 或 Simulink® 这样的标准数学软件很容易地计算出来。这些求解方法可以用于进一步分析，以计算出孔洞的有效性因子，并研究催化层过电位 η_c 和燃料电池电流密度 j_0 之间的函数关系。因此，这些有效的参数对孔洞中局部反应条件的依存关系可以合理化。

通常，ORR 是燃料电池研究和技术开发最关键的因素。然而，ORR 的惯性为求解上述模型带来了便利。它允许将控制方程分解为静电问题和标准氧扩散方程，而分别求解。

根据公式（3.62），在与燃料电池反应相关的条件下，与质子扩散和迁移引起的单独通量贡献相比，ORR 的反应电流密度相对较小。因此，可以假定等式（3.62）中的 Nernst-Planck 方程左侧的电化学通量项 N_{H^+} 为 0。在这个极限条件下，PNP 方程可以简化为 Poisson-Boltzmann（PB）方程。这种方法可以独立地解决电位分布问题，并将静电效应对氧气传输的影响隔离开来。

在无因次形式中，通过圆柱形状通道的 PB 方程为：

$$\frac{1}{\gamma} \times \frac{\partial}{\partial \gamma}\left(\gamma \frac{\partial \varphi}{\partial \gamma}\right) + \frac{R_p^2}{L_p^2} \times \frac{\partial^2 \varphi}{\partial \xi^2} = -\frac{R_p^2}{\lambda_D^2}\exp[-(\varphi - \varphi_0)] \tag{3.76}$$

式中，$\gamma = r/R_p$，$\xi = z/L_p$，$\varphi = F\Phi/(R_g T)$，$\lambda_D = \sqrt{\varepsilon_0 \varepsilon_r R_g T/(F^2 c_{H^+}^0)}$，并且无因次的质子浓度与电位之间的关系为：

$$C_{H^+} = \frac{c_{H^+}}{c_{H^+}^0} = \exp[-(\Phi - \Phi_0)] \tag{3.77}$$

该方程可以将有效性因子转化为：

$$\Gamma_{pore} = \int_0^1 [C_{O_2}^s(\xi)]^{\gamma_{O2}} \exp\{(\alpha_c - \gamma_{H^+})[\varphi^s(\xi) - \varphi_0]d\xi\} \tag{3.78}$$

式中，引入了无因次氧浓度 $C_{O_2}^s = c_{O_2}^s/c_{O_2}^0$；$\varphi^s$ 是反应平面上的无因次电势。

在 PEM-UTCL 界面上存在 Donnan 电位差异。这个区域在 z 轴方向的长度大致与 Debye 长度相同，$\lambda_D = 4\text{Å}$。超过这个电势衰减区域，质子浓度和溶液电位仅在径向方向上发生变化。这个小的衰减区域对当前的洞没有明显的影响。如果忽略这一点，在径向方向，式（3.76）进一步简化为静电问题。通过这种简化，Γ_{pore} 被分解为静电因子 Γ_{elec} 和由于氧不均匀分布导致的因子 Γ_{O_2}。此时，有如下关系：

$$\Gamma_{elec} = \exp\{(\alpha_c - \gamma_{H^+})[\varphi^s(\xi) - \varphi_0]\}$$

并且：

$$\Gamma_{O_2} = \int_0^1 [C_{O_2}^s(\xi)]^{\gamma_{O2}} d\xi \tag{3.79}$$

Γ_{elec} 的表达式，表示反应平面上溶液相电位的竞争趋势。溶液相电位的增加将会导致阴极方向电子转移的驱动力增大。这一效果与阴极传递系数 α_c 成正比。与此同时，由于遵循玻尔兹曼分布，$[\varphi^s(\xi) - \varphi_0]$ 的值会变得更正，对应于反应平面上的质子浓度变得更低 [式（3.77）]。该效应的大小由反应级数 γ_{H^+} 决定。因此，了解动力学参数（$\alpha_c - \gamma_{H^+}$）的差异是解决问题的关键。

ORR 的反应途径、机制和相应的动力学参数已经在"Pt 氧还原反应的电催化"一节中讨论过。最初基于 Damjanovic 及其同时进行的一系列实验研究的基础上得到的高度简化的曲线中（Damjanovic，1992 年；Gatrell 和 MacDougall，2003 年；Sepa 等人，1981 年，1987 年），提出了速率决定步骤是初始吸附：

$$O_2 \rightleftharpoons O_{2,ads} \tag{3.80}$$

然后立即进行第一个电化学步骤：

$$O_{2,ads} + H^+ + e^- \longrightarrow OOH_{ads} \tag{3.81}$$

Tafel 斜率在室温下从 60mV 增加到 120mV，这是由于在降低电极电位后，反应动力学从 Temkin 向 Langmuirian 发生了转变。这导致有效转移系数发生了偏移，并且反应级数从低电流密度时的 $\alpha_c = 1$，$\gamma_{H^+} = 3/2$，变化为高电流密度时的 $\alpha_c = 1/2$，$\gamma_{H^+} = 1$。这两个数值之间的过渡区域发生在 $\eta_c \approx -0.4V$ 附近，此时氧化物开始形成。此外，Temkin 和 Langmuirian 的不同区间必须使用不同的交换电流密度值。这些值可以采用 Parthasarathy 微电极研究 Pt｜Nafion 界面而得到（Parthasarathy 等人，1992 年）。j_0^* 的值取决于颗粒组成、尺寸、形状和表面结构，并且随载体材料的类型而变化（Mayrhofer 等人，2008 年）。

在 Temkin 和 Langmuir 型吸附条件下，使用 Sepa 等人的论文（1981 年）中提出的动力学参数值，可以计算出 $\alpha_c - \gamma_{H^+} = -1/2$。这意味着提高溶液相电位和降低质子浓度对 ORR 反应和 Γ_{elec} 的影响是负的。换句话说，孔洞内壁上的质子浓度 $C_{H^+}^s$ 随着 φ^s 的降低而增加，这对电化学性能具有正向的影响。因此，了解扩散通道中质子亲和势的影响因素具有重要的意义。

1D 径向方向上，PB 方程的解可由下式给出：

$$\varphi(\gamma) - \varphi_0 = 2\ln(1 - b\gamma^2) + \varphi_c \tag{3.82}$$

此时，孔洞中心的电位为：

$$\varphi_c = \ln\left(\frac{R_p(R_p + R_c)}{8\lambda_D^2}\right) \tag{3.83}$$

作为 σ_M 的函数，静电效应因子为：

$$\Gamma_{elec} = \left[\frac{\sigma_M^2}{2c_H^0 + \varepsilon_0 \varepsilon_r R_g T}\left(1 + \frac{R_c}{R_p}\right)\right]^{-(\alpha_c - \gamma_{H^+})} \tag{3.84}$$

σ_M 对 ϕ_M 的函数依赖性是催化剂材料的特定关系。请注意，σ_M 被定义为负值，因为它必须平衡原子中的正电荷。公式（3.83）和公式（3.84）中引入了特征半径 R_c，$R_c = -4\varepsilon_0 \varepsilon_r R_g T/(\sigma_M F)$，在低于该半径时，有限尺寸效应开始强烈地影响纳米孔的静电特性。σ_M 值在 $-0.01C \cdot m^{-2}$ 至 $-0.1C \cdot m^{-2}$ 的范围内时，R_c 的值为 7～1nm。

图 3.25（a）展示了 σ_M 和 R_p 对 Γ_{elec} 的影响。当表面电荷累计到更负的值时，通道中的质子亲和势增加，从而使 Γ_{elec} 值提高。较小的孔洞半径 R_p 增加了由限制孔洞尺寸形成的质子亲和势，如图 3.25（b）所示。对于 $R_p \approx R_c$，电流转换效率的这种增强是非常显著的。

为了建立 Γ_{elec} 和 ϕ_M 之间的关系，需要将公式 $\sigma_M = f(\phi^M)$ 插入到 PNP 方程的解中。这种依存关系在纳米尺度的电化学行为中是至关重要的。从原则上讲，函数 $\sigma_M = f(\phi^M)$ 可以从实验研究中获得，或者可以从所考虑的金属-溶液界面的基本理论和从头算法（ab initio）模拟中得出。

3.7.5 界面的充电行为

式（3.74）是基于 Stern-Grahame 双电层模型的 $\sigma_M = f(\phi^M)$ 的数学表达形式。该关系需要引入零电荷的电位和亥姆霍兹电容。如上文所述，双电层充电的同时，通过各种表

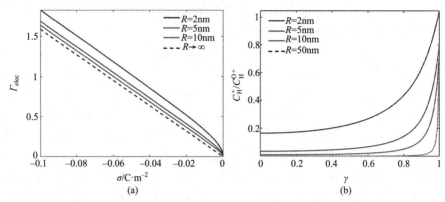

图 3.25 单一孔洞模型在 1DPoisson-Boltzmann 极限条件中的解：（a）作为金属表面电荷密度 σ_M 的函数，在给定的不同 R_p 下，静电效应因子 Γ_{elec} 的对应值；（b）在 $\sigma_M = -0.05 C \cdot m^{-2}$ 下，孔洞中孔隙的归一化质子浓度沿径向变化的数值

面和内部形成的氧化物种类来计算 $\sigma_M = f(\phi^M)$，这一过程是非常复杂的。是否可以唯一确定并且测量出零电荷时的电位？这是非常值得怀疑的，事实上，尽管对相关的研究成果抱有极大的兴趣，但这个问题仍然没有明确的结果。吸附过程的存在引发了零总电荷 ϕ^{pztc} 的电位和零自由电荷 ϕ^{pzfc} 的电位的定义（Climent 等人，2006 年）。前者是指外加自由电荷和由吸附产生的界面电荷之和为零时的电位。后者是指外加的自由电荷为零时的电位。为了计算公式（3.74），需要知道 ϕ^{pzfc} 的值。

采用不同测量方法获得的 ϕ^{pzfc} 值，其范围也不尽相同。使用 CO 位移法测量得到的 ϕ^{pztc} 值为 0.33V（v_s RHE）（Climent 等人，2006 年）。Φ^{pzfc} 的估算值与该测量值接近（Weaver，1998 年）。在清洁的 Pt（111）表面和 0.1mol/L HClO₄ 中采用原位浸渍法，Hamm 等人发现 $\Phi^{pzfc} = 0.84V$（v_s SHE），ϕ^{pzfc} 预测值 1.1V（v_s SHE），甚至比这一测量结果更高（Hamm 等人，1996 年）。在 0.1mol/L 和 0.001mol/L HClO₄ 溶液中，Friedrich 对 Pt（111）电极的二次谐波生成进行研究，发现负电荷充电的表面电位达到了 0.6V（v_s RHE）。Frumkin 和 Petrii 在氧化物吸附区域提出了第二个"反转的"ϕ^{pzfc}，在该电位下，表面电荷从正值转移到负值，这一现象可以解释为 Pt 离子吸附的结果（Frumkin 和 Petrii，1975 年；Petrii，1996 年）。这一结果如图 3.26 所示。对 Pt（111）的最近理论研究中也提出了 Pt 氧化物区域中更复杂的充电行为，据报道，ϕ^{pzfc} 随表面氧化程度提高而增加（Tian 等人，2009 年）。总的来说，这些结果表明，在氧化物覆盖 Pt 的情况下，关系 $\sigma_M = f(\phi^M)$ 会变得更加复杂。在氧化物区域中具有第二个 ϕ^{pzfc}，表明该关系将不再是单调变化的。

Chan 和 Eikerling（2011 年）的研究方法强调了电荷电位-溶液界面的重要性，但是它没有考虑到，在高 ϕ^M 下 Pt 的逐步氧化可能产生的复杂而不稳定的影响。它将零电荷电位视为可以在 $\phi^{pzfc} = 0.3 \sim 1.1$ V（v_s SHE）连续变化的一种可变参数。

3.7.6 电位相关的静电效应

使用前面讨论过的金属充电边界条件，可以得出对于 Γ_{elec} 的隐含关系：

$$\frac{\ln\Gamma_{elec}}{\alpha_c - \gamma_{H^+}} + \frac{\varepsilon_0 \varepsilon_r}{R_p C_H}\left[2 - \sqrt{4 + \frac{2R_p^2}{\lambda_D^2 (\Gamma_{elec})^{1/\alpha_c - \gamma_{H^+}}}}\right] = \frac{F}{R_g T}(\phi^M - \phi^{pzfc}) \qquad (3.85)$$

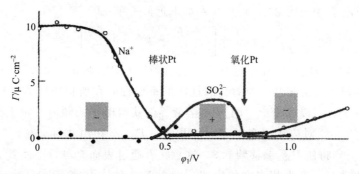

图 3.26　由放射性示踪剂测量方法，确定的钠离子和硫酸根离子的表面过量值作为金属相电位的函数。在左侧的正常区域，阳离子浓度随着电极上负极表面电荷的减少而下降。在 0.5V（v_s SHE）下发现零电荷的标准电位。高于此电位，开始形成氧化物。在电位 > 0.9 V（v_s SHE）区域能够看到这一现象发生逆转。钠离子的积累表明，完全氧化的表面表现出过量的负自由电荷

图 3.27 中，当 $R_p = 2.5$ 时，按式（3.85）求解方法获得静电效应 Γ_{elec} 值，在半径为 10nm 到无限大的极限状态下，Γ_{elec} 作为 $\phi^M - \phi^{pzfc}$ 的函数值。图中也显示出 σ^M 的相应变化。

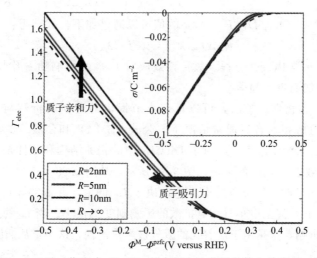

图 3.27　当 $R_p = 2.5$ 时，作为式（3.85）的求解方法获得的静电效应 Γ_{elec} 值，在半径为 10nm 到无限大的极限状态下，Γ_{elec} 作为 $\phi^M - \phi^{pzfc}$ 的函数值。插图表明表面电荷密度是金属相电位的函数

在远低于零电荷电位的范围内，可以得到以下近似关系：

$$\Gamma_{elec} \approx A \left[\frac{2\varepsilon_0 \varepsilon_r}{R_p C_H} - \frac{F}{R_g T}(\phi^M - \phi^{pzfc}) + 2 \right] \tag{3.86}$$

式中，$A \approx \left[2 + \frac{F}{C_H} \sqrt{\frac{2\varepsilon_0 \varepsilon_r c_{H^+}^0}{R_g T}} \right]$。式（3.86）中的第一项说明了由于小孔中双电层的重叠而导致的质子浓度的增强效应；第二项描述了当金属相电位相对于零电荷电位降低时质子亲和力的增加。常数 A 反映了 Γ_{elec} 与 C_H 的依存关系。C_H 的增大会使 A 值提高，这意味着随着 ϕ^M 的减小，Γ_{elec} 增加的速度会更快。这与当 C_H 较高时，给定的电位提高，更大范围的孔洞内壁发生充电现象的物理解释一致。

对于接近或高于 ϕ^{pzfc} 的 ϕ^{M}，可以找到如下近似关系：

$$\Gamma_{\text{elec}} \approx \exp\left[-\frac{F}{2R_g T}(\phi^{\text{M}} - \phi^{\text{pzfc}})\right] \tag{3.87}$$

这一公式表明，当电位增加超过 pzfc 的标称值时，Γ_{elec} 和 c_{H^+} 会逐渐趋近于零。

上述讨论强调了金属充电行为对孔洞性能的重要性。在所提出的方法中，与金属功函数大致成比例的 ϕ^{pzfc} 可以度量给定的金属-溶液界面获得电子的倾向。对于给定的反应电极电位 ϕ^{M}，较高的 ϕ^{pzfc} 对应于更负的 σ_{M} 和更高的 Γ_{elec}。在由式（3.86）给出的线性区域中，ϕ^{pzfc} 变化 0.3V 将使 Γ_{elec} 偏移约 0.8。这意味着通过表面充电，即使具有催化惰性的催化剂载体也可能对 Γ_{elec} 产生相当大的影响。由于 Γ_{elec} 对粒子尺寸（Mayrhofer 等人，2005年，2008年）和粗糙度（Climent 等人，2006年）具有依存关系，因此这一点也体现出对 Pt 颗粒尺寸和形状的影响。

方程式（3.86）表明，随着 ϕ^{M} 的减小，Γ_{elec} 可以无限增加。然而，在足够高的电流密度下，传输的限制将对孔效应因子 Γ_{pore} 造成显著的影响。因此，必须要考虑氧的传输。扩散问题的解决方法是明确的，它由氧的传输导致的有效性因素所决定，可由如下公式获得：

$$\Gamma_{\text{O}_2} = \int_0^1 \left[C_{\text{O}_2}^{\text{s}}(\xi)\right]\mathrm{d}\xi = \frac{2R_p}{L_p}\sum_{k=1}^{\infty}\frac{R_p\Lambda}{\lambda_k\left[\lambda_k^2+(R_p\Lambda)^2\right]}\tanh\frac{\lambda_k L_p}{R_p} \tag{3.88}$$

式中，$\Lambda = j_{\text{id}}\Gamma_{\text{elec}}/(4c_{\text{O}_2}^0 D_{\text{O}_2}F^c)$。$\lambda_k$ 的值可以通过如下公式获得：

$$R_p\Lambda J_0(\lambda_k) = \lambda_k J_1(\lambda_k) \tag{3.89}$$

式中，J_1 为第一类 Bessel 方程。氧传输效应对 Γ_{pore} 的影响随着孔长度 L_p 和较大催化层中过电位 η_c 的增加而更为显著。

采用 COMSOL 多物理场方法，可以证明本节提出的近似解析解与 2D 中的耦合 PNP 和传输方程的全数值解相吻合。通常情况下，公式（3.84）和公式（3.88）中给出了有效性因数的近似表达 $\Gamma_{\text{pore}} \approx \Gamma_{\text{elec}}\Gamma_{\text{O}_2}$，对于 UTCLs 中的相关结构和条件是足够准确的。

L_p 和 ϕ^{pzfc} 对有效因子 Γ_{pore} 的影响如图 3.28 所示。从图 3.28（a）可以看出，氧传输限制的影响在 $|\eta_c| \geqslant 0.4\text{V}$ 时变得非常显著。这取决于 L_p 的值，并能够导致在 Γ_{pore} 中出现最大值。当 L_p 约为 100nm，甚至更小时，氧扩散的影响则变得很小。当 L_p 约为 $1\mu\text{m}$ 时，氧传输对 Γ_{pore} 产生显著的影响，这是由于沿着孔的氧气被严重消耗，这一点从插图中可以看出。

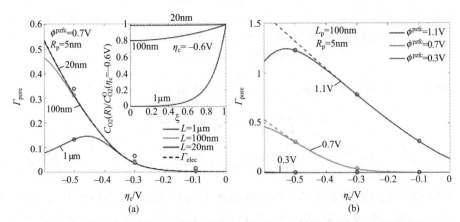

图 3.28　孔长度和金属充电性能对孔效率因子 Γ_{pore} 的影响规律。当相关参数 $\phi^{\text{pzfc}} = 0.7\text{V}$（$v_s$ SHE），$R_p = 5\text{nm}$，$L_p = 200\text{nm}$ 时，曲线图显示了（a）孔长度和（b）零电荷电位的影响，这些参数的值均显示在图例中

正如上文所讨论的，ϕ^{pzfc} 代表了金属的充电性能，对 Γ_{pore} 影响最大，如图 3.28（b）所示。通常，较高的 ϕ^{pzfc} 导致纳米孔洞更高的质子亲和力，更高的静电效应 Γ_{elec} 和更高的总体 Γ_{pore}。Γ_{pore} 的可接受范围要求 $\phi^{\text{pzfc}} > 0.7 V_{\text{SHE}}$，而 $\phi^{\text{pzfc}} < 0.3 V_{\text{SHE}}$ 则可以推算出 $\Gamma_{\text{pore}} \approx 0$，这表明 Pt 的利用率是微乎其微的。

根据本节的结论，可以通过如下方法改进 UTCLs 的设计：（ⅰ）催化层厚度应该是 200nm（或更小）；（ⅱ）催化剂和载体材料的充电性能应使 $\phi^{\text{pzfc}} > 0.7 V_{\text{SHE}}$；（ⅲ）孔洞半径不是重要参数，只要其保持在 $2\text{nm} < R_p < 20\text{nm}$ 即可；（ⅳ）半径过小可能会影响孔洞内部的传输性能（本模型中未涉及），而半径太大则可能会影响厚度和 ECSA。

3.7.7 纳米孔洞模型的评价

评估纳米孔模型的一个有效方法是将涉及带电金属孔洞内壁的纳米多孔层的质子传导特性作为施加电压的函数。导电纳米多孔膜中的质子浓度是 ϕ^{pzfc} 的函数。假设质子传输与块体材料中相同，那么质子浓度的变化预期结果与质子传导率成正比。原则上讲，Nishizawa 等人（1995 年）以及 Kang 和 Martin（2001 年）已经证明了具有 ϕ^{pzfc} 的多孔金基体的离子传导性具有可调节性。质子传导率可以通过 EIS 测得，这是用于表征多孔电极的标准工具（Barsoukov 和 Macdonald，2005 年）。Chan 和 Eikerling 已经开发了应用于 UTCLs 的 EIS 理论（2012 年）。但是，对 UTCLs 的应用却并不简单。

可以通过阴极侧利用 UTCLs 的 MEA 的电化学性能数据的比较，来对纳米孔模型进行初步评估。本文涉及的两种类型的实验材料是镀有不同量的 Pt（Pt-NPGL）的纳米多孔金箔（Zeis 等人，2007 年）以及 3M 的 Pt NSTF 催化层（Pt-NSTF）（Debe 等人，2006 年）。

下式给出了 UTCLs 过电位 η_c 和燃料电池电流密度 j_0 之间的比例关系：

$$j_0(\eta_c) = j_{\text{id}}(\eta_c) \Gamma_{\text{pore}} S_{\text{ECSA}} \tag{3.90}$$

该公式将 Γ_{pore} 引入到求解纳米孔洞模型中。催化剂的 ECSA、S_{ECSA} 可以从孔隙形态和催化剂分散的相关信息中推导出来。根据公式 $\eta_c = \phi^M - \phi^M_{\text{eq}}$ 以及 Γ_{pore} 的定义，可以获得燃料电池电位的表达式：

$$E_{\text{fc}}(j_0) = \phi^M_{\text{eq}} + \eta_c - j_0(\eta_c) R_{\text{PEM}} - \eta_{\text{other}} \tag{3.91}$$

式中，$\phi^M_{\text{eq}} \equiv E_{\text{eq}}$，$R_{\text{PEM}}$ 为 PEM 的电阻值。η_{other} 包含了阳极过电位、由扩散介质中的反应物传输引起的质量传输损失以及接触电阻。在后续的分析中，将不考虑 η_{other}。

为了简化计算，假设 UTCLs 是由充满水的具有单分散的 R_p 和 L_p 的圆柱形孔洞所组成。ϕ^{pzfc} 被认为是可调节的参数。模型中需要输入的其他参数为 ORR 的 R_{PEM} 和动力学参数，包括 j_0^*、γ_{H^+} 以及 α_c（Bonakdarpour 等人，2007 年；Sarapuu 等人，2008 年）。

图 3.29 对比了 Pt 担载量（m_{Pt}）$20\mu g \cdot \text{cm}^{-2}$、$25\mu g \cdot \text{cm}^{-2}$、$51\mu g \cdot \text{cm}^{-2}$ 时 Pt-NPGL 层的理论模型和实验极化数据（Zeis 等人，2007 年）。在该图中可以看到，极化曲线随 Pt 担载的减少而向下移动。通常，E_{fc} 的这种转变应归因于交换电流密度的变化，即动力学效应。然而，对于图 3.29 中的模拟结果，当 $m_{\text{Pt}} = 51\mu g \cdot \text{cm}^{-2}$ 时，ϕ^{pzfc} 的值为 $0.9 V_{\text{SHE}}$，当 $m_{\text{Pt}} = 20\mu g \cdot \text{cm}^{-2}$ 时，ϕ^{pzfc} 的值为 $0.45 V_{\text{SHE}}$。ϕ^{pzfc} 的减小对应于孔洞中质子浓度的降低，产生与 j_0^* 的减少相同的效果。在这种情况下，它不是引起性能变化的电极动力学因素，而是局部静电反应的条件。

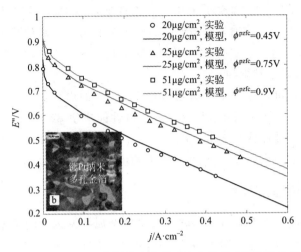

图 3.29　Pt-NPGL 层的纳米孔模型和实验极化数据的比较

图 3.30 显示了 UTCL 计算的极化曲线与 Pt-NSTF 的实验数据的对比结果（Debe 等人，2006 年）。假设孔半径 R_p 为 20nm。$\phi^{pzfc}=0.7V_{SHE}$ 的值与实验数据吻合良好。理论模型与高电流密度下的实验数据的偏差是由阴极侧多孔扩散介质中过多的水积聚导致的，这一现象会强烈地抑制氧气的传递。插图表明有效因子的变化是 E_{fc} 的函数。可以看出，在 $E_{fc} \approx 0.75V$ 的条件下，总有效性因子 Γ_{pore} 具有最大值，约为 0.15。这个值表明，Pt-NSTF 催化层中 Pt 利用的有效性仍然很低，并且留下了很大的改进空间。该值可以与"CCL 分级模型"一节中的常规 CCL 的值进行比较。

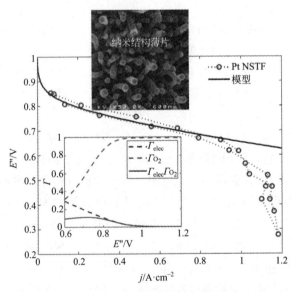

图 3.30　Pt NSTF 催化层的纳米孔模型和实验极化数据的对比结果。
插图为 Pt 利用率的有效性因子

Pt-NSTF 型 CL 的 Pt 利用率仍然很低，这是由于较低的 ϕ^{pzfc} 值（$0.7V_{SHE}$），较少的静电效果以及相对较大的厚度（约 250nm），共同作用的结果。这会导致在 $E_{fc}<0.85V$ 时出现相当大的氧缺乏效应。

图 3.31 是用于 UTCLs 的纳米孔模型的关键。假定模型为离子聚合物浸渍的 CLs，图中比较了 Pt-NSTF 层中估算的质子浓度，显示为 pH 对应 E_{fc}。与离聚物浸渍的 CLs 中的质子浓度相比，不含离聚物的 UTCLs 中的质子浓度明显更低，并且对燃料电池的电位具有很强的依赖性。当然，金属充电行为也会对离子聚合物浸渍的 CLs 中的静电反应造成影响，尽管这种影响明显比 UTCLs 更弱。UTCL 模型的本质是纳米孔中的质子浓度随着 ϕ^M 和 E_{fc} 值的减小而提高。

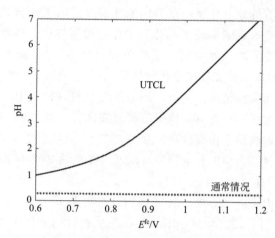

图 3.31　在离聚物浸渍的 CLs 中，将 Pt-NSTF 层中计算的质子
浓度与 pH 对应于 E_{fc} 进行对比

公式（3.77）表明，由于质子浓度和溶液相电位的耦合，ORR 相对于质子浓度的整体反应级数为 $\gamma_{H^+}^{eff} = \gamma_{H^+} - a_c$，这一点也可以从公式（3.69）中看出。$\gamma_{H^+}^{eff} = 1/2$，表示实验的动力学参数。因此，ORR 的反应活性对质子浓度的依赖性相对较弱。在 PEFC 反应的正常电位区间内，UTCLs 中质子浓度的降低对性能有一个适度的影响，这一点可以通过 NSTF 催化剂的更高内在活性进行很好的补偿。理想电催化剂的 $\gamma_{H^+}^{eff} = 0$。关于 ORR 反应机理的详细研究，是否可以找到这样的催化剂，仍是一个悬而未决的问题。

在研究的模型中，质子和金属表面电荷之间的静电相互作用决定了孔中质子的分布和静电势。这些现象将目前的孔隙模型与 Srinivasan 等人（1967 年），Srinivasan 和 Hurwitz（1967 年）以及 De Levie（1967 年）等先驱提出的气体和电解质填充单孔模型区分开。通过对孔洞内壁表面电荷的准确分析，电荷充电电位 ϕ^{pzfc} 是催化材料的关键参数。它代表了金属获取电荷的倾向。相对于 ϕ^{pzfc} 的施加电位越低，表面电荷越负，在孔洞内壁产生的质子浓度和电流密度越高。因此，在给定的 ϕ^M 下，人们希望具有较高的 ϕ^{pzfc}，因为它能够增加用于还原过程的纳米多孔介质的活性。只要 ϕ^{pzfc} 不太小，UTCLs 的性能就能够胜过传统的催化层。

Pt 溶解主要发生在高电势区，其中 UTCLs 中的质子浓度显著小于离聚物浸渍的 CLs 中的质子浓度，这一点可以从图 3.31 中看出。由于 Pt 溶解对质子浓度有很强的依赖性，且 $k_{diss} \propto (c_{H^+})^2$（Rinaldo 等人，2010 年），当 $\phi^M > \phi^{pzfc}$ 时，UTCLs 填充纳米通道中的 Pt 溶解速率应该是非常小的。这种基于模型的预测与 3M NSTF 层的实验数据完全一致（Debe 等人，2006 年）。

如上文所讨论的，考虑到高 ORR 活性和低 Pt 溶解速率这两个因素，通过材料选择和

设计，ϕ^{pzfc}的变化将是提高 UTCLs 性能的可行途径。当 ϕ^{pzfc} 较高时，也就是 $\phi^M-\phi^{pzfc}<0$，并且 $|\phi^M-\phi^{pzfc}|\gg R_gT/F$ 时，亥姆霍兹电容 C_H 将进一步提高 Pt 的利用率。为了使这些结论更加正确，必须保证 ORR 反应的动力学参数 $\gamma_{H^+}-\alpha_c<0$，这样才能确保质子浓度增加会提高 ORR 的反应速率。例如上文所讲的，动力学参数 $\gamma_{H^+}-\alpha_c=-1/2$。

3.7.8 纳米质子燃料电池：一种新的设计规则?

基本上，被水充满的可充电金属内壁的纳米孔洞介质的工作方式类似于可调的质子导体。它的工作方式可以等效成纳米质子晶体管。在这种器件中，纳米多孔金属泡沫夹在两个 PEM 板之间，充当质子源（发射极）或吸收器（集电极）。施加到金属相的偏置电位 Φ^M 控制纳米多孔介质的质子浓度和质子传导性质。产生一定质子通量所需的 ϕ^M 值，取决于介质的表面充电性能和多孔结构。此外，用电活性材料（例如 Pt）涂覆孔内壁，使其从可调节的质子导体转变为在界面处具有质子陷阱的催化层。由于 ORR 原本具有较小的反应速率，因此它不会显著影响质子传输性质。

对于简单的金属材料，金属的充电行为可以通过零电荷 ϕ^{pzfc} 的电位来描述。对于 $\phi^M-\phi^{pzfc}>0$ 的介质，质子传输将被抑制。而当 $\phi^M-\phi^{pzfc}<0$ 时，它能够传递质子，并且当 ϕ^M 减小时，质子的传递阻力会降低。质子传导性的这种可调节性质可以作为确定多孔金属材料 ϕ^{pzfc} 的方法，例如使用公式（3.74）中的线性关系进行调节。因此可以系统研究材料组成、表面粗糙度和表面异质性，来改善 ϕ^{pzfc}。

总之，对于 UTCLs 的纳米多孔材料设计的主要困难是调节质子的浓度，以优化 ORR 反应速率和 Pt 溶解的相互作用。然而，由于燃料电池电催化研究中的大部分重点是在高质子浓度的反应条件下比较候选催化剂材料的性能，因此这个基本原理尚未得到广泛的认可。质子浓度通常不被认为是关键参数，尽管它在 ORR 中扮演了重要的角色。

为了进一步改进燃料电池，可以在 PEM 和 UTCLs 之间插入具有可调节质子浓度和没有电催化活性的薄层多孔金属泡沫材料。该层可以降低 UTCL 中的质子浓度，使 ORR 反应速率和 Pt 溶解速率的相互作用达到最优水平。

3.8 催化层的结构形式及其有效性质

本节将讨论研究 CLs 中不同材料和相中结构的相关性以及动力学行为的计算方法。图 3.22 为通过胶体溶液自组装，催化层形成过程的示意图。Pt 纳米颗粒沉积在初级碳颗粒的表面上，进而聚集形成高表面积的多孔基体材料。离聚物分子组装成嵌入多孔介质中的网络结构（Uchida 等人，1995 年，1996 年）。

人们已经研究了各种建模方法，来描述离聚物网络结构的 CLs。比较新的 CLs 模型涉及聚集体的形成和双峰多孔结构（Eikerling，2006 年；Sadeghi 等人，2013 年）。尽管在建模和表征方面取得了很大进展，CLs 的重要结构细节仍未得到完全解决（Eikerling 等人，2008 年）。目前争议较大的问题包括：Pt/C 聚集体的组成和尺寸，离聚物的结构、分布和功能以及孔洞内表面的不均匀润湿性能。

通常认为，常规 CLs 中的离聚物相在决定质子的密度分布和传输性质，多孔介质中的水如何分配和总 Pt 表面的利用效率方面起着重要的作用。据不完全可靠的推测，CLs 中的离聚物结构与 PEM 中的自聚集离聚物结构有明显的差别。质子传导率的模型应该基于 CLs

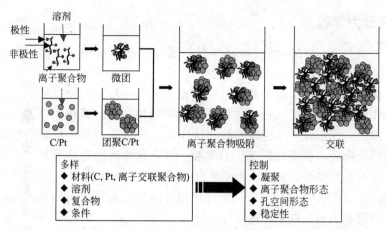

图 3.32 溶剂中混合 Pt/C 颗粒和离聚物在催化层形成过程中的示意图

中的特定离聚物结构来建立。通常认为只有在 Pt 离子交换界面上的 Pt 才是具有活性的。但是，这样的条件过于局限，甚至误导了大家的研究。PEMs 或 CLs 孔隙中质子传输的主要介质是水，因此使催化剂表面呈现出电催化活性的充分条件是被液态水所润湿，以保证反应部位连续不断供应质子。因此，CL 设计的首要目标可以归结为提高能够连续接触到质子供应离聚物网络，并且被水所润湿的 Pt 的表面积。

改进 CLs 的结构和动力学关系，需要对制备过程中涉及的参数和过程有较高的控制水平。关于油墨的形成和 CLs 制备工艺，读者请参考 Wang 等人（2004 年）以及 Zhang（2008 年）的相关文献。制造阶段的系统改进包括：（ⅰ）材料的选择（包括碳或金属氧化物基载体材料，Pt 或 Pt 合金催化剂材料，全氟化或其他离聚物材料等）；（ⅱ）催化剂和载体颗粒的尺寸分布；（ⅲ）油墨的质量组成（碳，离聚物和 Pt 的比例）与溶剂的选择；（ⅳ）CL 的厚度；（ⅴ）制备工艺条件（温度，溶剂蒸发速率，压力和回火工艺）。

这些参数和条件决定了 Pt 纳米粒子、碳载体、离聚物分子和溶剂之间的复杂相互作用，从而控制着催化层的形成过程。离聚物和 C/Pt 在胶体油墨中的自组装导致形成了相分离和不同的聚集形态。分散介质的选择决定着离聚物是以溶解、胶体或沉淀的哪一种形式存在。这影响了 CL 的微观结构和孔径分布（Uchida 等人，1996 年）。研究表明，在沉积形成 CL 之前，将离子交联聚合物与分散的 Pt/C 催化剂混合在油墨悬浮液中，会增强 Pt 与孔中的水和 Nafion 离聚物的界面面积。本节中介绍了原子尺度模拟和最近引入的中等尺度计算方法，用来评估影响 CL 形态的关键因素。PEFC 的大部分分子动力学研究集中在水合 PEM 中的质子和水的传输（Cui 等人，2007 年；Devanathan 等人，2007 年；Elliott 和 Paddison，2007 年；Jang 等人，2004 年；Spohr 等人，2002 年；Vishnyakov 和 Neimark，2000 年，2001 年）。使用 MD 技术来阐明 CLs 的结构和传输性质，特别是在 Pt/C，离子交联聚合物和气相的三相体系中，已经降低了很多工作量。粗颗粒分子动力学（Coarse-grained molecular dynamics，CGMD）模拟已经成为解决复杂材料中自组装现象的可行工具，并能够分析其对物理化学性质的影响（Maleketal，2007 年；Marrink，2007 年；Peter 和 Kremer，2009 年）。本节中将讨论用于研究催化层微观结构形成的各种 MD 模拟，并将评估所获得的结构对孔表面润湿性、水分布、质子密度分布和 Pt 利用率的影响。

3.8.1 分子动力学模拟

在经典分子动力学（MD）模拟中，将 N 个原子的体系作为相互作用的物质进行处理（Allen 和 Tildesley，1989 年）。原子由吸引或排斥对方的球核所表示。该方法中将不考虑其电子结构。在将电荷分配给每个颗粒后，根据需要，作用在颗粒上的力包括键合力、非键合力和静电作用力的一种或几种。使用经典力学的规律来计算粒子（原子和离子）的运动。在开始模拟之前，建立一个模型系统，该模型系统由模拟相中所需的组分和密度不同的所有化学物质所构成。就像任何真正的实验一样，这个系统是需要仔细准备的。它应该是要研究的系统的真实呈现。分子动力学模拟的结果是系统中所有 N 个粒子的位置和速度随时间的变化。如果用适当的时间步长进行模拟并持续足够长的时间，就可以确定热力学性质、空间和时间相关函数以及传输特性。

模拟轨迹中恰当的时间决定系统中的特征长度尺度和计算物理参数所需的时间尺度。目前，原子 MD 模拟的时间轨迹可从几纳秒一直拓展到微秒。

力场的选择是正在研究的系统中再现或预测物理特性、现象结果准确性的关键因素。作用在核上的力源自势能函数的梯度：

$$F_i = -\nabla_{r_i} U \tag{3.92}$$

力场涉及所有核之间的非结合相互作用和作为相同分子一部分的核之间的键合相互作用。非键合相互作用由静电相互作用、范德华相互作用和极化效应组成。极化效应是电子密度空间变化的结果。它们不能用强力场方法进行明确的描述，因为这种方法总是忽略电子动力学。通常的做法是将它们隐含地包含在范德华相互作用中。这为非键合的相互作用留下了两个关系。第一个关系对应于两个带电球之间彼此距离 r_{ij} 的库仑相互作用：

$$U_{el}(r_{ij}) = \sum_{ij} \frac{q_i q_j}{4\pi\varepsilon_0 \varepsilon_r r_{ij}} \tag{3.93}$$

在该方程中，q_i 表示粒子 i 的电荷数；ε_0 是真空的介电常数。在离子状态下，粒子的电荷数可以为分数或整数。

第二种类型的非键合相互作用通常用标准形式的 Lennard-Jones 电位来描述：

$$U_{LJ}(r_{ij}) = 4\varepsilon_{ij} \left[\left(\frac{\sigma_{ij}}{r_{ij}} \right)^{12} - \left(\frac{\sigma_{ij}}{r_{ij}} \right)^6 \right] \tag{3.94}$$

等式（3.94）括号中的第一项表示在短距离上的原子的强排斥力，这是由于其重叠的电子密度造成的。它遵循了量子力学中的 Pauli 不相容原理。用于描述该项的函数形式（$\propto r^{-12}$）是经验性的。引力的远程部分对应于分散或范德华力，其函数形式为 $\propto r^{-6}$。在上式中，ε_{ij} 代表了最小 $r_{min} = 2^{1/6}\sigma$ 处的电位的深度；σ_{ij} 为 $U_{LJ} = 0$ 时的点。

对于作为分子一部分的原子，必须计算键合的相互作用、以赋予分子结构一定的适应性。这些相互作用影响键合拉伸的变化（双体相互作用），键合角度变化（三体相互作用）和异面角度变化（四体相互作用）。前两个相互作用可以使用谐波电位来描述。异面相互作用则不能用谐波电位来描述，而是用周期函数来描述旋转对称性。它们在水合 Nafion 离聚物的模拟中起着重要作用，这一点会在"PEM 中自组装分子建模"一节中更加详细地讨论。

3.8.2 CLs 原子尺度的 MD 模拟

典型 CL 的 Pt/C 复合材料是通过"胶体晶体模板技术（colloidal crystal templating

technique)"制备的（Moriguchi 等人，2004 年）。除了炭黑（Cabot Corp. 的 Vulcan XC-72 或 Tanaka 的 Ketjen black）之外，最近已经使用合成的多孔碳颗粒来改善表面积和电化学活性。在标准制造工艺中，Pt 颗粒是通过还原碳表面上的 H_2PtCl_6 而沉积在碳表面上（Yamada 等人，2007 年）。通过超声处理将碳粒子分散在 H_2PtCl_6 的四氢呋喃溶液中，进而加入甲酸作为还原剂，然后将溶液过滤，收集分散的 Pt/C 颗粒。

在 MD 模拟中，分子吸附概念用于描述制备过程中的 Pt-C 相互作用。Pt 复合物主要附着在碳颗粒上的亲水部位，即羰基或羟基上（Hao 等人，2003 年）。这一过程涉及物理以及化学吸附。碳颗粒制备、浸渍和还原是催化剂制备的三个主要步骤。零充电点（The point of zero charge，注意，是 PZC，不要同零电荷的电位 pzc 混淆起来）决定了进行浸渍的 pH 范围。PZC 是催化剂制备中的重要参数。

在存在或不存在离聚物的情况下，MD 模拟主要集中于吸附在碳上的 Pt 纳米颗粒（Balbuena 等人，2005 年；Chen 和 Chan，2005 年；Lamas 和 Balbuena，2003 年，2006 年）。Lamas 和 Balbuena（2003 年）对石墨担载的 Pt 纳米颗粒和水合 Nafion 之间的界面的简单模型进行了经典的 MD 模拟。在 CLs 的 MD 研究中，Pt 簇的平衡形状和结构可以使用嵌入原子理论（embedded atom method，EAM）进行模拟。半经验电位，例如多体的 Sutton-Chen（SC）电位（Sutton 和 Chen，1990 年），对于紧密堆积的金属簇或纳米颗粒的模拟是非常有效的方法。这些电位包含了由多体结构产生的局部电子密度的影响。Pt-Pt 和 Pt-C 相互作用的 SC 电位提供了对小 Pt 簇的性质的合理描述方法。SC 电位的势能为：

$$U_{pp}(r_{ij}) = \varepsilon_{pp}^{SC} \sum_1^N \left[\frac{1}{2} \sum_{j \neq i}^N \left(\frac{\sigma_{pp}^{SC}}{r_{ij}} \right)^n - c\sqrt{\rho_i} \right], \quad \rho_i = \left(\frac{\sigma_{pp}^{SC}}{r_{ij}} \right)^n \tag{3.95}$$

式中，对于 Pt-Pt 相互作用，$\varepsilon_{Pt-Pt}^{SC} = 0.0190833eV$，$\sigma_{Pt-Pt}^{SC} = 3.92Å$，$n = 10$，$m = 8$，并且 $c = 34.408$。第一项表示成对的排斥作用，而第二项表示与局部电子密度相关的金属结合能。根据公式（3.95），Pt 簇和石墨载体之间的弱相互作用可以考虑使用 12-6LJ 相互作用进行计算，其中，$\varepsilon_{Pt-C} = 0.0190833eV$，$\sigma_{Pt-C} = 2.905Å$。为了确保采用这种经验描述获得合理的计算结果，Pt 簇的粒径应该足够大。将 LJ 方程拟合到 SC 电位中，Pt-Pt 相互作用的 LJ 参数为 $\varepsilon_{Pt-Pt} = 2336K$，$\sigma_{Pt-Pt} = 2.41Å$。这些基于 SC 电位改进的 LJ 相互作用的模拟方程，将 Pt 纳米簇之间的相互作用考虑了进来。

Nafion 通常由低聚物模型表示。离聚物体系中的相互作用可以用 Dreiding 力场进行描述（Goddard 等人，2006 年；Jang 等人，2004 年）。该力场将由于键合拉伸、键角变化和异面角度变化引起相互作用，以及涉及不同组分的非键合相互作用（LJ 和静电），进行了参数化。氧气和水通常分别采用双位点模型和单点电荷模型（SPC）进行描述（Wu 等人，2006 年）。

3.8.3　催化层溶液中自组装结构的中等尺度模型

由于计算的限制，原子模型不能反映催化层的形态。尽管多尺度建模方法取得了不可否认的进展（Morrow 和 Striolo，2007 年），PEFC 应用的桥接原子模拟和材料的连续模型仍然面临巨大的挑战。CGMD 方法已成为缩小差距的重要环节。已经证明这些方法对于在 CLs 的制备和反应中必须考虑的自组装现象和黏附性质的研究是非常有意义的。

本节的其余部分介绍了用于解开 CLs 中自组装现象的 CGMD 方法，并分析了其对物理化学性质的影响（Malek 等人，2007 年；Marrink 等人，2007 年）。特别是将重点分析离聚物的结构和分布。此外，还将探讨离聚物形态和多孔结构对水的分布（润湿性）、Pt 利用率和质子传输性质的影响。还将简要讨论吸附和传输性能实验数据来验证新出现的结构模型。

Malek 等人将 CGMD 研究的方法引入到催化层混合物中自组装的研究中（2007 年，2011 年）。

粗粒度模型分为两个主要步骤。首先，所有的原子和分子，包括 Nafion 离聚物、溶剂分子、水、水合氢离子、碳和 Pt 颗粒，都被亚纳米尺度的球形代替。每个刚球代表一小簇原子或分子。通常，这些球可以分为四个主要类型：金属球、极性球、非极性球和带电球（Marrink 等人，2007 年）。其次，必须确定刚球之间整合后的相互作用能，这将会决定 CGMD 模型的力场。

例如，四个水分子组成的团簇由极性刚球所代表。三个水分子加上水合氢离子形成了一个带有电荷 e_0（基本电荷）的带电刚球。由磺酸基团封端的离聚物的侧链可以看成是一个粗颗粒化的带有电荷 e_0 的带电刚球（Eikerling 和 Malek，2009 年；Malek 等人，2007 年；Wescott 等人，2006 年）。疏水性 Nafion 骨架由 40 个非极性刚球组成的粗颗粒表示。每个刚球代表骨架的四个单体单元（﹣CF$_2$—CF$_2$—CF$_2$—CF$_2$—CF$_2$—CF$_2$—CF$_2$—CF$_2$﹣）。主链的相应长度约为 30nm（Malek 等人，2007 年）。为了便于计算，模拟中的所有刚球都假定为理想球形，半径为 0.47nm，体积为 0.43nm^3。

Malek 等人的工作（2011 年）采用了一种新的多尺度粗粒度策略，明确将 Pt 粒子带入到 CGMD 模型中。它将 Pt 纳米粒子看成是立方八面体形状，由 Pt（111）和 Pt（100）晶面所包围，如图 3.4 所示。这种形状被认为是具有 fcc 结构的纳米颗粒最稳定构象之一（Antolini，2003 年；Antolini 等人，2002 年；Ferreira 等人，2005 年；Lee 等人，1998 年）。大小为 2nm 的立方八面体 Pt 纳米粒子中，Pt 原子以大致 5∶1 的比例来建模，用 38 个 Pt 刚球代替 201 个 Pt 原子，如图 3.33 所示。应该注意的是，该模型保留了 fcc 晶格的几何形状和原始 Pt 纳米粒子的形状。

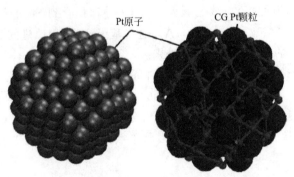

图 3.33 立方八面体 Pt 纳米粒子的原子和粗粒度模型。Pt 原子以大致 5∶1 的比例来建模。该模型保留了 fcc 晶格的几何形状和原始 Pt 纳米粒子的形状

在多尺度粗粒化（MS-CG）技术的基础上，碳粒子可以以各种方式进行粗颗粒化（Izvekov 和 Violi，2006 年；Izvekov 和 Voth，2005 年；Izvekov 等人，2005 年）。在这种方法中，CG 电位参数是通过系统程序从原子级相互作用获得的。采用这种技术，可以建立近似球形碳颗粒的模型。Malek 等人的模拟（2011 年）通过使用碳原子的 9∶1 映射（原子/刚球比）来定义 C540 系统中的 CG 位点。粗粒度模型中的每个 C 纳米颗粒由 60

个半径 0.47nm 的刚球所组成（Malek 等人，2011 年），并且保留了碳原子的六边形排列方式。CG 构型中 C60 的球与球之间的距离约为 0.94nm。初始碳纳米粒子的直径约为 5nm。

基本球形 CG 碳颗粒的能量最小化形成了具有更不规则形状的初级颗粒，如图 3.34 (a) 所示。这些初级碳纳米颗粒被表示为 CNP。随后，模拟 52 个 CNP 和 8 个 CG Pt 颗粒，并形成 Pt/C 颗粒，表示为 PPC，如图 3.34 (b) 所示。

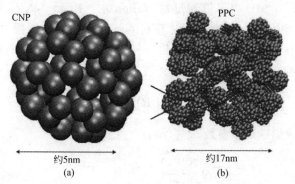

图 3.34 Pt/C 颗粒的粗粒度模型。（a）在能量最小化后表示为粗粒度的碳纳米颗粒（CNP）。通过使用碳原子的 9∶1 映射（原子/刚球比）来定义 C540 系统中的 CG 位点。（b）能量最小化后，由 52 个 CNP 和 8 个 Pt 纳米颗粒（由较小的刚球表示）形成的 Pt/C 颗粒（PPC）聚集体

形成 Pt 修饰的初级 C 颗粒（PPCs）的模拟方法可以用于模拟采用相关制备工艺获得的催化剂分散体。在实践中，可以采用两种方法来获取 PPCs：①采用 Pt 前驱体浸渍碳纳米颗粒；②将 Pt 氧化物或 Pt 金属胶体吸附到碳表面上（Antolini，2003 年；Antolini 等人，2002 年）。在用 Pt 前驱体浸渍的情况下，前驱体会扩散到每个单独的载体颗粒的孔洞中。对于第二种机理，胶体 Pt 或 Pt 氧化物颗粒吸附在载体颗粒的外表面上。然而，由于尺寸受限，胶体颗粒扩散到孔洞内会受到限制，因此，Pt 颗粒主要形成在 CNP 的表面上。

PPCs 的结构模型被调整为类似于 Vulcan XC-72 的性质（具有低内部孔隙率的疏水性碳颗粒）（Kinoshita，1988 年）。这些 PPCs 包含在模拟的初始配置中。虽然 PPCs 在模拟过程中可以放宽一些限制因素，但仍然需要保留初始的结构。

3.8.4　粗粒度模型中力场的参数化

CG 力场的参数化是非常重要的。在 CL 等复杂系统的 CG 研究过程中，原子细节的损失是一个真正的缺陷。其实这个缺陷并不是目前研究的系统的具体内容，但它适用于经典的原子和粗粒度分子的建模。使用这些方法依赖于平均划分显微尺度上的不同自由度，同时，不考虑电子的结构效应。采用这些方法可以很好地解决上述缺陷（Markvoort，2010 年）。这一方法的不足是没有考虑到基本物理化学性质，同时忽略某些不太重要的细节来保证求解的可行性。

在 Malek 等人开发的方法中（2007 年，2011 年），基于现象学和 MS-CG 方法，CG 相互作用参数主要来自于原子的 MD 模拟。在现象学方法中，将 Martini 力场的参数当作是初始假设。将初始的相互作用区分为极性、带电、亲水和疏水。虽然简单，但该方法很好地

预测了复合系统的几何结构和结构特性（Everaers 和 Ejtehadi，2003 年）。使用基于 Boltzmann 反演的迭代方法，可以将相互作用参数改进细化成为离聚物、水和水合氢离子以及 Pt 和碳的 MS-CG（Reith，2003 年）。关于导出 FF 参数的方法的研究可以参考 Voth（2008 年），Peter 和 Kremer（2009 年）以及 Murtola 等人（2009 年）的相关文献。

在上述的 MS-CG 方案中（Izvekov 和 Violi，2006 年；Izvekov 和 Voth，2005 年；Izvekov 等人，2005 年），从参考原子的 MD 力 $F_{i,m}^{ref}$ 可以计算出 CG 刚球的位置 $R_{i,m}^{CG}$ 和作用于 CG 中心的力 $F_{i,m}^{CG}$。参考 MD 力可以通过对 Nafion-水，Pt-碳，Pt-碳-水，Pt-Nafion 和碳-Nafion 等相互独立的系统的 MD 模拟而计算得到。所施加的力匹配过程（force matching procedure）涉及原子模拟（运行索引 m）和 N 个粗粒度的位置（运行索引 i）中选择的 M 个不同配置。得到的粗粒度模型中力计算公式：

$$F_{i,m}^{CG} = \sum_{j \neq i} f_{i,m}^{CG}(\mid R_{ij,m}^{CG} \mid) \frac{R_{ij,m}^{CG}}{\mid R_{ij,m}^{CG} \mid} \tag{3.96}$$

为了简化公式，我们选取了参数 $f_{i,m}^{CG}(r)$：

$$\varepsilon = \frac{1}{3MN} \sum_{i=1}^{N} \sum_{m=1}^{M} \mid F_{ij,m}^{ref} - F_{ij,m}^{CG} \mid^2$$

表 3.1 总结了基于 MS-CG 方案的初始 CG 参数，其中 $C_6 = 4\varepsilon\sigma^6$，并且 $C_{12} = 4\varepsilon\sigma^{12}$。在参数化过程中，这些初始值的最大偏差可以从离子键骨架和碳之间相互作用观察到。图 3.35 比较了 CGMD 模拟得到的水-水径向分布函数与原子 MD 的模拟结果。

表 3.1　水（W）、氢离子（H）、主链（B）、支链（S）和碳颗粒中碳（C）之间相互作用参数

项目	W（C_6，C_{12}）	H（C_6，C_{12}）	B（C_6，C_{12}）	S（C_6，C_{12}）	C（C_6，C_{12}）	Pt（C_6，C_{12}）
W	0.22，0.0023	0.22，0.0023	0.77，0.00084	0.22，0.0023	7.2，7.2	0.22，0.0023
H		0.78，0.00084	0.078，0.00084	0.18，0.0020	7.2，7.2	0.22，0.0023
B			0.15，0.0016	0.77，0.00084	13.6，13.6	0.15，0.0016
S				7.2，7.2		0.22，0.0023
C					0.24，0.0026	
Pt						0.086，0.00093

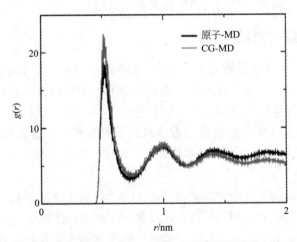

图 3.35　CGMD 模拟获得的水-水（W-W）径向分布函数与原子 MD 模拟结果的对比

3.8.5　计算细节

在 Malek 等人（2011 年）的模型中，初始的模拟尺寸为 $(500 \times 500 \times 500)$ nm³。它包含八个 PPCs，包括总共 416 个 CNP 和不同数量粗粒度的 Pt 刚球、Nafion 低聚物和 CG 水合氢，以计算所需的离聚物和 Pt 含量。在能量最小化之前，从平衡的 PPCs 构型中随机去除 Pt 颗粒，以便产生 Pt 与 C 质量比为 1：1，1：3 和 1：9 的模拟箱。水的刚球数量被固定为相当于每个离聚物侧链约 9 个水分子的值，即 $\lambda = 9$。离子交联剂与碳的质量比（简称为 I：C）从 0.4 到 1.5，以模拟 CL 制备过程中的最低（0.4）、典型（0.9）和最高（1.5）的不同情况。

通过调整 CG 刚球的非键合和键合参数，可以采用改进版的 GROMOS96 力场进行模拟计算（Berendsen 等人，1995 年；Lindahl 等人，2001 年；Peter 和 Kremer，2009 年）。在涉及带电侧链的非结合相互作用的情况下，负电荷（$-1e_0$）和静电排斥、吸引参数被分配给每个侧链。键合相互作用由键、角和异面角所组成。谐波键电位的力常数为 1250kJ·mol⁻¹·nm⁻²。角度项使用余弦型谐波电位，力常数为 25kJ·mol⁻¹·rad⁻²。异面电位代表改变平面外角度所涉及的能量。

允许非键合相互作用的 LJ 电位具有五个相互作用的能量范围：（ⅰ）引力（$\varepsilon_{ij} = 5$kJ·mol⁻¹）；（ⅱ）半引力（$\varepsilon_{ij} = 4.2$kJ·mol⁻¹）；（ⅲ）平衡力（$\varepsilon_{ij} = 3.4$kJ·mol⁻¹）；（ⅳ）半斥力（$\varepsilon_{ij} = 2.6$kJ·mol⁻¹）；（Ⅴ）斥力（$\varepsilon_{ij} = 1.8$kJ·mol⁻¹）。最小的球形间距为球的直径，即 $\sigma_{ij} = 0.94$nm。因此，范德华力的作用距离为 1.0nm。

典型的方法开始于 $T = 0$ 时，采用 100 ps 进行初始结构优化，参数急剧变化时间步长采用 20fs。这种短暂的能量变化可以使重叠的 Pt、CNP、离聚物、水分子和水合氢离子的刚球从它们的初始位置稍稍发生偏移。采用退火的方法进行结构的重新平衡，其中系统温度首先在 50ps 的时间内逐渐从 295K 增加至 395K。此后，在 NVT 组合（加热）中进行另外 50ps 的短暂 MD 模拟，随后冷却至 295K。

按照上述程序，对 NPT 组合进行 MD 模拟。在这个模拟中，总能量在约 $0.08\mu s$ 的初始平衡期间急剧下降，此后，能量逐渐收敛并稳定，总能量变化 $\Delta E < 500$kJ·mol⁻¹，该变化与系统的总能量相比显得非常小（系统的总能量通常为 10⁶kJ·mol⁻¹）。在质量密度达到稳定后，NPT 系统中继续反应最多 $5\mu s$，积分时间步长为 0.04ps。从结构分析的模拟轨迹中能够提取到统计学上独立的构型。温度由 Berendsen 算法进行控制，用于模拟在给定的温度 T_0 下，外界热量输入的较弱的耦合作用。对于每个组分（聚合物、碳颗粒、水、水合氢离子）分别应用弱耦合算法，时间常数为 0.1ps，温度为 295K，在反应运行期间，每 500 个步长（25ps）保存一次数据，并用于结果分析。所有模拟都使用修改后的 GROMACS 软件进行（http://www.gromacs.org）（Babadi 等人，2006 年；Markvoort，2010 年）。

3.8.6　微观结构分析

采用不同的标识符对微观结构进行区分，包括：（ⅰ）孔径分布；（ⅱ）离聚物和碳颗粒的尺寸分布；（ⅲ）RDF；（ⅳ）二维尺度上的密度分布。在 CL 的不同组件之间的 RDF，g_{ij} 提供了相分离的信息。RDF 的定义见第 2 章中"粗粒度膜结构分析"一节。采用蒙特卡罗技术确定孔径的分布（Kisljuk 等人，1994 年）以及离子聚合物和碳颗粒的尺寸分布。

此外，采用距离分析方法来评估 CL 混合物中 C 和 Pt 刚球外表面上水和离聚物的覆盖率。在这种方法中，水的覆盖率是根据水和碳刚球之间的最小距离来确定的。与碳刚球相比，水刚球与碳载体表面近了 0.5nm，因此水球被认为是附着在碳的表面上。采用类似的方法测定离子键刚球在碳载体上的覆盖率。定义水和离子聚合物覆盖度 θ_W 和 θ_I 为与碳接触的水或离聚物刚球的数量除以表面上的碳刚球总数，即：

$$\theta_W = \frac{\text{与碳接触的水的刚球数}}{\text{碳刚球总数}}$$

以及：

$$\theta_I = \frac{\text{与碳接触的离聚物的刚球数}}{\text{碳刚球总数}}$$

碳的总表面积是通过独立的模型进行评估的，其中碳是被约束（固定）的，系统中不考虑离子体和 Pt 相。在相对较快的模拟运行开始之后，水在碳的周围迅速传播。在这种情况下，被水覆盖的碳刚球的总数与总碳表面积成正比。

3.8.7　CLs 中微观结构的形成

图 3.36 显示了在模拟混合物中 CGMD 平衡后获得的催化层共混物的图像，其中（a）不包含 Pt，（b）包含 Pt。选择碳颗粒的相互作用参数来模拟 VULCAN 型 C/Pt 颗粒的性质。它们是疏水的，与水和 Nafion 侧链具有斥力作用以及与其他碳颗粒和 Nafion 主链具有半引力相互作用。

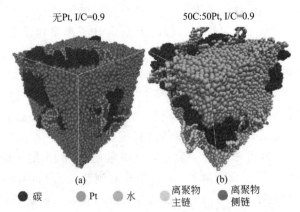

图 3.36　模拟箱中，CGMD 模拟的催化层油墨混合物的最终微观结构图像：（a）不包含 Pt 粒子和（b）包含 Pt 纳米颗粒。两种模拟中的 I∶C（质量比）均为 0.9，（b）中的 Pt∶C（质量比）为 1

最终获得的微观结构表明，碳聚集体和离聚物的结构形式对碳颗粒的润湿性能和离聚物-碳相互作用强度具有非常重要的影响。对于疏水型的碳颗粒，虽然离聚物侧链被限制在亲水区域中，与碳颗粒的接触较弱，但离子键主链会优先连接到碳聚集体的表面。正如预期的那样，亲水物质（水，水合氢离子）和离聚物之间的相关性明显强于这些物质和碳粒子之间的相关性。

在 CGMD 结构分析中的关键现象是形成具有核-壳结构的团聚体。核心区域由碳和 Pt 的纳米多孔聚集体组成。离聚物骨架组装形成黏合剂薄膜作为外壳。离聚物壳的厚度为 3～4nm。该离聚物表层显示出由几层骨架链组成的良好堆积形态。由于具有亲水性，侧链会从碳附近排出。水和水合氢离子倾向于最大程度与碳分开，同时试图停留在侧链的附近。

Malek 等人模拟（2007 年）了溶剂介电常数对结构相关性质的影响。极性溶剂（$\varepsilon_r=20$，80）的作用与此类似，而非极性溶剂（$\varepsilon_r=2$）的影响则有显著的区别。低 ε_r 表示碳和疏水性聚合物主链之间具有较强相关性，因此会表现出更强的分离成疏水和亲水结构的倾向。随着 ε_r 的增加，短程相互作用力和碳团聚体的尺寸逐渐降低。因此，随着聚集体之间的孔径增大，碳颗粒之间的距离将分开更大。对于非极性溶剂，长距离范围内的峰值位置会发生较大的改变。在非极性溶剂的存在下，与极性溶剂相比，亲水和疏水区域的结构将分开更大的距离。

在扩展的 CGMD 模拟研究中，在不同的离聚物含量下，Pt 纳米粒子的实际数量也不同（Malek 等人，2011 年）。通过改进相互作用参数来描述不同的组成，同时也考虑了更大的模拟箱。

图 3.37 描述了 Pt 粒子存在下，离聚物和碳颗粒的尺寸分布。类似于介电溶剂特性的显著影响（Malek 等人，2007 年），Pt 颗粒也会影响离聚物和碳颗粒的尺寸和连续性。Pt/C 聚集体的尺寸范围为 30~40nm。由于在模拟中使用的均匀和较小的 PPC（约 17nm），同时模拟箱的大小有限，因此 Pt/C 聚集体的计算尺寸会小于由 TEM 分析确定的尺寸（Carmo 等人，2007 年；Soboleva 等人，2011 年）。使用蒙特卡罗方法可以计算孔径分布（PSD）（Kisljuk，1994 年），其结果如图 3.38 所示。增加 Pt 的含量会将 PSD 提高到更大的尺寸，在约 75nm 处产生相对较窄的峰值。

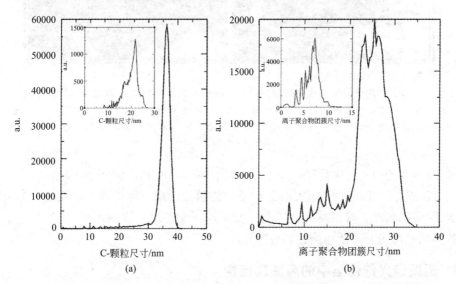

图 3.37　纳入 Pt 纳米颗粒的平衡 CGMD 结构中，（a）Pt/C 聚集体和（b）离聚物团簇的粒径
分布。在不含 Pt 的 CL 混合物中获得的相应分布显示在插图中以进行比较

Pt 颗粒对离聚物膜的结构影响，如图 3.39 所示。在疏水性碳（如 Vulcan XC-72）的存在下，离聚物主要覆盖在 Pt/C 聚集体的外表面。聚集体的核心区域由 10~15 个聚集的 PPC 组成，其尺寸约为 50nm。在没有 Pt 的情况下，聚集体表面将形成薄的离聚物膜层；离聚物结构通过纤维形态的离聚物聚集体连接起来。在没有 Pt 纳米颗粒的情况下，离聚物膜的外表面主要是亲水的。在这里，带电的侧链形成具有取向性的远离碳表面的、高度有

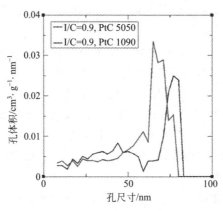

图 3.38　Pt：C（质量比）为 5：5（PtC 5050）和 1：9（PtC 1090）的 CGMD
模拟得到的 CL 混合物的孔径分布曲线

序的阵列，即优先朝向孔内部的空间取向。在 Pt 纳米颗粒存在的情况下，离聚物相更加聚集，并且与更多阴离子取向的 Pt/C 表面侧链的连接更少［如图 3.39（b）所示］。

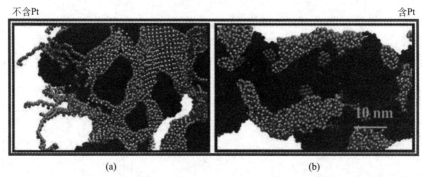

图 3.39　Pt 对 CL 混合物中离聚物结构的影响。（a）为不含有 Pt 的疏水性碳载体的结构。离聚物形成高度有序的骨架结构，其上附着有疏水性主链和朝向内部孔隙空间的侧链。（b）为加入 Pt 的情况。该情况下，产生了混合的疏水-亲水表面，导致离聚物膜的均匀扩散和侧链取向都存在较大的障碍

图 3.40 为在 Pt：C（质量比）为 0～1 时出现的 RDF 值。图 3.40 显示了 Pt 显著影响水和侧链（S-W）以及侧链与侧链之间（S-S）的相互作用。可以看出，径向分离程度较低时，随着 Pt 量的增加，峰值高度会随之降低。这证实了以前推测的 Pt 的添加降低了黏结的离聚物薄膜的均匀分散性和侧链的有序程度。

3.8.8　重新定义催化层中的离聚物结构

以上提供的结构分析已经显示出了 CL 中离聚物的结构。离聚物主要在 Pt/C 小颗粒聚集体的表面上，形成厚度为 3～4nm 的黏结薄膜（或表层）。聚集体中离聚物覆盖了多达 40％的碳表面。对于高度疏水的碳表面，如 Vulcan XC-72，离聚物与骨架基团相连接。随着 Pt 量的增加，Pt/C 聚集体的亲水性增加，这会引起离聚物基团的重新取向。观察到该膜层表面上规则的密集阵列的侧链，在离聚物区域内几乎没有水分子。Pt/C、水和离聚物形成层状的界面结构。

图 3.40 表明，紧密堆积的侧链的规则排列已经构建起来。由侧链相关函数 g_{ss} 推断，

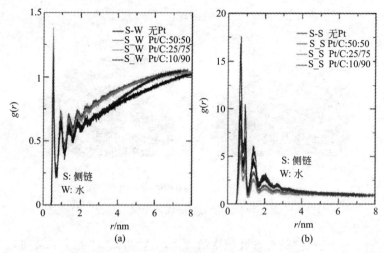

图 3.40 (a) 侧链-水和 (b) 侧链-侧链相互作用的径向分布函数 (RDFs)，
当 I∶C=0.9 时，RDFs 是 Pt 含量的函数

侧链之间的最小间隔距离约为 0.7nm。这种有序结构对于 Pt 的含量非常敏感。我们注意到，侧链排列比 Nafion 膜的孔隙更为稠密，其中，阴离子侧链的分布距离在 0.8～1.0nm (Gebel 和 Diat，2005 年)。在 CGMD 模拟中发现侧链的正方形格子排列方式是由于忽略了侧链阴离子端和水合氢之间的氢键而引起的假象。在高界面侧链密度下，磺酸根离子和水合氢离子之间的较强氢键以及二者的匹配三角对称性将强制侧链形成六边形的排列 (Roudgar 等人，2006 年，2008 年；Vartak 等人，2013 年)。

侧链密度对氢键和界面的排序有重要的影响。它决定了离聚物中水结合和质子传输的机制。在侧链之间，0.7nm 的距离和六边形排布优化了氢键的相互作用 (Roudgar 等人，2006 年，2008 年)。如第 2 章 "质子初始动力学研究" 一节中所讨论的，侧链密度高可能是表面主导的质子传输机制造成的。较高的 Pt 担载量，导致了 Pt/C 表面从疏水性向亲水性转变。Pt/C 的表面润湿性的变化导致了离聚物膜中的结构转变。这种离聚物膜的结构转变，对催化剂利用、质子密度分布和传导率、电催化活性和催化层中的水平衡都有显著的影响。

离子聚合物膜取向的两个极端情况如图 3.41 所示。左图对应于一种非常有益的情况。在这种情况下，假定 Pt/C 表面主要是亲水的。因此，在聚集体表面的 Pt/C 和离聚物表层之间形成水膜。离聚物膜上的亲水性表面基团将主要朝向 Pt/C 表面，向中间的水膜提供质子。连续水膜的形成表明中间水层中 Pt 具有较高的润湿分数和较高的质子密度。因此，对于这种离聚物膜的取向，电催化活性对 pH 值非常敏感。ORR 和质子传导率在聚集体的尺度下表现出很高的值。

另外，对于图 3.41 右侧所示的疏水性 Pt/C 表面，疏水性离聚物主链将优先朝向 Pt/C 表面。这种取向将产生如下不利影响：(ⅰ) 离聚物表面相对较低的磺酸基团密度导致质子传导较差；(ⅱ) 由于 Pt 表面和离聚物膜之间的脱水区域中质子浓度较低，因此电催化活性会变差；(ⅲ) 由于润湿性增加和次级孔隙中的水积聚，其疏水性较差，导致通过多孔介质的氧供应不足。

Vol'fkovich 等人最近的水吸附研究支持了由 CGMD 模拟结果推断的离聚物表面的结

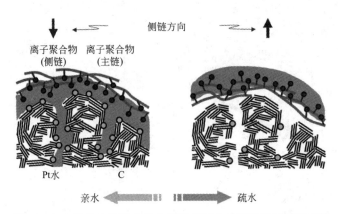

图 3.41　离子聚合物膜的径向润湿在两个极端情况下的示意图

构转变（2010 年）。使用成熟的标准孔隙率的方法，这些作者研究了一系列具有不同润湿性的碳材料组成的离聚物-碳复合材料。可以观察到，Nafion 离聚物与高度疏水性碳的混合物的自组装现象导致了亲水性多孔介质的形成。这个发现首先看起来与直觉相矛盾，但它符合图 3.41 所示的情况。如 Vol'fkovich 等人的文献所述，侧链取向朝向亲水性基体表面，使团聚间隙疏水（2010 年）。因此，如前文所述，后一种情况不仅增强了催化层的电催化活性，而且还可以通过在次生孔中保持水，来提高水处理能力。

因此，优化催化层中离聚物的分散体和结构的可行方法是使 PPC 聚集体的表面充分亲水，以达到图 3.41 左侧所示的离聚物膜的有利取向。基本上，在这种结构中，Pt 的界面处需要水的存在。利用离聚物结构在界面水膜中提供较高的质子浓度。同时，次生孔隙要保持疏水性，因此不需要水的存在。

这种结构图的另一个重要结果是由于厚度降低和覆盖不完全，离聚物相不太可能构成氧的扩散阻挡层；由于通过 CL 中离子交联聚合物的氧扩散会导致电阻的提高，并引起抑制电流的行为，这一点似乎是不切实际的。所谓的"湮没聚集体模型"，意味着应该用适当的液体电解质填充聚集体孔洞。通常情况，PEFC 的 CL 中聚集体用水或离聚物填充，这取决于如何定义聚集体。CGMD 的计算结果表明，聚集体（CL 的结构单元）中的孔径尺寸小于 10nm 的，至少在其质子传导形式中，较小的聚集体内孔洞应不含有离聚物。

本节揭示了催化层中离聚物的结构，表明在水吸附、水结合和质子传输方面外推至块体膜性质偏离了 CL 中离聚物的特定性质，而这一点对于 CL 的建模通常是不可行的。要将水和质子传输的机制适用于薄膜离聚物形态，此时有：（i）质子的传输由离聚物的表面性质所主导；（ii）电催化性能由 Pt/C 表面、离聚物膜和中间水层形成的界面薄膜结构决定。

但是，由于离子交联聚合物不太可能渗透到微孔中，所以主要的 Pt 颗粒不会与离聚物相接触，而是与孔隙中的水相接触。因此，Pt 与离聚物的连接不应成为质子传输的关键因素。这仅仅需要保持水通道的连续性。质子在不连续的离聚物之间通过孔径中的水扩散，可以明显提高质子的传导。

最后，为了理解 CL 中各种离聚物的性质（Astill，2008 年；Astill 等人，2009 年；Holdcroft，2014 年），人们必须研究、使用本节提出的模型，包括在 Pt/C 存在下的自组装形态，在聚集体中 Pt/C 颗粒的形态，离聚物黏结剂膜层的变化趋势以及侧链的排列方式，密度和相对于 Pt/C 表面的取向。

3. 8. 9　催化层中自组装现象：结论

CGMD 模拟已经成为研究 PEFCs 催化层自组装过程的有效工具。该研究中的结构参数包括 Pt/C 聚集体的组成和粒径分布、孔隙空间形态、表面润湿性以及离聚物的结构和分布。后一方面对 CL 的电化学活性面积、质子传输性质和电催化活性具有重要意义。

即使基础的离聚物相同，CL 中离聚物聚集体的形态明显不同于 PEM。采用渗滤理论，从块体 PEM 的性质，经过简单外推到 CLs 中离聚物的性质，但这通常是无法实现的。离聚物在聚集体表面形成薄的黏合剂表层，内部孔隙率却是无法检测的。Pt 的担载量在孔表面的性质从疏水性转变为亲水性的过程中起到了非常重要的作用。通过研究自组装的 CLs 的结构属性演变，对于进一步分析质子、电子、反应物分子（O₂）和水的传输特性是特别重要的。这也包括在 Pt-水界面处的电催化活性的分布。从原则上讲，中等尺度的模拟可以建立这些特性与各种溶剂、碳材料和离聚物材料的固有特性之间的联系。它们还可以帮助理解这些特征与质量组成和水合程度之间的依存关系。然而，目前仍然缺乏可以进行对比的模拟综合实验数据。必须采用多功能实验方法来研究颗粒-颗粒之间的相互作用，相和界面的结构特征以及碳、离聚物和水的相和界面之间的关系。

3.9　传统 CCL 的结构模型和有效属性

本部分重点介绍常规设计的 CCL，如图 3.1 所示。复合材料的组成（体积分数）：固体 Pt/C 的 $X_{Pt/C}$，离聚物的 X_{el} 以及孔洞 $X_p = 1 - X_{Pt/C} - X_{el}$。在孔洞空间中，还存在体积分数分别为 X_μ 和 X_M 的初级孔和次级孔，并且满足 $X_p = X_\mu + X_M$ 的关系。

将水孔隙空间的体积填充因子定义为液态饱和度 S_r。这取决于孔隙的 PSD 和润湿性。此外，它随着环境条件和燃料电池反应的电流密度而不断变化。到达 CCL 的液态水量与 j_0 大致成正比，这是由于 ORR 反应中的水产生以及通过电渗透的阻力对阴极的水通量的综合影响。因此，其总体趋势是随着 j_0 的增大 S_r 不断增加。此外，当 $j_0 > 0$ 时，S_r 还是空间变化的函数。局部的 S_r 值由多孔介质中气体和液体压力的分布所决定。传输性质对 S_r 的依赖性，其本质是空间变化条件的函数，这导致我们需要求解的传输方程组是高度非线性耦合的。

在厚度为 $l_{CL} = 5 \sim 10 \mu m$ 的常规 CCL 中，足够大的气体孔隙率是必不可少的。因此它们必须作为气体扩散电极（gas diffusion electrodes，GDE）来运行。在具有 $S_r \approx 1$ 的完全淹没的 CCL 中，反应渗透深度在 $0.5 \mu m$ 或更小的范围内，这将使 ORR 反应的主要部分（> 90%）是毫无效率的。由于 Pt 纳米颗粒在碳载体上的高度分散性、碳载体的良好电子传输能力、嵌入离聚物的高质子传导性以及在无水孔隙空间中良好的气态传输能力，随机三相复合材料最适合大型催化剂表面积（S_{ECSA}）的要求，如图 3.1 所示。实验数据（Soboleva 等人，2010 年；Uchida 等人，1995 年）和我们在"催化层油墨的自组装中等尺度模型"一节中已经讨论的粗粒度 MD 模拟，均表明在中孔区域会自组装成具有双峰孔径分布（bimodal pore size distribution）的团聚结构。碳颗粒（5 ~ 20nm）聚集并形成聚集体。聚集体内部存在初级孔（半径为 2 ~ 10nm）；随后，在聚集体之间形成较大的次级孔（10 ~ 50nm）。常规 CCL 的结构规定，用于质子传导的离聚物与用于气体扩散的气孔空间之间的竞争主要在次级孔中展开。一些离聚物渗透到聚集体内的微孔中也是有可能发生的，但是此处离聚物仅仅作为黏结剂，而不是质子的导体。基于图 3.1 所示结构图的建模研究，探讨了催化层的厚度，并且表明应调整 CCL 的组成，以获得最佳的性能和最高的催化剂利用率（Eikerling，2006 年；Eikerling 和 Kornyshev，1998 年；Eikerling 等人，2004年，2007 年；Liu 和 Eikerling，2008 年；Xia 等人，2008 年；Xie 等人，2005 年）。

2006 年之前，对 CCL 的建模中忽略了孔隙中液态水形成所造成的影响。这些研究的结果在足够低的电流密度情况下是成立的。在这种情况下，次级孔洞中的积水量太小，不能对性能产生显著的影响，而亲水性初级孔隙中的水则被毛细力强烈地束缚起来，因此，在这种条件下，该假设是合理的。

最近的工作明确地引入了次级孔洞中积水的影响，这是由多孔结构的润湿性、电流密度和环境条件所决定的。在高电流密度的情况下，j_0 的增加导致多孔电极层中总的液态水饱和度增加和水分布不均匀（Eikerling，2006 年；Liu 和 Eikerling，2008 年）。

所有性能模型的共同特征是它们将异质层视为连续的有效介质。其中的所有过程在微观和中观尺度上被平均分配，被称为 REVs。使用随机复合介质理论可以从组成和孔网络结构获得 REVs 的有效性质。REVs 的尺寸应该大于典型的结构异质性尺度，即大于 100nm。同时，它应该远小于 CCL 的宏观尺寸，并可以研究物理性质和工艺的连续变化。

3.9.1 催化层结构的实验研究

CLs 的组成可以在制备阶段精确控制。通常以 Pt 的担载量、Pt/碳质量比和离子聚合物-碳质量比来表征。如果除了这些参数之外，还知道催化层的厚度，那么就可以获得不同组分的体积分数。

PEFCs 中催化层的多孔复合形貌已经通过水银孔隙率法、气体吸附法、标准孔隙率法和水吸附等不同方法进行了评估（Holdcroft，2014 年；Rouquerol 等人，2011 年；Soboleva 等人，2010 年；Uchida 等人，1995 年；Vol'fkovich 等人，2010 年）。可以使用水银孔隙率法和氮气吸附来研究孔径的宽度范围。由于汞注入纳米孔隙需要很大的压力，因此该方法存在测量下限，约为 3nm（Xie 等人，2004 年）。通常情况下，该方法是破坏性的，并且难以评估由于样品的不可逆变形引起的不准确性。氮气吸附为测量从约 1nm 到约 300nm 的孔径分布提供了合适的方法。该方法采用静态容积法测量在选定的平衡蒸气压力下，吸附到固体表面或从固体表面解吸的气体量。

最近，电子显微镜和断层扫描也被应用于由聚集的碳和 Pt 颗粒形成的微结构的可视化研究（Thiele 等人，2013 年）。目前，成像和断层扫描技术的分辨率已经取得了巨大的进步，可以使用 FIB-SEM 来获得横截面图像，用于重建 CLs 的 3D 结构。

考虑到 BET 表面积和孔径分布，可以分析碳粉体和催化层的吸附等温线。使用这些分析工具，碳含量、Pt 含量和离聚物含量对聚集体性质的影响以及不同类型孔洞的体积分数可以更加合理化。Uchida 等人的早期观察（1995 年）表明，离聚物浸渍主要影响聚集体之间的次级孔洞体积，而聚集体中的初级孔隙却不受太大的影响。Soboleva 等人研究了 N_2 吸附，发现随着离聚物含量的增加，在整个尺寸范围内测量的孔体积更均匀地减小。离聚物含量对初级孔的体积分数的影响被解释为孔阻塞效应或由于离聚物渗透入这些小孔中而造成的。

图 3.42 显示了 Suzuki 等人（2011 年）和 Soboleva 等人（2011 年）测量的 PSD 结果。这些分布在质量上是相似的，它们都与聚集体的微结构相符合。在数学上，这种类型的分

布可以由双峰对数正态 PSD 表示：

$$\frac{\mathrm{d}X_{\mathrm{P}}(r)}{\mathrm{d}r} = \frac{1 - X_{\mathrm{PtC}} - X_{\mathrm{el}}}{\sqrt{\pi}\left[\ln s_{\mu} + \chi_{\mathrm{M}} \ln s_{\mathrm{M}}\right]} \times \frac{1}{r} \times \left\{ \exp\left[-\left(\frac{\ln(r/r_{\mu})}{\ln s_{\mu}}\right)^2\right] + \chi_{\mathrm{M}} \exp\left[-\left(\frac{\ln(r/r_{\mathrm{M}})}{\ln s_{\mathrm{M}}}\right)^2\right] \right\}$$

$$(3.97)$$

式中，r_{μ} 和 r_{M} 决定两个峰的位置；s_{μ} 和 s_{M} 决定其宽度。参数 χ_{M} 控制初级和次级孔洞的相对含量。将式（3.97）中的分布归一化为 1。由于初级和次级孔洞导致的孔隙率，由下式给出：

$$X_{\mu} = \int_0^{r_{\mathrm{cut}}} \frac{\mathrm{d}X_{\mathrm{p}}(r)}{\mathrm{d}r} \mathrm{d}r, \quad \text{并且 } X_{\mathrm{M}} = \int_{r_{\mathrm{cut}}}^{\infty} \frac{\mathrm{d}X_{\mathrm{p}}(r)}{\mathrm{d}r} \mathrm{d}r \qquad (3.98)$$

式中，r_{cut}（$r_{\mu} < r_{\mathrm{cut}} < r_{\mathrm{M}}$）表示两个峰对应的不同范围。

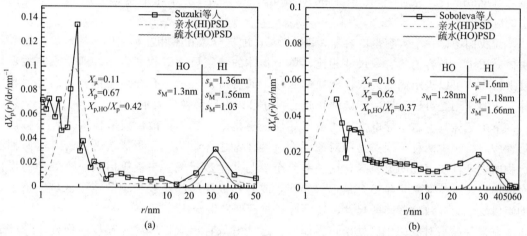

(a)　　　　　　　　　　　　　　(b)

图 3.42　Suzuki 等人（2011 年）（a）与 Soboleva 等人（2011 年）（b）分别采用氮物理吸附研究和 BET 分析求解的 PSD 模型。PSD 参数化可以区分亲水（双峰分布函数）和疏水（单峰分布函数，峰值约为 35nm）孔洞

双峰 PSD 的改进模型中引入了亲水（HI）和疏水（HO）孔洞的区别：

$$\frac{\mathrm{d}X_{\mathrm{P,HI}}(r)}{\mathrm{d}r} = \frac{1 - X_{\mathrm{PtC}} - X_{\mathrm{el}}}{\sqrt{\pi}\left[\ln s_{\mu} + \chi_{\mathrm{M}} \ln s_{\mathrm{M}}\right]} \times \frac{1}{r} \times \left\{ \exp\left[-\left(\frac{\ln(r/r_{\mu})}{\ln s_{\mu}}\right)^2\right] + \chi_{\mathrm{M,HI}} \exp\left[-\left(\frac{\ln(r/r_{\mathrm{M}})}{\ln s_{\mathrm{M}}}\right)^2\right] \right\}$$

$$(3.99)$$

并且：

$$\frac{\mathrm{d}X_{\mathrm{P,HO}}(r)}{\mathrm{d}r} = \frac{1 - X_{\mathrm{PtC}} - X_{\mathrm{el}}}{\sqrt{\pi}\left[\ln s_{\mu} + \chi_{\mathrm{M}} \ln s_{\mathrm{M}}\right]} \times \frac{1}{r} \times \left\{ \exp\left[-\left(\frac{\ln(r/r_{\mu})}{\ln s_{\mu}}\right)^2\right] + \chi_{\mathrm{M,HO}} \exp\left[-\left(\frac{\ln(r/r_{\mathrm{M}})}{\ln s_{\mathrm{M}}}\right)^2\right] \right\}$$

$$(3.100)$$

使用这些疏水和亲水孔径分布，（局部）液态水饱和度可以由下式进行计算：

$$S_{\mathrm{r}} = \frac{1}{X_{\mathrm{P}}}\left[\int_0^{r_{\mathrm{c,HI}}} \frac{\mathrm{d}X_{\mathrm{P,HI}}(r)}{\mathrm{d}r} \mathrm{d}r + \int_{r_{\mathrm{c,HO}}}^{\infty} \frac{\mathrm{d}X_{\mathrm{P,HO}}(r)}{\mathrm{d}r} \mathrm{d}r \right] \qquad (3.101)$$

式中，$r_{\mathrm{c,HI}}$ 与 $r_{\mathrm{c,HO}}$ 分别为亲水和疏水孔洞的毛细管半径。

可以认为 CCL 中的所有初级孔洞都是亲水的。在正常的情况下，这些毛孔会充满水。然而，对于附聚物之间的次级孔洞，则需要假设这些孔的一部分是疏水的。基于 Kusoglu 等人的实验结果（2011 年），该部分大致为 50%，这表明所有 CCL 孔中的 20%～60% 可能是疏水性的。

初级的亲水孔洞由于其小的尺寸而具有吸附水的强烈倾向。对于润湿角为 $100°$ 的 CCL 中的二次疏水孔，需要 $P^l \approx 5bar$ 的液态水压力才开始填充；具有较大的润湿角度的孔洞，填充所需的液态水压力就更大。而这种高液体压力不会在 CLs 的现实条件下出现。因此，假定催化层中的疏水孔洞在相关的电流密度下保持非润湿的状态是合理的。逐渐形成的液态水只能在次级亲水孔中发生。

3.9.2 渗透理论的关键概念

渗透理论代表了最先进和最广泛使用的统计模型，用于描述不均匀介质的结构相关性和传输特性（Sahimi，2003 年；Torquato，2002 年）。这里简要介绍一下这个理论的基本概念（Sahimi，2003 年；Stauffer 和 Aharony，1994 年），并且介绍其在 PEFCs 中催化层中的应用。

让我们考虑一个大容量的容器，即 $N \gg 1$，随机分散和不相互影响的客体对象，嵌入到主体介质中。与容器的宏观尺寸相比，单个物体的特征尺寸必须非常小，即发生在微观尺度上。物体可以表示固体或液体物质的区域，或者可以表示多孔介质中的孔洞。客体和主体介质的作用是可以互换的，两种介质的组分可以由球形颗粒表示。

单个球体具有电子导电性、离子传导性、磁化率、气体扩散性或液体渗透性等特征物理性质。将至少两种不同类型的对象混合（客体和主体材料）而形成渗透系统，这两种混合物的物理性质存在明显差异，这种差异至少为几个数量级。渗透簇由某一个类型的连接对象构成，这些对象是晶格上最近的邻居，或者形成连续渗透模型中的连续区域。该系统的组成变化会导致这些簇的尺寸、连接性和曲折度发生变化。

在某种类型对象的比例处于临界值时，这些对象将形成扩展簇并连接对面样本的外表面。在这个所谓的渗透阈值下，被连接物体所代表的相应的物理属性将开始增加到零以上。因此，渗透理论建立了不同介质的组成和结构及其物理性质之间的本质关系。对于 PEFC 中的多孔电极或催化层，这些性质包括电子和质子的电导率、气态反应物和水蒸气的扩散性质以及液体水渗透性。

渗滤系统的典型例子为：（ⅰ）电绝缘主体介质与导电金属球的无规则混合物，例如聚合物电解质；（ⅱ）在气密材料的多孔基质中加入高扩散性的气孔网络；（ⅲ）部分孔洞被液体电解质充满的多孔电极。

渗透理论表示随机复合材料可看成两个或多个不同类型的微观物体或区域的网络或晶格结构。这些对象将被称为"黑色"和"白色"，表示某种相互排斥的物理属性。复合介质中"黑"和"白"单元分布的网络可以是连续的（连续渗透）或离散的（或晶格渗透的）；它也可能是一个无序或常规的网络。在概率 p 下，随机选择的渗滤部位将被"白色"占据。利用互补概率 $(1-p)$，占用该网络的元素将是"黑色"的。

渗透理论使连接的"黑色"和"白色"区域的大小和分布合理化，并且对宏观特性造成影响。例如，研究随机复合材料的导电性或多孔岩石的扩散系数。定义渗透簇为互补颜色的渗滤部位（即"黑色"）围绕的一组颜色（例如"白色"）所形成的连接位点。如果 p 足够小，那么任何连接簇的大小可能比样本本身更小。在样品的相对面之间将不存在连续连接的路径。另外，如果 p 接近于 1，则网络结构应该是完全连续的。因此，对于一些明确定义的中间值 p，渗透阈值 p_c，在渗透网络的拓扑结构中将发生转变，其将从断开的

"白"簇的系统转换成宏观连续的系统。在无限网格结构中，某个点的渗透阈值是该点的最小占用概率 p，在这些位点出现无数个"白"的位点集群。

在金属/绝缘体复合材料中，阈值 p_c 表示其上形成的宏观样品的两个相对位置之间的第一导电路径，为从绝缘到导电样品的过渡。在微观尺度上，样品的电导率将取决于两个导电元件界面处的接触电阻。随着 p 进一步增加，最邻近位点之间的连接将会更多，从而导致电导率的单调递增。

对于晶格渗滤，存在两种类型的问题。对于迄今为止描述的位点渗滤问题，簇由格子的"白色"或"黑色"位点形成。对于带状渗透，相同的统计概念可以应用于位点位置之间的连接或结合：在概率 p 下，随机选择的带状将被"白色"单元所占据，也就是说，对于互补概率（$1-p$），其他带状将保持"黑色"。这样的系统如图 3.43（a）所示。

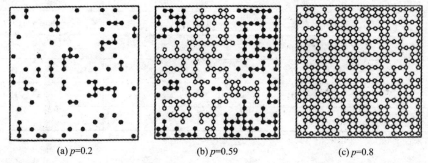

(a) $p=0.2$ (b) $p=0.59$ (c) $p=0.8$

图 3.43 在正方形格子上，具有占据位点（以点表示）的有限大小的样本和它们之间的结合方式。
样本显示了占用不同的位置概率 p，的不同情况：（a）低于渗滤阈值，$p=0.2$；
（b）刚好在渗透阈值上，$p_c=0.59$；（c）高于渗滤阈值，$p=0.8$。
（b）和（c）中的开放符号表示属于无限渗透簇的位点

在渗透阈值附近，当 $p \geqslant p_c$ 时，金属/绝缘体复合材料的有效导电率由如下公式所确定：

$$\sigma_{dc}(p) \propto (p-p_c)^\mu \Theta(p-p_c) \tag{3.102}$$

式中，$\Theta(x)$ 为 Heaviside step 函数。如果液体饱和多孔介质的液体渗透性是孔隙率的函数，那么其也将遵循相同的渗透规律。

扩散系数和直流电导率之间的关系由 Nernst-Einstein 方程（近似）给出：

$$\sigma_{dc} = \frac{e_0^2}{k_B T} n D \tag{3.103}$$

式中，n 表示扩散粒子（电荷载体）的密度。对于渗透系统，存在近似关系 $n \approx p_\infty \approx (p-p_c)^\beta$。式中，$p_\infty$ 表示在渗透阈值上形成的，属于无限簇的位点的概率。p_∞ 也被称为无限簇的密度。这些关系的结合产生了有效的自我扩散性的表达式：

$$D_e(p) \propto \frac{\sigma_{dc}(p)}{P(p)} \propto (p-p_c)^{\mu-\beta} \propto \Theta(p-p_c) \tag{3.104}$$

扩散物质可以在导电相的所有宏观连接的簇上移动。然而，在高于 p_c 时，只有最大的集群，所谓的采样分组才能显著地促进传输。其他物理性质如相关长度和渗透概率遵循 p_c 附近的幂定律，但是具有不同的关键指数。等式（3.102）中的关键指数 μ 的值，在 2D 和 3D 中是从计算机模拟中得到的（Isichenko，1992 年）。对于 2D 中的晶格渗透，$\mu \approx 1.3$，在 3D 中 $\mu \approx 2.0$。对于指数 β，假定约为 0.4。关键指数对于网格渗透模型是通用的，也就是说，它们独立于网络的拓扑之外，仅取决于样本的维度数。关键指数的这种普遍性不能够拓展到连续渗透问题。对于 3D（瑞士奶酪模型）的连续渗透模型，建议 $\mu \approx 2.38$（Bunde 和 Kantelhardt，1998 年）。

与关键指数相反，渗滤阈值取决于晶格拓扑和渗滤问题的类型。几种已知晶格类型的渗透阈值列在表 3.2 中。在 1D 条件下，它几乎恒定，$p_c = 1$。2D 中，p_c 的值对于特定的晶格类型是已知的。在 3D 中，p_c 的值只能在计算机模拟的帮助下获得。

表 3.2 相邻晶格点之间连续连接的极限值

尺寸	晶格类型	点渗流	键渗流
2	正方形	约 0.59	0.5（精确）
2	三角晶格	0.5（精确）	$2\sin(\pi/8)$（精确）
2	蜂窝晶格	约 0.7	$1 \sim 2\sin(\pi/18)$（精确）
3	简单立方	约 0.31	约 0.25
3	体心立方	约 0.25	约 0.18
3	面心立方	约 0.20	约 0.12
3	菱形	约 0.43	约 0.39

注：资料来自 Stauffer 和 Aharony（1994）。

对于连续渗透模型，渗滤概率由渗透体积分数代替，由 $X_c = p_c f$ 给出，其中 f 是填充因子（Hunt，2005 年）。对于多分散介质，X_c 是多分散性的单调递减函数。渗滤理论已成功应用于解释多种现象，例如，半导体中跳跃电导率（Shklovskii 和 Efros，1982 年）、聚合物熔体的凝胶化（de Gennes，1979 年）、多孔岩石的渗透性（Sahimi，1993 年；Torquato，2002 年）、流行病的传播（Grassberger，1983 年）以及野火的蔓延（MacKay 和 Jan，1984 年）。在 PEFC 研究中，渗透理论被用于建立聚合物电解质膜的吸水性与其质子传导率之间的关系（Eikerling 等人，1997 年）。此外，渗透概念在理论研究中也起着重要的作用，以揭示催化层的结构与功能之间的关系，这一点会在下文中讲到（Eikerling，2006 年；Eikerling 和 Kornyshev，1998 年；Eikerling 等人，2004 年）。

3.9.3 渗透理论在催化层性能中的应用

CCL 反应条件包括气体、水、电子和质子的传输以及界面转化、电极化学反应和汽化。将这些过程的相互作用关联起来的有效参数包括：质子和电子传导性；氧气、水蒸气和其他气体组分的扩散系数；液态水的渗透性以及单位体积的交换电流密度和蒸发速率。这些参数包含了关于组成、孔径分布、孔表面润湿性和液态水饱和度等信息。本节中将介绍这些有效的特性和结构之间的函数关系。

应用渗滤理论可使 CLs 的有效性质参数化。采用的具体参数可以从结构分析中获得，包括孔隙率测量、水吸附研究以及使用扫描电子显微镜和透射电子显微镜进行断层扫描的分析方法（Thiele 等人，2013 年）。

有效传输性质的渗透关系可以通过最基本的结构信息获得，即通过对其基本组成进行分析。原则上讲，可以设计出更详细的结构模型来引入高阶的结构信息，包括孔和颗粒的形状以及不同组分分布及其相关性。可以采用随机网络模拟，变分原理和有效的媒介理论来研究这些关系（Milton，2002 年；Torquato，2002 年）。

目前，人们对于如何定义 CCL 渗滤特性的参数有一定的分歧。然而，关于有效性质的参数，大家在对复合效应的实验观察中却得到了大致相同的趋势。此外，它们已经被证明在系统化的研究中是有用的。然而，采用更加先进的实验分析方法和计算方法能够使得结构表征不断发展，这一定会导致相关理论模型随之不断改进。

（1）有效的质子传导率

常规 CL 的质子传导率由离聚物相的含量和网络拓扑结构所决定。可以表示为：

$$\sigma_{el} = \sigma_0 \left(\frac{X_{el} - X_c}{1 - X_c} \right)^{\mu} \Theta(X_{el} - X_c) \tag{3.105}$$

式中，σ_0 代表电极材料的本征电导率；X_c 表示渗滤阈值下的体积分数。前文的参数化模型给出了合理的结果，$X_c \approx 0.12$（Eikerling，2006 年；Eikerling 和 Kornyshev，1998年；Eikerling 等人，2004 年，2007 年）。应当注意的是，该参数化模型没有考虑到在"重新定义的催化层中的离聚物结构"一节中讨论的 CL 中离聚物特定的薄膜形态。

（2）有效扩散率

阴极气体混合物由不断扩散的氧（上标为 o）、水蒸气（上标为 v）和其他（上标为 r）组分所组成。对于所有实际的模型，可以假设充满液态水的孔洞中的离聚物对于在宏观尺度的气体扩散传输贡献很小。与气相中的扩散相比，液态水中的扩散具有明显更小的扩散系数，并且需要扩散物质的溶解和脱溶过程。在长度约为 $1\mu m$ 时，气体只能通过气体填充的孔洞进行扩散。此外，由于这些孔的尺寸很小，并且在正常条件下它们被填充水，因此初级孔洞对有效扩散率的贡献相对较小。气态物质的传输可由下式给出：

$$D^{o,v,r}(S_r) = D^{o,v,r} \frac{(X_P - X_\mu - X_c)^{2.4}}{(1 - X_c)^2 (X_P - X_c)^{0.4}} \times \left\{ \left[\frac{(1 - S_r)X_P - X_c}{X_P - X_\mu - X_c} \right]^{2.4} \Theta \left(S_r - \frac{X_\mu}{X_P} \right) + \right.$$
$$\left. \Theta \left(\frac{X_\mu}{X_P} - S_r \right) \right\} + D^{res} \tag{3.106}$$

这个表达式类似于 Hunt 和 Ewing（2003 年）和 Moldrup 等人（2001 年）报道的，在部分饱和多孔介质的开孔空间中的渗透表达式。该公式中的渗滤阈值假定与等式（3.105）中相同，对于等式（3.106）中不同气体物种的预先确定的 $D^{o,v,r}$ 由动力气体理论的表达式给出：

$$D_0^{o,v} = \sqrt{\frac{2RT}{\pi M^{o,v}}} \times \frac{4}{3} r_{crit} \tag{3.107}$$

式中，r_{crit} 为临界孔洞半径，可以从临界路径分析中获得（Ambegaokar 等人，1971年）；$M^{o,v}$ 为扩散气体分子的摩尔质量。公式（3.107）中采用 Knudsen 型扩散作为气体传输的主要机制。在 Knudsen 体系中，与分子-分子之间的碰撞相比，分子-孔壁的碰撞占据绝对多数。Knudsen 扩散的条件是扩散气体分子的平均自由程（$\lambda_m = R_g T / \sqrt{2} \pi d_m^2 N_A P^g$）大于孔径，即 $\lambda_m \geqslant 2r_{crit}$ 或者使用 Knudsen 参数的定义，$K_n = \lambda_m / 2r_{crit} \geqslant 1$。其中，$d_m$ 是分子的直径，N_A 是阿伏伽德罗常数。在氧压力为 1atm 的条件下，$\lambda_m = 70nm$（Kast 和 Hohenthanner，2000 年；Mezedur 等人，2002 年）。因此，如果 $r_{crit} < 35nm$，则可能会满足 CCLs 中 Knudsen 扩散的条件。

在临界的液态水饱和度 $S^{crit} > 1 - X_c/X_p$ 时，由于只有溶解物质的传输，而其他气体的扩散仍然是非常有限的，即扩散由 D^{res} 主导。

（3）有效的液体渗透性

离聚物中的充水孔洞（半径为 r_{el}，相应的水的体积分数为 ε_{el}）以及初级和次级孔有助于提高液体渗透性，可由如下公式得出：

$$K^1(S_r) = \frac{\delta}{24\tau^2}\left\{r_{el}^2\varepsilon_{el}X_{el} + r_\mu^2\left[S_rX_P\Theta\left(\frac{X_\mu}{X_P} - S_r\right) + X_\mu\Theta\left(S_r - \frac{X_\mu}{X_P}\right)\right] + \right.$$
$$\left. \tau^2\tau_M^2\frac{(S_rX_P - X_\mu - X_c)^2}{(1 - X_c)^2}\Theta\left(S_r - \frac{X_\mu}{X_P}\right)\Theta(S_rX_P - X_\mu - X_c)\right\} \tag{3.108}$$

在这个表达式中，假定中孔空间具有渗透的依赖性；δ 是收缩因子；τ 是曲折因子（Dullien，1979 年）。

（4）界面蒸发交换区

界面蒸发交换区是一个重要的概念，对 CCL 的性质产生了显著的影响。然而，却几乎没有实验和理论来研究这个性质。它取决于孔洞网络的细微拓扑细节。在孔洞中，分离液相和气相的区域有助于增大液-气界面面积，其与孔隙率和孔半径之间的关系为：

$$\xi^{lv}(S_r) = \gamma l_{CL}\int_0^\infty \frac{dX_P(r)}{dr} \times \frac{1}{r}h(r_c,r)dr \tag{3.109}$$

考虑到函数 $h(r_c, r)$ 的卷积，由于滞后效应，界面不会完全推进到半径等于毛细管半径 r_c 的孔洞中。随着亲水介质 S_r 的增加，毛细平衡从较小的孔逐渐转移到较大的孔中。随着局部毛细平衡的发展，具有液-气界面的气泡在 $r < r_c$ 的小孔中持续存在。此效果取决于 PSD 和连接性。它可以以简单的现象学方程推导出 $h(r_c, r) = \Theta(r_c - r)\Theta(r - \zeta r_c)$，式中，$\zeta$ 是一个取决于孔洞空间拓扑的因数。由于连接不充分，异质孔洞导致了较大的 ζ 和更大的 $\xi^{lv}(S_r)$。γ 为归一化因子，它取决于孔的几何形状和润湿性。

3.9.4　交换电流密度

如在"催化剂活性"一节中所述，交换电流密度的基本表达式为：

$$j^0 = j_*^0\frac{m_{Pt}N_A}{M_{Pt}\upsilon_{Pt}}\Gamma_{np}\Gamma_{stat} \tag{3.110}$$

在早期 CCL 的模型中，统计利用率可以写成：

$$\Gamma_{stat} = g(S_r)\frac{f(X_{PtC}, X_{el})}{X_{PtC}} \tag{3.111}$$

式中，$g(S_r)$ 为孔表面积的润湿比例；$f(X_{PtC}, X_{el})/X_{PtC}$ 为在三相边界处或附近的 Pt 颗粒的统计分数。

通过将长度尺度划分，可以合理地分解为两个函数 f 和 g 的因子。在宏观尺度上，计算催化剂位点的利用率需要知道 Pt/C、离聚物和孔洞的互联网络结构。这些要求表示为复合材料的统计几何函数（Eikerling，2006 年；Eikerling 和 Kornyshev，1998 年；Eikerling 等人，2004 年，2007 年）：

$$f(X_{PtC}, X_{el}) = P(X_{PtC})P(X_{el}) \times \{(1 - \chi_{ec})(1 - [1 - P(X_P)]^M) + \chi_{ec}[1 - P(X_P)]^M\} \tag{3.112}$$

其中，渗透簇的密度为：

$$P(X) = \frac{X}{\{1 + \exp[-\alpha(X - X_c)]\}^b} \tag{3.113}$$

其中，根据 Ioselevich 和 Kornyshev（2001 年，2002 年），$a = 53.7$，$b = 3.2$，$M = 4$。

参数 χ_{ec} 反映了在非最佳反应点处的残留活性的影响。对应于最佳有效面积的 $f(X_{PtC}, X_{el})$ 的最大可能值在 $X_{PtC}=0.38$ 和 $X_{el}=0.38$ 处,此时获得的 $f(X_{PtC}, X_{el})\approx0.1$。当 $X_{PtC}=0.18$ 和 $X_{el}=0.53$ 时,可以得到 $f(X_{PtC}, X_{el})/X_{PtC}$ 的最佳值。

在对应于聚集体尺寸(约 100nm)的介观尺度上,反应前沿从真实的三相边界向聚集体内的催化位点逐渐扩展。在这个尺度下,氧气扩散不会在充满水的聚集体中造成质量传输的损失。如"填充纳米孔中的 ORR:静电效应"一节所述,静电效应影响着聚集体中质子的分布和反应速率。然而,考虑到催化剂位点对质子的影响,聚集体内孔洞的润湿是非常关键的。这些因素共同决定了填充孔的比例。

$$g(S_r) = \frac{1}{\Pi} \int_0^{r_c} \frac{1}{r} \times \frac{\mathrm{d}X_P(r)}{\mathrm{d}r} \mathrm{d}r \tag{3.114}$$

式中,Π 为在完全润湿条件($S_r \to 1$),确保 $g \to 1$ 的归一化因子。函数 $g(S_r)$ 在 $0 \leqslant g(S_r) \leqslant 1$ 变化。因此,催化剂的利用率由内部润湿孔的分数所决定。

式(3.110)中的统计方法的适用性主要取决于离聚物的结构。"重新定义的催化层中的离聚物结构"一节中,提出的 CL 中离聚物的薄膜形态,不适用于采用渗透理论得出的结果。与此相反,统计学利用因子由聚集体上离聚物表面层的覆盖率所决定。描述催化剂层形态的随机统计方法歪曲了这种有组织的结构,并且低估了 Γ_{stat}。然而,只要 Γ_{stat} 保持一个合理值(根据不同的 j_0 值)而不发生变化,根据统计方法法得出的预测将是基本正确的。

本章介绍的结构与性能关系,阐明了随机复合形态如何在渗透理论的基础上引导 CLs 的有效传输性质。但是请注意,孔网络结构中的双峰特征(初级和次级孔洞)在平衡 CL 的不同功能方面起着关键的作用。由于初级孔洞产生较大孔隙率,这对于提高交换电流密度是有利的,因为它保证质子可以到达聚集体内大部分催化剂位点。此外,增加初级孔洞的分数导致更大的液体/蒸气界面面积,因此具有较高的蒸发速率。另外,次级孔洞有利于调节气体扩散率。

对于随机异质介质的有效性质,它将仍然是至关重要的,但在科学上却是非常具有挑战性的任务。在燃料电池材料的研究中,连续体以及离散网络模型已被应用于此。连续模型代表描述复合的、不规则形态材料的传输特性的经典方法。与其相应的微观尺度相比,其相关性能的差异性较大。与连续模式相比,网络模型、Bethe 格点模型等分析模型是为了表征材料的实际物理模型并模拟其有效性质。所以,开发异质燃料电池材料先进结构模型还取决于实验观测到的微观结构信息。

3.10　结束语

本章对 PEFCs 催化剂层的结构、性能和功能进行了详细的介绍。其背后的实际目标是开发具有高催化活性、低催化剂担载量和高稳定性的催化层结构。

电催化剂材料的任何进展与催化层的结构设计之间是相互支撑的,需要考虑催化剂层油墨,ORR 和 HER 在高度分散的催化剂表面的电化学动力学,传输过程中的相互作用,介质和其他组分之间的整合以及关于催化剂调控的其他组分,还有 CL 稳定性和分解现象。CL 中的主要结构效应发生在完全分离的不同尺度上。这种观察对于理解 CL 的性质和功能的理论模型和研究方法的发展至关重要。主要的尺度对应于依附在离聚物表层内的催化剂纳米颗粒（几纳米），充水纳米孔洞（约 10nm），碳/Pt 聚集体（约 100nm）以及宏观尺度水平，其中 CL 可以被认为是一种有效的介质。

在原子或分子尺度（埃至纳米）上，正在使用初始模拟来研究可以提供足够活性和稳定性的电催化剂和载体支撑材料。通过研究电子带结构、电子亲和力（费米能量函数）以及费米能级的电子态密度，目前采用基于密度泛函理论的方法可筛选催化剂材料。通过扩大计算工作量，可以加入电解质环境以研究界面静电充电性能（表面电荷密度，零电荷的电位）和吸附性能（吸附物的结构和稳定性、吸附能量、吸附物相互作用）。基于 DFT 的模拟与热化学和动力学建模的结合有可能破译复杂反应机制的基本步骤和反应途径，并确定反应的控制参数。结合这些步骤的第一性原理和电化学研究的方法正在迅速发展。在燃料电池中研究催化剂结构和表面反应之间的相互作用，这一领域的进展也至关重要。

现实的 Pt/载体纳米粒子体系的物理性质的模拟可以作为 CL 油墨中自组装的分子级模拟的相互作用参数。"催化剂层油墨中的自组装中尺度模型"一节中提出的粗粒度 MD 研究，在结构形成方面提供了重要的意义。在"渗透理论在催化层性能中的应用"一节中讨论了关于聚集体的形成、孔洞空间的形态、离聚物结构和分布以及孔的润湿性等物理性质对于结构的影响。CGMD 研究可应用于研究材料和油墨组成的化学性质对 CL 的物理性能和稳定性的影响。

为了使纳米孔中的局部反应条件合理化，还需要了解介观结构。结论性的模型是将不同层次的结构效应与催化层的性能联系起来。由于催化剂层性能建模非常的重要，第 4 章将专门讨论这一主题。

催化剂层优化的方法将是将理论与实验的方法联合起来。理论和建模不可避免地引用隐含的假设条件，因此提供纯粹的理论模型优化将是无法实现的。

需要进行非原位观测以表征结构的细节并探讨其与有效性质的关系。这种获得的实验数据是否完善将决定结构-性能关系的细节水平。

原位实验研究，将得到的性能和与理论预测进行比较，为模型的不断优化提供了基本的方向。通过这些系统实验数据证实的理论模型可以用于：（ⅰ）确定影响催化剂层性能好坏的关键特征；（ⅱ）解释催化剂层失效的原因；（ⅲ）设计新的催化材料；（ⅳ）改善催化剂粒度、多孔结构、润湿性能、尺寸厚度、组成、反应条件以及燃料电池效率和功率密度。第 4 章和第 5 章将讨论如何在新设计的过程中使用这些有益的理论工具。

第4章 催化层性能模拟

第3章讨论了催化材料的一些基本性能，主要包括基本电催化性能、表面反应过程、Pt基表面氧化和还原过程的动力学模型以及ORR反应。这些问题的讨论能够对催化剂的设计、制备、测试等进行细节控制。在第3章"水填充纳米孔结构ORR反应：静电效应"部分，主要讨论催化剂介质纳米孔中的ORR反应。这一部分内容主要讨论多孔基体表面的带电性能。在第3章，粗粒度动力学模型研究的"催化层中尺度自组装模型"部分中，研究了CLs自组装原理，以第3章的"渗透理论在催化层性能中的应用"为基础，本章将对依赖于结构变化的物理性质进行参数化设计。动力学模拟还发现在凝聚态表面能够形成离聚物表面层。

聚合物内部水填充纳米孔的传输性质、聚合体表面形成的离聚物膜性质决定了微观尺度上的局部反应环境。电解液的势能分布、电解液pH值、氧气浓度等反应环境的局部性质决定了反应的动力学机制，当然还要考虑到界面处的电催化反应过程。结合以上已知信息，可以计算出局部反应电流，这个值可以作为表征阴极催化层催化性能的重要参数。

本章主要讨论传统催化层（Ⅰ类型电极）的催化性能模型，反应物的供给也就是气体的扩散速度成为影响催化性能的主要因素。还将介绍一种常用的模型构架并用此模型讨论催化层反应的基本过程。CCL结构模型对不同的反应区域的催化活性进行合理化解释，并且与极化曲线得到的结论相一致。如果给出基本的结构参数和性能参数，催化层模型就能够给出PEFC的极化曲线，理论模拟和实验测试得到的极化曲线非常吻合。除此以外，模型还能够提供反应速率分布图。因此，通过模型研究可以设计出催化剂利用率最高、传输损失最少的最优催化层。

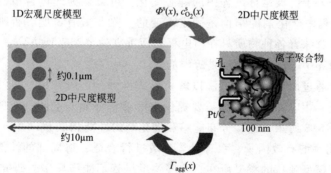

图4.1 CLLs二进制模型图。从宏观尺度水平展示了球聚物的组装以及中尺度下内部多孔结构
（Sadeghi，E.，Putz，A.，and Eikerling，M. 2013b. J. Electrochem. Soc.，160，F1159-F1169，
Figures 1，2，5，6，8，12. The Electrochemical Society 授权）

为了研究反应过程中的CL模型，如图4.1所示，将催化层看作两个尺度的系统来处理。分层模型如图1.16所示，重点是最右边的两个尺度模型。对于介观尺度模型，催化层催化性能由碳材料和Pt纳米粒子组成的聚合体性质决定。在直径为50～100nm的聚合体表

面部分或者全部覆盖一层 3～4nm 厚的离聚体层，结构如图 4.1 所示。聚合体中形成的 2～20nm 的基孔提供了大的 Pt 表面积。在宏观尺度上，氧气分子的扩散速度对提供较大反应梯度非常重要，这确保了在整个催化层中催化剂的充分利用。这就要求 20～100nm 的空气填充第二相孔的体积模量需要达到渗流阈值。在一个理想的模型层中，这些孔应该是疏水的。聚合体、离聚体膜的形成，双孔模型的孔径分布以及润湿性都是 CCL 模型的重要参数，通过这些参数的调控达到传输和反应的最优效果。

4.1 催化层性能模型的基本构架

一般来说，燃料电池电极是由高分散的 Pt 纳米粒子和酸性离聚体及水形成的电解液相形成的高分散的异质界面。这样的结构是为了在催化层和电解液界面处提供最大的面积。

统计学组成、相分离形态、孔径分布以及孔的润湿性能决定势能的空间分布、反应的浓度以及液态水饱和度。电极理论可以将这些性质与 CCL 催化性能联系起来。

研究 CCLs 电化学性能和水平衡的物理模型如图 3.5 所示。对于材料来说，需要得到代表组成和结构变量与代表催化层有效物理化学性能变量之间的本质关系。最重要的性质包括质子导电性、气体扩散性、液体渗透性、电化学性能和蒸发性能。结构和物理化学性质之间的一系列关系在第 3 章中的"渗透理论研究的有效催化层催化性能"部分中进行了讨论。

催化层的结构和成分不能固定成为 CCL 模型中的主要瓶颈。长时间使用会使催化剂发生退化或者由于水含量的改变，催化活性发生急剧变化。质子传输、气体扩散、电催化活性都会因此受到影响。由于当 $j_0 > 0$ 时，液态水饱和度在空间上呈现一个函数分布状态，因此在燃料电池中各种物理化学性能也在空间上呈现函数分布。这样的分布会使得性质和催化活性之间发生非线性耦合，因此需要考虑应用均一溶液进行替代。更精确地讲，这个问题需要一系列的连续方程去满足反应过程中各种物质的质量和电荷守恒，而这些物质的迁移方程帮助构建了模型的基本框架。

这一章主要是关于电极运行过程中的静态变化。可以认为通过自组装形成的催化层以及在 MEA 生产过程中催化剂的结构是固定不变的。除非另有说明，否则一般都讨论一维模型建模方法。这意味着各种物质只在与电极表面垂直的整个平面方向上发生迁移。而且，在这章的大部分内容中，反应环境都是等温的。

均匀溶液可以通过简化假想的方法以解析形式得到。一般来说，溶液模拟需要非常多的软件工具来完成。相应的解决方案需要提供电解液相势能的空间分布图、压力（浓度）、物质流量等，如图 3.5 所示。这些分布能够和催化剂的性能相联系，并可以通过电压效率、功率密度、Pt 利用率的有效因子、水含量等参数进行表征。将局部的性能变量与总体性能标准相联系是物理模型独特的意义所在。这些关系尽管不能指导实验研究，但是对 CCL 结构和生产系统化研究非常有价值。

4.1.1 催化层催化性能模型

图 3.1 的结构是模拟 CCL 催化性能的最简单的方法，其中给出了均匀介质中电子、质子以及氧气迁移（宏观均匀模型 MHM）等有效参数。需要特别注意的是，膜相势能 ϕ 和碳材料相的势能 ϕ 是坐标的连续函数。从结构上来说，这意味着单位体积的 CCL 中都包含

很多碳和 Pt 粒子、Nafion 相区域以及空穴，因此需要给出单位体积内的平均浓度、电势能、传递系数、电流、反应速率等。

还有一些别的方法，在 MHM 模型中（Baschuk 和 Li，2000 年；Dobson 等人，2012 年；Jaouen 等人，2002 年；Pisani 等人，2003 年；Schwarz 和 Djilali，2007 年；Sun 等人，2005 年；Tabe 等人，2011 年）只将单聚体作为基本的转化单位。全聚体模型（FAM）认为团聚体是球状的并且能够和催化剂、离聚体电解液等均匀填充。在离聚体填充的团聚体中，氧气迁移和消耗问题需要依据势能转化方程（ORR 反应速率）进行解决，方程包括团聚体半径和成分以及覆盖在团聚体表面 Nafion 膜的厚度（Harvey 等人，2008 年；Karan，2007 年），这个转化方程能够适用于整个平面。这种方法的缺点在于不能区分水相和离聚体相。对于性能完好的催化层，当 PEFC 在 $T < 100℃$ 下运行时，水是提供质子的最活跃介质，而离聚体只作为质子给予体。

水填充的 FAM 模型有一种新的变形体，在第 3 章中的"催化层自组装结构的中等尺度"部分以及"CCL 分级模型"中详细区分了水和离聚体的作用（Sadeghi 等人，2013 年）。以 CCL 结构的介观模型为基础（Malek 等人，2011 年），这些结果表明聚合物电解质（Nafion）既不渗透也不团聚；因此，在团聚体内部，ORR 在 Pt/水层界面处发生反应。两种 FAM 模型的主要不同点在于：（ⅰ）界面本质不同，也就是 ORR 发生的地点不同；（ⅱ）在团聚体内部氧气分子和质子的迁移介质不同，一个是 Nafion 介质，一个是水介质。

FAM 模型比 MHM 模型更加准确吗？单独的 MHM 模型可以给出具有代表性的极化曲线，然而 MHM 不能解释 CCL 模型中依赖于团聚体和空隙形态的水通量和分布情况。而且，如"CCL 分级模型"中证明的，MHM 高估了 Pt 用量的有效因子。在凝聚态层次（或者对水填充的多孔团聚体）来说，一定要将氧分子的扩散以及质子的转移考虑在内以获得对结构的准确估计，尤其是在高电流密度下（Sadeghi 等人，2013 年）。尽管如此，在大部分情况下，对 CCL 的表征以及基本方程的理解，MHM 模型都是一个比较好的开端。

4.1.2　催化层的水：　初步准备

为了解释 CCLs 模型中水的作用，需要实验和理论两个方面的知识。

局部水平衡：水能够通过哪个机理获得平衡呢？Eikerling（2006 年）和 Liu 提出的方法中，Eikerling 认为在液相-气相界面处的孔道由于毛细作用力使水含量达到平衡。这种方法忽略了在 CLs 孔中表面膜和点滴的形成。Ex 原位诊断法，能够探测到平衡状态下的孔状结构和水的吸附性能，可以用来建立孔道结构、工作环境和局部水平衡之间的关系。

水的传输和形成：水的迁移采用什么机理以及迁移参数值是多少？水迁移的相关机理包括扩散、对流、电渗透、蒸发交换等。通过原位诊断可以得到相关参数值。复合介质的统计理论（Kirkpatrick，1973 年；Milton，2002 年；Torquato，2002 年）尤其是渗透理论（Broadbent 和 Hammersley，1957 年；Isichenko，1992 年；Stauffer 和 Aharony，1994 年）为传输和界面反应过程的有效参数研究提供了有效工具，这在第三章"渗透理论在催化层性能中的应用"中进行了讨论。

在 PEFC 阴极一侧，即使在阴极入口附近的反应物是干燥的，由于 PEM 中水的电泳和 ORR 反应中水的生成依然会造成在正常条件下液体水的过量。在正常的状况下，可以假定 CCL 中的亲水孔道和离聚物都是水合的。质子的导电性可以认为是恒定值。当水的形成速率比较高时，水的移除速率较低，在扩散介质和流体力学场中水的过量聚集造成了反应物气体扩散通道的堵塞。

多孔介质中水的平衡主要是由于毛细凝聚作用的存在。在静态条件下，孔隙填充率是通过 Young-Laplace 方程计算得到的，方程中将毛细管压力 p^c，或者是毛细管半径 r^c 与局部气压 p^g，液体压力 p^l 相联系，

$$p^c = \frac{2\gamma_w \cos\theta}{r^c} = p^g - p^l \tag{4.1}$$

式中，γ_w 代表水的表面张力；θ 代表润湿角。假设在 CLs 凝聚态的小孔都是亲水的（Vol'fkovich 等人，2010 年）。在现实操作环境中，这些孔呈现出充满液体水的状态。

随着电流密度的增加，在次级孔隙出水的聚集量会增加。这个过程依赖于孔的尺寸和润湿角。因此，次级孔隙的润湿能力对于控制 CCLs 中水的形成至关重要。如果所有的次级孔隙都是亲水的，液体水的饱和度可以通过含有不同 PSD、$dX_p(r)/dr$ 的表达式给出：

$$s = \frac{1}{X_p} \int_0^{r^c} dr \frac{dX_p(r)}{dr} \tag{4.2}$$

当 $r < r^c$ 时，孔会被液体水填充，而孔径 $r > r^c$ 时，孔被气体填充。在运行的燃料电池中，s 主要和孔径分布、湿度分布、压力分布以及 p^g 和 p^l 有关。通过一系列的通量和守恒方程，将压力分布与不同物质的静态通量以及电流的产生和消失速率进行耦合，这些方程将在"具有常量属性的宏观均匀理论模型"部分进行讨论。

当需要区分亲水和疏水孔的时候（Kusoglu 等人，2012 年），液体的饱和度通过式（3.101）给出。但是，在疏水的 CLs 孔中，液体水的形成几乎是不可能的，因为水的形成需要巨大的液体过剩压力。因此，在一般状况下，只有满足次级孔是亲水性的条件，饱和度 s 才会增加。疏水孔的体积分数将会决定 CL 的催化性能是否主要依赖于液体水的浓度。

4.2 阴极催化层迁移和反应模型

从模型角度来看，所有的催化层都有相同的作用：在中性分子的帮助下，催化层将离子流或者质子流转化成电子流，或者进行相反的过程。根据这些原理，CL 模型可以通过相当普遍的方式得到，这种方法对于不同种类的催化层都比较适合。具有特殊性质或者特殊要求的可以通过考虑具体的模型参数或者添加一些新的参数得到 CL 模型。

常用催化层的催化示意图如图 4.2 所示。图中显示了单层催化剂局部变量和通量的变化曲线，x 轴正方向从电解质界面处指向多孔气体扩散介质，例如多孔传输层（PTL）或者气体扩散层（GDL）中。在电解液界面处，为离子电流的到达或者离开提供场所，而多孔传输介质层主要提供分子的通道（图 4.2）。

这一章的大部分内容都是关于 PEFC 中 CCL 模型的形成过程。图 4.3 给出了氧气分子、质子、电子、水分子的流量分布。总的反应过程可以认为是电子流转化成为质子流，通过氧气分子的供给和水分子的移除保持平衡。在稳定状态下，通量是通过化学计量系数给出的，通常用电流密度作为单位，在 CCL 模型 x 的厚度方向上发生转化。

在膜/CL 界面处，质子电流密度从 j_0 开始降低，当到达 CL/GDL 界面处降到 0。电子电流密度 j_e 在这个方向上从 $x=0$ 的 0 增加到 $x=l_{CL}$ 处的 j_0 值。电化学转化率是通过局部过电位影响的，越靠近膜，过电位越高（图 4.2）。氧气分子在反应过程中被不断消耗，越

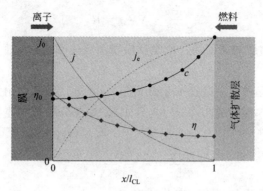

图 4.2　常用催化剂层示意图。j 为离子电流密度；
j_e 为电子电流密度；c 为燃料分子浓度；η 为局部过电位

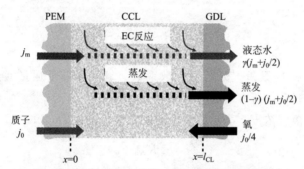

图 4.3　运行过程中 CCLs 中的耦合通量示意图

[Eikerling, M. 2006. J. Electrochem. Soc., 153（3）, E58-E70. Copyright（2006）.
The Electrochemical Society 授权]

靠近膜，体积摩尔浓度 c 越小。通量值通过迁移方程给出，而一般来说是通过扩散方程给出的。

根据欧姆定律，$j = -\sigma_p \partial\eta/\partial x$，越靠近膜，$\eta$ 呈现线性增加的趋势以提供 CL 所需的质子电流（图 4.2）。同样，在电子导体相中也需要考虑电子流的欧姆定律。但是，由于电子导体相中导电性比较高，因此认为其电势是均匀分布的。在隔膜的界面处，$\eta(x)$ 达到最大值，并且 η_0 代表催化层中总电势损失。

最有趣的是，η_0 依赖于 CL 极化曲线中的 j_0 值。这种依赖性表明，电池开路电压中的一部分需要被用来进行电化学转化，使得从离子形式转化成电子形式，或者是相反的过程。很多的 CL 设计者和模型建立者都在努力降低 η_0。

然而，没有 CL 的局部电流和势能分布形状，几乎不可能得到 $\eta_0(j_0)$ 的最小值。不幸的是，实验技术不能给出 $\eta_0(j_0)$ 最小值的分布图。这就是为什么模型的建立在理解 CL 功能的过程中具有重要的作用。这个问题主要在第 4 章进行解释。

4.3　CCL 运算标准模型

如图 4.3 所示，在催化层内发生的反应可以用连续方程进行表征，方程遵循质量守恒定律和电荷守恒定律。连续方程的一般形式为：

$$\frac{\partial \rho}{\partial t} + \nabla \cdot j = R \tag{4.3}$$

式中，ρ 是所计算物质的密度场；R 是反应物消耗速率；j 是通量密度。稳态运行，意味着 $\partial \rho / \partial t = 0$。

所有物质的连续方程和反应过程 Eikerling（2006 年）均已给出。并通过简化给出了一系列稳态方程，把这些方程分成两部分（A 和 B），A 部分中包含主导电化学反应过程的方程组和质子转移方程式：

$$\frac{\mathrm{d}\eta}{\mathrm{d}x} = -\frac{j(x)}{\sigma_{\mathrm{p}}[s(x)]} \tag{4.4}$$

由于感应电流反应产生的界面处电荷转移：

$$\frac{\mathrm{d}j}{\mathrm{d}x} = -R_{\mathrm{reac}}(x) \tag{4.5}$$

以及氧气扩散：

$$\frac{\mathrm{d}p}{\mathrm{d}x} = \frac{j_0 - j(x)}{4fD[s(x)]} \tag{4.6}$$

$f = F / (R_{\mathrm{g}}T)$ 和 D 是氧气分子的扩散系数。氧气和质子通量通过方程 $j_{\mathrm{ox}}(x) = [j_0 - j(x)] / 4$ 相联系；所有通量的单位为 $\mathrm{A \cdot cm^{-2}}$。

这一章将给出用氧气浓度 c 表示的一个等效方程组：

$$\frac{\partial j}{\partial x} = -R_{\mathrm{reac}}(x) \tag{4.7}$$

$$j = -\sigma_{\mathrm{p}} \frac{\partial \eta}{\partial x} \tag{4.8}$$

$$D \frac{\partial c}{\partial x} = \frac{j_0 - j}{4F} \tag{4.9}$$

B 部分包含主导 CCL 中耦合水通量的方程组，包括水的形成以及蒸发交换过程的方程组：

$$\frac{\mathrm{d}j^{\mathrm{l}}}{\mathrm{d}x} = \frac{1}{2} R_{\mathrm{reac}}(x) - R_{\mathrm{lv}}(x) \tag{4.10}$$

液体水迁移：

$$\frac{\mathrm{d}p^{\mathrm{l}}}{\mathrm{d}x} = \frac{1}{B_0 fK^{\mathrm{l}}[s(x)]} \left\{ \left(n_{\mathrm{d}} + \frac{1}{2} \right) [j_{\mathrm{p}}(x) - j_0] + j^{\mathrm{v}}(x) + n_{\mathrm{d}}j_0 - j_{\mathrm{m}} \right\} \tag{4.11}$$

其中 $B_0 = R_{\mathrm{g}}T / (\bar{V}_{\mathrm{w}}\mu^{\mathrm{l}})$ 中含有水的动态黏滞度。

蒸发交换：

$$\frac{\mathrm{d}j^{\mathrm{v}}}{\mathrm{d}x} = R_{\mathrm{lv}}(x) \tag{4.12}$$

蒸汽扩散：

$$\frac{\mathrm{d}q}{\mathrm{d}x} = -\frac{j^{\mathrm{v}}(x)}{fD^{\mathrm{v}}[s(x)]} \tag{4.13}$$

要计算式（4.4），需要通过式（4.13）给出局部氧分压 $p(x)$、水蒸气分压 $q(x)$、液体水压 $p^{\mathrm{l}}(x)$、局部电极过电位 $\eta(x)$、质子密度通量 $j(x)$、液体水通量 $j^{\mathrm{l}}(x)$ 以及水蒸气通量 $j^{\mathrm{v}}(x)$。式（4.11）由于水迁移过程中受到电渗透作用，所以引入阻力系

数 n_d。

A 部分包含一个自由参数 j_0，代表 PEFC 总电流密度。这个参数的固定就限制了 PEFC 的工作点。B 部分有两个自由参数，水的总通量和 $x = l_{CL}$ 时液体水占水通量的比例。均匀溶液如果要得到这两个参数需要整个 MEA 模型。

在气相中，氧气分压和氧气浓度遵循理想气体定律 $p(x) = R_g T c(x)$，为了得到在溶液中的氧气浓度，就必须采用 Henry 常数。

在这本书的其余部分，阴极过电位被定义为阳极电势差：

$$\eta = E_{O_2,\,H^+}^{eq} - E_{O_2,\,H^+} = \Phi(x) - \phi(x) - (\Phi^{eq} - \phi^{eq}) \tag{4.14}$$

其中 E_{O_2,H^+}^{eq} 是通过能斯特方程确定的阴极平衡电势。

由于 Pt/C 相的高导电性（$>10\ \text{S} \cdot \text{cm}^{-1}$），可以认为其是等电势的，$\phi(x)$ 为常量。利用这个条件，可以给出阴极在 $x = 0$ 时的总过电位：

$$\eta_0 = \eta(0) \tag{4.15}$$

并且，由于 $\phi(x)$ 为常量，因此 $\mathrm{d}\Phi/\mathrm{d}x = \mathrm{d}\eta/\mathrm{d}x$，式（4.4）的欧姆定律中质子迁移速度的局部电解质电势 $\Phi(x)$ 可以用 $\eta(x)$ 来代替。

在这一部分中，重点讨论阴极高过电位部分，$\eta \geqslant 3 R_g T / F$。电化学源项或者法拉第电流项 $R_{reac}(x)$ 可以通过阴极 Butler-Volmer 方程表示：

$$R_{reac}(x) = \frac{j^0}{l_{CL}} \left[\frac{p(x)}{p^{FF}} \right]^{\gamma_{O_2}} \exp[\alpha_c f \eta(x)] \tag{4.16}$$

式中，α_c 是 ORR 反应的有效转移系数，在第 3 章 "ORR 解析" 部分进行了定义；j^0 为有效交换电流密度；p^{FF} 是在流场中的氧分压。当考虑氧气分压（或者浓度）时，反应级数为 $\gamma_{O_2} = 1$，在第 3 章解密 ORR 反应部分已经讨论过。对于离聚体填充的催化层（Ⅰ类型电极）来说，可以假设质子的浓度是个定值；在式（4.16）中没有给出质子浓度的明确值，参数优化将在 "CCL 分层级模型" 中进行讨论。

水蒸气项表达式为：

$$R_{lv}(x) = \frac{F k_v}{l_{CL}} \xi^{lv}(s) \left[q_r^s(x) - q(x) \right] \tag{4.17}$$

式中，k_v 表示固有的蒸发速率；$q_r^s(x)$ 是 Kelvin 方程给出的在孔中毛细半径处的饱和蒸气压。

$$q_r^s(x) = q^{s,\,\infty} \exp\left(-\frac{2\gamma_w \cos(\theta) \overline{V}_w}{R T r^c(x)} \right), \qquad q^{s,\,\infty}(T) = q^0 \exp\left(-\frac{E_a}{k_B T} \right) \tag{4.18}$$

式中，$q^{s,\infty}$ 是蒸汽-液体界面处的饱和蒸气压。蒸发的活化能大概是 $E_a \approx 0.44\ \text{eV}$（大概是水分子中两个氢键的强度）。

水平衡的问题需要一种闭环关系，其中 $s(x)$ 作为压力分布函数。杨氏-拉普拉斯方程：

$$p^c(x) = \frac{2\gamma_w \cos(\theta)}{r^c(x)} = p^g(x) - p^l(x) = p(x) + q(x) + p^r - p^l(x) \tag{4.19}$$

把局部液体分布和气体压力分布与局部毛细半径 r^c 相关联，式（4.2）给出了局部液体水的浓度。因此，所有的迁移系数都可以得到，可以进一步计算方程组得出结果。

上面给出的两部分方程代表着带电物质和水的迁移、转化在耦合过程中的问题。A 部分的式（4.4）～式（4.6）是标准的解决催化层 MHM 的方法，这几个方程分别是

Springer（1993 年）、Perry（1998 年）、Eikerling 和 Kornyshev（1998 年）通过不同的变形给出的。B 部分的式（4.10）～式（4.13），描述了水平衡的问题，方程的形式和电化学的方程形式类似。

当分开考虑的时候，两部分都能用来描述 De Levie（1960 年）给出的多孔电极传输线模型。二者之间存在两种类型的耦合。由于电化学项 R_{reac} 的存在，在两组方程式中都有明显的耦合项存在。由于液体饱和度在空间中的不同分布，产生了隐含的耦合作用 s（x）。$p^c \rightarrow r^c \rightarrow s$ 和 D [s（x）], D^v [s（x）], K^1 [s（x）], j^0 [s（x）], ξ^{lv} [s（x）] 之间的关系导致方程组的非线性变化。一般来说，要想得到均匀的溶液，需要进行多步计算。

当液体饱和度是个恒定值时，MHM 和水平衡模型能够分离开来；在这样的假定条件下，传输以及反应的有效参数也是恒定值。这种情况通常会在 CCL 模型中进行评估，后续将会进行讨论。由于多孔形貌、液体水的形成、氧气的传输以及反应速率的分布之间的复杂耦合作用会产生一些特定的效果，这些效果将会在"催化层中的水：对流区"章节中进行讨论。

解决这个问题的方法有两个，一个是不同的尺度间如何合并协调，另一个是在 CCL 模型中如何处理水平衡。这一部分给出了三个不同模型。

（1）最基本的 MHM 模型，假定 CL 具有固定的结构、成分、恒定的传输性能和反应过程；这些性质通过对同一层进行微观和介观的平均，以得到的有效参数来表示；对于这种情况，主要的应用范围、缺点以及优化结果后续将进行讨论。

（2）通过更改基本模型，评价升高电流密度下的次级充水孔；在这种情况下，层的组成和相关传输性能在空间上呈现函数分布；它们取决于随电流密度而变化的水的分布；外部条件、液体水的分布、局部性能和 CCL 电压特性曲线之间的非线性耦合作用引起了部分饱和到完全饱和的过渡，这样的过渡是一个双稳态过程。

（3）如图 4.1 所示，在层级模型中，宏观尺度的传输过程将会耦合到介观尺度的传输和反应中；凝聚效果的显性处理可以用来评估 Pt 的利用率，这可以认为是 CCLs 结构优化的关键参数。

这一章中的后续处理将用来评估 MHM 模型的一般原则和性能。并且，MHM 将被用来分析 CCL 结构和成分对活性的影响。

4.3.1 具有恒定性能的宏观均匀理论模型

在式（4.4）～式（4.6）中，对势能加上诺埃曼边界条件，对氧气分压加上狄利克雷边界条件：

$$\sigma_p \frac{d\eta}{dx}\Big|_{x=0} = -j_0, \quad \sigma_p \frac{d\eta}{dx}\Big|_{x=l_{CL}} = 0, \quad p\,|_{x=l_{CL}} = p_L = p^{FF} - \frac{j_0 L_{PTL}}{4fD^{PTL}} \quad (4.20)$$

对于最后一种状态，多孔传输介质的扩散性能将会通过 p（l_{CL}）$= p^{FF}$ 给出。

以无穷小量对 MHM 中的方程组进行简写：

$$\frac{dP}{d\zeta} = -(1-t) \quad (4.21)$$

$$\frac{d\Gamma}{d\zeta} = -g\Gamma t \quad (4.22)$$

$$\frac{dt}{d\zeta} = P\Gamma \quad (4.23)$$

用无穷小量和归一化变量进行简化：

$$\zeta = \frac{j_0}{I}\left(1 - \frac{x}{l_{CL}}\right), \quad P = \frac{p}{p_L}, \quad \iota = \frac{j}{j_0}, \quad \Gamma = \frac{j^0 I}{j_0^2}\exp\left(\frac{\eta}{b}\right)$$

其中，$I = \frac{4fDp_L}{l_{CL}}$，是氧气有效传输参数，单位是 $A \cdot cm^{-2}$；$b = (\alpha_c f) - 1$，是塔菲尔斜率。

式（4.21）～式（4.23）的计算需要边界条件的限制：

$$P(\zeta = 0) = 1, \quad \iota(\zeta = 0) = 0, \quad 和 \iota\left(\zeta = \frac{j_0}{I}\right) = 1 \qquad (4.24)$$

方程的解答形式由单个参数决定：

$$g = \frac{4fDp_L}{\sigma_p b} \qquad (4.25)$$

这个等式包括扩散控制（$g \leqslant 1$）、质子传输控制（$g \geqslant 1$）以及混合控制（$g \approx 1$）三种情况。Eikerling 和 Kornyshev（1998 年）及 Eikerling 等人（2007 年）给出的参数表明，混合控制在实际的 CCL 模型当中是最常见的现象。

当给定一个 j_0 值，通过计算方程就能够得到一个无因次变量 $\Gamma_0 = \Gamma\left(\zeta = \frac{j_0}{I}\right)$，通过整理可以得到 CCL 模型过电位的表达式。

$$\eta_0 = b\ln\Gamma_0 + 2b\ln\frac{j_0}{I} - b\ln\frac{j^0}{I} \qquad (4.26)$$

右边的最后一项是个常量。一般来说，右边的第一项和 j_0 相关，随 j_0 的变化而变化。但是，在数值解析中，这一项接近一个常数值（$g \leqslant 1$），或者是一个恒定值加上一个欧姆项（$g \geqslant 1$），在高电流密度条件下，也就是 $j_0 \geqslant I$ 时，物质的传输非常困难，大部分的 CCL 模型电催化活性非常差。式（4.26）表明，当 CCL 模型在氧气扩散很难进行或者质子导电性很差的条件下会出现双塔菲尔斜率项。这种状况的出现将通过倒推分析进行讨论，g 的极限状态将在本章的最后部分进行讨论。

当 $j_0 \geqslant I$ 的时候，氧气扩散速率很慢，双电层非常薄。

$$l_D = \frac{I}{j_0}l_{CL} = \frac{4fDp_L}{j_0} \qquad (4.27)$$

在靠近 PTL（$x = l_{CL}$）一侧的反应活性比较高，如式（3.18）和式（4.91）所示。在氧气耗竭区域，过电位方程为：

$$\eta_0 \approx b\ln\Gamma_c + 2b\ln\frac{j_0}{I} + \frac{l_{CL}}{\sigma_p}j_0 - b\ln\frac{j^0}{I} \qquad (4.28)$$

具有恒定的 Γ_c，邻近 PEM 的阴极催化层厚度为（$l_{CL} - l_D$）$\approx l_{CL}$，此时由于氧气的匮乏，催化层的催化性能很差。反应速率的不均一意味着催化剂没有被充分利用。电流密度与电压之间的变化关系由双塔菲尔斜率和右边的欧姆项决定。

对于介观均匀的模型方程，只能通过数值解进行计算。扩散限度依赖于阴极催化层的结构。对于气体孔隙率低或者液体水饱和度接近液阻极限，但是具有高含量离聚物的阴极催化层来说，氧气扩散速率比较低，质子的传导率比较高；当 $g \leqslant 1$ 的时候满足这样的条件。另外，当阴极催化层具有通孔和低离聚物含量时，就会形成比较差的渗透网络，这样的催化层氧气扩散率比较高，而质子导电性比较差，相当于 $g \geqslant 1$ 的情况。在这些限制条件下就能够得到方程的近似解（Eikerling 和 Kornyshev，1998 年；Eikerling 等人，2007 年；Springer 等人，1993 年）。这些近似解将会在"具有恒定系数的介观均一模型：解析解"章节中进行讨论。

根据以上讨论，可以把极化曲线分成三个电流密度区域。

（1）当电流密度 $j_0 \leqslant I$ 时，属于动力学控制区域，$\eta_0 \approx b \ln j_0/j^0$；在这个区域内，物质的扩散很容易进行；这个区域内催化剂活性表面均匀地发生催化反应。

（2）当 $j_0 \geqslant I$（$g<1$）或者 $j_0 \geqslant \sigma_p b/l_{CL}$（$g>1$）时，整个反应处于中间区域，具有双塔菲尔斜率，$\eta_0 \approx 2b \ln(j_0/I)$，在式（4.28）中的右边给出了第二个参数。

（3）当 $j_0 \geqslant I$ 的时候，处于氧气耗竭区，在双电层厚度为 $l_D \leqslant l_{CL}$ 处，氧气被消耗；如果质子传导性不好，$\sigma_p \leqslant 0.1 \, S \cdot cm^{-1}$，电压的损耗将按照式（4.28）中的线性欧姆项进行减少。

图 4.4（a）给出了当 $g=1$ 时，η_0 和 j_0/I 变化关系的三个区域。

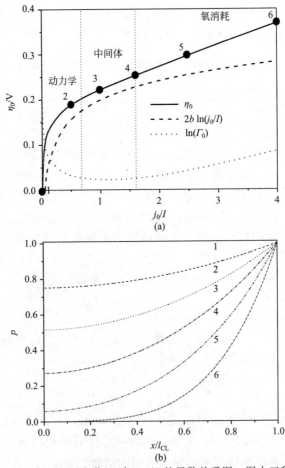

图 4.4　（a）$g=1$ 时 CCL 过电位 η_0 与 j_0/I 的函数关系图，图中三种性能机制分别为动力学机制、中间体机制和氧消耗机制。除总过电位外，第一区间和"双塔菲尔斜率"区间的影响也在图中绘出。（b）图（a）中点 1～6 的氧浓度图

在反应过程中过渡区域非常重要。在这个区域内，催化剂具有最大的催化表面积，且氧气和质子的迁移速度足够快。对于给定的电流密度 j_0，为了使得阴极催化层的 ORR 反

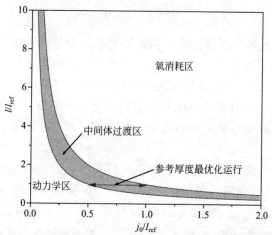

图 4.5　阴极催化层结构图。展示运行过程中的不同机制，
纵坐标为催化层厚度，横坐标为燃料电池电流密度。厚度和电流
密度参考标准值 $l_{\text{ref}} \approx 10\ \mu m$，$I_{\text{ref}} \approx 1\ A \cdot cm^{-2}$

应曲线处于中间区域内，可以对催化层的组成和厚度进行调整。尽管在这个区域内反应速率分布并不均匀，但可以认为整个催化层都参与反应，没有未参与反应的部分。尽管阴极催化层的反应过程处在中间阶段，但是过电位的降低仍然和催化层的厚度有关。Eikerling 等人在 2007 年总结的结构图中给出了这些结果，如图 4.5 所示。当催化层的厚度达到最大极限厚度之后，由于氧气和质子的传输速度极限的共同影响，催化剂的催化性能开始下降。分开考虑的话，每一种物质的极限速度都会对应一个最小厚度，在这个最小厚度下，由于电化学表面积减少催化剂的催化活性更差。

4.3.2　过渡区域：　两种极限情况

在阴极催化层过渡区域的电位响应是通过双电层的塔菲尔斜率项进行表示的，$\eta_0 \approx 2b \ln j_0$。在这一区域，反应渗透深度和阴极催化层的微分电阻在两个极限情况下非常类似；（ⅰ）质子传输速率很快，氧气扩散速率很慢（$g \leqslant 1$）；（ⅱ）氧气扩散速率很快，质子传输速率很慢（$g \geqslant 1$）。

对于第一种情况，反应渗透深度和微分电阻的表达式分别为：

$$l_{\text{D}} = l_{\text{CL}} \sqrt{\frac{I}{j^0}} \exp\left(-\frac{\eta_0}{2b}\right) \tag{4.29}$$

$$R_{\text{D}} = b \sqrt{\frac{1}{Ij^0}} \exp\left(-\frac{\eta_0}{2b}\right) \tag{4.30}$$

对于第二种情况，反应渗透深度和微分电阻的表达式分别为：

$$l_{\sigma} = \sqrt{\frac{l_{\text{CL}} \sigma_{\text{p}} b}{j^0}} \exp\left(-\frac{\eta_0}{2b}\right) \tag{4.31}$$

$$R_{\sigma} = b \sqrt{\frac{l_{\text{CL}}}{\sigma_{\text{p}} b j^0}} \exp\left(-\frac{\eta_0}{2b}\right) \tag{4.32}$$

需要注意的是，长度 l_{D} 和 l_{σ} 与 l_{CL} 是相互独立的。当需要考虑电流密度的时候，很显然，$I \propto l_{\text{CL}}^{-1}$、$j_0 \propto l_{\text{CL}}$ 的关系式成立。渗透深度和微分电阻的表达式如下：

$$l_D = \frac{4fD\rho_L}{b} R_D, \qquad l_\sigma = \sigma_p R_\sigma \qquad (4.33)$$

如第 1 章"催化层设计"所讨论的，当需要评价催化层的传输极限值、反应速率分布均一性、Pt 有效利用率等参数以及第 3 章关于"反应速率非均匀分布：有效因子"内容时，反应渗透深度 l_D 或者 l_σ 是评价催化层性能好坏的非常有用的参数，尽管这些参数是不可测量的。微分电阻 R_D 或 R_σ 可以通过阴极催化层的极化曲线斜率，或者电化学阻抗测试图谱低频率范围中半圆形图谱与实轴之间的截距计算出来。式（4.33）将反应渗透深度与可以测量的参数相关联。

在过渡区域内，阴极催化层的过电位完全由反应渗透深度和微分阻抗值确定（除了附加常数）。由氧气或者质子传输引起的扩散极限使得在较大电流密度值下，电流-电压的关系呈现对数关系，且斜率为二倍塔菲尔斜率 $2b = 2/(\alpha_c f)$，当氧气扩散速率达到最大时，过渡区域内的有效交换电流密度值为 $j_\sigma^0 = 2\sqrt{\sigma b j_0}$。当质子传导率达到最大值时，有效交换电流密度值为 $j_\sigma^0 = 2\sqrt{I j_0}$。这两个有效电流密度值与 l_{CL} 相互独立，这意味着在过渡区域内，阴极催化层的双塔菲尔关系与催化层的厚度无关。

4.3.3 MHM 模型结构优化

用第 3 章"渗透理论在催化层性能中的应用"部分的相关内容，MHM 对阴极催化层的成分和厚度进行优化。从统计学的角度来看，无序复合介质的有效催化性能由不同成分的比例以及代表结构相关性的有效参数决定。在实验过程中为了方便实施，成分一般通过质量比给出。因此将催化剂的催化活性直接与成分的质量比相关联。在阴极催化层中，不同成分的体积比可以通过 Pt、C 以及离聚体的质量密度（ρ_{Pt}，ρ_C，ρ_{el}）、质量分数（Y_{Pt}，Y_{el}）、单位表面积 Pt 担载量（m_{Pt}）以及 l_{CL} 来表示：

$$X_{Pt} = \frac{m_{Pt}}{l_{CL}} \times \frac{1}{\rho_{Pt}} \qquad (4.34)$$

$$X_C = \frac{m_{Pt}}{l_{CL}} \times \frac{1 - Y_{Pt}}{Y_{Pt}\rho_C} \qquad (4.35)$$

$$X_{el} = \frac{m_{Pt}}{l_{CL}} \frac{Y_{el}}{(1 - Y_{el})Y_{Pt}\rho_{el}} \qquad (4.36)$$

阴极催化剂性能和成分之间的关系可以通过实验进行验证（Lee 等人，1998 年；Passalacqua 等人，2001 年；Uchida 等人，1995 年；Xie 等人，2005 年；Wang 等人，2004 年）。在不同电流密度 j_0 下，具有均一成分的阴极催化层的燃料电池电压与 Y_{el} 的关系如图 4.6（a）所示。在电流密度为 j_0 时，E_{cell} 值在 Y_{el} 最大时达到最大。在过渡区域内，$0.5 \text{ A} \cdot \text{cm}^{-2} \leqslant j_0 \leqslant 1.2 \text{ A} \cdot \text{cm}^{-2}$，当 $Y_{el} = 35\%$ 时催化层的活性最好。当离聚体的质量分数 $Y_{el} > 35\%$ 时，由于氧气扩散速度下降，催化剂的催化活性降低。在低电流密度 $j_0 \approx 0.2 \text{ A} \cdot \text{cm}^{-2}$ 时，增大 Y_{el} 能够提高 $E_{cell}(j_0)$，这是由于在质子传输速率很高的条件下，氧气扩散速度对催化活性没有显著的影响。

图 4.6（b）对比了不同离聚体含量阴极催化层的 E_{cell}-j_0 实验数据曲线（Uchida 等人，1995 年）。成分-性能关系通过第 3 章"渗透理论在催化层性能中的应用"部分的方程给出，燃料电池电压方程为：

$$E_{cell} = 1.23\text{V} - \eta_0(j_0) - (0.1 \text{ cm}^2 \cdot \text{S}^{-1})j_0$$

右边第三项代表在薄膜中的电压降，其他电压损失可以忽略不计。离聚物担量通过方程 $X_{el} \approx 0.5\ cm^2 \cdot mg^{-1} \cdot m_{el}$ 转化成体积分数。在结构效应模型中的渗透方式能够和实验结果相吻合。当离聚体含量太低时，由于高电流密度，离聚体含量可能会降到渗透阈值以下，多孔介质的扩散会阻挡气相氧气分子的补充，造成理论和实验结果不一致。

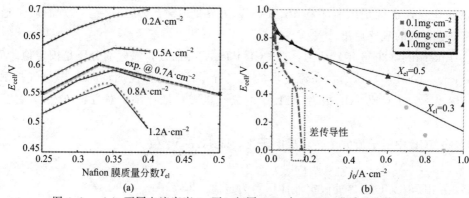

图 4.6 （a）不同电流密度 j_0 下，相同 CCL 中 Nafion 膜质量分数 Y_{el} 对电池电压 E_{cell} 的影响。实验数据来自 Passalacqua 等人（2001 年）。
（b）性能模型的极化曲线计算值与实验值对比，Uchida 等人（1995 年）

以结构为基础的 MHM 模型可以进行设计优化。实验已经证实，与成分均匀的阴极催化层相比，功能梯度层具有更好的催化活性（Xie 等人，2005 年；Wang 等人，2004 年）。在这样的结构中，催化层作为成分逐渐变化的次表面层。如图 4.6 所示，与离聚体含量 $Y_{el}=$ 35% 的均匀结构相比，由含 30% 的 Nafion 气体扩散层、35% 的中间层以及质子膜燃料电池一侧 40% 的 Nafion 层构成的简单三层结构，其 E_{cell}（j_0）值大概提高 5%。这种结构的另一个优势在于高含量离聚体的 CCL 中增大了 PEM 和 CCL 之间的接触面积，可以降低 PEM/CCL 界面处的欧姆降。在 GDL 和 CCL 的界面处，低含量 Nafion 能够降低由于 Nafion 造成的孔堵塞的可能性，因此促进水分子从气体扩散层移除。

正如在"催化层修正的离聚体结构"中讨论的，在 CCL 结构中关于成分-性能关系的理论已经有了较好的发展。到目前为止，第 3 章"渗透理论在催化层性能中的应用"部分对聚合体的形成以及在聚合物表面 skin 结构的离聚体薄膜的形成没有给出合理的解释。正如这章内容所讨论的，通过这种简单结构催化层理论进行的定性预测结果是准确的。

4.3.4 催化层中的水：水含量阈值

十年前给出的 CCL 模型忽略了水的形成和传输。实验测试结果发现在这种状况下，当电流密度增加到约 $1A \cdot cm^{-2}$ 或者更大值的时候，燃料电池电压降非常大。因为电流密度范围对获得大功率密度非常重要，所以对极限电流密度的研究发展非常快。正如 Chan 和 Eikerling（2014 年）的研究，对于具有超薄催化层的膜电极来说，水的这些问题变得更加突出。

根据经验值观测，在高电流密度、高相对湿度或者低温的条件下，由于水引起的这些问题和阴极催化层扩散速度没有很大关系。但是，传统或者超薄 CCL 的 MEA，水平衡模型表明这种假设经证实是错误的（Chan 和 Eikerling，2014 年；Eikerling，2006 年；Liu 和 Eikerling，2008 年）。这一部分主要讨论传统 CCL 的水循环问题。这个模型是对具有恒定性质 MHM 模型的延伸。

Eikerling（2006 年）及 Liu 和 Eikerling（2008 年）研究了多孔结构和液体水聚集对传统 CCL 静态性能的影响。这些模型中，在第二相孔中形成均匀的润湿角，润湿角 $\theta < 90°$。"具有恒定性能的介观均匀模型"模块中对给出的方程组通过限制边界条件进行解答。

（1）CCL-PTC 边界处（$x = l_{CL}$），电极电势是固定的，$\eta(l_{CL}) = \eta^L$；这个条件限制了 PEFC 的工作点，也就是限制了在 PEM-CCL 边界处（$x = 0$），$j_0 = j(0)$ 的质子通量和 CCL-PTL 边界处的氧气通量。

（2）Eikerling（2006 年）认为，在 CCL-PTL 的界面处，氧气的分压是固定值。而 Liu 和 Eikerling（2008 年）认为，在流速场的氧气分压 p^{FF} 是可控的，PTL 中氧气扩散由式（4.20）给出。为了对比 CCL 或者 PTL 中的氧气极限扩散速率，对方程 $E_{cell}(j_0)$ 进行了一些修正。

（3）在 CCL 中质子流完全转化成电子流，即 $j(l_{CL}) = 0$。

（4）假定 PEM 中气相不透气，即 $j_v(0) = 0$。

（5）在 PEM-CCL 边界处假定液体压力为定值，即 $p^l(0) = p^{l0}$。

（6）在 PEM-CCL 边界处液体通量为 $j^l(0) = j_m$。

（7）在 CCL-PTL 边界处，液体通量为 $j_1(l_{CL}) = \gamma(j_m + j_0/2)$。参数 γ 代表水通量中以液体水离开 CCL 处向 GDL 侧转移的水通量比例。另一部分，$j^v(l_{CL}) = (1-\gamma)(j_m + j_0/2)$，是从阴极侧以气态形式析出的水通量。当 $\gamma = 0$ 时，在 CCL，液态完全转换成气态。

完成 MEA 模型需要知道 p^{l0}、j_m、γ 等参数。因为这个模型的重点在于 CCL 的设计，这些参数不可以自己设定。为了减少不确定参数的数目，可以限定某个参数，比如说 γ 的限定：如果想满足一系列操作条件、满足液态水转换成气态水的最大转化率，γ 应该达到最小值。这些条件给出了燃料电池的临界电流密度，在临界电流密度下 CCL 可以完全蒸发液态水。临界电流密度可以用来评估 CCL 的液态-气态转化效率。γ 的最小值意味着 MEA 通过 PTL 和 FF 的最佳蒸汽移除率。这样的条件对于 PEFC 的实际操作环境是可行的。

为了进一步简化，连续 PSD 用双峰的 δ 分布模型代替：

$$\frac{dX_p(r)}{dr} = X_\mu \delta(r - r_\mu) + X_M \delta(r - r_M) \tag{4.37}$$

这样的假设能够得到完全分析解，并且揭示 CCL 中水的处理和性能的主要原理（Eikerling，2006 年）。同时，还能够准确确定物理过程、临界现象、操作条件以及不同孔径尺寸（r_μ，r_M）、初级孔、二次孔的孔分布等结构特征（X_μ，X_M）。

液体含水饱和度、CCL 中水处理以及双峰 δ 分布三项，给出了一个三态模型。REV 的这三种状态都能够保证干燥或者无水的状态（$s \approx 0$）；理想的润湿态（$s = X_\mu/X_p$）是初级孔充满水的，而次级孔不含水的状态；饱和状态（$s = 1$）；这些状态如图 4.7 所示。对于理想的润湿态，催化剂的利用率以及交换电流密度值都非常高，并且界面处用于蒸发交换的面积值 ξ^{lv} 非常大。并且由于次级孔仍然保持无水状态，氧气的扩散系数也很高。在饱和状态下，CCL 中的大部分都由于氧气扩散通道被液体水堵塞而降低催化效率。

临界电流密度值计算如下，在这个值之下液态水能够完全转换成气态水：

$$j_{crit}^{lv} = \frac{2q_2^s f D_2^v}{\lambda_v} \tanh\left(\frac{l_{CL}}{\lambda_v}\right) - 2j_m \tag{4.38}$$

蒸发有效渗透深度：

"干燥"状态　　　　　　理想湿度状态　　　　　完全饱和状态

图 4.7　在亲水接触角孔径分布相同的 δ 类似函数双峰假定的情况下，CCL 运行的三种状态。
催化层在太干或者太湿状态下性能很差。当初级孔隙被水填充，二级孔隙为气体扩散或者
水蒸发提供空间时，催化层性能最好（Eikerling，M. 2006. J. Electrochem. Soc.，153（3），
E58-E70，Figure 3 and 5. Copyright（2006）. The Electrochemical Society 授权）

$$l_v = \sqrt{\frac{D_2^v l_{CL}}{k_v \xi_2^{lv}}} \tag{4.39}$$

式中，q_2^s，D_2^v，ξ_2^{lv} 分别代表饱和蒸气压、蒸汽扩散系数、在理想润湿状态下液体-蒸汽界面表面积。对于具有充足气体空隙的传统 CCL 来说，l_v 为 300～700nm，这个范围保证了催化层的液体水蒸发性能。

这个模型表明 CCL 的操作条件对于多孔结构、厚度、润湿角、阴极气体压力以及膜的液体水通量非常敏感。当参数达到最优时（$10\mu m$ 厚度，5atm 阴极氧气压力，$89°$ 润湿角），CCL 的临界电流密度达到 $2\sim3A \cdot cm^{-2}$。增加厚度、减小阴极气体分压或者降低次级孔的润湿角，CCL 在电流密度小于 $1A \cdot cm^{-2}$ 的条件下也可能被破坏。在这种条件下，接触角是一个非常重要的参数，但是这个参数很容易受影响，且在制造过程中很难控制（Alcañiz-Monge 等人，2001 年；Studebaker 和 Snow，1955 年；Vol'fkovich 等人，2010 年）。假设所有孔的接触角是定值，这是不现实的；最近的实验研究表明，存在很大一部分疏水孔（在渗透阈值之上）（Kusoglu 等人，2012 年）。由于填充具有纳米范围的疏水孔所需要的液体压力非常大，所以 CCL 的破坏几乎是不可能的。

Liu 和 Eikerling（2008 年）进一步发展了具有均匀连续孔尺寸分布的 CCL 模型。连续 PSD 将催化层的催化性能（极限电流双稳定性）与水的空间分布、反应物的通量和浓度以及反应速率相联系。在极化曲线中只有 CCL 存在时，极限电流密度值是不能提高的。出现这种情况的原因很简单也很直观，在完全饱和的状态下，CCL 剩余氧气仍然可以通过液体水填充的孔进行扩散，扩散速率大约为 $D \approx 10^{-6} cm^2 \cdot s^{-1}$；当反应渗透深度达到 100nm（$\leqslant l_{CL}$）时 CCL 很容易被破坏，CCL 的过电位将会急剧增大，因此减少了可以维持电流密度的活性 Pt 粒子；随着渗透深度的增加，过电位的增加遵循对数关系式，服从塔菲尔关系。

图 4.8 给出了 CCL 或者 GDL 发生破坏的特征。GDL 的破坏导致在极化曲线中出现了拐点，并且在拐点处达到了极限电流值。CCL 的破坏导致一定值的电压降，而电压降伴随着在过渡区域达到双稳态，但是没有达到极限电流密度值。

通过增加燃料电池的电流密度，在两种实际操作状态下达到了过渡态，如图 4.9 所示。在低电流密度下存在的理想润湿状态当孔被堵塞时达到了临界值以下水的饱和态。在这种状况下，反应速率的分布很均匀并且 Pt 的利用率很高。在完全饱和的状态下，液态水的饱和值超过了临界值。CCL 可以保持低的气体扩散速率。相应地，反应速率分布极不均匀就会导致 CCL 大部分没有活性。两种状态之间的过渡态也时有发生，这时候是一个双稳态区域。双稳态意味着连续方程有两个定态解。当液体水的聚集、气体氧的扩散以及电化学转化速率发生非线性耦合时就会出现这种情况。

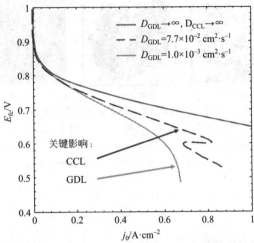

图 4.8　CCL 或 GDL 中水淹和氧扩散降低的不同特征。氧扩散系数如表所示，最上面的曲线为氧气理想传输下的参考线。GDL 的水淹导致了极限电流，CCL 水淹造成电压下降

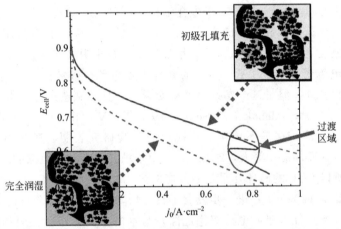

图 4.9　CCL 模型的极化曲线。该模型解释了多孔结构、液态水与性能之间的充分耦合。虚线代表了理想润湿状态和饱和润湿状态下的极限环境。在过渡区域存在双稳定性（Electrochim. Acta，53（13），Liu，J.，and Eikerling，M. Model of cathode catalyst layers for polymer electrolyte fuel cells：The role of porous structure and water accumulation. 4435-4446. Elsevier 授权）

　　从理想润湿状态到过渡状态再到完全饱和状态的临界电流密度是 CCL 优化过程中的最大目标。更大的临界电流密度意味着更高的电压效率和功率密度。临界电流密度与结构参数以及操作环境紧密相关。为了评价 CCL 催化性能的稳定性，给出了如图 4.10 所示的稳定性图形，图中给出了次级孔体积分数的影响（假定体积分数是常数，并且孔是疏水的）。图明确区分了理想润湿状态、双稳态以及完全饱和状态三个区域。CCL 中的水处理主要是保持小孔的毛细平衡，因此液体水的形成不会阻塞用于气体传输的次级孔。针对这一目标，最佳的状况就是较高的孔隙率，较大的次级孔体积分数，接近或者超过 90° 的润湿角，较高的气体压力以及较高的操作温度。

　　从图 4.9 可以看出，当电流密度低于过渡态时，实际情况和理想润湿状态的极化曲线的差异可以忽略不计。由此可以得出一个很重要的结论，在过渡态以下的区域内假设活性是一个定值是合理的。

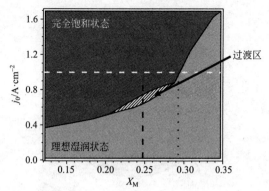

图 4.10 二级孔体积分数 X_M 与 CCL 运行稳定状态 j_0 的关系图 [Electrochim. Acta，53（13），Liu，J.，and Eikerling，M. Model of cathode catalyst layers for polymer electrolyte fuel cells：The role of porous structure and water accumulation.4435-4446. Elsevier 授权]

4.3.5 CCL 分级模型

前一部分最后强调，为了更好接近真实状况，以及描述 CCL 在工作条件下的物质转移和反应，必须假定催化层活性是均匀的。但是，MHM 可以通过以下几个条件进行修正：（ⅰ）可以借鉴在 CGMD 研究中描述的多孔聚集形态，这部分内容在"催化层介观模型自组装"中进行了详细的讨论；（ⅱ）用带正电的质子与带负电的多孔壁之间的静电反应定义反应条件，这部分内容在第 3 章"水填充纳米多孔催化 ORR 反应：静电效应"中进行了详细解释。

这些修正会形成一个双尺度模型，如图 4.1 所示，双尺度模型由一个二维的介观尺度模型和一个一维的宏观尺度模型构成。介观尺度模型给出了电解液相在空间中厚度方向（x 方向）的势能分布函数 $\Phi(x)$ 和氧气浓度 $c_{O_2}(x)$ 的分布函数方程。这两个方程在聚集态表面时作为边界条件使用。在 x 处的聚集态介观模型计算的方程解给出了局部聚集因子 $\Gamma_{agg}(x)$，这个因子又被用在宏观尺度模型中作为描述电化学作用的项。当满足 $\Gamma_{agg}(x)$ 的收敛判断准则时就得到了方程的自洽解。这个解确定了在介观以及宏观模型中氧气浓度以及电势在空间中的分布情况，同样可以确定反应速率分布，以及 CCL 中介观尺度和宏观尺度范围内有效活性区域、非活性区域的空间分布状况。这些所有的结果可以压缩成描述 CCL 活性的一个有效因子。

实验（Soboleva 等人，2010 年）和 CGMD 模拟结果都发现聚集体是由 20～30nm 的 Pt/C 纳米粒子构成。假设球状聚集体大概是 75nm，其中碳纳米粒子直径为 25nm，一个聚集体中有 13 个碳微球，通过计算可以发现孔隙率大概为 52%。Suzuki 等人通过实验计算，发现孔隙率为 31%，比理论结果稍小，这主要是由于在实际催化剂中 Pt/C 纳米粒子的半径并不均一，与理论计算不同。

图 4.11（a）给出了聚集体的孔隙分布图，其中孔呈现圆锥状。通过改变圆锥孔的大小以及孔径角，调整孔隙率和孔比表面积与实验数据吻合。在基本模型中，假设聚集体的分级多孔全部被水填充，离聚体在聚集体表面形成了厚度均匀的连续薄膜。

由于假定聚集体呈现球状分布，可以认为其结构是一个晶胞在空间中的重复排列。如图 4.11（b）所示，一个晶胞中包括一个圆锥孔和在离聚体界面处的外部空间。

宏观模型几乎和"恒定性质的宏观模型"中介绍的 MHM 一样。在式（4.5）给出的电

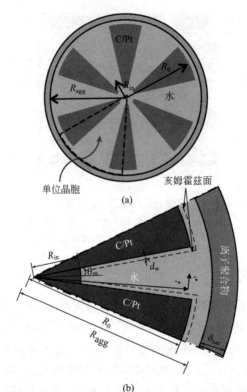

(a)

(b)

图 4.11 （a）围绕了水和离子双分子层的 Pt/C 颗粒的 2D 横截面示意图。（b）代表多孔结构颗粒的锥形孔晶胞。图中标出了亥姆霍兹反应面的主要参数和位置［Sadeghi, E., Putz, A., and Eikerling, M. 2013b. J. Electrochem. Soc., 160, F1159-F1169, Figures 1, 2, 5, 6, 8, 12. Copyright（2013）. The Electrochemical Society 授权］

化学项中，聚集体有效因子的空间分布表示如下：

$$R_{reac}(x) = \frac{j^0 \Gamma_{agg}(x)}{l_{CL}} \exp[\alpha_c f \eta(x)] \qquad (4.40)$$

在第 3 章"水填充纳米孔的 ORR 反应静电效应"中给出的水填充多孔模型可以用来计算凝聚体有效因子。需要注意的是，这个模型通过 Poisson-Nernst-Planck 理论、菲克扩散定律、Butler-Volmer 的电化学动力学方程，将金属界面的势能与多孔壁处的电流密度相联系。对于圆锥形孔可以通过极坐标来解方程。通过阴极一侧的 Butler-Volmer 方程给出了 Helmholtz（反应）界面处的边界条件。

$$j_i^*(\hat{r}) = j_{uc}^0 \left(\frac{c_{O_2}}{c_{O_2}^s}\right)^{\gamma_{O_2}} \left(\frac{c_{H^+}}{c_{H^+}^s}\right)^{Y_{H^+}} \exp[\alpha_c f \eta^*(\hat{r})] \qquad (4.41)$$

式中，$*$ 是 Helmholtz 平面的定量分析；$\hat{r}$ 是归一化径向坐标。假定 Pt 在聚集体表面均匀分布，在聚集体单位晶胞内的交换电流密度可以表示为：

$$j_{uc}^0 = j_*^0 \frac{m_{Pt} N_A}{M_{Pt} \upsilon_{Pt}} \Gamma_{np} \frac{A_{CL}}{N_{agg} N_p (A_{in} + A_{out})} \qquad (4.42)$$

式中，A_{in} 和 A_{out} 分别代表聚集体晶胞中内部孔的表面积和外部聚集体的表面积；A_{CL} 是 CCL 截面积；N_{agg} 是 CCL 的聚集体数目；N_p 为单位聚集体内孔的数目。如果在 CCL 中反应物和势能均匀分布，那么在 CCL 中每个位置 x 处的有效因子定义为聚集体在该位置的总电流密度，有效因子表示为：

$$\Gamma_{\mathrm{agg}}(x) = \frac{\left(j_{\mathrm{out}}^* A_{\mathrm{out}} \int_{A_{\mathrm{in}}} j_{\mathrm{i}}^*(\hat{r})\mathrm{d}A\right)}{j_{\mathrm{uc}}^0 (A_{\mathrm{in}} + A_{\mathrm{out}}) \exp(\alpha_{\mathrm{c}} f \eta_0)} \times \frac{p(x)}{p(l_{\mathrm{CL}})} \tag{4.43}$$

其中：

$$j_{\mathrm{out}}^* = j_{\mathrm{uc}}^0 \exp[\alpha_{\mathrm{c}} f \eta(x)] \tag{4.44}$$

所以 CCL 的有效因子可以简化为：

$$\Gamma_{\mathrm{CCL}} = \Gamma_{\mathrm{np}} \Gamma_{\mathrm{stat}} \frac{1}{l_{\mathrm{CL}}} \int_0^{l_{\mathrm{CL}}} \Gamma_{\mathrm{agg}}(x)\mathrm{d}x \tag{4.45}$$

除了对 CCL 的结构和反应过程进行详细描述外，Sadeghi 等人（2013 年）又给出了一种简单的模型，认为 GDL 中的孔被液体水堵塞。

这种分级模型通过 Suzuki 等人（2011 年）和 Soboleva 等人（2011 年）实验对比得到了验证。这两个实验研究假设 CL 结构和电催化性能的参数可以用于理论模型的参数化。催化层的孔径分布如图 3.42 所示。图 4.12（a）给出了两个实验研究的极化曲线与理论分级模型极化曲线的对比图。可以发现实验数据与计算模拟数据对应良好。很显然，高电流密度下 GDL 的水淹导致燃料电池电势出现了拐点。

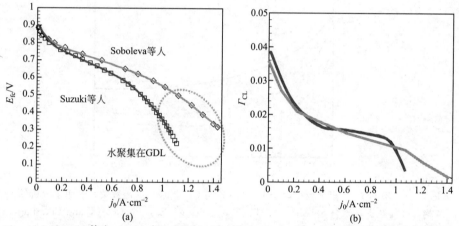

图 4.12　（a）Suzuki 等人（2011 年）和 Soboleva 等人（2011 年）实验得到的极化曲线和分级模型对比图。（b）CCL 相应总效率因子与电流密度函数关系 [Sadeghi, E., Putz, A., and Eikerling, M. 2013b. J. Electrochem. Soc., 160, F1159-F1169, Figures 1, 2, 5, 6, 8, 12. Copyright (2013). The Electrochemical Society 授权]

如图 4.13 所示，聚集体有效因子为 0.35～0.1。在合适的电流密度下，在接近 PEM 界面处达到最大值。

图 4.12（b）给出了图 4.12（a）中极化曲线的 CCL 有效因子与电流密度之间的关系曲线。Γ_{stat} 和 Γ_{np} 是 CCL 结构和成分的函数；在忽略降压效应的条件下，可以认为这些参数是恒定值。但是，聚集体影响因子随着电流密度的增加呈现下降趋势。在低电流密度 $j_0 < 0.4\ \mathrm{A \cdot cm^{-2}}$ 和高电流密度 $j_0 > 1\ \mathrm{A \cdot cm^{-2}}$ 条件下，有效因子依赖于电流密度的变化而变化。在比较宽电流密度范围内，Suzuki 等人（2011 年）和 Soboleva 等人（2011 年）研究发现有效因子值几乎不变。但是，对于水淹 GDL，当电流密度 $j_0 > 1\ \mathrm{A \cdot cm^{-2}}$ 时有效因子急剧下降（Suzuki 等人，2011 年）。

经过模型分析给出的催化层并非代表催化性能最好的催化剂。相反，实验研究由于给出了孔隙率测定以及性能参数而脱颖而出。然而，模拟分析给出的 CL 有效因子是模拟分析的显著特征。Γ_{CL} 从 $j_0 < 0.4$ A·cm^{-2} 的约 4% 降低到 $j_0 = 1$ A·cm^{-2} 时的 1%。这个参数合并了整个 CCL 中的统计效应和迁移现象。给出的有效因子与 Lee 等人（2010 年）实验中给出的有效因子值吻合很好；如果计算得到的有效因子用原子的利用率 Γ_{np} 进行校正，则两者会更加吻合。低的有效因子值 Γ_{CL} 意味着可以通过降低 Pt 担载量进行催化层结构优化，而提高燃料电池催化性能。

这一部分证明了优化的结构模型、催化剂表面反应的动力学模拟以及纳米多孔介质中传输物质的流体动力学模拟，可以确定催化层中的活性区域。分级催化层模型给出了在聚集体尺度内以及聚集体内部纳米孔结构中反应速率的分布状况。这些图可以通过极化曲线和 Pt 用量的有效因子进行校正。对孔隙网络形貌，润湿性，离聚体结构和分布，Pt 纳米粒子分布，水的分布等因素的相关分析可以确定催化剂催化性能的好坏。由于介观范围的实验不可操作性，这个模型分析是仅次于直接实验验证的最好方法。

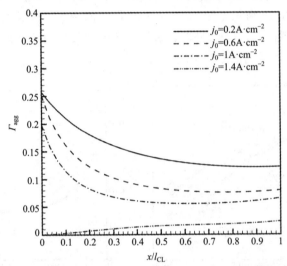

图 4.13　不同 j_0 下凝聚效率因子 Γ_{agg} (x) 与 CL 坐标 x 的函数关系。用于分析的结构和性能数据。来自 Soboleva（2011 年）[Sadeghi, E., Putz, A., and Eikerling, M. 2013b. J. Electrochem. Soc., 160, F1159-F1169, Figures 1, 2, 5, 6, 8, 12. Copyright（2013）. The Electrochemical Society 授权]

4.4　恒定系数的 MHM：　解析解

在接下来的讨论中假设 CCL 成分固定。这一部分将给出 MHM 方程中几种特殊情况的解析解（Kulikovsky，2010 年）。图 4.2 给出了代表 CL 催化活性好坏的特征图。

首先，对式（4.40）给出的单位体积 CCL 中的反应电流密度和法拉第电流密度进行修正，方程如下：

$$R_{reac} = i^* \left[\frac{c}{c_h^0} \exp\left(\frac{\alpha_c F \eta}{R_g T} \right) - \exp\left(-\frac{\beta_c F \eta}{R_g T} \right) \right] \tag{4.46}$$

其中：

$$i_* = \frac{j^0}{l_{CL}} \tag{4.47}$$

其中，i_* 为体积交换电流密度（单位为 A·cm^{-3}）；c 和 c_h^0 分别代表局部和标准氧气浓度，代替氧气分压。当考虑氧气浓度时，ORR 反应级数为 $\gamma_{O_2}=1$，正如第 3 章"解密 ORR 反应"部分中讨论的。质子浓度由离聚物确定且认为是定值。同样，水的活度等于液体水的标准值，这意味着在式（4.46）中，括号中的第二项可以省略。因此，氧气的浓度成为式中与 CCL 浓度唯一相关的变量。

首先，式（4.46）的第一项，阴极反应，描述了氧气通过电化学还原变成水的过程，也就是氧气的还原过程。第二项，阳极反应，表示水分子通过电解过程生成氧气。

$$H_2O \longrightarrow \frac{1}{2}O_2 + 2H^+ + 2e^- \tag{4.48}$$

在外部电势 $\eta<0$ 的条件下，质子和电子向发生水分解产生分子氢的对电极迁移。

正如第 3 章"解密 ORR 反应"中讨论的，有效因子 α_c 和 j_0 都随电势的变化而变化，通常可以认为这两个参数在一定范围内是定值。对于模拟过程，这样的假定是合理的。相对于平衡电极电位，当降低阴极电位，α_c 从 1 降低到 0.75，甚至到 0.5。相应地，j_0 代表不同电极电势处的电流密度值。式（4.46）中，传递系数可以作为有效参数。一般来说，假定 $\alpha_c + \beta_c \neq 1$，对于外层只有一个电子转移的简单反应来说除外。并且，需要注意当 $R_{reac} \rightarrow 0$ 时，无法得到电极动力学参数的准确值。在平衡极限处发生了 Pt 表面的过渡氧化。另外，在接近平衡处，扩散过程对极化电势的贡献可以忽略不计，这一条件允许从极化曲线上确定 ORR 的动力学参数。

但是，当 ORR 反应交换电流密度太小时（j_0^* 约 $10^{-9}\,A \cdot cm^{-2}$），低温反应燃料电池的 CCL 运行远远偏离平衡态。在式（4.46）中，在正常 ORR 过电位范围内（$\eta \approx 400\,mV$ 时），阴极-阳极反应比例 $\leqslant 10^{-16}$。因此如果认为 $\beta_c = \alpha_c$，对结果不会有太大影响。从数学的角度考虑，这种替代可以大大简化方程，简化结果如下：

$$R_{reac} = i_* \frac{c}{c_h^0} \left[\exp\left(\frac{\eta}{b}\right) - \exp\left(-\frac{\eta}{b}\right) \right] \approx 2l_* \left(\frac{c}{c_h^0}\right) \sinh\left(\frac{\eta}{b}\right) \tag{4.49}$$

其中

$$b = \frac{R_g T}{\alpha_c F} \tag{4.50}$$

为了代数简化的目的，把浓度项放在括号前面。式（4.49）在第 4 章和第 5 章会得到广泛应用。

当 $\eta \geqslant R_g T / (\alpha_c F)$ 时，式（4.49）的第二个指数项可以忽略；当 $\eta \rightarrow 0$，式（4.49）变成线性极化曲线。在这两种情况下，方程中的 α_c 可以是任意值。

随后，式（4.49）将用于式（4.7）～式（4.9），为了方便起见引入下列无因次变量：

$$\tilde{x} = \frac{x}{l_{CL}}, \quad \tilde{\eta} = \frac{\eta}{b}, \quad \tilde{c} = \frac{c}{c_h^0}, \quad \tilde{j} = \frac{j}{j_{ref}} \tag{4.51}$$

$$j_{ref} = \frac{\sigma_p b}{l_{CL}} = \sigma b \tag{4.52}$$

其中，j_{ref} 是参考电流密度。

通过变量替换，式（4.7）～式（4.9）可以变形为：

$$\varepsilon^2 \frac{\partial \tilde{j}}{\partial \tilde{x}} = -\tilde{c} \sinh\tilde{\eta} \tag{4.53}$$

$$\tilde{j} = -\frac{\partial \tilde{\eta}}{\partial \tilde{x}} \tag{4.54}$$

$$\widetilde{D}\,\frac{\partial \tilde{c}}{\partial \tilde{x}} = \bar{j}_0 - \bar{j} \tag{4.55}$$

其中：

$$\varepsilon = \sqrt{\frac{\sigma_p b}{2j^0 l_{CL}}} = \sqrt{\frac{\sigma_p b}{2i_* l_{CL}^2}} = \frac{l_N}{l_{CL}} \tag{4.56}$$

是一个无因次厚度参数。

$$\widetilde{D} = \frac{nFDc_h^0}{\sigma_p b} \tag{4.57}$$

是一个无因次扩散系数。注意下标 0 和 1 分别代表当 $\tilde{x}=0$、$\tilde{x}=1$ 时的值。

在式（4.53）～式（4.55）中，两个变量 η、j 可以忽略其中一个。一般来说，为了简化可以去掉 η（"理想状态下氧气的扩散"章节中进行探究）。对于方程组中的 $\bar{j}$ 和 $\tilde{c}$ 变量可以通过边界条件进行限制：

$$\bar{j}(0)=\bar{j}_0, \quad \bar{j}(1)=0 \tag{4.58}$$
$$\tilde{c}(1)=\tilde{c}_1 \tag{4.59}$$

其中，$\tilde{c}$ 是 CCL/GDL 界面处的无因次氧浓度值。如果不考虑质子电流密度，式（4.58）可以用边界条件代替。

$$\tilde{\eta}(0)=\tilde{\eta}_0, \quad \frac{\partial \tilde{\eta}}{\partial \tilde{x}}\bigg|_{\tilde{x}=1}=0 \tag{4.60}$$

方程中包括四个参数：ε、$\widetilde{D}$、$\bar{j}_0$（或者 $\tilde{\eta}_0$）和 $\tilde{c}_1$，参数 $\bar{j}_0$ 和 $\tilde{\eta}_0$ 并非独立存在，二者之间通过极化曲线相关联。

式（4.53）～式（4.55）描述了 CCL 中局部离子电流、过电位、氧浓度以及 ORR 反应速率的分布状况。其中最重要的是极化曲线 $\tilde{\eta}_0$（$\bar{j}_0$）以及极化曲线随参数 ε 和 $\widetilde{D}$ 的变化情况。但是在很多情况下，大家更关心的是 ORR 的反应速率 $\widetilde{R}_{reac}(\tilde{x})$ 分布图。比如说，可以通过 ORR 速率分布图优化催化剂在 CL 厚度方向的分布状况，"催化层的优化"章节中进行了详细解释。

式（4.54）和式（4.55）可以进行整合，将式（4.54）代入到式（4.55）中得到：

$$\frac{\partial}{\partial \tilde{x}}(\widetilde{D}\tilde{c}-\tilde{\eta})=\bar{j}_0 \tag{4.61}$$

其中，右侧是 $\tilde{x}$ 的函数。积分简化得到：

$$\widetilde{D}\tilde{c}-\tilde{\eta}=\bar{j}_0\tilde{x}+(\widetilde{D}\tilde{c}_0-\tilde{\eta}_0) \tag{4.62}$$

设置 $x=1$，得到 $\widetilde{D}\tilde{c}_1-\tilde{\eta}_1=\bar{j}_0+(\widetilde{D}\tilde{c}_0-\tilde{\eta}_0)$。通过替代式（4.62）中的 $\widetilde{D}\tilde{c}_0-\tilde{\eta}_0$，可以得到：

$$\widetilde{D}(\tilde{c}_1-\tilde{c})+(\tilde{\eta}-\tilde{\eta}_1)=\bar{j}_0(1-\tilde{x}) \tag{4.63}$$

因此得到局部参数 $\tilde{c}$、$\tilde{\eta}$ 与边界参数（$\tilde{\eta}_1$，$\tilde{c}_1$ 和 $\bar{j}_0$）之间的关系。其中下角标 1 代表 CL/GDL 界面处的参数值。

假定式（4.63）中 $x=1$，可以得到 CL 上电压降的关系式：

$$\delta\tilde{\eta}\equiv\tilde{\eta}_0-\tilde{\eta}_1=\bar{j}_0-\widetilde{D}(\tilde{c}_1-\tilde{c}_0) \tag{4.64}$$

应用过程中需要考虑理想状况下的物质迁移，这时候，$D\to\infty$，而 $\tilde{c}_0\to\tilde{c}_1$，因此结果 $\widetilde{D}(\tilde{c}_1-\tilde{c}_0)$ 仍然是一个有限值。在"极化曲线的简化形式"中将会讨论，在小电流密度条件下，$\lim_{\tilde{D}\to\infty}\tilde{D}\,(\tilde{c}_1-\tilde{c}_0)=\tilde{j}_0/2$

$$\delta\tilde{\eta}=\frac{\tilde{j}_0}{2},\quad \tilde{j}_0\ll 1 \tag{4.65}$$

因此，在小电流密度条件下，电压降随着电流密度的增加线性降低。

从式（4.64）中可以看出，电压降 $\delta\tilde{\eta}$ 的范围在 $\tilde{j}_0-\tilde{D}\tilde{c}_1\leqslant\delta\tilde{\eta}\leqslant\tilde{j}_0$。用无因次变量表示，方程可以得到进一步简化：

$$0\leqslant j_0-\frac{\sigma_{\mathrm{p}}\delta\eta}{l_{\mathrm{CL}}}\leqslant\frac{nFDc_1}{l_{\mathrm{CL}}} \tag{4.66}$$

其中右边代表氧气扩散电流密度。其中 $j_{\min}=\sigma_{\mathrm{p}}\delta\eta/l_{\mathrm{CL}}$ 是质子电流密度，随着 $\eta\,(x)$ 的变化呈现出线性变化。可以看出，非常小的电流密度就会产生非常大的电压降。式（4.66）说明电池电流密度和 $j_{\min}$ 两者的差值不可能超过 CCL 的氧气扩散电流密度。

对式（4.66）进行变形得到如下形式：

$$j_0\leqslant\frac{nFDc_1}{l_{\mathrm{CL}}}+\frac{\sigma_{\mathrm{p}}\delta\eta}{l_{\mathrm{CL}}} \tag{4.67}$$

对于任意的 j_0，都可以通过增大 $\delta\eta$ 的值满足以上关系式。ORR 反应速率随着 η 的增大而增大，因此 CCL 不会限制电池电流密度的增加：在氧浓度为非零的条件下，CCL 通过增加电势降为代价，可以提高电池电流密度（只要电压降不超过电池的开路电压）。

如果氧气扩散电流密度 $nFDc_1/l_{\mathrm{CL}}$ 远低于 j_0，那么式（4.66）的中间项的两项差值就很小。在这种情况下，电压降和电流密度呈现线性变化关系：

$$\delta\eta=\frac{l_{\mathrm{CL}}j_0}{\sigma_{\mathrm{p}}},\quad j_0\gg\frac{nFDc_1}{l_{\mathrm{CL}}} \tag{4.68}$$

当 CCL 中氧气浓度很低的时候将呈现这样的关系式。"CCL 高电阻率"章节中讨论后，发现这种情况在 DMFC 阴极很容易出现。

注意"首次积分"章节中的方程不是通过式（4.53）的电流平衡方程得到的。除此以外，式（4.55）的氧气质量平衡方程和式（4.54）的欧姆方程都不包涵 ORR 反应速率。因此，这一部分的结论在不考虑 ORR 动力学的情况下是有效的。

4.5　理想情况下的质子转移过程

到目前为止，仍然没有得到式（4.53）～式（4.55）的解析解。但是，在质子或者氧气扩散达到极限值时，可以得到方程组的解析解。这一部分，考虑理想状况下 CCL 中质子的传输过程。CCL 的催化活性由 ORR 动力学和氧气的扩散控制。

4.5.1　方程的简化及解答

CCL 中离子传输的理想过程意味着过电位梯度非常小。设置式（4.53）～式（4.55）中参数 $\tilde{\eta}\approx\tilde{\eta}_0$ 可以得到：

$$\varepsilon^2\frac{\partial\tilde{j}}{\partial\tilde{x}}=-\tilde{c}\sinh\tilde{\eta}_0 \tag{4.69}$$

$$\widetilde{D}\,\frac{\partial \tilde{c}}{\partial \tilde{x}} = \tilde{j}_0 - \tilde{j} \tag{4.70}$$

对式（4.69）进行 x 的微分，并将式（4.70）代入得到：

$$\frac{\partial^2 \tilde{j}}{\partial \tilde{x}^2} = -\zeta_0^2 (\tilde{j}_0 - \tilde{j}), \quad \tilde{j}(0) = \tilde{j}_0, \quad \tilde{j}(1) = 0 \tag{4.71}$$

其中：

$$\zeta_0 = \sqrt{\frac{\sinh \tilde{\eta}_0}{\varepsilon^2 \widetilde{D}}} \tag{4.72}$$

式（4.71）的解为：

$$\tilde{j} = \tilde{j}_0 \left[1 - \frac{\sinh(\zeta_0 \tilde{x})}{\sinh(\zeta_0)} \right] \tag{4.73}$$

式（4.69）进行变形得到 c 的值：

$$\tilde{c} = -\left(\frac{\varepsilon^2}{\sinh \tilde{\eta}_0} \right) \frac{\partial \tilde{j}}{\partial \tilde{x}} = -\left(\frac{1}{\widetilde{D} \zeta_0^2} \right) \frac{\partial \tilde{j}}{\partial \tilde{x}}$$

并代入式（4.73）得到氧气的浓度随 x 变化的关系式：

$$\tilde{c} = \frac{\tilde{j}_0 \cosh(\zeta_0 \tilde{x})}{\widetilde{D} \zeta_0 \sinh \zeta_0} \tag{4.74}$$

按照定义，无因次电化学转化率为：

$$\widetilde{R}_{\text{reac}} = -\frac{\partial \tilde{j}}{\partial \tilde{x}} \tag{4.75}$$

对式（4.75）进行处理得到和 $c(x)$ 相似的等式。

$$\widetilde{R}_{\text{reac}} = \frac{\tilde{j}_0 \zeta_0 \cosh(\zeta_0 \tilde{x})}{\sinh \zeta_0} = \widetilde{D} \zeta_0^2 \tilde{c}(\tilde{x}) \tag{4.76}$$

因此，R_{reac} 与随 $c(x)$ 的变化趋势相同。

图 4.14 给出当氧气扩散速率较小时，CL 局域离子电流、物质浓度、反应速率分布 ["高电池电流密度" ($\zeta_0 \geqslant 1$)]。在接近 CCL/GDL 处很小的区域内发生转化反应。转化反应发生区域的深度 $\tilde{l}_D$ 随反应深度 $\widetilde{R}_{\text{reac}}$ 的变化而变化。式（4.74）和式（4.76）给出了 $\tilde{l}_D$ 的关系式：

$$\tilde{l}_D = \frac{1}{\zeta_0} = \sqrt{\frac{\varepsilon^2 \widetilde{D}}{\sinh \tilde{\eta}_0}} \tag{4.77}$$

因此，$\tilde{\eta}_0$ 越高，$\tilde{l}_D$ 值越小，随着电池电流密度的增加转化区域越来越小。

为了简化 $\tilde{l}_D$、$\tilde{j}_0$ 之间的关系式，需要 CCL 极化曲线的帮助。通过以下参数值的设定得到极化曲线。首先设定 $x=1$，$c=c_1$，代入式（4.74）得到：

$$\tilde{j}_0 = \widetilde{D} \tilde{c}_1 \zeta_0 \tanh \zeta_0 \tag{4.78}$$

将式（4.72）代入得到：

$$\tilde{j}_0 = \tilde{c}_1 \widetilde{D} \sqrt{\frac{\sinh \tilde{\eta}_0}{\varepsilon^2 \widetilde{D}}} \tanh \sqrt{\frac{\sinh \tilde{\eta}_0}{\varepsilon^2 \widetilde{D}}} \tag{4.79}$$

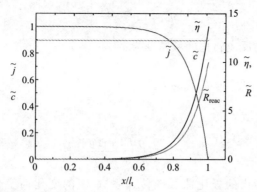

图 4.14　局部电流密度 $\tilde{j}$，氧气摩尔浓度 $\tilde{c}$，过电位 $\tilde{\eta}$ 和催化层中制氧传递的
电化学转换速率 $\tilde{R}_{\text{reac}}$（参数：$\bar{\eta}=12.21$，$\tilde{D}=0.1$，$\varepsilon=100$，$\tilde{j}_0=1$，$\tilde{c}_1=1$）

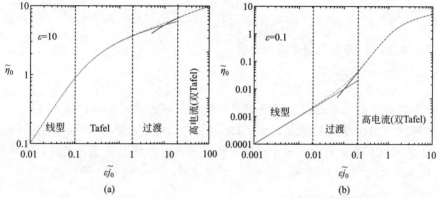

图 4.15　理想离子传递催化层的极化曲线，$\tilde{D}=\tilde{c}_1=1$，(a) $\varepsilon=10$，(b) $\varepsilon=0.1$。图中虚线为
式（4.78）的曲线。实线为低电流［低于公式（4.80）］和高电流［高于式（4.86）］

这个方程是理想质子转移条件下 CCL 的极化曲线（如图 4.15 虚线所示）。当槽电流密度达到最低和最高时，ζ_0 分别达到最小值和最大值。在这种条件下，式（4.77）和式（4.78）可以通过 $\tilde{j}_0$ 将 $\tilde{\eta}_0$ 和 $\tilde{l}_D$ 联系起来。

4.5.2　低槽电流值（$\zeta_0 \leqslant 1$）

在这种条件下，$\tanh \zeta_0 = \zeta_0$，式（4.78）简化为 $\tilde{j}_0 = \tilde{D}\tilde{c}_1\zeta_0^2$。将式（4.72）代入得到：

$$\tilde{\eta}_0 = \text{arcsinh}\left(\frac{\varepsilon^2 \tilde{j}_0}{\tilde{c}_1}\right) \tag{4.80}$$

可以发现 D 可以约分，式（4.80）和式（4.129）一致，得到小电流密度氧气扩散理想状态下极化曲线方程。小的 ζ_0 意味着小的过电位 $\tilde{\eta}_0$ 或者大的扩散系数。在这两种条件下，电势的降低不是由于氧气的扩散引起的。极化曲线包括线性区域和塔菲尔区域两部分（如图 4.15 的实线所示）。

式（4.80）是一个广义塔菲尔方程。如果方程中的正弦值超过 2，那么这一部分就要用两倍的对数函数来代替，式（4.80）就可以简化成标准的塔菲尔方程：

$$\tilde{\eta}_0 = \ln\left(\frac{2\varepsilon^2 \tilde{j}_0}{\tilde{c}_1}\right) \tag{4.81}$$

可以进一步简化得到反应转化区域厚度为：

$$\tilde{l}_D = \sqrt{\frac{\widetilde{D}\tilde{c}_1}{\tilde{j}_0}} \tag{4.82}$$

或者表示成无因次形式：

$$l_D = \sqrt{\frac{nFDc_1 l_{CL}}{j_0}} \tag{4.83}$$

注意，式（4.81）给出的极化曲线随传递系数 D 的变化而变化，RPD 和 $\sqrt{D}$ 成比例变化。

结合式（4.72）和式（4.80），不等式 $\zeta_0 \leqslant 1$ 可以简化为：

$$\sqrt{\frac{\widetilde{D}\tilde{c}_1}{\tilde{j}_0}} \gg 1 \tag{4.84}$$

等价于 $\tilde{j}_0 \leqslant \widetilde{D}c_1$，或者采用无因次形式：

$$j_0 \ll \frac{nFDc_1}{l_{CL}} \tag{4.85}$$

从这个方程可以看出电流密度极限值的有效性。对比式（4.84）和式（4.82）可以发现，转化区域的无因次厚度必须非常大，即 $\tilde{l}_D \geqslant 1$。也就是说，l_D 必须超过 CL 的厚度。如果 CCL 中的氧气扩散电流密度远小于槽电流，那么这种情况就能够实现。参数的局域分布如图 4.16（a）所示。可以看到，$\tilde{\eta}_0$ 和 $\widetilde{R}_{reac}$ 是定值，而 $\tilde{j}$ 随着 $\tilde{x}$ 的变化线性降低。

4.5.3 高槽电流情况（$\zeta_0 \leqslant 1$）

在这种条件下，$\tanh\zeta_0 = 1$，式（4.78）可以简化为 $\tilde{j}_0 = \widetilde{D}\tilde{c}_1\zeta_0$。代入式（4.72）可以得到 CL 的极化曲线：

$$\tilde{\eta}_0 = \text{arcsinh}\left(\frac{\varepsilon^2 \tilde{j}_0^2}{\widetilde{D}\tilde{c}_1^2}\right) \tag{4.86}$$

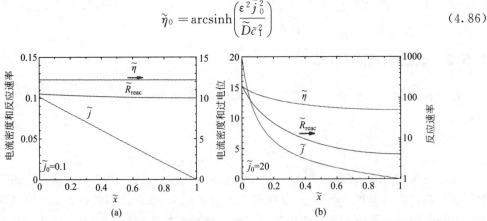

图 4.16　无因次离子电流密度 $\tilde{j}$，过电位 $\tilde{\eta}$ 以及燃料理想分子传输和大参数 $\varepsilon^2 \tilde{j}_0^2$ 情况下 CL 中的电化学转化速率 $\widetilde{R}_{reac}$。（a）小电流密度（$\tilde{j}_0 = 0.1$），（b）大电流密度（$\tilde{j}_0 = 50$），参数 $\varepsilon = 100$，膜位于 $\tilde{x} = 0$

当 $\varepsilon^2 (\widetilde{D}\tilde{c}_1^2) \geqslant 1$ 的时候，反正弦函数值非常大（如下）。因此，$\text{arcsinh}y = \ln(2y)$，

并且：

$$\tilde{\eta}_0 \approx 2\ln\left(\frac{\varepsilon \tilde{j}_0}{\tilde{c}_1}\sqrt{\frac{2}{\tilde{D}}}\right) \qquad (4.87)$$

写成无因次形式，式（4.87）可以简化为二倍的塔菲尔斜率关系式：

$$\eta_0 = 2b\ln\left(\frac{j_0}{j_{D*}}\right) \qquad (4.88)$$

其中交换电流密度为：

$$j_{D*} = \sqrt{\frac{i_* nFD c_1^2}{c_h^0}} \qquad (4.89)$$

将式（4.86）代入，可以发现转化区域的厚度与槽电流成反比：

$$\tilde{l}_D = \frac{\tilde{D}\tilde{c}_1}{\tilde{j}_0} \qquad (4.90)$$

无因次形式为：

$$l_D = \frac{nFD c_1}{j_0} \qquad (4.91)$$

这个参数是对于氧气传质过程比较缓慢情况下的反应渗透深度的表达式。

根据式（4.72），$\zeta_0 \geqslant 1$ 等同于 $\sqrt{\sinh \tilde{\eta}_0} \geqslant \sqrt{\varepsilon^2 \tilde{D}}$。将式（4.86）代入，可以将不等式简化为：

$$\tilde{j}_0 \gg \tilde{D}\tilde{c}_1 \qquad (4.92)$$

无因次形式为：

$$j_0 \gg \frac{nFD c_1}{l_{CL}} \qquad (4.93)$$

将式（4.90）和式（4.92）结合，可以发现高电流密度就相当于 $\tilde{l}_D \leqslant 1$，所以在这个限制条件下，氧气还原反应在靠近 CCL/GDL 很薄的界面处发生（如图 4.14 所示）。式（4.92）证明了式（4.87）中用 $\mathrm{arcsinh}\,(y) = \ln\,(2y)$ 代替是合理的。

在低温燃料电池中，在氧气从 CCL 扩散到 GDL 的过程中，液体水可以降低氧气的扩散速率。因此，阴极就成为高电流、低氧气浓度的区域。需要注意，由于假设 CL 的质子导电性非常好，高电流密度必然意味着 CCL 有比较好的催化活性。在高电流密度条件下，如果质子传输很差，CCL 的性能也不好。

小电流密度和大电流密度条件下的极化曲线可以通过式（4.69）和式（4.70）得到，将二者结合得到：

$$\varepsilon^2 \frac{\partial \tilde{j}}{\partial \tilde{c}} = -\frac{\tilde{D}\tilde{c}\sinh \tilde{\eta}_0}{\tilde{j}_0 - \tilde{j}}$$

对方程进行分离变量和积分，可以得到极化曲线的表达式：

$$\tilde{\eta}_0 = \mathrm{arcsinh}\left(\frac{\varepsilon^2 \tilde{j}_0^2}{\tilde{D}(\tilde{c}_1^2 - \tilde{c}_0^2)}\right) \qquad (4.94)$$

当电流密度较小时，$\tilde{D}(\tilde{c}_1 - \tilde{c}_0) \approx \tilde{j}_0/2$ 和 $\tilde{c}_1 + \tilde{c}_0 \approx 2\tilde{c}_1$ 两个等式成立，代入之后就可以得到式（4.80）。当电流密度较大时，c_0^2 可以忽略不计，得到式（4.86）。

4.5.4　过渡区域

不等式（4.84）和不等式（4.92）分别描述了低电流密度区域和高电流密度区域的极化曲线。将式（4.78）与低电流密度的极化曲线（4.87）和高电流密度极化曲线（4.80）对比，发现这些不等式在某种程度上可以更宽泛。为了满足准确性要求，过渡态区域满足关系式：

$$0.2\widetilde{D}\tilde{c}_1 \leqslant \tilde{j}_0 \leqslant 2\widetilde{D}\tilde{c}_1 \tag{4.95}$$

当 $y \leqslant 0.2$ 时，$\tanh(y) = y$，当 $y \geqslant 2$ 时，$\tanh(y) = 1$，基于这两个条件得到式（4.95）。

4.6　氧气扩散的理想状态

4.6.1　约化方程组和运动积分

这一部分主要解决 CL 中理想状况下氧气分子的扩散过程。这种理想状况在 PEM 燃料电池的阴极和阳极催化层以及 DMFC 阳极中能够实现。

在这种条件下，（4.53）～（4.55）的方程组，一旦设定参数 $c=c_1$，方程组就可以简化为：

$$\varepsilon_*^2 \frac{\partial \tilde{j}}{\partial \tilde{x}} = -\sinh\tilde{\eta} \tag{4.96}$$

$$\tilde{j} = -\frac{\partial \tilde{\eta}}{\partial \tilde{x}} \tag{4.97}$$

其中：

$$\varepsilon_* = \frac{\varepsilon}{\sqrt{\tilde{c}_1}} \tag{4.98}$$

式（4.58）给出了方程组的边界条件。

将式（4.96）与式（4.97）相乘得到：

$$\varepsilon_*^2 \tilde{j} \frac{\partial \tilde{j}}{\partial \tilde{x}} = \sinh\tilde{\eta} \frac{\partial \tilde{\eta}}{\partial \tilde{x}}$$

或者：

$$\varepsilon_*^2 \frac{\partial(\tilde{j}^2)}{\partial \tilde{x}} = 2 \frac{\partial(\cosh\tilde{\eta})}{\partial \tilde{x}} \tag{4.99}$$

对式（4.99）积分得到：

$$2\cosh\tilde{\eta} - \varepsilon_*^2 \tilde{j}^2 = 2\cosh\tilde{\eta}_0 - \varepsilon_*^2 \tilde{j}_0^2 = 2\cosh\tilde{\eta}_1 \tag{4.100}$$

式左边（$2\cosh\tilde{\eta} - \varepsilon_*^2 \tilde{j}^2$）是一个常数。

为了简化，将式（4.96）和式（4.97）转化成一个关于离子电流的简单方程（Kulikovsky，2009 年）。将式（4.96）对 x 微分，并且给定参数 $\cosh^2\tilde{\eta} - \sinh^2\tilde{\eta} = 1$，可以得到下列方程：

$$\varepsilon_*^2 \frac{\partial^2 \tilde{j}}{\partial \tilde{x}^2} = \tilde{j}\sqrt{1 + \varepsilon_*^4 \left(\frac{\partial \tilde{j}}{\partial \tilde{x}}\right)^2} \tag{4.101}$$

接下来，将对根号下的第二项 $\varepsilon_*^2 \tilde{j}_0^2$ 进行最大值估测。限定 $\varepsilon_*^2 \tilde{j}_0^2$ 的最大值和最小值，

就可以解方程（4.101）。

4.6.2　对于 $\varepsilon_* \ll 1$ 和 $\varepsilon_*^2 \tilde{j}_0^2 \ll 1$ 的情况

将不等式转化成无因次形式：

$$j_0^2 \ll j_\sigma^2 \tag{4.102}$$

其中：

$$j_\sigma = \sqrt{2i_* \sigma_p b(c_1/c_h^0)} \tag{4.103}$$

（1）x 变化曲线

在式（4.101）中，当 ε 和 $\varepsilon_*^2 \tilde{j}_0^2$ 的值很小时，根号下的第二项就可以忽略不计。方程就可以简化为线性方程：

$$\varepsilon_*^2 \frac{\partial^2 \tilde{j}}{\partial \tilde{x}^2} = \tilde{j}, \quad \tilde{j}(0) = \tilde{j}_0, \quad \tilde{j}(1) = 0 \tag{4.104}$$

对方程积分得到：

$$\tilde{j}(\tilde{x}) = \frac{\tilde{j}_0 \sinh[(1-\tilde{x})/\varepsilon_*]}{\sinh(1/\varepsilon_*)} \tag{4.105}$$

$\tilde{\eta}$ 的变化关系如式（4.96）所示：

$$\tilde{\eta} = \operatorname{arcsinh}\left(\frac{\varepsilon_* \tilde{j}_0 \cosh[(1-\tilde{x})/\varepsilon_*]}{\sinh(1/\varepsilon_*)}\right) \tag{4.106}$$

当转化率为 $\tilde{R}_{\text{reac}} = -\dfrac{\partial \tilde{j}}{\partial \tilde{x}}$ 时，可以得到：

$$\tilde{R}_{\text{reac}}(\tilde{x}) = \frac{\tilde{j}_0 \cosh[(1-\tilde{x})/\varepsilon_*]}{\varepsilon_* \sinh(1/\varepsilon_*)} \tag{4.107}$$

这个方程证明了有限值存在的有效性。注意，当 $x=0$ 时，R_{reac} 得到其最大值，根据式（4.107），可以得到 $\varepsilon_*^4(\partial \tilde{j}/\partial \tilde{x})_0^2 = \varepsilon_*^4 \tilde{R}_{\text{reac}}^2(0) = \varepsilon_*^2 \tilde{j}_0^2 \coth(1/\varepsilon_*)$。因此，如果满足下列条件，则这部分的这些结果都是正确的：

$$\varepsilon_*^2 \tilde{j}_0^2 \coth(1/\varepsilon_*) \ll 1 \tag{4.108}$$

当 $\varepsilon = 1$ 时，$\coth(1/\varepsilon) = 1$，为了保证式（4.104）的正确性，还需要满足以下关系：

$$\varepsilon_*^2 \tilde{j}_0^2 \ll 1 \text{ 和 } \varepsilon_* \ll 1 \tag{4.109}$$

需要注意，如果 $\varepsilon \geqslant 1$，则 $\coth(1/\varepsilon) = \varepsilon$，式（4.108）就简化成 $\varepsilon^3 \tilde{j}_0^2 \ll 1$。然而，当 ε 值很大时，只有对于小电流密度这个不等式才不成立，这种情况一般不需要考虑。

对于不同的电极，计算 ε、无因次电流密度 j_0 值是很有必要的（表 5.7）。从表中可以看出，只有当燃料电池中氢气一侧的电流密度低于 $300\text{mA} \cdot \text{cm}^{-2}$ 时，$\varepsilon \leqslant 1$ 和 $\varepsilon_* j_0 \leqslant 1$ 两个条件才能同时满足。因此，这一部分的结论都是对于 PEFC 的阳极而言。对于阴极来说，在工作电流密度下，会得到相反的关系式 $\varepsilon_* j_0 \geqslant 1$（下一部分进行讨论）。

图 4.17 给出了式（4.105）～式（4.107）的应用。从图中可以看出，所有图形都在 ε 范围内变化。因此给出 ε 的物理意义：这个参数决定了在小电流密度条件下，电极反应的渗透深度（反应区域的厚度）。注意，参数 ε 和 ε_* 和槽电流 $\tilde{j}_0$ 之间没有关系。在高电流密度条件下，转化区域的厚度由 RPD $\tilde{l}_\sigma$ 决定，和 $\tilde{j}_0$ 成反比例关系。

ε_* 值比较小，意味着高的交换电流密度或者大的 CL 厚度［式（4.56）］。一般来说，i_* 值比较大，意味着在膜附近离子电流密度转换速率比较大，并且电压降比较小（如图 4.17

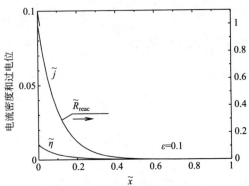

图 4.17 催化剂中无量纲离子电流密度 $\tilde{j}$、过电位 $\tilde{\eta}$ 和电化学转化速率 $\tilde{R}_{reac}$。

理想燃料传输 $\varepsilon_* \ll 1$，且 $\varepsilon_* \tilde{j}_0 \ll 1$（PEFC 阳极）。参数 $\varepsilon_* = 0.1$，$\tilde{j}_0 = 0.1$，膜位于 $\tilde{x} = 0$

中的小高电位 η_0），$\tilde{j}$、$\tilde{R}_{reac}$、$\tilde{\eta}$ 等随着 x 的变化急剧下降。因此，图 4.17 是氢电极上反应时参数的变化曲线。在这个区域内，反应速率很低，质子传输速度达到极限而反应速率很慢，所以质子过量。对于固体氧化物燃料电池来说，这种情况很容易出现（详细论述请参考 Kulikovsky，2010b）。

（2）极化曲线

对于式（4.106），给定参数 $\tilde{x} = 0$，得到 CL 的极化方程：

$$\tilde{\eta}_0 = \text{arcsinh}[\varepsilon_* \tilde{j}_0 \coth(1/\varepsilon_*)] \tag{4.110}$$

当 $\varepsilon_* \leqslant 1$ 时，$\coth(1/\varepsilon_*) = 1$，式（4.110）简化为：

$$\tilde{\eta}_0 = \text{arcsinh}(\varepsilon_* \tilde{j}_0)，\quad \varepsilon_* \ll 1$$

并且，在本节中 $\varepsilon_* j_0 \leqslant 1$，可以得出：

$$\tilde{\eta}_0 = \varepsilon_* \tilde{j}_0，\quad \varepsilon_* \ll 1，\quad \tilde{j}_0 < 1 \tag{4.111}$$

因此，对于这一章 "$\varepsilon_* \leqslant 1$ 且 $\varepsilon_*^2 \tilde{j}_0^2 \leqslant 1$" 的条件下，CL 的极化曲线是线性的。式（4.111）的无因次方程为：

$$\eta_0 = R_{act} j_0 \tag{4.112}$$

其中 R_{act} 是 CL 的电阻

$$R_{act} = \sqrt{\frac{b}{2\sigma_p i_* (c_1/c_h^0)}} \tag{4.113}$$

将这个电阻参数与式（1.79）给出的理想传输 CCL 模型的电阻对比发现，式（4.113）中包含质子的导电性，并且方程与 CL 的厚度没有关系。后一项主要是由于内部空间量的出现，所以忽略了 CL 的厚度。

4.6.3 $\varepsilon_*^2 \tilde{j}_0^2$ 参数值较大的情况

需要注意 $\varepsilon_*^2 \tilde{j}_0^2 \geqslant 1$ 并不意味着无因次槽电流值很大。在这个不等式中，只有当 ε_*、$\tilde{j}_0$ 两个参数一个非常大一个非常小时，槽电流才可能会得到较大值。采用无因次形式，不等式可以写成：

$$j_0^2 \gg j_\sigma^2 \tag{4.114}$$

其中 j_σ 是式（4.103）中给出的参数。如果式（4.114）中的 j_0 值很小，那么氧气浓度 c_1 或者 CCL 的质子传导率 σ_p 将会是一个比较小的值。因此，对于式（4.114）来说，对于小电流密度和大电流密度两种状况必须进行分类讨论（小 j_0 值意味着小 j_0 值）。

（1）x 变化曲线

当 $\varepsilon_*^2 \tilde{j}_0^2 \geqslant 1$，式（4.101）根号下的部分可以忽略不计，方程简化为：

$$\frac{\partial^2 \tilde{j}}{\partial \tilde{x}^2} = -\tilde{j}\,\frac{\partial \tilde{j}}{\partial \tilde{x}}$$

或者：

$$2\frac{\partial^2 \tilde{j}}{\partial \tilde{x}^2} + \frac{\partial(\tilde{j}^2)}{\partial \tilde{x}} = 0 \tag{4.115}$$

注意，因为 $\partial \tilde{j}/\partial \tilde{x} < 0$，所以式（4.101）的平方根将是一个负值。

对式（4.115）进行积分：

$$2\frac{\partial \tilde{j}}{\partial \tilde{x}} + \tilde{j}^2 = 2\left.\frac{\partial \tilde{j}}{\partial \tilde{x}}\right|_0 + \tilde{j}_0^2 = 2\left.\frac{\partial \tilde{j}}{\partial \tilde{x}}\right|_1 \equiv -\gamma^2, \quad \tilde{j}^{(l)} = 0 \tag{4.116}$$

其中，γ 不随 x 的变化而变化。式（4.116）可以写为：

$$\tilde{j} = \gamma \tan\left[\frac{\gamma}{2}(1-\tilde{x})\right] \tag{4.117}$$

由于反应转化率 $R_{\text{reac}} = -\partial \tilde{j}/\partial \tilde{x}$，将式（4.117）代入可以得到：

$$\widetilde{R}_{\text{reac}} = \frac{\gamma^2}{2}\left\{1 + \tan^2\left[\frac{\gamma}{2}(1-\tilde{x})\right]\right\} = \frac{\gamma^2 + \tilde{j}^2}{2} \tag{4.118}$$

将式（4.117）和式（4.96）联立计算出 η：

$$\begin{aligned}
\tilde{\eta} &= \operatorname{arcsinh}\left\{\frac{\gamma^2 \varepsilon_*^2}{2}\left[1 + \tan^2\left(\frac{\gamma}{2}(1-\tilde{x})\right)\right]\right\} \\
&= \operatorname{arcsinh}\left[\frac{\varepsilon_*^2}{2}(\gamma^2 + \tilde{j}^2)\right]
\end{aligned} \tag{4.119}$$

参数 γ 可以用参数 $\tilde{j}_0$ 表示。在式（4.117）中，设置参数 $x=0$，得到：

$$\tilde{j}_0 = \gamma \tan\left(\frac{\gamma}{2}\right) \tag{4.120}$$

如果 $\tilde{j}_0$ 值比较小，那么 $\tan(\gamma/2) = \gamma/2$，可以得到的 γ 表达式：

$$\gamma \approx \sqrt{2\tilde{j}_0} \tag{4.121}$$

将方程（4.117）中的 tan 项展开，并且将方程（4.121）代入可以发现，对于小电流密度的条件下，$j(x)$ 是一个线性变化关系：

$$\tilde{j} = \tilde{j}_0(1-\tilde{x}) \tag{4.122}$$

当 $\tilde{j}_0$ 值很小的时候，过电位和反应速率几乎是个常数，不随 x 的变化而变化（如图 4.16 所示）。

当 $\tilde{j}_0$ 值较大时，$\gamma \leqslant \pi$。tan 项的渐近展开式是 $\tan(\gamma/2) = 2(\pi-\gamma)$。用式（4.120）解出 γ。

$$\gamma \approx \frac{\pi\tilde{j}_0}{2+\tilde{j}_0} \tag{4.123}$$

对于 γ 的解需要分类讨论：

$$\gamma = \begin{cases} \sqrt{2\tilde{j}_0}, & \tilde{j}_0 \ll 1 \\ \dfrac{\pi\tilde{j}_0}{2+\tilde{j}_0}, & \tilde{j}_0 \gg 1 \end{cases} \tag{4.124}$$

在较大范围电流密度条件下，式（4.120）的近似数值解如式（4.125）所示：

$$\gamma = \frac{\sqrt{2\tilde{j}_0}}{1 + \sqrt{1.12\tilde{j}_0}\,\exp(\sqrt{2\tilde{j}_0})} + \frac{\pi\tilde{j}_0}{2 + \tilde{j}_0} \tag{4.125}$$

可以发现，对于电流密度较大或者较小的条件下，式（4.125）通过简化可以得到近似解〔式（4.124）〕。

当 $\tilde{j}_0 = 20$ 的时候 $\tilde{j}\,(\tilde{x})$、$\tilde{\eta}\,(\tilde{x})$、$\tilde{R}_{\text{reac}}\,(\tilde{x})$ 的变化曲线如图 4.16（b）所示。注意，当 $\tilde{j}_0$ 值较大时，$\tilde{j}\,(\tilde{x})$ 和 $\tilde{R}_{\text{reac}}\,(\tilde{x})$ 并不随 RPD 的 ε_* 的变化而变化。在这种条件下，又出现了一个新问题，这个问题将在"反应渗透深度"部分进行讨论。

但是，$\tilde{\eta}\,(\tilde{x})$ 会随着 ε_* 的变化而变化，ε_* 的变化只影响沿着势能取向的 $\tilde{\eta}\,(\tilde{x})$ 的变化。当式（4.119）的 arcsinh 值超过 2 的时候，二者的关系就会更加明确。这种情况下，arcsinh（y）＝ln（$2y$），因数 $\gamma^2\varepsilon_*^2/2$ 就变成 $2\ln(\gamma\varepsilon_*)$。根据式（4.133），将会发现这个值就是 CCL/GDL 界面处的过电位 $\tilde{\eta}_1$。ε_* 的变化就意味着交换电流密度的变化，而过电位的降低主要是为了步长 i_* 的变化。

（2）极化曲线

对于式（4.119），当 $x = 0$ 时：

$$\tilde{\eta}_0 = \text{arcsinh}\left[\frac{\varepsilon^2(\gamma^2 + \tilde{j}_0^2)}{2\tilde{c}_1}\right] \tag{4.126}$$

当 $\varepsilon_*^2\tilde{j}_0^2$ 较大时，氧气扩散没有障碍，属于理想情况时，式（4.126）是 CCL 极化曲线表达式。式（4.126）给出了在小电流密度条件下的塔菲尔力学曲线。在大电流密度以及过渡区域，呈现二倍的塔菲尔动力学曲线。当电流密度达到极限值 $j_0 \rightarrow 0$ 时，过电位也会降低到一个恒定值。

对于小电流密度，$\gamma^2 = 2j_0$〔式（4.124）〕。将其代入式（4.126）并且忽略 $\tilde{j}_0^2$ 项得到：

$$\tilde{\eta}_0 = \text{arcsinh}\left(\frac{\varepsilon^2\tilde{j}_0}{\tilde{c}_1}\right) \tag{4.127}$$

当 $\tilde{j}_0 \rightarrow 0$ 时，$\tilde{\eta}_0 = \varepsilon^2\tilde{j}_0/\tilde{c}_1$.

当 $\tilde{j}_0 \leqslant 1$，$\varepsilon_*^2\tilde{j}_0^2 \geqslant 1$ 时，$\varepsilon_* = 1$。因此，式（4.127）中的 arcsinh 项可以用两倍的对数形式代替：

$$\tilde{\eta}_0 = \ln\left(\frac{2\varepsilon^2\tilde{j}_0}{\tilde{c}_1}\right) \tag{4.128}$$

写成无因次的形式：

$$\eta_0 = b\ln\left[\frac{j_0}{l_{\text{CL}}i_*\,(c_1/c_{\text{h}}^0)}\right], \qquad j_\sigma \ll j_0 \ll j_{\text{ref}} \tag{4.129}$$

式（4.129）是标准的塔菲尔方程。注意，只有当槽电流密度很小的时候这个方程才成立。在这种条件下，CCL 可以看作是理想的 ORR 电极，反应速率分布很均匀〔如图 4.16（a）所示〕。

当电流密度值很大时，$\gamma \rightarrow \pi$，$j_0^2 \gg \gamma^2$，式（4.126）可以简化为：

$$\tilde{\eta}_0 = \text{arcsinh}\left(\frac{\varepsilon^2\tilde{j}_0^2}{2\tilde{c}_1}\right) \tag{4.130}$$

在式（4.130）中，arcsinh 项的值很大，可以用两倍的对数来代替：

$$\tilde{\eta}_0 = 2\ln\left(\frac{\varepsilon \tilde{j}_0}{\sqrt{\tilde{c}_1}}\right) \tag{4.131}$$

因数 2 代表着高电流密度下两倍的塔菲尔关系，也就是 CCL 中质子传输速率较差的情况。采用无因次形式，式（4.131）可以写成：

$$\eta_0 = 2b\ln\left(\frac{j_0}{j_\sigma}\right), \quad j_0 \gg \max\{j_{\text{ref}}, j_\sigma\} \tag{4.132}$$

式中，j_σ 是式（4.103）中所给的参数。

图 4.16（b）给出了二倍塔菲尔斜率的关系图。σ_p 值较小，迫使电化学反应在靠近膜附近就开始反应，此时离子传输所消耗势能比较小。由于过电位 η_0 的存在，电化学反应的不均匀性消耗的势能比较大。

式（4.125）所描述的 CCL 极化曲线的准确数值解如图 4.18 所示。可以看出，在整个槽电流范围内，带有参数 γ 的式（4.125）和式（4.126）给出了方程的准确解。

如果设定式（4.119）参数 $\tilde{x}=1$，就给出了 CCL/GDL 界面处过电位的表达式：

$$\tilde{\eta}_1 = \text{arcsinh}\left(\frac{\gamma^2 \varepsilon_*^2}{2}\right) \approx 2\ln(\gamma\varepsilon_*) \tag{4.133}$$

$\tilde{j}_0$ 值较大时，$\gamma \to \pi$，并且 $\tilde{\eta}_1$ 趋向极限值：

$$\tilde{\eta}_1^{\lim} = 2\ln(\pi\varepsilon_*), \quad \tilde{j}_0 \gg 1 \tag{4.134}$$

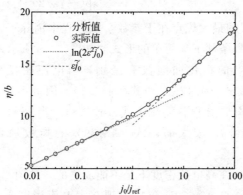

图 4.18　理想氧传输下 CCL 精确值（开路电压）与分析值［实线，公式（4.126）］极化曲线。虚线：分别为公式（4.127）和公式（4.131）计算得到的低电流和高电流曲线。精确点采用公式（4.120）中 γ 值计算，分析值采用公式（4.125）中 γ 值计算。电流密度为标准值 $j_{\text{ref}} = \sigma_p b / l_{\text{CL}}$。参数 $\tilde{c}_1 = 1$，$\varepsilon = 100$（PEFC 阴极，表 5.7）。注意，在电流密度 $\tilde{j}_0 = 2$ 附近从正常转变为双塔菲尔斜率

从表 5.7 可以看出，对于 PEFC 阴极来说，$\eta_1^{\lim}$ 在 $11.5b$ 到 $16b$ 的范围内。当 $b = 50\text{mV}$ 时，$\eta_1^{\lim}$ 值为 $0.55 \sim 0.8\text{V}$。

（3）过渡区域

通过式（4.127）和式（4.130）可以计算出处于塔菲尔区域和二倍塔菲尔区域之间过渡区的位置和长度（如图 4.18 所示）。将式（4.127）和式（4.130）联立之后可以得到塔菲尔曲线和二倍塔菲尔曲线的截距（如图 4.18 虚线所示）：

$$\tilde{j}_0 = 2 \tag{4.135}$$

式（4.135）和图 4.18 给出了塔菲尔区域和二倍塔菲尔区域的槽电流密度范围：

$$j_0 < \frac{\sigma_p b}{l_{CL}}. \qquad 塔菲尔区域 \tag{4.136}$$

$$j_0 > \frac{4\sigma_p b}{l_{CL}.} \qquad 二倍塔菲尔区域 \tag{4.137}$$

因此，过渡区域电流密度就在二者之间：

$$\frac{\sigma_p b}{l_{CL}} \leqslant j_0 \leqslant \frac{4\sigma_p b}{l_{CL}}, \qquad \varepsilon \gg 1$$

4.6.4 极化曲线的另一种简化形式

式 (4.64) 的第一个积分项和式 (4.100) 的积分项可以形成另一种形式的极化曲线。假设对于所有电流密度值都满足式 (4.65)，那么式 (4.100) 中的 η_1 可以省略。

$$\varepsilon_*^2 \tilde{j}_0^2 = 2[\cosh\tilde{\eta}_0 - \cosh(\tilde{\eta}_0 - \tilde{j}_0/2)]$$

当 $\varepsilon_*^2 \tilde{j}_0^2 \geqslant 1$，cosh 项的值可以用半引导指数代替，就可以得到：

$$\tilde{\eta}_0 = \ln\left\{ \frac{\varepsilon^2 \tilde{j}_0^2}{\tilde{c}_1[1 - \exp(-\tilde{j}_0/2)]} \right\} \tag{4.138}$$

可以将 ln 方程用 arcsinh 方程的一半代替，进行方程 (4.138) 的修正：

$$\tilde{\eta}_0 = \text{arcsinh}\left\{ \frac{\varepsilon^2 \tilde{j}_0^2}{2\tilde{c}_1[1 - \exp(-\tilde{j}_0/2)]} \right\} \tag{4.139}$$

式 (4.139) 简化形式的最大优点在于参数 γ 从方程中消除了。式 (4.139) 是 CCL 极化曲线在理想氧气扩散极限条件下最简单的形式。如图 4.18 所示，通过这个方程得到的极化曲线与通过数值解得到的极化曲线没有区别。当电流密度值较小或者较大时，式 (4.139) 可以分别简化成式 (4.128) 和式 (4.131)。因此，当电流密度值较小时，式 (4.139) 的指数项可以展开，方程就简化为式 (4.128)。当 $j \rightarrow 0$ 时，式 (4.139) 给出了 CCL 的线性极化曲线。当 j_0 较大时，式 (4.139) 的指数项可以忽略，就得到了式 (4.131)。

需要注意，式 (4.65) 在高电流密度下是不能成立的。从图 4.16 (b) 中可以很清楚地看到。将式 (4.117) 代入式 (4.55)，可以发现在大电流密度 $\tilde{j}_0$ 条件下，下列关系仍然成立：

$$\tilde{\eta}_0 - \tilde{\eta}_1 = 2\ln\left(\frac{2 + \tilde{j}_0}{\pi} \right), \qquad \tilde{D} \rightarrow \infty, \qquad \tilde{j} \gg 1$$

但是，对于大电流密度 $\tilde{j}_0$，$\exp\tilde{\eta}_1$ 比 η_0 值小得多，所以 $\tilde{\eta}_1$ 和 $\tilde{j}_0$ 之间的关系对极化曲线没有任何影响。因此，只有在小电流密度和大电流密度范围内，式 (4.139) 才能代表过渡区域。对于小电流密度和大电流密度的情况，这个方程几乎是一样的。只要扩散效应可以忽略，对于所有范围的槽电流密度，式 (4.139) 的数值解都很大。

式 (4.141) 的无因次方程为：

$$\eta_0 = b\,\text{arcsinh}\left\{ \frac{j_0^2/(2j_\sigma^2)}{1 - \exp[-j_0/(2j_{ref})]} \right\} \tag{4.140}$$

其中，j_σ 和 j_{ref} 通过式 (4.103) 和式 (4.52) 给出。

表 5.7 给出在 $\tilde{j}_0 = 1$ 时 PEFC 阴极的工作条件。PEFC 的极化曲线是从 0～2A·

cm^{-2}，相当于无因次电流密度为 $0 \leqslant j_0 \leqslant 2$。但是在这个区间内，方程（4.140）的应用必须谨慎，当电流密度 $\gg 2$ 时，CL 中氧气扩散效应必须要考虑（第 5 章"极化曲线拟合"会进行解释）。

如果省略式（4.100）中欧姆定律项 $\tilde{j}$，可以得到：

$$\varepsilon_*^2 \left(\frac{\partial \tilde{\eta}}{\partial \tilde{x}} \right)^2 = 2\cosh\tilde{\eta} - 2\cosh\tilde{\eta}_1$$

开根号并且给定限制条件 $\partial\tilde{\eta}/\partial\tilde{x} < 0$，可以得到：

$$\varepsilon_* \frac{\partial \tilde{\eta}}{\partial \tilde{x}} = -\sqrt{2\cosh\tilde{\eta} - 2\cosh\tilde{\eta}_1}, \quad \tilde{\eta}(0) = \tilde{\eta}_0 \tag{4.141}$$

对于这个方程，$\tilde{\eta}$ 是坐标 $\tilde{x}/\varepsilon_*$ 的函数，低电流密度条件下满足这个方程。接下来将会考虑高电流密度条件下的关系式。

式（4.141）的典型解的隐式方程如下所示：

$$\frac{\tilde{x}}{\varepsilon_*} = \int_{\tilde{\eta}}^{\tilde{\eta}_0} \frac{\mathrm{d}\phi}{\sqrt{2\cosh\phi - 2\cosh\tilde{\eta}_1}} \tag{4.142}$$

设定 $\tilde{x} = 1$，简化上式可以得到 $\tilde{\eta}_0$ 和 $\tilde{\eta}_1$ 的关系：

$$\frac{1}{\varepsilon_*} = \int_{\tilde{\eta}_1}^{\tilde{\eta}_0} \frac{\mathrm{d}\phi}{\sqrt{2\cosh\phi - 2\cosh\tilde{\eta}_1}} \tag{4.143}$$

式（4.100）可以写成：

$$\varepsilon_*^2 \tilde{j}_0^2 = 2\cosh\tilde{\eta}_0 - 2\cosh\tilde{\eta}_1 \tag{4.144}$$

给出一对方程式［式（4.15）和式（4.16）］，这就是极化曲线 $\tilde{\eta}_0(\tilde{j}_0)$ 的参数形式。

但是，尝试计算式（4.142）的积分项，发现积分项是一个椭圆积分项，很难解。只有当 CCL 工作环境满足平衡条件时，式（4.141）才能得到简单解。在这种条件下，cosh 方程可以用 1/2 的指数项代替，式（4.141）就变成：

$$\varepsilon_* \frac{\partial \tilde{\eta}}{\partial \tilde{x}} = -\sqrt{\exp\tilde{\eta} - \exp\tilde{\eta}_1}, \quad \tilde{\eta}(0) = \tilde{\eta}_0 \tag{4.145}$$

接下来的关系式需要特别注意：

$$\tilde{\eta}_0 = \tilde{\eta}_1 + \ln\left\{ 1 + \tan^2\left[\frac{1}{2\varepsilon_*} \exp\left(\frac{\tilde{\eta}_1}{2} \right) \right] \right\} \tag{4.146}$$

将上式代入式（4.415）得到：

$$\tilde{\eta}(\tilde{x}) = \tilde{\eta}_1 + \ln\left\{ 1 + \tan^2\left[\frac{(1-\tilde{x})}{2\varepsilon_*} \exp\left(\frac{\tilde{\eta}_1}{2} \right) \right] \right\} \tag{4.147}$$

只有当参数 $\tilde{x} = 0$ 时，式（4.146）和式（4.147）等同。将式（4.147）对 $\tilde{x}$ 进行微分就得到电流密度随 $\tilde{x}$ 的变化关系。

$$\tilde{j}(\tilde{x}) = \frac{1}{\varepsilon_*} \exp\left(\frac{\tilde{\eta}_1}{2} \right) \tan\left[\frac{(1-\tilde{x})}{2\varepsilon_*} \exp\left(\frac{\tilde{\eta}_1}{2} \right) \right] \tag{4.148}$$

当 $\tilde{x} = 0$ 时，就得到：

$$\tilde{j}_0 = \frac{1}{\varepsilon_*} \exp\left(\frac{\tilde{\eta}_1}{2} \right) \tan\left[\frac{1}{2\varepsilon_*} \exp\left(\frac{\tilde{\eta}_1}{2} \right) \right] \tag{4.149}$$

在远离平衡条件下，式（4.146）和式（4.149）是 CL 参数化极化曲线的表达式（Eikerling 和 Kornyshev，1998 年）。

对比式（4.147）和式（4.119）可以发现，式（4.119）的余弦函数值很大，可以用两倍的对数函数值代替，然后与式（4.147）联立可以得到 γ 和 $\tilde{\eta}$ 的关系式：

$$\tilde{\eta}_1 = 2\ln(\gamma\varepsilon_*)$$

这个关系式和式（4.133）一致。

当 $\tilde{\eta}_1 \geqslant 2$ 时，塔菲尔斜率是存在的，在这种条件下，$\sinh\tilde{\eta}_1 = \cosh\tilde{\eta}_1 = (\exp\tilde{\eta}_1)/2$。式（4.146）和式（4.149）中的正切函数值必须小于 $\pi/2$。当 $\tilde{\eta}_1 = 2$ 时，就得到 ε_* 的最小值，式（4.146）和式（4.149）的参数化极化曲线就可以表示为：

$$\varepsilon_*^{\min} \approx \frac{\exp(1)}{\pi} \approx 0.87 \tag{4.150}$$

当 $\varepsilon_* < \varepsilon_*^{\min}$，CL 中 GDL 界面位于 Butle-Volmer 区域部分，几乎没有可逆反应发生。CL 这个区域的极化曲线满足式（4.143）和式（4.144）。

4.6.5 反应渗透深度

描述 ORR 反应速率的式（4.118）中没有包含参数 ε。换句话说，也就是转化区域的厚度 l_σ 和 RPD 的 ε 参数没有关系（x 变化部分）。并且，在高电流密度条件下，转化区域的厚度随着槽电流 $\tilde{j}_0$ 的增加而减少。

同样，l_σ 可以看作是反应渗透深度。为了计算 l_σ，将式（4.118）的正切函数用 $\tilde{R}_{\exp}$ 指数方程近似代替：

$$\tilde{R}_{\exp} = \frac{\gamma^2}{2}\left[1 + \tan^2\left(\frac{\gamma}{2}\right)\right]\exp\left(-\frac{\tilde{x}}{l_\sigma}\right) \tag{4.151}$$

式（4.151）给出了电解质界面处确切的 $\tilde{R}_{\text{reac}}$（0）值。注意，只有在靠近膜的转化区域内式（4.151）的近似才合理。

在 $\tilde{x}=0$ 处将式（4.118）和式（4.151）展开，保留第一项就会得到 $\tilde{l}_\sigma = 1/[\gamma\tan(\gamma/2)]$，再结合式（4.120）得到：

$$\tilde{l}_\sigma \approx \frac{1}{\tilde{j}_0}, \quad \text{或} \quad l_\sigma \approx \frac{\sigma_{\text{p}}b}{j_0} \tag{4.152}$$

RPD 中 $l_N = \varepsilon l_{CL}$ 与交换电流密度的平方根成反比例变化 [式（4.56）]。RPD 中 l_σ 不随 i_* 的变化而变化。因此，反应过程的决速步骤就是通过 CL 的质子传输过程。换句话说，如果不考虑催化剂的活性表面积、靠近膜处的转化反应，用于质子转移的电位降就会很小。

表 5.7 给出了不同电极的各参数以及用式（4.152）计算出的 RPD 的 l_σ 值。从表中可以发现，对于 PEFC 的阴极来说 l_σ 就是 CL 的厚度。在 DMFE 阳极和阴极，l_σ 只是催化层很小的一部分。也就是说，在工作槽电流条件下，膜界面处只有很小的几层电解质（转化区域）对电流有贡献。并且，槽电流值越大，电解质层越薄，正如式（4.152）所示。

4.7 弱氧扩散极限

4.7.1 通过平面形状

这一部分主要给出了式（4.53）～式（4.55）解析解的一般形式（Kulikovsky，2012

年）。这个解析解是对于混合区域而言的，也就是极化受到质子传输和氧气扩散两方面的控制，由于 PEFC 的 CCL 通常就在混合区域工作，所以这一区域是值得考虑的。

式（4.53）～式（4.55）中的过电位很容易剔除。对于式（4.53）来说，通过对 $\tilde{x}$ 进行微分，且 $\cosh^2 - \sinh^2 = 1$，就可以得到：

$$\varepsilon^2 \frac{\partial^2 \tilde{j}}{\partial \tilde{x}^2} - \varepsilon^2 \left(\frac{\partial \ln \tilde{c}}{\partial \tilde{x}}\right) \frac{\partial \tilde{j}}{\partial \tilde{x}} - \tilde{c}\tilde{j}\sqrt{1 + \left(\frac{\varepsilon^2}{\tilde{c}}\right)^2 \left(\frac{\partial \tilde{j}}{\partial \tilde{x}}\right)^2} = 0 \tag{4.153}$$

在这个方程中，可以认为平方根下的倒数 $\partial \tilde{j}/\partial \tilde{x} = \tilde{j}_0$，当 $\tilde{c} \leqslant 1$ 时，如果 $\tilde{j}_0 > 1/\varepsilon^2$ 成立，那么平方根下的第二项比 1 大很多。在 PEFC 阴极处，ε 为 $10^2 \sim 10^3$ 数量级（见表 5.7）；当电流密度 $j_{\text{ref}} = 1\text{A} \cdot \text{cm}^{-2}$，对于电流密度大于 $0.1\text{m A} \cdot \text{cm}^{-2}$ 的工作条件来说，这种近似很合理。

忽略式（4.153）中平方根下的单位可以得到：

$$\frac{\partial^2 \tilde{j}}{\partial \tilde{x}^2} + \tilde{j}\frac{\partial \tilde{j}}{\partial \tilde{x}} - \left(\frac{\partial \ln \tilde{c}}{\partial \tilde{x}}\right)\frac{\partial \tilde{j}}{\partial \tilde{x}} = 0 \tag{4.154}$$

注意，由于平方根下的正值没有物理意义所以只考虑负值。

假定，CCL 氧气扩散浓度的对数函数随 $\tilde{x}$ 的变化梯度非常小。

$$\frac{\partial \ln \tilde{c}}{\partial \tilde{x}} \ll 1 \tag{4.155}$$

在这种条件下，式（4.154）的最后一项可以认为就是一个小的振动项。

当通过膜的氧气通量为 0，可以表示为 $\partial \ln \tilde{c}/\partial \tilde{x} \mid_0 = 0$，当 $\tilde{x} = 1$ 时 $\partial \ln \tilde{c}/\partial \tilde{x}$ 就达到最大。因此，式（4.154）可以用一个近似方程代替：

$$\frac{\partial^2 \tilde{j}}{\partial \tilde{x}^2} + \tilde{j}\frac{\partial \tilde{j}}{\partial \tilde{x}} - \epsilon\frac{\partial \tilde{j}}{\partial \tilde{x}} = 0, \quad \tilde{j}(0) = \tilde{j}_0, \quad \tilde{j}(1) = 0 \tag{4.156}$$

其中：

$$\epsilon \equiv \frac{\partial \ln \tilde{c}}{\partial \tilde{x}}\bigg|_1 \ll 1 \tag{4.157}$$

对式（4.156）积分得到：

$$\frac{\partial \tilde{j}}{\partial \tilde{x}} + \frac{\tilde{j}^2}{2} - \epsilon\tilde{j} = \frac{\partial \tilde{j}}{\partial \tilde{x}}\bigg|_1 = -\frac{\gamma^2}{2} \tag{4.158}$$

其中，γ 不随 $\tilde{x}$ 的变化而变化。式（4.158）也可以进行进一步积分：

$$\tilde{j} = \epsilon + \sqrt{\gamma^2 - \epsilon^2}\tan\left[\frac{\sqrt{\gamma^2 - \epsilon^2}}{2}(1 - \tilde{x}) - \arctan\left(\frac{\epsilon}{\sqrt{\gamma^2 - \epsilon^2}}\right)\right] \tag{4.159}$$

将式（4.159）对 ϵ 进行展开，并且保留线性变化项 ϵ，得到下式：

$$\tilde{j} \approx \gamma\tan\left[\frac{\gamma}{2}(1 - \tilde{x})\right] - \epsilon\tan^2\left[\frac{\gamma}{2}(1 - \tilde{x})\right] \tag{4.160}$$

当 $x = 0$ 时就得到了 j_0 和 γ 之间的关系式：

$$\tilde{j}_0 = \gamma\tan\left(\frac{\gamma}{2}\right) - \epsilon\tan^2\left(\frac{\gamma}{2}\right) \tag{4.161}$$

氧气浓度和参数 ϵ 可以通过式（4.160）计算出来：

$$\tilde{D}\frac{\partial \tilde{c}}{\partial \tilde{x}} = \tilde{j}_0 - \gamma\tan\left[\frac{\gamma}{2}(1 - \tilde{x})\right] + \epsilon\tan^2\left[\frac{\gamma}{2}(1 - \tilde{x})\right], \quad \tilde{c}(1) = \tilde{c}_1 \tag{4.162}$$

解方程会得到：

$$\tilde{c} = \tilde{c}_1 - \frac{\tilde{j}_0}{\widetilde{D}}(1-\tilde{x}) + \frac{1}{\widetilde{D}}\ln\left[1 + \tan^2\left(\frac{\gamma}{2}(1-\tilde{x})\right)\right]$$

$$+ \frac{\epsilon}{\widetilde{D}}\left[1 - \frac{2}{\gamma}\tan\left(\frac{\gamma}{2}(1-\tilde{x})\right)\right] \tag{4.163}$$

计算 $\partial \ln \tilde{c}/\partial \tilde{x}$，且当 $\tilde{x}=1$ 时可以得到 ϵ 的表达式：

$$\epsilon = \frac{\tilde{j}_0}{\widetilde{D}\tilde{c}_1} \tag{4.164}$$

因此，只有当满足以下条件时分析解才有效：

$$\frac{\tilde{j}_0}{\widetilde{D}\tilde{c}_1} \ll 1 \tag{4.165}$$

局部过电位随 $\tilde{x}$ 的变化如式（4.53）：

$$\tilde{\eta} = \text{arcsinh}\left(-\frac{\epsilon^2}{\tilde{c}} \times \frac{\partial \tilde{j}}{\partial \tilde{x}}\right) \tag{4.166}$$

将式（4.160）和式（4.163）代入得到：

$$\tilde{\eta} = \text{arcsinh}\left\{\frac{\epsilon^2 \gamma(\gamma/2 - \epsilon y)(1+y^2)}{\tilde{c}_1 + \frac{1}{\widetilde{D}}[-\tilde{j}_0(1-\tilde{x}) + \ln(1+y^2) + \epsilon(1-\tilde{x}-2y/\gamma)]}\right\} \tag{4.167}$$

其中：

$$y = \tan\left[\frac{\gamma}{2}(1-\tilde{x})\right]$$

且参数 $\gamma = \gamma(\tilde{j}_0)$ 就是式（4.161）的解。

式（4.160）给出了 $\tilde{j}$ 随 $\tilde{x}$ 的变化关系，式（4.163）给出了 $\tilde{\eta}$ 随 $\tilde{x}$ 的变化关系，两个结果与式（4.154）和式（4.55）的数值解对比，结果如图 4.19 所示。其中给出了当 $\epsilon = 0.257$ 条件下，PEFC 参数的变化关系。可以看出，解析解和数值解的结果对应良好，当 ϵ 值较小时，二者吻合的更好。

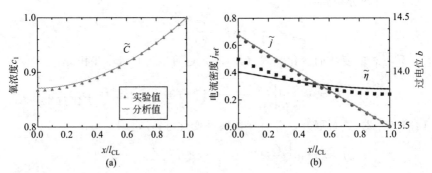

图 4.19　催化层内（a）氧浓度 $\tilde{c}$，（b）质子电流密度 $\tilde{j}$ 和过电位图形。点：式（4.154）和式（4.55）计算得到的精确值。实线：分析结果。参数 $\widetilde{D}=2.59$，$\tilde{j}_0=0.667$，$\tilde{c}_1=1$，对应 $\epsilon=0.257$，$\gamma=1.1735$

4.7.2　极化曲线

在式（4.167）中，当 $\tilde{x}=0$ 时就得到了 CCL 的极化曲线

$$\tilde{\eta}_0 = \mathrm{arcsinh}\left(\frac{f_c \epsilon^2 \gamma(\gamma/2 - \epsilon y_0)(1 + y_0^2)}{\tilde{c}_1 + \frac{1}{\tilde{D}}[-\tilde{j}_0 + \ln(1 + y_0^2) + \epsilon(1 - 2y_0/\gamma)]}\right) \quad (4.168)$$

其中 $y_0 = y(0) = \tan(\gamma/2)$。式（4.168）是在质子传输和氧气扩散混合控制区域极化曲线的一般形式。当氧气扩散处于理想条件下（$D \to \infty$），式（4.168）就转化成式（4.126）。

图 4.20 给出了数值解和解析解的极化曲线［后者通过式（4.168）和式（4.125）计算得到且 $f_c = 1$］的对比图。数值解极化曲线由解式（4.154）和式（4.55）得到，在 CCL 的混合控制区有效。从图中可以看出，式（4.168）给出了当参数 ϵ 不大于 0.2 的极化曲线。但是，为了提高二者的一致性，引入一个校正参数：

$$f_c = 1 + \frac{\tilde{j}_0}{\tilde{D}\tilde{c}_1} \quad (4.169)$$

这个参数的引入提高了在 ϵ 不大于 0.5 范围内，解析解和数值解极化曲线的吻合度（如图 4.20 所示）。

4.7.3　γ 的表达式

通过应用数值解的方法可以解出式（4.161）。但是，为了得到方程更好的近似解还需要做以下工作。首先，当 $\epsilon = 0$ 时，式（4.161）可以简化成式（4.120），这个方程的解由式（4.125）给出。

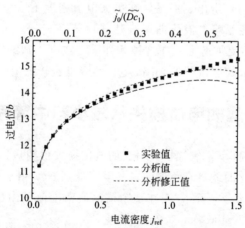

图 4.20　CCL 极化曲线，采用式（2.59）无因次化的扩散系数。点：精确值。虚线：式（4.168）分析值，采用 $f_c = 1$ 和式（4.125）中 γ 的值。点线：式（4.168），采用式（4.169）中的 f_c。参数 $\epsilon = 866$

令这个解为 γ_0，因为 ϵ 值很小，式（4.161）可以写为：

$$\gamma = \gamma_0 + \epsilon\gamma_1 \quad (4.170)$$

将这个表达式代入式（4.161），将左边项对 ϵ 展开且保留 ϵ 线性变化项，就得到如下表达式：

$$\gamma_0 \tan(\gamma_0/2) + \left(\frac{\gamma_0\gamma_1}{2} + \frac{\gamma_0\gamma_1}{2}\tan^2(\gamma_0/2) - \tan^2(\gamma_0/2) + \gamma_1\tan(\gamma_0/2)\right)\epsilon = \tilde{j}_0$$

对于第一项，$\gamma_0 \tan(\gamma_0/2) = \tilde{j}_0$，上式可以化简为：

$$\gamma_1 = \frac{2\tilde{j}_0^2}{\gamma_0(2\tilde{j}_0 + \tilde{j}_0^2 + \gamma_0^2)} \tag{4.171}$$

式（4.171）给出了 γ_1 的值，式（4.125）给出了 γ_0 的值，代入式（4.171）就解出了方程。在这个基础上，式（4.168）给出了极化曲线的明确解析解。

4.7.4 什么时候氧气扩散引起的电位降可以忽略不计？

当槽电流密度远远小于氧气扩散电流密度时，无因次形式式（4.165）表明，氧气扩散对极化曲线影响很小。

$$j_0 \ll j_D = \frac{4FDc_1}{l_{CL}} \tag{4.172}$$

在"低槽电流密度"部分，式（4.85）给出了相同的结论。这些结果又通过式（4.53）～式（4.55）的数值解得到了验证（Kulikovsky，2009 年）。

在 $\epsilon = 0.1 \sim 0.5$ 时，式（4.168）是 CCL 极化曲线的最近似表达式。当 $\epsilon \leqslant 0.1$ 时，氧气扩散引起的电位降可以被完全忽略，式（4.126）和式（4.139）可以任意使用。

对于 PEFC 的 CCL 或者 DMFC 的 ACL 来说，对参数 ϵ 的分析非常有必要。在 GDL 中氧气扩散损失可以忽略不计，$c_1 = 7.4 \times 10^{-6} \, \text{mol} \cdot \text{cm}^{-3}$，$j_D = 3 \text{A} \cdot \text{cm}^{-2}$。对于 DMFC 来说，CCL 会更薄，$j_D = 0.33 \text{A} \cdot \text{cm}^{-2}$。

PEFC 和 DMFC 的工作电流密度分别为 $1 \text{A} \cdot \text{cm}^{-2}$ 和 $0.1 \, \text{A} \cdot \text{cm}^{-2}$。因此，在正常工作条件下，这两种电池都满足 $\epsilon = 0.3$。在电流密度小于工作电流密度的范围内，极化曲线的准确表达式由式（4.168）给出。但是，在更大电流密度下（也就是扩散控制区域），氧气扩散对 CCL 的影响不能忽略，极化曲线表达式由式（4.53）～式（4.55）给出。注意，GDL 的水淹使得工作环境更加恶劣。在这种条件下，式（4.172）中的 c_1 可以通过乘以因子的方法降低 10 倍。扩散控制区域的 onset 电位会降低到较低值。

4.8 氧气扩散引起的电位损失从较小到中等程度的极化曲线

在较大槽电流密度条件下，氧气扩散引起的电位损失很明显，式（4.168）没有物理意义（如图 4.20 所示，极化曲线具有负斜率，甚至降低到 0）。由于氧气扩散的影响，限制了方程的使用。这部分讨论的另一种方法在整个槽电流密度范围内都具有物理意义。接下来将对这种方法进行讨论（Kulikovsky，2014 年）。

式（4.139）给出的没有氧气扩散影响的极化曲线可以看作是式（4.53）～式（4.55）对参数 $1/(\epsilon^2 D)$ 的零阶项。这部分的目的是对方程组的展开解进行一阶校正。

如式（4.53）～式（4.55）一样，同样给出另一个方程组：

$$2\epsilon^2 \frac{\partial^2 \tilde{\eta}}{\partial \tilde{x}^2} = \tilde{c} \exp \tilde{\eta} \tag{4.173}$$

$$2\epsilon^2 \tilde{D} \frac{\partial^2 \tilde{c}}{\partial \tilde{x}^2} = \tilde{c} \exp \tilde{\eta} \tag{4.174}$$

式（4.173）是通过将式（4.54）代入式（4.53）得到的。式（4.174）是通过式（4.55）对 x 微分，且将式（4.53）得到的表达式 $\partial \tilde{j}/\partial \tilde{x}$ 代入得到的。注意，式（4.173）和式（4.174）右边，在较大槽电流密度下，过电位 $\eta > 2$ 时，氧气扩散速率很慢，阴极的指数项可以用 sinh 项代替。

式（4.173）和式（4.174）解的展开式为：

$$\tilde{\eta} = \tilde{\eta}^0(\tilde{x}) + \xi \tilde{\eta}^1(\tilde{x}) \tag{4.175}$$

$$\tilde{c} = \tilde{c}_1 + \xi \tilde{c}^1(\tilde{x}) \tag{4.176}$$

其中：

$$\xi = \frac{1}{\varepsilon^2 \tilde{D}} \tag{4.177}$$

注意，零阶解代表 $\varepsilon^2 \tilde{D} \to \infty$，相当于 $\xi = 0$。当零阶浓度 $\tilde{c}_0 = \tilde{c}_1$ 时，零阶过电位 $\tilde{\eta}_0$ 的表达式如式（4.119）所示。进一步简化，零阶过电位 $\tilde{\eta}_0$ 可以写成：

$$\tilde{\eta}^0 = \ln\left\{ \frac{\gamma^2 \varepsilon^2}{\tilde{c}_1}\left[1 + \tan^2\left(\frac{\gamma}{2}(1-\tilde{x}) \right) \right] \right\} \tag{4.178}$$

当需要考虑有限扩散系数 $\tilde{D}$ 时，对函数 $\tilde{\eta}$ 和 $\tilde{c}$ 进行一阶校正。

参数值 ξ 很小。当 $\varepsilon \approx 10^2 \sim 10^3$ 且 $\tilde{D} \approx 1$ 时，ξ 在 $10^{-6} \sim 10^{-4}$。式（4.175）和式（4.176）可以认为是式（4.173）和式（4.174）关于参数 ξ 的展开项。

将式（4.175）和式（4.176）分别代入式（4.173）、式（4.174）得到：

$$2\varepsilon^2 \frac{\partial^2 \tilde{\eta}^0}{\partial \tilde{x}^2} + 2\varepsilon^2 \xi \frac{\partial^2 \tilde{\eta}^1}{\partial \tilde{x}^2} = (\tilde{c}_1 + \xi \tilde{c}^1)\exp(\tilde{\eta}^0)(1 + \xi \tilde{\eta}^1) \tag{4.179}$$

$$2\frac{\partial^2 \tilde{c}_1}{\partial \tilde{x}^2} + 2\xi \frac{\partial^2 \tilde{c}^1}{\partial \tilde{x}^2} = \xi(\tilde{c}_1 + \xi \tilde{c}^1)\exp(\tilde{\eta}^0)(1 + \xi \tilde{\eta}^1) \tag{4.180}$$

假定 $\tilde{c}_1$ 是个常数，可以从式（4.179）的零阶等式项减去，得到 ξ 的一阶方程；如果忽略高阶项，得到一阶 $\tilde{\eta}^1$ 和 $\tilde{c}^1$ 校正方程组：

$$2\varepsilon^2 \frac{\partial^2 \tilde{\eta}^1}{\partial \tilde{x}^2} = (\tilde{c}_1 + \tilde{c}_1 \tilde{\eta}^1)\exp\tilde{\eta}^0 \tag{4.181}$$

$$2\frac{\partial^2 \tilde{c}^1}{\partial \tilde{x}^2} = \tilde{c}_1 \exp\tilde{\eta}^0 \tag{4.182}$$

可以发现，式（4.182）是通过方程组的分离得到的。如果用式（4.178）代替方程（4.182）中的 $\tilde{\eta}^0$ 项，可以得到：

$$2\frac{\partial^2 \tilde{c}^1}{\partial \tilde{x}^2} = \varepsilon^2 \gamma^2 \left\{ 1 + \tan^2\left[\frac{\gamma}{2}(1-\tilde{x}) \right] \right\} \tag{4.183}$$

当限定边界条件 $\tilde{c}^1(1) = 0$，$\partial \tilde{c}^1/\partial \tilde{x} \mid_{x=0} = 0$，就可以得到等式的解。第一种情况：氧气扩散一旦开始，在 CCL/GDL 界面处的氧气浓度就保持不变。第二种情况是在膜附近，氧气通量为零。在这两种条件下，式（4.183）的解为：

$$\tilde{c}^1 = -\varepsilon^2 \tilde{j}_0(1-\tilde{x}) + \varepsilon^2 \ln\left\{ 1 + \tan^2\left[\frac{\gamma}{2}(1-\tilde{x}) \right] \right\} \tag{4.184}$$

正如式（4.120）所示。

有了 $\tilde{c}^1$ 的表达式，式（4.181）可以变形为：

$$\begin{aligned}
\frac{4}{\gamma^2}\cos^2&\left[\frac{\gamma}{2}(1-\tilde{x}) \right]\frac{\partial^2 \tilde{\eta}^1}{\partial \tilde{x}^2} \\
&= -\varepsilon^2 \tilde{j}_0(1-\tilde{x}) + \varepsilon^2 \ln\left\{ 1 + \tan^2\left[\frac{\gamma}{2}(1-\tilde{x}) \right] \right\} + \tilde{c}_1 \tilde{\eta}^1
\end{aligned} \tag{4.185}$$

这个等式的边界条件是 $\partial\tilde{\eta}^1/\partial\tilde{x}\mid_{\tilde{x}=0}=\partial\tilde{\eta}^1/\partial\tilde{x}\mid_{\tilde{x}=1}=0$。第一项限定 $j_0=-\partial\tilde{\eta}^0/\partial\tilde{x}\mid_0$ 是个固定值。第二项设在 CCL/GDL 界面处的质子电流密度为零。

但是，式（4.185）的准确解因为含有正交法表达式而非常烦琐（Kulikovsky，2014 年）。在 $\tilde{x}=0$ 时的简单近似解对于极化曲线是非常必要的，接下来给出近似解的求法。在大槽电流 $\gamma\rightarrow\pi$ 条件下，极化曲线满足式（4.120），因此当 $\tilde{x}=0$ 时，式（4.185）的右侧接近 0。当等式左侧也为 0 时就给出了 $\tilde{\eta}^1$ 的关系式，当 $\tilde{x}=0$ 时，将式（4.120）两边同时除以 $\varepsilon^2\tilde{D}$ 项，得到如下关系式：

$$\tilde{\eta}_D=\frac{1}{\tilde{D}\tilde{c}_1}\left[\tilde{j}_0-\ln\left(1+\frac{\tilde{j}_0^2}{\gamma^2}\right)\right] \tag{4.186}$$

其中 $\tilde{\eta}_D=\tilde{\eta}^1(0)/\varepsilon^2\tilde{D}$ 是 CCL 中氧气扩散引起的过电位。

将这一部分过电位加到式（4.139）中，CCL 中总的过电位可以表示为：

$$\tilde{\eta}_0=\text{arcsinh}\left\{\frac{\varepsilon^2\tilde{j}_0^2}{2\tilde{c}_1[1-\exp(-\tilde{j}_0/2)]}\right\}+\frac{1}{\tilde{D}\tilde{c}_1}\left[\tilde{j}_0-\ln\left(1+\frac{\tilde{j}_0^2}{\gamma^2}\right)\right] \tag{4.187}$$

这个关系式考虑了 CCL 中所有电势的损耗：第一项代表 ORR 激活和质子转移引起的电势损耗，第二项代表由于氧气扩散引起的损耗。

将由式（4.187）得到的 CCL 解析解给出的极化曲线和由式（4.53）～式（4.54）得到的数值解给出的极化曲线进行对比，如图 4.21 所示。通过测量给出参考值为 $D_{ref}=1.37\times10^{-3}\text{ cm}^2\cdot\text{s}^{-1}$（Shen 等人，2011 年）。图 4.21 曲线中给出的是 D/D_{ref} 值。很显然，当这个比值接近无限值时，解析解和数值解都变成了如式（4.139）所表示的与扩散无关的极化曲线。且当 D 降低，由于氧气扩散速度的增加，过电位以及模型的准确性下降。但是，在 $\tilde{j}_0\leqslant1$ 的区域内，$D/D_{ref}=0.1$ 时，模型很适合实际操作过程（见图 4.21）。

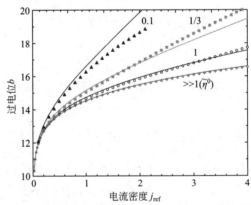

图 4.21　有限氧传输速率的阴极催化层的极化曲线。其中点状线为精确值，实线为公式（4.187）的分析值。图中曲线参数为 D/D_{ref}，其中 CCL 氧扩散系数参考 Shen（2011 年）中 $D_{ref}=1.37\times10^{-3}\text{ cm}^2\cdot\text{s}^{-1}$。底部实线为 CCL 中氧传输速率的无限快曲线［公式（4.139）］

式（4.187）在什么情况下有效？很显然，等式中第二项远远小于第一项是方程存在的必要条件（尽管不是充分条件）。将氧气扩散引起的电势降和高电流密度近似作为第一项，可以得到下式：

$$\frac{\tilde{j}_0}{\tilde{D}\tilde{c}_1}\ll\ln\left(\frac{\varepsilon^2\tilde{j}_0^2}{\tilde{c}_1}\right) \tag{4.188}$$

与"极化曲线"模块中给出的模型对比发现,这个等式不要求左侧的值远远小于 1。相反,对于 $\widetilde{D}=1$, $\tilde{c}_1=1$, $\varepsilon=10^3$,式(4.188)的结果 $\tilde{j}_0/(\tilde{c}_1\widetilde{D})\approx2$,也就是 $\tilde{j}_0=2$,这个电流密度值满足 PEM 整个工作条件下的电流密度范围。这是由于式(4.175)和式(4.176)没有包含 j_0 的表达式。

式(4.187)可以用于极化曲线的校正,假设(ⅰ)氧气浓度很高,(ⅱ)GDL 中由于氧气扩散引起的电势降非常小。第二个条件一般不能满足。但是,这一项引起的电势降可以通过合并加入到极化方程中,正如第 5 章"气体扩散层氧气扩散引起的损失"部分中进行的讨论。

4.9　4.4~4.7 节备注

如果槽电流很高,无论是反应物还是离子的扩散不完全,CLs 的极化曲线都非常相似。在这两种情况下,极化曲线都呈现两倍塔菲尔斜率关系[式(4.88)和式(4.132)]。通过测量极化曲线,很难判断到底是由于哪种情况引起的两倍塔菲尔关系。

但是,式(4.88)和式(4.132)中电流密度与平方根下的极限扩散参数成正比例变化[式(4.89)中的 D 和式(4.103)中的 σ_p]。因此,塔菲尔曲线(见图 4.22)与电流密度轴相交的截距位置与扩散系数有关。

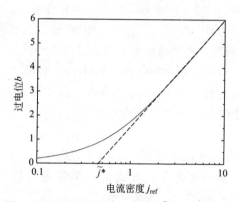

图 4.22　电极和典型电流密度 $\tilde{j}_*$ 的塔菲尔图

并且,当 CCL 中氧气扩散速率较慢时,如式(4.91)所示,反应转化区域的厚度 l_D 与扩散系数 D 成正比例变化,这时候转化区域在 CCL/GDL 界面处;当离子扩散速率较慢时,如式(4.152)所示,l_σ 和离子电导率成正比例变化,转化区域主要在膜界面处。可以预测,由于长时间的运行,转化区域降解过程发生很快。因此,CCL 的后期检查图片能够确定 CCL 工作区域。

在高槽电流条件下,在氧气扩散和质子扩散控制区域,转化区域的厚度与槽电流 j_0 成反比[式(4.91)和式(4.152)]。j_0 值越高,RPD 值越小。这就意味着,随着槽电流的增加,CL 的产热区域越来越薄。这可能会引起 MEA 中热传递的问题。

式(4.91)和式(4.152)中不包含电流密度。因此,如果忽略高电流区域,增加催化剂担载量不会改变转化区域的厚度。但是,催化剂担载量过大,会降低 ε 值,导致 CL 反应转化成小电流反应。

4.10 直接甲醇燃料电池

4.10.1 DMFC 中的阴极催化层

（1）引言

在标准大气压下，和氢气相比，甲醇呈现液态。当压力增加到 300bar 时，液态甲醇的能量密度就会超过氢气。所以 DMFC 成为电动汽车中锂离子电池的良好替代品。

在 DMFC 阳极，甲醇分子给出六个质子和六个电子而被氧化：

$$CH_3OH + H_2O \longrightarrow CO_2 + 6H^+ + 6e^- \tag{4.189}$$

在阴极，质子和电子传递到水中进行 ORR 反应 ［式（1.4）］。

甲醇作为高能量反应物用于燃料电池，早在 1960 年就被发现。在 Pt 电极上的甲醇氧化反应（MOR）是由 Frumkin 团队在 1964 年研究的（Bagotzky 和 Vasilyev，1964 年）。一年之后 Frumkin 再次报道，Pt-Ru 是用于甲醇氧化更好的催化剂（Petry 等人，1965 年）。自此以后，DMFC 就被认为是电动汽车最有前途的电动装置。

DMFC 最主要的问题就是甲醇分子会通过膜进行扩散（Dohle 等人，2002 年；Jiang 和 Chu，2004 年；Qi 和 Kaufman，2002 年；Ravikumar 和 Shukla，1996 年；Ren 等人，2000 年；Thomas 等人，2002 年）。甲醇在阳极发生氧化然后扩散到阴极。由于 MOR 反应的出现，引起 CCL 电流密度的增加。除此以外，MOR 还会引起阴极侧氧气扩散以及由中间产物引起的 CCL 毒化等问题。两个过程都会引起较高电势降。

DMFC 中阴极 MOR 反应机理还存在争议。Vielstich（2001 年）团队认为，MOR 是一个纯化学催化甲醇氧化燃烧过程，而 Jusys 和 Behm（2004 年）以及 Du（2007 年）等人认为 MOR 是一个电化学转化过程。还有人认为化学反应和电化学反应同时进行（Du 等人，2007 年）。

在 DMFC 模型中，没有给出 CCL 的结构，为了解决甲醇扩散引起的电位降，将总的电流密度和由于甲醇扩散引起的电流密度看成是一个需要通过 ORR 转化的总电流密度（Garcia 等人，2004 年；Murgia 等人，2003 年；Wang 和 Wang，2003 年；Yan 和 Jen，2008 年；Yang 和 Zhao，2007 年，2008 年）。Yao 给出了 DMFC 的参考模型（2004 年）。这种模型假设扩散的甲醇在膜界面处能够快速转化成质子电流。CCL 中的质子电流和扩散引起的电流相等。

如果槽电流值不大，下面给出的模型表明这种方法是正确的（Kulikovsky，2012 年）。在小电流条件下，MOR 在膜附近发生反应，而 ORR 在 GDL 附近发生反应。在这个区域内，DMFC 阴极代表完整的短路燃料电池。但是，在大电流密度下，MOR 和 ORR 在 CCL 的相同区域发生反应，这样就形成了快速下降的、电阻变化的极化曲线。

（2）基本方程

DMFC 中 CCL 的结构如图 4.23 所示。模型主要假设如下。

① 液态水扩散忽略不计。通过 CCL 的液体饱和度 s 是恒定值，且液体饱和度会降低氧气扩散效率。

② MOR 和 ORR 反应速率满足 Butler-Volmer 动力学关系。

同时发生 ORR 和 MOR 反应的 CCL 方程组可以表示为：

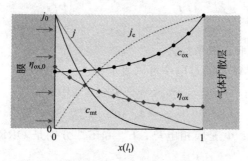

图 4.23　DMFC 阴极催化层示意图以及质子电流密度 j、电子电流密度 j_e，局部 ORR 过电位 η_{ox} 和氧气、甲醇浓度 c_{ox}、c_{mt} 的预期形状。注意膜内质子电流密度 j_0 是电池电流密度，系统总电势损失为 η_0

$$\frac{\partial j}{\partial x} = -2i_{ox}\left(\frac{c_{ox}}{c_{ox}^{h0}}\right)\sinh\left(\frac{\eta_{ox}}{b_{ox}}\right) + 2i_{mt}\left(\frac{c_{mt}}{c_{mt}^{h0}}\right)\sinh\left(\frac{\eta_{mt}}{b_{mt}}\right) \qquad (4.190)$$

$$-D_{ox}\frac{\partial^2 c_{ox}}{\partial x^2} = -\frac{2i_{ox}}{4F}\left(\frac{c_{ox}}{c_{ox}^{h0}}\right)\sinh\left(\frac{\eta_{ox}}{b_{ox}}\right) \qquad (4.191)$$

$$-D_{mt}\frac{\partial^2 c_{mt}}{\partial x^2} = -\frac{2i_{mt}}{6F}\left(\frac{c_{mt}}{c_{mt}^{h0}}\right)\sinh\left(\frac{\eta_{mt}}{b_{mt}}\right) \qquad (4.192)$$

$$j = -\sigma_p\frac{\partial \eta_{ox}}{\partial x} \qquad (4.193)$$

在这一部分中，氧气和甲醇变量可以分别表示为 ox 和 mt。i_{ox}、i_{mt} 分别是 ORR 和 MOR 的体积交换电流密度；c_{ox} 和 c_{ox}^{h0} 分别代表局部和参考氧浓度，c_{mt} 和 c_{mt}^{h0} 分别代表局部和参考甲醇浓度；η_{ox}、η_{mt} 代表 ORR 和 MOR 的极化过电位；b_{ox}、b_{mt} 分别代表 ORR 和 MOR 的塔菲尔斜率，D_{ox}、D_{mt} 分别代表氧气和甲醇的扩散系数。

式（4.190）描述了电流的变化关系：质子流在 ORR 处消耗（右侧第一项），在 MOR（第二项）处产生。式（4.191）和式（4.192）分别给出了氧气和甲醇的质量。式（4.193）是欧姆定律，将质子电流密度和 ORR 过电位梯度相关联。由于 $\nabla\eta_{ox} = -\nabla\eta_{mt}$，因此这些梯度可以用于式（4.195）。

为了简化计算，变量的无因次形式可以表达为：

$$\tilde{x} = \frac{x}{l_{CL}}, \quad \tilde{c}_{ox} = \frac{c_{ox}}{c_{ox}^{h0}}, \quad \tilde{c}_{mt} = \frac{c_{mt}}{c_{mt}^{h0}}, \quad \tilde{j} = \frac{jl_{CL}}{\sigma_p b_{ox}}, \quad \tilde{\eta} = \frac{\eta}{b_{ox}} \qquad (4.194)$$

将式（4.193）代入式（4.190），式（4.190）～式（4.192）可以变形为：

$$-\varepsilon^2\frac{\partial^2 \tilde{\eta}_{ox}}{\partial \tilde{x}^2} = -\tilde{c}_{ox}\sinh(\tilde{\eta}_{ox}) + r_*\tilde{c}_{mt}\sinh(\tilde{\eta}_{mt}/p) \qquad (4.195)$$

$$-\varepsilon^2\widetilde{D}_{ox}\frac{\partial^2 \tilde{c}_{ox}}{\partial \tilde{x}^2} = -\tilde{c}_{ox}\sinh(\tilde{\eta}_{ox}) \qquad (4.196)$$

$$-\varepsilon^2\widetilde{D}_{mt}\frac{\partial^2 \tilde{c}_{mt}}{\partial \tilde{x}^2} = -r_*\tilde{c}_{mt}\sinh(\tilde{\eta}_{mt}/p) \qquad (4.197)$$

其中：

$$\varepsilon = \sqrt{\frac{\sigma_p b_{ox}}{2i_{ox}l_{CL}^2}}, \quad r_* = \frac{i_{mt}}{i_{ox}}, \quad p = \frac{b_{mt}}{b_{ox}},$$

$$\widetilde{D}_{ox} = \frac{4FD_{ox}c_{ox}^{h0}}{\sigma_p b_{ox}}, \quad \widetilde{D}_{mt} = \frac{6FD_{mt}c_{mt}^{h0}}{\sigma_p b_{ox}} \tag{4.198}$$

这些都是无因次参数和扩散系数。

通过定义，ORR 和 MOR 的过电位可以表示为：

$$\eta_{ox}' = \phi - \Phi - E_{ox}^{eq}$$

$$\eta_{mt} = \phi - \Phi - E_{mt}^{eq}$$

式中，ϕ 是碳相电势；Φ 是膜相电势；E_{ox}^{eq} 和 E_{mt}^{eq} 分别是 ORR 和 MOR 平衡电极电势（如表 4.1 所示）。

表 4.1 计算 DMFC 涉及的运算参数

1. 参考氧模尔浓度 $c_{ox}^{h0}/mol \cdot cm^{-3}$	7.36×10^{-6}
2. 参考甲醇模尔浓度 $c_{mt}^{h0}/mol \cdot cm^{-3}$	10^{-3} （1M）
3. 甲醇扩散系数 $D_{mt}/cm^2 \cdot s^{-1}$	10^{-5}
4. CCL 中氧扩散系数 $D_{ox}/cm^2 \cdot s^{-1}$	10^{-3}
5. GDL 中氧扩散系数 $D_b^c/cm^2 \cdot s^{-1}$	10^{-2}
6. GDL 氧传输极限电流密度 $j_{lim}^{c0}/A \cdot cm^{-2}$	1.42
7. ABL 中甲醇传输的极限电流密度 $j_{lim}^a/A \cdot cm^{-2}$	0.579
8. 交叉参数 β_*	$0.0 \sim 0.5$
9. 催化层厚度 l_{CL}/cm	0.01
10. 背层厚度 l_b/cm	0.02
11. 催化层质子传导率 $\sigma_p/\Omega^{-1} \cdot cm^{-1}$	0.001
12. ORR Tafel 斜率 b_{ox}/V	0.05
13. MOR Tafel 斜率 b_{mt}/V	0.05
14. ORR 交换电流密度 $i_{ox}/A \cdot cm^{-2}$	0.1
15. MRR 交换电流密度 $i_{mt}/A \cdot cm^{-2}$	0.1
16. ORR 平衡电势 E_{ox}^{eq}/V	1.23
17. MOR 平衡电势 E_{mt}^{eq}/V	0.028
18. 参考电流密度 $j_{ref} = \sigma_p b/l_{CL}/A \cdot cm^{-2}$	0.005
19. 参数 ε	1.58
20. CCL 中无因次氧扩散率 $\widetilde{D}_{ox}$	56.82
21. ABL 和 CCL 中无因次甲醇扩散率 $\widetilde{D}_{mt}$	115.8

将上述等式相减且给出正值：

$$\eta_{ox} = -\eta_{ox}' \geqslant 0$$

无因次形式表示为：

$$\widetilde{\eta}_{mt} = \widetilde{E}_{ox}^{eq} - \widetilde{E}_{mt}^{eq} - \widetilde{\eta}_{ox} \tag{4.199}$$

注意，式（4.195）～式（4.197）分别代表 $\widetilde{\eta}_{ox} > 0$ 和 $\widetilde{\eta}_{mt} > 0$ 条件下的等式。在这样的

约定下，正值 $\tilde{\eta}_{ox}$ 就代表系统中总的电势降。和前面的表述一样，星号 0 和 1 分别代表膜/CCL 和 CCL/GDL 两个界面处的值，0 同时也意味着通道入口的参数值。

（3）边界条件

式（4.195）边界条件为膜界面电势损失 $\tilde{\eta}_{ox,0}$ 和 CCL/GDL 界面处零质子电流：

$$\tilde{\eta}_{ox}(0) = \tilde{\eta}_{ox,0}, \qquad \frac{\partial \tilde{\eta}_{ox}}{\partial \tilde{x}}\bigg|_1 = 0 \tag{4.200}$$

式（4.196）的边界条件包括在膜附近氧气通量为零以及在 CCL/GDL 界面处氧气浓度值为定值 $c_{ox,1}$：

$$\frac{\partial \tilde{c}_{ox}}{\partial \tilde{x}}\bigg|_0 = 0, \qquad \tilde{c}_{ox}(1) = \tilde{c}_{ox,1} \tag{4.201}$$

注意，$c_{ox,1}$ 由 GDL 处的氧气扩散决定。

式（4.197）的边界条件是：

$$-\tilde{D}_{mt}\frac{\partial \tilde{c}_{mt}}{\partial \tilde{x}}\bigg|_0 = \tilde{j}_{cross,0}, \qquad \tilde{c}_{mt}(1) = 0 \tag{4.202}$$

第一种情况：甲醇扩散通量和截面处的电流密度值 $\tilde{j}_{cross,0}$ 相等。式（4.202）的第二种情况假设所有的甲醇分子在 CCL 中都发生转化。

对于 1 摩尔甲醇分子浓度来说，膜附近的甲醇电渗通量比扩散通量小得多。在电池中交联引起的电流满足如下等式（Kulikovsky，2002 年）：

$$\tilde{j}_{cross,0} = \beta_* (\tilde{j}_{lim}^a - \tilde{j}_0) \tag{4.203}$$

其中：

$$j_{lim}^a = \frac{6FD_b^a c_{mt}}{l_b^a} \tag{4.204}$$

j_{lim}^a 是在厚度 l_b^a 的阳极过渡层中，甲醇扩散引起的极限电流密度值。D_b^a 是阳极过渡层甲醇的扩散系数。注意，$j_{cross,0}$［式（4.203）］随着槽电流 j_0 的增加线性降低，这个关系式已经通过多个实验得到验证（比如 Ren，2002 年）。

交联参数 $0 \leqslant \beta_* \leqslant 1$ 的表达式为（Kulikovsky，2002 年）：

$$\beta_* = \frac{\beta_{cross}}{1 + \beta_{cross}} \tag{4.205}$$

其中：

$$\beta_{cross} = \frac{D_{mt}^m l_b^a}{D_b^a l_m} \tag{4.206}$$

β_{cross} 是甲醇在膜和 ABL 中的传质系数比。其中，D_{mt}^m 是甲醇在厚度为 l_m 的膜中的扩散系数。注意不要将 β_* 和膜中甲醇的阻力系数混淆。

由于 GDL 中氧气扩散的线性方程的存在，CCL/GDL 界面处的氧气浓度 $\tilde{c}_{ox,1}$ 与通道处的氧气浓度 $\tilde{c}_{ox}^h$ 满足关系式：

$$\tilde{c}_{ox,1} = \tilde{c}_{ox}^h - \frac{\tilde{j}_0 + \tilde{j}_{cross,0}}{\tilde{j}_{lim}^{c0}} \tag{4.207}$$

其中：

$$j_{lim}^{c0} = \frac{4FD_b^c c_{ox}^{h0}}{l_b^c} \tag{4.208}$$

j_{lim}^{c0} 是氧气入口处由于氧气在 GDL 中的扩散引起的极限电流密度。典型的 DMFC 在高氧气通量速率下工作,在式 (4.207) 中, $\tilde{c}_{\mathrm{ox}}^{h}=1$。这个结果用于解式 (4.201)。

(4) 守恒定律

对式 (4.195) ~式 (4.197) 进行了初步积分。将式 (4.195) 右侧的项用式 (4.196) 和式 (4.197) 中左侧项代替,且通过积分得到方程:

$$\tilde{j} + \widetilde{D}_{\mathrm{ox}}\frac{\partial \tilde{c}_{\mathrm{ox}}}{\partial \tilde{x}} - \widetilde{D}_{\mathrm{mt}}\frac{\partial \tilde{c}_{\mathrm{mt}}}{\partial \tilde{x}} = \tilde{j}_0 + \tilde{j}_{\mathrm{cross},0} \qquad (4.209)$$

这个方程是表达了 CCL 中通量的关系。注意,式 (4.209) 右侧项不随 $\tilde{x}$ 的变化而变化。

对于式 (4.209) 给定参数 $\tilde{x}=1$, $\tilde{j}(1)=0$,假定阴极 GDL 处甲醇通量为零,则 $\dfrac{\widetilde{D}_{\mathrm{mt}}\partial \tilde{c}_{\mathrm{mt}}}{\partial \tilde{x}}\bigg|_{1}=0$ 成立(CCL 处甲醇完全发生氧化反应),就可以得到:

$$\tilde{j}_0 + \tilde{j}_{\mathrm{cross},0} = \widetilde{D}_{\mathrm{ox}}\frac{\partial \tilde{c}_{\mathrm{ox}}}{\partial \tilde{x}}\bigg|_{1} \qquad (4.210)$$

这个方程表明,GDL 处总氧气通量等于用于氧化反应的电流密度和由于交联产生的电流密度之和。

式 (4.209) 可以进一步进行积分。用 $-\partial \tilde{\eta}_{\mathrm{ox}}/\partial \tilde{x}$,代替 $\tilde{j}$ 就可以得到:

$$\widetilde{D}_{\mathrm{ox}}\frac{\partial \tilde{c}_{\mathrm{ox}}}{\partial \tilde{x}} - \widetilde{D}_{\mathrm{mt}}\frac{\partial \tilde{c}_{\mathrm{mt}}}{\partial \tilde{x}} - \frac{\partial \tilde{\eta}_{\mathrm{ox}}}{\partial \tilde{x}} = \tilde{j}_0 + \tilde{j}_{\mathrm{cross},0}$$

对这个方程从 $\tilde{x}$ 到 1 积分得到:

$$\widetilde{D}_{\mathrm{ox}}(\tilde{c}_{\mathrm{ox},1} - \tilde{c}_{\mathrm{ox}}) + \widetilde{D}_{\mathrm{mt}}\tilde{c}_{\mathrm{mt}} + (\tilde{\eta}_{\mathrm{ox}} - \tilde{\eta}_{\mathrm{ox},1}) = (\tilde{j}_0 + \tilde{j}_{\mathrm{cross},0})(1-\tilde{x}) \qquad (4.211)$$

这个方程描述了守恒定律,将局部氧气浓度 $\tilde{c}_{\mathrm{ox}}$ 与 $\tilde{c}_{\mathrm{mt}}$ 和局部过电位联系起来。设置式 (4.211) 中 $\tilde{x}=0$,可以得到:

$$\widetilde{D}_{\mathrm{ox}}(\tilde{c}_{\mathrm{ox},1} - \tilde{c}_{\mathrm{ox},0}) + \widetilde{D}_{\mathrm{mt}}\tilde{c}_{\mathrm{mt},0} + \tilde{\eta}_{\mathrm{ox},0} - \tilde{\eta}_{\mathrm{ox},1} = \tilde{j}_0 + \tilde{j}_{\mathrm{cross},0} \qquad (4.212)$$

这个方程只满足 CCL 中的质量守恒,且不随 ORR 和 MOR 反应机理的变化而变化。

如果电流足够大,在膜界面处氧气的浓度接近零。在式 (4.214) 中,给定参数 $c_{\mathrm{ox},0}=0$ 且 $\widetilde{D}_{\mathrm{ox}}\tilde{c}_{\mathrm{ox},1} \geqslant \widetilde{D}_{\mathrm{mt}}\tilde{c}_{\mathrm{mt},0}$,得到等式:

$$\widetilde{D}_{\mathrm{ox}}\tilde{c}_{\mathrm{ox},1} + \tilde{\eta}_{\mathrm{ox},0} - \tilde{\eta}_{\mathrm{ox},1} = \tilde{j}_0 + \tilde{j}_{\mathrm{cross},0} \qquad (4.213)$$

式 (4.213) 给出了在大电流条件下 CCL 的极化曲线。

(5) 极化曲线和 x 的变化

式 (4.195) ~式 (4.197) 在边界条件式 (4.200)、式 (4.201)、式 (4.202)、式 (4.207) 处通过 Maple 软件给出了方程的数值解。表 4.1 给出了计算出的参数值。注意,边界条件式 (4.200)、式 (4.202) 包含电池电流密度 $\tilde{j}_0$ 和电势损失 $\tilde{\eta}_{\mathrm{ox},0}$。虽然这些参数值都与极化曲线有关,但是参数 a 并不知道。因此,在给定参数 $\tilde{j}_0$ 的条件下,要通过迭代方法计算 $\tilde{\eta}_{\mathrm{ox},0}$ 值。

图 4.24 给出了参数 β_* 在 0~0.5 之间的 CCL 的极化曲线。注意,图 4.24 (a) 给出了根据等式 $E_{\mathrm{cath}} = E_{\mathrm{ox}}^{\mathrm{eq}} - \eta_{\mathrm{ox},0}$ 计算得到的电极电势。甲醇的交联作用使得 OCP (图 4.24) 电极电势急剧下降 (300~600mV)。当 β_* 在 0~0.2 时,电流密度范围在 50~150mA·cm^{-2},此时极化曲线接近平坦直线 (见图 4.24)。对于 DMFC 来说,电流密度 $\tilde{j}_0$ 的增加

会降低交联电流密度 $\tilde{j}_{cross,0}$，因此总电流密度 $\tilde{j}_0 + \tilde{j}_{cross,0}$ 和电池电势并没有明显的改变。

当 β_* 在 $0 \sim 0.4$ 时，在高电流密度条件下，极化曲线急剧变化。比如，当 $\beta_* = 0.3$ 时（见图 4.24）。当电流密度达到临界电流密度 $\tilde{j}_0 = 130 \ mA \cdot cm^{-2}$ 时，电极电势变化非常缓慢，而当电流密度大于临界电流密度值时，电极电势降低速度非常快。注意，在超临界状态区域，极化曲线随着电流密度变化成线性变化。

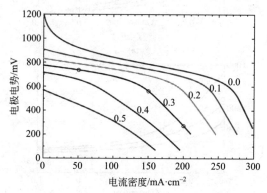

图 4.24 交叉参数 β_* 下 DMFC 阴极极化曲线。参数如表 4.1 所示，
图 4.25、图 4.26 中局部参数对应 $\beta_* = 0.3$ 时曲线的点（开路）

为了理解这些参数的变化规律，研究了不同电流密度条件下的参数随 x 的变化关系曲线。当 $\beta_* = 0.3$ 且 $j_0 = 50 mA \cdot cm^{-2}$、$150 mA \cdot cm^{-2}$、$200 mA \cdot cm^{-2}$ 时的参数随 x 的变化曲线如图 4.25 所示。除此以外，图 4.26 给出了 ORR 和 MOR 在相同电流密度条件下的反应速率。为了更好地理解这些曲线的关系，式（4.199）给出了 ORR 和 MOR 过电位的关系式，将等式变形得到：

$$\eta_{mt} = \delta E^{eq} - \eta_{ox} \approx 1.18 - \eta_{ox} \tag{4.214}$$

其中，$\delta E^{eq} = E_{ox}^{eq} - E_{mt}^{eq} = 1.18 \ V$ 是一个恒定值。

当电流密度较小（$50 \ mA \cdot cm^{-2}$）时，在膜附近，ORR 的过电位 η_{ox} 值很小 [见图 4.25（b）]，根据式（4.214）可以得出 MOR 的过电位值很大。在靠近膜附近的小区域内（$\tilde{x} < 0.05$），MOR 的反应速率远远超过了 ORR 的反应速率 [见图 4.26（a）]。且甲醇的交联通量快速转化成为了质子电流，引起反应区域内质子电流密度的增加 [见图 4.25（a）]。质子流到达 ORR 反应区域内（$\tilde{x} > 0.05$），作为阴极进行反应 [图 4.26（a）]。换句话说，膜界面处的小区域可以作为一个虚拟阳极，与阴极催化层构成一个完整的短路电池。

当电流密度较大（$150 \sim 200 mA \cdot cm^{-2}$）时，在靠近膜处，ORR 的过电位增加且 MOR 的过电位降低 [见图 4.25（b）]。随着电池电流密度的增加，ORR 和 MOR 反应速率的最大值从膜向 GDL 处转移 [图 4.26（b）、图 4.26（c）]。这些峰位置会发生重叠，因此虚拟阳极消失。换句话说，MOR 生成的每一个质子都被水分子接收进行 ORR 反应 [如图 4.25（a）所示]。

随着电流密度的增加，交联电流密度降低 [式（4.203）]。但是，由于 CCL 中甲醇的转化速率较低，膜界面处的甲醇浓度增加。这两种现象互相矛盾：随着 j_0 的增加，甲醇的通量降低，但是由于 CCL 处甲醇的浓度增加，甲醇在反应层中的渗透深度增加 [见图 4.25（c）]。

当 $j_0 \geqslant 150 \ mA \cdot cm^{-2}$ 时，在膜界面处氧气的浓度非常低 [见图 4.25（c）]。在临界

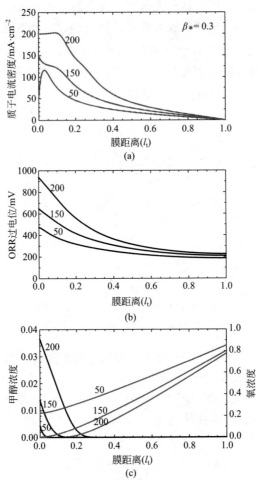

图 4.25　特定电流密度（mA·cm^{-2}）下局部参数在 CCL 中的变化情况。氧气和甲醇浓度为入口值
[公式（4.194）]。交叉参数 $\beta_* = 0.3$，其他参数见表 4.1。图中分别为（a）质子电流密度，
（b）ORR 过电位，（c）甲醇浓度穿过平面时的形状

电流密度之上，随着 j_0 的增加，电极电势呈现出迅速线性下降的趋势（见图 4.24）。

（6）CCL 中较大电阻率

这一部分给出了在超临界区域中 CCL 的近似极化曲线。在这个区域内，$\tilde{c}_{ox,0} = 0$，因此极化曲线满足式（4.213），对式进行变形得到：

$$\tilde{\eta}_{ox,0} = \tilde{\eta}_{ox,1} + \tilde{j}_0 + \tilde{j}_{cross,0} - \widetilde{D}_{ox}\tilde{c}_{ox,1} \tag{4.215}$$

变量 $\tilde{\eta}_{ox,1}$、$\tilde{c}_{ox,1}$ 随着 j_0 的变化很小。将式（4.215）对 $\tilde{j}_0$ 微分且忽略参数 $\partial\tilde{\eta}_{ox,1}/\partial\tilde{j}_0$ 和 $\widetilde{D}_{ox}\partial\tilde{c}_{ox,1}/\partial\tilde{j}_0$，就得到了 CCL 中大电流密度下的电阻率（如图 4.24 中大电流密度直线区域的斜率所示）。

$$\widetilde{R}_{CCL} = \frac{\partial\tilde{\eta}_{ox,0}}{\partial\tilde{j}_0} \approx 1 - \beta_* \tag{4.216}$$

无因次形式可以表示为：

$$R_{CCL} \approx \frac{l_{CL}(1-\beta_*)}{\sigma_p} \tag{4.217}$$

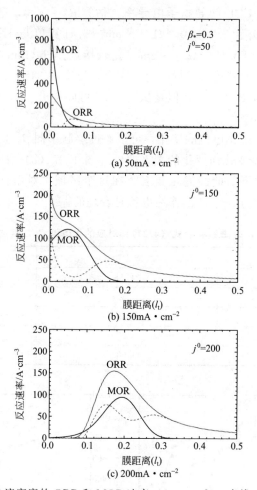

图 4.26　实线：特定电流密度的 ORR 和 MOR 速率（A·cm^{-3}）。虚线：PRR 和 MOR 速率差

表 4.2 给出了通过图 4.24 拟合得到的电阻率和通过式（4.217）计算得出的电阻率，可以发现，二者结果非常一致。

式（4.217）中给出的电阻率 R_{ccl} 与 CCL 中质子的电阻率 $l_{CL}/3\sigma_p$ 成正比关系。图 4.26 给出了正比关系的原因：在高电流密度条件下，ORR 最大反应速率出现在远离隔膜的地方，这就意味着质子需要扩散到 CCL 内部深处才能够进行反应［图 4.26（c）］。除此以外需要注意，过电位 η_{ox} 较高并不是由于 ORR 自身反应造成的。在这种条件下，质子转移成为决速步骤，也就是说电化学反应速率远远高于质子转移速率。并且，由于 MOR 能够在原位产生质子，不需要从隔膜处转移，甲醇的交联作用降低了电阻率。

在大电流密度下，Argyropoulos（2002 年）测量发现 DMFC 的极化曲线呈现线性关系。图 4.27（a）给出了大电流密度范围内不同测试温度条件下的实验结果（点图）以及拟合得到的曲线。表 4.3 列出了由图 4.27（a）拟合得到的直线斜率。可以发现，三条曲线在高电流密度下的电阻率都在 36～38Ω·cm^2。348.15K 测试条件下极化曲线的电阻率稍大（大概是 51Ω·cm^2），可能是由于甲醇扩散到阳极引起的。343.15K 的曲线拟合失败，在高电流区域内不呈现直线变化（可能是相同原因）。

Argyropoulos 等人（2002 年）给出了 CCL 的厚度（$l_{CL}=0.03$cm）。通过表 4.3 和式

（4.217），我们可以估算 CCL 侧的离子电导率。估算 $\beta_* = 0.3$，电池电阻率为 $37\Omega \cdot cm^2$（表 4.3），可以计算出 $\sigma_p = 5.7 \times 10^{-4} \Omega^{-1} \cdot cm^{-1}$。计算值与 Havranek 和 Wippermann（2004 年）的测量值 $\sigma_p = 1 \times 10^{-3} \Omega^{-1} \cdot cm^{-1}$ 比较接近。Havranek 和 Wippermann（2004年）用含有 10% Nafion 的催化层进行测量。注意，温度在 $348 \sim 363K$ 范围内 Nafion 的电导率变化为 15%（Silva，2004 年），但是从图 4.27 可以看出，Nafion 电导率的变化对极化曲线斜率的变化影响很小。

为了理解线性曲线 onset 电位的变化，可以通过绘制不同 β_* 条件下电极电势随总有效电流密度和交联电流密度变化而变化的关系曲线［图 4.27（b）］。从图中可以看出，在低电流区域，不同 β_* 条件下的曲线完全重合。在这个区域，对于标准的 DMFC 阴极来说，在塔菲尔方程中将总电流 $j_0 + j_{corss,0}$ 作为电流是合理的。

表 4.2　图 4.24 曲线和公式（4.217）对应的大电流 CCL 阻抗（$\Omega \cdot cm^2$）

β_*	图 4.24	公式（4.217）
0.0	12.38	10.0
0.1	10.25	9.0
0.2	8.12	8.0
0.3	6.27	7.0
0.4	5.03	6.0

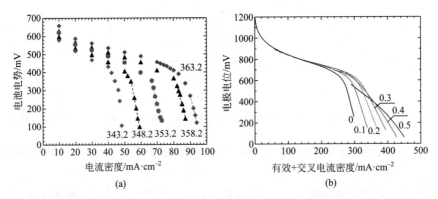

图 4.27　点状线：特定温度下 DMFC 极化曲线（选自 Argyropoulos 等，2002）。点线图：公式（4.213）线性拟合。直线的斜率（CCL 电阻率）见表 4.3。（b）特定参数 β_* 下计算的电极极化曲线与有效交叉电流密度 $j_0 + j_{cross}$ 图

表 4.3　图 4.27（a）曲线对应的大电流 CCL 阻抗　　单位：$\Omega \cdot cm^2$

温度/K	大电流电池阻抗/$\Omega \cdot cm^2$ 对应图 4.27（a）
348.15	51.44
353.15	37.83
358.15	37.12
363.15	36.31

在图 4.27（b）中，当电流密度 $j_0 + j_{corss,0} = 342mA \cdot cm^{-2}$，对于不同 β_* 值，线性区域的 onset 电位值都相同。这个值接近氧气扩散电流密度 j_D。表 4.1 给出了 $j_D = 4FD_{ox}c_{ox}^h/$

$l_{CL}=300mA \cdot cm^{-2}$，$c_{ox,1}=c_{ox}^h=7.6×10^{-6} mol \cdot cm^{-3}$。因此，在线性区域内的临界电流密度由以下方程决定：

$$j_{crit}^0 + \beta_* (j_{lim}^a - j_{crit}^0) = \frac{4FD_{ox}c_{ox,1}}{l_{CL}} \tag{4.218}$$

换句话说，高电流密度线性变化区域内的 onset 电位由氧气在 CCL 中的扩散决定，而同一区域内的极化曲线由甲醇和质子的扩散决定。

一般来说，电池的电流密度也可以由甲醇或者氧气通过过渡层的扩散决定。式（4.204）和式（4.208）可以计算极限电流密度。在高电流密度区域为了使电池的极化曲线呈现线性关系，其他电流极限必须消失。假如说，由于甲醇在过渡层扩散引起的电流密度接近 j_{crit} 值，线性关系就不可能存在，极化曲线也不会呈现线性递减的趋势［这种情况在较低温度下可能会发生，见图 4.27（a）］。

电阻率的衰减限制了电流密度的变化。下式给出了电阻率与电流密度的关系：

$$E_{cell}(j_{crit}^0) - R_{CCL}(j_{lim}^R - j_{crit}^0) = 0 \tag{4.219}$$

其中，式（4.218）给出了 j_{crit}^0 值，式（4.217）给出了 R_{CCL} 的值。当 j_{limt}^a，j_{limt}^c 和 j_{limt}^R 值最小时，电流密度就会达到极限值。

（7）DMFC 三电极

以上给出的模型是有实际意义的。甲醇的交联反应会改变 CCL 的工作区域：在电流密度范围内，在 CCL 内部会形成一个虚拟阳极。由于 MOR 反应速率很快，虚拟阳极会被 MOR 的反应产物毒化。尽管模型中已经定性考虑了毒化的影响，但是还需要进一步的研究。DMFC 的 CCL 一般都使用纯 Pt 催化剂，MOR 产物造成虚拟阳极的毒化作用，降低了 MOR 的反应速率。这就意味着毒化作用会增加 VA 的厚度，这时候就需要更多的催化剂来完成甲醇的转化反应。因此，可以设计两层阴极，其中 VA 由抗毒化能力较强的 Pt/Ru 催化剂构成，这样就可以解决上述问题。

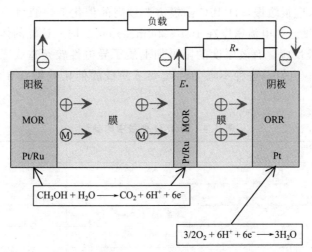

图 4.28 三电极 DMFC 模型示意图，+、-、M 分别代表质子、电子和甲醇分子。辅助电极 E_* 的碳相通过小电阻 R_* 与阴极相连，提高了 E_* 中甲醇氧化反应速率

一种更极端的方法就是在 VA 和 CCL 之间加上一个隔膜，使 VA 与 CCL 完全隔离（Kulikovsky，2012 年）。图 4.28 给出了三电极 DMFC 模型。与传统的 DMFC 模型相比，

电池额外添加了一个电极 E_*。阳极由电解质 Nafion 和碳载 Pt/Ru 催化剂构成。需要强调的是，这里用电阻率 R_* 很低的碳电极 E_*（电子导体）与阴极相连。

电极 E_* 作为第二个阳极存在，主要将隔膜中的甲醇转化成有用的电流。因此，如果 R_* 很小，E_* 的电极电势就和阴极的电极电势相同，在 E_* 电极处的电解质电势和阳极电势差别不大。基于这两个条件，在 E_* 电极上 MOR 反应的过电位将会很大，辅助电极能够充分将甲醇转化为离子流和电子流。并且，由于 E_* 的存在，甲醇不可能扩散到阴极，因此 ORR 电极就不会被 MOR 反应产物毒化。

理想状况下，辅助电极和阴极之间的电势降可以用于隔膜处甲醇的完全转化。电压降可以通过接入不同的电阻器进行控制。因此，对于给定的电流密度，可以通过选择不同的电阻器得到最高的电势。注意，电阻器也可以作为有效负载，通过电阻器的电流也不会浪费。

系统中第三个电极的成本随着质子从阳极转移到阴极的电阻率提高而增加。但是，由于 MOR 反应有较高过电位，E_* 的厚度比阳极薄很多。并且，在 E_* 和阴极之间的隔膜也很薄，因此在隔膜之间不会出现甲醇的交联作用。总之，由于 E_* 电极的出现完全阻止了甲醇的交联作用，同时将交联电流转化成有用的电流，这样的效果完全超过了 MEA 由于电阻率降低造成的影响。

4.10.2 DMFC 的阳极催化层

（1）序言

甲醇氧化反应动力学的实验研究包括很多工作，其中研究最多的就是在完全结晶催化剂和液体电解质接触界面处 MOR 的反应过程（Bagotzky 和 Vasilyev，1967 年；Gasteiger 等人，1993 年；Lamy 和 Leger，1991 年；Tarasevich 等人，1983 年）。

在电化学测试中，一直尝试通过消除物质转移而避免其对电化学动力学的影响。但是，由于 MOR 动力学反应很缓慢，DMFC 阳极需要较高的催化剂担载量，因此阳极一般都达到 $50\sim100\mu m$ 的厚度。当电流密度在 $100\sim300 mA \cdot cm^{-2}$ 时，这样的体系能够阻止质子转移，强烈影响了阳极反应。有效厚度的阳极加上质子导电性较差造成了在阳极上 MOR 过电位和反应速率极不均匀。这种不均匀性改变了阳极的催化效果且导致了电极的不均匀腐蚀。

表 4.4 图 4.31 曲线中的参数

项目	70℃	50℃
b_{mt}/V	0.06	
l_b^a/cm	0.02	
l_{CL}/cm	0.0014	
$\sigma_p/\Omega^{-1} \cdot cm^{-1}$	0.003	
$D_b^a/cm^2 \cdot s^{-1}$	0.008	
η_*/V	0.11	
$j_{ref}/A \cdot cm^{-2}$	0.129	
$i_{mt}/A \cdot cm^{-3}$	1.0	0.2
ε	11.98	15.15

项目	70℃	50℃
$\tilde{i}_{ads}\equiv i_{ads}/i_{mt}$		
0.1mol/L	500	1120
0.5mol/L	800	1500
1.0mol/L	1100	1900
2.0mol/L	1600	2400

注：1. ACL 厚度薄时，$\varepsilon\approx10$，$100\mu m$ 厚 ACL 时，该参数为单位单元。

2. 质子传导 σ_p 取自 Havranek, A., and wippermann, K. 2004, J. Electroanal, chem. 567, 305-315.

阳极质子转移的损失可以忽略不计，根据不等式 $j_0<\sigma_p b_{mt}/l_{CL}$ 可以计算出电池的工作电流范围，其中是 σ_p 质子传导率；b_{mt} 是塔菲尔斜率；l_{CL} 是厚度。表 4.4 给出了 σ_p 和 b_{mt} 的值，当其为 0.01cm（$100\mu m$ ACL）时可以计算出 $j_0<18mA\cdot cm^{-2}$。因此，当电池在 $100mA\cdot cm^{-2}$ 条件下工作时，ACL 中质子的转移会严重影响阳极的催化活性。

已经有很多人对多孔 DMFC 阳极中的 MOR 反应机理进行了数值模拟，假定在阳极上 MOR 的过电位均匀分布（Krewer 等人，2006 年；Meyers 和 Newman，2002 年 以及其参考文献）。很显然，对于电极上 MOR 反应动力学在时间和空间上的分布计算是非常耗时的。除此之外，这些计算还要包含一些不知名的速率常数。

当然大家最关心的是电池中极限扩散电流的本质。一般来说，DMFC 在高含量氧气和低含量甲醇（小于 2mol/L）的条件下发生反应，因此燃料电池的极限扩散电流密度由阳极决定（Baldaus 和 Preidel，2001 年；Scott 等人，1999 年；Xu 等人，2006 年）。Scott 等人（1999 年）报道称极限电流密度和甲醇的含量成正比关系。Xu 等人（2006 年）详细研究了甲醇含量对极限电流密度的影响，并且分析了这种现象对阳极侧物质传质阻力的影响。他们的实验结果显示，极限电流密度和甲醇的浓度成正比，且正比关系主要是由于 ABL 中甲醇的扩散引起的。接下来，将讨论 MOR 动力学对极限电流密度的影响。

在燃料电池堆叠模型和电动车设计中，对于阳极极化曲线的分析是非常有必要的工作。很多工作都采用塔菲尔定律来评价电极的 MOR 催化性能（Argyropoulos 等人，2002 年；Baxter 等人，1999 年；Casalegno 和 Marchesi，2008 年；Cho 等人，2009 年；Dohle 等人，2000 年；Lam 等人，2011 年；Miao 等人，2008 年；Murgia 等人，2003 年；Yang 和 Zhao，2007 年；Zhao 等人，2009 年）。这些工作都反映出一个问题，那就是需要一种简单的方式表达阳极过电位。但是用于描述 DMFC 阳极的塔菲尔定律却存在一些问题。这一定律既不满足势能随甲醇吸附能力变化而变化的条件，也不满足将质子的有限传质速率考虑在内的条件，所以并不合理。

Jiang 和 Kucernak（2005 年）通过实验研究了在多孔电极上 Pt/Nafion 界面处的 MOR 反应。研究发现，在界面处首先甲醇在 Pt 表面发生缓慢的电化学吸附反应，然后快速发生电化学反应：

$$CH_3OH \xrightarrow{缓慢} (CH_3OH)_{ads} \tag{4.220}$$

$$(CH_3OH)_{ads} \xrightarrow{快速} (CH_2OH)_{ads} + H^+ + e^- \tag{4.221}$$

因此，甲醇的电化学吸附速率由与势能无关的化学吸附作用决定［式（4.220）］。猜测 DMFC 阳极发生的 MOR 反应动力学机理是一个两步反应过程：

$$CH_3OH \longrightarrow (CH_3OH)_{ads} \tag{4.222}$$

$$(CH_3OH)_{ads} + H_2O \longrightarrow CO_2 + 6H^+ + 6e^- \tag{4.223}$$

其中，式（4.223）包含所有的电化学步骤。

在这一部分，建立了一个一维的全平面 DMFC 阳极模型（Kulikovsky，2013 年）。这一模型考虑了 ACL 中质子有限传质速率，MOR 的两步动力学反应［式（4.222）、式（4.223）］以及由 ABL 中甲醇的传质引起的势能损耗。

（2）基本方程

x 轴方向是从隔膜指向 ABL（见图 4.29）。假定甲醇在催化层的传质速度很快，甲醇传质过程的损失主要是在 ABL 中。从物理意义上来说，由于甲醇的扩散速率和电化学反应速率一致，所以甲醇在 ACL 中的传质速度很快（Jeng Chen，2002 年）。

下面给出了阳极催化活性的方程组：

$$\frac{\partial j}{\partial x} = -R_{MOR} \tag{4.224}$$

$$R_{MOR} = \frac{i_{mt}\exp(\eta/b_{mt})}{1 + i_{mt}\exp(\eta/b_{mt})/(i_{ads}c_{mt}/c_{mt}^{ref})} \tag{4.225}$$

$$j = -\sigma_p \frac{\partial \eta}{\partial x} \tag{4.226}$$

式中，η 是 MOR 过电位；i_{ads} 是甲醇分子吸附在催化剂表面的吸附速率（A·cm^{-3}），其他符号在"基本方程"中已经介绍过。

式（4.264）给出了质子的守恒方程。式右边是式（4.225）给出的在 ACL 处质子的产生速率，式（4.225）是通过式（4.222）和式（4.223）得到的。

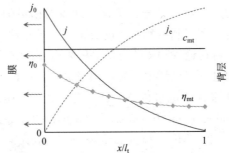

图 4.29　阳极催化层示意图。质子电流密度 j 和 MOR 过电位 η 沿靠近膜方向增加，
电子电流密度 j_e 沿反方向增加。假定甲醇浓度 c_{mt} 沿 x 轴方向不变（尽管 c_{mt} 取决于电池电流）

式（4.225）考虑了在低过电位条件下甲醇的浓度和吸附步骤［式（4.222）］。在 η 较低时，$i_{mt}/i_{ads} \leqslant 1$，式（4.225）中分子的第二项就远远小于 1，式就可以简化成 $R_{MOR} = i_{mt}\exp(\eta/b_{mt})$，也就是塔菲尔定律的零阶关系式。当 η 值很大时，式中的 1 可以忽略，就简化为：

$$R_{MOR}^{lim} = i_{ads}c_{mt}/c_{mt}^{ref} \tag{4.227}$$

该式描述了 MOR 反应中的吸附速率极限值。在这个区域，电化学转化步骤很快，整个电化学过程中的决速步骤就是甲醇的电化学吸附过程。换句话说，在高过电位下，MOR 更像是一个化学反应而不是一个电化学反应。

为了简化计算，给出了相关参数的无因次形式：

$$\tilde{x}=\frac{x}{l_{\mathrm{CL}}}, \qquad \tilde{j}=\frac{j}{j_{\mathrm{ref}}}, \qquad \tilde{\eta}=\frac{\eta}{b_{\mathrm{mt}}}, \qquad \tilde{c}_{\mathrm{mt}}=\frac{c_{\mathrm{mt}}}{c_{\mathrm{mt}}^{\mathrm{ref}}} \tag{4.228}$$

其中：

$$j_{\mathrm{ref}}=\frac{\sigma_{\mathrm{p}} b_{\mathrm{mt}}}{l_{\mathrm{CL}}} \tag{4.229}$$

j_{ref} 是临界电流密度。将式（4.225）代入到式（4.224）中，且将式（4.228）给出的变量代入等式：

$$2\varepsilon^2 \frac{\partial \tilde{j}}{\partial \tilde{x}}=-\frac{\exp\tilde{\eta}}{1+\xi\exp\tilde{\eta}} \tag{4.230}$$

$$\tilde{j}=-\frac{\partial \tilde{\eta}}{\partial \tilde{x}} \tag{4.231}$$

其中：

$$\varepsilon=\sqrt{\frac{\sigma_{\mathrm{p}} b_{\mathrm{mt}}}{2i_{\mathrm{mt}} l_{\mathrm{CL}}^2}} \tag{4.232}$$

ε 是无因次形式的反应渗透深度，且有：

$$\xi=\frac{1}{\tilde{i}_{\mathrm{ads}}\tilde{c}_{\mathrm{mt}}}, \qquad \tilde{i}_{\mathrm{ads}}=\frac{i_{\mathrm{ads}}}{i_{\mathrm{mt}}} \tag{4.233}$$

也是无因次参数，其中 ξ 是甲醇脱吸附速率。

（3）初次积分和极化曲线

将式（4.231）和式（4.230）相乘：

$$\varepsilon^2 \frac{\partial(\tilde{j}^2)}{\partial \tilde{x}}=\frac{\exp\tilde{\eta}}{1+\xi\exp\tilde{\eta}}\left(\frac{\partial \tilde{\eta}}{\partial \tilde{x}}\right)=\frac{1}{\xi}\times\frac{\partial[\ln(1+\xi\exp\tilde{\eta})]}{\partial \tilde{x}} \tag{4.234}$$

再对等式积分，就得到一次积分结果：

$$\varepsilon^2 \xi\tilde{j}^2-\ln(1+\xi\exp\tilde{\eta})=\varepsilon^2 \xi\tilde{j}_0^2-\ln(1+\xi\exp\tilde{\eta}_0)$$
$$=-\ln(1+\xi\exp\tilde{\eta}_1) \tag{4.235}$$

其中，下标 0 和 1 分别代表 $\tilde{x}=0$ 和 $\tilde{x}=1$ 时的值。因此，$\varepsilon^2 \xi j^2-\ln(1+\xi\exp\eta)$ 值在 x 方向上是个恒定值。

通过式（4.237）可以给出 $\tilde{\eta}_0$ 的表达式：

$$\tilde{\eta}_0=\ln\left[\frac{(1+\xi\exp\tilde{\eta}_1)\exp(\varepsilon^2 \xi\tilde{j}_0^2)-1}{\xi}\right] \tag{4.236}$$

式（4.236）就是 ACL 的极化曲线；但是仍然存在一个未知参数 $\tilde{\eta}_1$。

用 $(\partial\tilde{\eta}/\partial\tilde{x})^2$ 代替式（4.235）中的 $\tilde{j}^2$，并对方程开方得到：

$$\varepsilon\sqrt{\xi}\,\frac{\partial \tilde{\eta}}{\partial \tilde{x}}=-\sqrt{\ln\left(\frac{1+\xi\exp\tilde{\eta}}{1+\xi\exp\tilde{\eta}_1}\right)} \tag{4.237}$$

这个方程有比较简单的解：

$$\tilde{x}=\varepsilon\sqrt{\xi}\int_{\tilde{\eta}}^{\tilde{\eta}_0}\left[\ln\left(\frac{1+\xi\exp\phi}{1+\xi\exp\tilde{\eta}_1}\right)\right]^{-1/2}\mathrm{d}\phi \tag{4.238}$$

当 $\tilde{x}=1$ 时，代入式可以得到边界 $\tilde{\eta}_1$ 的值和 $\tilde{\eta}_0$ 的关系式：

$$1=\varepsilon\sqrt{\xi}\int_{\tilde{\eta}_1}^{\tilde{\eta}_0}\left[\ln\left(\frac{1+\xi\exp\phi}{1+\xi\exp\tilde{\eta}_1}\right)\right]^{-1/2}\mathrm{d}\phi \tag{4.239}$$

将关系式代入式（4.236）可以消除 η_1，然后就可以得到很多相关参数随 $\tilde{x}$ 的变化关系以及极化曲线，接下来讨论这些关系。

（4）变化曲线

式（4.230）对 $\tilde{x}$ 微分：

$$2\varepsilon^2 \frac{\partial^2 \tilde{j}}{\partial \tilde{x}^2} = -\left[\frac{\exp\tilde{\eta}}{1 + \xi\exp\tilde{\eta}} - \xi\left(\frac{\exp\tilde{\eta}}{1 + \xi\exp\tilde{\eta}}\right)^2\right]\frac{\partial\tilde{\eta}}{\partial\tilde{x}}$$

将式（4.230）和式（4.231）代入，上面方程可以变形为：

$$\frac{\partial^2 \tilde{j}}{\partial \tilde{x}^2} + \tilde{j}\frac{\partial\tilde{j}}{\partial\tilde{x}} + 2\varepsilon^2\xi\tilde{j}\left(\frac{\partial\tilde{j}}{\partial\tilde{x}}\right)^2 = 0, \quad \tilde{j}(0) = \tilde{j}_0, \quad \tilde{j}(1) = 0 \tag{4.240}$$

方程中只包含质子电流密度。方程（4.240）的边界条件很明显。

方程（4.240）变形之后得到等式：

$$\frac{\partial^2 \tilde{j}}{\partial \tilde{x}^2} + \tilde{j}\frac{\partial\tilde{j}}{\partial\tilde{x}}\left(1 + 2\varepsilon^2\xi\frac{\partial\tilde{j}}{\partial\tilde{x}}\right) = 0 \tag{4.241}$$

在 DMFC 阳极，参数 $\varepsilon = 1 \sim 10$；但是参数 $\xi = 10^{-3}$ [这个参数是 Nordlund 和 Lindbergh（2004 年）给出的]。因此 $2\varepsilon^2\xi = 10^{-3} \sim 10^{-1}$，所以在式（4.241）中 $\varepsilon^2\xi$ 这一项可以忽略不计（"模型有效性"中将会讨论这样忽略的有效性）。

于是得到方程：

$$\frac{\partial^2 \tilde{j}}{\partial \tilde{x}^2} + \tilde{j}\frac{\partial\tilde{j}}{\partial\tilde{x}} = 0 \tag{4.242}$$

对方程进行积分：

$$\tilde{j} = \gamma\tan\left[\frac{\gamma}{2}(1 - \tilde{x})\right] \tag{4.243}$$

其中式（4.125）给出 γ 值。注意当 $\tilde{j}_0 \to 0$ 时，γ 也趋向于 0。

将式（4.125）给出的 $\gamma(j_0)$ 关系式代入式（4.243）之后，方程给出了在 ACL 厚度方向上质子电流密度的变化关系。将式（4.243）代入式（4.230），计算倒数得到 η 的关系式，这个关系式给出了在 ACL 深度方向上过电位的变化曲线：

$$\tilde{\eta}(\tilde{x}) = \ln\left[\frac{\varepsilon^2(\gamma^2 + \tilde{j}^2)}{1 - \varepsilon^2\xi(\gamma^2 + \tilde{j}^2)}\right] \tag{4.244}$$

式中，$\tilde{j}$ 由式（4.243）给出。

（5）ACL 极化曲线

在式（4.244）中，将 $\tilde{x} = 0$ 代入方程就得到了 ACL 的极化曲线。

$$\tilde{\eta}_0 = \ln[\varepsilon^2(\gamma^2 + \tilde{j}_0^2)] - \ln[1 - \varepsilon^2\xi(\gamma^2 + \tilde{j}_0^2)] \tag{4.245}$$

很明显，当第一个对数函数值趋向于 0 时，式（4.247）并不能给出当电流密度为 0 时的过电位值。

在 Butler-Volmer 类推方程中，可以通过将式（4.247）的第一个对数项用反余弦函数代替来解决这个问题。

$$\tilde{\eta}_0 = \text{arcsinh}\left[\frac{\varepsilon^2}{2}(\gamma^2 + \tilde{j}_0^2)\right] - \ln\left[1 - \frac{\varepsilon^2(\gamma^2 + \tilde{j}_0^2)}{\tilde{i}_{\text{ads}}\tilde{c}_{\text{mt}}}\right] \tag{4.246}$$

其中，式（4.125）给出了 $\gamma(\tilde{j}_0)$ 项，当 $\tilde{j}_0 = 0$ 时，式（4.246）仍然可以成立。

式（4.246）中的第一项与甲醇的脱附速率 ξ 没有关系，这意味着这一项给出了 MOR

电化学反应过程的活化能。注意，当 $\tilde{j}_0$ 值很大时，由于 ACL 质子传质速率很慢，这一项仍然展现了两倍的塔菲尔关系。因此，$\gamma \to \pi$，当 $\tilde{j}_0 \geqslant 1$ 时，γ 可以忽略不计，方程就只剩下活化能项：

$$\tilde{\eta}_0^{\text{act}} = 2\ln(\varepsilon\tilde{j}_0) \tag{4.247}$$

很显然是两倍的塔菲尔斜率关系。当过电位较小时，$\gamma \approx \sqrt{2\tilde{j}_0}$，$\tilde{j}_0^2$ 值很小，方程就简化成和浓度无关的等式：

$$\tilde{\eta}_0^{\text{act}} = \text{arcsinh}(\varepsilon^2\tilde{j}_0) \tag{4.248}$$

式（4.246）中具有传质对数关系的第二项代表甲醇分子扩散到催化剂表面所需要的过电位。尽管甲醇的吸附不需要过电位，但是 MOR 的电化学反应发生的前提是甲醇分子吸附在催化剂表面。式（4.246）的第二项代表传质过程中的电势损耗。

（6）半电池的极化曲线和极限扩散电流密度

阳极上甲醇的浓度 $\tilde{c}_{\text{mt}}$ 随电池电流密度的变化而变化。DMFC 中甲醇的扩散通量确定了 $\tilde{c}_{\text{mt}}$ 和反应通道处甲醇浓度 $\tilde{c}_{\text{h}}$ 两者的关系（Kulikovsky，2002 年）：

$$\tilde{c}_{\text{mt}} = (1 - \beta_*)\left(\tilde{c}_{\text{h}} - \frac{\tilde{j}_0}{\tilde{j}_{\text{lim}}^{\text{ref}}}\right) \tag{4.249}$$

式中，β_* 是从式（4.205）得到的交联参数。

$$j_{\text{lim}}^{\text{ref}} = \frac{6FD_{\text{b}}^{\text{a}}c_{\text{mt}}^{\text{ref}}}{l_{\text{b}}^{\text{a}}} \tag{4.250}$$

式中，$j_{\text{lim}}^{\text{ref}}$ 是由于 ABL 处甲醇扩散引起的极限电流密度值；D_{b}^{a} 是在 ABL 厚度 l_{b}^{a} 处甲醇的扩散系数。

将式（4.249）代入到式（4.246）得到：

$$\tilde{\eta}_0 = \text{arcsinh}\left[\frac{\varepsilon^2}{2}(\gamma^2 + \tilde{j}_0^2)\right] - \ln\left[1 - \frac{\varepsilon^2(\gamma^2 + \tilde{j}_0^2)}{\tilde{i}_{\text{ads}}(1 - \beta_*)(\tilde{c}_{\text{h}} - \tilde{j}_0/\tilde{j}_{\text{lim}}^{\text{ref}})}\right] \tag{4.251}$$

这是半电池极化曲线的一般形式。

如果式（4.251）中的对数值为 0，那么就可以计算出阳极的极限电流密度值：

$$\frac{\varepsilon^2(\gamma^2 + \tilde{j}_0^2)}{\tilde{i}_{\text{ads}}(1 - \beta_*)(\tilde{c}_{\text{h}} - \tilde{j}_0/\tilde{j}_{\text{lim}}^{\text{ref}})} = 1 \tag{4.252}$$

γ 由式（4.125）得到关于参数 $\tilde{j}_0$ 的关系式，一般来说，式（4.252）只能得到数值解。但是，当电流密度很大和很小的条件下，这个方程会变得非常简单。

（7）极限扩散电流密度较小：$\tilde{j}_{\text{lim}} \ll 1$

如果 $\tilde{j}_0 \leqslant 1$，那么 $\gamma = \sqrt{2\tilde{j}_0}$，式（4.252）中 $\tilde{j}_0^2$ 项可以忽略不计。解方程之后得到：

$$\frac{1}{\tilde{j}_{\text{lim}}} = \frac{1}{\tilde{c}_{\text{h}}\tilde{j}_{\text{lim}}^{\text{ref}}} + \frac{1}{\tilde{i}_{\text{ads}}(1 - \beta_*)\tilde{c}_{\text{h}}/(2\varepsilon^2)} \tag{4.253}$$

无因次形式是：

$$\frac{1}{j_{\text{lim}}} = \frac{1}{j_{\text{lim}}^{\text{ABL}}} + \frac{1}{j_{\text{lim}}^{\text{ads, low}}} \tag{4.254}$$

其中：

$$j_{\text{lim}}^{\text{ads, low}} = \frac{l_{\text{CL}}i_{\text{ads}}(1 - \beta_*)c_{\text{h}}}{c_{\text{mt}}^{\text{ref}}} \tag{4.255}$$

$$j_{\text{lim}}^{\text{ABL}} = \frac{6FD_{\text{b}}^{\text{a}}c_{\text{h}}}{l_{\text{b}}^{\text{a}}} \tag{4.256}$$

$j_{\text{lim}}^{\text{ads,low}}$ 是低电流密度条件下在催化剂表面甲醇吸附的电流密度；$j_{\text{lim}}^{\text{ABL}}$ 是 ABL 中甲醇扩散的电流密度。注意，$j_{\text{lim}}^{\text{ads,low}}$ 正比于 ACL 厚度方向上甲醇的吸附量。在低电流密度区域，由于 ACL 上 MOR 的反应速率不均匀，导致了简单的比例关系。

（8）极限电流密度较大：$j_{\text{lim}}^2 \geqslant \pi^2$

在这种条件下，方程（4.252）中的 γ^2 可以忽略不计。解关于 j_0 的方程：

$$\tilde{j}_{\text{lim}} = \sqrt{\left(\frac{\tilde{i}_{\text{ads}}(1-\beta_*)}{2\varepsilon^2 \tilde{j}_{\text{lim}}^{\text{ref}}}\right)^2 + \frac{\tilde{i}_{\text{ads}}(1-\beta_*)\tilde{c}_{\text{h}}}{\varepsilon^2}} - \frac{\tilde{i}_{\text{ads}}(1-\beta_*)}{2\varepsilon^2 \tilde{j}_{\text{lim}}^{\text{ref}}} \tag{4.257}$$

式（4.257）可以进一步简化为：

$$\tilde{j}_{\text{lim}} = \begin{cases} \sqrt{\dfrac{\tilde{i}_{\text{ads}}(1-\beta_*)\tilde{c}_{\text{h}}}{\varepsilon^2}}, & 2\varepsilon^2 \tilde{j}_{\text{lim}}^{\text{ref}}/\tilde{i}_{\text{ads}} \gg 1 \\[3mm] \tilde{j}_{\text{lim}}^{\text{ref}}\tilde{c}_{\text{h}}, & 2\varepsilon^2 \tilde{j}_{\text{lim}}^{\text{ref}}/\tilde{i}_{\text{ads}} \ll 1 \end{cases} \tag{4.258}$$

无因次形式：

$$j_{\text{lim}} = \begin{cases} j_{\text{lim}}^{\text{ads, high}}, & j_{\text{lim}}^{\text{ref}} \gg l_{\text{CL}}i_{\text{ads}} \\[2mm] j_{\text{lim}}^{\text{ABL}}, & j_{\text{lim}}^{\text{ref}} \ll l_{\text{CL}}i_{\text{ads}} \end{cases} \tag{4.259}$$

其中：

$$j_{\text{lim}}^{\text{ads, high}} = \sqrt{2\sigma_{\text{p}}bi_{\text{ads}}(1-\beta_*)c_{\text{h}}/c_{\text{mt}}^{\text{ref}}} \tag{4.260}$$

是高电流密度条件下甲醇吸附在催化剂表面的电流密度。式（4.256）给出了在 ABL 处的甲醇转移电流密度 $j_{\text{lim}}^{\text{ABL}}$。

注意 $j_{\text{lim}}^{\text{ads,high}}$ 不随 ACL 厚度 l_{CL} 变化，但是随 ACL 中质子导电性和 MOR 塔菲尔斜率 b_{mt} 的变化而变化。在高电流密度条件下，在靠近隔膜的很小区域内发生电化学转化反应，小区域的厚度大概为 $\sigma_{\text{p}}b_{\text{mt}}/j_0$（"反应渗透深度"章节）。这样又引入了一个内部空间标度，使得电流密度不随 ACL 厚度的变化而变化。

备注：

"半电池极化曲线和极限电流密度"章节出现的方程表明，在阳极发生的反应有三种情况。第一种情况，阳极催化性能由甲醇的吸附速率控制；当满足 $j_{\text{lim}}^{\text{ref}} \gg l_{\text{CL}}i_{\text{ads}}$ 条件时，这种状况就会发生。第二种情况，当 $j_{\text{lim}}^{\text{ref}} \ll l_{\text{CL}}i_{\text{ads}}$ 时，阳极电流密度由 ABL 中甲醇的扩散速率控制。第三种情况就是两者的混合，当 $j_{\text{lim}}^{\text{ref}} \approx l_{\text{CL}}i_{\text{ads}}$ 时，两种机理同时存在，同时影响阳极反应的极化曲线和极限电流密度，式（4.253）和式（4.257）分别给出了低电流密度区域和高电流密度区域的极化曲线。

对比式（4.260）和式（4.256）给出了判断高电流密度条件下阳极上发生催化反应的极限电流密度机理的方法。$j_{\text{lim}}^{\text{ABL}}$ 不随 b_{mt} 和 σ_{p} 而变化，但是随 l_{b}^{a} 变化。另一种机理，$j_{\text{lim}}^{\text{ABL}}$ 不随 l_{b}^{a} 变化，但是随 b_{mt} 和 σ_{p} 变化。改变 b_{mt} 和 σ_{p} 非常困难，但是可以通过改变阳极过渡层介质的厚度改变 l_{b}^{a} 值，这是非常简单的。因此，制备具有不同厚度 ABL 的 MEAs 可以帮助理解极限电流密度的来源。

（9）模型验证

式（4.246）的有效性可以通过将方程与解式（4.230）和式（4.231）得到的极化曲线

对比进行验证。为了方便对比，假定 ABL 中的电势损耗和交联作用引起的电流密度值为 0，因此对于式（4.246）可以得到 $\bar{c}_{mt}=1$。从图 4.30 可以看出，在达到极限电流密度之前，极化曲线满足式（4.246）的关系式。多次测试结果表明，只有当吸附电流密度非常小时，式（4.246）才失效。

Nordlund 和 Lindbergh（2004 年）发表了一系列的 DMFC 阳极极化曲线。式（4.246）得到的结果与实验结果吻合非常好，如图 4.31 所示，在 Nordlund 和 Lindbergh 的论文中，ABL 的厚度和孔隙率都是固定值，因此过渡层中由于甲醇的扩散引起的电势降值非常小。为了简化，通过设定参数 $\beta_*=0$，忽略甲醇的交联作用。因此，在式（4.246）中 $c_{mt}=c_h$，其中 c_h 是反应通道中的甲醇浓度。

在 η 轴上所有的极化曲线变化值都相同。式（4.246）给出了无因次形式的恒定变化值 $\eta_*=0.11\text{V}$。Maple 首先给出了非线性拟合关系的极化曲线，为了最大程度给出曲线的通用参数，通过调节进行拟合。

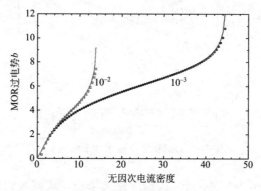

图 4.30　特定电压 ε 下，阳极催化剂极化曲线。点为精确值，线为分析值［公式（4.28）］，参数 $\varepsilon=1$

图 4.31 给出了在两个温度下（50℃和 70℃）实验和模型给出的极化曲线对比图。表 4.4 给出了拟合参数值。可以看出，除了 i_{mt} 和 $i_{ads}=i_{ads}/i_{mt}$ 外其他的参数都固定不变，其中对于每一个温度 i_{mt} 都保持恒定不变，对于不同的甲醇浓度 i_{ads} 值不同。i_{ads} 的变化曲线与标准化的甲醇浓度 c_h/c_{mt}^{ref} 呈现函数关系，如图 4.32 所示。这些曲线都是线性变化的，也就是 i_{ads} 随着甲醇的浓度呈现线性变化。i_{ads} 吸附速率和 c_{mt} 应该是二次函数变化关系，但是机理并不清楚。

总而言之，通过固定电池反应温度，图 4.32 中所有极化曲线通过拟合得到的参数值一致，所以拟合效果很好。但是，对不同类型的催化剂，这些参数是不同的，因此通过式（4.246）能够预测催化剂的催化性能其实是夸大其词的。但是，这个公式仍然可以用于阻抗的计算或者是分析在 DMFC 老化过程中阳极催化性能的变化。

Nordlund 和 Lindbergh（2004 年）给出了简单解析解的极化曲线。在这一章中，极化曲线方程中的动力学部分（不是 ABL 中甲醇传质）有如下的形式：

$$j_0=\frac{j_*\exp(\eta_0/b_{mt})}{1+\xi\exp(\eta_0/b_{mt})} \tag{4.261}$$

式中，$\eta_0=E_*-E_c$ 和 E_c 是电极电势；E_*、j_*、ξ 是拟合参数。解式（4.261）得到 η_0 的表达式，就得到了极化曲线：

$$\eta_0=\ln\left(\frac{j_0}{j_*}\right)-\ln\left(1-\frac{\xi j_0}{j_*}\right) \tag{4.262}$$

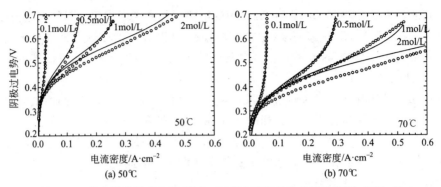

图 4.31　特定甲醇浓度和温度下，DMFC 阳极极化曲线分析值（线）和
实验值（Nordlund 和 Lindbergh，2004 年）。拟合参数见表 4.4

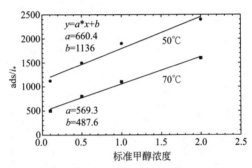

图 4.32　50℃和 70℃时标准甲醇浓度下参数 $\tilde{i}_{ads}$ 及线性拟合

式（4.262）和式（4.246）不同。从物理意义来说，式（4.262）因为忽略了 ACL 中质子传输损耗缺少了 j_0 项。

换句话说，式（4.262）假定 ACL 的质子传导率非常高。在这种条件下，MOR 在 ACL 中的反应速率几乎是均匀分布的，因此 MOR 产生的总电流仅仅是在 ACL 厚度方向上反应速率的产物，所以得到式（4.261）和式（4.262）。

根据以上的模型，Nordlund 和 Lindbergh 进行了实验验证。当电流密度小于 100mA·cm^{-2} 时，质子传质接近于理想状态。为了更清楚地表达这种关系，做出了 MOR 沿 x 轴变化的速率曲线。通过定义：$\tilde{R}_{MOR} = -\partial \tilde{j}/\partial \tilde{x}$，对式（4.230）进行变形得到：

$$\tilde{R}_{MOR} = \frac{\gamma^2 + \tilde{j}^2}{2} \tag{4.263}$$

其中，$\tilde{j}(\tilde{x})$ 由式（4.230）得到，γ 由方程（4.125）得到。

图 4.33（a）给出了在 1mol/L 甲醇浓度，电流密度分别为 100 mA·cm^{-2}、200 mA·cm^{-2}、300 mA·cm^{-2} 条件下，MOR 反应速率在 ACL 厚度方向的变化曲线。图 4.33（b）给出了质子电流密度和局部过电位在 ACL 厚度方向的变化曲线。曲线中所需要的参数都是在 70℃的极化曲线得到的（表 4.4）。

可以看出，即使在 ACL 厚度为 14μm，电流密度大于 200 mA·cm^{-2} 的条件下，R_{MOR} 和过电位在 ACL 厚度方向上的分布也非常不均匀，更不用说在更厚的 ACL 层以及较低的电流密度条件下。一般来说，由于 ACL 中质子传质较差，就导致在隔膜附近 MOR 反应速率很快，相对来说质子由于数量多就价廉（Kulikovsky，2010 年）。

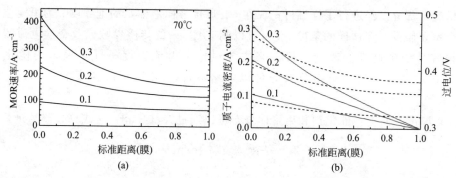

图 4.33　（a）MOR 速率，（b）特定均匀电池电流密度下穿过催化层的质子电流密度（实线）和局部 MOR 过电位（虚线）。电池温度 70℃，计算参数参照图 4.31 中拟合曲线

4.11　催化层的优化

4.11.1　引言

典型的催化层一般是具有以下条件的复合材料：（ⅰ）用于物质传输的孔道；（ⅱ）离子（质子）的良导体；（ⅲ）电子导体；（ⅳ）催化剂粒子参与电化学转化。大多数时候，这样的复合催化剂由三种相互渗透的分子、离子和电子组成，因此每一个 CL 都由相同比例的三种材料组成。

到目前为止，文献中给出的大部分燃料电池在宏观上都是均匀的。但是，在过去十年里，一种成分呈现梯度分布特征的电极很受欢迎。Los Alamos 团队首先尝试对催化剂纳米粒子在 CL 厚度方向上的分布进行优化。Ticianllli（1988 年）等人在标准 Pt/C 电极和隔膜构成的界面处用溅射的方法溅射上非负载的铂纳米粒子，这样的催化层很好地提高了燃料电池的催化活性，在大电流密度条件下依然能保持良好的催化活性。

两层（Wang 和 Feng，2009 年）和多层（Feng 和 Wang，2010 年）CCLs 模拟，发现含有催化剂和 Nafion 担载的 CCLs 在靠近隔膜的方向生长更好，催化活性也更高。Wang（2004 年）研究了 Eikerling 和 Kornyshev（1998 年）用传质参数和电极结构之间的关系总结出的结构模型。通过测试在电极厚度方向上不同 Nafion 担载量电极的催化性能，发现在靠近膜的方向上 Nafion 担载量呈现线性增长的电极具有最高的催化活性。Mukheriee 和 Wang（2007 年）通过对次表面含有不同 Nafion 担载量的两层电极进行 ORR 计算模拟，也得到了相同的结论。

所有的这些测试结果都验证了 Nafion 的含量对催化活性的影响。但是，由于知识有限，并没有哪一种模型达到最优结构。根据 MHM 模型，Kulikovsky（2009 年）进行了催化剂担量的优化。结果表明，当膜附近催化剂的担量增加十倍，GDL 界面处的催化剂担量就降低十倍，进而电流密度会急剧上升。这些优化都是在假定 Nafion 在 CCL 厚度方向上均匀分布的条件下实现的。这一部分主要讨论质子传导率和催化剂担量在 CCL 厚度方向上分布的优化（Kulikovsky，2012 年）。

4.11.2　模型

在这部分的内容中，假定 CL 中的物质（氧气）传质过程很快。在"氧气传质损失可以忽略的情况"部分已经进行了详细讨论。在 CL 厚度方向液体水的饱和度 s 为恒定值是建模的另一个重要假设。在这样的条件下，s 可以调节 CL 中的传质参数以及交换电流密度，通过方程很容易做到这样的改变。接下来主要讨论大电流密度条件下模型的优化。因此 Butler-Volmer 方程中的反向指数部分可以忽略不计，ORR 反应速率的 Tafer 定律可以使用。

在 CL 厚度方向上，催化剂和离聚体分布可以通过式（4.53）～式（4.54）进行优化：

$$2\varepsilon^2 \frac{\partial \tilde{j}}{\partial \tilde{x}} = -g(\tilde{x})\exp(\tilde{\eta}) \tag{4.264}$$

$$\tilde{j} = -p^2(\tilde{x})\frac{\partial \tilde{\eta}}{\partial \tilde{x}} \tag{4.265}$$

式中，ε 由方程（4.56）给出。$g(\tilde{x})$ 函数描述了交换电流密度沿 x 方向的变化，$p(\tilde{x})$ 表示离聚体含量在 x 方向的变化。在这一部分，$p(\tilde{x})$ 代表催化层中离聚体的含量，其中需要使用参数 X_{el}。

根据 Eikerling、Kornyshev（1998 年）和 Wang（2004 年）的讨论，CL 的质子传导率与离子含量的开方成正比；因此，式（4.265）右边包含因子 p^2。假定交换电流密度和催化剂表面积成正比，因此 $g(x)$ 代表在电极厚度方向上催化剂含量的分布。g 和 p 方程一定要遵循守恒定律。

$$\int_0^1 g\,d\tilde{x}=1, \quad \int_0^1 p\,d\tilde{x}=1 \tag{4.266}$$

这些等式表明，对于催化剂和离聚体载量的分布，催化剂和质子导体的总量是不变的。同时还假定在任何条件下，离聚体的含量都超过渗透阈值。

将式（4.264）和式（4.265）相乘得到：

$$2\varepsilon^2 \tilde{j}\,\frac{\partial \tilde{j}}{\partial \tilde{x}} = p^2 g \exp(\tilde{\eta})\frac{\partial \tilde{\eta}}{\partial \tilde{x}} \tag{4.267}$$

考虑将 $p^2 g$ 看作是 η 的函数：

$$p^2 g \equiv \phi(\tilde{\eta}) \tag{4.268}$$

代入式（4.267）得到：

$$\varepsilon^2 \frac{\partial(\tilde{j}^2)}{\partial \tilde{x}} = \phi(\tilde{\eta})\exp(\tilde{\eta})\frac{\partial \tilde{\eta}}{\partial \tilde{x}} \tag{4.269}$$

将式对 x 从 0 到 1 积分，且 $j(1)=0$，得到：

$$\varepsilon^2 \tilde{j}_0^2 = -\int_0^1 \phi(\tilde{\eta})\exp(\tilde{\eta})\frac{\partial \tilde{\eta}}{\partial \tilde{x}}d\tilde{x} = \int_{\eta_1}^{\eta_0}\phi(\tilde{\eta})\exp(\tilde{\eta})d\tilde{\eta} \tag{4.270}$$

因此，找到 j_0 最大值的问题变成了找到式（4.270）右边积分项 $\phi(\tilde{\eta})$ 的最大值。直接应用 Euler-Lagrange 可以解出积分项 $\exp(\tilde{\eta})=0$，当 $\tilde{\eta}>0$ 时没有解。这意味着式（4.270）积分项的最大值不存在。当式中包含增长的 $\exp(\tilde{\eta})$ 函数项时，这个结果并不重要。但是，ϕ 方程将会受到约束［式（4.266）］，不能由方程 Euler-Lagrange 进行求解。

这一问题可以通过以下步骤进行解决。首先假定 ϕ 可以展开成各阶形式，对含 Φ 部分进行重复积分（Kulikovsky，2009 年）。

$$\int \phi(\tilde{\eta})\exp(\tilde{\eta})d\tilde{\eta} = \Phi(\tilde{\eta})\exp\tilde{\eta} \tag{4.271}$$

其中：

$$\Phi \equiv \phi - \frac{\partial \phi}{\partial \tilde{\eta}} + \frac{\partial^2 \phi}{\partial \tilde{\eta}^2} - \cdots \tag{4.272}$$

将式（4.271）和式（4.270）代入之后得到：

$$\varepsilon^2 \tilde{j}_0^2 = \Phi(\tilde{\eta}_0)\exp\tilde{\eta}_0 - \Phi(\tilde{\eta}_1)\exp\tilde{\eta}_1 \tag{4.273}$$

从式（4.273）中可以得出结论，只要函数 $\Phi(\eta)$ 值不降低，就能够提高 CL 的催化性能。但是，$\Phi(\eta)$ 没有给出催化剂和电解质担载量均匀分布的极限值（$g=p=1$）。因此，当 $g=p=1$ 时，得到 $\phi=1$，对于所有的 η 值都得到 $\phi=1$，式（4.272）才能成立。

因此，Φ 的优化必须满足条件：

$$\Phi = \alpha \tag{4.274}$$

其中，α 是由式（4.266）得到的恒定值。当 $\alpha=1$ 时，方程给出了均匀分布担载量的极限值。当 $\Phi(\tilde{\eta})=\alpha>1$ 时，式（4.273）就变成：

$$\varepsilon^2 \tilde{j}_0^2 = \alpha(\exp\tilde{\eta}_0 - \exp\tilde{\eta}_1)$$

忽略第二个指数项：

$$\varepsilon^2 \tilde{j}_0^2 = \exp(\tilde{\eta}_0 + \ln\alpha)$$

在这个方程中，对于定值 $\tilde{j}_0$，g、p 任意达到最优值可以通过 $\ln\alpha$ 项降低总电势的损耗。

忽略式（4.272）中三阶以及更高阶可以得到：

$$\phi - \frac{\partial \phi}{\partial \tilde{\eta}} + \frac{\partial^2 \phi}{\partial \tilde{\eta}^2} = \alpha, \quad \phi(\tilde{\eta}_1) = \phi_1, \quad \left.\frac{\partial \phi}{\partial \tilde{\eta}}\right|_{\tilde{\eta}_1} = 0 \tag{4.275}$$

为了说明这一项，需要考虑 $\Phi(\tilde{\eta})=\alpha\exp\eta$，其中 α 是恒定值。将此式代入式（4.273），得到：

$$\varepsilon^2 \tilde{j}_0^2 = \alpha[\exp(2\tilde{\eta}_0) - \exp(2\tilde{\eta}_1)]$$

在大电流密度条件下，第二项可以忽略：

$$\varepsilon^2 \tilde{j}_0^2 = \exp(2\tilde{\eta}_0 + \ln\alpha)$$

因此 $\Phi(\eta)$ 值的不同将过电位分为两部分，并且可以通过 $\ln\alpha$ 降低过电位。

式（4.272）中的三阶和更高阶可以忽略。因此，式（4.275）中左侧由参数 ψ 代替，式（4.272）变形为：

$$\Phi = \psi - \frac{\partial^3 \psi}{\partial \tilde{\eta}^3} + \frac{\partial^6 \psi}{\partial \tilde{\eta}^6} - \cdots$$

很明显，当 $\psi=\alpha$ 时，方程中其他高阶项都可以忽略，因此 $\Phi=\psi=\alpha$。如果式（4.275）中左侧的任意项保留单位，这个等式也是成立的。但是，计算表明，当考虑式（4.275）中的高阶项时，对计算结果的影响很小。

式（4.275）中的第一个边界条件是在 $\tilde{x}=1$ 的位置处，催化剂和电解质的含量是固定值。在 $\tilde{x}=1$ 处，ϕ 对 $\tilde{\eta}_1$ 的零阶项与 $\tilde{\eta}$ 的零阶项一致。

解式（4.275）可以得到 ϕ 关于 η 的函数关系：

$$\phi(\tilde{\eta}) = \alpha\left\{1 + \left(1 - \frac{\phi_1}{\alpha}\right)\exp\left(\frac{\tilde{\eta} - \tilde{\eta}_1}{2}\right)\left[\frac{1}{\sqrt{3}}\sin\left(\frac{\sqrt{3}}{2}(\tilde{\eta} - \tilde{\eta}_1)\right)\right.\right.$$
$$\left.\left. - \cos\left(\frac{\sqrt{3}}{2}(\tilde{\eta} - \tilde{\eta}_1)\right)\right]\right\} \tag{4.276}$$

式（4.266）给出了恒定值 α。但是，为了将 $\phi(\tilde{\eta})$ 函数变成 $\phi(\tilde{x})$，就需要得到 $\tilde{\eta}(\tilde{x})$ 随 $\tilde{x}$ 的变化关系。将式（4.265）代入式（4.264），得到：

$$2\varepsilon^2 p \frac{\partial^2 \tilde{\eta}}{\partial \tilde{x}^2} + 4\varepsilon^2 p \frac{\partial p}{\partial \tilde{\eta}} \left(\frac{\partial \tilde{\eta}}{\partial \tilde{x}}\right)^2 = g\exp(\tilde{\eta}), \quad \tilde{\eta}(0) = \tilde{\eta}_0, \quad \frac{\partial \tilde{\eta}}{\partial \tilde{x}}\bigg|_1 = 0 \quad (4.277)$$

注意在式（4.277）中，需要给出 p 或者 g 随 $\tilde{x}$ 的变化关系，另一个变量的变化关系可以通过式（4.268）给出。首先需要考虑 p 或者 g 均匀分布的情况。

令 $g(\tilde{x})=1$，为了得到 $p(\tilde{x})$ 的最优值，需要进行以下步骤：

① 固定电势损失值 $\tilde{\eta}_0$，猜测 $\alpha>1$；

② 用 $p=\phi$ 解式（4.277），其中 α 由式（4.276）得到。计算式（4.266）中第二个积分项；

③ 改变 α 值重复以上步骤，直到式（4.266）的第二个积分项满足要求，如果找到了 g 的最优值，可以继续设定 $p=1$，$g=\phi$，然后重复以上步骤直到式（4.266）的第一个积分项等于 1。

4.11.3 担载量优化

表 4.5 列出了计算所需要的各种物理参数以及参数的无因次形式。因此，在催化剂担量 $g(1)=0.1$，Nafion 含量 $p(1)=0.5$ 边界条件下进行优化。这意味着在 CL/GDL 界面处（图 4.2）g 的最优值非常小，而 p 的最优值大概是参考值的一半。这种假定在高电流密度条件下是合理的，在隔膜/CL 界面处电化学转化率最高。因此，在设定催化剂担载量的条件下，沿着隔膜方向质子传导率增加，达到最好的催化效果。注意，Nafion 含量的最小值由渗透阈值决定，最小值为 0.5。

表 4.5　PFEC 阴极和 DMFC 阳极典型运行参数

参数	PEFC 阴极	DMFC 阳极
Tafel 斜率 b/V	0.05	0.05
质子传导率 $\sigma_p^0/\Omega^{-1}\cdot cm^{-1}$	0.03	0.003
交换电流密度 $i_*^0/A\cdot cm^{-2}$	10^{-3}	1.0
CL 厚度 l_{CL}/cm	10^{-3}	0.01
工作电流密度 $j_0/A\cdot cm^{-2}$	1.0	0.1
ε	866	0.866
$\tilde{j}_0$	0.667	6.67

计算表明，优化结果由工作电流密度 $\tilde{j}_0$ 决定。对于不同的电池电流密度值不同。PEFC 中 CCL 和 DMFC 中 ACL 的相关参数见表 4.5。由于参数的不同导致优化结果的不同。在相同电势损失 $\tilde{\eta}_0$ 的条件下对比了最优值以及均匀部分状况，发现最优值能够提高电池电流密度 $\tilde{j}_0$。

（1）PEFC 阴极

在隔膜界面处当质子传导率最大时，Nafion 含量是均匀分布的两倍［见图 4.34（a）］。但是，这个时候电池的电流密度值最小［图 4.34（b）］。

图 4.35 给出了当 Nafion 均匀分布时催化剂含量的最优分布曲线。可以看出，在隔膜界面处最优的催化剂含量是均匀分布含量的十倍［见图 4.35（a）］。但是，由于催化剂不均

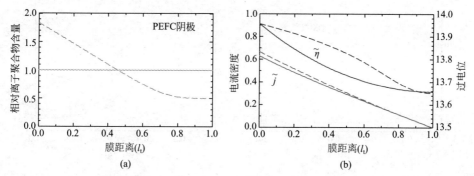

图 4.34　（a）PEFC 阴极催化层（CCL）中离子交换膜相对含量统一值（实线）和优化值（虚线）。（b）CCL 中过电位（上方两条曲线）和质子电流密度（下方曲线）分布

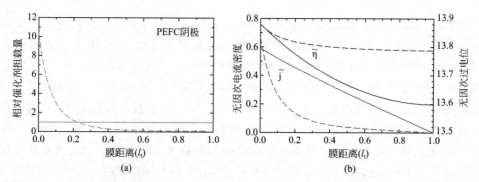

图 4.35　（a）PEFC 阴极催化层（CCL）中催化剂担载量统一值（实线）和优化值（虚线）。（b）CCL 中过电位（上方两条曲线）和质子电流密度（下方曲线）分布

匀分布引起的效果并不是很明显，电池电流密度只增加了 10% 左右［图 4.35（b）］。

（2）DMFC 阳极

DMFC 中 ACL 的优化得到了很多意想不到的结果。Nafion 含量分布如图 4.36（a）所示，当含量分布得到优化时，电流密度增加 30%［见图 4.36（b）］。当对催化剂担载量优化之后得到更好的结果。$g(\tilde{x})$ 的最优分布［图 4.37（a）］和 PEFC 阴极很相似［图 4.35（a）和图 4.37（a）］。但是，对于 DMFC 阳极，$g(\tilde{x})$ 的最优值使电池电流密度增加了两倍［图 4.37（b）］。

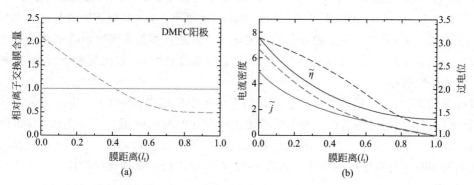

图 4.36　（a）PEFC 阳极催化层（ACL）中离子交换膜相对含量统一值（实线）和优化值（虚线）。（b）ACL 中过电位（上方两条曲线）和质子电流密度（下方曲线）分布

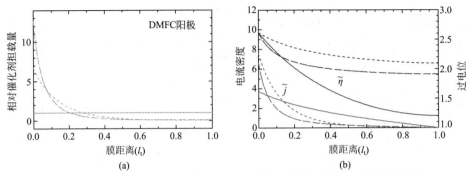

图 4.37　与图 4.35 相似，但位于 DMFC 阳极。除此之外，（a）中点画线为
CCL 中最优催化剂担载量形状，电极担载量见图 4.36（a）。
（b）中点画线分别为过电位和局部质子电流分布

对比 PEFC 和 DMFC 电解质分布图可以发现，两者的分布曲线很类似［如图 4.34（a）和图 4.36（a）所示］。因此，在电解质含量优化的基础上［图 4.36（a）］进行催化剂含量的优化。这一步可以认为对电解质和催化剂担载量同时优化的第一步。

图 4.37 中的虚线给出了催化剂担载量和局部电流密度、局部过电位的分布图。可以看出，优化之后电池的电流密度增加了 10%［图 4.37（b）］。并且，Nafion 的最优含量分布图改变了催化剂含量的最优分布梯度，将其从指数分布图改变成为抛物线分布图［图 4.37（a）］。当电解质均匀分布时，隔膜界面处催化剂的担载量大概为 13，而电解质的最优含量为 7［图 4.37（a）］。这样的结果表明，需要对电解质含量和催化剂的担载量同时进行优化。

计算结果表明，催化剂担载量分布的最优梯度值由 $\tilde{j}_0$ 值决定。为了将这种关系定量化，引入了优化参数 k_{opt}，其定义式为催化剂最优担载量时的电流密度与均匀分布时电流密度之比：

$$k_{opt} = \frac{\tilde{j}_0^{opt}}{\tilde{j}_0}\bigg|_{\tilde{\eta}_0 = 常数} \qquad (4.278)$$

当 Nafion 均匀分布，催化剂分布达到最优值时的 k_{opt} $(\tilde{j}_0)$ 函数如图 4.38 所示。可以看出，在小电流时催化剂重新分布对催化性能的影响很小，随着电流密度的增加这种效果急剧增加。因此，催化剂担载量的优化对于高电流密度下电池的催化性能有很明显的效果。式（4.51）表明，如果催化层的厚度很大或者 CL 的质子传导率很低，则 $\tilde{j}_0$ 值很大（$\tilde{j}_0 \geqslant 1$）。

根据以上讨论可以得出以下结果：如果电流密度很小，在 CL 厚度方向反应速率分布很均匀，催化剂/Nafion 在空间上的分布不需要优化。但是，如果无因次电流密度值很大，反应主要发生在靠近隔膜的小区域内（"理想质子传递过程"），催化剂和 Nafion 担载量越高，电池的活性越好。

观察图 4.37（a）中的曲线可以发现，如果电池中使用更薄的 CL，则电池的活性相当于 10 倍催化剂担载量时的活性。先不要考虑这一设计的实际应用，还要注意 CL 很薄的时候会引起较高电势的损失，在 CL/GDL 界面处的质子电流必须是零。如果 CL 在具有高含量催化剂的同时又具有很小的厚度，和图 4.37（a）给出的最优催化层相比，边界条件将会增加 η_0 的值。

一般来说，在催化层中，Nafion 含量高，催化剂的含量就要降低，反之亦然。但是以上给出的模型忽略了催化层结构中 Nafion 和催化剂担载量之间的关系，尤其是在标准的

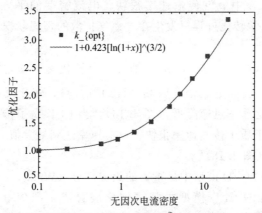

图 4.38　点：优化因子与无因次化电池电流密度 $\bar{j}_0$ 关系曲线；实线：图中拟合函数

CLs 中不考虑两者之间的关系。由于这些效果需要将这种关系渗透到模型中，正如 Wang（2004 年）和 Mukherjee、Wang（2007 年）讨论的。

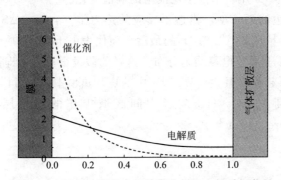

图 4.39　DMFC 阳极中最佳催化剂和电解质担载量

但是，以上的简单模型仍然给出了一些结果：在靠近隔膜表面的方向上 Nafion 和催化剂的含量会逐渐增加。Nafion 含量的最优分布呈现线性变化，而催化剂含量的最优分布呈现抛物线分布（图 4.39）。计算表明，即使是没有达到最优的类似分布，同样能够提高 CL 的性能，最终的含量分布还要和结构的极限值保持一致。

4.12　催化层的热通量

4.12.1　引言

燃料电池中大部分物质的传质和动力学过程都依赖于温度的变化。因此，在燃料电池中温度是非常重要的参数。在 PEFC 中，大部分热量都是由催化层产生的，所以这一部分主要讨论 CCL 中的热问题。

大部分的 CCL 模型都认为是等温的，只有很少模型考虑了 CCLs 的热传递问题。在 CCL 中的温度变化一般很小，所以一般模型中都忽略了热量的问题。但是，当 CCL 很薄时热通量变化值不再很小。通过解热传递方程以及催化层（性能问题）上质子电流的分布 j 以及反应速率 R_{reac} 的分布，可以得到热通量。

在这一部分，在 CCL 中氧气传输速率很快，电流密度的平方根远远大于 j_σ^2 值［式 (4.114)］。因此，电化学转化过程只发生在"氧气扩散的理想状况"部分讨论过的两个区域内。

在低电流密度区域（LC）$\tilde{j}_0 \leqslant 1$，在 x 轴方向上转化速率均匀分布，质子电流密度随 x 的增加呈现下降趋势。在高电流密度区域（HC）$\tilde{j}_0 \geqslant 1$，转化反应在靠近隔膜界面处迅速发生，质子电流和转化速率迅速降低（图 4.16），当 CCL 质子传导率很差时会出现这种情况。在隔膜界面处由于质子传质速率很快，反应速率达到最大值。还需要注意，HC 区域的过电位比 LC 区域高（图 4.18）。

能量守恒方程是不同 CFD 模型中最重要的组成部分（Wang，2004 年；Weber 和 Newman，2004 年）。大部分的 CFD 模型中都将催化层看成是产生电流和热量的很薄界面。CCL 放出的热通量方程为：

$$q = \left(\frac{T \mid \Delta S_{ORR} \mid}{nF} + \eta_0 \right) j_0 + \frac{j_0^2 l_{CL}}{\sigma_p} \tag{4.279}$$

其中，T 是温度；$\mid \Delta S_{ORR} \mid$ 是半电池中的熵值变化。

在式 (4.216) 右边的第一项，描述了反应的热力学（含有 $\mid \Delta S_{ORR} \mid$ 项）以及 ORR 反应中产生的不可逆热量。式 (4.216) 的最后一项代表由于 CL 中质子电流引起的焦耳热。式 (4.279) 假定在 CL 上质子电流均匀分布。这样的假设很粗糙：即使在 LC 区域内，j 也会随着 x 呈现线性降低趋势，且式 (4.279) 中的焦耳热项中，通过因子 3 进行扩大。这一部分的目标就是得到在 LC、HC 或者中间区域工作的催化层产生的热通量方程（Kulikovsky 和 Mcintyre，2011 年）。

4.12.2 基本方程

在 CCL 固体相中热通量的基本方程如下：

$$-\lambda_T \frac{\partial^2 T}{\partial x^2} = \left(\frac{T \mid \Delta S_{ORR} \mid}{nF} + \eta \right) R_{reac} + \frac{j^2}{\sigma_p} \tag{4.280}$$

其中，λ_T 是 CCL 的热导率；R_{reac} 是电化学转化率，$A \cdot cm^{-3}$。式 (4.280) 表明，热通量的变化值与反应热和焦耳热损失量的总和相等。另外，R_{reac} 代表 x 方向上质子电流降低速率：

$$\frac{\partial j}{\partial x} = -R_{reac} \tag{4.281}$$

式 (4.280) 右边包括低温燃料电池催化层产生的热量。注意 CCL 中的一部分热量转移给了 ORR 反应产生的液体水。虽然没有明确意义，这一部分的方程仍然将这一部分热量包含在方程中。

一般来说，液体水的蒸发是燃料电池冷却的主要机理，因此还需要将蒸发参数添加在式 (4.280) 的右边。在这一部分的讨论中为了简化，蒸发项忽略不计，这样的处理方式就相当于假定 CCL 中水的蒸气压与饱和蒸气压相等。因此，式 (4.280) 的解就代表 CCL 中最大热通量值，对于电池模型来说这个值非常重要。

式 (4.280) 解的表达式非常复杂（Kulikovsky，2007 年），为了方便使用需进行简化。CCL 的温度变化值很小，因此，$T(x)$ 右边可以用 CCL/GDL 界面处的温度代替 $T_1 = T(l_{CL})$。

在 LC 区域，η 随 x 的变化值很小，所以设定 $\eta(x) = \eta_0$，其中 η_0 是隔膜界面处的过电位。在 HC 区域，反应在隔膜附近发生，因此热量的产生主要集中在靠近隔膜处的小区域内。在这些区域内，$\eta = \eta_0$。因此，无论在哪种条件下，式（4.280）中的 $\eta(x)$ 都可以用 η_0 代替。因此，式（4.281）可以变形为：

$$-\lambda_T \frac{\partial^2 T}{\partial x^2} = -\left(\frac{T_1 \mid \Delta S_{ORR} \mid}{nF} + \eta_0 \right) \frac{\partial j}{\partial x} + \frac{j^2}{\sigma_p} \qquad (4.282)$$

方程（4.282）的边界条件为：

$$\left. \frac{\partial T}{\partial x} \right|_{x=0} = 0, \qquad T(l_{CL}) = T_1 \qquad (4.283)$$

第一项表示在隔膜附近热量为 0。第二项给定了 CCL/GDL 界面处的温度。需要注意，尽管式（4.283）给出了 CL 的温度变化，但是并不会影响总的热量值 q_{tot}。q_{tot} 只由 CCL 内部热量产生速率决定，并且不依赖边界条件变化。当 $x = 0$ 时，绝热边界条件表示在 CCL/GDL 界面处的 q_{tot} 和 CCL 没有关系。

式（4.282）的一般解随质子电流密度变化关系而变化。在 LC 和 HC 区域内，$j(x)$ 的明确表达式如式（4.122）和式（4.117）所示。这些关系式可以用来解决热传递的问题〔式（4.282）、式（4.283）〕。由于 CCL 上温度变化很小，这种小的变化不会影响 R_{reac}，因此热能对电池的活性没有影响。

4.12.3　低电流密度区域

在 LC 区域内，质子电流密度随 x 呈现下降趋势。式（4.124）的无因次形式为：

$$j(x) = j_0 \left(1 - \frac{x}{l_{CL}} \right) \qquad (4.284)$$

有了上述等式，式（4.282）可以变形为：

$$-\lambda_T \frac{\partial^2 T}{\partial x^2} = \left(\frac{T_1 \mid \Delta S_{ORR} \mid}{nF} + \eta_0 \right) \frac{j_0}{l_{CL}} + \frac{j_0^2}{\sigma_p} \left(1 - \frac{x}{l_{CL}} \right)^2 \qquad (4.285)$$

对式（4.283）的第一项进行从 0 到 x 积分：

$$-\lambda_T \frac{\partial T}{\partial x} = \left(\frac{T_1 \mid \Delta S_{ORR} \mid}{nF} + \eta_0 \right) \frac{j_0 x}{l_{CL}} + \frac{j_0^2 l_{CL}}{3\sigma_p} \left[1 - \left(1 - \frac{x}{l_{CL}} \right)^3 \right] \qquad (4.286)$$

设定 $x = l_{CL}$，离开 CL 的总热量为：

$$q_{tot}^{low} = \left(\frac{T_1 \mid \Delta S_{ORR} \mid}{nF} + \eta_0 \right) j_0 + \frac{j_0^2 l_{CL}}{3\sigma_p} \qquad (4.287)$$

将方程进行变形：

$$q_{tot}^{low} = \left(\frac{T_1 \mid \Delta S_{ORR} \mid}{nF} + \eta_0 + \eta_{ion} \right) j_0 \qquad (4.288)$$

其中：

$$\eta_{ion} = j_0 R_{ion}$$

是由于质子传递过程中引起的电势降，$R_{ion} = l_{CL}/3\sigma_p$ 是 CCL 中质子电阻率。其中过电位 η_0 和 η_{ion} 可以看成是由于激活以及离子电阻率造成的电势降。在第 5 章 "催化层阻抗物理模型" 中会通过全电阻光谱学对这一部分进行解释。

4.12.4　高电流密度区域

在 HC 区域，在靠近隔膜界面处的转化区域很小〔图 4.16（b）〕。反应区域的厚度为

$l_\sigma = \sigma_p b/j_0$ [式（4.152）]。在这个区域内，质子电流密度的平方根可以用指数项近似代替：

$$j^2 \approx j_0^2 \exp\left(-\frac{x}{l_\sigma}\right) \tag{4.289}$$

注意式（4.289）中只有在隔膜附近才能采用 j^2 的近似值。但是，如果要考虑热传递问题，这种近似完全成立：在反应区域以外，质子电流和反应速率都很小，所以这些区域对反应热没有贡献。

将式（4.217）代入式（4.282）中，得到热平衡方程：

$$-\lambda_T \frac{\partial^2 T}{\partial x^2} = -\left(\frac{T_1 \mid \Delta S_{ORR} \mid}{nF} + \eta_0\right)\frac{\partial j}{\partial x} + \frac{j_0^2}{\sigma_p}\exp\left(-\frac{x}{l_\sigma}\right) \tag{4.290}$$

对式（4.283）从 0 到 x 进行积分：

$$-\lambda_T \frac{\partial T}{\partial x} = \left(\frac{T_1 \mid \Delta S_{ORR} \mid}{nF} + \eta_0\right)(j_0 - j) + \frac{j_0^2 l_\sigma}{\sigma_p}\left[1 - \exp\left(-\frac{x}{l_\sigma}\right)\right] \tag{4.291}$$

设定 $x = l_{CL}$ 且 $j\,(l_{CL}) = 0$，就得到热通量的表达式：

$$q_{tot}^{high} = \left(\frac{T_1 \mid \Delta S_{ORR} \mid}{nF} + \eta_0\right)j_0 + \frac{j_0^2 l_\sigma}{\sigma_p}\left[1 - \exp\left(-\frac{l_{CL}}{l_\sigma}\right)\right] \tag{4.292}$$

在 HC 区域内，$l_{CL}/l_\sigma \geqslant 1$ 且 $\exp\,(-l_{CL}/l_\sigma)$ 非常小，所以忽略指数项就得到 CCL 放出的热量值：

$$q_{tot}^{high} \approx \left(\frac{T_1 \mid \Delta S_{ORR} \mid}{nF} + \eta_0\right)j_0 + \frac{j_0^2 l_\sigma}{\sigma_p} \tag{4.293}$$

将式（4.152）代入并且进行变形整理得到：

$$q_{tot}^{high} = \left(\frac{T_1 \mid \Delta S_{ORR} \mid}{nF} + \eta_0 + b\right)j_0 \tag{4.294}$$

在 HC 区域内，在式（4.294）中焦耳热通过积分常数 b 加入到过电位中。在低温燃料电池中，b 的范围为 20~100mV（Ntyerlin，2006 年），η_0 的值一般在 300~500 mV。帕尔贴效应值 $T_1 \mid \Delta S_{ORR} \mid$ 为 300 mV，因此焦耳热在 HC 区域内对热通量的贡献大概在 10%~20%。

4.12.5 热通量的一般方程

将式（4.152）代入式（4.292），并且进行变形得到：

$$q_{tot}^{high} = \left\{\frac{T_1 \mid \Delta S_{ORR} \mid}{nF} + \eta_0 + b\left[1 - \exp\left(-\frac{j_0 l_{CL}}{\sigma_p b}\right)\right]\right\}j_0 \tag{4.295}$$

式（4.295）是 HC 区域内 CL 热通量的准确表达式。正如上面所述，当值 $j_0 l_{CL}/(\sigma_p b)$ 很大时，式（4.295）中的指数项可以忽略不计，就简化成式（4.294）。

式（4.295）给出的关于 CL 上热通量的表达式在整个电池电流范围内都成立：

$$q_{tot} = \left\{\frac{T_1 \mid \Delta S_{ORR} \mid}{nF} + \eta_0 + b\left[1 - \exp\left(-\frac{j_0 l_{CL}}{3\sigma_p b}\right)\right]\right\}j_0 \tag{4.296}$$

在式（4.296）指数项前加因子 3 使得其与式（4.295）不同。

在 LC 区域，式（4.296）的指数项可以展开，当保留线性部分时就得到式（4.286）。在 HC 区域，式（4.296）中的指数项可以忽略不计，于是得到式（4.294）。因此，在 HC 和 LC 区域内，式（4.296）可以通过化简得到相应的表达式，因此这个方程可以代表任何条件下的热通量。

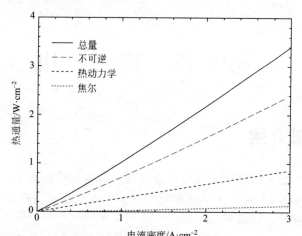

图 4.40   PEFC 中 CCL 部分和全部热通量，$\mid\Delta S_{ORR}\mid = 326.36\ \mathrm{J\cdot K^{-1}}$
（Lampinen 和 Fomino，1993 年），其他参数见表 5.7

由于在无氧扩散区域活化能的一般关系［式（4.140）］，电流密度与热通量之间关系的表达式为：

$$q_{tot} = \left[\frac{T_1\mid\Delta S_{ORR}\mid}{nF} + b\ln\left(\frac{(j_0/j_\sigma)^2}{1-\exp[-j_0/(2j_{ref})]}\right)\right.$$

$$\left. + b\left(1-\exp\left(-\frac{j_0}{3j_{ref}}\right)\right)\right]j_0 \tag{4.297}$$

图 4.40 给出了 PEFC 中 CCL 产生的总热量以及各分量的分布图。当电流密度为 $1\mathrm{A\cdot cm^{-2}}$ 时，热通量大概为 $1\mathrm{W\cdot cm^{-2}}$，接近于燃料电池在电流密度 $1\mathrm{A\cdot cm^{-2}}$ 下的有用电功率。并且，这主要是由于热力学［式（4.297）方括号里边的第一项］和不可逆热量（第二项）的贡献，焦耳热的贡献值很小。

但是，还需要注意图 4.40 中的曲线给出的是湿度良好的 CCL 热量分布图。如果膜干时，质子传导率 σ_p 会急剧下降，而焦耳热会升高。

4.12.6   备注

在 PEFCs 中，一部分热量会传递给 ORR 过程中产生的液体水。一般来说，ORR 反应产生的水分子呈现液态，一部分反应热用于水分子的加热以达到反应温度 T_1。

尽管式（4.280）中不包含对流项，但是在式（4.297）中，右边包括所有热量来源，因此"液体"热通量也被包含在式左边热量传导项中。含有 ORR 产生液态水的传导热通量表达式为 $q_w = M_w c_{pw} T_1 j_0/(2F)$，其中 M_w 是分子量；c_{pw} 是液体水的热容。表 1.3 中给出了参数 $q_w = 0.134\mathrm{W\cdot cm^{-2}}$，将这个计算值与 CCL 在 $1\mathrm{A\cdot cm^{-2}}$ 条件下的总热通量相比发现，液体水传递的热量小于 CL 中总热量的 20%。

第 5 章 应　　用

5.1　应用章节介绍

前面几章详细介绍了燃料电池所用关键材料的结构与性能关系，同时也介绍了在质子交换膜（PEM）和催化层（CLs）方面的研究进展。前文在结构模型中给出了详细的结构，以及决定性能与功能的物理模型。

水是聚合物电解质燃料电池（PEFCs）中的活性物质。从化学的角度来看，水是燃料电池反应后获得的主要产物。它是氢气燃料电池中的唯一产物。在 DMFC 或乙醇燃料电池中，产物是符合化学反应方程计量比的水和二氧化碳。在运行温度较低时，水以液态的形式产生。当溶液中或胶体溶液中含有离聚物、带电物质或电催化材料时，液态水直接调节了其电中性。这些反应控制了相分离和结构弛豫现象，导致了 PEM 和催化层的形成。因此，水含量和分布的变化导致了这些介质中稳定结构的转变，也就导致了其物理化学性能的改变。很明显，要了解在运行时燃料电池部件的结构和功能，就要将水的流动和分布直接关联起来。

燃料电池介质的结构和吸水性直接决定了其物质传输性能。水的动力学特性决定了质子在 PEM 和催化层的微观传输机制和扩散速率。在远离阳极或靠近 CCL 铂催化剂过程中，质子的传输必须要有足够高的速率。在 PEM 和催化层的纳米级孔洞，密布有无规则网状的水溶液传输通道，宏观上决定了质子的有效传输速率。根据这些材料的几何结构，也就是其外部的比表面积和厚度，得出它们各自的阻力。

多孔扩散介质的主要功能就是在气体扩散速率较高时能够有效均匀地在整个电池表面供给气体。如果液态水聚集在这些介质表面，就会导致电极的水淹现象。在燃料电池的水管理系统中，应该严格控制这些扩散介质处在无水的环境之中。考虑到这种情况，催化层扮演了一个矛盾的角色：它必须同时满足质子的高效传质速率以及反应气体的快速扩散。在无离聚物的超薄催化层中，这种窘境得以解决，超薄催化层的厚度在 200nm 以下，有效地消除了氧气的扩散阻力。然而在传统的催化层中，它就像气体扩散电极一样。它们的成分和结构设计时，要在气体的扩散中最大程度优化质子传输和氧气传质的竞争关系。这种复杂的相互作用在第 3 章里进行了阐述。

本章的第一部分回顾了 PEM 中的传质过程。在第 2 章中深入讨论了质子传输和 PEM 中水的电渗拖动作用。为了了解燃料电池中 PEM 的运行，阐述了其他的传质现象，比如液态水的扩散、水的渗透作用、内部水的汽化交换等。因此，在讨论时需要找到并建立相关的传输参数及其对运行性能的影响。

5.2　燃料电池模型中的聚合物电解质薄膜

在 PEM 中，水含量是状态变量。水的相变化，如气态液态转化，是遵从气态吸附等温线特点的。在假定条件下，这个等温线可以从理论角度描述，也就是说水的吸收机制是完全明了的。主要的假定条件就是表面水和体相水的差别。前者是化学吸附在孔壁上，并与磺酸根离子发生强烈相互作用。而相互作用较弱的体相水与具有纳米孔道的 PEM 通过毛细作用、渗透作用以及弹性作用保持平衡。这部分在第 2 章 "膜的水吸附与溶胀" 中讨论。给定了水的量和随机分布以后，可以计算出 PEM 中的有效传输性能。基于任意分布的均相介质理论，我们进行了理论和模拟计算。它包括有效介质理论、渗透理论和任意网络结构模拟。

从实际角度考虑，了解水在 PEM 中的分布和流体对外界条件的响应规律是十分重要的。这种变化可以应用在可控的非原位研究中，从而可以孤立出有效传输参数，因为它们对于负载条件的变化有快速的响应。从 PEFCs 的应用角度看，PEM 应该从如下几个标准进行评估。

① 高效 PEM 的性能，这是按照电压效率和功率密度进行评估的。这种性能主要取决于质子传导率，越高越好；还有 PEM 的厚度，为了减少电阻和电压降，越薄越好。

② 优化电池内水分布以及便于从膜电极中移除水的能力。这种能力取决于电渗拖动作用，这种作用应该弱一些；还有液态水的渗透作用，这种作用应该强一些。

③ PEM 的耐高温（＞100℃）、低湿环境的能力。这些条件是从系统设计角度考虑的。这就要求 PEM 在聚合物主体上吸附最少量水的条件下，提供较高的质子传导率。

④ 使得 PEM 适应目标 PEFCs 运行的能力。比如，燃料电池汽车在冰点温度下启动运行，接近或高于 100℃ 的正常运行以及相对湿度较低的运行。

⑤ 耐久性好，寿命长。

⑥ 制造成本低且构件结实。

5.3　PEM 中水的动态吸附及流体分布

在稳定的运行下，局部的机械平衡在 PEM 所有的微观和宏观的界面上都占据主要优势。它固定了吸附水的定态分布。然而，化学平衡的条件是水需要流动起来。PEM 中水流网络和其临近的介质一起，穿越了膜的界面，这种连续性调节了系统内水的压力和水流的梯度。水流通过扩散、渗透、电渗拖动作用产生。在外表面上，水的汽化凝结过程的速率与净水流量相等。这种机制是讨论 PEM 运行的基础。当然为研究 PEM 中水传质性质，进行非原位水流测试，也可以以这些机制作为讨论的基础。

5.3.1　膜电极中水的传质

在通常 $1A \cdot cm^{-2}$ 的电流密度下，阴极通过 ORR 产生的水的摩尔流量约为 $0.05mol \cdot m^{-2} \cdot s^{-1}$。在相同的电流密度条件下，由于电渗拖动作用产生的水的流量约为 $0.05 \sim 0.1mol \cdot m^{-2} \cdot s^{-1}$。这个过程的速率和电流密度直接相关，使得膜电极内的水分布不均，对电池的性能产生了负面影响。在极端条件下，PEM 阳极侧脱水，阴极侧水淹，就会导致电池失效。

具有高透水的 PEM 应该通过阳极液相传质便于水的去除，缓解阴极水淹以及阳极脱水。从系统的角度去看，通过阴极产生的水，对催化层和 PEM 进行充分的内部加湿，这样做是有益的。这种水内部管理模型不需要外部加湿。然而，这需要精确控制 PEM 中水的透过速率和部分饱和多孔电极中水的蒸发速率。因此，依靠 PEMs 的形貌和热力学条件去了解水传质的相关参数，如扩散、渗透、电渗拖动，是至关重要的。

在过去几十年，无论是从原位角度还是从非原位角度，科学界对 PEM 中的水流特性进行了大量的实验工作。研究目标就是对不同成分结构的材料进行水流的测试，建立水流与场梯度、相对湿度和液体压力之间的关系（Adachi 等人，2009 年；Duan 等人，2012 年；Romero 和 Merida，2009 年；Satterfield 和 Benziger，2008 年）。

理想情况下，水流数据应该完全独立于 PEM 结构和水的吸附。对数据的解析需要水流模型，这种模型提供了一种方法，就是对不同流动机制的去卷积以及提取相关参数。为研究水流传输机制，从水流测试中提取实验参数的问题，和在界面及多孔电极上分析电荷转移及电化学反应过程中的电学问题是类似的。对后者而言，实验通常在给定电位下测试电流随时间的变化。在电化学阻抗谱中，无论是直接进行，还是对频域间接进行，对时域进行去卷积，都会对时域特性有更为深入的了解。使用物理模型、时域可以进行去卷积，可以确定基本过程的动力学参数。在多孔电极理论中，电化学阻抗谱是一种非常有效的分析方法。然而，采用类似的方法去解析类似的在多孔介质中的水流问题，相关的研究还非常少。

5.3.2 PEM 中水渗透作用的实验研究

（1）电渗拖动系数

目前已有大量文献报道了电渗拖动系数的测试方法（Aotani 等人，2008 年；Fuller 和 Newman，1993 年；Ge 等人，2006 年；Ise 等人，1999 年；Xie 和 Okada，1995 年；Ye 和 Wang，2007 年；Zawodzinski 等人，1993 年）。如表 5.1 所示，电渗拖动系数依赖于膜的水合状态。在大多数情况下，电渗拖动系数随水合程度上升而上升。然而，Aotani 等人报道了相反的趋势，即，电渗拖动系数随水合程度的上升而下降（Aotani 等人，2008 年）。由于对 Nafion 膜中水的电渗拖动机制仍有分歧，电渗拖动系数与水合程度的确切关系仍旧不清。

表 5.1　Nafion PEM 电渗拖拽系数对比

来源	$T/℃$	湿润状态	$n_d(H_2O/H^+)$	PEM
Zawodzinski 等人（1993 年）	30	22(H_2O/SO_3H)	约 2.5	Nafion，117
Zawodzinski 等人（1993 年）	30	1～14(H_2O/SO_3H)	约 0.9	Nafion，117
Fuller 和 Newman（1993 年）	25	1～14(H_2O/SO_3H)	0.2～1.4	Nafion，117
Ise 等人（1999 年）	27	11～20(H_2O/SO_3H)	1.5～3.4	Nafion，117
Xie 和 Okada（1995 年）	室温	22(H_2O/SO_3H)	约 2.6	Nafion，117
Ge 等人（2006 年）	30～80	0.2～0.95	0.3～1.0	Nafion，117
Ge 等人（2006 年）	30～80	与水接触	1.8～2.6	Nafion，117
Aotani 等人（2008 年）	70	2～6(H_2O/SO_3H)	2.0～1.1	Nafion，115
Ye 和 Wang（2007 年）	80	3～13(H_2O/SO_3H)	约 1.0	多层 Nafion，115

注：选自 Adachi, M. et al. 2009 J. Electrochem. Soc., 156，B782-B790。

表 5.1（Adachi 等人，2009 年）给出了电渗拖动系数实验值的巨大差异。这种分散的结果与将电渗拖动作用从水流中难以分开有关。因为水流主要由化学势梯度引起的扩散和水压差引起的对流组成。如果水压和化学扩散的传输参数已知为膜结构和成分的函数，也是外界热力学参数的函数。这些参数的数值就可被用来分析实验数据，并且可以准确地得到电渗拖动系数的数值。

（2）水渗透测试方法（非原位）

尽管通过聚合物电解质燃料电池运行条件下进行净水传质特性的测试工作是非常庞大的，还是有一些研究尝试了通过化学扩散或者水的扩散将净水流去卷积入电渗拖动和水流。因而，促进净水流传质向阳极侧，去抵消阳极缺水和阴极水淹，促成这种情况的条件仍不清楚（Cai 等人，1006 年；Janssen 和 Overvelde，2001 年；Liu 等人，2007 年；Yan 等人，2006 年）。由于这一原因，关于通过 PEM 的水渗透方面的研究已经引起重视，因为这个问题是水管理问题的一个子问题，还与整个 PEFC 性能的提升相关联。

当膜两侧湿度相等时，膜暴露在水蒸气中，在膜溶胀和消融时，从 PEM 水系统的瞬态质量变化中提取，就可以得到水的净流速（Burnett 等人，2006 年；Krtil 和 Samec，2001 年；Morris 和 Sun，1993 年；Pushpa 等人，1988 年；Rivin 等人，2001 年）。水的渗透能力由施加的气体的逸度梯度或水蒸气压决定，通过反映出的净水流量来测量（Adachi 等人，2009 年；Majsztrik 等人，2007 年；Monroe 等人，2008 年；Motupally 等人，2000 年；Romero 和 Merida，2009 年）。这些实验的挑战就是隔离并提取体相和表面传输参数。这需要对实验和模型工具的修正。

（3）水流及水分布的原位表征

通过燃料电池净水流的数据通常由净水流和质子流的比 β 给出，这是由 Springer 等人（1991 年）、Zawodzinski 等人（1993 年）和 Ren 等人（2000 年）定义的。若 β 值为正，代表净水流流向阴极。Zawodzinski 等人报道了在完全潮湿的气体，$0.5A \cdot cm^{-2}$ 操作条件下 Nafion 117 膜电极中 β 值为 0.2。Choi 等人（2002 年）报道了同样的运行条件下电流密度在 $0 \sim 0.4A \cdot cm^{-2}$ 范围内，β 值范围在 $0.55 \sim 0.31$。在干燥的运行条件下，β 值增加显著，这说明质子传输和电渗耦合机制发生了变化。Janssen 和 Overelds（2001 年）结合了湿态、干态和不同压力条件下使用了 Nafion 105 来评估 β 值。阳极干态条件下得到的 β 值为负，然而其他条件下得到的 β 值为正。Ren 和 Gottefeld（2001 年）在 Nafion 117 膜电极中，在 80℃下通以饱和氢气和干燥氧气，施加电流密度为 $0 \sim 0.7A \cdot cm^{-2}$，$\beta$ 值为 3.0 到 0.6。Yan 等人（2006 年）发现在保持阳极气体饱和的情况下，β 值随阴极湿度降低而升高。当阴极气体饱和时，β 值为负，靠近阴极附近的相对干燥的氢气（相对湿度 20%）流量上升。他们也探究了不同气体相对湿度和气体分压的影响，目的是区分浓度梯度驱动下扩散，包括压力驱动下的渗透，排除电渗流的影响。Murahashi 等人（2006 年）通过一个类似的实验区研究两个电极间相对湿度差对 β 值的影响。总体趋势就是 β 值的下降伴随着阴极相对湿度的上升，β 值的上升伴随着电池温度的上升。

Cai 等人（2006 年，在 Nafion 112 膜电极上进行了水平衡的研究，在燃料电池中通以干燥的氢气和中等润湿的空气，β 值为负。电流密度从 $0.1A \cdot cm^{-2}$ 增加到 $0.6A \cdot cm^{-2}$，β 值从 -0.06 下降到 -0.18。Liu 等人在流道中监测了 β 值的变化，在监测设备中加入了气相色谱。在运行过程中，选用了一个矩形电池，包含一个 $30 \mu m$ Gore 质子交换膜，分别通以中等润湿和干燥的气体，他们观察到了 β 值沿着气流方向发生了显著的变化。Ye 和

Wang（2007 年）发现对于 Gore-PRIMEA18（即 $18\mu m$ 厚的 PEM 膜电极），电流密度为 $1.2A \cdot cm^{-2}$，相对湿度在 $0.95\sim0.35$，β 值的变化范围是 $0.5\sim1.1$。

更加复杂的测试技术揭示了燃料电池中电极面内和面间的水分布。通过核磁共振造影技术（MRI）可以获得一维水分布（Teranishi 等人，2006 年；Zhang 等人，2008 年）。膜电极材料的不同水合程度可以通过电化学阻抗谱（EIS）获得（Andreaus 和 Scherer，2004 年；Schneider 等人，2005 年；Springer 等人，1996 年）。电化学阻抗谱也可以分析膜电极中面间的水分布（Buechi 和 Scherer，2001 年；Takaichi 等人，2007 年）。中子成像技术可以使得运行下聚合物电解质燃料电池面内和面间的水分布得以可视化（Hickner 等人，2006 年；Mench 等人，2003 年）。

Adachi 等人（2009 年）首次报道了尝试修正并验证 PEM 中水渗透的原位和非原位现象。在具有可比性的温度和相对湿度条件下，对 Nafion 膜中水的渗透能力和运行条件下 PEFC 中水的传质进行了原位和非原位的研究。需要研究的参数包括驱动力的类型（相对湿度，压力）、PEM 界面处水的相态、膜的厚度、膜界面处催化层的作用等。对这些参数的获取，他们设计了很多实验，进行了很多探索。在 70℃ 时水的渗透能力取决于 Nafion 膜被暴露在液态或气态的水中。膜间水的化学势梯度通过相对湿度（38%～100%）来控制，此时膜同时与气态水和液态水接触，水的蒸气压在 0～1.2atm。一共进行了三种水的渗透实验，分别为气-气渗透（VVP）、气-液渗透（LVP）、液-液渗透（LLP）。非原位实验揭示，当膜两侧分别为气态水和液态水时，即气-液渗透（LVP）时水流最大。这些条件产生了液态水含量的最大梯度，即 PEM 中内部最大的水压。

5.3.3 PEM 中水流的非原位模型

膜内水流的阻力，界面处汽化-凝结的动力学在聚合物电解质燃料电池的运行中都是最重要的因素（Eikerling 等人，1998 年，2007 年；Weber 和 Newman，2004 年）。为了从膜内水的传质机制中区分出界面内部吸脱附的动力学，应在水流测试中应用新开发的模型（Adachi 等人，2009 年；Majsztrik 等人，2007 年；Monroe 等人，2008 年；Romero 和 Merida，2009 年）。

给水的动态吸附模型建模时，为了解释膜和气体界面处水的交换作用，蒸发和凝结应该在边界条件中给出。水在膜内的交换速率由两个因素决定：一个是膜界面处靠近液相一侧水的即时含量 λ_{int}；另一个是靠近气体一侧的气体压力 P_{int}^{V}。在局部偏离化学平衡的部分构成了内部气体交换的驱动力。

在过去，通常采用吸附等温线去解释 λ_{int} 和 P_{int}^{V} 之间的关系。这种处理方式需要气体交换的速率常数是无穷大的。这样会造成很大困难，原因有二。其一，随着膜厚减小，界面内水的交换越来越重要。在临界厚度以下，限制净水流的是界面动力学，而非体相传输，这就意味着平衡态条件不再适用。其二，如果临近膜一侧的气体流动，水就会从其表面一侧对流走。实际上，假定平衡态和实际的动力学或对流过程是相矛盾的。

Benziger 等人提出了修正的物理模型，以膜和临近气体中水的动态交换作为边界条件，确定了穿过界面的水的量（Majsztrik 等人，2007 年；Satterfield 和 Benziger，2008 年）。尽管这些模型描述了水的吸附，但仍旧包括很多限定的假设条件。这些条件忽略了凝聚动力学对气体压力的依赖性，还忽略了气态中水的团聚。然而，对于同时处理凝聚和蒸发，水的气液平衡，这些模型依旧是有效的。Monroe 等人（2008 年）提出了一个精修的物理模型，该模型确定了界面水的交换速率以及膜在气流作用下水的渗透能力。这个模型应用在 Romero 和 Merida（2009 年）的实验中，后文详述。

（1）实验的搭建

图 5.1 给出了 Romero 和 Merida（2009 年）的实验装置。PEM 的厚度为 l_{PEM}，膜平放，上下通过环形密封圈封装。PEM 的圆形有效面积为 A，膜的厚度远小于该圆形的半径，因此可以近似认为水流过 PEM 为一维方向。沿 x 轴方向的传质与膜表面垂直。

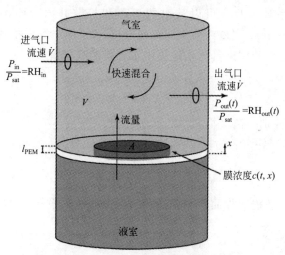

图 5.1　Romero 和 Merida（2009 年）设计的聚合物电解质膜水流测试实验装置。上部为气室，下部为液室，中间由隔膜分开。液室由静止的水充满，气室中为稳定的饱和气流，其恒定流量 $\dot{V}$，注水口水的分压为 P_{in}，保持恒定。并实时监控出气口分压 P_{out}（引自文献 J. Membr. Sci.，**324**，Monroe, C. et al. A vaporization-exchange model for water sorption and flux in Nafion, 1-6, Figures 1, 2, 3, Copyright（2008 年）. Elsevier 授权）

实验中，膜表面（$x=0$ 处）与充满静止流体的液室接触。膜的另一侧（$x=l_{\text{PEM}}$ 处）暴露在有稳定气流的气室中。实验中所选用的静止流体为液态水，即液相平衡（LE），所选用的稳定饱和气体即称为气相平衡（VE）。为了解释水的吸收在气相平衡和液相平衡条件下的不同，考虑了两个最大水含量，即 $c_{\max}^{\text{vap}}$ 和 $c_{\max}^{\text{liq}}$，通常 $c_{\max}^{\text{liq}} > c_{\max}^{\text{vap}}$。

气流通过进气口注入，校准流量为 $\dot{V}$，总流量为 V，出气口速率与进气口相同。实际上，通过排气管向环境大气内排气是通过节流阀控制的。相对于面积 A，喷气嘴和排气口的面积都是非常小的，并安装在彼此远离的位置，目的就是为了使气室的气体在排出前混合均匀。此外，排气口也都远离膜表面，目的是保证膜表面的气流是混乱的，远离稳定的连续气流。

尽管排气口都非常小，但是排气的体积流量通常也足够小，以使得雷诺数并不在湍流区。

在气室中安装了电容传感器去测量气体的露点温度。露点温度和水的蒸气压之间存在着一定的关系。如果与气室中气体的周转时间和水穿过体相膜的典型特征时域相比，在气体中水的特征扩散时间较短，那么出气口蒸汽中水的蒸气压与气室的平均气体压力相等，即 $P_{\text{out}}^{\text{v}} = P^{\text{v}}$。

（2）数学模型

气室中的水平衡可近似如下：

$$\frac{V}{RT} \times \frac{\mathrm{d}P_{\mathrm{out}}^{\mathrm{v}}}{\mathrm{d}t} = \left[P_{\mathrm{in}}^{\mathrm{v}} - P_{\mathrm{out}}^{\mathrm{v}}(t)\right]\frac{\dot{V}}{RT} + AJ(t) \tag{5.1}$$

式中，$J(t)$ 为单位面积上 x 方向上水的摩尔流量。在公式（5.1）中，$P_{\mathrm{in}}^{\mathrm{v}}$ 是进气口处水的蒸气压，$P_{\mathrm{out}}^{\mathrm{v}}(t)$ 是出气口处水的蒸气压。水在膜内的传质由下式给出：

$$\frac{\partial c}{\partial t} = D_{\mathrm{w}}^{\mathrm{eff}}\frac{\partial^2 c}{\partial x^2} \tag{5.2}$$

式中，有效扩散系数 $D_{\mathrm{w}}^{\mathrm{eff}}$ 可以从水的渗透和扩散并入（Eikerling 等人，1998 年，2007 年；Weber 和 Newman，2004 年）。Monroe（2008 年）等人报道了 PEM 中水的局部有效含量。它和之前定义的用来具体描述膜中水含量的变量有关：

$$c = \frac{X_{\mathrm{w}}}{\overline{V}_{\mathrm{w}}} = \frac{\lambda - \lambda_{\mathrm{s}}}{(\lambda - \lambda_{\mathrm{s}})\overline{V}_{\mathrm{w}} + \overline{V}_{\mathrm{p}}} \tag{5.3}$$

式中，$\overline{V}_{\mathrm{p}}$ 和 $\overline{V}_{\mathrm{w}}$ 分别为离聚物和水的摩尔体积。

在 PEM 和气体界面外（$x = l_{\mathrm{PEM}}$）水流的边界条件为：

$$J(t) = -D_{\mathrm{w}}^{\mathrm{eff}}\frac{\partial c(t)}{\partial x}\bigg|_{x = l_{\mathrm{PEM}}} \tag{5.4}$$

界面上水流的连续性说明界面处水渗透和汽化交换速率平衡。其中连续性的条件为：

$$-D_{\mathrm{w}}^{\mathrm{eff}}\frac{\partial c(t)}{\partial x}\bigg|_{x = l_{\mathrm{PEM}}} = \frac{k_{\mathrm{v}}}{RT}\{P^{\mathrm{v,eq}}[c(t, l_{\mathrm{PEM}})] - P^{\mathrm{v}}(t)\} \tag{5.5}$$

式中，右边项描述了膜和气体界面处汽化和凝聚动力学，其中 k_{v} 为汽化速率常数；$P^{\mathrm{v}}(t)$ 是临近气体侧的实际分压；$P^{\mathrm{v,eq}}$ 为 $x = l_{\mathrm{PEM}}$ 处的平衡气体分压。函数 $P^{\mathrm{v,eq}}[c(t, l_{\mathrm{PEM}})]$ 代表气体吸附等温线，已在第 2 章"PEM 中水的吸附和溶胀"中讨论过。

$c(t, l_{\mathrm{PEM}})$ 和 $P^{\mathrm{v}}(t)$ 的数值可以通过自洽方法得到，使用自洽的系统方程式来描述膜两侧水流。

汽化是一个活化的过程，该过程是由水吸附的吉布斯自由能控制。水的汽化决定了 $P^{\mathrm{v,eq}}[c(t, l_{\mathrm{PEM}})]$。凝聚动力学速率与膜在气室一侧界面的气体压力 P^{v} 成正比。气体交换速率常数 k_{v} 的物理意义与电化学中的交换电流密度的意义类似，而汽化过程的 $P^{\mathrm{v,eq}}[c(t, l_{\mathrm{PEM}})] - P^{\mathrm{v}}$ 与过电位类似。

式（5.5）的等价方程如下：

$$-D_{\mathrm{w}}^{\mathrm{eff}}\frac{\partial c(t)}{\partial x}\bigg|_{x = l_{\mathrm{PEM}}} = \frac{k_{\mathrm{v}}P^{\mathrm{s}}}{RT}\left\{\exp\left(\frac{\Delta G^{\mathrm{s}}[c(t, l_{\mathrm{PEM}})]}{RT}\right) - \frac{P^{\mathrm{v}}}{P^{\mathrm{s}}}\right\} \tag{5.6}$$

其中只有水吸附吉布斯自由能一个经验数值，通过等温吸附数据确定。

在液相平衡时，膜在静止流体的界面处（$x = 0$）的边界条件为：

$$c(t, 0) = c_{\max}^{\mathrm{liq}} \tag{5.7}$$

相当于液态水接触膜一侧饱和水的吸收。

在气态平衡时，界面处（$x = 0$）的边界条件为：

$$-D_{\mathrm{w}}^{\mathrm{eff}}\frac{\partial c(t)}{\partial x}\bigg|_{x = 0} = \frac{k_{\mathrm{v}}}{RT}\{P^{\mathrm{s}} - P^{\mathrm{v,eq}}[c(t, 0)]\} \tag{5.8}$$

式中，$P^{\mathrm{v,eq}}[c(t, 0)]$ 是等价平衡的气态分压，与界面处局部水含量有关。而且，$P^{\mathrm{v,eq}}[c(t, l_{\mathrm{PEM}})] - P^{\mathrm{v}}$ 也可以理解为过电位，是内部水传质的驱动力。

从而可以定义一系列无因次量：

$$\xi = \frac{x}{l_{\mathrm{PEM}}}, \quad \tau = \frac{D_{\mathrm{w}}^{\mathrm{eff}} t}{l_{\mathrm{PEM}}^{2}}, \quad \theta_{\mathrm{m}}(\tau,\xi) = \frac{c - c_0}{c_{\mathrm{max}}^{\mathrm{liq/vap}} - c_0}, \quad \theta_{\mathrm{v}}(\tau) = \frac{P_{\mathrm{out}}^{\mathrm{v}} - P_{\mathrm{in}}^{\mathrm{v}}}{P^{\mathrm{s}} - P_{\mathrm{in}}^{\mathrm{v}}} \tag{5.9}$$

式中，$\theta_{\mathrm{m}}(\tau,\xi)$ 代表膜中水的含量；$\theta_{\mathrm{v}}(t)$ 是气室中的气体分压；$c(0,x) = c_0$ 和 $P_{\mathrm{out}}^{\mathrm{v}} = P_{\mathrm{in}}^{\mathrm{v}}$ 分别是膜中水含量的初始值和出气口气体压力的初始值。对初始条件为干燥的条件下，$c_0 \approx 0$，$P_{\mathrm{in}}^{\mathrm{v}} \approx 0$。

本质上，该模型描述了膜中体相水的渗透和表面汽化交换的相互作用。这些无因次量代表了这种相互作用：

$$\kappa_{\mathrm{PEM}} = \frac{l_{\mathrm{PEM}} k_{\mathrm{v}} (P^{\mathrm{s}} - P_{\mathrm{in}}^{\mathrm{v}})}{D_{\mathrm{w}}^{\mathrm{eff}} (c_{\mathrm{max}}^{\mathrm{liq/vap}} - c_0) RT} \tag{5.10}$$

当 $\kappa_{\mathrm{PEM}} \ll 1$ 时，说明所有水的传质被表面汽化交换作用限制了，表面汽化交换作用成为控制步骤。当 $\kappa_{\mathrm{PEM}} \gg 1$ 时，体相水的渗透是控制步骤。对于特定型号的膜来说，可以定义一个临界厚度 l_{PEM}，用以区分两种机制之间的转换。如 Monroe 等人（2008 年）所述，$\kappa_{\mathrm{PEM}} \gg 1$ 并不意味着膜表面吸收的水达到了与气态水蒸气平衡的条件。

液相平衡时，无因次形式的方程为：

$$\frac{\partial \theta_{\mathrm{v}}}{\partial \tau} = -\varphi \theta_{\mathrm{v}} - \frac{\gamma}{\kappa_{\mathrm{PEM}}} \times \frac{\partial \theta_{\mathrm{m}}}{\partial \xi}\bigg|_{\tau,1}$$

$$\frac{\partial \theta_{\mathrm{m}}}{\partial \tau} = \frac{\partial^2 \theta_{\mathrm{m}}}{\partial \xi^2}$$

其初始条件为 $\theta_{\mathrm{v}}(0) = 0$ 及 $\theta_{\mathrm{m}}(0,\xi) = 0$，边界条件为：

$$\theta_{\mathrm{m}}(\tau,0) = 1 \tag{5.11}$$

$$\frac{\partial \theta_{\mathrm{m}}}{\partial \xi}\bigg|_{\tau,1} = \kappa_{\mathrm{PEM}} \{\theta_{\mathrm{v}}(\tau) - \theta_{\mathrm{m}}(\tau,1) - \psi[1 - \theta_{\mathrm{m}}(\tau,1)]\} \tag{5.12}$$

再将无因次量代入：

$$\psi = \frac{c_0 P^{\mathrm{s}} - c_{\mathrm{max}}^{\mathrm{liq}} P_{\mathrm{in}}^{\mathrm{v}}}{c_{\mathrm{max}}^{\mathrm{liq}} (P^{\mathrm{s}} - P_{\mathrm{in}}^{\mathrm{v}})}, \quad \gamma = \frac{k_{\mathrm{v}} A l_{\mathrm{PEM}}^{2}}{D_{\mathrm{w}}^{\mathrm{eff}} V}, \quad \varphi = \frac{l_{\mathrm{PEM}}^{2} \dot{V}}{D_{\mathrm{w}}^{\mathrm{eff}} V}$$

式（5.12）中的第二边界条件包括一个以亨利定律的形式进行的气体等温吸附近似：

$$P^{\mathrm{v,eq}} \approx \frac{P^{\mathrm{s}}}{c_{\mathrm{max}}^{\mathrm{liq}}} c(t, l_{\mathrm{PEM}}) \tag{5.13}$$

使用这种线性近似未免有些过于简化，但是它使得这样的数学问题可以使用拉普拉斯变换得以解决。此外，这并不影响与实验数据相吻合。当然，也可以诉诸数学方法，采用气态等温吸附去更精确地解决这个问题。

同样的，通过式（5.8）中气态等温吸附线性近似，对于气相平衡的情况有相似的表达式。Monroe 等人（2008 年）通过稳态方程分析了液相平衡和气相平衡的情况。对于液相平衡，膜中气压和水含量的稳态方程为：

$$\theta_{\mathrm{v}}^{\mathrm{ss}} = \frac{\gamma}{\gamma + \varphi[1 + \kappa_{\mathrm{PEM}}(1 - \psi)]} \tag{5.14}$$

$$\theta_{\mathrm{m}}^{\mathrm{ss}}(\xi) = 1 - \frac{\kappa_{\mathrm{PEM}} \varphi}{\gamma + \varphi[1 + \kappa_{\mathrm{PEM}}(1 - \psi)]} \xi \tag{5.15}$$

模型分析的主要结果是在气相中相对湿度的稳态值和膜单位面积上的流速的线性响应函数：

$$\frac{P^s - P_{out}^{v,ss}}{P_{out}^{v,ss} - P_{in}^v} = m_{LE}\frac{\dot{V}}{A} \tag{5.16}$$

其斜率为：

$$m_{LE} = \frac{1}{k_v} + \frac{P^s}{RTD_w^{eff}c_{max}^{liq}}l_{PEM} \tag{5.17}$$

反向水流也是反向气流的函数，体现的仍是直线关系：

$$\frac{1}{J^{ss}} = \frac{RT}{P^s - P_{in}^v}\left[m_{LE} + \frac{A}{\dot{V}}\right] \tag{5.18}$$

相应地，气相平衡时的响应函数为：

$$\frac{P^s - P_{out}^{v,ss}}{P_{out}^{v,ss} - P_{in}^v} = m_{VE}\frac{\dot{V}}{A} \tag{5.19}$$

斜率为：

$$m_{VE} = \frac{2}{k_v} + \frac{P^s}{RTD_w^{eff}c_{max}^{vap}}l_{PEM} \tag{5.20}$$

$$\frac{1}{J^{ss}} = \frac{RT}{P^s - P_{in}^v}\left[m_{VE} + \frac{A}{\dot{V}}\right] \tag{5.21}$$

这些表达式表明了液相平衡和气相平衡的主要区别，就是界面阻力的叠加，由于气体交换，如 m_{VE} 右侧第一项。此外，第二项分母中的最大水含量可以得到不同的值。

上面的线性响应函数是由数学线性关系推导，通过假定水的恒定传质系数 k_v 及 D^{eff} 以及使用气态等温吸附的线性近似得到。两个斜率代表了线性有效阻力，类似于电路中的纯电阻。

（3）对比试验

图 5.2（a）为测得的不同厚度 Nafion 型 PEM 稳态相对湿度与单位面积流量关系的试验数据。在液相平衡和气相平衡条件下，与理论预测吻合，实验数据表现出良好的线性关系。通过线性拟合，可以得出两个斜率和膜厚度的关系图。线性拟合斜率的数据点为膜厚度的函数，同时给出了汽化交换速率 k_v 和有效渗透率 $D_w^{eff}c_{max}^{liq/vap}$ 的值。

从图 5.2 中的数据可以看出，在液相平衡条件下，$k_v = 0.75\,cm \cdot s^{-1}$，$D_w^{eff}c_{max}^{liq/vap} = 1.0\,\mu mol \cdot dm^{-1} \cdot s^{-1}$；气相平衡条件下，$k_v = 0.60\,cm \cdot s^{-1}$，$D_w^{eff}c_{max}^{liq/vap} = 1.5\,\mu mol \cdot dm^{-1} \cdot s^{-1}$。最后的结果有些意外，因为预计气相平衡时水的渗透率要比液相平衡时小。预测的结果相对有些不准确，因为在这个点上缺乏更加系统的数据，如果从数量级考虑的话，还应该算准确的。k_v 和 $D_w^{eff}c_{max}^{liq/vap}$ 的值可以用来确定式（5.10）中定义的 κ_{PEM} 值。其中 $\kappa_{PEM} = 0.003\,\mu mol^{-1} \cdot l_{PEM}$。

相应地，可以定义特征厚度：

$$l_{PEM}^c = \frac{\nu_v RTD^{eff}c_{max}^{vap/liq}}{k_v P^s} \tag{5.22}$$

对于气相平衡，$\nu_v = 2$；液相平衡，$\nu_v = 1$。当 $l_{PEM} < l_{PEM}^c$，水穿过膜的传质由界面汽化交换决定；然而当 $l_{PEM} > l_{PEM}^c$ 时，就是水的体相渗透占优势。Monroe 等人（2008 年）的数据显示 $l_{PEM}^c \approx 100 \sim 300\mu m$。这说明当膜的厚度 $l_{PEM} < 100\mu m$ 时，表面汽化阻力超过了膜体相渗透的阻力。

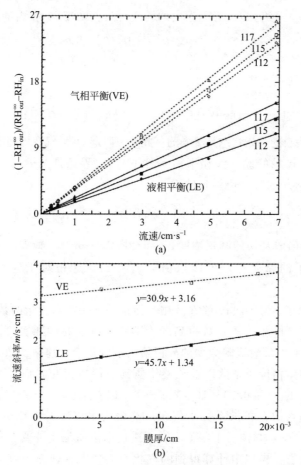

图 5.2　PEM 水流模型的实验估计。(a) 气室出口稳态下相对湿度与不同厚度 PEM 单位面积流速的函数关系。膜为 Nafion 117，115 和 112，操作温度 50℃，气相和液相平衡条件下。进气口为干燥的氢气，$RH_{in}=0$。模型估计和试验数据吻合很好。(b)：(a) 图中直线的斜率与 PEM 厚度的函数关系。y 轴截距给出汽化交换阻力，斜率为水渗透的体相电阻［摘自 J. Membr. Sci.，**324**，Monroe，C. et al. A vaporization-exchange model for water sorption and flux in Nafion，1-6，Figures 1，2，3，Copyright（2008），Elsevier 授权］

（4）瞬时水通量数据分析

Rinaldo 等人（2011 年）修正了水吸附的汽化交换模型和水在 Nafion 型 PEM 中的流动，并用于处理瞬时水流数据。其关键性的修正就是包括了传质系数，而传质系数取决于膜中的水含量。这种依赖关系的简单形式就是在一个特定的转变含量（浓度）$c*$ 时，慢传质和快传质出现了一个阶梯函数变化。鉴于此，引入反正切函数：

$$D_w^{eff}(c) = D_{fast}\left\{\frac{D_{slow}}{D_{fast}} + \left(\frac{1}{2} - \frac{D_{slow}}{D_{fast}}\right)\left[\tanh\omega(c - c_*) + 1\right]\right\} \tag{5.23}$$

式中，D_{slow} 和 D_{fast} 分别是低含量和高含量下水的传质系数；ω 决定了转变区域的"宽度"。扩散系数的非线性表达方式使得该模型不可解。

该方程的无因次形式为：

$$\overline{D}(\theta_m) = \beta + \left(\frac{1}{2} - \beta\right)\{\tanh\sigma(\theta_m - \theta_m^*) + 1\} \tag{5.24}$$

其中，$\overline{D}(\theta_m) = D_{eff}(c)/D_{fast}$，$\beta = D_{slow}/D_{fast}$，$\sigma = \omega c_{max}^{liq}$。$\sigma$ 值更大时，反正切函数接

近于理想的阶梯函数。最终，θ_m^* 为无因次的转变含量（浓度）。膜内的传质可以描述为：

$$\frac{\partial \theta_m}{\partial \tau} = \overline{D}(\theta_m) \frac{\partial^2 \theta_m}{\partial \xi^2} + \frac{d\overline{D}(\theta_m)}{d\theta_m}\left(\frac{\partial \theta_m}{\partial \xi}\right)^2 \tag{5.25}$$

界面处流向气室的水流边界条件为：

$$\left.\frac{\partial \theta_m}{\partial \xi}\right|_{1,\tau} = \kappa_{PEM}\{\theta_v(\tau) - \theta_m(1,\tau) - \psi[1 - \theta_m(1,\tau)]\} \tag{5.26}$$

$\theta_m(0,\xi) = 0$ 代表膜的初始状态是干燥的。此外，假定了膜/气室界面的水流依赖于 D_{fast}。

对于与静止流体接触的膜（液相平衡条件下），边界条件为 $\theta_m(\tau,0) = 1$，与水蒸气（气相平衡条件下）接触的膜，边界条件为：

$$\left.\frac{\partial \theta_m}{\partial \xi}\right|_{\tau,0} = -\alpha(1+\psi)[1 - \theta_m(\tau,0)] \tag{5.27}$$

Nafion 117 膜中磺酸基团的摩尔浓度 $c_f = 1.2 kmol \cdot m^{-3}$。最大水含量定义为每摩尔离子交换位点上水分子的摩尔数，可以取值 $\lambda_{max} = 14$。这相对于最大水含量 $c^{liq} = \lambda c = 16.8 kmol \cdot m^{-3}$。

图 5.3（a）给出了 Nafion 117 膜在液相平衡条件下瞬时水流量的数值模拟和实验数据，数值模拟是通过常量、体相传质系数得到的。图 5.3 所示的详细实验数据由 Rinaldo 等人（2011 年）给出。模型中瞬时吸附数据的分析给出了汽化交换速率常数，低水含量的体相传质系数，高水含量的体相传质系数以及从慢传质到快传质转变的临界水含量。低水含量和高水含量的扩散系数 $D_{slow} = 0.29 \times 10^{-5} cm^2 \cdot s^{-1}$ 以及 $D_{fast} = 4.5 \times 10^{-5} cm^2 \cdot s^{-1}$。$D_{fast}$ 的值超过了自由体相水的自扩散系数十倍多。这表明水传质的主要贡献与水的渗透有关。临界水含量的值（$\lambda_s \approx 3$）与渗透下限值吻合。渗透下限值是通过独立测定 Nafion 的结构和传质特性数据得到的。在模拟中计算得到的汽化交换速率常数 $k_v = 0.48 cm \cdot s^{-1}$。这比稳态条件下测得的值要略小一点。通过这些数据，模拟了不同时间 Nafion 117 中的水含量，如图 5.3（b）所示。这些从侧面表明液相水需要 25s 穿过膜，并达到稳态分布。

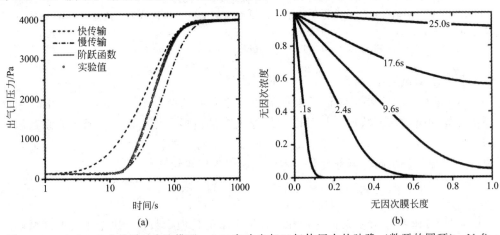

图 5.3　Nafion 117 中的瞬时水流模型。（a）实验出气口气体压力的弛豫（敞开的圆环），Nafion 117 膜在 LE 模式，50℃，气室体积 $V = 0.125 L$，流速 $\dot{V} = 0.1 L \cdot min^{-1}$，膜面积 $A = 2 cm^2$，饱和蒸气压 $P^s = 12336.7 Pa$。为对比，给出模拟模型，此模型中慢传输系数（虚点线）、快传输系数（虚线）、依赖于浓度的传输系数（灰线）。（b）不同时间条件下，计算得到的水浓度特征（Electrochem. Commun. **13**，Rinaldo, S. G. et al. Vaporization exchange model for dynamic water sorption in Nafion：Transient solution，5-7，Figures 1 and 2，Copyright（2011）. Elsevier 授权）

这些参数对于解释 PEFC 中的机制和水含量是至关重要的。模型可以应用于分析改变膜厚度时的吸附数据和平衡水含量。变化 T 的实验可以提供汽化速率常数的活化能和体相传质系数。相似的模型可以用于研究催化层的水含量及水流。此外，它们可以去分析膜电极多孔层中水的传质和相变化。

5.4　燃料电池模型中膜的性能

5.4.1　理想条件下膜的运行性能

在 PEFC 的理想运行条件下，膜应该在最佳水含量时有统一的饱和程度，从而提供最高的质子传导率 σ_{p}^{s}。最佳水含量由式（2.1）确定。在这种情况下，PEM 表现出线性的电阻特性，并造成不可避免的电压损失 $\eta_{PEM} = j_0 l_{PEM}/\sigma_{p}^{s}$，其中 j_0 为燃料电池的电流密度。实际上，这种情况是在电流密度 j_0 下限处观测到的。在通常的燃料电池运行条件下，$j_0 \approx 1A \cdot cm^{-2}$，质子和水流之间的电渗耦合作用引起了水的不均匀分布，导致了过电位 η_{PEM} 的非线性极化。这种偏离导致了临界电流密度的出现，其出现在过电位 η_{PEM} 增长时，这就导致电池电压的急剧下降。因此，建立能预测出临界电流密度的模型是至关重要的。建立这样的模型要依靠结构和传质性质的主要实验数据。

5.4.2　PEM 运行的宏观模型：一般概念了解

为了明确 PEFC 中膜在水管理中的作用，了解水和水流的空间分布很重要。主要阐述膜中的电压降和燃料电池中膜的作用以及水管理的宏观模型。这些已由 Eikerling 等人（2007 年），Weber 和 Newman（2004 年），Eikerling 等人（2008 年），Eikerling 和 Malek（2010 年）以及 Weber 和 Newman（2009 年）提出。

应当直接并入宏观模型的还有膜运行的物理原理以及模型的数学结构。在固定的运行条件下，补偿了不可避免的电渗流，至少是通过水从阴极到阳极的逆流部分补偿。这本应该由化学势梯度或者水压驱动。膜中的温度梯度也不应忽视。逆流水的驱动力与水在膜内的不均匀分布有关。从阴极到阳极，水的驱动力在正常条件下会下降。当 j_0 上升时，水的分布变得愈加不均匀。在 j_{pc}，阳极一侧的水含量下降到质子传导的渗透下限以下，即 $\lambda < \lambda_c$。这使得表面水中只剩下很少的质子传导率。由于剩下的传导率通常十分小，在这种机制下 η_{PEM} 迅速增长，电池的电压也会下降到 0，导致电池失效。

膜性能的模型可以通过并入的结构复杂程度来分类。到目前为止，没有一个模型能够成功整合 PEM 的真正结构，即自组装相分离的结构，用以解释水和离聚物的相互作用。最早的处理方式是基于单相近似得到的。他们将膜考虑成为连续的无孔相，可以通过聚集溶液理论研究（Fuller 和 Newman，1989 年；Springer 等人，1991 年）。在这种处理过程中，热动力学状态可随膜局部的状态而改变，热动力学状态即是水的化学位，水的逆流是化学位驱动下的扩散导致的。然而，纯扩散的模型仍有些不完备，即对外界条件对膜的相应描述不完备。他们没有预测穿越饱和膜的净水流，这是源于在阴极向阳极流动区域施加的气体压力不同。此外，由于忽视了一个可变量（压力），扩散模型并不能完全描述水在膜中的状态，因此并不能描述这种被称之为"施罗德悖论"的现象。

膜运行的结构模型，从另一方面说，将膜看作是各种各样的近似双相的多孔介质。他们认为渗透水的网络提供了质子和水的传输通道。因此，这种结构概念包括了水的渗透（Dullien，1979 年），这种水的传输机制取代了大量水的扩散。这类似于水流在多孔岩石中传质，毛细管压力控制了膜中水的饱和程度，水压梯度控制了水从阴极向阳极的流动。这种方法整合了之前讨论的相分离膜结构、水吸附、膜的水淹以及质子传输机制。外界影响，如阴阳两极间相对湿度和气压的梯度也应该叠加在内部液体压力之上，提供了在运行条件下聚合物电解质燃料电池控制水分布的方法。这种模型确实基于膜运行时水的渗透模型。

Bernardi 和 Verbrugge（1992 年）建立了一种膜中水管理的模型，该模型通过 Schlögl 方程考虑了水的渗透，水的渗透为电渗水传输的反向水流。然而，他们假定了膜中的水饱和是均匀的。水的第一渗透模型，考虑了以下几项：（i）孔网络结构的形貌；（ii）水和压力的非均匀分布；（iii）电渗拖动下水的传输；（iv）运行电池中的水管理系统。这是由 Eikerling 等人（1998 年）提出，并由 Eikerling 等人（2007 年）修正。

应该再次强调的是，水的渗透模型并不排除扩散导致水的传输。两种机制同时发生。膜中的水含量决定了扩散和渗透在总的逆水流中的相对贡献。在水含量较高时，渗透作用占主导地位，即水的使用主要由毛细凝聚作用控制。在水含量较低时，扩散占主导地位，即水与聚合物主体之间的强烈作用（化学吸附）。临界水含量表明了扩散主导到渗透主导的转变，而这也取决于水和聚合物的相互影响以及多孔网络的形貌。吸附实验和水流实验表明，对于等效质量为 1100 的 Nafion 膜来说，转变发生在 $\lambda \approx 3$。

Weber 与 Newman（2009 年）也讨论了这种转变。然而，作者认为在气相平衡的膜中（$\lambda < 14$），扩散占优势，然而在液相平衡的膜中（$\lambda \geqslant 14$），水渗透占优势，并提出转变时的水含量明显过高。此外，根据水的状态和相应水在膜内的传输机制以及相邻液室中水的状态，去定义这些概念都是不对的。如上述讨论，更有说服力并且能与实验结果一致的是分别去区分体相水和界面水，分别是由水流和扩散流确定。然而，Weber 和 Newman（2009 年）的结论是有效的。它表明了膜中水的扩散和渗透是平行的。

任何特定的结构模型，PEM 中水的传质都是应该由活性物质的浓度或活度梯度以及液体压力梯度驱动的。Eikerling 等人（1998 年，2007 年，2008 年）以及 Weber 和 Newman（2009 年）建立了将化学扩散和水的渗透相叠加的模型。

膜中水的总摩尔流量 N_l：

$$N_l = n_d(\lambda) \frac{j}{F} - D^m(\lambda) \nabla c - \frac{k_p^m(\lambda)}{\mu} \nabla P^l \tag{5.28}$$

式中，c、P^l、μ 分别是相对于单位体积的膜的浓度、压力、孔中水的黏度；$D^m(\lambda)$ 是膜的扩散率；$k_p^m(\lambda)$ 是水的渗透率；$n_d(\lambda)$ 是电渗拖动系数。这说明这些传输参量均是 λ 的函数。渗透率表现出对 λ 强烈的依赖性，因为大的水含量导致了用于水传输的水的增多，多孔网络之间有着更好的连接以及这些孔平均孔径的增大。Eikerling 等人（1998 年，2007 年）考虑了这些因素，并修正了 Hagen-Poiseuille-Kozeny 方程：

$$k_p^m(\lambda) = \xi \frac{(\lambda - \lambda_c)\rho(r^c)}{8} \Theta(\lambda - \lambda_c) \tag{5.29}$$

式中，ξ 为逆曲折因子（3D 情况下 $\xi = 1/3$）；λ_c 为水的渗透量。Heaviside 阶跃函数解释了 λ_c 的渗透下限。当单位体积内水含量为 λ 时，平均孔径的平方为：

$$\rho(r^c) = \frac{1}{\lambda} \int_0^{r^c} \frac{d\lambda(r)}{dr} r^2 dr \tag{5.30}$$

式中，毛细半径为 r^c；$\mathrm{d}\lambda(r)/\mathrm{d}r$ 为不同孔径分布，是一个可以测量的量，可由压汞测试得到（Divisek 等人，1998 年）。水的质量守恒为：

$$\nabla \cdot N_1 = 0 \tag{5.31}$$

质子电流由欧姆定律决定，即电荷守恒 $j = -\sigma_p(\lambda)\nabla\Phi$，$\nabla j = 0$，其中 $\sigma_p(\lambda)$ 为膜的电导率。由于质子电流在面间垂直方向占主导，它适宜考虑一维方向上的标量 j 和 N_1 问题。

模型中要求输入方程 $\mathrm{d}\lambda(r)/\mathrm{d}r$，$D^m(\lambda)$，$k_p^m(\lambda)$，$n_d(\lambda)$ 以及 $\sigma_p(\lambda)$。这些关系可以由实验获得。Eikerling 等人（1998 年，2007 年）讨论了参量化的问题。此外，还应给出水蒸气压力、气体压力，水和质子流的边界条件。

对数正态分布广泛用来解决超滤膜的压汞实验数据。在 PFSA 型离聚物膜中，函数为以下形式：

$$\frac{\mathrm{d}\lambda(r)}{\mathrm{d}r} = \frac{\lambda_s}{\Lambda}\left[\exp\left\{-\left(\frac{\lg(r/r_m)}{\lg s}\right)^2\right\} - \frac{r}{r_{max}}\exp\left\{-\left(\frac{\lg(r_{max}/r_m)}{\lg s}\right)^2\right\}\right] \tag{5.32}$$

其中，Λ 为归一化因子；λ_s 为饱和水含量；r_m 为决定孔径分布函数（PSD）极大值位置的参数；s 是 PSD（孔径分布函数）宽度度量；r_{max} 是最大孔径。公式（5.32）所给出的孔径分布函数中 $r_m = 1\mathrm{nm}$，$s = 0.15$，$r_{max} = 100\mathrm{nm}$，其 PSD 和 Nafion 117 中的标准孔隙测定值相符（Divisek 等人，1998 年）。

5.4.3　水渗透模型的结果

Eikerling 等人（1998 年，2007 年）提出了水的渗透模型，其中假定了扩散水流的影响是可以忽略的。在足够高水含量的条件下是有效的。这个模型指出了临界电流密度主要依靠于膜的参数。孔径分布 $\mathrm{d}\lambda(r)/\mathrm{d}r = \lambda_{max}\delta(r - r_1)$，完全取决于水的最大使用量 λ_{max} 以及平均孔径 r_1，这就提供了一个 j_{pc} 的精确表达式：

$$j_{pc} = \frac{1}{n_d}\left\{j_w + J_m\left(1 - \frac{\lambda_c}{\lambda_{max}}\right)\right\} \tag{5.33}$$

式中，n_d 为常量；j_w 为穿过膜的净水流量。定义膜参数 J_m 为：

$$J_m = \frac{F\sigma\xi c_w\lambda_{max}}{4\mu} \times \frac{r_1}{l_{PEM}} \tag{5.34}$$

可见其取决于膜厚度 l_{PEM} 和 r_1。式（5.33）和式（5.34）表明水的使用量越大，孔体积越大，厚度越小，电渗拖动越弱，不易导致干燥。

水渗透模型的理论分析给出了膜在干燥条件下电流密度的表达式：

$$j_{ps} = \frac{j_w}{n_d} + \frac{Fc_w k_p^m(\lambda_{max})}{n_d\mu} \times \frac{\Delta P^g}{l_{PEM}} \tag{5.35}$$

在该电流密度以下，膜为饱和状态，表现为线性的纯电阻。由式（5.35）可知，两种水管理模型可应用于电渗拖动的补偿，因此保证了膜中的水含量。膜中水的再充满可以通过外界从阳极侧稳定的水流供应达到，$j_w \geqslant n_d j$，或者在阴极侧施加气压，保证膜内有足够的水流，$\Delta P^g = (n_d + \nu)\dfrac{\mu l_{PEM}}{Fc_w k_p^m(\lambda_{max})}j$。此处，系数 ν 依赖于产物水是否主要通过阴极（$\nu = 0$）或阳极侧（$\nu = 0.5$）移除。

5.4.4 扩散与水渗透的比较

扩散模型和水渗透模型分别预测了水含量和临界电流密度。其区别是函数 $D^m(\lambda)$ 和 k_p^m (λ) 的不同。这一点在这个模型最初的版本中（Eikerling 等人，1998 年）说明了，两个流体项均出现在式（5.28）中，并转换成了水含量梯度 $\nabla\lambda$，$D_{diff}^{eff}(\lambda)$ 作为驱动力和有效扩散传输系数，$D_{hydr}^{eff}(\lambda)$ 为水的渗透力。

$$N_\lambda = n_d(\lambda)\frac{j}{F} - [D_{diff}^{eff}(\lambda) + D_{hydr}^{eff}(\lambda)]\nabla\lambda \tag{5.36}$$

直接比较 $D_{diff}^{eff}(\lambda)$ 和 $D_{hydr}^{eff}(\lambda)$，发现高 λ 渗透占优势，低 λ 扩散占优势。

水的渗透模型预测了高度非线性的水分以及只有在阳极界面处才会出现的干燥现象。此外，严重的干燥只有在电流密度接近 j_{pc} 时出现。水的渗透模型与不同膜电阻和水分含量的实验数据吻合（Buechi 和 Scherer，2001 年；Mosdale 等人，1996 年；Xu 等人，2007 年；Zhang 等人，2008 年）。纯扩散模型表现出与这些数据不相同的结果。

近来，水的渗透模型可以解释膜的性能受外界气压变化的影响。Renganathan 等人（2006 年）在电池运行时通过归一化膜电阻分析了水含量分布的均一性。归一化膜电阻为：

$$\frac{R_{PEM}}{R_s} = \frac{\sigma_p(\lambda_{max})}{l_{PEM}}\int_0^{l_{PEM}}\frac{dz}{\sigma_p[\lambda(z)]} \tag{5.37}$$

这是燃料电池运行时电流密度的函数，在运行时所用的阴极和阳极侧气体压力不同，这和 Buechi 和 Scherer（2001 年）所做的类似。在式（5.37）中，$R_s = l_{PEM}/\sigma_p(\lambda_{max})$ 是均匀饱和膜的电阻（开路电压条件下）。膜电阻的实验值在水的渗透模型中重复性较好，如图 5.4 所示。在阴阳两极之间没有气体压力梯度时，$P^g=0$，该模型预测了均匀的水分布，$j<1A\cdot cm^{-2}$，膜电阻为常量，超过此点，R_{PEM}/R_s 陡增。这种趋势与 Nafion 112 的实验数据吻合较好。有限的正压梯度，$P^g=P_c^g-P_a^g>0$，提高了膜内部的湿度，导致了更加均匀的水分布，显著降低了膜电阻对 λ 的依赖性。此后的趋势与水渗透模型的预测吻合。

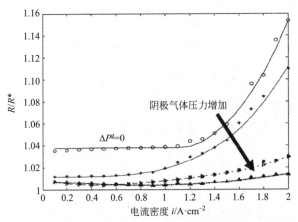

图 5.4 PEFC（70℃）运行中 Nafion 112 PEM 的电阻，其为燃料电池电流密度的函数。实验数据（点）与阴阳两极间施加不同气体压力下水渗透模型相比 [J. Power Sources, Renganathan, S. et al., 2006. Polymer electrolyte membrane resistance model. **160**, 386-397, Figure 5, Copyright (2006). Elsevier 授权]

之前的讨论说明 Nafion 膜中有足够大的 λ 时，水的传输以渗透模式为主，然而 λ 较小时，以扩散为主。这种随 λ 变化的机制可以解释水分含量的突变，这是通过对膜在运行时的中子散射实验得出的。

到此为止，水管理模型假定了一个膜内可控的净水流量 j_w。Eikerling 等人（1998 年）假定了 $j_w = 0$。这种方法是不完整的，因为它并未考虑膜中水流和其他部位中水流的耦合作用。在最简单的耦合情况中，要保证膜和其临近介质的界面处水流的连续性，就需要界面处有足够的水交换，如"膜中动态水吸附及水流"中所述：

$$j_w = \frac{F}{2RT} k_v \xi_a P_a^s \left\{ \frac{P_a^v}{P_a^s} - \exp\left(\frac{\Delta G^s(\lambda_a)}{RT}\right) \right\} \tag{5.38}$$

这是在阳极一侧，在阴极一侧：

$$j_w = \frac{F}{2RT} k_v \xi_c P_c^s \left\{ \exp\left(\frac{\Delta G^s(\lambda_c)}{RT}\right) - \frac{P_c^v}{P_c^s} \right\} \tag{5.39}$$

因子 ξ_a 和 ξ_c 为表面的异质性因子。式（5.38）和式（5.39）中界面水流条件，可应用在膜平界面处与水、水蒸气或液相相接触的均匀部分。然而，在 PEM 中离聚物嵌入催化层，离聚物与水蒸气和液态水的界面随机分布在多孔介质中。这导致了高度分散的均匀界面。目前正尝试在催化层运行模型中嵌入汽化交换。

5.4.5　膜中水分布和水流

水的不平衡分布，即水含量的梯度，是由相对湿度或者膜两侧的压力差引起的。还有，它也可由电渗拖动引起，带动水分子和质子流一起穿过膜。公众存在一个膜中水流机制为外部驱动力引起的误区。也就是说，比如当 $\Delta RH \neq 0$ 及 $\Delta P = 0$ 时，只有水蒸气扩散有助于水流。λ 的值决定了扩散和水渗透的相对贡献。高 λ 时水的渗透占优势，低 λ 时扩散是唯一的机制。非原位测试（质子流为零时），测试了有可控的 ΔRH 或 ΔP 引起的净水流，可以用来研究膜中水的传输和渗透特性。本部分讨论的模型，可以用来研究体相膜中扩散和水渗透对净水流的分别贡献，净水流是由界面水汽交换引起的。在水汽交换模型中，瞬时吸附和水流数据分析，分别在低 λ（由扩散引起）和高 λ（由水渗透引起）时提取了体相水的传质参数以及水蒸气汽化交换速率常数。这些参数对于运行 PEM 时的性能至关重要。此外，随时间变化水的产出也可以通过此模型研究。

5.4.6　总结：PEM 的运行

现已提出了两大类模型。第一大类模型中，将膜考虑成为一个离聚物和水的均匀混合物。第二大类中，将膜考虑成为一个多孔介质。水蒸气和这些介质达到平衡，平衡是通过溶剂化的质子、固定离子的毛细作用、电渗拖动以及水合作用和弹性作用达到的。在这种情况下，水在膜内的热力学状态应分为两个独立的热力学变量，即化学位与压力，这分别对应于两个独立的平衡，即化学平衡和机械平衡。均匀的混合物模型是所谓的膜性能扩散模型的基础。多孔介质模型是水渗透模型的基础。文献中关于 PEFC 的模型大多倾向于扩散模型，这是因为其模型简单。从膜的物理结构和传递过程上看，这并不适用，因为如此看的话，水的渗透模型更合适。扩散模型和水的渗透模型的区别并不仅仅体现在表面上。扩散模型在预测膜中压力变化、水吸附、水传质以及电化学性能上是不合适的。

通过这些模型可对局部水流分布变量提供最完整的描述。水的逆流与电渗拖动作用竞争，水的逆流由扩散和水的渗透同时贡献。将这些模型结合，得到在电池运行条件下的水管理方面的结论。

（1）水的局域分布。在燃料电池运行中，PEM 中水合作用越来越强，水合作用发生在与阳极侧临近的界面上，然而膜的其他区域保持有接近饱和的水合状态。

（2）临界电流密度。当膜的总阻力急剧上升时，出现了临界电流密度。当阳极侧水含量降低到质子传导渗透下限值时，就达到了临界电流密度。对于 Nafion 型 PEM 来说，估计的临界电流密度通常在 $1\sim10\mathrm{A\cdot cm^{-2}}$ 内。临界电流密度和饱和水含量以及最主要的孔径分布成正比。还有，它和电渗拖动系数以及膜厚度成反比。大量水的使用，需要大孔径，抑制电渗拖动，降低膜的厚度，这样才能提高水的逆向传质，从而达到更加均匀的水分布。因此才能减少由水分布不均匀导致的电压降。这些趋势都和实验结果相吻合。

（3）非线性修正。电流电压关系中的非线性修正只与临界电流密度的近似相关。在这个值以下，饱和状态的欧姆电阻决定了膜的性能。在临界电流密度以上，膜干燥部分中残余的电导率，决定了膜的性能。欧姆电阻以及临界电流密度近似非欧姆修正在更薄的膜中要更小一些。

（4）水管理。膜中的水管理可以通过大量的净水流从阳极到阴极流动来提高（阳极侧，高的相对湿度；阴极侧，低的相对湿度），或者外部气体压力梯度将水流从阴极侧推到阳极侧。然而，这些测试并不能不考虑阴极水淹的情形。最佳的设置条件应包括 ΔRH 或 ΔP。对于更薄的膜来说，渗透能力更大，即使气压梯度足够小，也足够在特定的电流密度下提供足够的湿度。这也需要进一步通过实验验证。

总之，设计整合以及膜的性能优化需要系统的理论计算和实验验证，研究离聚物的化学修饰作用，减小膜厚，以此提高离子交换能力（在不牺牲稳定性的同时提高传质性质）。

5.5　燃料电池的性能模型

5.5.1　介绍

极化曲线是燃料电池的特征描述。在世界范围内众多实验室都将此曲线作为一种常规测试手段。然而，极化曲线模型对燃料电池理论是最大的挑战。

通常任何电化学半电池都需要质子、电子以及中性分子。这些物质应该通过催化剂活性位点传质，活性位点就是反应发生的地方。电子的传输通常不会有问题，因为燃料电池中电子的导电性足够高。然而，对于质子和中性分子来说，传输并不那么简单。在燃料电池中，参加任何反应的物质传质都会造成电压损失，也就是说，传质需要部分电压。传质消耗了积累的动力学过电位，而这些过电位本应该是去活化反应的。比喻地讲，开路电压好比总资本，电池的极化曲线表现为以一定电流处理外加负载后剩余的资金（电压）。

在实际应用中（如电动汽车控制系统），急需建立电池极化曲线方程。这样的方程在表现电池性能和老化实验中也很有用，通过对测定曲线的分析方程进行拟合，有助于了解动力学和传输过程对电池中总电压降的贡献。

很多实验采用半经验方法分析电池极化曲线方程（Boyer 等人，2000 年；Kim 等人，

1995 年；Squadrito 等人，1999 年）。然而，经验方程通常并不遵从守恒定律，使得它们并不可信。因此，方程的预测能力受限。

在这一部分，守恒定律用于衍生问题的分析，问题来自于阴极侧仅有有限的氧气供应时的极化曲线，当 CCL 中氧气或质子传输不足时。通过对电池极化曲线的拟合，这些方程有助于了解 CCL 中传质损失的类型。此外，本章的结果还可以用于膜电极的亚模型以及电池中的计算流体动力学（CFD）模型。最后，但并非不重要的一点，下面的方法足够简单用于实际控制系统中。

5.5.2　GDL 中氧气的传质损失

第 4 章"CCL 极化曲线"部分的方程中包括催化层/扩散层界面处氧气浓度 c_1。这个浓度与电流密度相关。在扩散层中，氧气流与电流密度成正比。

$$D_b^c \frac{\partial c}{\partial x} = \frac{j_0}{4F} \qquad (5.40)$$

式中，D_b^c 为扩散层中氧气扩散速率；c 是扩散层中局域氧气浓度；上标 c 代表阴极侧。式（5.40）右侧项依赖于 x。因此，c 与 x 是线性关系（图 5.5），可写作：

$$D_b^c \frac{c_h - c_1}{l_b^c} = \frac{j_0}{4F}$$

解此式可得 c_1：

$$c_1 = c_h - \frac{l_b^c j_0}{4F D_b^c}$$

将此式两端同时除以 c_h^0，可得：

$$\tilde{c}_1 = \tilde{c}_h - \frac{\tilde{j}_0}{\tilde{j}_{lim}^{c0}} \qquad (5.41)$$

其中：

$$j_{lim}^{c0} = \frac{4F D_b^c c_h^0}{l_b^c} \qquad (5.42)$$

为从扩散层氧气传质得到的极限电流密度。

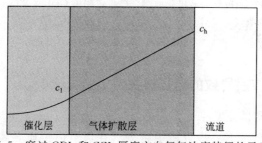

图 5.5　穿过 GDL 和 CCL 厚度方向氧气浓度特征的示意图

将扩散层的氧气传质损失考虑到极化曲线中，将式（5.21）中得到的结果代入之前几部分得到的催化层极化曲线。考虑到最简单的 Tafel 公式形式。将式（5.41）代入式（4.128）：

$$\bar{\eta}_0 = \ln(2\varepsilon^2 \tilde{j}_0) - \ln\left(\tilde{c}_h - \frac{\tilde{j}_0}{\tilde{j}_{lim}^{c0}}\right) \qquad (5.43)$$

右边第一项描述了活化过电位的损失（过电位需要去活化氧还原反应）。第二项代表了由于扩散层氧气传质导致的电压降。可以看出，当 $\tilde{c}_h = \tilde{j}_0 / \tilde{j}_{lim}^{c0}$，第二项为无穷小，电压趋近于零。这意味着催化层/扩散层界面处氧气浓度趋于 0（图 5.5），电池并不能产生更大的电流。进行因次变换，式（5.43）为：

$$\eta_0 = b\ln\left(\frac{j_0}{i*l_{CL}}\right) - b\ln\left(\frac{c_h}{c_h^0} - \frac{j_0}{j_{lim}^{c0}}\right) \tag{5.44}$$

相似的是，将式（5.41）代入 η_0 的其他表达式，由第 4 章中得出的阴极局域极化曲线得出，并考虑到了扩散层的氧气传输损失。例如，将式（5.41）代入式（4.139），给出了在催化层理想氧气传质的局域极化曲线：

$$\tilde{\eta}_0 = \text{arcsinh}\left(\frac{\varepsilon^2 \tilde{j}_0^2}{2(1 - \exp(-\tilde{j}_0/2))}\right) - \ln\left(\tilde{c}_h - \frac{\tilde{j}_0}{\tilde{j}_{lim}^{c0}}\right) \tag{5.45}$$

再者，第二个对数项描述了由于扩散层氧气传质的电压损失。在因次形式下，公式为：

$$\eta_0 = b\,\text{arcsinh}\left(\frac{j_0^2/(2j_{\sigma0}^2)}{1 - \exp(-j_0/(2j_{ref}))}\right) - b\ln\left(\frac{c_h}{c_h^0} - \frac{j_0}{j_{lim}^{c0}}\right) \tag{5.46}$$

其中：

$$j_{\sigma0} = \sqrt{2i*\sigma_p b} \tag{5.47}$$

对应于 D_b^c 的两个值的极化曲线在图 5.6（a）中给出。由此可见，两条曲线都表现出极限电流密度与 D_b^c 成正比。

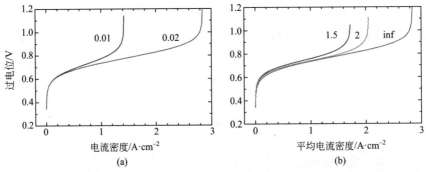

图 5.6　(a) PEFC 阴极侧局域极化曲线，已指定阴极 GDL 中氧气扩散系数（$cm^2 \cdot s^{-1}$），所有曲线的氧气化学计量比均为无穷大，$\lambda = \infty$。(b) 有限氧气化学计量比 λ 的极化曲线；$D_b^c = 0.02 cm^2 \cdot s^{-1}$。其他参数列于表 5.7

5.5.3　流道中氧气传质导致的电压损失

(1) 流道内氧气的质量守恒

之前的公式引导我们在下一步分析中将氧气在通道内传质导致的电压损失考虑进去。假定电池内有直接的氧气传输通道。令坐标 z 沿着由进口到出口的方向（图 5.7）。假定阴极通道中的气流以恒定速率混合均匀。这种假定对阴极的空气是合理的（Kulikovsky，2001 年）。

空气流道中氧气质量守恒方程为：

$$v^0 \frac{\partial c_h}{\partial z} = -\frac{j_0}{4Fh} \tag{5.48}$$

式中，v^0 为流体速率；h 为流道深度。式（5.48）表明表面氧气浓度随 z 方向衰减，衰减速率与局域电流密度 j_0 成正比。

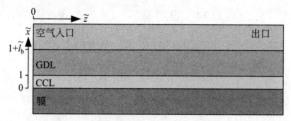

图 5.7　电池阴极侧线性氧气流道示意图

通过下式引入无因次量 $\tilde{z}$：

$$\tilde{z} = \frac{z}{L} \tag{5.49}$$

式（5.48）可以变换为：

$$\lambda \tilde{J} \frac{\partial \tilde{c}_h}{\partial \tilde{z}} = -\tilde{j}_0, \quad \tilde{c}_h(0) = 1 \tag{5.50}$$

此处：

$$\lambda = \frac{4Fhv^0 c_h^0}{LJ} \tag{5.51}$$

λ 为氧气的化学计量比；J 为电池中的平均电流密度。将式（5.50）对 z 从 0 到 1 积分。

$$\int_0^1 \tilde{j}_0 \, d\tilde{z} = \tilde{J} \tag{5.52}$$

这是在流道出口处得到的氧气浓度的有效关系式：

$$\tilde{c}_1 = 1 - \frac{1}{\lambda} \tag{5.53}$$

（2）低电流的极化曲线

为了解释氧气对于电压损失的影响，先考虑一个小电流的情形。在这种情况下，局域极化曲线由式（5.43）给出。为了计算作为平均电流密度 $\tilde{\eta}_0(\tilde{J})$ 函数的极化曲线，将式（5.43）以对数形式两端同时除以 $\tilde{c}_h$，为：

$$\tilde{\eta}_0 = \ln\left(\frac{2\varepsilon^2 \tilde{j}_0}{\tilde{c}_h}\right) - \ln\left(1 - \frac{\tilde{j}_0}{\tilde{j}_{\lim}^{c0} \tilde{c}_h}\right) \tag{5.54}$$

这个过程并未改变 $\tilde{\eta}_0$，正如式（5.54）中对数项所示。设想 $\tilde{\eta}_0$ 是依赖于 $\tilde{z}$ 的（下面给出假定的解释）。从式（5.54）可知，$\tilde{z}$ 随 $\tilde{\eta}_0$ 是恒定的，说明 $\tilde{J}_0/\tilde{c}_h$ 对于 $\tilde{z}$ 是独立的。在那种情形下，所有对数项均为常量。

注意 $\tilde{J}_0 = \gamma \tilde{c}_h$，其中 $\gamma > 0$ 时为常量，将此关系代入式（5.50），解方程得 $\tilde{c}_h = \exp[-\lambda \tilde{z}/(\gamma \tilde{J})]$。使用式（5.53）计算 γ，得到（Kulikovsky，2004 年）：

$$\tilde{c}_h = \left(1 - \frac{1}{\lambda}\right)^{\tilde{z}} \tag{5.55}$$

$$\tilde{j}_0 = \tilde{J} f_\lambda \left(1 - \frac{1}{\lambda}\right)^{\tilde{z}} \tag{5.56}$$

$$f_\lambda = -\lambda \ln\left(1 - \frac{1}{\lambda}\right) \tag{5.57}$$

它仅仅是氧气化学计量比的函数。式（5.55）和式（5.56）揭示了氧气浓度和局域电流密度随氧气化学计量比 $\tilde{z}$ 呈指数变化。

从式（5.55）和式（5.56）可知，很明显 $\dfrac{\tilde{j}_0}{\tilde{c}_h}=f_\lambda\tilde{J}$。式（5.54）给出了阴极侧的极化曲线：

$$\tilde{\eta}_0 = \ln(2\epsilon^2 f_\lambda\tilde{J}) - \ln\left(1 - \frac{f_\lambda\tilde{J}}{\tilde{j}_{\lim}^{c0}}\right) \tag{5.58}$$

因次形式的方程为：

$$\eta_0 = b\ln\left(\frac{f_\lambda J}{i*l_{CL}}\right) - b\ln\left(1 - \frac{f_\lambda J}{j_{\lim}^{c0}}\right) \tag{5.59}$$

由此可见，函数 f_λ 重新调节了平均电池电流密度 J。特别地，λ 通过因子 f_λ 降低了有效极限电流。图 5.8 给出了函数 f_λ 曲线。当 $\lambda\to1$，函数趋向于无穷；$\lambda\to\infty$ 时，函数趋向于 1。阴极侧过电位曲线，式（5.58）给出了 λ 的三个值，如图 5.6（b）所示。

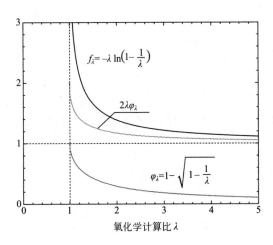

图 5.8 分析中出现氧气化学计量比 λ 的函数

（3）为何在流道内 η_0 近似于常数？

在聚合物电解质燃料电池中，$\tilde{\eta}_0$ 随 $\tilde{z}$ 不变源于以下论证。通常电池的电压如下：

$$E_{cell} = E_{oc} - \eta_0 - R_\Omega j_0 \tag{5.60}$$

此处，E_{oc} 为电池的开路电压（与 z 无关）（由定义，开路电压必须在平衡态下测得，即电流密度为零。这种情况下，根据能斯特方程式，电池表面的氧气浓度为常量）；R_Ω 是电池的欧姆阻抗，其中包括了膜和接触电阻。显然，式（5.60）中沿着 $\tilde{z}$ 的欧姆项变化并不大，此项可近似为 $R_\Omega J$。

由于高导电性，电极都是等电位的。因此，在式（5.60）中，E_{cell}、E_{oc}、$R_\Omega J$ 都是与 z 无关的。因此，η_0 也独立于 z。

如果电池电阻很小或者局域电池电流的变化不大时，这个是正确的。例如，如果膜的湿度在 z 方向上不均匀，欧姆项的变化很大，这种变化可由 η_0 的相应变化补偿。将式（5.60）写成如下形式：

$$\eta_0 + R_\Omega j_0 = E_{oc} - E_{cell} \tag{5.61}$$

式左边的总和沿着 z 方向为常数。

（4）CCL 中大电流，低氧扩散的情形

在高电流时有限 λ 的情形是什么样的呢？在这部分中，考虑了 CCL 中低氧扩散和理想质子传导率的情形。在这种情况下，CCL 的局域极化曲线由式（4.87）给出。将式（5.41）代入式（4.87），可以得到 GDL 中描述氧气传质项的局域极化曲线：

$$\bar{\eta}_0 = 2\ln\left(\varepsilon\tilde{j}_0\sqrt{\frac{2}{\widetilde{D}}}\right) - 2\ln\left(\tilde{c}_h - \frac{\tilde{j}_0}{\tilde{j}_{\lim}^{c0}}\right) \tag{5.62}$$

将两个对数项除以 $\tilde{c}_h$（并不改变 $\bar{\eta}_0$），为：

$$\bar{\eta}_0 = 2\ln\left(\frac{\varepsilon\tilde{j}_0}{\tilde{c}_h}\sqrt{\frac{2}{\widetilde{D}}}\right) - 2\ln\left(1 - \frac{\tilde{j}_0}{\tilde{j}_{\lim}^{c0}\tilde{c}_h}\right) \tag{5.63}$$

假定，$\bar{\eta}_0$ 独立于 $\tilde{z}$（见"为何 η_0 在通道内是常数？"部分），如果 $\dfrac{\tilde{j}_0}{\tilde{c}_h}$ 恒定，这个就是成立的。重复"低电流下极化曲线"的计算，得到极化曲线（Kulikovsky，2011 年）。

$$\bar{\eta}_0 = 2\ln\left(\varepsilon f_\lambda\widetilde{J}\sqrt{\frac{2}{\widetilde{D}}}\right) - 2\ln\left(1 - \frac{f_\lambda\widetilde{J}}{\tilde{j}_{\lim}^{c0}}\right) \tag{5.64}$$

其中，f_λ 由式（5.57）给出。$\tilde{z}$ 的形状可由式（5.55）和式（5.56）得出。

在有因次的形式中，式（5.64）为：

$$\eta_0 = 2b\ln\left(\frac{f_\lambda J}{j_{D0}}\right) - 2b\ln\left(1 - \frac{f_\lambda J}{j_{\lim}^{c0}}\right) \tag{5.65}$$

其中：

$$j_{D0} = \sqrt{4FDc_h^0 i_*} \tag{5.66}$$

式（5.65）表现为两倍的 Tafel 斜率（右手边第一项的 $2b$ 因子）。此外，CCL 在低氧传输时造成的电压损失是原来的 2 倍，这是由于 GDL 的氧气传质导致的（右手边第一项的 $2b$ 因子）。当氧气在 CCL 的传质不足时，穿过 GDL 的氧气流要增大。这是 CCL 水淹导致性能下降的主要原因。

（5）CCL 中大电流低质子传质的情形

在那种情形下，催化层的局域极化曲线由式（4.131）给出。将式（5.41）代入式（4.131），可得到 CCL 在质子传导不足时阴极侧的局域极化曲线：

$$\bar{\eta}_0 = 2\ln(\varepsilon\tilde{j}_0) - \ln\left(\tilde{c}_h - \frac{\tilde{j}_0}{\tilde{j}_{\lim}^{c0}}\right) \tag{5.67}$$

将右侧对数项中提出 $\ln\tilde{c}_h$，可得：

$$\bar{\eta}_0 = 2\ln\left(\frac{\varepsilon\tilde{j}_0}{\sqrt{\tilde{c}_h}}\right) - \ln\left(1 - \frac{\tilde{j}_0}{\tilde{j}_{\lim}^{c0}\tilde{c}_h}\right) \tag{5.68}$$

其中，$\bar{\eta}_0$ 为常数，应和式（5.50）一起解出。这个系统的准确分析是很难的。

考虑到 GDL 的理想氧气传质。忽略式（5.68）中第二个对数项，若 $\dfrac{\tilde{j}_0}{\sqrt{\tilde{c}_h}} = \gamma$，$\bar{\eta}_0$ 为常数。其中 γ 为常数，将 $\widetilde{J}_0 = \gamma\sqrt{\tilde{c}_h}$ 代入式（5.50），解方程得：

$$\tilde{c}_h = \left(1 - \frac{\gamma\tilde{z}}{2\lambda\widetilde{J}}\right)^2$$

此处设定 $\tilde{z} = 1$，代入式（5.41）右侧，并给定 $\gamma = \tilde{J} 2\lambda \phi_\lambda$，解方程得：

$$\tilde{c}_h = (1 - \phi_\phi \tilde{z})^2 \tag{5.69}$$

以及：

$$\tilde{j}_0 = \tilde{J} 2\lambda \phi_\lambda (1 - \phi_\lambda \tilde{z}) \tag{5.70}$$

其中：

$$\phi_\lambda = 1 - \sqrt{1 - \frac{1}{\lambda}} \tag{5.71}$$

因此，氧气浓度随 $\tilde{z}$ 抛物线性下降，然而通道内局域电流密度线性下降。

将式（5.69）和式（5.70）代入式（5.68）第一项，得到 GDL 理想氧气传质条件下电池的极化曲线：

$$\bar{\eta}_0 = 2\ln(2\lambda \phi_\lambda \varepsilon \tilde{J})$$

将 GDL 中的氧气传质考虑进来，得到式（5.68）和式（5.50）的解。分析表明解大致符合下面关系（Kulikovsky，2011 年）：

$$\bar{\eta}_0 = 2\ln(2\lambda \phi_\lambda \varepsilon \tilde{J}) - \ln\left(1 - \frac{f_\lambda \tilde{J}}{\tilde{j}_{\lim}^{c0}}\right) \tag{5.72}$$

注意式（5.72），传质项并未翻倍，在因次形式中，方程为：

$$\eta_0 = 2b\ln\left(\frac{2\lambda \phi_\lambda J}{j_{\sigma0}}\right) - b\ln\left(1 - \frac{f_\lambda J}{j_{\lim}^{c0}}\right) \tag{5.73}$$

图 5.8 中给出了函数 ϕ_λ 和 $2\lambda \phi_\lambda$。当 $\lambda \to \infty$ 时，函数 ϕ_λ 趋向于 1，$\lambda \to 1$ 时，函数趋向于 2（图 5.8）。由式（5.73）可知，它遵循活化极化规律［式（5.73）右侧第一项］，忽略电池电流，得到 $\eta_0^{act}|_{\lambda=1} = \eta_0^{act}|_{\lambda=\infty} + 2b\ln 2$。当 $b = 50\text{mV}$，将 λ 从无穷降为 1，只提高了电池的活化极化电位 30mV。实际上，按照 CCL 质子传输不足时的机制，局域活化过电位有点依赖于氧气浓度［式（5.68）第一项］。因此，与 CCL 氧气传质不足的情况相比 λ 的变化相对并不是很重要（见"CCL 大电流，氧气传质不足的情况"部分）。

"流道中由氧气传质导致的电压损失"部分的结果总结在表 5.2 和表 5.3 中。可以看出，低电流极化曲线中既不含 σ_p 也不含 D。因此，在低电流密度下，电池性能并不受阴极扩散层传输物质的影响。电池性能由扩散层和通道内的氧气传质，还有反应动力学（通过参数 b 和 i_*）决定。

表 5.2　PEFC 阴极侧局部和全部无因次极化曲线（1）

区域	无因次公式 局部曲线	全部曲线
小电流	$\ln(2\varepsilon^2 \tilde{j}_0) - \ln\left(\tilde{c}_h - \dfrac{\tilde{j}_0}{\tilde{j}_{\lim}^{c0}}\right)$	$\ln(2\varepsilon^2 f_\lambda \tilde{J}) - \ln\left(1 - \dfrac{f_\lambda \tilde{J}}{\tilde{j}_{\lim}^{c0}}\right)$
大电流		
低浓度缺氧	$2\ln\left(\varepsilon \tilde{j}_0 \sqrt{\dfrac{2}{\tilde{D}}}\right) - 2\ln\left(\tilde{c}_h - \dfrac{\tilde{j}_0}{\tilde{j}_{\lim}^{c0}}\right)$	$2\ln\left(\varepsilon f_\lambda \tilde{J} \sqrt{\dfrac{2}{\tilde{D}}}\right) - 2\ln\left(1 - \dfrac{f_\lambda \tilde{J}}{\tilde{j}_{\lim}^{c0}}\right)$
低浓度缺 H^+	$2\ln(\varepsilon \tilde{j}_0) - \ln\left(\tilde{c}_h - \dfrac{\tilde{j}_0}{\tilde{j}_{\lim}^{c0}}\right)$	$2\ln(2\lambda \phi_\lambda \varepsilon \tilde{J}) - \ln\left(1 - \dfrac{f_\lambda \tilde{J}}{\tilde{j}_{\lim}^{c0}}\right)$

续表

区域	无因次公式 局部曲线	全部曲线
任意电流 缺 H^+	$\mathrm{arcsinh}\left(\dfrac{\varepsilon^2 \tilde{j}_0^2}{2[1-\exp(-\tilde{j}_0/2)]}\right)$ $-\ln\left(\bar{c}_h - \dfrac{\tilde{j}_0}{\tilde{j}_{\lim}^{c0}}\right)$	
中等电流 缺 H^+ 和 O_2	$\mathrm{arcsinh}\left(\dfrac{\varepsilon^2 \tilde{j}_0^2}{2\bar{c}_h[1-\exp(-\tilde{j}_0/2)]}\right)$ $+\dfrac{1}{\bar{c}_h \tilde{D}}\left(\tilde{j}_0 - \ln\left(1+\dfrac{\tilde{j}_0^2}{\gamma^2}\right)\right)$ $\times\left(1-\dfrac{\tilde{j}_0}{\tilde{j}_{\lim}^{c0}\bar{c}_h}\right)^{-1} - \ln\left(1-\dfrac{\tilde{j}_0}{\tilde{j}_{\lim}^{c0}\bar{c}_h}\right)$	

注：λ 较大时，令 $f_\lambda \to 1$，$2\lambda\phi_\lambda \to 1$，$c_h \to c_h^0$，$j_0 \to J$。

在高电流密度条件下，局部以及全部的极化曲线均依靠于传质参数，限制了电池性能：在氧气不足时的传质参数 D，在质子传输不足时的 σ_p。表 5.2 和表 5.3 中列出了所有的情形。因此，将式（5.60）三项中的 η_0 拟合电池极化曲线，可以得到 CCL 运行时的信息。

表 5.3　PEFC 阴极侧局部和全部因次极化曲线（2）

区域	无因次公式 部分曲线	完全曲线
小电流	$b\ln\left(\dfrac{j_0}{i*l_{CL}}\right) - b\ln\left(\dfrac{c_h}{c_h^0} - \dfrac{j_0}{j_{\lim}}\right)$	$b\ln\left(\dfrac{f_\lambda J}{i*l_{CL}}\right) - b\ln\left(1-\dfrac{f_\lambda J}{j_{\lim}^{c0}}\right)$
大电流 缺浓度 O_2	$2b\ln\left(\dfrac{j_0}{j_{D0}}\right) - 2b\ln\left(\dfrac{c_h}{c_h^0} - \dfrac{j_0}{j_{\lim}}\right)$	$2b\ln\left(\dfrac{f_\lambda J}{j_{D0}}\right) - 2b\ln\left(1-\dfrac{f_\lambda J}{j_{\lim}^{c0}}\right)$
缺浓度 H^+	$2b\ln\left(\dfrac{j_0}{j_{\sigma0}}\right) - b\ln\left(\dfrac{c_h}{c_h^0} - \dfrac{j_0}{j_{\lim}}\right)$	$2b\ln\left(\dfrac{2\lambda\phi_\lambda J}{j\sigma_0}\right) - b\ln\left(1-\dfrac{f_\lambda J}{j_{\lim}^{c0}}\right)$
任意电流 缺浓度 H^+	$b\,\mathrm{arcsinh}\left(\dfrac{j_0^2/(2j_{\sigma0}^2)}{1-\exp(-j_0/(2j_{ref}))}\right)$ $-b\ln\left(\dfrac{c_h}{c_h^0} - \dfrac{j_0}{j_{\lim}}\right)$	
中等电流 缺 H^+ 和 O_2	$b\,\mathrm{arcsinh}\left(\dfrac{j_0^2/(2j_{\sigma0}^2)}{1-\exp(-j_0/(2j_{ref}))}\right)$ $+\dfrac{\sigma_p b^2}{nFDc_h}\left(\dfrac{j_0}{j_{ref}} - \ln\left(1+\dfrac{j_0^2}{j_{ref}^2\gamma^2}\right)\right)$ $\times\left(1-\dfrac{j_0 c_h^0}{j_{\lim}^{c0}c_h}\right)^{-1} - b\ln\left(1-\dfrac{j_0 c_h^0}{j_{\lim}^{c0}c_h}\right)$	

注意高电流时，质子传输不足的情况，λ 依赖于活化极化，由函数 $2\lambda\phi_\lambda$ 给出，与 f_λ 不同，也出现在其他方程的活化项。但渐近线性质是不同的，当 $\lambda \to 1$ 时，f_λ 趋近于 1，然而 $2\lambda\phi_\lambda$ 趋近于 2（图 5.9）。还应注意，高电流和氧气传质不足的结合对电池性能是十分有害的：在其他情形时传质项为原来两倍，导致了更大的极化电位。

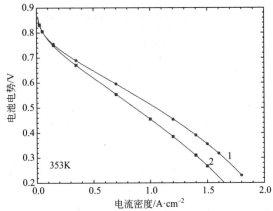

图 5.9　点：实验（Dobson 等人 .2012 年）。线：式
(5.60)，其中 η_0 由式（5.74）给出。实验条件和氧气扩散
系数列于表 5.5 中。所有曲线的拟合条件列于表 5.4 中

5.5.4　极化曲线拟合

表 5.3 中最后一行的公式：

$$\eta_0 = b\,\text{arcsinh}\left(\frac{j_0^2/(2j_{\sigma0}^2)}{1-\exp(-j_0/(2j_{\text{ref}}))}\right) + \frac{\sigma_p b^2}{nFDc_h}\left(\frac{j_0}{j_{\text{ref}}} - \ln\left(1+\frac{j_0^2}{j_{\text{ref}}^2\gamma^2}\right)\right)$$

$$\left(1-\frac{j_0 c_h^0}{j_{\text{lim}}^{c0} c_h}\right)^{-1} - b\ln\left(1-\frac{j_0 c_h^0}{j_{\text{lim}}^{c0} c_h}\right) \tag{5.74}$$

这是通过式（5.41）代入式（4.139）得到的。这个公式可以用于拟合聚合物电解质燃
料电池的极化曲线，由下面两个条件得到：（ⅰ）用于化学反应的氧气足够多（$\lambda \geqslant 5$）；
（ⅱ）电池局域没有水淹。

电池电压由式（5.60）给出。对应于不同运行温度、压力、内部气流的相对湿度的
PEFCs 极化曲线由 Dobson 等人（2012 年）给出。带有 η_0 的式（5.60）由式（5.74）给
出，是通过 Dobson 等人（2012 年）的数据拟合的，测试为 1bar 压力下，353K 电池两侧的
数据。Dobson 等人（2012 年）报道了不同进气口气流湿度条件下的两条极化曲线。通过本
征 Maple 非线性拟合模块进行拟合（详见 Kulikovsky，2014 年）。

表 5.4 给出了曲线拟合的通用数据，而一些特别参数在表 5.5 中给出。拟合结果在表
5.9 中给出。

表 5.4　图 5.9 曲线常用参数

GDL 厚度 l_b/cm	0.025*（250μm）
CCL 厚度 l_{CL}/cm	0.001*（10μm）
膜厚度 l_m/cm	0.0025*（25μm）
氧浓度（$p=1\text{bar}$）/mol·cm^{-3}	7.36×10^{-6}
电池开路电压/V	1.45*
拟合参数	
CCL 质子传导率 σ_p/Ω^{-1}·cm^{-1}	0.03
塔菲尔斜率 b/V	0.03

对这两条曲线来说，拟合出的数值十分接近交换电流密度 $i_* \approx 10^{-3} \text{A} \cdot \text{cm}^{-2}$（表 5.5）。这个数值比 Dobson 等人（2012 年）得到的数据小了两个数量级，他们也是通过这两条曲线，采用水淹团聚模型进行拟合的。如 Dobson 等人（2012 年）讨论的那样，他们得到的数据比预期的要高一个数量级，因此，表 5.5 中所示的 i_* 更接近于实际情况。

表 5.5　图 5.9 模型极化曲线拟合参数

曲线	1	2
RHA∶RHC	0.7∶0.7	0.5∶0.5
$i_*/\text{A} \cdot \text{cm}^{-2}$	0.817×10^{-3}	0.942×10^{-3}
$R_\Omega/\Omega \cdot \text{cm}^2$	0.126	0.207
$D_b/\text{cm}^2 \cdot \text{s}^{-1}$	0.0259	0.227
$D/\text{cm}^2 \cdot \text{s}^{-1}$	1.36×10^{-4}	2.13×10^{-4}

注：第二行 RHA∶RHC 为阳极和阴极的相对湿度。电池温度 353K，压力 1bar。

对曲线 1 和 2 来说，电池的电阻分别为 $0.13\Omega \cdot \text{cm}^2$、$0.21\Omega \cdot \text{cm}^2$。氧气扩散值为 $D_{\text{free}} = 0.2\text{cm}^2 \cdot \text{s}^{-1}$，对于多孔 GDL，通过 Bruggemann 校正 $D_b = D_{\text{free}} \epsilon_{\text{GDL}}^{3/2}$，得到 $\epsilon_{\text{GDL}} \approx 0.26$，此值较低，说明 GDL 部分水淹。

通过拟合曲线 1 和 2，得到 CCL 氧气传质系数分别为 $1.4 \times 10^{-4} \text{cm}^2 \cdot \text{s}^{-1}$、$2.1 \times 10^{-4} \text{cm}^2 \cdot \text{s}^{-1}$（表 5.5）。在一个类似的 Nafion 基催化层中对 D 直接测试，得到的传质系数提高了一个数量级，为 $D = 1.37 \times 10^{-3} \text{cm}^2 \cdot \text{s}^{-1}$（Shen 等人，2011 年）。然而，$D$ 十分依赖于 CCL 中液态水含量：低水量时 D 较高，这种趋势和模型预测相符。总之，拟合结果表明 CCL 的水淹是显著的。

图 5.10 给出了曲线 2 中相应于式（5.74）的过电位。在电流密度为 $1\text{A} \cdot \text{cm}^{-2}$ 时，活化∶电阻∶CCL 传输造成的电位损失约为 2∶1∶0.1。GDL 的传输损失非常少。值得注意的是，随着电池电流密度上升，由于氧气在 CCL 传质导致的电位损失越来越多。

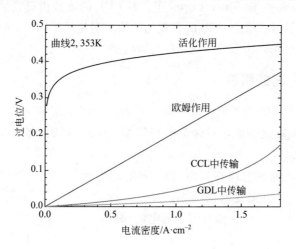

图 5.10　图 5.9 中曲线 2 的过电位

5.6 催化层阻抗的物理模型

5.6.1 引言

电化学阻抗谱（EIS）是研究电化学体系的一个强大手段（Bard 和 Faulkner，2000 年；Orazem 和 Tribollet，2008 年）。电化学系统对于一个持续波动的小振幅正弦波的响应可以给出很多信息，这是稳态极化曲线所做不到的。阻抗测试的关键在于可以改变频率 ω。这又带来了测试的一个附加变量：即变化的 ω，由此可以确定体系的特征频率以及相应于不同特征时域的系统阻抗。

电化学系统的交流阻抗谱通常以 Nyquist 图的形式表示（Z 的虚部对实部作图），其中 Z 为系统的阻抗。在这种表达式中，谱线和实轴的交点为系统的主要电阻。将实验数据拟合成等效电路模型可以确定电化学系统的动力学和传质参数。近年来，这项技术被广泛应用于研究燃料电池以及电池部件（Orazem 和 Tribollet，2008 年；Yuan 等，2009 年）

PEFCs 的核心部件就是 CCL，其中包括与"电阻"相连的双电层电容，电阻是由于质子和氧气传质造成的。为了了解测试 CCL 的阻抗谱，很多是通过应用等效电路（ECM）研究。这种方法是基于建立与电化学阻抗谱相应的等效电路。等效电路中元件的参数解释了催化层的物理模型。例如，最近 Nara 等人（2011 年）使用等效电路研究聚合物电解质燃料电池中 CCL 的衰减机制。

遗憾的是，由于等效电路十分简洁，得出的等效电路并不唯一，并且在拟合过程时忽略了谱图中的一些细微特征。更加可靠的信息要提供催化层阻抗的物理模型。从 De Levie（1967 年），Lasia（1995 年，1997 年）的经典工作中可以知道圆柱形多孔电极的几种阻抗的基础解。Eikerling 和 Kornyshev（1999 年）发表了 CCL 阻抗的数学和分析研究，研究是基于电极性能的宏观均匀模型得到的。近来，Makharia 等人（2005 年）通过一种简单模型处理了实验谱线的数据。Jaouen 和 Lindbergh（2003 年）基于水淹团聚模型推导了 CCL 的阻抗谱公式。Gomadam 和 Weidner（2005 年）对 CCL 的阻抗谱研究进行了总结。

在这部分中，基于第 4 章中 CCL 的宏观均匀模型讨论了 CCL 阻抗的物理模型。为了更好地解释 EIS 谱图，首先介绍最简单的 RC 并联电路。

5.6.2 RC 并联电路的阻抗

阻抗谱可以通过下面的例子更好地理解。考虑一个不知道 R 和 C 具体值的 RC 并联电路（图 5.11）。为了确定这些值，对这个电路施加一个正弦波信号 $\phi(t)$，并在 a 和 b 两点之间记录响应的电流信号。

为了计算 a 和 b 之间的总电流，电阻部分 R 的电流为 ϕ/R，然而电容 C 中的交变电流为 $\partial q/\partial t = C\partial\phi/\partial t$，其中 q 为电容的瞬时电量。将 a 和 b 两端的电流加和：

$$I = \frac{\phi}{R} + C\frac{\partial\phi}{\partial t} \qquad (5.75)$$

电位 $\phi(t)$ 是时间的谐波。因为电路为线性，系统中的总电流也是时间的谐波。因此，ϕ 和 I 可表达为：

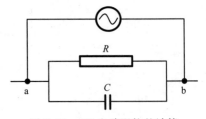

图 5.11 RC 电路阻抗的计算

$$\phi(t)=\hat{\phi}(\omega)\exp(i\omega t)，I(t)=\hat{I}(\omega)\exp(i\omega t)$$

式中，$\omega=2\pi f$，为弧度形式的频率，rad^{-1}；f 为频率，Hz；$\hat{\phi}(\omega)$ 和 $\hat{I}(\omega)$ 为表述随时间简谐变化元件的复数振幅。注意电流的相位包括在振幅函数中。

将式（5.75）进行傅里叶变换，得到：

$$\hat{I}=\frac{\hat{\phi}}{R}+i\omega C\hat{\phi} \tag{5.76}$$

通过定义，阻抗 $\hat{Z}$ 的线性形式为：

$$\hat{Z}=\frac{\hat{\phi}}{\hat{I}} \tag{5.77}$$

代入式（5.76），得：

$$\frac{1}{\hat{Z}}=\frac{1}{R}+i\omega C \tag{5.78}$$

这表明 R 和 $1/(i\omega C)$ 是平行的阻抗。解式（5.78），得：

$$\hat{Z}=\frac{R}{1+(\omega RC)^2}-i\,\frac{\omega R^2C}{1+(\omega RC)^2} \tag{5.79}$$

引入实部 $\hat{Z}_{\mathrm{re}}$ 和虚部 $\hat{Z}_{\mathrm{im}}$：

$$\hat{Z}_{\mathrm{re}}=\frac{R}{1+(\omega RC)^2}$$

$$\hat{Z}_{\mathrm{im}}=-\frac{\omega R^2C}{1+(\omega RC)^2}$$

将虚部对实部作图得到 Nyquist 图（图 5.12），很容易得到下面的关系：

$$\left(\hat{Z}_{\mathrm{re}}-\frac{R}{2}\right)^2+\hat{Z}_{\mathrm{im}}^2=\left(\frac{R}{2}\right)^2$$

这说明 RC 电路的 Nyquist 图是以在实轴上 $R/2$ 点为圆心，$R/2$ 为半径的理想半圆。由式（5.79），可以看出 $\omega=0$，得到 $\hat{Z}_{\mathrm{re}}=R$。因此，阻抗谱与实轴在右边的截距给出了电路的电阻。对包括电容和电阻的任一系统都成立：在 $\omega=0$ 时，阻抗给出了系统的总静态电阻。的确，$\omega=0$ 是直流（DC）的情况。在这种情况下，电容表现为断路，剩下的电阻决定了系统的总电阻。

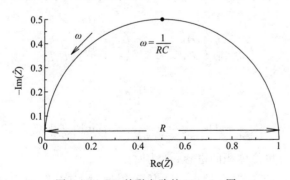

图 5.12　RC 并联电路的 Nyquist 图

此外，$-\hat{Z}_{\mathrm{im}}$ 的极大值对应于 $\omega_{\mathrm{max}}=1/(RC)$ 时，即系统时间常数的倒数。由此得到了 R、ω_{max} 和 C。在"有限的小电流：一种分析方法"章节中，在特定的限制条件下，CCL 的阻抗谱中虚部给出了体系的时间常数。

燃料电池电极包括充电的双电层电容 C_{dl} 和与 C_{dl} 相连的传输电阻。与 C_{dl} 相连的电阻可以通过分析电极的阻抗谱得到。下面论述中给出了 CCL 的阻抗模型，这个模型是电极阻抗谱模型的关键部件。

5.6.3 CCL 的阻抗

催化层的物理模型源于多孔电极阻抗理论，由 de Levie（1967 年）提出。de Levie 为单一圆柱形多孔电极的阻抗创立了模型公式。在反应物理想传质或恒电位的限制条件下，他推导出分析解。在 de Levie 的启发下，发展出了两个阻抗模型分支，并给出了更复杂的说明，其中一个是单一孔的，另一个是宏观均匀电极的。

Lasia 在忽略或考虑了氧气传质后，分别得到了单一孔的阻抗（Lasia，1995 年，1997年）。重要的是，Lasia 通过非线性的 Butler-Volmer 公式推导出了电化学转换速率的解，此解在系统任意电流条件下都成立。然而，在圆柱形孔问题中，圆柱形的几何特征和边界条件，并不能直接应用于宏观均匀孔电极中。另外，在宏观均匀孔电极中，使用的是线性的Butler-Volmer 公式，在接近于开路条件时的阻抗模型中，就限制了解的有效性（Devan 等人，2004 年；Paasch 等人，1993 年；Rangarajan，1969 年）。

Eikerling 和 Kornyshev（1999 年）提出了 PEFCs 中 CCL 阻抗的分析模型。他们的模型是基于非静止的性能模型，该模型在第 4 章讨论过。在快氧气传质或小电流的限制条件下，Eikerling 和 Kornyshev 忽略了氧气传质方程中的非静止项。

Makharia 等人（2005 年）提出了 CCL 阻抗的物理模型，该模型中忽略了 CCL 中的氧气传质损失。该模型用于拟合不同电流下的阻抗实验数据。

通常，燃料电池低温下的阻抗测试在有限的小电流下进行。这就提供了实际相关电流下电池性能的信息。在高电流下，电极中质子传质造成的浓差极化和电位损失会十分显著，因此，CCL 的实际阻抗模型应当考虑这些过程。

在这部分中，通过 Butler-Volmer 转换函数，对基于 CCL 的非静止模型进行分析。第 4章中讨论了该模型的稳态形式。

（1）基本方程

将式（4.7）对时间求导，并加上式（4.9），获得了时间依赖的 CCL 模型。该系统的非静止模型为：

$$C_{dl} \frac{\partial \eta}{\partial t} + \frac{\partial j}{\partial x} = -2i_* \left(\frac{c}{c_h^0} \right) \sinh \left(\frac{\eta}{b} \right) \tag{5.80}$$

$$j = -\sigma_p \frac{\partial \eta}{\partial x} \tag{5.81}$$

$$\frac{\partial c}{\partial t} - D \frac{\partial^2 c}{\partial x^2} = -\frac{2i_*}{nF} \left(\frac{c}{c_h^0} \right) \sinh \left(\frac{\eta}{b} \right) \tag{5.82}$$

此处，C_{dl} 是双电层单位体积的电容；t 为时间。

式（5.80）给出了 CCL 保有的电荷。质子流通过 GDL 衰减，这是因为双电层充电过程以及在 ORR 中的质子转变（公式等号右侧项）。式（5.80）遵循一般的电荷转换方程：

$$\frac{\partial \rho}{\partial t} + \nabla \cdot j = R_{ORR}$$

在 $\rho = C_{dl}\eta$ 以及 ORR 的 Butler-Volmer 速率下，此式简化为式（5.80）。注意 $\rho = C_{dl}\eta$ 意味着只有双电层充电的相关变化，并与电流传质相联系。开路电压时恒定的空间电荷并不随时间变化，因此，在式（5.80）中没有出现。

为简化计算，加上式（4.51），可解出无因次的时间和阻抗：

$$\tilde{t} = \frac{t}{t_*}, \quad \widetilde{Z} = \frac{Z\sigma_p}{l_{CL}} \tag{5.83}$$

其中：

$$t_* = \frac{C_{dl}b}{2i_*} \tag{5.84}$$

t_* 为时域参数。

通过这些变量，式（5.80）～式（5.82）可写成：

$$\frac{\partial \tilde{\eta}}{\partial \tilde{t}} + \varepsilon^2 \frac{\partial \tilde{j}}{\partial \tilde{x}} = -\tilde{c}\sinh\tilde{\eta} \tag{5.85}$$

$$\tilde{j} = -\frac{\partial \tilde{\eta}}{\partial \tilde{x}} \tag{5.86}$$

$$\mu^2 \frac{\partial \tilde{c}}{\partial \tilde{t}} - \varepsilon^2 \widetilde{D} \frac{\partial^2 \tilde{c}}{\partial \tilde{x}^2} = -\tilde{c}\sinh\tilde{\eta} \tag{5.87}$$

此处：

$$\mu^2 = \frac{nFc_h^0}{C_{dl}b} \tag{5.88}$$

其决定了催化层中氧气浓度变化的特征时间。典型的物理参数以及 ε 和 μ，在表 5.6 中列出。

表 5.6　物理及无因次参数

参数	PEFC	DMFC
Tafel 斜率 b/V	0.05	0.05
质子传导率 σ_p/$\Omega^{-1} \cdot cm^{-1}$	0.03	0.03
交换电流密度 i_*/$A \cdot cm^{-2}$	10^{-3}	0.1
有效氧扩散系数 D/$cm^2 \cdot s^{-1}$	10^{-3}	10^{-3}
CL 电容 C_{dl}/$F \cdot cm^{-3}$	20	200
CL 厚度 l_{CL}/cm	0.001	0.01
j_*/$A \cdot cm^{-2}$	1.5	0.15
i_*/s	500	50
D_*/$cm^2 \cdot s^{-1}$	5.28×10^{-4}	5.28×10^{-4}
ε^2	7.5×10^5	75
μ^2	2.86	0.426
$\widetilde{D}$	1.894	1.894

注：催化层体积电容根据实验数据预估（Adapted from Makharia, R., Mathias, M. F., and Baker, D. R. 2005. *J. Electrochem. Soc.*, 152, A970-A977）。

将式（5.86）代入式（5.85），可消去系统中的质子流。由此，可得到两个式中的等效系统：

$$\frac{\partial \tilde{\eta}}{\partial \tilde{t}} - \varepsilon^2 \frac{\partial^2 \tilde{\eta}}{\partial \tilde{x}^2} = -\tilde{c}\sinh\tilde{\eta} \tag{5.89}$$

$$\mu^2 \frac{\partial \tilde{c}}{\partial \tilde{t}} - \varepsilon^2 \tilde{D} \frac{\partial^2 \tilde{c}}{\partial \tilde{x}^2} = -\tilde{c} \sinh \bar{\eta} \tag{5.90}$$

令 $\bar{\eta}^0$ 和 $\tilde{c}^0$ 为系统（5.89）和系统（5.90）的稳态解。在式（5.89）和式（5.90）中代入：

$$\bar{\eta} = \bar{\eta}^0 + \bar{\eta}^1 \exp(i\tilde{\omega}\tilde{t}), \quad \bar{\eta}^1 \ll 1$$

$$\tilde{c} = \tilde{c}^0 + \tilde{c}^1 \exp(i\tilde{\omega}\tilde{t}), \quad \tilde{c}^1 \ll 1,$$

忽略波动项影响，提取出 $\bar{\eta}^0$ 和 $\tilde{c}^0$ 的稳态方程，小复数振幅波动 $\bar{\eta}^1$（$\tilde{\omega}$，$\tilde{x}$），$\tilde{c}^1$（$\tilde{\omega}$，$\tilde{x}$）系统的线性方程为：

$$\varepsilon^2 \frac{\partial^2 \bar{\eta}^1}{\partial \tilde{x}^2} = \sinh(\bar{\eta}^0)\tilde{c}^1 + (\tilde{c}^0 \cosh \bar{\eta}^0 + i\tilde{\omega})\bar{\eta}^1 \tag{5.91}$$

$$\varepsilon^2 \tilde{D} \frac{\partial^2 \tilde{c}^1}{\partial \tilde{x}^2} = (\sinh \bar{\eta}^0 + i\tilde{\omega}\mu^2)\tilde{c}^1 + \tilde{c}^0 \cosh(\bar{\eta}^0)\bar{\eta}^1 \tag{5.92}$$

式中，$\tilde{\omega} = \omega t *$，为波动频率的无因次量。其中的关键假设是 $\bar{\eta}^1$ 和 $\tilde{c}^1$ 很小，允许达到了式（5.91）和式（5.92）中的线性系统。

CCL 中总电位损失的波动为 $\bar{\eta}^1 |_{\tilde{x}=0}$。由定义可知，系统的阻抗（通常非线性）是与电位和电流的微小波动成比例的。

$$\tilde{Z} = \frac{\bar{\eta}^1}{\tilde{j}^1}\bigg|_{\tilde{x}=0} = -\frac{\bar{\eta}^1}{\partial \bar{\eta}^1/\partial \tilde{x}}\bigg|_0 \tag{5.93}$$

式（5.91）和式（5.92）的解服从下列边界条件：

$$\bar{\eta}^1(1) = \bar{\eta}_1^1, \quad \frac{\partial \bar{\eta}^1}{\partial \tilde{x}}\bigg|_1 = 0 \tag{5.94}$$

$$\frac{\partial \tilde{c}^1}{\partial \tilde{x}}\bigg|_0 = 0, \quad \tilde{c}^1(1) = 0. \tag{5.95}$$

在这部分中，忽略了 GDL 的阻抗。式（5.94）的第一部分在 CCL 和 GDL 界面处（$\tilde{x}=1$）施加了一个小振幅波动。式（5.94）第二项意味着 $\tilde{x}=1$ 处质子流为零。式（5.95）中分别表述了穿过膜的氧气流为零以及 CCL/GDL 界面处氧气的零浓度波动。过电位的波动可以应用于阴极扩散层的任何一面：式（5.91）和式（5.92）的线性保证了两种情况下的解是相同的。

出现在边界条件的唯一参数，是电位 $\bar{\eta}_1^1$ 施加的波动。很容易看出 $\tilde{Z}$ 并不依赖于这个参数。式（5.91）和式（5.92）是线性且同质的，系统的解如下：

$$\bar{\eta}^1 = \bar{\eta}_1^1 \phi(\tilde{\omega}, \tilde{x})$$

$$\tilde{c}^1 = \bar{\eta}_1^1 \psi(\tilde{\omega}, \tilde{x}) \tag{5.96}$$

明显地，式（5.91）~式（5.95）中的 ϕ 和 ψ 并不含 $\bar{\eta}_1$［式（5.94）第一种形式，$\phi(1)=1$］。因此，$\bar{\eta}_1$ 在表达 $\bar{\eta}_1^1$ 时体现为换算系数，因此，阻抗为：

$$\tilde{Z} = -\frac{\phi}{\partial \phi/\partial \tilde{x}}\bigg|_0$$

并不依赖于 $\bar{\eta}_1^1$。

（2）高频限制

在频率较高时，式（5.91）中右侧除去的所有项均可忽略。系统中公式可以简化为：

$$\varepsilon^2 \frac{\partial^2 \bar{\eta}^1}{\partial \tilde{x}^2} = i\tilde{\omega}\bar{\eta}^1 \tag{5.97}$$

如下，式（5.97）的解为：

$$\tilde{Z}_{re} = -\tilde{Z}_{im} = \frac{\varepsilon}{\sqrt{2\tilde{\omega}}} \tag{5.98}$$

式（5.98）为 Nyquist 曲线（$-\tilde{Z}_{im}$ 对 $\tilde{Z}_{re}$），谱图中的高频区为倾角为 45°的直线。这是 CCL 阻抗曲线的一般特征（Eikerling 和 Kornyshev，1999 年）。

$\tilde{Z}_{im}$ 对 $\tilde{\omega}^{-1/2}$ 作图，此直线的斜率与 ε 成比例。式（5.98）的无因次形式为：

$$Z_{re} = -Z_{im} = \frac{1}{\sqrt{2\sigma_p C_{dl}\omega}} \tag{5.99}$$

因此，若 σ_p 或 C_{dl} 二者知一，就可以从 Z_{im} 与 $\omega^{-1/2}$ 曲线高频区的斜率推导出其他参数。理论上，在该条件下电场变化非常快，以至于电化学反应的变化跟不上电场变化，因此阻抗完全来源于双电层充电。由于这种充电涉及质子，因此式（5.99）包括 σ_p。

在通常情况下，很难得到式（5.91）和式（5.92）的完全分析解。其中一部分原因是并没有找到通常情况下稳态的分析解 $\bar{\eta}^0$ 和 $\bar{c}^0$。然而，在理想氧气传质的限制条件下，可以从"$\varepsilon_* \ll 1$ 和 $\varepsilon_*^2 \bar{j}_0^2 \ll 1$ 的情况"部分中推出稳态函数 $\bar{\eta}^0(\tilde{x})$ 的详细解。这需要分析式（5.91）和式（5.92），建立系统的杂化函数，讨论如下（Kulikovsky，2012 年）。

（3）理想的氧气传质

在 CCL 理想的氧气传质条件下，在式（5.91）中可以设定 $\tilde{c}^1 = 0$，$\tilde{c}^0 = 1$，并忽略式（5.92）。式（5.91）为以下形式：

$$\varepsilon^2 \frac{\partial^2 \bar{\eta}^1}{\partial \tilde{x}^2} = (\cosh\bar{\eta}^0 + i\tilde{\omega})\tilde{\eta}^1 \tag{5.100}$$

（4）开路电位下的阻抗

在接近开路电位时，$\bar{\eta}^0 \to 0$，在式（5.100）中，设定 $\cosh\bar{\eta}^0 = 1$。式（5.100）可简化为（如果 $\varepsilon_*^2 \bar{j}_0^2 \ll 1$ 不足，这种近似是成立的。在实际燃料电池中，这种不足是在小电流下，$j_0 = 100\mu A \cdot cm^{-2}$）：

$$\varepsilon^2 \frac{\partial^2 \bar{\eta}^1}{\partial \tilde{x}^2} = (1 + i\tilde{\omega})\tilde{\eta}^1 \tag{5.101}$$

式（5.101）的解由边界条件给出：

$$\frac{\bar{\eta}^1}{\bar{\eta}_1^1} = \cos[\varphi(1-\tilde{x})], \quad \varphi = \sqrt{\frac{-1-i\tilde{\omega}}{\varepsilon^2}} \tag{5.102}$$

对 $\tilde{x}$ 求微分，得到电池电流波动：

$$\frac{\bar{j}^1}{\bar{\eta}_1^1} = -\varphi\sin[\varphi(1-\tilde{x})] \tag{5.103}$$

令式（5.102）和式（5.103）中 $\tilde{x} = 0$，通过式（5.93）计算阻抗得：

$$\tilde{Z} = -\frac{1}{\varphi\tan\varphi} \tag{5.104}$$

分离实部和虚部，得到：

$$\tilde{Z}_{re} = \frac{\varepsilon^2}{\sqrt{1+\tilde{\omega}^2}} \left[\frac{\gamma\sinh(2\gamma) - \alpha\sin(2\alpha)}{\cosh(2\gamma) - \cos(2\alpha)} \right] \tag{5.105}$$

$$\tilde{Z}_{im} = -\frac{\varepsilon^2}{\sqrt{1+\tilde{\omega}^2}} \left[\frac{\gamma\sin(2\alpha) + \alpha\sinh(2\gamma)}{\cosh(2\gamma) - \cos(2\alpha)} \right] \tag{5.106}$$

其中：

$$\alpha = \sqrt{\frac{\sqrt{1 + \tilde{\omega}^2} - 1}{2\varepsilon^2}}, \quad \gamma = \sqrt{\frac{\sqrt{1 + \tilde{\omega}^2} + 1}{2\varepsilon^2}} \quad\quad (5.107)$$

在高频区，Nyquist 图为连接着直线的半圆 [图 5.13，注意图 5.13 中接近于开路电位的坐标 $(\tilde{Z}_{re}/\varepsilon^2, \tilde{Z}_{im}/\varepsilon^2)$，与标准阻抗坐标 $(\tilde{Z}_{re}, \tilde{Z}_{im})$ 不同。当绘制标准坐标时，图 5.13 曲线在线性高频区的右侧，表现出迅速增加到无穷大。这种增长实际是增到 $\tilde{Z}_{im} \approx \varepsilon^2$。在被拉长的坐标 $(\tilde{Z}_{re}/\varepsilon^2, \tilde{Z}_{im}/\varepsilon^2)$，$t$ 曲线为正常的半圆]。半圆与实轴的右侧交点为 $\tilde{\omega} = 0$，给出了静态 CCL 的微分电阻 $\tilde{R}_{ccl}$。当 $\tilde{\omega} = 0$，式（5.105）为：

$$\tilde{R}_{ccl} = \frac{\varepsilon \sinh(2/\varepsilon)}{\cosh(2/\varepsilon) - 1} \quad\quad (5.108)$$

对大或小 ε 时，公式简化为：

$$\tilde{R}_{ccl} = \begin{cases} \varepsilon, & \varepsilon \ll 1 \\ \dfrac{1}{3} + \varepsilon^2, & \varepsilon \gg 1 \end{cases} \quad\quad (5.109)$$

公式无因次的形式为：

$$R_{ccl} = \begin{cases} \sqrt{b/(2i_* \sigma_p)}, & \varepsilon \ll 1 \\ \dfrac{l_{CL}}{3\sigma_p} + b/(2i_* l_{CL}), & \varepsilon \gg 1 \end{cases} \quad\quad (5.110)$$

式（5.110）中，l_{CL}/σ_p 项是 CCL 的质子电阻。有趣的是，如果 ε 小，R_{ccl} 并不含有此项。从物理上讲，如果反应渗透的深度较小（氢电极），反应地点靠近膜，因此，质子并不需要传递至催化层内部。因此，质子传输对于电池电阻的贡献并不作为单独项存在。σ_p 代表的质子传输并包括在总的催化层电阻 $\sqrt{b/(2i_* \sigma_p)}$ 中。

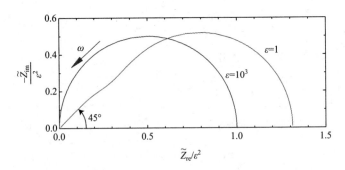

图 5.13　接近于开路电位条件下阴极催化层的 Nyquist 图，在特定的 ε 值下。$\varepsilon = 1$ 表现为倾角为 45° 的直线，当 $\varepsilon = 10^3$ 时，直线部分消失

此部分讨论到目前为止，在 CCL 的环境下讨论了式（5.85）～式（5.87）。然而，确切的系统公式描述了阳极催化层的阻抗。在 $\varepsilon \ll 1$ 情况下是聚合物电解质燃料电池阳极的特征，$\varepsilon \gg 1$ 是阴极的特征。由于高的交换电流密度，小 ε 是阳极的特征。因此，上面的解包括了氢阳极催化层的微分电阻 R_{acl}。

表 5.7　典型电极参数以及纽曼无因次反应渗透深度 ε，

典型无因次电流密度 $\tilde{j}_0$ 和不同电极非纽曼无因次 RPD$\tilde{l}_\delta$

项目	PEFC 阳极	PEFC 阴极	DMFC 阳极	DMFC 阴极
$i_*/\text{A} \cdot \text{cm}^{-3}$	10^4	$0.001 \sim 0.1$	0.1	0.1
l_{CL}/cm	10^{-3}	10^{-3}	10^{-2}	10^{-2}
$\sigma_\text{p}/\Omega^{-1} \cdot \text{cm}^{-1}$	$0.01 \sim 0.04$	$0.01 \sim 0.04$	10^{-3}	10^{-3}
b/V	0.015	0.05	0.05	0.05
$j_0/\text{A} \cdot \text{cm}^{-2}$	1.0	1.0	0.1	0.1
ε	0.1	$10^2 \sim 10^3$	1	1
$\tilde{j}_0$	10	1	10	10
$\tilde{l}_\delta$	0.15	0.5	0.05	0.05

注：i_* 来源于 Kucernak，A. R. and Toyoda，E. 2008. *Electrochem. Commun.*，**10**，1728-1731。

从表 5.7 的数据中，得到开路电位下阴阳两极的电阻：

$$R_{\text{acl}} \approx 0.01\Omega \cdot \text{cm}^2,$$

$$R_{\text{ccl}} \approx 2.5 \times 10^4 \Omega \cdot \text{cm}^2$$

注意 R_{acl} 和 R_{ccl} 分别是阳极和阴极接近开路电位下催化层的微分电阻。如第 4 章"x 形状"中，小 ε 意味着反应在膜表面发生。由于电位的交流波动信号很弱，阳极在线性机制下运行。参数 ε 代表内部空间尺度，电极的开路电阻与 ε 成比例。鉴于此，无因次形式的 R_{acl} 不依赖于 l_{CL}，如式（5.110）所示。在阴极侧，大 ε 意味着 CCL 厚度上 ORR 的发生并不均匀，该层的空间电荷转移电阻与 l_{CL} 负相关［式（5.110）］。的确，层越厚，电流越大，都会导致性能恶化。这就是开路电位下 R_{acl} 和 R_{ccl} 巨大不同（相差六个数量级）的原因。

在 $\varepsilon \gg 1$ 时，式（5.110）中 $1/3$ 项可忽略，得到 $R_{\text{ccl}} \approx b/(2i_* l_{\text{CL}})$。通常 l_{CL} 是不知道的，半圆与实轴的右侧截距给出了 b/i_*。如果 b、i_* 二者知一，另一个可直接计算得到（在"有限的小电流：一个分析解"部分给出了如何通过 EIS 测量 b）。注意这个结果只是在接近开路电位时测量 EIS 的结果有效，由于此时体系中电流十分小。

谱图的左侧为高频区，在此情况下：

$$\alpha \approx \gamma \approx \sqrt{\frac{\tilde{\omega}}{2\varepsilon^2}} \gg 1$$

式（5.105）和式（5.106）中的三角函数项可忽略，通过简单的代数变换，可得到与式（5.98）一样的直线项。

注意大 ε 时，线性区域的长度是很小的（图 5.13）。只有 $\varepsilon \leqslant 1$ 时，此直线明显。在 $\varepsilon \gg 1$ 时，坐标（$\tilde{Z}_{\text{re}}/\varepsilon^2, \tilde{Z}_{\text{im}}/\varepsilon^2$）谱图在单位长度下表现为理想半圆（图 5.13）。

总之，在接近开路电位时，半圆的半径与工作电流密度无关（只要电流密度很小）。在无因次坐标［式（5.83）］，半圆的半径只依赖于反应渗透深度 ε［式（5.108）］。在典型聚合物电解质燃料电池阴极中，$\varepsilon \gg 1$，谱图与实轴右侧的截距给出了 Tafel 斜率或交换电流密度。

（5）有限的电流，数值解

在这部分中，假定 $\varepsilon^2 \tilde{j}_0^2 \gg 1$，如第 4 章中讨论的"大 $\varepsilon^2 \tilde{j}_0^2$"，由于聚合物电解质燃料电池中 ε 较大，小电流下才满足此条件。

稳态分布下的过电位 $\bar{\eta}^0$ 由式（4.119）给出。在进行简单的变换后，式（5.100）可变换为：

$$\varepsilon^2 \frac{\partial^2 \tilde{\eta}^1}{\partial \tilde{x}^2} = \left(i\tilde{\omega} + \sqrt{1 + \frac{\varepsilon^4 \beta^4}{4\cos^4(\beta(1-\tilde{x})/2)}} \right) \tilde{\eta}^1 \tag{5.111}$$

式（5.111）分析解是非常烦琐的。如果将 $\bar{\eta}^1 = \bar{\eta}^1_{re} + i\bar{\eta}^1_{im}$ 代入，可求得复数方程（5.111）的数值解，并且可以分离出实部 $\bar{\eta}^1_{re}$ 和虚部 $\bar{\eta}^1_{im}$。系统的实数方程可以通过数学软件得到数值解，如 Maple。阻抗可以通过式（5.93）得到。

图 5.14 给出了 Nyquist 图。高频区依旧出现了一个直线，如式（5.98）描述的。在高 $\tilde{w}$ 下，式（5.111）中的 $\tilde{x}$ 依赖项的贡献是非常小的，此式减去式（5.98）给出的解得到式（5.97）。注意图 5.14 给出的谱图并不出现交叉，高电流区的谱图通常半径较小。

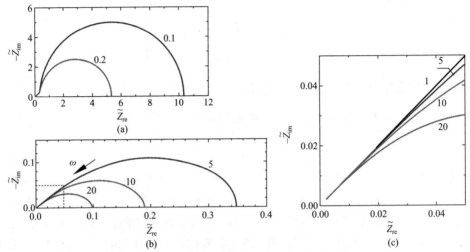

图 5.14　理想氧气传质条件下，阴极催化层的交流阻抗谱。（a）正常 Tafel；（b）和（c）双 Tafel 机制。谱图（b）高频区（线性部分）在（c）中给出用于计算的参数在表 5.6 第二列中给出

可考虑解出 CCL 的静态微分电荷转移电阻 $\tilde{R}_{ct}$。将式（4.128）和式（4.131）对 $\bar{j}_0$ 求微分（同样的方程也可通过更一般的关系［式（4.127）］和［式（4.130）］求微分得到，在大的 $\varepsilon^2 j_0$ 和 $\varepsilon^2 j_0^2$ 条件下，此部分中已假定符合上述条件）：

$$\tilde{R}_{ct} = \begin{cases} 1/\bar{j}_0, & \text{正常 Tafel 机制} \\ 2/\bar{j}_0, & \text{双 Tafel 机制} \end{cases} \tag{5.112}$$

因此，在这两种情况下电荷转移、电阻与电流密度负相关。然而，式（5.112）的分子随电流上升从 1 变为 2。

与式（5.112）一致，半圆的半径随电流的上升而下降（图 5.14）。然而，在双 Tafel 模式的高电流下，随 $\bar{j}_0$ 下降，$\tilde{R}_{ct}$ 以两倍速增长，导致了谱图随实轴的延长［图 5.14（a）和（b）］。为解释这个效应，将图 5.14（b）的轴乘以 $\bar{j}_0$（Jaouen 和 Lindbergh，2003 年）。

通过式（5.112），可认为在这些坐标下，谱图分别在小电流和大电流下会和实轴相交于 1 和 2。图 5.15 表明这些猜想是正确的。

（6）有限的小电流：一个分析解

在这部分中，忽略掉 $\bar{j}_0$ 中的上标 0，即 $\bar{j}_0 \equiv \bar{j}_0^0$ 不波动的电流密度。如果同时满足 $\varepsilon^2 j_0^2 \gg 1$ 及 $\bar{j}_0 \ll 1$，这部分的结果就是有效的。将这两个关系合为一个得式（5.113）。的确，如果 $\beta \ll \pi$，式（4.120）中 tan 函数的扩展就是成立的。从式（4.121），电流密度的上限得 $\bar{j}_0 \ll \pi^2/2$。因此，式（5.113）变换为 $1/\varepsilon \ll \tilde{J}_0 \ll \pi^2/2$。在无因次形式中，电流密度上限可达 $500\text{mA} \cdot \text{cm}^{-2}$。然而在这样的电流下，CCL 的氧气传质对阻抗是有贡献的。

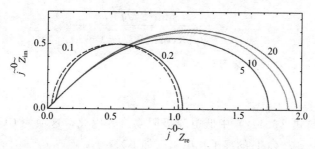

图 5.15　扩展坐标下图 5.14（a）和（b），注意低电流和高电流条件下半圆直径分别在 1 和 2 附近。数值计算表明，在理想氧气传质的条件下，阻抗谱不依赖于 ε。

为了明确这些参数的关系，应该求式（5.111）中低电流条件下的分析解

$$\frac{1}{\varepsilon} \ll \tilde{j}_0 \ll 1 \tag{5.113}$$

在因次形式中，方程为：

$$\sqrt{2i_* \sigma_p b} \ll j_0 \ll \sigma_p b / l_{CL} \tag{5.114}$$

在 PEFCs 的特征值下（表 5.7），式（5.114）左边的量级为 $1 \mathrm{mA \cdot cm^{-2}}$，而右边为 $1 \mathrm{A \cdot cm^{-2}}$。因此，对于燃料电池而言，这部分的模型适用于电流密度在 $10 \sim 100 \mathrm{mA \cdot cm^{-2}}$ 的情形。

式（5.111）的近似解可以通过下面得到（Kulikovsky 和 Eikerling，2013 年）：当 $\varepsilon \gg 1$（表 5.6），可以假定 $\varepsilon \tilde{j}_0 \gg 1$，因此，式（5.111）中在平方根下面的 1 可以忽略。小 $\tilde{j}_0$ 意味着参数 $\beta \approx \sqrt{2\tilde{j}_0}$ ［式（4.126）］也是非常小的，式（5.111）中 $\cos^2$ 可以用 1 来代替。式（5.111）变换为：

$$\varepsilon^2 \frac{\partial^2 \tilde{\eta}^1}{\partial \tilde{x}^2} = (\varepsilon^2 \tilde{j}_0 + i\tilde{\omega}) \tilde{\eta}^1 \tag{5.115}$$

式（5.115）的解为：

$$\tilde{\eta}^1 = \tilde{\eta}_1^1 \cos\left(\sqrt{-\tilde{j}_0 - \frac{i\tilde{\omega}}{\varepsilon^2}} (1 - \tilde{x})\right) \tag{5.116}$$

对式（5.116）求微分，计算阻抗［式（5.93）］，得到：

$$\tilde{Z} = -\frac{1}{\varphi' \tan\varphi'}, \quad \varphi' = \sqrt{-\tilde{j}_0 - \frac{i\tilde{\omega}}{\varepsilon^2}} \tag{5.117}$$

将实部与虚部分离：

$$\tilde{Z}_{re} = \frac{1}{2\sqrt{\tilde{j}_0^2 + (\tilde{\omega}/\varepsilon^2)^2}} \left(\frac{\gamma_* \sinh(\gamma_*) - \alpha_* \sin(\alpha_*)}{\cosh(\gamma_*) - \cos(\alpha_*)}\right) \tag{5.118}$$

$$\tilde{Z}_{im} = -\frac{1}{2\sqrt{\tilde{j}_0^2 + (\tilde{\omega}/\varepsilon^2)^2}} \left(\frac{\alpha_* \sinh(\gamma_*) + \gamma_* \sin(\alpha_*)}{\cosh(\gamma_*) - \cos(\alpha_*)}\right) \tag{5.119}$$

其中：

$$\alpha_* = \sqrt{2\sqrt{\tilde{j}_0^2 + (\tilde{\omega}/\varepsilon^2)^2} - 2\tilde{j}_0}, \quad \gamma_* = \sqrt{2\sqrt{\tilde{j}_0^2 + (\tilde{\omega}/\varepsilon^2)^2} + 2\tilde{j}_0}$$

注意，在本部分的所有公式中，ε 只以 $\tilde{\omega}/\varepsilon^2$ 形式出现。将式（5.115）除以 ε^2 可马上看出。因此，ε 只是重新调整了频率，Nyquist 谱的形状并不依赖于 ε。

令式（5.118）中 $\tilde{\omega} = 0$，可以得到稳态 CCL 微分电阻：

$$\widetilde{R}_{ccl} = \frac{\sinh(2\sqrt{\tilde{j}_0})}{\sqrt{\tilde{j}_0}\,(\cosh(2\sqrt{\tilde{j}_0}) - 1)}$$

由于 $\tilde{j}_0$ 很小，最后方程转变为：

$$\widetilde{R}_{ccl} = \frac{1}{3} + \frac{1}{\tilde{j}_0} \tag{5.120}$$

右边最后一项与式（5.112）中低电流极限吻合。因此，这项为 CCL 的电荷转移（活化）电阻 $\widetilde{R}_{ct}$。第一项为 CCL 的离子化电阻（如下）。

式（5.118）和式（5.119）决定了小电流下阻抗谱为无因次电流密度的函数。图 5.16 给出了这些谱图的示例。

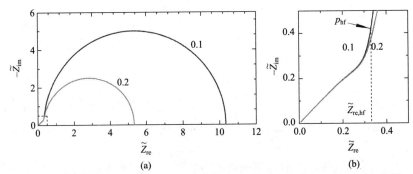

(a)   (b)

图 5.16　（a）$\tilde{j}_0 = 0.1$、0.2 的分析谱 [式（5.118）和式（5.119）]。此谱与图 5.14（a）的特定数字谱很难区分。（b）谱图的高频区显示出半圆到直线的转变。转变点为箭头所指的 $\partial^2 \widetilde{Z}_{im} / \partial^2 \widetilde{Z}_{re} = 0$

谱图中的一个重要特征就是 $-\widetilde{Z}_{im}$ 的极大值。参数 $p \equiv \tilde{\omega}/\varepsilon^2$ 对应于这个点，由方程 $\dfrac{\partial \widetilde{Z}_{im}}{\partial \widetilde{Z}_{re}} = 0$ 的解得到。方程等价于

$$\frac{\partial \widetilde{Z}_{im}/\partial p}{\partial \widetilde{Z}_{re}/\partial p} = 0, \quad \text{或} \frac{\partial \widetilde{Z}_{im}}{\partial p} = 0 \tag{5.121}$$

式（5.121）的数字解显示出非常准确的关系：

$$\frac{\tilde{\omega}_{max}}{\varepsilon^2} = \tilde{j}_0 \tag{5.122}$$

其中 $\tilde{\omega}_{max}$ 是 $\{-\widetilde{Z}_{im}\}$ 最大处的频率。

在式（5.113）中，$\tilde{j}_0 \ll 1$，式（5.120）中离子化电阻项 $1/3$ 可以忽略。在有因次变量中，式（5.120）和式（5.122）可以分别变为如下形式：$R_{ccl} \approx b/j_0$ 和 $j_0 = \omega_{max} b C_{dl} l_{CL}$。将这些方程合并可得：

$$b \approx R_{ccl} j_0 \tag{5.123}$$

$$\omega_{max} R_{ccl} C_{dl} l_{CL} = 1 \tag{5.124}$$

式（5.124）意味着频率域增到 ω_{max}，CCL 表现为 RC 并联电路，其中包括电阻 R_{ccl} 和电容 $C_{dl} l_{CL}$（参照"平行 RC 电路的阻抗"）。

因此，测量小电流谱图，Tafel 斜率可以由式（5.123）得到，双电层电容可由式（5.124）得到。注意比例 $\tilde{\omega}/\varepsilon^2$ 并不含有交换电流密度，因此，这个参数并不由谱图确定。

为了确定 i_*，应去测量接近开路电位的谱图（参见"开路电位阻抗"部分）。

得到 C_{dl} 后，CCL 的质子传导率可由高频区直线 Z_{re} 对 $\omega^{-1/2}$ 斜率得到，在"高频率极限"部分讨论。然而，σ_p 可以直接从 Nyquist 谱图中得到。高频区的重要节点就在半圆和直线相接的部分（图 5.16）。在此点时，二阶导数 $\dfrac{\partial^2 \widetilde{Z}_{im}}{\partial^2 \widetilde{Z}_{re}}=0$ [图 5.16（b），最小均方根为 0]。为求得对 p 的导数，对相应于节点的参数 p_{hf} 使用式（5.121），可得方程：

$$\left(\frac{\partial^2 \widetilde{Z}_{re}}{\partial p^2}\right)\frac{\partial \widetilde{Z}_{im}}{\partial p}-\left(\frac{\partial^2 \widetilde{Z}_{im}}{\partial p^2}\right)\frac{\partial \widetilde{Z}_{re}}{\partial p}=0 \tag{5.125}$$

方程的数字解体现出幂的关系：

$$p_{hf}=\frac{7}{2}\tilde{j}_0^{1/4}, \quad \text{或} \ \tilde{j}_0=\left(\frac{2\tilde{\omega}_{hf}}{7\varepsilon^2}\right)^4 \tag{5.126}$$

确切的数字解和式（5.126）的拟合结果显示在图 5.17（a）中。可以看出，很大范围的在无因次的电流密度，近似式（5.126）的准确性就很高了。

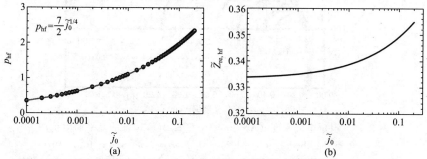

图 5.17　（a）点：式（5.125）的数值解。线：拟合方程 [式（5.126）]。
（b）相应于参数 $p_{hf}=\tilde{\omega}_{hf}/\varepsilon^2$ 点 [半圆与直线的连接点，图 5.16（b）] 阴极催化层的实部阻抗

将式（5.126）变换为因次形式，解方程求得 σ_p，得到：

$$\sigma_p=\left(\frac{4\pi}{7}\right)^{4/3}\left(\frac{f_{hf}^4 C_{dl}^4 l_{CL}^7 b}{j_0}\right)^{1/3}\approx 2.18\left(\frac{f_{hf}^4 C_{dl}^4 l_{CL}^7 b}{j_0}\right)^{1/3} \tag{5.127}$$

其中 $f_{hf}=\omega_{hf}/(2\pi)$，为固有频率，相应于角频率 ω_{hf}。

如果将式（5.126）代入 $\widetilde{Z}_{re}$ [式（5.118）]，就得到了一个简单、不太精确的 σ_p 方程。图 5.17（b）给出了函数 $\widetilde{Z}_{re,hf}(\tilde{j}_0)$。可以看出，半圆和直线的节点处，CCL 阻抗的实部与 $\tilde{j}_0$ 无关，约等于 1/3（计算表明 1/3 是在 $\tilde{j}_0\to 0$ 时，$\widetilde{Z}_{re,hf}$ 的准确极限）。该结果由 Makharia 等人（2005 年）得到，他们所用的是一个稍稍不同的模型，是零电流下得到的，也使用式（5.120）进行了校正。从 $\widetilde{Z}_{re,hf}=1/3$ 中，得到下面关系：

$$\sigma_p=\frac{l_{CL}}{3Z_{re,hf}} \tag{5.128}$$

式（5.128）给出了最后未被定义的参数，CCL 的质子传导率 σ_p。因此，式（5.123）、式（5.124）、式（5.127）、式（5.128）其中之一可以在不用拟合的情况下得到 CCL 单一的低电流阻抗曲线。

遗憾的是，参数 ω_{max} 通常不在文献中报道。其中一个例外就是 Makharia 等人（2005 年）的工作。图 5.18 摘自这个工作，给出了电流密度 $j_0=0.03A\cdot cm^{-2}$ 电池的阻抗谱（最大的半圆）。其阻抗 $-Z_{im}$ 在频率约为 6Hz 时达到最大。而且，在 0.03A·cm^{-2} 时，电

池的电荷转移电阻 $R_{ct} \approx 1.1 cm^2$（图 5.18）。从式（5.123），还有这些数据中可以得到 $b \approx 0.033V$，为特征值。考虑到 $f = 2\pi\omega$ 以及 $l_{CL} = 0.0013cm$，从式（5.124）中可得 $C_{dl} \approx 18.6F \cdot cm^{-3}$。这个值与 Makharia 等人（2005 年）在等效电路分析中报道的 15.4F·cm^{-3} 非常接近。Makharia 等人（2005 年）给出了一个节点部位放大的谱图。从此图中可知，$Z_{re,hf} \approx 0.04\Omega \cdot cm^2$。从式（5.128），$l_{CL} = 0.0013cm$，得到 $\sigma_p \approx 0.011\Omega^{-1} \cdot cm^{-1}$，与文献数据相符。从分析中得到的这些参数以及表 5.7 中的交换电流密度，很容易达到了式（5.113）中所要求的条件。

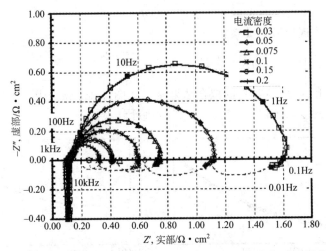

图 5.18　恒定电流密度（A·cm^{-2}）下 H_2/O_2 运行的复平面阻抗图
（来自文献 Makharia, R. et al. 2005. *J. Electrochem. Soc.*, 152, A970-A977, Figure3. The Electrochemical Society 授权）

在 Makharia 等人（2005 年）的实验中，测试了阴极的氧气流过量。这与低电流一起，使 GDL 通道中由氧气传质产生的电阻渐渐变小。这些条件相应于模型假设，它们可以通过 EIS 表征出阴极催化剂的特征。

值得一提的是，在"开路电位的阻抗"部分的公式不能由此部分的公式推导出。这是因为这部分的结果是在电池有限的小电流下得到的［式（5.113）］。

5.6.4　混合的质子和氧气传质极限

在混合活化的情况下，氧气和质子传质损失，为了确定未受干扰的部分 $\tilde{c}^0(\tilde{x})$ 和 $\tilde{\eta}^0(\tilde{x})$，应首先解出稳态系统性能的方程［式（5.89）和式（5.90）］。注意在有些情况下，式（5.89）和式（5.90）稳态的数值解很难解出。为了解决这个问题，就要解出相应的等效系统［式（4.154）和式（4.55）］。通过 $\tilde{c}^0(\tilde{x})$ 和 $\tilde{\eta}^0(\tilde{x})$，式（5.91）和式（5.92）的波动可以解出，也可计算出催化层的阻抗。

在聚合物电解质燃料电池中，CCL 很薄，在电流密度低于几百毫安每平方厘米时，CCL 的氧气传质足够快，可以忽略电位损失。在 DMFC 中，CCL 要厚十倍，氧气传质会导致明显的电位降。

图 5.19（a）给出了相应 DMFC 阴极的阻抗谱图（表 5.6 最后一列），此时氧气和质子传输都导致了电位降。简化之，忽略了燃料（甲醇）对阴极的往复影响（这种影响在"DMFC 阴极阻抗谱"部分中考虑）。图 5.19（b）为穿过 CCL 相应氧气浓度的曲线。

在低电流下（$\tilde{j}_0=1$ 的曲线），谱图为连接高频区直线的理想半圆。随着电流上升（即实轴方向延展方向），可看出曲线变形［图 5.14（a），图 5.14（b）］。这种延展证实了向 Tafel 机制的转变，引起了氧气传输不足［图 5.19（b）］。

然而，与理想氧气传输条件对比，半圆半径不再是电流密度的单调函数［图 5.19（a）］。对于更小的电流（$\tilde{j}_0=1$、2），穿过 CCL 氧气的耗竭并不大，相应的半圆更为规整，并不出现交叉，大电流的谱图中圆弧半径更小［图 5.19（a），图 5.19（b）］。然而，在电流 $\tilde{j}_0=4$、8 时，穿过 CCL 的氧气耗竭十分显著［图 5.19（b）］。相应的谱图表现出非单调的特性，出现交叉［图 5.19（a）］。

在质子传输极限和快氧气扩散的条件下，CCL 的阻抗从 $1/\tilde{j}_0$ 到 $2/\tilde{j}_0$ 单调上升［式（5.112），图 5.15］。换句话说，根据通式 $\tilde{R}_{ccl}=k\tilde{j}_0/\tilde{j}_0$，其中 k 是 $\tilde{j}_0$ 在 1 到 2 变化范围内的单调函数。在混合的质子和氧气传质极限条件下，k 不再是 $\tilde{j}_0$ 的单调函数。此外，k 的极限是不知道的。Jaouen 和 Lindbergh（2003 年）报道了在混合条件下，在 $\tilde{j}_0 \to \infty$（4 倍 Tafel 斜率）时，k 趋向于 4。然而，他们使用了 CCL 性能的水淹团聚模型。通常，图 5.19（a）中的曲线并不符合这种趋势。

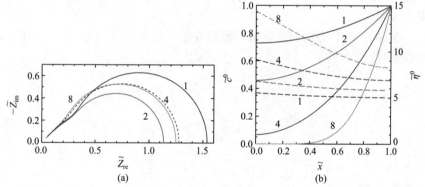

图 5.19 （a）氧气和质子传输损失时阴极催化层的阻抗谱。指出了无因次的电流密度 $\tilde{j}_0$。其他参数列于表 5.6 最后一列中。（b）相同电流下穿过阴极催化层的氧气浓度（实线）和局域过电位（虚线）

5.6.5 DMFC 阴极的阻抗

DMFC 阴极的一个特征就是，大量的甲醇从阳极穿过聚合物膜渗透到阴极。甲醇在电池中的传质会影响 DMFC 阴极的阻抗谱。Müller 和 Urban（1998 年），Diard 等人（2003 年），Furukawa 等人（2005 年）以及 Piela 等人（2006 年）测试了这些谱图。然而，到目前为止，DMFC 阴极谱图的交叉传质作用并未研究明白，因为这些工作中并未测量甲醇交叉传质的谱图。这表明交叉传质的影响要么很小，要么被其他影响掩盖了。

测量 DMFC 阴极阻抗是很难的，有两个原因。首先，在 DMFC 运行中很难达到真正的稳态条件。特别地，电位随时间略有变化。另一个问题是电池没有参比电极，阴极阻抗不能直接得到。通常，首先测量全电池的阻抗。阴极的氧气被氢气代替，准半电池的阻抗（阳极阻抗）从全电池曲线中提出，得到阴极的谱图。

如上讨论，实验谱线要求必须清楚地表明交叉传质影响。在这种情形下，模型可给出有价值的信息。Du 等人（2007 年）建立了 DMFC 阴极中同时 MOR 和 ORR 的动力学模型。模型用于拟合实验的阻抗谱；由于甲醇氧化反应中间产物会使催化剂中毒，此外甲醇氧化反应还造成了额外的电流，他们也做了相应计算。然而，Du 等人（2007 年）假定在阴极厚度方向上 ORR 和 MOR 是均匀进行的。在那种情况下，上述效应只是稍稍使阴极半圆变形。

在另外一个工作中，Du 等人（2007 年）测试了半电池阴极的阻抗谱。测试对比了是否在膜阳极侧添加了 0.5mol/L 甲醇溶液。由于交叉传质，谱图中显示电荷转移电阻增加，低频区也出现了一个稍大的感抗环。通过等效电路拟合，圆弧半径的增加主要是由于 MOR 中间产物对 Pt 表面的毒化作用。

Chen 等人（2009 年）报道了 DMFC（DMFC）阴极的阻抗模型，其中给出了详细的 MOR 和 ORR 反应机理。然而，在此工作中，设定阴极为无限薄的界面，并未考虑 CCL 中空间传输过程。

如下，提出了 DMFC（DMFC）阴极阻抗模型，该模型假定了阴极侧的 MOR 电化学反应机制（Kulikovsky，2012 年）。在这部分中，提出了动态的 DMFC 阴极性能模型（见"DMFC 中的阴极催化剂"部分），计算了阴极阻抗。如"DMFC 中的阴极催化剂"部分所讨论的，模型考虑了阴极厚度方向上 MOR 和 ORR 的空间分布。可以从下面的讨论中看出 MOR 和 ORR 的空间分布，见"DMFC 的阴极催化层"，导致在阻抗谱中形成了一个分离的半圆。

（1）基本方程

如上，x 是穿过 CCL 方向的坐标轴，原点在膜界面处。式（4.190）～式（4.193）为动态的 DMFC 阴极性能。

$$C_{dl} \frac{\partial \eta_{ox}}{\partial t} + \frac{\partial j}{\partial x} = -R_{ORR} + R_{MOR} \tag{5.129}$$

$$\frac{\partial c_{ox}}{\partial t} - D_{ox} \frac{\partial^2 c_{ox}}{\partial x^2} = -\frac{R_{ORR}}{4F} \tag{5.130}$$

$$\frac{\partial c_{mt}}{\partial t} - D_{mt} \frac{\partial^2 c_{mt}}{\partial x^2} = -\frac{R_{MOR}}{6F} \tag{5.131}$$

以及：

$$j = -\sigma_p \frac{\partial \eta_{ox}}{\partial x} \tag{5.132}$$

式（5.129）描述了质子电流守恒：质子在 ORR 过程中消耗（右边第一项），并在 MOR（第二项）和双电层充电（左边第一项）中产生。式（5.130）和式（5.131）各自表述了氧气和甲醇的物质守恒。式（5.132）即欧姆定律。由式（4.119），遵从 $\nabla \eta_{ox} = -\nabla \eta_{mt}$，其中 η_{ox} 和 η_{mt} 分别是 ORR 和 MOR 的极化过电位。因此，符号正确的任意梯度都可用于式（5.132）。

在此部分中，ORR 和 MOR 速率假定服从 Butler-Volmer 动力学：

$$R_{ORR} = -2i_{ox} \left(\frac{c_{ox}}{c_{ox}^{h0}} \right) \sinh \left(\frac{\eta_{ox}}{b_{ox}} \right) \tag{5.133}$$

$$R_{MOR} = 2i_{mt} \left(\frac{c_{mt}}{c_{mt}^{h0}} \right) \sinh \left(\frac{\eta_{mt}}{b_{mt}} \right) \tag{5.134}$$

此处，（ⅰ）i_{ox} 和 i_{mt} 是 ORR 和 MOR 体积交换电流密度；（ⅱ）c 和 c_{ox}^{h0} 为局域和参比（入口）氧气浓度；（ⅲ）c_{mt} 和 c_{mt}^{h0} 为局域和参比甲醇浓度；（ⅳ）b_{ox} 和 b_{mt} 为 ORR 和 MOR 的 Tafel 斜率；（ⅴ）D_{ox} 和 D_{mt} 分别是氧气和甲醇扩散系数。

此部分所用的无因次变量，在式（4.194）中给出。无因次扩散系数列于式（4.198）中。将式（5.132）代入式（5.129），使用式（4.194）中所用变量，解式（5.133）和式（5.134），式（5.129）～式（5.131）变为以下形式：

$$\frac{\partial \tilde{\eta}_{ox}}{\partial \tilde{t}} - \varepsilon^2 \frac{\partial^2 \tilde{\eta}_{ox}}{\partial \tilde{x}^2} = -\tilde{R}_{ORR} + \tilde{R}_{MOR} \tag{5.135}$$

$$\mu_{ox}^2 \frac{\partial \tilde{c}_{ox}}{\partial \tilde{t}} - \varepsilon^2 \tilde{D}_{ox} \frac{\partial^2 \tilde{c}_{ox}}{\partial \tilde{x}^2} = -\tilde{R}_{ORR} \tag{5.136}$$

以及：

$$\mu_{mt}^2 \frac{\partial \tilde{c}_{mt}}{\partial \tilde{t}} - \varepsilon^2 \tilde{D}_{mt} \frac{\partial^2 \tilde{c}_{mt}}{\partial \tilde{x}^2} = -\tilde{R}_{MOR} \tag{5.137}$$

其中：

$$\tilde{R}_{ORR} = \tilde{c}_{ox} \sinh(\tilde{\eta}_{ox}) \tag{5.138}$$

$$\tilde{R}_{MOR} = r_* \tilde{c}_{mt} \sinh(\tilde{\eta}_{mt}/p) \tag{5.139}$$

以及：

$$\mu_{ox} = \sqrt{\frac{4Fc_{ox}^{h0}}{C_{dl}b_{ox}}}, \quad \mu_{mt} = \sqrt{\frac{6Fc_{mt}^{h0}}{C_{dl}b_{ox}}} \tag{5.140}$$

式（4.199）给出了 MOR 过电位 $\tilde{\eta}_{mt}$ 和 ORR 过电位 $\tilde{\eta}_{ox}$ 的关系。式（5.136）和式（5.137）的解为式（4.200）和式（4.201）的边界条件（第 4 章"边界条件"部分）。式（5.135）的边界条件由式（4.200）给出。

（2）线性变换与傅里叶变换

施加的电位波动很小，因此，可写作：

$$\tilde{\eta}_{ox} = \tilde{\eta}_{ox}^0(\tilde{x}) + \tilde{\eta}_{ox}^1(\tilde{x},\tilde{t}), \quad \tilde{\eta}_{mt} = \tilde{\eta}_{mt}^0(\tilde{x}) + \tilde{\eta}_{mt}^1(\tilde{x},\tilde{t}), \quad \tilde{\eta}_{ox}^1, \tilde{\eta}_{mt}^1 \ll 1$$
$$\tilde{c}_{ox} = \tilde{c}_{ox}^0(\tilde{x}) + \tilde{c}_{ox}^1(\tilde{x},\tilde{t}), \quad \tilde{c}_{mt} = \tilde{c}_{mt}^0(\tilde{x}) + \tilde{c}_{mt}^1(\tilde{x},\tilde{t}), \quad \tilde{c}_{ox}^1, \tilde{c}_{mt}^1 \ll 1 \tag{5.141}$$

如前面部分所述，上标 0 代表式（5.135）到式（5.137）的稳态解；上标 1 代表小振幅波动。

将式（5.141）代入式（5.135）～式（5.137），忽略产物波动项，减去稳态方程，得到波动的线性方程：

$$\frac{\partial \tilde{\eta}_{ox}^1}{\partial \tilde{t}} - \varepsilon^2 \frac{\partial^2 \tilde{\eta}_{ox}^1}{\partial \tilde{x}^2} = -\tilde{R}_{ORR}^1 + \tilde{R}_{MOR}^1 \tag{5.142}$$

$$\mu_{ox}^2 \frac{\partial \tilde{c}_{ox}^1}{\partial \tilde{t}} - \varepsilon^2 \tilde{D}_{ox} \frac{\partial^2 \tilde{c}_{ox}^1}{\partial \tilde{x}^2} = -\tilde{R}_{ORR}^1 \tag{5.143}$$

$$\mu_{mt}^2 \frac{\partial \tilde{c}_{mt}^1}{\partial \tilde{t}} - \varepsilon^2 \tilde{D}_{mt} \frac{\partial^2 \tilde{c}_{mt}^1}{\partial \tilde{x}^2} = -\tilde{R}_{MOR}^1 \tag{5.144}$$

其中：

$$\tilde{R}_{ORR}^1 = \sinh(\tilde{\eta}_{ox}^0)\tilde{c}_{ox}^1 + \tilde{c}_{ox}^0 \cosh(\tilde{\eta}_{ox}^0)\tilde{\eta}_{ox}^1 \tag{5.145}$$

以及：

$$\tilde{R}_{MOR}^1 = r_* \sinh(\tilde{\eta}_{mt}^0/p)\tilde{c}_{mt}^1 - \left(\frac{r_*}{p}\right)\tilde{c}_{mt}^0 \cosh(\tilde{\eta}_{mt}^0/p)\tilde{\eta}_{ox}^1 \tag{5.146}$$

为波动反应速率，其中应用了 $\eta_{ox}^1 = -\tilde{\eta}_{mt}^1$。

应用傅里叶变换：

$$\tilde{\eta}_{ox}^1(\tilde{x},\tilde{t})=\tilde{\eta}_{ox}^1(\tilde{x},\tilde{\omega})\exp(i\tilde{\omega}\tilde{t})$$

$$\tilde{c}_{ox}^1(\tilde{x},\tilde{t})=\tilde{c}_{ox}^1(\tilde{x},\tilde{\omega})\exp(i\tilde{\omega}\tilde{t})$$

$$\tilde{c}_{mt}^1(\tilde{x},\tilde{t})=\tilde{c}_{mt}^1(\tilde{x},\tilde{\omega})\exp(i\tilde{\omega}\tilde{t})$$

代入式（5.142）~式（5.144），得到波动振幅 $\tilde{\eta}_{ox}^1(\tilde{x},\tilde{\omega})$，$\tilde{c}_{ox}^1(\tilde{x},\tilde{\omega})$ 和 $\tilde{c}_{mt}^1(\tilde{x},\tilde{\omega})$ 的复数形式：

$$\varepsilon^2\frac{\partial^2\tilde{\eta}_{ox}^1}{\partial\tilde{x}^2}=\tilde{R}_{ORR}^1-\tilde{R}_{MOR}^1+i\tilde{\omega}\tilde{\eta}_{ox}^1 \tag{5.147}$$

$$\varepsilon^2\tilde{D}_{ox}\frac{\partial^2\tilde{c}_{ox}^1}{\partial\tilde{x}^2}=\tilde{R}_{ORR}^1+i\tilde{\omega}\mu_{ox}^2\tilde{c}_{ox}^1 \tag{5.148}$$

$$\varepsilon^2\tilde{D}_{mt}\frac{\partial^2\tilde{c}_{mt}^1}{\partial\tilde{x}^2}=\tilde{R}_{MOR}^1+i\tilde{\omega}\mu_{mt}^2\tilde{c}_{mt}^1 \tag{5.149}$$

注意式（5.145）和式（5.146）中的 $\tilde{\eta}_{ox}^1$，$\tilde{c}_{ox}^1$ 和 $\tilde{c}_{mt}^1$，是 $\tilde{\omega}$ 空间内的复数振幅。还要注意，可以用式（4.119）抵消 $\tilde{\eta}_{mt}^0$。

式（5.147）~式（5.149）的边界条件为：

$$\tilde{\eta}_{ox}^1(0)=\tilde{\eta}_0^1,\quad\frac{\partial\tilde{\eta}_{ox}^1}{\partial\tilde{x}}\bigg|_1=0, \tag{5.150}$$

$$\frac{\partial\tilde{c}_{ox}^1}{\partial\tilde{x}}\bigg|_0=0,\quad\tilde{c}_{ox}^1(1)=0 \tag{5.151}$$

以及：

$$\tilde{D}_{mt}\frac{\partial\tilde{c}_{mt}^1}{\partial\tilde{x}}\bigg|_0=-\beta_*\frac{\partial\tilde{\eta}^1}{\partial\tilde{x}}\bigg|_0,\quad\tilde{c}_{mt}^1(1)=0 \tag{5.152}$$

式（5.150）修正了在 $\tilde{x}=0$ 施加的波动 $\tilde{\eta}_0^1$ 以及 CCL/GDL 界面的零质子流。式（5.201）和式（5.202）的条件遵从式（4.201）和式（4.202）边界条件的线性部分。

（3）虚拟阳极的阻抗谱

式（5.93）给出了 CCL 阻抗谱的定义。然而，在进行阻抗谱测试分析之前，应讨论不同甲醇浓度下稳态阻抗谱的曲线。计算所用参数在表5.8中给出。图5.20给出了 MOR 和 ORR 的速率以及临近膜 3mol/L（0.5mol/L，1.0mol/L 以及 1.5mol/L）甲醇浓度下，通过 CCL 一半的局域质子流。

表5.8 计算涉及的 DMFC 物理运行参数

参考氧摩尔浓度 c_{ox}^{h0}/mol·cm^{-3}	7.36×10^{-6}
参考甲醇摩尔浓度 c_{mt}^{h0}/mol·cm^{-3}	10^{-3}(1mol/L)
ABL 和 CCL 中甲醇扩散系数 D_{mt}/cm^2·s^{-1}	2×10^{-5}
CCL 中氧扩散系数 D_{ox}/cm^2·s^{-1}	10^{-3}
GDL 中氧扩散系数 D_b^c/cm^2·s^{-1}	10^{-2}
GDL 中氧传输极限电流密度 j_{lim}^{c0}/A·cm^{-2}	1.42
ABL 中甲醇传输极限电流密度 j_{lim}^a/A·cm^{-2}	0.579
交叉参数 β_*	0.4
催化层厚度 l_{CL}/cm	0.01
背层厚度 l_b/cm	0.02
催化层质子传导率 σ_p/Ω^{-1}·cm^{-1}	0.001

续表

参数	值
双层体积电容量 C_{dl}/F·cm^{-3}	100
ORR Tafel 斜率 b_{ox}/V	0.05
MOR Tafel 斜率 b_{mt}/V	0.05
ORR 交换电流密度 i_{ox}/A·cm^{-2}	0.1
MRR 交换电流密度 i_{mt}/A·cm^{-2}	0.1
ORR 平衡电位 E_{ox}^{eq}/V	1.23
MOR 平衡电位 E_{mt}^{eq}/V	0.028
参考电流密度 $j_* = \sigma_p b/l_{CL}$/A·cm^{-2}	0.005
参数 ε	1.58
参数 t_*	25.0
CCL 中氧扩散系数 $\widetilde{D}_{ox}$	56.82
ABL 和 CCL 中甲醇扩散系数 $\widetilde{D}_{mt}$	115.8

在这三种情况下，阴极为两层结构：靠近膜的界面处，MOR 的速率超过 ORR 的速率，然而在 CCL 的其他部分，ORR 速率占主导（见图 4.25，第 4 章"极化曲线和 x 形状"）。因此，局域质子流先随 $\tilde{x}$ 增长，然后下降。

进入 CCL，电流密度恒定在 50mA·cm^{-2}，然而层内质子流的峰值超过 100mA·cm^{-2}（图 5.20）。超过 50mA·cm^{-2} 是因为甲醇在临近膜部分渗透的转化。换句话说，MOR 主导的部分作为 CCL 内的虚拟阳极，将流入的甲醇转换为质子流。临近 GDL 一侧，这种质子流在 CCL 中 ORR 主导的部分转换为水流。

当 0.5mol/L 甲醇供给时，虚拟阳极非常薄 [图 5.20（a）]，这对阴极阻抗并无影响。阴极谱图为一个被拉长的半圆，体现出 CCL 中法拉第效应（ORR），双电层充电和氧气传质的综合效应（图 5.21）。然而，在 1mol/L 甲醇浓度下，交叉传质变得明显，虚拟阳极覆盖了 CCL 厚度的 6%[图 5.20（b）]。相应的阻抗谱图在高频区出现一个"肩部"（图 5.21）。在 1.5mol/L 供给时，虚拟阳极宽度增加到 CCL 厚度的 30%，虚拟阳极表现出分离的高频弧（图 5.21）。

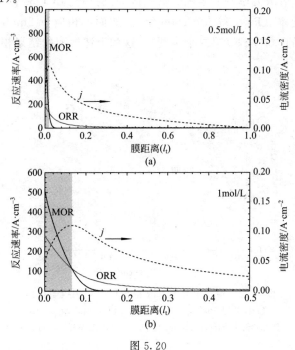

图 5.20

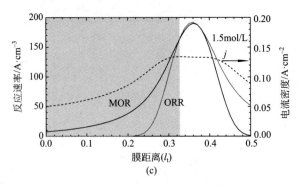

图 5.20　临近膜处，CCL 一半处的 MOR 和 ORR 反应速率以及局域质子流。甲醇摩尔浓度已给出。阴影区为虚拟阳极。电流密度保持在 50mA·cm^{-2}。每一个框图给出了不同甲醇浓度（a）0.5mol/L，（b）1mol/L，（c）1.5mol/L 下 ORR 和 MOR 的反应速率和质子流（虚线）

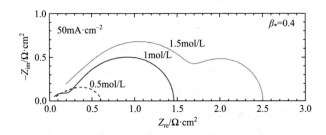

图 5.21　在指定甲醇摩尔浓度下，计算得到 CCL 的阻抗谱。1mol/L 曲线半圆截距在 12Hz，1.5mol/L 曲线在 0.153Hz

　　图 5.22 给出了 DMFC 阴极的两个实验谱图（Piela 等人，2006 年）。可以看出，0.1mol/L 甲醇浓度下谱图为单一的半圆。低频区的感抗环为 CO 吸附导致的毒化作用，降低了阴极 ORR 反应速率（Piela 等人，2006 年）。然而，相应于 2mol/L 甲醇供给的谱图，清楚地看到了高频区的"肩峰"（第二个半圆）。这和上述模型的结果相关。

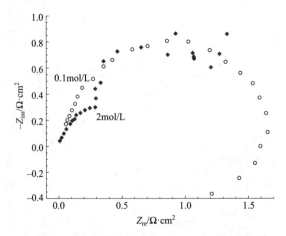

图 5.22　不同甲醇摩尔浓度下 DMFC 阴极阻抗谱
（数据来自 Piela, P., Fields, R., and Zelenay,
P. 2006. J. Electrochem. Soc., 153，A1902-A1913.）

5.7　PEM 燃料电池阴极的阻抗

在低温电池中，ORR 所需的氧气通过气体通道和 GDL 传质到 CCL。为了设计出更好的电池，就需要深刻理解其中的关键科学问题，即电池组件中氧气传质导致的电压降。

EIS 是研究这一问题的有利工具。通常，EIS 可以分别给出每一个传质和动力学过程对于总电池电阻的贡献。然而，精确的 EIS 谱图分析就需要建模完成。

通用的解释电池阻抗的方法就是等效电路模拟（Orazem 和 Tribollet，2008 年）。这种方法的一个优点就是简单。然而，如"介绍"部分所讨论的，等效电路并不唯一，即不同的等效电路可以拟合出相似的谱图。近年来，直接使用电池阻抗模型的研究越来越多。

Springer 等人（1996 年）建立了 PEFC 阴极阻抗模型，考虑了 GDL 中的氧气传质。他们拟合了实验谱图的模型，计算了传质阻力和 CCL 的双电层电容。基于活性层的水淹团聚，Guo 和 White（2004 年）建立了相似的电池阻抗模型。

Bulter 等人（2005 年）提出了 PEFC 阴极的物理阻抗模型，其中包括 GDL 中的氧气传质。作者报道了测试和计算得到的实验谱图数据的相似性，分析了 GDL 扩散阻力对电池性能的影响。

PEFC 典型的阻抗谱中包括两个或三个部分重叠的半圆。根据 Springer 等人（1996 年）报道的，认为低频区的弧为 GDL 中的氧气传质。然而，Schneider 等人（2007 年）使用两电极测量了单一通道 PEFC 的局域阻抗，表明这个弧实际上是由于通道内氧气传质造成的。Schneider 等人（2007 年）的实验表明，毒化和低频区弧的半径依赖于氧气流的化学计量比。Brett 等人（2003 年）也得到了相似的结果，他们首次测量了两电极体系下直流通道电池的局域阻抗。

在这部分中，讨论了 PEFC 的阴极阻抗模型，包括了通道内的氧气传输（Kulikovsky，2012 年）。该模型基于"基本方程"部分中瞬时 CCL 性能模型，此模型与氧气在 GDL 和通道传质的动态延展模型相关联。该问题在"燃料电池的性能模型"中讨论。

5.7.1　模型假设

考虑一个线性的 PEM 燃料电池，包括笔直的阴极通道和两个分开的电极（图 5.23）。Brett 等人（2003 年）和 Schneider 等人（2007 年）使用了该电池的设计。将坐标 $\tilde{x}$ 和 $\tilde{z}$ 进行了归一化：

$$\tilde{x}=\frac{x}{l_{CL}}, \quad \tilde{z}=\frac{z}{L} \tag{5.153}$$

式中，L 为通道长度。注意 $\tilde{x}$ 和 $\tilde{z}$ 均为微分形式。

目标是将阴极侧的动态性能模型公式化。主要基本假设如下：

① 电池中的电流只在垂直面的方向进行（沿 x 轴，图 5.23）。
② 在 CCL 和 GDL 中，氧气传质沿着 x 轴方向。多孔层的 z 流可忽略。
③ 通道中充分混合的氧气流，以恒定速率沿 z 轴方向流动。
④ ORR 反应速率由 Butler-Volmer 公式给出。
⑤ 电池有足够的湿度，多孔层中的液态水只是减少了传质系数。未考虑局域水淹和膜干燥的情况。

分离的电极可以保证测量的是局部阻抗谱（图 5.23）。由于 z 方向没有流体，多孔层没有电流，电池可以看作是若干个并联的独立单元。每个部分都包括与 GDL 和 CCL 相连的单一电极（图 5.23）。

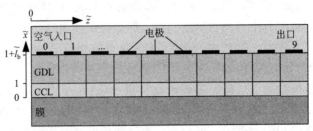

图 5.23　PEM 燃料电池阴极侧示意图，具有单一的气体通道和分离的电极。
x 方向是包括电极下一部分 MEA 的单电池。z 方向为连接分离单元的流体通道

分离的单元通过气体通道内的气流"连接"，气体通道将氧气从一个单元传质到另一个单元。因此，通道内的氧气传质，为每一个单元的 x 问题提供了一个上边界条件。我们的下一个目标是将单元阻抗的 x 问题公式化，这要从 CCL 阻抗问题开始。

5.7.2　阴极催化层的阻抗

描述 CCL 阻抗的是式（5.91）和式（5.92）（参见"基本方程"部分）。然而，这些方程的边界条件不同于"基本方程"部分中的讨论。此处，式（5.91）和式（5.92）的解适合于更为普遍的边界条件：

$$\bar{\eta}^1(0) = \bar{\eta}_0^1, \qquad \frac{\partial \bar{\eta}^1}{\partial \tilde{x}}\bigg|_1 = 0 \tag{5.154}$$

$\bar{\eta}^1$ 的边界条件意味着施加的波动振幅 $\bar{\eta}_0^1$ 是在膜界面处（系统中总的波动电压损失）和 CCL/GDL 界面中质子流的零波动。式（5.155）的第一个条件为膜中氧气流为零。

$$\frac{\partial \tilde{c}^1}{\partial \tilde{x}}\bigg|_0 = 0, \qquad \tilde{c}^1(1) = \tilde{c}_b^1(1) \tag{5.155}$$

第二个条件是 CCL/GDL 界面处氧气浓度连续。此处，$\tilde{c}_b^1$ 为 GDL 中氧气浓度的波动（"阴极催化层的阻抗"部分）。注意下标是代表 GDL 的值。

在"基本方程"部分中，电位波动施加在 $\tilde{x}=1$ 处。这里 $\tilde{x}=0$，过电位受到波动。式（5.91）和式（5.92）的线性允许在任一 CCL 表面施加过电位波动，结果是一样的。

（1）CCL 中的稳态问题

稳态特征方程中的 $\bar{\eta}^0$ 和 $\tilde{c}^0$ 都可以从式（5.89）和式（5.90）中，通过绘制时间导数得到。然而这个过程有以下不足：当电流固定时，$\tilde{x}=0$ 处 $\bar{\eta}^0$ 的边界条件是不知道的，它应该通过迭代方法求得。

另一种方法是通过解式（4.154）和（4.55）更为简洁的等效方程，这个不需要迭代。式（4.154）和式（4.55）的边界条件为：

$$\tilde{j}^0\big|_{\tilde{x}=0} = \tilde{j}_0(\tilde{z}), \quad \tilde{j}^0\big|_{\tilde{x}=1} = 0, \quad \tilde{c}^0\big|_{\tilde{x}=1} = \tilde{c}_h^0(\tilde{z}) - \frac{\tilde{j}_0(\tilde{z})}{\tilde{j}_{\lim}^{c0}} \tag{5.156}$$

其中 $\tilde{j}_0(\tilde{z})$ 是局域电流密度，式（5.172）的 $\tilde{c}_h^0(\tilde{z})$ 为通道里的局域氧气浓度 ［式（5.171）］。$j_{\lim}^{c0}$ 为极限电流密度，是由 GDL 中的气体传质得到的 ［式（5.42）］。注意下

标 h 标明了通道内的氧气浓度。在 $\tilde{x}=1$ 处 $\tilde{c}^0$ 的边界条件遵从 GDL 内氧气传质的线性扩散方程（第 5 部分）。

式（5.156）中的函数 $\tilde{c}_h^0(\tilde{z})$ 和 $\tilde{j}_0(\tilde{z})$ 分别为通道内的稳态氧气浓度和局域电流密度。这些函数是由阴极通道内的氧气传质中稳态问题的解中得来的（参见"通道内的氧气传质"部分）。

5.7.3　GDL 内的氧气传质

GDL 内的氧气扩散方程为：

$$\frac{\partial c_b}{\partial t} - D_b \frac{\partial^2 c_b}{\partial x^2} = 0, \quad D_b \frac{\partial c_b}{\partial x}\bigg|_{x=l_{CL}+} = D \frac{\partial c}{\partial x}\bigg|_{x=l_{CL}-}, \quad c_b(l_{CL}+l_b) = c_h(z) \tag{5.157}$$

其中，c_b 为氧气浓度；D_b 为厚度为 l_b 的 GDL 的有效氧气扩散系数。该方程的边界条件一维，GDL/CCL 界面处氧气流是连续的，GDL/通道界面处的氧气浓度与通道内的氧气浓度 c_h 相等。

对式（4.51），式（5.83），式（5.153）和式（5.157）进行无因次化处理：

$$\mu^2 \frac{\partial \tilde{c}_b}{\partial \tilde{t}} - \varepsilon^2 \tilde{D}_b \frac{\partial^2 \tilde{c}_b}{\partial \tilde{x}^2} = 0 \tag{5.158}$$

其中 μ 由式（5.88）给出。式（5.158）为线性，在 GDL 内，可以直接写作波动振幅 $\tilde{c}_b^1$ 的频域方程：

$$\varepsilon^2 \tilde{D}_b \frac{\partial^2 \tilde{c}_b^1}{\partial \tilde{x}^2} = i\omega\mu^2 \tilde{c}_b^1, \quad \tilde{D}_b \frac{\partial \tilde{c}_b^1}{\partial \tilde{x}}\bigg|_{\tilde{x}=1+} = \tilde{D} \frac{\partial \tilde{c}^1}{\partial \tilde{x}}\bigg|_{\tilde{x}=1-}, \quad \tilde{c}_b^1(1+\tilde{l}_b) = \tilde{c}_h^1 \tag{5.159}$$

其中，$\tilde{c}_h^1$ 为通道内氧气浓度的波动（参见"通道内的氧气传质"部分）。式（5.159）反映了通道和 CCL 中的氧气浓度波动问题。

式（5.159）的分析解为：

$$\tilde{c}_b^1 = \frac{(1+i)\varepsilon f_1^1 \sin[a(1+\tilde{l}_b-\tilde{x})]}{\mu\sqrt{2\tilde{\omega}\tilde{D}_b}\cos(a\tilde{l}_b)} + \frac{\tilde{c}_h^1 \cos[a(1-\tilde{x})]}{\cos(a\tilde{l}_b)} \tag{5.160}$$

其中：

$$a = \frac{(i-1)\mu}{\varepsilon}\sqrt{\frac{\tilde{\omega}}{2\tilde{D}_b}}$$

$$f_1^1 \equiv \tilde{D}\frac{\partial \tilde{c}^1}{\partial \tilde{x}}\bigg|_{\tilde{x}=1-} \tag{5.161}$$

为 CCL/GDL 在催化层一侧氧气流的波动。在 $\tilde{x}=1$，从式（5.160）可以得到：

$$\tilde{c}_b^1(1) = \frac{(1+i)\varepsilon f_1^1}{\mu\sqrt{2\tilde{\omega}\tilde{D}_b}}\tan(a\tilde{l}_b) + \frac{\tilde{c}_h^1}{\cos(a\tilde{l}_b)} \tag{5.162}$$

这是 CCL 问题中要求的边界条件［式（5.155）］。

对于通道问题，需要在通道/GDL 界面处施加氧气流 x 波动。将式（5.160）对 $\tilde{x}$ 微分，将结果乘以 $\tilde{D}_b$，代入 $\tilde{x}=1+\tilde{l}_b$，可以看出：

$$\tilde{D}_b \frac{\partial \tilde{c}_b^1}{\partial \tilde{x}}\bigg|_{\tilde{x}=1+\tilde{l}_b} = -\frac{(1+i)a\varepsilon f_1^1}{\mu\sqrt{2\tilde{\omega}\tilde{D}_b}\cos(a\tilde{l}_b)} - a\tilde{c}_h^1\tan(a\tilde{l}_b) \tag{5.163}$$

5.7.4　流道内的氧气传质

电位波动打乱了通道内的氧气浓度分布。波动的增长过程与时间有关，进而影响了电池的阻抗谱。为了解释这种效应，给出通道内氧气浓度 c_h 依赖于时间的物质守恒方程：

$$\frac{\partial c_h}{\partial t} + v\frac{\partial c_h}{\partial z} = \left(\frac{D_b}{h}\right)\frac{\partial c_b}{\partial x}\bigg|_{x=l_{CL}+l_b} \qquad (5.164)$$

其中，v 是流体速率；h 为通道高度。式（5.164）右边第一项代表 GDL 内，在通道/GDL 界面处的氧气扩散流。质量守恒规定氧气流应除以 h。

使用无因次量，式（4.51），式（5.83）和式（5.153），式（5.164）为以下形式：

$$\xi^2\frac{\partial\tilde{c}_h}{\partial\tilde{t}} + \lambda\tilde{J}\frac{\partial\tilde{c}_h}{\partial\tilde{z}} = \widetilde{D}_b\frac{\partial\tilde{c}_b}{\partial\tilde{x}}\bigg|_{\tilde{x}=1+\tilde{l}_b} \qquad (5.165)$$

其中 J 为电池内的平均电流密度。

$$\lambda = \frac{4Fhvc_h^0}{LJ}$$

为氧气化学计量比。

$$\xi = \sqrt{\frac{8Fhc_h^0 i_* l_{CL}}{C_{dl}\sigma_p b^2}} \qquad (5.166)$$

为常量，$\xi^2/(\lambda\tilde{J})$ 决定了在通道内氧气浓度变化的特征时间。

式（5.165）是线性的，因此，小振幅波动 $\tilde{c}_h^1$ 的方程为：

$$\xi^2\frac{\partial\tilde{c}_h^1}{\partial\tilde{t}} + \lambda\tilde{J}\frac{\partial\tilde{c}_h^1}{\partial\tilde{z}} = \widetilde{D}_b\frac{\partial\tilde{c}_b^1}{\partial\tilde{x}}\bigg|_{\tilde{x}=1+\tilde{l}_b} \qquad (5.167)$$

代入 $\tilde{c}_h^1(\tilde{z},\tilde{t}) = \tilde{c}_h^1(\tilde{z},\tilde{\omega})\exp(i\tilde{\omega}\tilde{t})$，得到振幅波动 $\tilde{c}_h^1(\tilde{z},\tilde{\omega})$ 的复数形式方程：

$$\lambda\tilde{J}\frac{\partial\tilde{c}_h^1}{\partial\tilde{z}} = -i\tilde{\omega}\xi^2\tilde{c}_h^1 + \widetilde{D}_b\frac{\partial\tilde{c}_b^1}{\partial\tilde{x}}\bigg|_{\tilde{x}=1+\tilde{l}_b}, \qquad \tilde{c}_h^1(0)=0 \qquad (5.168)$$

在 $\tilde{x}=0$ 处的边界条件意味着入口处氧气浓度不波动。式（5.168）右侧的扩散项由式（5.163）给出。

式（5.168）的解为：

$$\tilde{c}_h^1 = \frac{1}{\lambda\tilde{J}}\exp\left(-\frac{i\tilde{\omega}\xi^2\tilde{z}}{\lambda\tilde{J}}\right)\int_0^{\tilde{z}} f_D(\tilde{z}')\exp\left(\frac{i\tilde{\omega}\xi^2\tilde{z}'}{\lambda\tilde{J}}\right)d\tilde{z}' \qquad (5.169)$$

其中：

$$f_D(\tilde{z}) \equiv \widetilde{D}_b\frac{\partial\tilde{c}_b^1}{\partial\tilde{x}}\bigg|_{\tilde{x}=1+\tilde{l}_b}$$

f_D 的表达式包括电流密度 $\tilde{j}_0^1$ 的波动。

$$\tilde{j}_0^1 = -\frac{\partial\tilde{\eta}^1}{\partial\tilde{x}}\bigg|_0 \qquad (5.170)$$

欧姆定律和边界条件 [式（5.159）] 将 CCL 和 GDL 问题的结果与式（5.169）联系起来。

在电极等电位的条件下，关于（5.165）稳态情形的解，式（5.55）和式（5.56）分别给出了氧气浓度未波动的谱图形状和沿通道方向的局域电流密度。在这部分的注释中，式（5.55）和式（5.56）的形式为：

$$\tilde{c}_h^0(\tilde{z}) = \left(1 - \frac{1}{\lambda}\right)^{\tilde{z}} \tag{5.171}$$

和：

$$\tilde{j}_0(\tilde{z}) = -\tilde{J}\lambda \ln\left(1 - \frac{1}{\lambda}\right)\left(1 - \frac{1}{\lambda}\right)^{\tilde{z}} \tag{5.172}$$

5.7.5　数值解和阻抗

所有问题都可通过如下途径解决。在 $\tilde{z}=0$，通道内氧气浓度的波动设定为零，局域 $\tilde{x}$ 的问题通过 $\tilde{c}_h^1=0$ 解出。在下一部分（段）计算了 $\tilde{c}_h^1$，使用了最简矩形规则，对式（5.169）进行了数值近似，局域的问题在 $\tilde{z}=0+d\tilde{z}$ 解出［这里，$d\tilde{z}$ 为部分（段）长度］。典型地，流道长度划分为 100 等份，每十个流槽的结果是重复的。在低氧气化学计量比时，数值部分的数量更大。这个过程一直重复，直到达到流道的末端。

局域阻抗是通过式（5.93）计算的。因为，电极是等电位的，电流密度的局部波动累积，电池的总阻抗 $\tilde{Z}_{cell}$ 为：

$$\frac{1}{\tilde{Z}_{cell}} = \int_0^1 \frac{d\tilde{z}}{\tilde{Z}} \tag{5.173}$$

式（5.173）意味着每一个重复流槽都是平行阻抗。

5.7.6　局域谱图和总谱图

通常，在每一个流槽中，三个依赖于时间的过程同时发生：GDL 中的氧气传质、CCL 中的氧气传质以及双电层充电。第四个依赖于时间的过程是通道内的氧气传质，将这几个流槽"连接"到一起。为了了解每一个过程对局域谱图的贡献，需要依次"转换"时间导数。

由于 CCL 厚度较小，CCL 中的氧气传质是非常快的。此过程的时间常数与双电层充电时间常数在一个数量级内。这意味着 CCL 的氧气传质对于电池阻抗不能从双电层充电中分辨出来。在下面的讨论中，假定 CCL 中的氧气传质无限快。

图 5.24 给出了第零个，第三个，第六个，第九个流槽的阻抗谱（部分编号从氧气入口处算起，图 5.23）。图 5.24 的最后一个框中为通过式（5.173）计算的平均（电池）谱图。计算中所用参数列于表 5.9 中，氧气化学计量比取 $\lambda=2$。

表 5.9　物理无因次参数

Tafel 斜率 b/V	0.05
CCL 质子传导率 σ_p/$\Omega^{-1} \cdot cm^{-1}$	0.03
交换电流密度 i_*/A $\cdot cm^{-2}$	10^{-3}
CCL 中有效氧扩散系数 D/$cm^2 \cdot s^{-1}$	1.37×10^{-3}
GDL 中有效氧扩散系数 D_b/$cm^2 \cdot s^{-1}$	0.01
CL 电容量 C_{dl}/F $\cdot cm^{-3}$	20
CL 厚度 l_{CL}/cm	0.001
GDL 厚度 l_b/cm	0.02
流道深度 h/cm	0.1

续表

工作电流密度 $J/A \cdot cm^{-2}$	0.3
极限电流密度 $j_{lim}/A \cdot cm^{-2}$	1.42
$j_*/A \cdot cm^{-2}$	1.5
t_*/s	500
$D_*/cm^2 \cdot s^{-1}$	5.28×10^{-4}
$\tilde{J}$	0.2
$\tilde{j}_{lim}$	0.947
$\tilde{D}$	2.59
$\tilde{D}_b$	18.94
ε	866
μ	1.686
ξ	0.01946

注：催化层体积电容量由数据估算（来源于 Makharia, R., Mathias, M. F., and Baker, D. R. 2005. *J. Electrochem. Soc.*, **152**，A970-A977）。

在每一框图中，最内部的（点线）半圆为局域阻抗谱图，是通过假定在 GDL 和流道内氧气传质的无限快速弛豫计算的（快速弛豫一维，相应的氧气浓度稳态形状是在可忽略的短时间内建立的）。换句话说，这些频谱图只是代表 CCL 中的过程。注意局域电流密度在流道内从入口到出口是衰减的，这增加了局域 CCL 谱中圆弧的半径（图 5.24）。

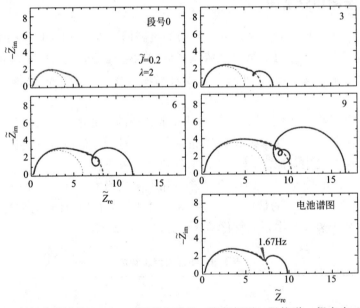

图 5.24 氧气化学计量比 $\lambda = 2$ 时局域和平均（底部框图）阻抗谱。假定在 GDL 和通道内氧气传输无限快速弛豫，计算了最内部的点谱图。虚线为 GDL 中不稳定的氧气传输条件，但是忽略了沿着通道方向氧气浓度扰动的增值。这些谱图对应于电池内不同单元的激励，假定了其他部分没有受到激励。实线为全谱图，考虑了通道内氧气传输的不稳定。这些谱图为所有部分的同步激发

每个框图中虚线半圆的局域（最后框图的平均）谱图，是在 GDL 中非稳态的氧气传质和流道内的稳态（无限快速弛豫）传输下测得的。谱图相应于对每一个独立流槽进行分离的阻抗测试，假定了其他部分没有受到激励。在这些条件下，逆流流槽的氧气浓度并未受

到波动，即未见到流道内氧气传质的阻力。

局域谱图包括两个重叠的半圆，对应于 CCL（高频区）和 GDL（低频区）。然而，需要使用负载的拟合算法把 GDL 中的传输作用分离出来。

图 5.24 中的实线为局域谱图，是在所有流槽同时激发时测得的，即电位波动在同一相中施加给所有流槽。平均谱图（图 5.24 中最后一个）代表了整个电池的谱图。注意这个谱图与未分流槽的电池谱图吻合。

由此可见，第零个流槽局域 CCL＋GDL＋通道谱图与局域 CCL＋GDL 谱图吻合。然而，第三、六、九流槽和平均谱图的全谱图，表现出额外的低频弧。这个弧的出现是由于流道内的氧气传质造成的，由 Schneider 等人（2007 年）提出。流道传质阻力沿流道方向增大（图 5.24）。阻力随氧气消耗的平均速率增大，其中氧气消耗在上游部分发生（第零个流槽的速率为零）。

第六和第九流槽谱图的另一个特征，是在频率范围 1～100Hz 中出现的若干相近的环（图 5.24）。局域浓度波动和沿通道内的浓度波动的相干作用，导致了这些环的出现。在图 5.25 中，解释了这种效应。在所有的电极中，电位波动的初始相位是相同的。由于 ORR 过程消耗氧气，电位波动的正弦波信号产生了通道内氧气浓度的周期性波动。

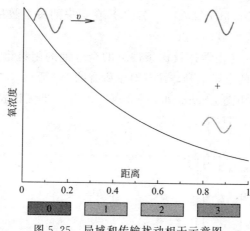

图 5.25　局域和传输扰动相干示意图

浓度波动产生于第零个流槽，在流道内向下传输。因此，下游的部分，"感受"到的是局域波动浓度的加和，加上从第零个流槽来的浓度扰动。这两个波相干：在激励信号的特定频率上，相位相同，振幅为局域信号和下游到达信号的叠加（图 5.25）。在其他频率上，相位不同，浓度波部分抵消。在远端部分，导致了流道传输的阻尼震荡，正如局域 CCL＋GDL 谱图中相近的环（图 5.24）。

有人会认为这种效应是沿着频率轴方向出现：第零流道的波动到达最后一部分仍保持相同相位，如果流道长度恰恰符合半波的偶数倍，$L＝2\pi nv/\omega$，其中 $n＝1,2,\cdots$。图 5.26 确认了这种假设：在有 $|\tilde{Z}|$ 与 ω 的 Bode 图中，最小值在频率域是等距的。图 5.26 给出了 $|\tilde{Z}|$ 的振幅震荡随频率降低。在图 5.24 中，$\bar{\omega}$ 上升，环半径降低。在低频时，局域波动和传输波动叠加，渗透进入 CCL，谱图中表现为一个完全闭合的环（图 5.24）。然而，在高频区，波动随流体传输，在 GDL 中，对其内部的氧气传质作用甚微，之前的效应也消失了（图 5.24 中环衰减）。因此，环半径随频率的变化，也是另一个表征氧气在 GDL 内传输质量的标志。GDL 内氧气扩散率越高，环半径下降也就越慢。在小的氧气化学计量比下

可以看出环的形成带来的作用，氧气浓度分布十分不均匀，第零个流道的波动十分显著，超过了下游流道的波动。在更高的 λ 下，来自于上游流道的波动在穿过通道时具有相同的振幅，但相位不同。因此，传输的波动在所有频率范围内被部分抵消，大环也变为小的隆起。

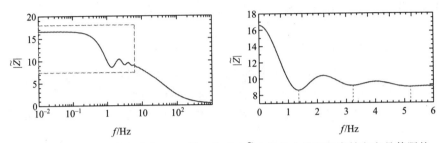

图 5.26　图 5.24 第九部分的 Bode 图。注意 $|\tilde{Z}|$ 的最小值在频率轴方向是等距的

近来，Maranzana 等人（2012 年）考虑了上述讨论的问题。他们忽略了 CCL 中氧气传质的损失，采用解析方法解决了上述问题。他们的运行中，每一单独流道的阻抗谱也使用相互接近的环。遗憾的是，Schneider 等人测量的谱图中并未出现环。这可能是他们测试谱图精度的原因造成的。Schneider 等人（2007 年）在频率的每个数量级之内只测试了 10 个点，然而图 5.24 中要求的是 100 个点。

图 5.27 给出了三个氧气化学计量比条件下的全电池的阻抗谱。如所期望的，随 λ 下降，缘于通道内氧气传质的电阻上升。注意对于所有的 λ，低频（"流道"）弧与频率 f 在 $1\sim 3\mathrm{Hz}$ 的 CCL+GDL 弧相交。Schneider 等人（2007 年）的测试表明，在他们的实验中交叉依赖于 λ，出现在 $f\approx 7.9\mathrm{Hz}$ 处。

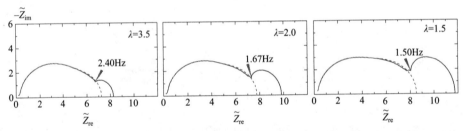

图 5.27　在特定氧气化学计量比下电池的平均谱图。虚线为假定了通道内氧气稳态传输的计算谱图。高频和低频区之间内插的弧线在 $1\sim 3\mathrm{Hz}$ 频率内

5.7.7　恒定的化学计量比与恒定的氧气流

通过假定氧气流具有恒定的化学计量比，得到了"PEM 燃料电池阴极侧的阻抗"部分的结果。然而，阻抗实验通常在氧气恒定流速下测试，而非恒定的常数 λ。的确，保证恒定的 λ 意味着入口流速应随平均电流密度波动的相而变化，这是很难实现的。

从定量角度来说，在公式中保证 λ 为常数意味着未考虑到远端的部分，它们的局域静态极化曲线的斜率是负值。在进气口恒定的氧气流下，这些机制逐渐占主导，当然这是在临界值以下时成立（"负局域电阻"部分）。

$$hwv^0c_\mathrm{h}^0 < Lw\frac{D_\mathrm{b}c_\mathrm{h}^0}{l_\mathrm{b}} \tag{5.174}$$

其中，w 为氧气流道的面内宽度。式（5.174）意味着，如果进气口氧气摩尔流速 $hwv^0c_h^0$（$mol \cdot s^{-1}$）比 GDL 内氧气最大极限流速 $LwD_bc_h^0/l_b$ 小，局域极化曲线的斜率变负。理论上，如果穿过 GDL 的氧气传质是很快的，进气口部分消耗了过多的氧气，远端流道就缺氧。因此，为了使得流道内氧气均匀分布，GDL 内的扩散率就应该很大。这是在燃料电池设计中使用 GDL 的一个最主要的原因。

在进气口流速低时，远端流道的局域极化曲线斜率为负（Kulikovsky 等人，2004 年）。在这种情况下，远端部分的局域阻抗谱转变到象限 $\mathscr{R}(\widetilde{Z}) < 0$，即电阻为负。

注意总的电池电阻是正值，尽管其仍依赖于电池的原料供给，然而局域（流道）电阻为负。电池的静态微分电阻考虑到了氧气在流道内的传质，可以通过半电池过电位表达式（5.58）计算出。然而，在用这个公式计算以前，应该与氧气化学计量比和氧气流关联。通过定义，$\lambda = 4Fhv^0c_h^0/(LJ)$。分子和分母同时乘以流道宽度 w，考虑到氧气摩尔流量 $M_{ox} = hwv^0c_h^0$，得到：

$$\lambda = \frac{4FM_{ox}}{LwJ}, \quad M_{ox} = hwv^0c_h^0 \tag{5.175}$$

引入氧气摩尔流量的无因次形式：

$$\widetilde{M}_{ox} = \frac{M_{ox}}{M_*}, \quad \text{其中：} M_* = \frac{Lwj_{ref}}{4F} = \frac{Lw\sigma_p b}{4Fl_{CL}} \tag{5.176}$$

式（5.175）可以转换为以下无因次形式：

$$\lambda \widetilde{J} = \widetilde{M}_{ox} \tag{5.177}$$

（1）恒定的氧气化学计量比

在 λ 恒定的情形下，式（5.58）可以直接微分，保证 f_λ 为常数。将式（5.58）对 $\widetilde{J}$ 微分，得到电池静态微分电阻 $\widetilde{R}_{cell} = \dfrac{\partial \bar{\eta}_0}{\partial \widetilde{J}}$

$$\widetilde{R}_{cell} = \frac{1}{\widetilde{J}} + \frac{f_\lambda}{\widetilde{j}_{lim}^{c0} - f_\lambda \widetilde{J}} \tag{5.178}$$

此处，f_λ 由式（5.57）给出。将此式与式（5.120）比较，可以看出 $1/\widetilde{J}$ 描述了 CCL 的电荷转移电阻，最后一项 $f_\lambda/(\widetilde{J}_{lim}^{c0} - f_\lambda \widetilde{J})$，结合了 GDL 和流道内氧气传输的阻力。

注意 λ 为常数的情形，电荷转移电阻（流道内的平均长度）依赖于 λ。这意味着单一部分的电荷转移电阻是并联的。的确，沿流道方向的局域电流由式（5.56）给出，局域电荷转移电阻的倒数是 $\dfrac{1}{\widetilde{R}_{ct}(\tilde{z})} = \widetilde{J}_0(\tilde{z})$。在假定并联局域电阻后，电池的总电荷转移电阻为：

$$\frac{1}{\widetilde{R}_{ct}^{tot}} = \int_0^1 \frac{d\tilde{z}}{\widetilde{R}_{ct}} = \int_0^1 \tilde{j}_0(\tilde{z})d\tilde{z} = \widetilde{J}$$

即忽略 λ 时，$\widetilde{R}_{ct}^{tot} = 1/\widetilde{J}$。

在无限氧气化学计量比极限时，$f_\lambda \to 1$，式（5.178）为以下形式：

$$\widetilde{R}_{cell}^{lim} = \frac{1}{\widetilde{J}} + \frac{1}{\widetilde{j}_{lim}^{c0} - \widetilde{J}} \tag{5.179}$$

在这个极限下，通道内氧气传质的阻力为零，因此，这个方程的最后一项是电阻，因为氧气在 GDL 内扩散。当电池电流密度 $\widetilde{J}$ 接近于临界电流密度 $\tilde{j}_{lim}^{c0}$ 时，电阻应趋向于无穷。

（2）进气口氧气的恒定流速

氧气摩尔流速 $\widetilde{M}_{\mathrm{ox}}$ 恒定时，式（5.58）应再按照 $\widetilde{M}_{\mathrm{ox}}$ 公式化。使用式（5.177）以及 f_λ 的定义，式（5.57）和式（5.58）可以转换为：

$$\tilde{\eta}_0 = \ln\left[-2\varepsilon^2 \widetilde{M}_{\mathrm{ox}} \ln\left(1 - \frac{\tilde{J}}{\widetilde{M}_{\mathrm{ox}}}\right) \right] - \ln\left[1 + \frac{\widetilde{M}_{\mathrm{ox}}}{\tilde{j}_{\mathrm{lim}}^{\mathrm{c0}}} \ln\left(1 - \frac{\tilde{J}}{\widetilde{M}_{\mathrm{ox}}}\right) \right] \tag{5.180}$$

将此式对 $\tilde{J}$ 微分：

$$\widetilde{R}_{\mathrm{cell}} = -\frac{1}{\widetilde{M}_{\mathrm{ox}}\left(1 - \frac{\tilde{J}}{\widetilde{M}_{\mathrm{ox}}}\right)\ln\left(1 - \frac{\tilde{J}}{\widetilde{M}_{\mathrm{ox}}}\right)} + \frac{1}{\left(1 - \frac{\tilde{J}}{\widetilde{M}_{\mathrm{ox}}}\right)\left[\tilde{j}_{\mathrm{lim}}^{\mathrm{c0}} + \widetilde{M}_{\mathrm{ox}}\ln\left(1 - \frac{\tilde{J}}{\widetilde{M}_{\mathrm{ox}}}\right) \right]}$$

$$\tag{5.181}$$

很容易证实，在极限 $\widetilde{M}_{\mathrm{ox}} \to \infty$，式（5.181）右侧第一项趋近于 $1/\tilde{J}$，然而第三项趋近于 $1/(\tilde{j}_{\mathrm{lim}}^{\mathrm{c0}} - \tilde{J})$。因此，第一项代表在恒定 $\widetilde{M}_{\mathrm{ox}}$ 时，CCL 总的电荷转移电阻。通过类比式（5.178），式（5.181）最后一项给出了在 GDL 和通道内氧气传质的结合电阻。

注意在恒定流量情况下，电荷转移电阻与 $\widetilde{M}_{\mathrm{ox}}$ 有很强的函数关系（图 5.28）。将式（5.177）代入式（5.56），给出局域电流：

$$\tilde{j}_0(\tilde{z}) = -\widetilde{M}_{\mathrm{ox}}\ln\left(1 - \frac{\tilde{J}}{\widetilde{M}_{\mathrm{ox}}}\right)\left(1 - \frac{\tilde{J}}{\widetilde{M}_{\mathrm{ox}}}\right)^{\tilde{z}}$$

将此与式（5.181）第一项进行比较，可得如下关系：

$$\widetilde{R}_{\mathrm{ct}}^{\mathrm{tot}} = \frac{1}{\tilde{j}_0(1)}, \quad \widetilde{M}_{\mathrm{ox}} = 常数 \tag{5.182}$$

因此，在恒定流速条件下，总的电荷转移电阻由通道出口处局域电流倒数给出。很明显，$\tilde{j}_0(1) < \tilde{J}$，在恒定流速下，电池的电荷转移电阻在恒定 λ 下超过电阻（假定平均电流时流速相应于 λ）。换句话说，从 EIS 测试得到的电荷转移电阻通常大于计算得到的，因为测试时氧气速率恒定，计算的是 λ 为常数的极化曲线。

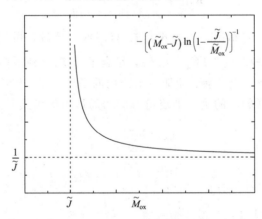

图 5.28　恒定氧气流速下 CCL 的电荷转移电阻［式（5.181）右侧第一项］

（3）负的局域电阻

在这部分中，沿着 Kulikovsky 等人（2005 年）的工作继续进行。设想图 5.23 中部分电池有恒定氧气流 $\widetilde{M}_{\mathrm{ox}}$ 供给。实验显示在特定的条件下，远端部分表现出负的局域电阻（Brett 等人，2003 年）。理论上，在进气口流量较低时，随过电位增加，更多的氧气消耗在靠近进气口的通道处，远端部分供给的氧气较少，局域电流下降。

为理解这一效应，假定式（5.43）中给出单一部分的局域极化曲线，其中包含 Tafel 活化过电位（第一项）以及氧气在 GDL 中传质造成的电压降（第二项）。

为解释式（5.177），描述通道内氧气传质的式（5.50）可写为：

$$\widetilde{M}_{ox} \frac{\partial \tilde{c}_h}{\partial \tilde{z}} = -\tilde{j}_0, \quad \tilde{c}_h(0) = 1 \tag{5.183}$$

解式（5.43），得到 $\tilde{j}_0$ 表达式：

$$\tilde{j}_0 = \alpha(\bar{\eta}_0)\tilde{c}_h(\tilde{z}) \tag{5.184}$$

其中：

$$\alpha(\bar{\eta}_0) = \frac{\tilde{j}_{lim}^{c0} \exp\bar{\eta}_0}{2\varepsilon^2 \tilde{j}_{lim}^{c0} + \exp\bar{\eta}_0} \tag{5.185}$$

由于电极等电位，$\bar{\eta}_0$ 和 α 并不依赖于 $\tilde{z}$。

联合式（5.183）和式（5.184），可得到氧气浓度的 $\tilde{z}$ 形状：

$$\tilde{c}_h = \exp\left(-\frac{\alpha\tilde{z}}{\widetilde{M}_{ox}}\right) \tag{5.186}$$

其中，α 由式（5.185）给出。将此结果代入式（5.184）中，可发现部分的局域极化曲线：

$$\tilde{j}_0 = \alpha \exp\left(-\frac{\alpha\tilde{z}}{\widetilde{M}_{ox}}\right) \tag{5.187}$$

局域曲线在图 5.29 给出。远端部分 $\tilde{z}$ 为 0.7 和 1.0 处表现出负电阻。临界电位和局域电流，即这些曲线"向后折叠"的部分，由式 $\partial\tilde{j}_0/\partial\bar{\eta}_0 = 0$ 给出。将式（5.187）对 $\bar{\eta}_0$ 进行微分，解方程，得到临界参数：

$$\bar{\eta}_0^{crit} = \ln(2\varepsilon^2 \widetilde{M}_{ox}) - \ln\left(\tilde{z} - \frac{\widetilde{M}_{ox}}{\tilde{j}_{lim}^{c0}}\right) \tag{5.188}$$

以及：

$$\tilde{j}_0^{crit} = \frac{\widetilde{M}_{ox}}{\tilde{z}\exp(1)} \tag{5.189}$$

注意 $\tilde{j}_0^{crit}$ 不依赖于 $\tilde{j}_{lim}^{c0}$，然而 $\bar{\eta}_0^{crit}$ 强烈依赖于此参数。可以看出，最靠近进气口位置电阻为负，其决定于：

$$\tilde{z}^{crit} = \frac{\widetilde{M}_{ox}}{\tilde{j}_{lim}^{c0}} \tag{5.190}$$

在 $\tilde{z} > \tilde{z}^{crit}$ 时，式（5.188）的第二个对数项为实数，意味着 $\bar{\eta}_0^{crit}$ 存在。靠近入口，这个对数项为虚数，即局域极化曲线没有拐点。根据图 5.29 的数据，$\tilde{z}^{crit} = 0.5$。

在因次形式下，式（5.190）和式（5.188）为：

$$z^{crit} = \frac{4FM_{ox}}{Lwj_{lim}^{c0}} \tag{5.191}$$

以及：

$$\eta_0^{crit} = b\ln\left(\frac{4FM_{ox}}{Lwi_* l_{CL}}\right) - b\ln\left(\frac{z}{L} - \frac{4FM_{ox}}{Lwj_{lim}^{c0}}\right) \tag{5.192}$$

若局域阻抗谱可用，式（5.191）可用来评价 j_{lim}^{c0}。此外，测量了局域极化曲线，具有

$z>z^{\text{crit}}$ 条件的任意流槽曲线都可以用来确定两参数 b 或 i_* 之一，倘若另一个参数可以从独立实验中测得的话。的确，在知道了 j_{lim}^{c0} 和 η_0^{crit} 后，式（5.192）给出了 b 或 i_*。注意此时并不需要拟合。还应注意到此部分的模型并没有考虑局域水淹或局域干燥效应；因此，在上述实验中就不应出现水淹和干燥的干扰项。

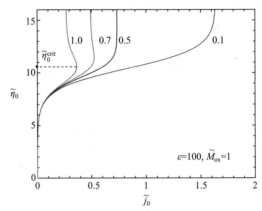

图 5.29 归一化距离 $\tilde{z}$ 通道入口处的局域极化曲线［式（5.187）］。参数 $\varepsilon=100$，$\widetilde{M}_{\text{ox}}=1$，$\tilde{j}_{\text{lim}}^{c0}=2$。临界过电位 $\tilde{\eta}_0^{\text{cirt}}$ 为曲线拐点处（无限微分电阻）

假定 $\tilde{j}_{\text{lim}}^{c0}$ 恒定了，最小氧气流速为 $\widetilde{M}_{\text{ox}}^{\text{crit}}$，对所有部分提供了正的局域电阻，这是在式（5.188）中第二个对数项中假定 $\tilde{z}=1$。因此，$\widetilde{M}_{\text{ox}}^{\text{crit}}=\tilde{j}_{\text{lim}}^{c0}$。在更小的流速下，部分电池表现为负电阻。在因次形式下，临界流速由式（5.174）右侧给出。

局域微分电阻由 $\widetilde{R}_{\text{seg}}=\partial\tilde{\eta}_0/\partial\tilde{j}_0$ 给出。对式（5.187）微分，可得：

$$\widetilde{R}_{\text{seg}}=\frac{1}{\tilde{j}_0}\left[\left(1-\frac{\alpha\tilde{z}}{\widetilde{M}_{\text{ox}}}\right)\left(1-\frac{\alpha}{\tilde{j}_{\text{lim}}^{c0}}\right)\right]^{-1} \tag{5.193}$$

由式（5.185），$\alpha/\tilde{j}_{\text{lim}}^{c0}<1$，所以电阻的变化是由于因子 $(1-\alpha\tilde{z}/\widetilde{M}_{\text{ox}})$，该因子依赖于氧气流速。

这部分的结果可以按照电池内平均电流密度 $\widetilde{J}$ 表达。将式（5.187）对 $\tilde{z}$ 积分，得到 α 和 $\widetilde{J}$ 的关系式：

$$\alpha=-\widetilde{M}_{\text{ox}}\ln\left(1-\frac{\widetilde{J}}{\widetilde{M}_{\text{ox}}}\right) \tag{5.194}$$

5.8　燃料分布不均导致的碳腐蚀

5.8.1　PEFCs 中氢气耗竭导致的碳腐蚀

（1）序言

大量燃料电池的老化研究考虑了电池衰减是在电池全表面中均匀衰减的（Borup 等人 2007 年）。然而，不均匀性急剧加速了局域老化。在燃料电池中，传质和动力学参数的局部不均匀性导致了在电池表面膜电位的不均匀分布。这不可避免地导致了在电池运行过程中产生电化学副反应，导致了过电位的不均匀分布。副反应过电位上升的区域快速"消亡"。

因此电池的非均匀模型对于电池耐久性研究来说十分重要。

影响 PEM 燃料电池寿命的最致命过程就是碳腐蚀。在氢气供给不足时，氧气穿过到达阳极，逆转了电池的相关区域。在此区域中，CCL 中的碳载体作为燃料，然而阳极侧的氧气被还原了。

当氧气穿越到阳极侧，氢气供给不足的区域时，这种逆转可以在局域氢气供给不足时发生（Patterson 和 Darling，2006 年）。这种反转也可以在开车和停车的循环中发生，那时阳极流道由氢气部分充满，另一些部分由氧气充满（图 5.30，Reiser 等人，2005 年）。最后，但很重要的是，如果氢气化学计量比小于 1，逆转发生。

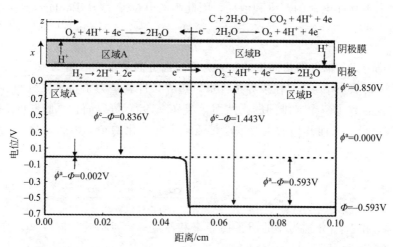

图 5.30　电池的电位分布，阳极区通道内氧气部分充满。参数见 Reiser 等人（2005 年）。
在这部分中，区域 A 和 B 分别为直接和逆转区。注意碳载体相阳极和阴极的电位分别为 ϕ^a 和 ϕ^c
［摘自 Reiser，C. A. et al. 2005. Electrochem. Solid State Lett.，**8**，A273-A276，
Figure 1. Copyright（2005），The Electrochemical Society 授权］

Reiser 等人（2005 年）的工作，考虑到了开、停车的情形。先让前一半阳极流道充满氢气，后一半充满空气（图 5.30）。电池阳极侧部分通道为正常的氢氧电池，电流在这些区域直接产生（相对于下面提到的 D 区域），与逆向区域（R 区域）的负电流自动平衡。在 R 区域中，阴极的碳载体被用作燃料，然而 ORR 反应在阳极侧发生，在碳腐蚀过程中也转换了产生的质子（图 5.30）。

R 区域的作用由在 D/R 界面处膜相电位 Φ 的阶跃提供（图 5.30）。Φ 形状的准二维模型（Reiser 等人，2005 年），推导了小参数下的 Poisson 方程。得到该方程精确的数值解是很困难的。这也许是为什么 Reiser 等人（2005 年）只考虑了 Φ 的定量形状，而未从此形状推导出电流的详细分布的原因。Meyers 和 Darling（2006 年）建立了氢气通道内电流密度的分布模型，氢气通道内是部分填充空气的。他们的模型考虑氧气穿过膜的交叉传质以及 GDL 内氧气传质的电流极限。然而，模型忽略了在膜面内的电流，因此，不能描述 D/R 界面的物理特性。

该过程完整的二维模型由 Ohs 等人（2011 年）建立。该模型解释了水的传质和气体渗透过膜，并解决了催化层的问题。然而，其模型并没有考虑 D 区域和 R 区域之间的转化区域，也没有考虑沿电极方向的局域电流的分布。

局域氢气在一个小点（确切地说，是带）供给不足时，Takeuchi 和 Fuller（2008 年）

建立了 D/R 转换区域的结构。他们的结构中包括两侧电极带有固定压力和反应物的膜相电位的二维方程。为了模拟交叉传质，氢气耗竭区的氧气压力假定比空气低五个数量级。然而，模拟的带只有 $200\mu m$ 宽，因此，沿电极表面方向大范围的电流密度分布就不适用此模型了。

在这部分中，建立了 10cm 电极的反向电池模型（Kulikovsky，2011 年）。该进展由 Reiser 等人于 2005 年提出，给出的模型可以简化为代数方程，表现出电流在膜内的准二维平衡。

（2）基本方程

由于在膜内不存在电荷的产生和消耗，因此膜的电位 Φ 服从 Laplace 方程：

$$\frac{\partial^2 \Phi}{\partial x^2} + \frac{\partial^2 \Phi}{\partial z^2} = 0 \tag{5.195}$$

如之前的部分，z 轴方向指向流道，x 为穿过面方向的坐标（图 5.30）。

通常，式（5.195）应补充在边界条件里，边界条件就是为了精确区分膜和催化层界面的电流密度。这导致了一个二维问题。然而，式（5.195）可以简化。膜厚度 l_{PEM} 比通道长度 L 小四个数量级，然而我们的主要兴趣是随 z 方向变化的 Φ。因此，含 x 的导数项可近似为：

$$\frac{\partial^2 \Phi}{\partial x^2} = \frac{1}{\sigma_{PEM}} \times \frac{\partial}{\partial x}\left(\sigma_{PEM} \frac{\partial \Phi}{\partial x}\right) \approx \frac{\sigma_{PEM} \frac{\partial \Phi}{\partial x}\Big|^a - \sigma_{PEM} \frac{\partial \Phi}{\partial x}\Big|^c}{\sigma_{PEM} l_{PEM}} = \frac{j^c - j^a}{\sigma_{PEM} l_{PEM}} \tag{5.196}$$

其中，σ_{PEM} 和 l_{PEM} 分别为膜的质子传导率和厚度；j 为膜内正向（x-）穿过的质子流密度。欧姆定律为：

$$j = -\sigma_{PEM} \frac{\partial \Phi}{\partial x} \tag{5.197}$$

式（5.196）从无限微分近似，$\partial f/\partial x \approx (f^a - f^c)/l_{PEM}$，其中 f^a 和 f^c 分别为膜阳极侧和阴极侧的函数值。

将式（5.196）代入式（5.195），得到：

$$\frac{\partial^2 \Phi}{\partial z^2} = \frac{j^a - j^c}{\sigma_{PEM} l_{PEM}} \tag{5.198}$$

在 Newman 和 Tobias（1962 年）的经典工作中，将二阶导数 $\partial^2 \Phi/\partial x^2$ 代换为不同的局域电流。

式（5.196）和式（5.198）意味着二阶导数 $\partial^2 \Phi/\partial x^2$ 沿 x 方向是常数，它仅仅是 z 的函数。换句话说，穿过膜（5.197）面内的质子流可以假定为随 x 线性变化。

为简化计算，使用无因次量：

$$\tilde{z} = \frac{z}{L}, \quad \tilde{\Phi} = \frac{\Phi}{b_{ox}}, \quad \tilde{\eta} = \frac{\eta}{b_{ox}}, \quad \tilde{\phi} = \frac{\phi}{b_{ox}}, \quad \tilde{j} = \frac{j}{j_{ref}^m}, \quad \tilde{c} = \frac{c}{c_h^0} \tag{5.199}$$

其中：

$$j_{ref}^m = \frac{\sigma_{PEM} b_{ox}}{l_{PEM}} \tag{5.200}$$

j_{ref}^m 为特征（参比）电流密度。注意在此方程下，参比浓度 c_h^0 对于每一种中间产物是不同的，然而所有电位通过 ORR 的 Tafel 斜率 b_{ox} 归一化。

通过这些变量，式（5.198）可以变为：

$$\epsilon^2 \frac{\partial^2 \widetilde{\Phi}}{\partial \tilde{x}^2} = \tilde{j}^{\mathrm{a}} - \tilde{j}^{\mathrm{c}} \tag{5.201}$$

其中：

$$\epsilon = \frac{l_{\mathrm{m}}}{L} \ll 1 \tag{5.202}$$

（3）电流

下面，假定了在阴极侧和阳极侧质子和中性物质的传质是理想的。这种假定意味着电化学反应的速率在穿过催化层厚度方向是分布不均的，这些速率可以通过 Butler-Volmer 反应生成产物和 CL 厚度进行简单计算得到。因此，反应速率取决于膜相电位的形状和流道内物质的浓度。

（4）阳极的氢气

由于在 D 区域的 HOR 和 R 区域的 ORR，电流产生在电池的阳极侧（图 5.30）。HOR 电流密度 $\tilde{j}_{\mathrm{hy}}^{\mathrm{a}}$ 取决于 Butler-Volmer 公式：

$$\tilde{j}_{\mathrm{hy}}^{\mathrm{a}} = 2\tilde{j}_{\mathrm{hy}}^{*} \left(\frac{c_{\mathrm{hy}}}{c_{\mathrm{hy}}^{\mathrm{h0}}} \right) \sinh\left(\frac{\tilde{\eta}_{\mathrm{hy}}}{\tilde{b}_{\mathrm{hy}}} \right) \tag{5.203}$$

式中，$\tilde{j}_{\mathrm{hy}}^{*}$ 为交换电流密度；c_{hy} 和 $c_{\mathrm{hy}}^{\mathrm{h0}}$ 分别是局域、进气口氢气摩尔浓度；$\tilde{\eta}_{\mathrm{hy}}$ 为半电池过电位；$\tilde{b}_{\mathrm{hy}}$ 为 HOR 的 Tafel 斜率。

为解释阳极 GDL 内氢气传质损失，催化层的氢气浓度 c_{hy} 与阳极通道内氢气浓度 $c_{\mathrm{hy}}^{\mathrm{h}}$ 的关系为：

$$c_{\mathrm{hy}} = c_{\mathrm{hy}}^{\mathrm{h}} \left(1 - \frac{\tilde{j}_{\mathrm{hy}}^{\mathrm{a}}}{\tilde{j}_{\mathrm{hy}}^{\mathrm{loc}}} \right) \tag{5.204}$$

其中：

$$\tilde{j}_{\mathrm{hy}}^{\mathrm{loc}} = \frac{2FD_{\mathrm{hy}} c_{\mathrm{hy}}^{\mathrm{h}}}{l_{\mathrm{b}}^{\mathrm{a}} j_{\mathrm{ref}}^{\mathrm{m}}} \tag{5.205}$$

$\tilde{j}_{\mathrm{hy}}^{\mathrm{loc}}$ 为局域无因次的极限电流密度，出现极限是由于氢气在阳极 GDL 内的扩散传质，其中 GDL 的厚度为 $l_{\mathrm{b}}^{\mathrm{a}}$。此处，$D_{\mathrm{hy}}$ 为氢气在 GDL 内的扩散系数。

在阳极通道内，氢气浓度的形状模型为：

$$c_{\mathrm{hy}}^{\mathrm{h}} = c_{\mathrm{hy}}^{\mathrm{h0}} f_{\mathrm{n}} \tag{5.206}$$

其中：

$$f_{\mathrm{n}} = \frac{1}{2} \left[1 - \tanh\left(\frac{\tilde{z} - \tilde{z}_0}{\tilde{s}} \right) \right] \tag{5.207}$$

描述了在 $\tilde{z}_0$ 处由 1 到 0 的突变，其中 $\tilde{s}$ 为转变区域的特征宽度［图 5.31（a）］。

将式（5.204）、式（5.205）和式（5.206）代入式（5.203），解出 $\tilde{j}_{\mathrm{hy}}^{\mathrm{a}}$，得到：

$$\frac{f_{\mathrm{n}}}{\tilde{j}_{\mathrm{hy}}^{\mathrm{a}}} = \frac{1}{\tilde{j}_{\mathrm{hy}}^{\mathrm{BV}}} + \frac{1}{\tilde{j}_{\mathrm{hy}}^{\mathrm{lim}}} \tag{5.208}$$

其中：

$$\tilde{j}_{\mathrm{hy}}^{\mathrm{BV}} = 2\tilde{j}_{\mathrm{hy}}^{*} \sinh\left(\frac{\tilde{\eta}_{\mathrm{hy}}}{\tilde{b}_{\mathrm{hy}}} \right) \tag{5.209}$$

为流道进气口的氢气电流密度。

$$\tilde{j}_{hy}^{lim} = \frac{2FD_{hy}c_{hy}^{h0}}{l_b^a j_{ref}^m} \tag{5.210}$$

为氢气的极限电流密度。

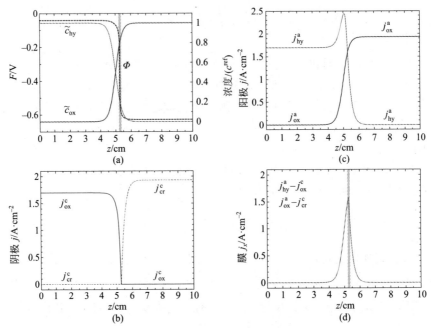

图 5.31 （a）归一化的氢气和氧气浓度，沿通道方向膜的相电位分布；（b）电池阴极侧 ORR 和碳腐蚀（COR）的电流密度；（c）电池阳极侧 HOR 和 ORR 电流密度；（d）HORa-ORRc 和 ORRa-CORc 之间的差，与 z 方向膜质子流电流密度相吻合。阴影区显示了近似 $\varepsilon = 0$ 失效的区域。所有的曲线 $s = 0.04$，$\phi_c = 0.63329V$

（5）阳极侧的氧气

在阳极侧，在电池第一部分中，无因次的阳极浓度为零，在 D/R 界面处迅速增长到 1，$z_0 = 5cm$ ［图 5.31（a）］。原因和之前讨论的是类似的，产生了阳极侧局域 ORR 电流密度 $\tilde{j}_{ox}^a$：

$$\frac{f_p}{\tilde{j}_{ox}^a} = \frac{1}{\tilde{j}_{ox}^{BV}} + \frac{1}{\tilde{j}_{ox}^{lim,a}} \tag{5.211}$$

其中：

$$\tilde{j}_{ox}^{BV} = 2\tilde{j}_{ox}^* \sinh\tilde{\eta}_{ox}^a \tag{5.212}$$

$\tilde{j}_{ox}^{BV}$ 为 ORR 在 $\tilde{z} = 1$ 处的电流密度（阳极通道出口）；$\tilde{j}_{ox}^{lim,a}$ 为阳极侧氧气的极限电流密度；$\tilde{j}_{ox}^*$ 为氧气交换电流密度。

在式（5.211）中，函数 f_p 描述了氧气浓度在 D/R 界面的急剧变化 ［图 5.31（a）］。

$$f_p = \frac{1}{2}\left[1 + \tanh\left(\frac{\tilde{z} - \tilde{z}_0}{\tilde{s}}\right)\right] \tag{5.213}$$

（6）阴极侧的氧气和碳

在 D 区域，阴极侧 ORR 电流密度 $\tilde{j}_{ox}^c$ 为：

$$\frac{1}{\tilde{j}_{ox}^c} = \frac{1}{\tilde{j}_{ox}^* \exp\tilde{\eta}_{ox}^c} + \frac{1}{\tilde{j}_{ox}^{lim,c}} \tag{5.214}$$

其中，$\tilde{j}_{ox}^{\lim,c}$ 为氧气极限电流密度，出现极限的原因是氧气穿过阴极 GDL 的传质过程。在式（5.214）中，由于阴极 ORR 严重偏离平衡，忽略了反向部分的 Butler-Volmer 项，同时假定阴极流道，氧气浓度并不随 $\tilde{z}$ 改变（氧气流有大的化学计量比）。

表 5.10 式（5.208）、式（5.211）、式（5.214）、式（5.215）中交换电流密度和过电位公式及参数

项目	氢	氧	碳
	$\tilde{j}_{hy}^{*}=\dfrac{i_{hy}L_{pt}A_{pt}}{2j_{ref}^{m}}$	$\tilde{j}_{ox}^{*}=\dfrac{i_{ox}L_{pt}A_{pt}}{4j_{ref}^{m}}$	$\tilde{j}_{cr}^{*}=\dfrac{i_{cr}L_{cr}A_{cr}}{4j_{ref}^{m}}$
阳极	$\tilde{\eta}_{hy}^{a}=\tilde{\phi}^{a}-\tilde{\Phi}-\tilde{E}_{hy}^{eq}$	$\tilde{\eta}_{ox}^{a}=-(\tilde{\phi}^{a}-\tilde{\Phi}-\tilde{E}_{ox}^{eq})$	
阴极		$\tilde{\eta}_{ox}^{c}=-(\tilde{\phi}^{c}-\tilde{\Phi}-\tilde{E}_{ox}^{eq})$	$\tilde{\eta}_{cr}^{c}=\tilde{\phi}^{c}-\tilde{\Phi}-\tilde{E}_{cr}^{eq}$
$i_{*}/\text{A}\cdot\text{cm}^{-2}$	10^{-3}	10^{-9}	6.06×10^{-19}
$L_{*}/\text{g}\cdot\text{cm}^{-2}$	4×10^{-4}	4×10^{-4}	4×10^{-4}
$A_{*}/\text{cm}^{2}\cdot\text{g}^{-1}$	6×10^{5}	6×10^{5}	6×10^{6}
E^{eq}/V	0.0	1.23	0.207
α	1	0.5	0.75
$l_{m}/\mu\text{m}$		25	
$\tilde{s}$		0.04	
$\sigma_{p}/\Omega^{-1}\cdot\text{cm}^{-1}$		0.1	
L/cm		10	
T/K		$273+65$	
$j_{ox}^{\lim,a}/\text{A}\cdot\text{cm}^{-2}$		表 5.31 中 2.0；表 5.32 中为 0.02	
$j_{ox}^{\lim,c}/\text{A}\cdot\text{cm}^{-2}$		2.0	
$j_{hy}^{\lim}/\text{A}\cdot\text{cm}^{-2}$		8.0	
E_{cr}/V		$\phi^{a}=0$，ϕ^{c} 为满足公式（5.218）的自由参数	

注：来源于 C. A. et al. 2005. Electrochem. Solid State Lett.，**8**，A273-A276。

阴极侧碳腐蚀的局域电流密度为：

$$\tilde{j}_{cr}^{c}=\tilde{j}_{cr}^{*}\exp\left(\frac{\tilde{\eta}_{cr}^{c}}{\tilde{b}_{cr}}\right) \tag{5.215}$$

交换电流密度 $\tilde{j}_{ox}^{*}$ 和 $\tilde{j}_{cr}^{c}$、过电位 $\tilde{\eta}_{ox}^{c}$ 和 $\tilde{\eta}_{cr}^{c}$ 以及参数的数值解在表 5.10 中给出（Reiser 等人，2005 年）。

（7）基本方程的最终形式

利用上述的表达式，式（5.201）最终变换为：

$$\varepsilon^{2}\frac{\partial^{2}\tilde{\Phi}}{\partial\tilde{z}^{2}}=(\tilde{j}_{hy}^{a}-\tilde{j}_{ox}^{a})-(\tilde{j}_{ox}^{c}-\tilde{j}_{cr}^{c}) \tag{5.216}$$

式（5.216）为 Poisson 方程，右侧为催化层归一化进出电流密度的差。式（5.216）为非线性，因为右边指数项电流密度依赖于相应的过电位 $\tilde{\Phi}$（表 5.10）。然而，方程最大的问题是左边的小参数 ε^{2}。由于这个参数很小，式（5.216）精确的数值解的计算量很庞大，并且很难计算。

在讨论的这个问题中，$\varepsilon = 2.5 \times 10^{-4}$，因此，在式（5.201）中，二阶导数 $\partial^2 \tilde{\Phi}/\partial \tilde{z}^2$ 乘以很小的因子 $\varepsilon^2 = 6.25 \times 10^{-8}$。$\varepsilon$ 很小，得到式（5.216）的解，忽略式的左边项。令式（5.216）中 $\varepsilon = 0$，得到：

$$\tilde{j}^{\,a}_{hy} - \tilde{j}^{\,a}_{ox} = \tilde{j}^{\,c}_{ox} - \tilde{j}^{\,c}_{cr} \tag{5.217}$$

这种近似的有效性可以通过 Φ 直接检查，Φ 可从式（5.216）中的式（5.217）确定［注意式（5.217）的解独立于膜的厚度。膜厚度越小，ε 越小，式（5.217）的近似更正确］。

式（5.217）的解服从下面的约束条件：

$$\int_0^1 (\tilde{j}^{\,a}_{hy} - \tilde{j}^{\,a}_{ox})\mathrm{d}\tilde{z} = \int_0^1 (\tilde{j}^{\,c}_{ox} - \tilde{j}^{\,c}_{cr})\mathrm{d}\tilde{z} = \tilde{J} \tag{5.218}$$

其中，$\tilde{J}$ 为电池中无因次电流密度。通过下面的计算，假定了外电路负载电流 $\tilde{J} = 0$，这是在开停车阶段的典型条件。因此，式（5.218）表示阴阳两极的总电流为零。

（8）数值结果

电池的阳极侧停车，因此 $\tilde{\phi}^a = 0$。式（5.217）的解服从式（5.218），是在这个问题中变换唯一的自由变量得到的，该变量即阴极侧碳相的电位 $\tilde{\phi}^c$。为简化起见，式（5.207）和式（5.213）采取一样的形式。

图 5.31 给出了膜相电位 Φ 的形状、氢气和氧气的浓度以及阳极和阴极的电流密度。膜相电位在直接和反转区的界面处的梯度是很陡的（Reiser 等人，2005 年）。由于氢气和氧气浓度的对称性特征，浓度界面在 $x_0 = 5\mathrm{cm}$。然而，电学界面（Φ 突变的前端）移动到 $x \approx 5.27\mathrm{cm}$，下面进行讨论。

图 5.31（b）给出了 R 区域中，碳腐蚀的电流密度与氧气极限电流密度相等 j^{lim}_{ox}（表 5.10，在此模拟下，$2\mathrm{A \cdot cm}^{-2}$）。因此，在开停车循环中，碳腐蚀非常快，即使瞬时（很短）也会对催化层造成严重的损坏。要解决这个问题，就要降低这个瞬时的电池电压（Takeuchi 和 Fuller，2008 年）。

在阴极侧，ORR 和碳腐蚀电流被很好地分离了［图 5.31（b）］。这个问题的特点是 HOR 峰在电池阳极侧的形成［图 5.31（c）］。这个峰证明了下面的效应。Φ 的梯度很陡，导致了膜内 z 轴方向很大的质子流。为了支持这个电流，D/R 界面的阳极侧就形成了一个"虚拟"的燃料电池。

可以在图 5.31（d）中明确看出，其中给出了 $j^a_{hy} - j^c_{ox}$ 和 $j^a_{ox} - j^c_{jy}$ 的区别。根据式（5.217），在 $\tilde{J} = 0$，这些区别是相同的。理论上说，$j^a_{hy} - j^c_{ox}$ 和 $j^a_{ox} - j^c_{jy}$ 都代表膜内质子流密度中未被补偿 x 部分。很明显，未被补偿的部分沿着 z 轴方向，即图 5.31（d）也给出膜内质子流的 z 部分。这部分的峰出现在 D/R 界面上，支持大的面内梯度 $\partial \Phi/\partial z$［图 5.31（a）］。

因此，D/R 界面的阳极侧，形成了虚拟的氢-氧燃料电池，这被看作是在 D 和 R 区域的电化学连接器。界面处的 D 侧为电池的阳极，然而 R 侧为阴极。注意，浓度和电学界面之间还有 $0.27\mathrm{cm}$［图 5.31（a）］，这就是虚拟电池的特征宽度［图 5.31（d）］。值得一提的是，图 5.31（d）中 z 电流的峰值和氧气极限电流密度在同一数量级内。计算结果 $j^{lim}_{ox} = 4\mathrm{A \cdot cm}^{-2}$，比实验大了两倍，证实了这个结论。

图 5.32 与图 5.31 的曲线相似，阳极侧氧气极限电流密度比图 5.31 小几百倍。模拟了 R 区域氧气通过膜到阳极侧的情形（交叉传质）。

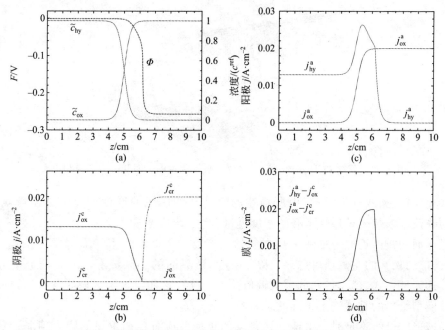

图 5.32　(a) 归一化的氢气和氧气浓度，沿通道方向膜的相电位分布。(b) 电池阴极侧 ORR 和碳腐蚀（COR）的电流密度。(c) 电池阳极侧 HOR 和 ORR 电流密度。(d) HOR[a]-ORR[c] 和 ORR[a]-COR[c] 之间的差，与 z 方向膜质子流电流密度相吻合。所有的曲线 $s=0.04$，$\phi_c=0.63329\text{V}$

可以看出，碳腐蚀电流密度与氧气极限电流密度相等 [图 5.32（b）]。在低电流时，Φ 梯度的位置显著从浓度梯度处移开（≈1cm），即虚拟电池变厚了 [图 5.23（a）]。原因是电池应产生质子流，质子流去支撑膜内大的 Φ 梯度。由于 Φ 的绝对值很低，为产生足够的电流，虚拟电极需要具有很大的厚度。因此，虚拟电池在 D/R 界面处要有自调节宽度的功能。

图 5.33 给出了在 D/R 界面处形成的虚拟燃料电池。在 D/R 界面处，Φ 的突变导致了膜内沿 z 方向大的质子流。为支持这个电流，界面一段的氢气产生了过量的质子，并在 ORR 过程中随氧气而消耗。膜相电位和质子的轨迹在图 5.34 中给出。质子产生于虚拟电池的阳极侧，沿着轨迹移动。Takeuchi 和 Fuller（2008 年）讨论了相似的轨迹，他们基于一个完全的二维模拟，模拟的区域是在临近 D/R 界面处 $200\mu m$ 的带状区域 [注意，Takeuchi 和 Fuller（2008 年）讨论的带状区域比图 5.31 阴影区小了十倍]。

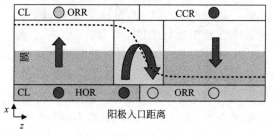

图 5.33　PEFC 中三个燃料电池以及下半个阳极通道内的氧气（参见图 5.30）。HOR、ORR 和 CCR 代表氢气氧化、氧气还原和碳腐蚀反应；CL 为催化层缩写。箭头指向质子轨迹（实心圆圈），虚线为膜相电位

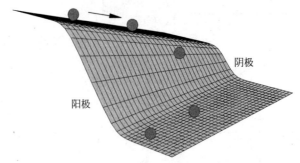

图 5.34　膜内 D/R 界面处质子（球）轨迹示意图。网状表面为膜相电位

式（5.207）和式（5.213）中所描述的浓度转变区域的厚度变化 $\bar{s}$ 并未影响图 5.31（d）中的峰值。参数 $\bar{s}$ 只是这个峰的宽度度量。$\bar{s}$ 窄，峰宽窄。

注意上面的模型近似地描述了 Φ 的台阶。产物 $\varepsilon^2\partial^2\tilde{\Phi}/\partial\tilde{z}^2$ 和 $\tilde{\Phi}$ 的计算，从式（5.217）中得出式（5.216）的左侧项可忽略，除了在 D/R 界面的小区域上，沿着整个 $\tilde{z}$ 方向都可忽略。在这区域，式（5.217）的零级近似并不准确。然而，这个区域非常狭窄，以至于上面的简单模型给出的是理论上正确的示意图。

在局域氢气供给不足时，电池反转带来的负面效应可以用更厚的膜来削弱。氧气透过膜交叉传质的等效电流密度与膜厚成反比。因此，更大的 l_{PEM} 降低了碳腐蚀的电流密度，提高了电池寿命。

5.8.2　DMFC 中由于甲醇耗尽导致的碳和 Ru 的腐蚀

（1）问题描述

在叠层环境中，目前，DMFC 在 $100mA\cdot cm^{-2}$ 的电流密度运行时，每小时损失 $10\sim20\mu V$。这就限制了 DMFC 的寿命只能达到数千小时，对于大规模商业化应用是不利的。

在缩短 DMFC 寿命的众多不利因素中，阳极侧 Ru 的腐蚀是最为严重的。DMFC 使用 PtRu 为阳极催化剂，在甲醇氧化过程中，抑制了 Pt 表面的 CO 中毒。遗憾的是，当电池外接负载时，Ru 发生电化学溶解，Ru 离子穿过膜到阴极，并沉积在 Pt 表面上。这就导致阳极侧损失了大量的活性位点，降低了阴极侧催化剂的 ORR 活性（Gancs 等人，2006 年）。此外，Ru^{2+} 阻碍了膜中 SO_3^- 基团，降低了膜的质子传导率。

DMFC 中 Ru 的交叉传质已由 Los Alamos 课题组详细地进行了研究（Piela 等人，2004年）。Piela 等人研究了 DMFC 电池堆中正常工况下 Ru 在膜内的交叉传质。他们也报道了 Ru 在零电流下的交叉传质，这很有可能是由未合金化的 RuO_2 穿过膜的扩散行为引起（Liu 等人，2009 年）。之后，Choi 等人（2006 年）发现 Ru 的交叉传质并不依赖于甲醇和水在膜内的交叉传质。这表明在长期运行条件下，Ru 是以 Ru^{2+} 形式穿过膜。

近来，Dixon 等人（2011 年）发表了 DMFC 电堆衰减效应的详细微观研究。他们观察到阴极侧和膜内大量的氧化态的 Ru。重要的是，Ru 的交叉传质效应在靠近甲醇出口处更加显著，这里就会发生甲醇供给不足。在这部分中，给出了 Ru 的电化学腐蚀，是在甲醇耗竭区发生的。这些区域会提高电池/电堆中甲醇供给的不均匀分布。在这些区域，甲醇氧化被碳腐蚀反应取代。这显著降低了膜相电位，加剧了 Ru 的电化学溶解。

（2）控制方程

考虑 DMFC 的一个局部：在直阴极和阳极流道之间，一个长条形的膜和无限薄的催化层紧密贴合（图 5.35）。让氧气浓度沿流道内持续恒定供给（此条件通常都能够达到，高氧气化学计量比条件下的 DMFCs 就是这样的）。设想在阳极侧，电池的前一半充满 1mol/L 甲醇-水混合溶液，然而后一半经历着严重的甲醇耗竭（图 5.35）。富甲醇区和贫甲醇区分别以 MR 区和 MD 区表示。

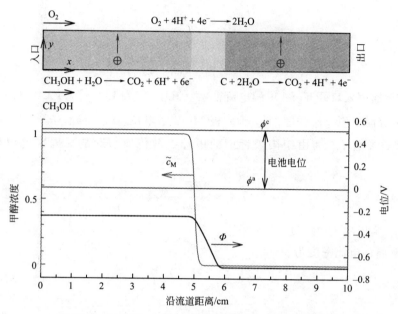

图 5.35　通道后一半甲醇严重耗竭时的 DMFC 示意图。
底部给出了归一化的甲醇浓度、膜电位、碳（电极）电位

在 MD 区，由于甲醇耗竭，膜相电位变得越来越负（图 5.35）。这严重（几个数量级）增大了阳极催化层中碳腐蚀的速率。在 MD 区新的 Φ 水平下，碳腐蚀反应（CCR）可作为质子源。在 MR 区中，这些质子穿过膜，参与阴极侧的 ORR 反应（图 5.35）。换句话说，在 MD 区，阳极侧的碳成为了燃料，而非甲醇。

定量来说，这和 PEM 燃料电池中氢耗竭区中的阴极侧的碳腐蚀是相似的，在"氢气耗竭导致的 PEFCs 的碳腐蚀"部分中讨论过。主要的区别在于在 PEFC 中，由于阳极侧的氧气、氢气耗竭引起耗竭区反转。在 DMFC 中，反转没有发生，在 MD 区的阳极持续产生质子，但质子的源头是 CCR。

这个过程的模型可以通过"基本方程"中的讨论来建立。电极中碳相的电导率很高，可以假定电极电位一直沿着 $\bar{z}$ 方向恒定不变。影响甲醇耗竭电池性能关键变量是膜电位 Φ。重复"基本方程"中的讨论，对于无因次的膜相电位 $\tilde{\Phi}$，再次使用 Laplace 方程（5.201）。

的确，在膜中，并没有电流产生或消耗，因此 Φ 服从 Laplace 方程（5.195）。此外，膜厚度远小于面内厚度，可以用式（5.195）减去式（5.198）。使用无因次变量式（5.199）、式（5.198）的形式变为式（5.201）。

（3）电流密度

这部分的所有浓度均通过入口值归一化，其他无因次变量由式（5.199）给出。沿 z 方向的甲醇浓度形状 $\tilde{c}_{mt}$ 为：

$$\tilde{c}_{mt}(\tilde{z}) = \frac{1}{2}\left[1 - \tanh\left(\frac{\tilde{z} - \tilde{z}_0}{\tilde{s}}\right)\right] \qquad (5.219)$$

其中 $\bar{z}_0 = 0.5$。函数（5.219）描述了甲醇浓度在 MR/MD 界面快速衰减；$\bar{s}$ 为过渡区的宽度（图 5.35）。

与式（5.208）相似，由于阳极侧甲醇氧化产生的电流密度由下式决定：

$$\frac{\tilde{c}_{mt}}{\tilde{j}_{mt}^{a}} = \frac{1}{\tilde{j}_{mt}^{T}} + \frac{1}{\tilde{j}_{lim}^{a0}} \tag{5.220}$$

此处：

$$\tilde{j}_{mt}^{T} = \tilde{j}_{mt}^{*} \exp\left(\frac{\tilde{\eta}_{mt}}{\tilde{b}_{mt}}\right) \tag{5.221}$$

$\tilde{j}_{mt}^{T}$ 为阳极通道入口处 Tafel 甲醇电流密度（其中 $\tilde{c}_{mt} = 1$）；$\tilde{j}_{mt}^{*}$ 为无因次的，在阳极催化层的 MOR 表面交换电流密度；$\tilde{\eta}_{mt}$ 为阳极 MOR 过电位；$\tilde{b}_{mt} = b_{mt}/b_{ox}$，为 MOR 无因次的 Tafel 斜率。参数 $\tilde{j}_{mt}^{lim}$ 为由于阳极背面的甲醇扩散传质引起的无因次的甲醇极限电流密度：

$$\tilde{j}_{lim}^{a0} = \frac{6FD_b^a c_{mt}^0}{l_b^a j_{ref}^m} \tag{5.222}$$

其中，c_{mt}^0 为甲醇入口浓度。

阳极侧碳腐蚀电流密度为：

$$\tilde{j}_{cr}^{a} = \tilde{j}_{cr}^{*} \exp\left(\frac{\tilde{\eta}_{cr}}{\tilde{b}_{cr}}\right) \tag{5.223}$$

其中，$\tilde{j}_{cr}$ 为相应的表面交换电流密度；$\tilde{\eta}_{cr} = \eta_{cr}/\eta_{ox}$ 和 $\tilde{b}_{cr} = b_{cr}/b_{ox}$，分别为无因次的 CCR 过电位和 Tafel 斜率。

在阴极侧，ORR 电流密度 $\tilde{j}_{ox}^{c}$ 服从式（5.44）中阴极 ORR 过电位 $\tilde{\eta}_{ox}$，在这部分中有以下形式。此处 $\tilde{j}_{mt}^{*}$ 为 ORR 表面交换电流密度：

$$\tilde{\eta}_{ox} = \ln\left(\frac{\tilde{j}_{ox}^{c}}{\tilde{j}_{ox}^{*}}\right) - \ln\left(1 - \frac{(\tilde{j}_{ox}^{c} + \tilde{j}_{cross})}{\tilde{j}_{ox}^{lim}}\right) \tag{5.224}$$

$$\tilde{j}_{cross} = \beta_*(\tilde{j}_{lim}^{a0} \tilde{c}_{mt} - \tilde{j}_{ox}^{c}) \tag{5.225}$$

为甲醇透膜交叉传质的等效电流密度［参见式（4.203）］。

解方程（5.224）得到：

$$\tilde{j}_{ox}^{c} = \frac{\tilde{j}_{ox}^{*}(\tilde{j}_{ox}^{lim} - \beta_* \tilde{j}_{lim}^{a0} \tilde{c}_{mt}) \exp\tilde{\eta}_{ox}}{\tilde{j}_{ox}^{*}(1 - \beta_*) \exp\tilde{\eta}_{ox} + \tilde{j}_{ox}^{lim}} \tag{5.226}$$

式（5.226）包括 ORR 的 Tafel 斜率，如它用于 $\tilde{\eta}_{ox}$ 的归一化［式（5.199）］。

通过这些电流，式（5.201）变为：

$$\varepsilon^2 \frac{\partial^2 \tilde{\Phi}}{\partial \tilde{z}^2} = \tilde{j}_{mt}^{a} + \tilde{j}_{cr}^{a} - \tilde{j}_{ox}^{c} \tag{5.227}$$

通道 10cm，膜 $100\mu m$，$\varepsilon = 10^{-3}$。因此，二阶导数 $\partial^2 \tilde{\Phi}/\partial \tilde{z}^2$ 乘以一个很小的数 $\varepsilon^2 = 10^{-6}$。另外，评估显示式（5.227）右侧的电流在 1 的数量级。因此，式（5.227）左边的高阶项可忽略，方程可简化为：

$$\tilde{j}_{mt}^{a} + \tilde{j}_{cr}^{a} - \tilde{j}_{ox}^{c} = 0 \tag{5.228}$$

过电位的表达式，交换电流密度的数据以及其他参数在表 5.11 中给出。按照 Reiser 等人（2005 年）的惯例，我们设定碳相在阳极侧的电位为零，$\tilde{\phi}^a = 0$，对应于阳极侧的基态。

表 5.11 交换电流密度、过电位公式及参数

项目	甲醇 $\tilde{j}_{mt}^* = \dfrac{j_{mt}^*}{j_{ref}^m}$	氧 $\tilde{j}_{ox}^* = \dfrac{i_{ox}L_{pt}A_{pt}}{4j_{ref}^m}$	碳 $\tilde{j}_{cr}^* = \dfrac{i_{cr}L_{cr}A_{cr}}{4j_{ref}^m}$
阳极	$\tilde{\eta}_{mt} = \tilde{\phi}^a - \tilde{\Phi} - \tilde{E}_{mt}^{eq}$		$\tilde{\eta}_{cr} = \tilde{\phi}^a - \tilde{\Phi} - \tilde{E}_{cr}^{eq}$
阴极		$\tilde{\eta}_{ox} = -(\tilde{\phi}_c - \tilde{\Phi} - \tilde{E}_{ox}^{eq})$	
$i_*/\text{A} \cdot \text{cm}^{-2}$		10^{-9}	6.06×10^{-19}
$L_*/\text{g} \cdot \text{cm}^2$		4×10^{-4}	4×10^{-4}
$A_*/\text{cm}^2 \cdot \text{g}^{-1}$		6×10^5	6×10^6
E_*^{eq}/V	0.028	1.23	0.207
α	0.5	1.0	0.25
$l_m/\mu m$		100	
$\bar{s}$		0.01	
$\sigma_p/\Omega^{-1} \cdot \text{cm}^{-1}$		0.1	
L/cm		10	
T/K		273+65	
$j_{ox}^{lim,c}/\text{A} \cdot \text{cm}^{-2}$		1.0	
$j_{mt}^{lim}/\text{A} \cdot \text{cm}^{-2}$		1.0	
E_{cr}/V	$\phi^a = 0$，ϕ^c 为满足公式 5.229 的自由参数		

注：数据来自 Reiser，C. A. et al. 2005. Electrochem. Solid State Lett.，**8**，A273-A276。

从表 5.11 中，可以看出 ORR 过电位的表达式包括未定义的参数、阴极侧的碳相电位 ϕ^a（电池电压）。式（5.228）的解服从以下条件：

$$\int_0^1 (\tilde{j}_{mt}^a + \tilde{j}_{cr}^a) d\tilde{z} = \int_0^1 \tilde{j}_{ox}^c d\tilde{z} = \tilde{J} \tag{5.229}$$

其中 $\tilde{J}$ 为电池中的无因次平均电流密度。这条件决定了 $\tilde{\phi}^c$。

（4）数值解

通过 Maple 软件解出式（5.228）和式（5.229）的数值解。图 5.36（a）给出了归一化甲醇浓度和膜电位 Φ 的形状。式（5.219）描述了在 $x=5\text{cm}$ 处，$\tilde{c}_{mt}$ 迅速从 1 降到 0 [图 5.36（a）]。可以看出，这个下降导致膜电位下降了 450mV [MR 区－0.25V 下降到 MD 区－0.7V，图 5.36（a）]。

理论上，甲醇在流道后一半的不足导致了阳极反应中将碳作为燃料。由于交换电流密度很小（表 5.11），碳腐蚀反应需要很显著的过电位才能产生质子流，这可以平衡阴极侧的 ORR 电流。因此，Φ 在电池后一半中下降，这就解决了两个问题：它提高了 CCR 过电位，降低了 ORR 过电位，这就平衡了 CCR 和 ORR 的电流 [见 MD 区的 ORR 电流，图 5.36（b）以及 CCR 电流，图 5.36（c）]。

甲醇耗竭区中 Φ 高的绝对值，产生了 Ru 溶解反应所需的正过电位。

$$\text{Ru} \rightarrow \text{Ru}^{2+} + 2e^- \tag{5.230}$$

此反应的平衡电位为 $E_{Ru}^{eq} = 0.455\text{V}$（Bard，1976 年）。式（5.230）的过电位为：

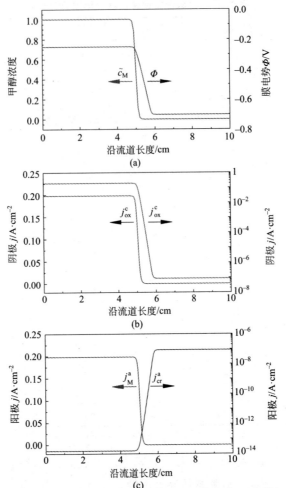

图 5.36　(a) 沿通道方向归一化的甲醇浓度以及膜相电位的形状。(b) 线性区及对数区的 ORR 电流密度。(c) MOR 和碳腐蚀电流密度。所有曲线的平均电流密度为 100mA·cm⁻²，$s=0.01$，电池电压为 $\phi_c=0.5168V$

$$\eta_{Ru}=\phi^a-\varPhi-E_{Ru}^{eq} \tag{5.231}$$

　　其中 $\phi^a=0$，是阳极碳相电位。过电位 η_{Ru} 在电池的富甲醇区域为负，而到贫甲醇区直接跳到了正值 [图 5.37 (a)]。因此，在 MR 区，发生还原反应，并未发生 Ru 腐蚀；在 MD 区，发生氧化反应 (5.230)，电位移动了二百多毫伏。遗憾的是，交换电流密度和反应 (5.230) 的 Tafel 斜率还不清楚，这就很难估计相应的 Ru 溶解电流。

　　图 5.37 (b) 给出了电池电位，碳和 Ru 腐蚀相应的过电位随 MD 区域比例变化的曲线。在这张图中，电池的平均电流固定在 100mA·cm⁻²。可以看出，只要 MD 区的比例低于 70%，电池电压和过电位的变化就不大。因此，大量的甲醇耗竭区证明了其对比电池电压下降是很低的 (低于 100mV)。例如，50% 的甲醇耗竭区只会使电池电位下降 70mV [图 5.37 (b)]。因此，电池电压下降很小就暗示着很大的甲醇耗竭区以及 Ru 的迅速溶解。

　　然而，如果电极表面超过 80% 的部分都是甲醇耗竭区的话，E_{cell} 急剧下降，腐蚀过电位显著上升 [图 5.37 (b)]，这也会导致快速的碳腐蚀和 Ru 腐蚀 [图 5.37 (b)]。

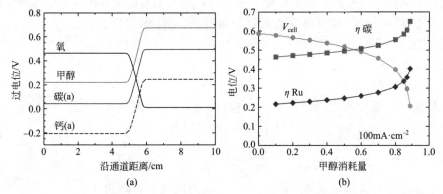

图 5.37　(a) 沿通道内的过电位。所有曲线，$s=0.01$，$\phi_c=0.5168V$。（b）电池电位，碳和 Ru 腐蚀相应的过电位随 MD 区域比例变化的曲线。注意当通道内 80% 的长度都是甲醇耗竭区时，E_{cell} 急剧下降，过电位上升平均电流密度为 $100mA \cdot cm^{-2}$

应注意 $E_{Ru}^{eq}=0.455V$，是纯 Ru 溶解在水溶液中的平衡电位，对 Pt/Ru 合金在燃料电池阳极的酸性环境而言，其电位与之不同。因此，上面的模型给出了我们所预期的电池中甲醇耗竭区的定量图。

值得注意的是，Ru 溶解机制和传输并不在此计算范围内。这些机制的研究需要详尽的电化学手段。上面的模型只给出了燃料供给不足时导致的 Ru 腐蚀。

5.9　PEM 燃料电池阳极的盲点

本章所述至此，在研究问题时假定电池两端的催化层并未受到破坏，因此，不均匀性是由阳极中面内燃料浓度梯度引起的。如果在阳极催化层中出现了燃料氧化反应的盲点，又会如何呢？如果阳极催化层发生了局域 CO 中毒，或者 Pt 离子团聚，这就会发生。类似这样的情形，从其中一个电极上故意移走一部分催化剂，并通过在另一个电极上透过 X 射线吸收谱（XAS）观测到一个无 Pt 的窗口（Roth 等人，2005 年）。

这部分中考虑了在 PEM 燃料电池阳极催化层中的一个圆形盲点，得到了盲点周围的电压、电流分布（Kulikovsky，2013 年）。这个点选取了圆形区域，此区域电流比 HOR 反应交换电流密度低几个数量级，这就模拟了低催化活性的表面。

5.9.1　模型

（1）电位示意图

图 5.38 给出了电池阳极侧盲点的电位示意图。此点有非常低的电化学活性。令此点半径为 R_s，并以此为圆心，建立极坐标 r（图 5.38）。降低电化学活性意味着此点内 HOR 交换电流密度 j_{hy} 的降低。为描述这种减少，用平滑的 tanh 函数表示。

$$j_{hy}=j_{hy}^{\infty}\left\{k_s+\frac{1-k_s}{2}\left[1+\tanh\left(\frac{r-R_s}{s}\right)\right]\right\} \tag{5.232}$$

式中，j_{hy}^{∞} 为常规区域 HOR 的交换电流密度；k_s 是点内和常规区域交换电流密度的比例（$k_s=10^{-9}$）；s 是在点内和常规区域之间转变区的厚度，$s\ll R_s$。式（5.232）点边界处突变，提供了一个平滑的插值（图 5.38）j_{hy}。

该问题中关键的变量就是膜电位 Φ。令 ϕ^a 和 ϕ^c 分别为阳极和阴极电子传导相的电位。假定阳极基态 $\phi^a = 0$。点周围理想的电位分布在图 5.38 中给出。定量来说，点内的阳极侧并不产生质子流，膜电位在点前方会下降，为的是降低阴极过电位以及在此区域产生 ORR 电流。

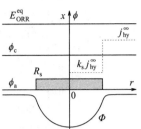

（2）膜电位方程

在体相膜中，电位 Φ 服从 Laplace 方程（5.195）。在圆柱坐标系中 x 轴方向，垂直于点中心（图 5.38），此方程为：

$$\frac{1}{r} \times \frac{\partial}{\partial r}\left(r\,\frac{\partial \Phi}{\partial r}\right) + \frac{\partial^2 \Phi}{\partial x^2} = 0 \qquad (5.233)$$

图 5.38 带有盲点的电池电位示意图（阴影圆盘）。$\phi_a = 0$ 和 ϕ_c 为阳极和阴极（碳相）电位，然而 Φ 为膜电位。HOR 交换电流密度的分布由虚线给出。在这点内，电流密度比点外低了九个数量级（$k_s = 10^{-9}$）

假定此点半径大大超过膜厚，$R_s \gg l_m$。在这种情况下，Φ 沿 x 轴分布并不重要，因为关键作用在半径方向体现。因此式（5.223）中关于 x 的倒数项可以通过式（5.196）近似，式（5.233）有以下形式：

$$\frac{1}{r} \times \frac{\partial}{\partial r}\left(r\,\frac{\partial \Phi}{\partial r}\right) = \frac{j^c - j^a}{\sigma_m l_m} \qquad (5.234)$$

为了简化后续计算，引入无因次量：

$$\tilde{r} = \frac{r}{R_s}, \quad \tilde{j} = \frac{j l_m}{\sigma_m b_{ox}}, \quad \tilde{\Phi} = \frac{\Phi}{b_{ox}}, \quad \tilde{b}_{hy} = \frac{b_{hy}}{b_{ox}} \qquad (5.235)$$

其中：

$$b_{hy} = \frac{\alpha_{hy} F}{R_g T}, \quad b_{ox} = \frac{\alpha_{ox} F}{R_g T} \qquad (5.236)$$

分别为 HOR 和 ORR 的 Tafel 斜率；a_{hy} 和 a_{ox} 分别为各自的传递系数。

通过这些变量，式（5.234）有以下形式：

$$\varepsilon^2 \frac{1}{r} \times \frac{\partial}{\partial \tilde{r}}\left(\tilde{r}\,\frac{\partial \tilde{\Phi}}{\partial \tilde{r}}\right) = \tilde{j}^c - \tilde{j}^a \qquad (5.237)$$

其中：

$$\varepsilon = \frac{l_m}{R_s} \qquad (5.238)$$

为小参数（$\varepsilon \ll 1$）。

采用式（5.235）中这些无因次量，式（5.232）转变为：

$$\tilde{j}_{hy} = \tilde{j}_{hy}^{\infty} f_s \qquad (5.239)$$

其中：

$$f_s = k_s + \frac{1 - k_s}{2}\left[1 + \tanh\left(\frac{\tilde{r} - 1}{\tilde{s}}\right)\right] \qquad (5.240)$$

（3）电流密度

式（5.237）中右侧项为质子流密度 j^a，产生于 ACL 中，减去 CCL 中消耗的质子流密度 j^c。在这部分中，我们的目的是证明盲点效应的影响以及电池两侧的传质损失可以忽略。如果必要的话，还应考虑 GDL 中的传质损失，如"PEFCs 中氢气耗竭区的碳腐蚀"部分所述，然而 CLs 中的传质损失应用第 4 章的方程解释。

对 j^a 和 j^c 可以用 Butler-Volmer 方程来表示：

$$j^{\mathrm{a}} = 2j_{\mathrm{hy}} \sinh\left(\frac{\eta_{\mathrm{hy}}}{b_{\mathrm{hy}}}\right) \tag{5.241}$$

以及：

$$j^{\mathrm{c}} = 2j_{\mathrm{ox}}^{\infty} \sinh\left(\frac{\eta_{\mathrm{ox}}}{b_{\mathrm{ox}}}\right) \tag{5.242}$$

式中，j_{ox}^{∞} 为 ORR 的交换电流密度；η_{hy} 和 η_{ox} 分别为 HOR 和 ORR 的过电位。在式 (5.241) 中，j_{hy} 由式 (5.232) 给出。这就是阳极催化剂出现在方程中的缺点。还应注意恒定浓度因子包括了 j_{hy} 和 j_{ox}^{∞}。

使用式 (5.235) 中的无因次变量，式 (5.241) 和式 (5.242) 有以下形式：

$$\tilde{j}^{\mathrm{a}} = 2\tilde{j}_{\mathrm{hy}}^{\infty} f_{\mathrm{s}} \sinh(\tilde{\eta}_{\mathrm{hy}}/\tilde{b}_{\mathrm{hy}}) \tag{5.243}$$

$$\tilde{j}^{\mathrm{c}} = 2\tilde{j}_{\mathrm{ox}}^{\infty} \sinh\tilde{\eta}_{\mathrm{ox}} \tag{5.244}$$

对于式 (5.237)，我们得到：

$$\epsilon^2 \frac{1}{\tilde{r}} \times \frac{\partial}{\partial \tilde{r}}\left(\tilde{r}\frac{\partial\tilde{\varPhi}}{\partial\tilde{r}}\right) = 2\tilde{j}_{\mathrm{ox}}^{\infty} \sinh\tilde{\eta}_{\mathrm{ox}} - 2\tilde{j}_{\mathrm{hy}}^{\infty} f_{\mathrm{s}} \sinh(\tilde{\eta}_{\mathrm{hy}}/\tilde{b}_{\mathrm{hy}}) \tag{5.245}$$

通过定义，HOR 和 ORR 的过电位为：

$$\eta_{\mathrm{hy}} = \phi^{\mathrm{a}} - \varPhi - E_{\mathrm{HOR}}^{\mathrm{eq}} \tag{5.246}$$

以及：

$$\eta_{\mathrm{ox}}' = \phi^{\mathrm{c}} - \varPhi - E_{\mathrm{ORR}}^{\mathrm{eq}} \tag{5.247}$$

式中，$E_{\mathrm{HOR}}^{\mathrm{eq}} = 0$，$E_{\mathrm{ORR}}^{\mathrm{eq}} = 1.23\mathrm{V}$，分别为 HOR 和 ORR 的平衡电位。考虑到 $\phi^{\mathrm{a}} = 0$ 以及为正的 ORR 过电位 $\eta_{\mathrm{ox}} = -\eta_{\mathrm{ox}}'$ 而写的 ORR 的 Butler-Volmer 方程 (5.244)，无因次坐标的最后两个方程可转变为：

$$\tilde{\eta}_{\mathrm{hy}} = -\tilde{\varPhi} \tag{5.248}$$

以及：

$$\tilde{\eta}_{\mathrm{ox}} = -\tilde{\phi}^{\mathrm{c}} + \tilde{\varPhi} + \tilde{E}_{\mathrm{ORR}}^{\mathrm{eq}} \tag{5.249}$$

将这些方程代入式 (5.245)，最终得到 $\tilde{\varPhi}$：

$$\epsilon^2 \frac{1}{\tilde{r}} \times \frac{\partial}{\partial \tilde{r}}\left(\tilde{r}\frac{\partial\tilde{\varPhi}}{\partial\tilde{r}}\right) = 2\tilde{j}_{\mathrm{ox}}^{\infty} \sinh(-\tilde{\phi}^{\mathrm{c}} + \tilde{\varPhi} + \tilde{E}_{\mathrm{ORR}}^{\mathrm{eq}}) - 2\tilde{j}_{\mathrm{hy}}^{\infty} f_{\mathrm{s}} \sinh\left(\frac{-\tilde{\varPhi}}{\tilde{b}_{\mathrm{hy}}}\right) \tag{5.250}$$

式 (5.250) 的边界条件来自于下面的讨论。很明显，距盲点很远处，半径导数项 $\partial\tilde{\varPhi}/\partial\tilde{r}$ 消失，因此，$f_{\mathrm{s}} = 1$。这意味着在 $\tilde{r} \gg 1$，$\tilde{\varPhi}^{\infty}$ 可以设置 $f_{\mathrm{s}} = 1$，式 (5.250) 右侧项为零：

$$2\tilde{j}_{\mathrm{hy}}^{\infty} \sinh\left(\frac{-\tilde{\varPhi}^{\infty}}{\tilde{b}_{\mathrm{hy}}}\right) = 2\tilde{j}_{\mathrm{ox}}^{\infty} \sinh(-\tilde{\phi}^{\mathrm{c}} + \tilde{\varPhi}^{\infty} + \tilde{E}_{\mathrm{ORR}}^{\mathrm{eq}}) \tag{5.251}$$

在 $\tilde{r} = 0$ 时，有对称条件，因此，我们得到：

$$\frac{\partial\tilde{\varPhi}}{\partial\tilde{r}}\bigg|_{\tilde{r}=0} = 0, \quad \tilde{\varPhi}(\infty) = \tilde{\varPhi}^{\infty} \tag{5.252}$$

式中，$\tilde{\varPhi}^{\infty}$ 由式 (5.251) 给出。

在 "PEFCs 氢耗竭导致的碳腐蚀" 部分中，忽略了沿流道方向的二阶导数。在 Poisson 方程 (5.201) 和方程 (5.205) 中，$\varPhi$ 变化区域的特征厚度和 ϵ 在一个数量级之内。在空气/氢气前端 $\epsilon \approx 10^{-4}$，应标出式 (5.201) 的二阶导数。然而，此处，我们考虑的是相对小的盲点 $\epsilon = 10^{-1}$，尽管盲点半径仍旧大大超过了膜的厚度。在 $\epsilon = 0.1$ 的情形中，式 (5.250) 的二阶导数应予保留。

式（5.250）在极坐标中是一个标准的 Poisson 方程。这种类型的方程以电介质和等离子体的空间电荷效应理论而著名。Poisson 方程右侧为等离子体的自洽电场，其正负电荷密度不同（Chen，1974 年）。式（5.250）右侧项包括 HOR 和 ORR 电流密度的不同，即在等离子体理论中，j^a 和 j^c 为正负电荷密度。在等离子体中，Poisson 方程描述了双电层结构的形成，即正负电荷在两种介质或在外电场界面形成的层状分离的电荷层，这是由于电荷不同的迁移率导致的。式（5.250）描述了在点边界处形成的电流双电层。

5.9.2　电流双电层

基本的计算参数在表 5.12 中给出。式（5.250）有一单一自由变量 $\tilde{\phi}^c$，即阴极碳相电位（电池电位，图 5.38）。该参数决定了普通区域内的平均电流密度 J，此电流密度恒定在 $1A \cdot cm^{-2}$（表 5.12）。

表 5.12　基本物理参数

ORR 传递系数 α_{ox}	0.8
ORR 交换电流密度 $j_{ox}^{\infty}/A \cdot cm^{-2}$	10^{-6}
ORR 平衡电势 E_{ox}^{eq}/V	1.23
HOR 传递系数 α_{hy}	1.0
HOR 常规区交换电流密度 $j_{hy}^{\infty}/A \cdot cm^{-2}$	1
HOR 平衡电势 E_{hy}^{eq}/V	0.0
膜质子传导率 $\sigma_m/\Omega^{-1} \cdot cm^{-1}$	0.1
膜厚度 l_m/cm	$0.0025(25\mu m)$
点半径 R_s/cm	$10l_m = 0.025$
公式(5.232)中过渡区厚度/cm	$10^{-3}R_s = 2.5 \times 10^{-5}$
点 k_s 外 HOR 交换电流密度	10^{-9}
电池电压 ϕ_c/V	0.7131
常规区中平均电流密度 $J/A \cdot cm^{-2}$	1.0
电池温度 T/K	$273+65$

注：点半径为膜厚度 10 倍。

尽管在 $\tilde{r}=1$ 处，HOR 的交换电流密度出现了突变，Φ、η_{ox} 和 j^c 沿半径分布变得相对平滑 [图 5.39（a），图 5.39（b）]。然而，阳极侧 HOR 电流密度的形状，在 $\tilde{r}=1$ 处表现出非常陡的梯度 [图 5.39（b）]。图 5.39（c）表现出电流双电层在点边界 $\tilde{r}=1$ 处形成。在此边界的左边，j^a 很小，可忽略，只存在 ORR 的电流，然而在边界右边，HOR 电流占主导。为支持该点内部降低的 ORR 电流，形成了该结构。图 5.40 给出了 3D 的电流双电层示意图。

理论上，在 $\tilde{r}<1$ 时降低 j^c，阳极相反的区域（盲点）并不产生质子。然而 j^c 的降低需要在点内 Φ 的显著降低，因为 Φ 决定了 ORR 过电位。因此，Φ 在半径方向形成了梯度分布。在这个梯度下，膜内沿半径方向产生质子流，这应该由点外 HOR 速率的提高来支持。对图 5.39（c）中的 $j^a - j^c$ 乘以 $2\pi r dr$，对 r 积分为零，这意味着在阴极侧点前端产生的总 ORR 电流，恰恰等于点边界外端总的过量 HOR 电流 [结果服从式（5.237）。式（5.237）两端同时乘以 $2\pi\tilde{r}d\tilde{r}$，对 $\tilde{r}$ 从 0 到 $\tilde{R}$ 进行积分，对足够大的 $\tilde{R}$，右侧导数项为零，就得到如上讨论的关系了]。

$$\int_0^{\tilde{R}} 2\pi\tilde{r}(\tilde{j}^c - \tilde{j}^a)d\tilde{r} = 2\pi\varepsilon^2\tilde{R}\left.\frac{\partial\Phi}{\partial\tilde{r}}\right|_{\tilde{r}=\tilde{R}}$$

图 5.39（b）也给出了膜内半径方向的质子流密度 $-j_r = \sigma_m\partial\Phi/\partial r$。尽管式（5.250）

对 Φ 已经进行了准二维近似，x 方向的电流 j^a 和 j^c 以及图 5.39（b）中 r 方向的电流 j_r，允许在膜内重构二维质子流的轨迹。在圆柱形的点内（体相膜的圆柱形的基点为阳极盲点），r 和 x 方向的质子流都随 r 增大而增大。在圆柱形点外，接近边界处，x 比 r 大两倍，即质子流主要沿着 x 方向，小曲率指向点中心 [图 5.39（b）]。

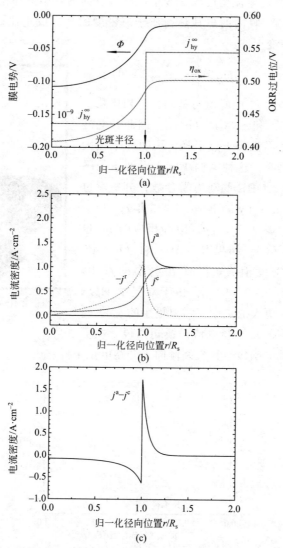

图 5.39　基态变量。（a）膜电位和 ORR 过电位 η_{ox} 的分布。HOR 交换电流密度的阶跃由点线给出。（b）HOR j^a、ORR j^c 以及半径方向的 $\sigma_m \partial/\partial r$ 电流密度。（c）HOR 和 ORR 不同的电流密度（电流双电层）。电池电压 $\phi_c=$ 0.7131V。常规区域的电池电流密度恒定在 1A·cm^{-2}

图 5.39（b）给出了一个有趣的反论。在 $\bar{r}=0$ 处，膜内半径方向的质子流为零，尽管 ORR 电流密度 $j^c(0)$ 并不为零。阳极侧在 $r=0$ 处并没有电化学活性，因此，对 $j^c(0)$ 的桥接机制并不明显。

关键在于 $j^c(0)$ 是电流密度，然而计算盲点轴方向上的实际电流，j^c 应该对 $r=0$ 处小圆盘的表面进行积分。计算表明，盲点内，对任意的圆盘半径 r，有如下关系：

$$\int_0^r j^c 2\pi r' \mathrm{d}r' = -2\pi r l_{\mathrm{m}} j_{\mathrm{r}} \tag{5.253}$$

其中 $j_{\mathrm{r}} = -\sigma_{\mathrm{m}} \partial \Phi / \partial r$。因此,在膜内穿过任意半径 r 的圆柱阴极基板的总轴向电流通过其边界表面,沿着半径方向移动进入圆柱。

注意 j^a 的峰值比平均电流密度大 2.5 倍,即盲点周围的小圆环在阳极侧产生了很高的质子流[图 5.39(b)]。膜内的焦耳热与质子流密度的平方成正比;因此,在圆环内部,圆盘局域过热,膜迅速变干。

10 倍圆环半径 $R_{\mathrm{s}} = 0.25\mathrm{cm}$($\frac{l_{\mathrm{m}}}{R_{\mathrm{s}}} = 0.01$)的解显示,盲点边界处阳极电流 j^a 的峰值与基础变量相比几乎不变[参见图 5.39(b)和图 5.41(b)]。因此,电流双电层的结构看起来并不依赖于点半径,说明此半径大大超过了膜厚。计算表明,这种结构决定于电池中的平均电流密度 J 和 HOR、ORR 的动力学参数。分析解也证实了这一结果(Kulikovsky 和 Berg,2013 年)。

注意当点更大时,Φ 下降,在点中心相应的 η_{ox} 也下降很多[图 5.41(a)]。结果是,图 5.41(b)中,点中心的 ORR 电流密度消失,然而在更小的点中,$j^c(0)$ 却更为显著[图 5.39(b)]。由于双层中 HOR 电流密度维持原样,在更大的点中,需要更小的 j^c 去提供穿过此界面的、相同的总半径电流。换句话说,在更大的点中,点中心前端的阴极运行机制倾向于开路电位条件。

图 5.40 图 5.39(c)中电流双电层的三维视图

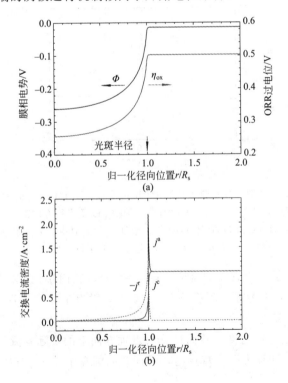

(a)

(b)

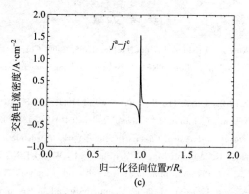

(c)

图 5.41　与图 5.39 相同，十倍大的点，$l_m/R_s =$ 0.01，给出沿半径方向的形状。（a）膜电位以及 ORR 过电位；（b）ORR 和 HOR 电流密度，膜内半径方向的质子流密度；（c）HOR 和 ORR 电流密度的差值

参 考 文 献

[1] Adachi, M., Navessin, T., Xie, Z., Frisken, B., and Holdcroft, S. 2009. Correlation of in situ and ex situ measurements of water permeation through Nafion NRE211 proton exchange membranes. *J. Electrochem. Soc.*, **156**, B782-B790.

[2] Adachi, M., Navessin, T., Xie, Z., Li, F. H., Tanaka, S., and Holdcroft, S. 2010. Thickness dependence of water permeation through proton exchange membranes. *J. Membr. Sci.*, **364**(1-2), 183-193.

[3] Adamson, A. W. 1979. *A Textbook of Physical Chemistry*. New York: Academic Press.

[4] Adzic, R. R., Zhang, J., Sasaki, K., Vukmirovic, M. B., Shao, M., Wang, J. X., Nilekar, A. U., Mavrikakis, M., Valerio, J. A., and Uribe, F. 2007. Platinum monolayer fuel cell electrocatalysts. *Top. Catal.*, **46**, 249-262.

[5] Affoune, A. M., Yamada, A., and Umeda, M. 2005. Conductivity and surface morphology of Nafion membrane in water and alcohol environments. *J. Power Sources*, **148**(0), 9-17.

[6] Agmon, N. 1995. The Grotthus mechanism. *Chem. Phys. Lett.*, **244**, 456-462.

[7] Ahmadi, T. S., Wang, Z. L., Green, T. C., Henglein, A., and El-Sayed, M. A. 1996. Shapecontrolled synthesis of colloidal platinum nanoparticles. *Science*, **272**, 1924-1926.

[8] Alava, M. J., Nukala, P. K. V. V., and Zapperi, S. 2006. Statistical models of fracture. *Adv. Phys.*, **55**(3-4), 349-476.

[9] Alcañiz-Monge, J., Linares-Solano, A., and Rand, B. 2001. Water adsorption on activated carbons: Study of water adsorption in micro-and mesopores. *J. Phys. Chem. B*, **105**(33), 7998-8006.

[10] A leksandrova, E., Hiesgen, R., Friedrich, K. A., and Roduner, E. 2007. Electrochemical atomic force microscopy study of proton conductivity in a Nafion membrane. *Phys. Chem. Chem. Phys.*, **9**, 2735-2743.

[11] Allahyarov, E., and Taylor, P. L. 2007. Role of electrostatic forces in cluster formation in a dry ionomer. *J. Chem. Phys.*, **127**(15), 154901-154901.

[12] Allen, M. P. and Tildesley, D. J. 1989. *Computer Simulation of Liquids*. Oxford: Oxford University Press.

[13] Alsabet, M., Grden, M., and Jerkiewicz, G. 2006. Comprehensive study of the growth of thin oxide layers on Pt electrodes under well-defined temperature, potential, and time conditions. *J. Electroanal. Chem.*, **589**, 120-127.

[14] Ambegaokar, V., Halperin, B. I., and Langer, J. S. 1971. Hopping conductivity in disordered systems. *Phys. Rev. B*, **4**(8), 2612-2620.

[15] Andreaus, B. and Eikerling, M. 2007. Active site model for CO adlayer electrooxidation on nanoparticle catalysts. *J. Electroanal. Chem.*, **607**, 121-132.

[16] Andreaus, B. and Scherer, G. G. 2004. Proton-conducting polymer membranes in fuel cells-humidification aspects. *Solid State Ionics*, **168**, 311-320.

[17] Andreaus, B., Maillard, F., Kocylo, J., Savinova, E. R., and Eikerling, M. 2006. Kinetic modeling of COad monolayer oxidation on carbon-supported platinum nanoparticles. *J. Phys. Chem. B*, **110**, 21028-21040.

[18] Angerstein-Kozlowska, H., Conway, B. E., and Sharp, W. B. A. 1973. The real condition of electrochemically oxidized Part I. Resolution of component processes. *J. Electroanal. Chem. Interfacial Electrochem.*, **43**, 9-36.

[19] Ansermet, J. P. 1985. A new approach to the study of surface phenomena. PhD thesis, University of Illinois, Urbana-Champaign.

[20] Antolini, E. 2003. Formation, microstructural characteristics and stability of carbon supported platinum catalysts for low temperature fuel cells. *J. Mater. Sci.*, **38**, 2995-3005.473

[21] Antolini, E., Cardellin, F., Giacometti, E., and Squadrito, G. 2002. Study on the formation of Pt/C catalysts by non-oxidized active carbon support and a sulfur-based reducing agent. *J. Mater. Sci.*, **37**(1), 133-139.

[22] Aotani, K., Miyazaki, S., Kubo, N., and Katsuta, M. 2008. An analysis of the water transport properties of polymer electrolyte membrane. *ECS Trans.*, **16**, 341-352.

[23] Aqvist, J. and Warshel, A. 1993. Simulations of enzyme reactions using valence bond force fields and other hybrid quantum/classical approaches. *Chem. Rev.*, **93**, 2523-2544.

[24] Arcella, V., Troglia, C., and Ghielmi, A. 2005. Hyflon ion membranes for fuel cells. *Ind. Eng. Chem. Res.*, **44**(20),

7646-7651.

[25] Arenz, M., Mayrhofer, K. J. J., Stamenkovic, V., Blizanac, B. B., Tomoyuki, T., Ross, P. N., and Markovic, N. M. 2005. The effect of the particle size on the kinetics of CO electrooxidation on high surface area Pt catalysts. *J. Am. Chem. Soc.*, **127**(18), 6819-6829.

[26] Argyropoulos, P., Scott, K., Shukla, A. K., and Jackson, C. 2002. Empirical model equations for the direct methanol fuel cell. *Fuel Cells*, **2**(2), 78-82.

[27] Ashcroft, N. W. and Mermin, N. D. 1976. *Solid State Physics. Science: Physics*. Philadelphia: Saunders College.

[28] Astill, T. 2008. *Factors influencing electrochemical properties and performance of hydrocarbon based ionomer PEMFC catalyst layers*. PhD thesis, Simon Fraser University.

[29] Astill, T., Xie, Z., Shi, Z., Navessin, T., and Holdcroft, S. 2009. Factors influencing electrochemical properties and performance of hydrocarbon-based electrolyte PEMFC catalyst layers. *J. Electrochem. Soc.*, **156**(4), B499-B508.

[30] Babadi, M., Ejtehadi, M. R., and Everaers, R. 2006. Analytical first derivatives of the REsquared interaction potential. *J. Comput. Phys.*, **219**(2), 770-779.

[31] Baghalha, M., Stumper, J., and Eikerling, M. 2010. Model-based deconvolution of potential losses in a PEM fuel cell. *ECS Trans.*, **28**(23), 159-167.

[32] Bagotsky, V. 2012. *Fuel Cells, Problems and Solutions*. New York: Wiley.

[33] Bagotzky, V. S. and Vasilyev, Yu. B. 1964. Some characteristics of oxidation reactions of organic compounds of platinum electrodes. *Electrochim. Acta*, **9**, 869-882.

[34] Bagotzky, V. S. and Vasilyev, Yu. B. 1967. Mechanism of electrooxidation of methanol on the platinum electrodes. *Electrochim. Acta*, **12**, 1323-1343.

[35] Balandin, A. A. 1969. *Modern state of the multiplet theory of heterogeneous catalysis*, D. D. Eley, H. Pines, P. B. Weisz (Eds), *Advanced Catalysis*, New York: Academic, Press, p.1.

[36] Balbuena, P. B., Lamas, E. J., and Wang, Y. 2005. Molecular modeling studies of polymer electrolytes for power sources. *Electrochim. Acta*, **50**(19), 3788-3795.

[37] Baldaus, M. and Preidel, W. 2001. Experimental results on the electrochemical oxidation of methnaol in PEM fuel cells. *J. Appl. Electrochem.*, **31**, 781-786.

[38] Barbir, F. 2012. *PEM Fuel Cells Theory and Practice*. Amsterdam: Elsevier.

[39] Bard, A. J. 1976. *Encyclopedia of Electrochemistry of the Elements*, Vol. 6. New York: Marcel Dekker.

[40] Bard, A. J. and Faulkner, L. R. 2000. *Electrochemical Methods: Fundamentals and Applications*. New York: John Wiley & Sons.

[41] Barsoukov, E. and Macdonald, J. R. (eds). 2005. *Impedance Spectroscopy: Theory, Experiment, and Applications*, 2nd ed. New Jersey: John Wiley & Sons, Inc.

[42] Baschuk, J. J. and Li, X. 2000. Modelling of polymer electrolyte membrane fuel cells with variable degrees of water flooding. *J. Power Sources*, **86**, 181-196.

[43] Baxter, S. F., Battaglia, V. S., and White, R. E. 1999. Methanol fuel cell model: Anode. *J. Electrochem. Soc.*, **146**(2), 437-447.

[44] Bayati, M., Abad, J. M., Bridges, C. A., Rosseinsky, M. J., and Schiffrin, D. J. 2008. Size control and electrocatalytic properties of chemically synthesized platinum nanoparticles grown on functionalised HOPG. *J. Electroanal. Chem.*, **623**, 19-28.

[45] Bazeia, D., Leite, V. B. P., Lima, B. H. B., and Moraes, F. 2001. Soliton model for proton conductivity in Langmuir films. *Chem. Phys. Lett.*, **340**, 205-210.

[46] Becerra, L. R., Klug, C. A., Slichter, C. P., and Sinfelt, J. H. 1993. NMR study of diffusion of carbon monoxide on alumina-supported platinum clusters. *J. Phys. Chem.*, **97**(46), 12014-12019.

[47] Becke, A. D. 1988. Density functional exchange energy approximation with correct asymptotic behavior. *Phys. Rev. A*, **38**(6), 3098-3100.

[48] Becker, J., Flueckiger, R., Reum, M., Buechi, F., Marone, F., and Stampanoni, M. 2009. Determination of material properties of gas diffusion layers: Experiments and simulations using phase contrast tomographic microscopy.

J. Electrochem. Soc., **156**, B1175-B1181.

[49] Bellac, M. Le, Mortessagne, F., and Batrouni, G. 2004. Equilibrium and Nonequilibrium Statistical Thermodynamics. Cambridge: Cambridge University Press.

[50] Benziger, J., Kimball, E., Mejia-Ariza, R., and Kevrekidis, I. 2011. Oxygen mass transport limitations at the cathode of polymer electrolyte membrane fuel cells.*AIChE J.*, **57**, 2505-2517.

[51] Berendsen, H. J. C., van der Spoel, D., and van Drunen, R. 1995. GROMACS: A messagepassing parallel molecular dynamics implementation.*Comp. Phys. Comm.*, **91**(1-3), 43-56.

[52] Berg, P. and Boland, A. 2013. Analysis of ultimate fossil fuel reserves and associated CO2 emissions in IPCC scenarios.*Natural Resources Res.* **23**, 141-158.

[53] Berg, P. and Ladipo, K. 2009. Exact solution of an electro-osmotic flow problem in a cylindrical channel of polymer electrolyte membranes.*Proc. Roy. Soc. A-Math. Phys. Eng. Sci.*, **465**(2109), 2663-2679.

[54] Berg, P., Promislow, K., Pierre, J. St., Stumper, J., and Wetton, B. 2004. Water management in PEM fuel cells.*J. Electrochem. Soc.*, **151**(3), A341-A353.

[55] Bergelin, M., Herrero, E., Feliu, J. M., and Wasberg, M. 1999. Oxidation of CO adlayers on Pt (111) at low potentials: An impinging jet study in H2SO4 electrolyte with mathematical modeling of the current transients.*J. Electroanal. Chem.*, **467**(1), 74-84.

[56] Bernardi, D. M. and Verbrugge, M. W. 1992. A mathematical model of the solid-polymerelectrolyte fuel cell.*J. Electrochem. Soc.*, **139**(9), 2477-2491.

[57] Bewick, A., Fleischmann, M., and Thirsk, H. R. 1962. Kinetics of the electrocrystallization of thin films of calomel. *Trans. Faraday Soc.*, **58**, 2200-2216.

[58] Biesheuvel, P. M. and Bazant, M. Z. 2010. Nonlinear dynamics of capacitive charging and desalination by porous electrodes. *Phys. Rev. E*, **81**(3), 031502.

[59] Biesheuvel, P. M., van Soestbergen, M., and Bazant, M. Z. 2009. Imposed currents in galvanic cells. *Electrochim. Acta*, **54**(21), 4857-4871.

[60] Bird, R.B., Stewart, W. E., and Lightfoot, E. N. 1960. *TransportPhenomena*. New York: Wiley.

[61] Birss, V.I., Chang, M., and Segal, J. 1993. Platinum oxide film formation-reduction: An*in situ* mass measurement study. *J. Electroanal. Chem.*, **355**, 181-191.

[62] Björnbom, P. 1987. Modelling of a double-layered PTFE-bonded oxygen electrode. *Electrochim. Acta*, **32**(1), 115-119.

[63] Bolhuis, P. G., Chandler, D., Dellago, C., and Geissler, P. L. 2002. Transition path sampling: Throwing ropes over rough mountain passes, in the dark. *Annu. Rev. Phys. Chem.*, **53**(1), 291-318.

[64] Bonakdarpour, A., Stevens, K., Vernstrom, G. D., Atanasoski, R., Schmoeckel, A.K., Debe, M. K., and Dahn, J. R. 2007. Oxygen reduction activity of Pt and Pt-Mn-Co electrocatalysts sputtered on nano-structured thin film support. *Electrochim. Acta*, **53**(2), 688-694.

[65] Booth, F. 1951. The dielectric constant of water and the saturation effect. *J. Chem. Phys.*, **19**(4), 391-394.

[66] Borup, R., Meyers, J., Pivovar, B., Kim, Y. S., Mukundan, R., Garland, N., Myers, D., Wilson, M., Garzon, F., Wood, D., Zelenay, P., More, K., Stroh, K., Zawodzinski, T., Boncella, J., McGrath, J. E., Inaba, N., Miyatake, K., Hori, M., Ota, K., Ogumi, Z., Miyata, S., Nishikata, A., Siroma, Z., Uchimoto, Y., Yasuda, K., Kimijima, K., and Iwashita, N. 2007. Scientific aspects of polymer electrolyte fuel cell durability and degradation. *Chem. Rev.*, **107**, 3904-3951.

[67] Bossel, U. 2000. *The Birth of the Fuel Cell*. Göttingen, Germany: Jürgen Kinzel.

[68] Boudart, M. 1969. Catalysis by supported metals. *Adv. Catal.*, **20**, 153-166.

[69] Boyer, C. C., Anthony, R. G., and Appleby, A. J. 2000. Design equations for optimized PEM fuel cell electrodes. *J. Appl. Electrochem.*, **30**, 777-786.

[70] Bradley, J. S. (ed). 2007. *The Chemistry of Transition Metal Colloids, in Clusters and Colloids: From Theory to Applications*. Weinheim: Wiley-VCH Verlag GmbH.

[71] Brett, D. J. L., Atkins, S., Brandon, N. P., Vesovic, V., Vasileadis, N., and Kucernak, A. 2003. Localized imped-

ance measurements along a single channel of a solid polymer fuel cell. *Electrochem. Solid State Lett.*, **6**, A63-A66.

[72] Broadbent, S. R., and Hammersley, J. M. 1957. Percolation processes. *Math. Proc. Cambridge*, **53**(6), 629-641.

[73] Brownson, D. A. C., Kampouris, D. K., and Banks, C. E. 2012. Graphene electrochemistry: Fundamental concepts through to prominent applications. *Chem. Soc. Rev.*, **41**, 6944-6976.

[74] Buechi, F. N. and Scherer, G. G. 2001. Investigation of the transversal water profile in Nafion membranes in polymer electrolyte fuel cells. *J. Electrochem. Soc.*, **148**(3), A183-A188.

[75] Bultel, Y., Wiezell, K., Jaouen, F., Ozil, P., and Lindbergh, G. 2005. Investigation of mass transport in gas diffusion layer at the air cathode of a PEMFC. *Electrochim. Acta*, **51**, 474-488.

[76] Bunde, A. and Kantelhardt, J. W. 1998. Introduction to percolation theory. J. Karger, R. Heitjans, R. Haberlandt (Eds), *Diffusion in Condensed Matter*, (Chapter 15), Wiesbaden: Vieweg-Sohn.

[77] Burda, C., Chen, X., Narayanan, R., and El-Sayed, M. A. 2005. Chemistry and properties of nanocrystals of different shapes. *Chem. Rev.*, **105**(4), 1025-1102.

[78] Burnett, D. J., Garcia, A. R., and Thielmann, F. 2006. Measuring moisture sorption and diffusion kinetics on proton exchange membranes using a gravimetric vapor sorption apparatus. *J. Power Sources*, **160**, 426-430.

[79] Cable, K. M., Mauritz, K. A., and Moore, R. B. 1995. Effects of hydrophilic and hydrophobic counterions on the Coulombic interactions in perfluorosulfonate ionomers. *J. Pol. Sci. Part B: Pol. Phys.*, **33**(7), 1065-1072.

[80] Cai, Y., Hu, J., Ma, H., Yi, B., and Zhang, H. 1006. Effect of water transport properties on a PEM fuel cell operating with dry hydrogen. *Electrochim. Acta*, **51**, 6361-6366.

[81] Cappadonia, M., Erning, J. W., and Stimming, U. 1994. Proton conduction of Nafion 117 membrane between 140 K and room temperature. *J. Electroanal. Chem.*, **376**(1-2), 189-193.

[82] Cappadonia, M., Erning, J. W., Niaki, S. M. S., and Stimming, U. 1995. Conductance of Nafion 117 membranes as a function of temperature and water content. *Solid State Ionics*, **77**(0), 65-69.

[83] Car, R. and Parrinello, M. 1985. Unified approach for molecular dynamics and densityfunctional theory. *Phys. Rev. Lett.*, **55**, 2471-2474.

[84] Carmo, M., dos Santos, A. R., Poco, J. G. R., and Linardi, M. 2007. Physical and electrochemical evaluation of commercial carbon black as electrocatalysts supports for DMFC applications. *J. Power Sources*, **173**(2), 860-866.

[85] Casalegno, A. and Marchesi, R. 2008. DMFC anode polarization: Experimental analysis and model validation. *J. Power Sources*, **175**, 372-382.

[86] Chan, K. and Eikerling, M. 2011. A pore-scale model of oxygen reduction in ionomer-free catalyst layers of PEFCs. *J. Electrochem. Soc.*, **158**(1), B18-B28.

[87] Chan, K. and Eikerling, M. 2012. Impedance model of oxygen reduction in water-flooded pores of ionomer-free PEFC catalyst layers. *J. Electrochem. Soc.*, **159**, B155-B164.

[88] Chan, K. and Eikerling, M. 2014. Water balance model for polymer electrolyte fuel cells with ultrathin catalyst layers. *Phys. Chem. Chem. Phys.*, **16**, 2106-2117.

[89] Chan, K., Roudgar, A., Wang, L., and Eikerling, M. (eds). 2010. Nanoscale Phenomena in Catalyst Layers for PEM Fuel Cells: From Fundamental Physics to Benign Design. Hoboken: Wiley.

[90] Chen, F. F. 1974. *Introduction to Plasma Physics*. New York: Plenum Press.

[91] Chen, J. and Chan, K. Y. 2005. Size-dependent mobility of platinum cluster on a graphite surface. *Mol. Simulat.*, **31**(6-7), 527-533.

[92] Chen, M., Du, C. Y., Yin, G. P., Shi, P. F., and Zhao, T. S. 2009. Numerical analysis of the electrochemical impedance spectra of the cathode of direct methanol fuel cells. *Int. J. Hydrogen Energy*, **34**, 1522-1530.

[93] Chen, Q. and Schmidt-Rohr, K. 2007. Backbone dynamics of the Nafion ionomer studied by 19F-13C solid-state NMR. *Mac. Chem. Phys.*, **208**(19-20), 2189-2203.

[94] Cheng, X., Yi, B., Han, M., Zhang, J., Qiao, Y., and Yu, J. 1999. Investigation of platinum utilization and morphology in catalyst layer of polymer electrolyte fuel cells. *J. Power Sources*, **79**(1), 75-81.

[95] Cherstiouk, O. V., Simonov, P. A, and Savinova, E. R. 2003. Model approach to evaluate particle size effects in electrocatalysis: Preparation and properties of Pt nanoparticles supported on GC and HOPG. *Electrochim. Acta*, **48**,

3851-3860.

[96] Chizmadzhev, Y. A., Markin, V. S., Tarasevich, M. R., Chirkov, Y. G., and Bikerman, J. J. 1971. Macrokinetics of processes in porous media (fuel cells). Moscow (in Russian): Nanka Publisher.

[97] Cho, C., Kim, Y., and Chang, Y.-S. 2009. Perfromance analysis of direct methanol fuel cell for optimal operation. *J. Thermal Sci. Techn.*, **4**, 414-423.

[98] Choi, J.-H., Kim, Y. S., Bashyam, R., and Zelenay, P. 2006. Ruthenium crossover in DMFCs operating with different proton conducting membranes. *ECS Trans.*, **1**, 437-445.

[99] Choi, K. H., Peck, D. H., Kim, C. S., Shin, D. R., and Lee, T. H. 2000. Water transport in polymer membranes for PEMFC. *J. Power Sources*, **86**, 197-201.

[100] Choi, P., and Datta, R. 2003. Sorption in proton-exchange membranes—an explanation of Schroeder's paradox. *J. Electrochem. Soc.*, **150**(12), E601-E607.

[101] Choi, P., Jalani, N. H., and Datta, R. 2005. Thermodynamics and proton transport in Nafion II. Proton diffusion mechanisms and conductivity. *J. Electrochem. Soc.*, **152**(3), E123-E130.

[102] Clark, J. K., Paddison, S. J., Eikerling, M., Dupuis, M., and Jr., T. A. Zawodzinski. 2012. A comparative ab initio study of the primary hydration and proton dissociation of various imdide and sulfonic acid ionomers. *J. Phys. Chem. A*, **116**, 1801-1813.

[103] Claus, P. and Hofmeister, H. 1999. Electron microscopy and catalytic study of silver catalysts: Structure sensitivity of the hydrogenation of crotonaldehyde. *J. Phys. Chem. B*, **103**, 2766-2775.

[104] Clavilier, J., Rodes, A., Achi, K. El, and Zamakchari, M. A. 1991. Electrochemistry at platinum single crystal surfaces in acidic media: *J. Chim. Phys. Phys.-Chim. Biol*, **88**, 1291-1337.

[105] Clay, C., Haq, S., and Hodgson, A. 2004. Hydrogen bonding in mixed OH + H2O overalyers on Pt(111). *Phys. Rev. Lett.*, **92**, 046102.

[106] Climent, V., Garcia-Araez, N., Herrero, E., and Feliu, J. 2006. Potential of zero total charge of platinum single crystals: A local approach to stepped surfaces vicinal to Pt (111). *Russ. J. Electrochem.*, **42**(11), 1145-1160.

[107] Coalson, R. D., and Kurnikova, M. G. 2007. Poisson-Nernst-Planck theory of ion permeation through biological channels. S.-H. Chung, O.S. Andersen, V. Krishnamurthy (Eds), *Biological Membrane Ion Channels*. New York: Springer, pp. 449-484.

[108] Collins, M. A., Blumen, A., Currie, J. F., and Ross, J. 1979. Dynamics of domain walls in ferrodistortive materials. I. Theory. *Phys. Rev. B*, **19**, 3630-3644.

[109] Commer, P., Cherstvy, A. G., Spohr, E., and Kornyshev, A. A. 2002. The effect of water content on proton transport in polymer electrolyte membranes. *Fuel Cells*, **2**(3-4), 127-136.

[110] Conway, B. and Jerkiewicz, G. 1992. Surface orientation dependence of oxide film growth at platinum single crystals. *J. Elect. Chem.*, **339**, 123-146.

[111] Conway, B. E. 1995. Electrochemical oxide film formation at noble metals as a surfacechemical process. *Progr. Surf. Sci.*, **49**(4), 331-452.

[112] Conway, B. E. and Gottesfeld, S. 1973. Real condition of oxidized platinum electrodes. Part 2.—Resolution of reversible and irreversible processes by optical and impedance studies. *J. Chem. Soc., Faraday Trans. 1*, **69**, 1090-1107.

[113] Conway, B. E., Barnett, B., Angerstein Kozlowska, H., and Tilak, B. V. 1990. A surface electrochemical basis for the direct logarithmic growth law for initial stages of extension of anodic oxide films formed at noble metals. *J. Electroanal. Chem. Interfacial Electrochem.*, **93**, 8361-8373.

[114] Corry, B., Kuyucak, S., and Chung, S. H. 2003. Dielectric self-energy in Poisson-Boltzmann and Poisson-Nernst-Planck models of ion channels. *Biophys. J.*, **84**(6), 3594-3606.

[115] Cui, S., Liu, J., Selvan, M. E., Keffer, D. J., Edwards, B. J., and Steele, W. V. 2007. A molecular dynamics study of a Nafion polyelectrolyte membrane and the aqueous phase structure for proton transport. *J. Phys. Chem. B*, **111**(9), 2208-2218.

[116] Cwirko, E. H. and Carbonell, R. G. 1992a. Interpretation of transport coefficients in Nafion using a parallel pore

model. *J. Membr. Sci.*, **67**(2-3), 227-247.

[117] Cwirko, E. H. and Carbonell, R. G. 1992b. Ionic equilibria in ion-exchange membranes—A comparison of pore model predictions with experimental results. *J. Membr. Sci.*, **67**(2-3), 211-226.

[118] Daiguji, H. 2010. Ion transport in nanofluidic channels. *Chem. Soc. Rev.*, **39**(3), 901-911.

[119] Damjanovic, A. 1992.Progress in the studies of oxygen reduction during the last thirty years. 1992, O. J. Murphy et al. (Eds), *Electrochemistry in Transition*. New York: Plenum Press, pp. 107-126.

[120] Damjanovic, A. and Yeh, L. S. R. 1979. Oxide growth at platinum anodes with emphasis on the pH dependence of growth. *J. Electrochem. Soc.*, **126**, 555-562.

[121] Damjanovic, A., Yeh, L. S. R., and Wolf, J. F. 1980. Temperature study of oxide film growth at platinum anodes in H2SO4 solutions. *J. Electrochem. Soc.*, **127**, 874-877.

[122] Davydov, A. S. 1985. *Solitons in Molecular Systems*. Boston: Reidel.

[123] de Gennes, P. G. 1979. *Scaling Concepts in Polymer Physics*. Ithaca: Cornell University. de Grotthuss, C. J. T. 1806. Sur la decomposition de l'eau et des corps qu'elle tient en' dissolution à l'aide de l'electricit' e galvanique.' *Ann. Chim.*, **58**, 54-73.

[124] de Levie, R. 1964. On porous electrodes in electrolyte solutions-IV. *Electrochim. Acta*, **9**(9), 1231-1245.

[125] de Levie, R. 1967. Electrochemical response of porous and rough electrodes. Delahay, P. (ed.),*Advances in Electrochemistry and Electrochemical Engineering*, Vol. 6. pp. 329-397. New York: Interscience.

[126] Debe, M. K. 2012. Electrocatalyst approaches and challenges for automotive fuel cells. *Nature*, **486**, 43-51.

[127] Debe, M. K. 2013. Tutorial on the fundamental characteristics and practical properties of nanostructured thin film (NSTF) catalysts. *J. Electrochem. Soc.*, **160**, 522-534.

[128] Debe, M. K., Schmoeckel, A. K., Vernstrom, G. D., and Atanasoski, R. 2006. High voltage stability of nanostructured thin film catalysts for PEM fuel cells. *J. Power Sources*, **161**, 1002-1011.

[129] Dellago, C., Bolhuis, P. G., and Chandler, D. 1998. Efficient transition path sampling: Application to Lennard-Jones cluster rearrangements. *J. Chem. Phys.*, **108**, 9236-9245.

[130] Devan, S., Subramanian, V. R., and White, R. E. 2004. Analytical solution for the impedance of a porous electrode. *J. Electrochem. Soc.*, **151**, A905-A913.

[131] Devanathan, R., Venkatnathan, A., and Dupuis, M. 2007a. Atomistic simulation of Nafion membrane. 2. Dynamics of water molecules and hydronium ions. *J. Phys. Chem. B*, **111**(45), 13006-13013.

[132] Devanathan, R., Venkatnathan, A., and Dupuis, M. 2007b. Atomistic simulation of Nafion membrane: I. Effect of hydration on membrane nanostructure. *J. Phys. Chem. B*, **111**(28), 8069-8079.

[133] Devanathan, R., Venkatnathan, A., and Dupuis, M. 2007c. Atomistic simulation of Nafion membrane: I. Effect of hydration on membrane nanostructure. *J. Phys. Chem. B*, **111**(28), 8069-8079.

[134] Dhathathreyan, K. S., Sridhar, P., Sasikumar, G., Ghosh, K. K., Velayutham, G., Rajalakshmi, N., Subramaniam, C. K., Raja, M., and Ramya, K. 1999. Development of polymer electrolyte membrane fuel cell stack. *Int. J. Hydrogen Energ.*, **24**(11), 1107-1115.

[135] Diard, J.-P., Glandut, N., Landaud, P., Gorrec, B. Le, and Montella, C. 2003. A method for determining anode and cathode impedances of a direct methanol fuel cell running on a load. *Electrochim. Acta*, **48**, 555-562.

[136] Ding, J., Chuy, C., and Holdcroft, S. 2001. A self-organized network of nanochannels enhances ion conductivity through polymer films. *Chem. Mater.*, **13**(7), 2231-2233.

[137] Ding, J., Chuy, C., and Holdcroft, S. 2002. Enhanced conductivity in morphologically controlled proton exchange membranes: Synthesis of macromonomers by SFRP and their incorporation into graft polymers. *Macromolecules*, **35**(4), 1348-1355.

[138] Divisek, J., Eikerling, M., Mazin, V., Schmitz, H., Stimming, U., and Volfkovich, Y. M. 1998. A study of capillary porous structure and sorption properties of Nafion proton exchange membranes swollen in water. *J. Electrochem. Soc.*, **145**(8), 2677-2683.

[139] Dixon, D., Wippermann, K., Mergel, J., Schoekel, A., Zils, S., and Roth, C. 2011. Degradation effects at the methanol inlet, outlet and center region of a stack MEA operated in DMFC. *J. Power Sources*, **196**, 5538-5545.

[140] Dlubek, G., Buchhold, R., Hübner, C., and Nakladal, A. 1999. Water in local free volumes of polyimides: A positron lifetime study. *Macromolecules*, **32**(7), 2348-2355.

[141] Dobrynin, A. V. 2005. Electrostatic persistence length of semiflexible and flexible polyelectrolytes. *Macromolecules*, **38**(22), 9304-9314.

[142] Dobrynin, A. V. and Rubinstein, M. 2005. Theory of polyelectrolytes in solutions and at surfaces. *Progr. Pol. Sci.*, **30**(11), 1049-1118.

[143] Dobson, P., Lei, C., Navessin, T., and Secanell, M. 2012. Characterization of the PEM fuel cell catalyst layer microstructure by nonlinear least-squares parameter estimation. *J. Electrochem. Soc.*, **159**, B514-B523.

[144] Dohle, H., Divisek, J., and Jung, R. 2000. Process engineering of the direct Methanol fuel cell. *J. Power Sources*, **86**, 469-77.

[145] Dohle, H., Divisek, J., Oetjen, H. F., Zingler, C., Mergel, J., and Stolten, D. 2002. Recent developments of the measurement of methanol permeation in a direct methanol fuel cell. *J. Power Sources*, **105**, 274-82.

[146] Du, C. Y., Zhao, T. S., and Wang, W. W. 2007a. Effect of methanol crossover on the cathode behavior of a DMFC: A half-cell investigation. *Electrochim. Acta*, **52**, 5266-5271.

[147] Du, C. Y., Zhao, T. S., and Xu, C. 2007b. Simultaneous oxygen-reduction and methanoloxidation reactions at the cathode of a DMFC: A model-based electrochemical impedance spectroscopy study. *J. Power Sources*, **167**, 265-271.

[148] Duan, Q., Wang, H., and Benziger, J. B. 2012. Transport of liquid water through Nafion membranes. *J. Membr. Sci.*, **392-393**, 88-94.

[149] Dubbeldam, D. and Snurr, R. Q. 2007. Recent developments in the molecular modeling of diffusion in nanoporous materials. *Mol. Simul.*, **33**(4-5), 305-325.

[150] Dullien, F. A. L. 1979. *Porous Media: Fluid Transport and Pore Structure*. New York: Academic Press.

[151] Easton, E. B. and Pickup, P. G. 2005. An electrochemical impedance spectroscopy study of fuel cell electrodes. *Electrochim. Acta*, **50**(12), 2469-2474.

[152] Eichler, A., Mittendorfer, F., and Hafner, J. 2000. Precursor-mediated adsorption of oxygen on the (111) surfaces of platinum-group metals. *Phys. Rev. B.*, **62**(7), 4744.

[153] Eigen, M. 1964. Proton transfer, acid-base catalysis, and enzymatic hydrolysis. Part I: Elementary processes. *Ang. Chem. Intern. Ed.*, **3**, 1-19.

[154] Eikerling, M. 2006. Water management in cathode catalyst layers of PEM fuel cells: A structure-based model. *J. Electrochem. Soc.*, **153**(3), E58-E70.

[155] Eikerling, M. and Berg, P. 2011. Poroelectroelastic theory of water sorption and swelling in polymer electrolyte membranes. *Soft Matter*, **7**(13), 5976-5990.

[156] Eikerling, M. and Kornyshev, A. A. 1998. Modelling the performance of the cathode catalyst layer of polymer electrolyte fuel cells. *J. Electroanal. Chem.*, **453**, 89-106.

[157] Eikerling, M. and Kornyshev, A. A. 1999. Electrochemical impedance of the cathode catalyst layer in polymer electrolyte fuel cells. *J. Electroanal. Chem.*, **475**(2), 107-123.

[158] Eikerling, M. and Kornyshev, A. A. 2001. Proton transfer in a single pore of a polymer electrolyte membrane. *J. Electroanal. Chem.*, **502**(1-2), 1-14.

[159] Eikerling, M. and Malek, K. 2009. Electrochemical materials for PEM fuel cells: Insights from physical theory and simulation. In: Schlesinger, M. (ed.), *Modern Aspects of Electrochem*. Vol. 43, New York: Springer.

[160] Eikerling, M. and Malek, K. 2010. Physical modeling of materials for PEFC: structure, properties and performance. In: Wilkinson, D. P., Zhang, J., Hui, R., Fergus, J., and Li, X. (eds), *Proton Exchange Membrane Fuel Cells: Materials Properties and Performance*. New York: CRC Press, Taylor & Francis Group.

[161] Eikerling, M., Kornyshev, A. A., andStimming, U. 1997. Electrophysicalpropertiesofpolymer electrolytemembranes: Arandomnetworkmodel. *J.Phys.Chem.B*, **101**(50), 10807-10820.

[162] Eikerling, M., Kharkats, Yu. I., Kornyshev, A. A., and Volfkovich, Yu. M. 1998. Phenomenological theory of electroâosmotic effect and water management in polymer electrolyte protonâconducting membranes. *J. Electrochem. Soc.*, **145**(8), 2684-2699.

[163] Eikerling, M., Kornyshev, A. A., Kuznetsov, A. M., Ulstrup, J., and Walbran, S. 2001. Mechanisms of proton conductance in polymer electrolyte membranes. *J. Phys. Chem. B*, **105**(1-2), 3646-3662.

[164] Eikerling, M., Paddison, S. J., and Zawodzinski, T. A. 2002. Molecular orbital calculations of proton dissociation and hydration of various acidic moieties for fuel cell polymers. *J. New Mater. Electrochem. Sys.*, **5**, 15-24.

[165] Eikerling, M., Paddison, S. J., Pratt, L. R., and Zawodzinski, Jr., T. A. 2003. Defect structure for proton transport in a triflic acid monohydrate solid. *Chem. Phys. Lett.*, **368**, 108-114.

[166] Eikerling, M., Ioselevich, A. A., and Kornyshev, A. A. 2004. How good are the electrodes we use in PEFC? *Fuel Cells*, **4**(3), 131-140.

[167] Eikerling, M., Kornyshev, A. A., and Kucernak, A. R. 2006. Water in polymer electrolyte fuel cells: Friend and foe. *Phys. Today*, **59**, 38-44.

[168] Eikerling, M., Kornyshev, A., and Kucernak, A. 2007a. Driving the hydrogen economy. *Phys. World*, **20**, 32-36.

[169] Eikerling, M., Kornyshev, A. A., and Kulikovsky, A. A. 2007b. Physical modeling of fuel cells and their components. Bard, A.J., Stratmann, M., Macdonald, D., and Schmuki, P. (eds), *Encyclopaedia of Electrochemistry*, Vol. 5, pp. 447-543, New York: Wiley, ISBN: 978-3527-30397-7.

[170] Eikerling, M., Kornyshev, A. A., and Spohr, E. 2008. Proton-conducting polymer electrolyte membranes: Water and structure in charge. G. G. Scherer (Ed), *Fuel Cells I*, New York: Springer, pp. 15-54.

[171] Eisenberg, A. 1970. Clustering of ions in organic polymers. A theoretical approach. *Macromolecules*, **3**(2), 147-154.

[172] Elfring, G. J. and Struchtrup, H. 2008. Thermodynamics of pore wetting and swelling in Nafion. *J. Membr. Sci.*, **315**(1), 125-132.

[173] Elliott, J. A. and Paddison, S. J. 2007. Modeling of morphology and proton transport in PFSA membranes. *Phys. Chem. Chem. Phys.*, **9**, 2602-2618.

[174] Elliott, J. A., Elliott, A. M. S., and Cooley, G. E. 1999. Atomistic simulation and molecular dynamics of model systems for perfluorinated ionomer membranes. *Phys. Chem. Chem. Phys.*, **1**(20), 4855-4863.

[175] Elliott, J. A., Hanna, S., Elliott, A. M. S., and Cooley, G. E. 2000. Interpretation of the small-angle x-ray scattering from swollen and oriented perfluorinated ionomer membranes. *Macromolecules*, **33**(11), 4161-4171.

[176] Ensing, B., Laio, A., Parrinello, M., and Klein, M. L. 2005. A recipe for the computation of the free energy barrier and the lowest free energy path of concerted reactions. *J. Phys. Chem. B*, **109**(14), 6676-6687.

[177] Erdey-Gruz, T. 1974. *Transport Phenomena in Electrolyte Solutions*. London: Adam Hilger.

[178] Eucken, A. 1948. Assoziation in flussigkeiten. (Association in liquids). *Z. Elecktrochem.*, **52**, 255-269.

[179] Everaers, R. and Ejtehadi, M. R. 2003. Interaction potentials for soft and hard ellipsoids. *Phys. Rev. E*, **67**(4), 041710.

[180] Falk, M. 1980. An infrared study of water in perfluorosulfonate (Nafion) membranes. *Can. J. Chem.*, **58**(14), 1495-1501.

[181] Farebrother, M., Goledzinowski, M., Thomas, G., and Birss, V.I. 1991. Early stages of growth of hydrous platinum oxide films. *J. Electroanal. Chem. Interfacial Electrochem.*, **297**, 469-488.

[182] Feibelman, P. J. 1997. D-electron frustration and the large fcc versus hcp binding preference in O adsorption on Pt (111). *Phys. Rev. B.*, **56**(16), 10532.

[183] Feibelman, P. J., Hammer, B., Nørskov, J. K., Wagner, F., Scheffler, M., Stumpf, R., Watwe, R., and Dumesic, J. 2001. The CO/Pt (111) puzzle. *J. Phys. Chem. B*, **105**(18), 4018-4025.

[184] Feldberg, S. W., Enke, C. G., and Bricker, C. E. 1963. Formation and dissolution of platinum oxide film: Mechanism and kinetics. *J. Electrochem. Soc.*, **110**, 826-834.

[185] Feng, S. and Voth, G. A. 2011. Proton solvation and transport in hydrated Nafion. *J. Phys. Chem. B*, **115**(19), 5903-5912.

[186] Feng, X. and Wang, Y. 2010. Multi-layer configuration for the cathode electrode of polymer electrolyte fuel cell. *Electrochim. Acta*, **55**, 4579-4586.

[187] Fernandez, R., Ferreira-Aparicio, P., and Daza, L. 2005. PEMFC electrode preparation: Influence of the solvent composition and evaporation rate on the catalytic layer microstructure. *J. Power Sources*, **151**, 18-24.

[188] Ferreira, P. J., O, G. J. Ia, Shao-Horn, Y., Morgan, D., Makharia, R., Kocha, S., and Gasteiger, H. A. 2005. Instability of Pt/C electrocatalysts in proton exchange membrane fuel cells: A mechanistic investigation. *J. Electrochem. Soc.*, **152**(11), A2256-A2271.

[189] Fishman, Z. and Bazylak, A. 2011. Heterogeneous through-plane distributions of tortuosity, effective diffusivity, and permeability for PEMFC GDLs. *J. Electrochem. Soc.*, **158**, B247-B252.

[190] Flory, P. J. 1969. *Statistical Mechanics of Chain Molecules*. New York: Interscience Publishers. Flory, P. J. and Rehner, J. 1943. Statistical mechanincs of cross-linked polymer networks II. Swelling. *J. Chem. Phys.*, **11**, 521-526.

[191] Forinash, K., Bishop, A. R., and Lomadhl, P. S. 1991. Nonlinear dynamics in a double-chain model of DNA. *Phys. Rev. B*, **43**, 10743-10750.

[192] Franck, E. U., Hartmann, D., and Hensel, F. 1965. Protonmobilityinwaterathightemperatures and pressures. *Discuss. Faraday Soc.*, **39**, 200-206.

[193] Freger, V. 2002. Elastic energy in microscopically phase-separated swollen polymer networks. *Polymer*, **43**, 71-76.

[194] Freger, V. 2009. Hydration of ionomers and Schroeder's paradox in Nafion. *J. Phys. Chem. B*, **113**, 24-36.

[195] Frenkel, A. I., Hills, C. W., and Nuzzo, R. G. 2001. A view from the inside: Complexity in the atomic scale ordering of supported metal nanoparticles. *J. Phys. Chem. B*, **105**(51), 12689-12703.

[196] Friedrich, K. A., Henglein, F., Stimming, U., and Unkauf, W. 2000. Size dependence of the CO monolayer oxidation on nanosized Pt particles supported on gold. *Electrochim. Acta*, **45**(20), 3283-3293.

[197] Frumkin, A. N. 1949. O raspredelenii korrozionnogo protsessa po dline trubki. On the distribution of corrosion processes along the length of the tube. *Zh. Fiz. Khim.*, **23**(12), 1477-1482.

[198] Frumkin, A. N. and Petrii, O. A. 1975. Potentials of zero total and zero free charge of platinum group metals. *Electrochim. Acta*, **20**(5), 347-359.

[199] Fujimura, M., Hashimoto, T., and Kawai, H. 1981. Small-angle x-ray scattering study of perfluorinated ionomer membranes. 1. Origin of two scattering maxima. *Macromolecules*, **14**(5), 1309-1315.

[200] Fuller, T. and Newman, J. 1989. Fuel cells. White, R. E., and Appleby, A. J. (eds), *The Electrochemical Society Softbound Proceedings Series*, Vol. PV89-14, p. 25. New Jersey: Pennington.

[201] Fuller, T. F. and Newman, J. 1993. Water and thermal management in solid-polymer-electrolyte fuel cells. *J. Electrochem. Soc.*, **140**, 1218-1225.

[202] Furukawa, K., Okajima, K., and Sudoh, M. 2005. Structural control and impedance analysis of cathode for direct methanol fuel cell. *J. Power Sources*, **139**, 9-14.

[203] Futerko, P. and Hsing, I. 1999. Thermodynamics of water vapor uptake in perfluorosulfonic acid membranes. *J. Electrochem. Soc.*, **146**(6), 2049-2053.

[204] Galperin, D. Y., and Khokhlov, A. R. 2006. Mesoscopic morphology of proton-conducting polyelectrolyte membranes of Nafion^R type: A self-consistent mean field simulation. *Macromol. Theory Simul.*, **15**(2), 137-146.

[205] Gancs, L., Hakim, N., Hult, B. N., and Mukerjee, S. 2006. Dissolution of Ru from PtRu electrocatalysts and its consequences in DMFCs. *ECS Trans.*, **3**, 607-618.

[206] Garcia, B. L., Sethuraman, V. A., Weidner, J. W., White, R. E., and Dougal, R. 2004. Mathematical model of a direct methanol fuel cell. *J. Fuel Cell Sci. Techn.*, **1**, 43-48.

[207] Gardel, M. L., Shin, J. H., MacKintosh, F. C., Mahadevan, L., Matsudaira, P., and Weitz, D. A. 2004. Elastic behavior of cross-linked and bundled actin networks. *Science*, **304**(5675), 1301-1305.

[208] Gasteiger, H. A. and Markovic, N. M. 2009. Just a dream—Or future reality? *Science*, **324**(5923), 48-49.

[209] Gasteiger, H. A. and Yan, S. G. 2004. Dependence of PEM fuel cell performance on catalyst loading. *J. Power Sources*, **127**(1), 162-171.

[210] Gasteiger, H. A., Markovic, N., Ross, Jr. P. N., and Cairns, E. J. 1993a. Methanol electrooxi-' dation on well-characterized Pt-Ru alloys. *J. Phys. Chem.*, **97**, 12020-12029.

[211] Gasteiger, H. A., Markovic, N., Ross, Jr, P. N., and Cairns, E. J. 1993b. Methanol electrooxidation on well-characterized platinum-ruthenium bulk alloys. *J. Phys. Chem*, **97**(46), 12020-12029.

[212] Gatrell, M. and MacDougall, B. 2003. Reaction mechanisms in the O_2 reduction/evolution reaction. *Handbook of*

Fuel Cells: Fundamentals, Technology, Applications, W. Vielstich, A. Lamm, H. A. Gasteiger, (eds). Vol. 2. Chichester: John Wiley, pp. 443-464.

[213] Ge, S., Yi, B., and Ming, P. 2006. Experimental determination of electro-osmotic drag coefficient in Nafion membrane for fuel cells. *J. Electrochem. Soc.*, **153**, A1443-A1450.

[214] Gebel, G. 2000. Structural evolution of water swollen perfluorosulfonated ionomers from dry membrane to solution. *Polymer*, **41**(15), 5829-5838.

[215] Gebel, G. and Diat, O. 2005. Neutron and X-ray scattering: Suitable tools for studying ionomer membranes. *Fuel Cells*, **5**(2), 261-276.

[216] Gebel, G. and Lambard, J. 1997. Small-angle scattering study of water-swollen perfluorinated ionomer membranes. *Macromolecules*, **30**(25), 7914-7920.

[217] Gebel, G. and Moore, R. B. 2000. Small-angle scattering study of short pendant chain perfluorosulfonated ionomer membranes. *Macromolecules*, **33**(13), 4850-4855.

[218] Georgievskii, Y., Medvedev, E. S., and Tuchebrukhov, A. A. 2002. Proton transport via the membrane surface. *Biophys. J.*, **82**(6), 2833-2846.

[219] Gierer, A. 1950. Anomale D+-und OD+-ionenbeweglichkeit in schwerem wasser. (Anomalous D+ − and OD-ion mobility in heavy water). *Z. Naturforsch*, **5**, 581-589.

[220] Gierer, A., and Wirtz, K. 1949. Anomale H-ioncnbeweglichkeit und OH-ionenbeweglichkeit im wasser. (Anomalous mobility of H and OH ions in water). *Annalen Phys.*, **6**, 257-304.

[221] Gierke, T. D., Munn, G. E., and Wilson, F. C. 1981. The morphology in Nafion perfluorinated membrane products, as determined by wide-angle and small-angle X-ray studies. *J. Polym. Sci. Part B: Polym. Phys.*, **19** (11), 1687-1704.

[222] Gileadi, E. 2011. *Physical Electrochemistry: Fundamentals, Techniques and Applications*. Weinheim: Wiley-VCH.

[223] Gillespie, D. T. 1976. A general method for numerically simulating the stochastic time evolution of coupled chemical reactions. *J. Comp. Phys.*, **22**(4), 403-434.

[224] Gilroy, D. 1976. Oxide growth at platinum electrodes in H_2SO_4 at potentials below 1.7 V. *J. Electroanal. Chem. Interfacial Electrochem.*, **151**, 257-277.

[225] Gilroy, D. and Conway, B. E. 1968. Surface oxidation and reduction of platinum electrodes: Coverage, kinetic and hysteresis studies. *Can. J. Chem.*, **46**, 875-890.

[226] Giner, J. and Hunter, C. 1969. The mechanism of operation of the Teflon-bonded gas diffusion electrode: A mathematical model. *J. Electrochem. Soc.*, **116**(8), 1124-1130.

[227] Gloaguen, F. and Durand, R. 1997. Simulations of PEFC cathodes: An effectiveness factor approach. *J. Appl. Electrochem.*, **27**(9), 1029-1035.

[228] Goddard, Ⅲ, W., Merinov, B., Duin, A. Van, Jacob, T., Blanco, M., Molinero, V., Jang, S. S., and Jang, Y. H. 2006. Multi-paradigm multi-scale simulations for fuel cell catalysts and membranes. *Mol. Simul.*, **32**(3-4), 251-268.

[229] Goedecker, S., Teter, M., and Hutter, J. 1996. Separable dual-space Gaussian pseudopotentials. *Phys. Rev. B*, **54** (3), 1703-1710.

[230] Golovnev, A. and Eikerling, M. 2013a. Theoretical calculation of proton mobility for collective surface proton transport. *Phys. Rev. E*, **87**, 062908.

[231] Golovnev, A. and Eikerling, M. 2013b. Theory of collective proton motion at interfaces with densely packed protogenic surface groups. *J. Phys.: Conds. Matter*, **25**(4), 045010.

[232] Gomadam, P. and Weidner, J. W. 2005. Analysis of electrochemical impedance spectroscopy in proton exchange membrane fuel cells. *Int. J. Energy. Res.*, **29**, 1133-1151.

[233] Gomez-Marin, A. M., Clavilier, J., and Feliu, J. M. 2013. Sequential Pt(111) oxide formation in perchloric acid: An electrochemical study of surface species inter-conversion. *J. Electroanal. Chem.*, **688**(0), 360-370.

[234] Gordon, A. 1990. On soliton mechanism for diffusion of ionic defects in hydrogen-bonded solids. *Nuovo Cimento Del-*

la Societa Italiana Di Fisica D-Conds. Matter Atomic Molecular and Chem. Phys. Fluids Plasmas Biophys., **12**(2), 229-232.

[235] Gore, W.L. and Associates. 2003. *GORE PRIMEA MEAs for Transportation*.

[236] Graf, P., Kurnikova, M.G., Coalson, R.D., and Nitzan, A. 2004. Comparison of dynamic lattice Monte Carlo simulations and the dielectric self-energy Poisson-Nernst-Planck continuum theory for model ion channels. *J. Phys. Chem. B*, **108**(6), 2006-2015.

[237] Grassberger, P. 1983. On the critical behavior of the general epidemic process and dynamical percolation. *Math. Biosci.*, **63**(2), 157-172.

[238] Greeley, J., Jaramillo, T. F., Bonde, J., Chorkendorff, I. B., and Nørskov, J. K. 2006. Computational high-throughput screening of electrocatalytic materials for hydrogen evolution. *Nat. Mater.*, **5**, 909-913.

[239] Greeley, J., Stephens, I. E. L., Bondarenko, A. S., Johansson, T. P., Hansen, H. A., Jaramillo, T. F., Rossmeisl, J., Chorkendorff, I. B., and Nørskov, J. K. 2009. Alloys of platinum and early transition metals as oxygen reduction electrocatalysts. *Nat. Chem.*, **1**(7), 552-556.

[240] Groot, R. D. 2003. Electrostatic interactions in dissipative particle dynamics—Simulation of polyelectrolytes and anionic surfactants. *J. Chem. Phys.*, **118**, 11265.

[241] Groot, R. D. and Warren, P. B. 1997. Dissipative particle dynamics: Bridging the gap between atomistic and mesoscopic simulation. *J. Chem. Phys.*, **107**, 4423.

[242] Gross, A. 2006. Reactivity of bimetallic systems studied from first principles. *Top. Catal.*, **37**, 29-39.

[243] Grot, W. 2011. *Fluorinated Ionomers*. Plastics Design Library. Elsevier Science.

[244] Grubb, W. T. 1959. *Fuel Cell*. US Patent 2,913,511.

[245] Grubb, W. T. and Niedrach, L. W. 1960. Batteries with solid ion exchange membrane electrolytes: II. Low temperature hydrogen oxygen fuel cells. *J. Electrochem. Soc.*, **107**, 131-135.

[246] Gruber, D., Ponath, N., Muller, J., and Lindstaedt, F. 2005. Sputter-deposited ultra-low catalyst loadings for PEM fuel cells. *J. Power Sources*, **150**, 67-72.

[247] Gruger, A., Regis, A., Schmatko, T., and Colomban, P. 2001. Nanostructure of Nafion^R membranes at different states of hydration: An IR and Raman study. *Vib. Spectrosc.*, **26**(2), 215-225.

[248] Gubler, L., Gursel, S. A., and Scherer, G. G. 2005. Radiation grafted membranes for polymer electrolyte fuel cells. *Fuel Cells*, **5**(3), 317-335.

[249] Guo, Q. and White, R. E. 2004. A steady-state impedance model for a PEMFC cathode. *J. Electrochem. Soc.*, **151**, E133-E149.

[250] Ha, B.-Y. and Liu, A. J. 1999. Counterion-mediated, non-pairwise-additive attractions in bundles of like-charged rods. *Phys. Rev. E.*, **60**(1), 803.

[251] Halperin, W. P. 1986. Quantum size effects in metal particles. *Rev. Mod. Phys.*, **58**, 533-606.

[252] Halsey, T. C. 1987. Stability of a flat interface in electrodeposition without mixing. *Phys. Rev. A*, **36**(7), 3512.

[253] Hambourger, M., Moore, G. F., Kramer, D. A., Gust, D., Moore, A. L., and Moore, T. A. 2009. Biology and technology for photochemical fuel production. *Chem. Soc. Rev.*, **38**, 25-35.

[254] Hamm, U. W., Kramer, D., Zhai, R. S., and Kolb, D. M. 1996. The pzc of Au (111) and Pt (111) in a perchloric acid solution: an ex situ approach to the immersion technique. *J. Electroanal. Chem.*, **414**(1), 85-89.

[255] Hammer, B. and Nørskov, J. K. 1995. Electronic factors determining the reactivity of metal surfaces. *Surf. Sci.*, **343**, 211-211.

[256] Hammer, B. and Nørskov, J. K. 2000. Theoretical surface science and catalysis—Calculations and concepts. *Adv. Catal.*, **45**, 71-129.

[257] Hammer, B., Nielsen, O. H., and Nørskov, J. K. 1997. Structure sensitivity in adsorption: CO interaction with stepped and reconstructed Pt surfaces. *Catal. Lett.*, **46**, 31-35.

[258] Han, B. C., Miranda, C. R., and Ceder, G. 2008. Effect of particle size and surface structure on adsorption of O and OH on platinum nanoparticles: A first-principles study. *Phys. Rev. B*, **77**(7), 75410-75410.

[259] Hansen, J. P. and McDonald, I. R. 2006. *Theory of Simple Liquids*. Elsevier Science.

[260] Hansen, L. B., Stoltze, P., and Nørskov, J. K. 1990. Is there a contraction of the interatomic distance in small metal particles? *Phys. Rev. Lett.*, **64**, 3155-3158.

[261] Hao, X., Spieker, W. A., and Regalbuto, J. R. 2003. A further simplification of the revised physical adsorption (RPA) model. *J. Coll. Interface Sci.*, **267**(2), 259-264.

[262] Harrington, D. 1997. Simulation of anodic Pt oxide growth. *J. ELectroanal Chem.*, **420**, 101-109.

[263] Harris, L. B. and Damjanovic, A. 1975. Initial anodic growth of oxide film on platinum in 2NH2SO4 under galvanostatic, potentiostatic, and potentiodynamic conditions: The question of mechanism. *J. Electrochem. Soc.*, **122**, 593-600.

[264] Harvey, D., Pharoah, J. G., and Karan, K. 2008. A comparison of different approaches to modelling the PEMFC catalyst layer. *J. Power Sources*, **179**, 209-219.

[265] Havranek, A. and Wippermann, K. 2004. Determination of proton conductivity in anode catalyst layers of the direct methanol fuel cell (DMFC). *J. Electroanal. Chem.*, **567**, 305-315.

[266] Hayashi, H., Yamamoto, S., and Hyodo, S. A. 2003. Lattice-Boltzmann simulations of flow through NAFION polymer membranes. *Int. J. Mod. Phys. B*, **17**(01n02), 135-138.

[267] Hayes, R. L., Paddison, S. J., and Tuckerman, M. E. 2009. Proton transport in triflic acid hydrates studied via path integral Car-Parrinello molecular dynamics. *J. Phys. Chem. B*, **113**, 16574-16589.

[268] Hayes, R. L., Paddison, S. J., and Tuckerman, M. E. 2011. Proton transport in triflic acid pentahydrate studied via ab initio path integral molecular dynamics. *J. Phys. Chem. A*, **115**, 6112-6124.

[269] Heberle, J., Riesle, J., Thiedemann, G., Oesterhelt, D., and Dencher, N. A. 1994. Proton migration along the membrane surface and retarded surface to bulk transfer. *Nature*, **370**, 379-381.

[270] Henle, M. L. and Pincus, P. A. 2005. Equilibrium bundle size of rodlike polyelectrolytes with counterion-induced attractive interactions. *Phys. Rev. E*, **71**(6), 060801.

[271] Herz, H. G., Kreuer, K. D., Maier, J., Scharfenberger, G., Schuster, M. F. H., and Meyer, W. H. 2003. New fully polymeric proton solvents with high proton mobility. *Electrochim. Acta*, **48**(14-16), 2165-2171.

[272] Heyd, D. V. and Harrington, D. A. 1992. Platinum oxide growth kinetics for cyclic voltammetry. *J. Electroanal. Chem.*, **335**, 19-31.

[273] Hickner, M. A., Ghassemi, H., Kim, Y. S., Einsla, B. R., and McGrath, J. E. 2004. Alternative polymer systems for proton exchange membranes (PEMs). *Chem. Rev.*, **104**, 4587.

[274] Hickner, M. A. and Pivovar, B. S. 2005. The chemical and structural nature of proton exchange membrane fuel cell properties. *Fuel Cells*, **5**(2), 213-229.

[275] Hickner, M. A., Siegel, P. N., Chen, K. S., McBrayer, D. N., Hussey, D. S., Jacobson, D. L., and Arif, M. 2006. Real-timeimagingofliquidwaterinanoperatingprotonexchangemembrane fuel cell. *J. Electrochem. Soc.*, **153**, A902-A908.

[276] Hiesgen, R., Wehl, I., leksandrova, A. E., Roduner, E., Bauder, A., and Friedrich, K. A. 2010. Nanoscale properties of polymer fuel cell materials—A selected review. *Int. J. Energ. Res.*, **34**(14), 1223-1238.

[277] Hiesgen, R., Helmly, S., Galm, I., Morawietz, T., Handl, M., and Friedrich, K. A. 2012. Microscopic analysis of current and mechanical properties of Nafion studied by atomic force microscopy. *Membranes*, **2**(4), 783-803.

[278] Hinebaugh, J., Bazylak, A., and Mukherjee, P. P. 2012. Multi-scale modeling of two-phase transport in polymer electrolyte membrane fuel cells. Ch. Hartnig, Ch. Roth (Eds), *Polymer Electrolyte Membrane and Direct Methanol Fuel Cell Technology*, *Volume* 1. Oxford: Woodhead Publishing, pp. 254-290.

[279] Holdcroft, S. 2014. Fuel cell catalyst layers: A polymer science perspective. *Chem. Mater.*, **26**, 381-393.

[280] Hoogerbrugge, P. J. and Koelman, J. M. V. A. 1992. Simulating microscopic hydrodynamic phenomena with dissipative particle dynamics. *Europhys. Lett.*, **19**(3), 155.

[281] Housmans, T. H. M., Wonders, A. H., and Koper, M. T. M. 2006. Structure sensitivity of methanol electrooxidation pathways on platinum: An on-line electrochemical mass spectrometry study. *J. Phys. Chem. B*, **110**, 10021-10031.

[282] Hsu, W. Y., Barkley, J. R., and Meakin, P. 1980. Ion percolation and insulator-to-conductor transition in Nafion

perfluorosulfonic acid membranes. *Macromolecules*, **13**(1), 198-200.

[283] Hsu, W. Y. and Gierke, T. D. 1982. Elastic theory for ionic clustering in perfluorinated ionomers. *Macromolecules*, **15**(1), 101-105.

[284] Hsu, W. Y. and Gierke, T. D. 1983. Ion-transport and clustering in Nafion perfluorinated membranes. *J. Membr. Sci.*, **13**(3), 307-326.

[285] Humphrey, W., Dalke, A., and Schulten, K. 1996. VMD: Visual molecular dynamics. *J. Mol. Graph.*, **14**(1), 33-38.

[286] Hunt, A. G. 2005. *Percolation Theory for Flow in Porous Media*. Berlin, Heidelberg: Springer.

[287] Hunt, A. G. and Ewing, R. P. 2003. On the vanishing of solute diffusion in porous media at a threshold moisture content. *Soil Sci. Soc. Am. J.*, **67**(6), 1701-1702.

[288] Hyman, M. P. and Medlin, J. W. 2005. Theoretical study of the adsorption and dissociation of oxygen on Pt(111) in the presence of homogeneous electric fields. *J. Phys. Chem. B.*, **109**, 6304-6310.

[289] Iczkowski, R. P. and Cutlip, M. B. 1980. Voltage losses in fuel cell cathodes. *J. Electrochem. Soc.*, **127**(7), 1433-1440.

[290] Ihonen, J., Jaouen, F., Lindbergh, G., Lundblad, A., and Sundholm, G. 2002. Investigation of mass-transport limitations in the solid polymer fuel cell cathode: II. Experimental. *J. Electrochem. Soc.*, **149**, 448-454.

[291] Ihonen, J., Mikkola, M., and Lindbergha, G. 2004. Flooding of gas diffusion backing in PEFCs. *J. Electrochem. Soc.*, **151**(8), A1152-A1161.

[292] Iijima, S. and Ichihashi, T. 1986. Structural instability of ultrafine particles of metals. *Phys. Rev. Lett.*, **56**, 616-619.

[293] Ioselevich, A. S. and Kornyshev, A. A. 2001. Phenomenological theory of solid oxide fuel cell anode. *Fuel Cells*, **1**(1), 40-65.

[294] Ioselevich, A. S. and Kornyshev, A. A. 2002. Approximate symmetry laws for percolation in complex systems: Percolation in polydisperse composites. *Phys. Rev. E*, **65**(2), 021301.

[295] Ioselevich, A. S., Kornyshev, A. A., and Steinke, J. H. G. 2004. Fine morphology of protonconducting ionomers. *J. Phys. Chem. B*, **108**(32), 11953-11963.

[296] Intergovernmental Panel on Climate Change (IPCC). *Special Report on Renewable Energy Sources and Climate Change Mitigation*. Technical report. 2011, http://srren.ipcc-wg3.de/report.

[297] Ise, M., Kreuer, K. D., and Maier, J. 1999. Electroosmotic drag in polymer electrolyte membranes: An electrophoretic NMR study. *Solid State Ionics*, **125**, 213-223.

[298] Isichenko, M. B. 1992. Percolation, statistical topography, and transport in random media. *Rev. Mod. Phys.*, **64** (Oct), 961-1043.

[299] Iwasita, T. and Xia, X. 1996. Adsorption of water at Pt(111) electrode in HClO4 solutions. The potential of zero charge. *J. Electroanal. Chem.*, **411**, 95-102.

[300] Izvekov, S. and Violi, A. 2006. A coarse-grained molecular dynamics study of carbon nanoparticle aggregation. *J. Chem. Theory Comput.*, **2**, 504-512.

[301] Izvekov, S. and Voth, G. A. 2005. A multiscale coarse-graining method for biomolecular systems. *J. Phys. Chem. B*, **109**, 2469-2473.

[302] Izvekov, S., Violi, A., and Voth, G. A. 2005. Systematic coarse-graining of nanoparticle interactions in molecular dynamics simulation. *J. Phys. Chem. B*, **109**(36), 17019-17024.

[303] Jacob, T. 2006. The mechanism of forming H2O from H2 and O2 over a Pt catalyst via direct oxygen reduction. *Fuel Cells*, **6**, 159-181.

[304] Jacob, T., Merinov, B. V., and Goddard, Ⅲ, W. A. 2004. Chemisorption of atomic oxygen on Pt (111) and Pt/Ni (111) surfaces. *Chem. Phys. Lett.*, **385**(5), 374-377.

[305] Jalani, N. H., and Datta, R. 2005. The effect of equivalent weight, temperature, cationic forms, sorbates, and nanoinorganic additives on the sorption behavior of Nafion. *J. Membr. Sci.*, **264**, 167-175.

[306] James, P. J., Elliott, J. A., McMaster, T. J., Newton, J. M., Elliott, A. M. S., Hanna, S., and Miles, M. J.

2000. Hydration of Nafion[R] studied by AFM and x-ray scattering. *J. Mater. Sci.*, **35**(20), 5111-5119.

[307] Jang, S. S., Molinero, V., Cagin, T., and Goddard, W. A. 2004. Nanophase-segregation and transport in Nafion 117 from molecular dynamics simulations: Effect of monomeric sequence. *J. Phys. Chem. B*, **108**(10), 3149-3157.

[308] Janik, M. J., Wasileski, S. A., Taylor, C. D., and Neurock, M. 2008. First-principles simulation of the active sites and reaction environment in electrocatalysis, M. T. M. Koper (Ed). *Fuel Cell Catalysis: A Surface Science Approach*. John Wiley & Sons, Inc. pp. 93-128.

[309] Janssen, G. J. M., and Overvelde, M. L. J. 2001. Water transport in the proton-exchangemembrane fuel cell: Measurements of the effective drag coefficient. *J. Power Sources*, **101**, 117-125.

[310] Jaouen, F. and Lindbergh, G. 2003. Transient techniques for investigating mass-transport limitations in gas diffusion electrode. *J. Electrochem. Soc.*, **150**, A1699-A1710.

[311] Jaouen, F., Lindbergh, G., and Sundholm, G. 2002. Investigation of mass-transport limitations in the solid polymer fuel cell cathode I. Mathematical model. *J. Electrochem. Soc.*, **149**(4), A437-A447.

[312] Jeng, K. T. and Chen, C. W. 2002. Modeling and simulation of a direct methanol fuel cell anode. *J. Power Sources*, **112**, 367-375.

[313] Jerkiewicz, G., Vatankhah, G., Lessard, J., Soriaga, M. P., and Park, Y.-S. 2004. Surfaceoxide growth at platinum electrodes in aqueous H_2SO_4: Reexamination of its mechanism through combined cyclic-voltammetry, electrochemical quartz-crystal nanobalance, and Auger electron spectroscopy measurements. *Electrochim. Acta*, **49**(9), 1451-1459.

[314] Jiang, J. and Kucernak, A. 2005. Solid polymer electrolyte membrane composite microelectrode investigations of fuel cell reactions. II: Voltammetric study of methanol oxidation at the nanostructured platinum microelectrode|Nafion membrane interface. *J. Electroanal. Chem.*, **576**, 223-236.

[315] Jiang, J., Oberdoerster, G., Elder, A., Gelein, R., Mercer, P., and Biswas, P. 2008. Does nanoparticle activity depend upon size and crystal phase? *Nanotoxicology*, **2**, 33-42.

[316] Jiang, Q., Liang, L. H., and Zhao, D. S. 2001. Lattice contraction and surface stress of fcc nanocrystals. *J. Phys. Chem. B.*, **105**, 6275-6277.

[317] Jiang, R. and Chu, D. 2004. Comparative studies of methanol crossover and cell performance for a DMFC. *J. Electrochem. Soc.*, **151**, A69-A76.

[318] Jinnouchi, R. and Anderson, A.B. 2008. Structure calculations of liquid-solid interfaces: A combination of density functional theory and modified Poisson-boltzmann theory. *Phys. Rev. B.*, **77**, 245417-245435.

[319] Jusys, Z. and Behm, R. J. 2004. Simultaneous oxygen reduction and methanol oxidation on a carbon-supported Pt catalyst and mixed potential formation-revisited. *Electrochim. Acta*, **49**, 3891-3900.

[320] Kang, M. S. and Martin, C. R. 2001. Investigations of potential-dependent fluxes of ionic permeates in gold nanotubule membranes prepared via the template method. *Langmuir*, **17**(9), 2753-2759.

[321] Kaplan, T., Gray, L. J., and Liu, S. H. 1987. Self-affine fractal model for a metal-electrolyte interface. *Phys. Rev. B*, **35**(10), 5379.

[322] Karan, K. 2007. Assessment of transport-limited catalyst utilization for engineering of ultralow Pt loading polymer electrolyte fuel cell anode. *Electrochem. Commun.*, **9**(4), 747-753.

[323] Kasai, N. and Kakudo, M. 2005. *X-Ray Diffraction by Macromolecules*. Springer Series in Chemical Physics. Kodansha Limited and Springer-Verlag, Berlin, Heidelberg.

[324] Kast, W. and Hohenthanner, C. R. 2000. Mass transfer within the gas-phase of porous media. *Int. J. Heat Mass Transfer*, **43**(5), 807-823.

[325] Katsounaros, I., Auinger, M., Cherevko, S., Meier, J. C., Klemm, S. O., and Mayrhofer, K. J. J. 2012. Dissolution of platinum: Limits for the deployment of electrochemical energy conversion? *Angew. Chem. Int. Ed.*, **51**, 12613-12615.

[326] Kavitha, L., Jayanthi, S., Muniyappan, A., and Gopi, D. 2011. Protonic transport through solitons in hydrogen-bonded systems. *Phys. Scr.*, **84**, 035803.

[327] Keener, J. P. and Sneyd, J. 1998. *Mathematical Physiology*, Vol. 8. New York: Springer.

[328] Kelly, M. J., Egger, B., Fafilek, G., Besenhard, J. O., Kronberger, H., and Nauer, G. E. 2005. Conductivity of polymer electrolyte membranes by impedance spectroscopy with microelectrodes. *Solid State Ionics*, **176**(25-28), 2111-2114.

[329] Khalatur, P. G., Talitskikh, S. K., and Khokhlov, A. R. 2002. Structural organization of watercontaining Nafion: The integral equation theory. *Macromol. Theory Simul.*, **11**(5), 566-586.

[330] Khandelwal, M. and Mench, M. 2006. Direct measurement of through-plane thermal conductivity and contact resistance in fuel cell materials. *J. Power Sources*, **161**, 1106-1115.

[331] Kim, J., Lee, S.-M., Srinivasan, S., and Chamberlin, Ch. E. 1995. Modeling of proton exchange membrane fuel cell performance with an empirical equation. *J. Electrochem. Soc.*, **142**(8), 2670-2674.

[332] Kim, M. H., Glinka, C. J., Grot, S. A., and Grot, W. G. 2006. SANS study of the effects of water vapor sorption on the nanoscale structure of perfluorinated sulfonic acid (NAFION) membranes. *Macromolecules*, **39**(14), 4775-4787.

[333] Kinkead, B., van Drunen, J., Paul, M. T. Y., Dowling, K., Jerkiewicz, G., and Gates, B. D. 2013. Platinum ordered porous electrodes: Developing a platform for fundamental electrochemical characterization. *Electrocatalysis*, **4**, 179-186.

[334] Kinoshita, K. 1988. *Carbon: Electrochemical and Physicochemical Properties*. New York: John Wiley Sons.

[335] Kinoshita, K. 1990. Particle-size effects for oxygen reduction on highly dispersed platinum in acid electrolytes. *J. Electrochem. Soc.*, **137**, 845-848.

[336] Kinoshita, K. 1992. *Electrochemical Oxygen Technology*, *the Electrochemical Society Series*. New York: Wiley.

[337] Kirkpatrick, S. 1973. Percolation and conduction. *Rev. Mod. Phys.*, **45**(4), 574-588.

[338] Kisljuk, O. S., Kachalova, G. S., and Lanina, N. P. 1994. An algorithm to find channels and cavities within protein crystals. *J. Mol. Graph.*, **12**(4), 305-307.

[339] Kobayashi, T., Babu, P. K., Gancs, L., Chung, J. H., Oldfield, E., and Wieckowski, A. 2005. An NMR determination of CO diffusion on platinum electrocatalysts. *J. Am. Chem. Soc.*, **127**(41), 14164-14165.

[340] Kolb, D. M., Engelmann, G. E., and Ziegler, J. C. 2000. On the unusual electrochemical stability of nanofabricated copper clusters. *Angew. Chem. Int. Edit.*, **39**, 1123-1125.

[341] Koper, M. T. M. 2011. Thermodynamic theory of multi-electron transfer reactions: Implications for electrocatalysis. *J. Electroanal. Chem.*, **660**, 254-260.

[342] Koper, M. T. M., and Heering, H. A. 2010. Comparison of electrocatalysis and bioelectrocatalysis of hydrogen and oxygen redox reactions, A. Wiecleowski and A. H. Heering, (Eds), *Fuel Cell Science: Theory, Fundamentals and Biocatalysis*. pp. 71-110. Hoboken, NJ: John Wiley & Sons, Inc.

[343] Koper, M. T. M., Jansen, A. P. J., Santen, R. A. Van, Lukkien, J. J., and Hilbers, P. A. J. 1998. Monte Carlo simulations of a simple model for the electrocatalytic CO oxidation on platinum. *J. Chem. Phys.*, **109**, 6051.

[344] Koper, M. T. M., Lebedeva, N. P., and Hermse, C. G. M. 2002. Dynamics of CO at the solid/liquid interface studied by modeling and simulation of CO electro-oxidation on Pt and PtRu electrodes. *Faraday Discuss*, **121**, 301-311.

[345] Kornyshev, A. A. and Leikin, S. 1997. Theory of interaction between helical molecules. *J. Chem. Phys.*, **107**, 3656.

[346] Kornyshev, A. A. and Leikin, S. 2000. Electrostatic interaction between long, rigid helical macromolecules at all interaxial angles. *Phys. Rev. E.*, **62**(2), 2576.

[347] Kresse, G. and Furthmüller, J. 1996a. Efficiency of ab-initio total energy calculations for metals and semiconductors using a plane-wave basis set. *Comput. Mat. Sci.*, **6**, 15-50.

[348] Kresse, G. and Furthmüller, J. 1996b. Efficient iterative schemes for ab initio total-energy calculations using a plane-wave basis set. *Phys. Rev. B*, **54**, 11169-11186.

[349] Kresse, G. and Hafner, J. 1993. Ab initio molecular dynamics for liquid metals. *Phys. Rev. B*, **47**, 558-561.

[350] Kresse, G. and Hafner, J. 1994a. Ab initio molecular-dynamics simulation of the liquid-metal-amorphous-semiconductor transition in germanium. *Phys. Rev. B.*, **49**, 14251-14269.

[351] Kresse, G. and Hafner, J. 1994b. Norm-conserving and ultrasoft pseudopotentials for first-row and transition elements. *J. Phys.: Condens. Mat.*, **6**, 8245-8258.

[352] Kreuer, K. D. 1997. On the development of proton conducting materials for technological applications. *Solid State Ionics*, **97**(1), 1-15.

[353] Kreuer, K. D., Paddison, S. J., Spohr, E., and Schuster, M. 2004. Transport in proton conductors for fuel-cell applications: Simulations, elementary reactions, and phenomenology. *Chem. Rev.*, **104**, 4637-4678.

[354] Kreuer, K. D., Schuster, M., Obliers, B., Diat, O., Traub, U., Fuchs, A., Klock, U., Paddison, S. J., and Maier, J. 2008. Short-side-chain proton conducting perfluorosulfonic acid ionomers: Why they perform better in PEM fuel cells. *J. of Power Sources*, **178**(2), 499-509.

[355] Krewer, U., Christov, M., Vidakovic, T., and Sundmacher, K. 2006. Impedance spectroscopic analysis of the electrochemical methanol oxidation kinetics. *J. Electroanal. Chem.*, **589**, 148-159.

[356] Krishtalik, L. I. 1986. *Charge Transfer Reactions in Electrochemical and Chemical Processes*. New York: Plenum.

[357] Krtil, A. T. P. and Samec, Z. 2001. Kinetics of water sorption in Nafion thin films—Quartz Crystal Microbalance study. *J. Phys. Chem. B*, **105**, 7979-7983.

[358] Kucernak, A. R. and Toyoda, E. 2008. Studying the oxygen reduction and hydrogen oxidation reactions under realistic fuel cell conditions. *Electrochem. Commun.*, **10**, 1728-1731.

[359] Kulikovsky, A. A. 2001. Gas dynamics in channels of a gas-feed direct methanol fuel cell: Exact solutions. *Electrochem. Comm.*, **3**(10), 572-79.

[360] Kulikovsky, A. A. 2002a. The voltage-current curve of a polymer electrolyte fuel cell: "exact" and fitting equations. *Electrochem. Commun.*, **4**(11), 845-852.

[361] Kulikovsky, A. A. 2002b. The voltage current curve of a direct methanol fuel cell: "Exact" and fitting equations. *Electrochem. Comm.*, **4**, 939-946.

[362] Kulikovsky, A. A. 2004. The effect of stoichiometric ratio λ on the performance of a polymer electrolyte fuel cell. *Electrochim. Acta*, **49**(4), 617-625.

[363] Kulikovsky, A. A. 2005. Active layer of variable thickness: The limiting regime of anode catalyst layer operation in a DMFC. *Electrochem. Commun.*, **7**, 969-975.

[364] Kulikovsky, A. A. 2006. Heat balance in the catalyst layer and the boundary condition for heat transport equation in a low-temperature fuel cell. *J. Power Sources*, **162**, 1236-1240.

[365] Kulikovsky, A. A. 2007. Heat transport in a PEFC: Exact solutions and a novel method for measuring thermal conductivities of the catalyst layers and membrane. *Electrochem. Commun.*, **9**, 6-12.

[366] Kulikovsky, A. A. 2009a. A model of SOFC anode performance. *Electrochim. Acta*, **54**, 6686-6695.

[367] Kulikovsky, A. A. 2009b. Optimal effective diffusion coefficient of oxygen in the cathode catalyst layer of polymer electrode membrane fuel cells. *Electrochem. Solid State Lett.*, **12**, B53-B56.

[368] Kulikovsky, A. A. 2009c. Optimal shape of catalyst loading across the active layer of a fuel cell. *Electrochem. Commun.*, **11**, 1951-1955.

[369] Kulikovsky, A. A. 2010a. *Analytical Modelling of Fuel Cells*. Amsterdam: Elsevier.

[370] Kulikovsky, A. A. 2010b. The regimes of catalyst layer operation in a fuel cell. *Electrochim. Acta*, **55**, 6391-6401.

[371] Kulikovsky, A. A. 2011a. Polarization curve of a PEM fuel cell with poor oxygen or proton transport in the cathode catalyst layer. *Electrochem. Commun.*, **13**, 1395-1399.

[372] Kulikovsky, A. A. 2011b. A simple model for carbon corrosion in PEM fuel cell. *J. Electrochem. Soc.*, **158**, B957-B962.

[373] Kulikovsky, A. A. 2012a. Catalyst layer performance in PEM fuel cell: Analytical solutions. *Electrocatalysis*, **3**, 132-138.

[374] Kulikovsky, A. A. 2012b. A model for DMFC cathode impedance: The effect of methanol crossover. *Electrochem. Commun.*, **24**, 65-68.

[375] Kulikovsky, A. A. 2012c. A model for DMFC cathode performance. *J. Electrochem. Soc.*, **159**, F644-F649.

[376] Kulikovsky, A. A. 2012d. A model for local impedance of the cathode side of PEM fuel cell with segmented electrodes. *J. Electrochem. Soc.*, **159**, F294-F300.

[377] Kulikovsky, A. A. 2012e. A model for mixed potential in direct methanol fuel cell cathode and a novel cell design.

Electrochim. Acta，**79**，52-56.

[378] Kulikovsky，A. A. 2012f. A model for optimal catalyst layer in a fuel cell. *Electrochim. Acta*，**79**，31-36.

[379] Kulikovsky，A. A. 2012g. A physical model for the catalyst layer impedance. *J. Electroanal. Chem.*，**669**，28-34.

[380] Kulikovsky，A. A. 2013a. Analytical polarization curve of DMFC anode. *Adv. Energy Res.*，**1**，35-52.

[381] Kulikovsky，A. A. 2013b. Dead spot in the PEM fuel cell anode. *J. Electrochem. Soc.*，**160**，F401-F405.

[382] Kulikovsky，A. A. 2014. A physically-based analytical polarization curve of a PEM fuel cell. *J. Electrochem. Soc.*，**161**，F263-F270.

[383] Kulikovsky，A. A. and Berg，P. 2013. Analytical description of a dead spot in a PEMFC anode. *ECS Electrochem. Lett.*，**9**，F64-F67.

[384] Kulikovsky，A. A. and Eikerling，M. 2013. Analytical solutions for impedance of the cathode catalyst layer in PEM fuel cell: Layer parameters from impedance spectrum without fitting. *J. Electroanal. Chem.*，**691**，13-17.

[385] Kulikovsky，A. A.，Kucernak，A.，and Kornyshev，A. 2005. Feeding PEM fuel cells. *Electrochim. Acta*，**50**，1323-1333.

[386] Kulikovsky，A. A.，and McIntyre，J. 2011. Heat flux from the catalyst layer of a fuel cell. *Electrochim. Acta*，**56**，9172-9179.

[387] Kulikovsky，A. A.，Scharmann，H.，and Wippermann，K. 2004. On the origin of voltage oscillations of a polymer electrolyte fuel cell in galvanostatic regime. *Electrochem. Commun.*，**6**，729-736.

[388] Kümmel，R. 2011. *The Second Law of Economics: Energy，Entropy，and the Origins of Wealth*. New York: Springer.

[389] Kuntova，Z.，Chvoj，Z.，Sima，V.，and Tringides，M. C. 2005. Limitations of the thermodynamic，Gibbs-Thompson analysis of nanoisland decay. *Phys. Rev. B*，**71**，1165-1174.

[390] Kurzynski，M. 2006. *The Thermodynamic Machinery of Life*. New York: Springer.

[391] Kusoglu，A.，Kwong，A.，Clark，K.，Gunterman，H. P.，and Weber，A. Z. 2012. Water uptake of fuel-cell catalyst layers. *J. Electrochem. Soc.*，**159**，F530-F535.

[392] Kuznetsov，A. M. and Ulstrup，J. 1999. *Electron Transfer in Chemistry and Biology: An Introduction to the Theory*. Chichester: John Wiley & Sons，Ltd.

[393] Laasonen，K.，Sprik，M.，Parrinello，M.，and Car，R. 1993. Ab initio liquid water. *J. Chem. Phys.*，**99**，9080-9090.

[394] Lam，A.，Wetton，B.，and Wilkinson，D. P. 2011. One-dimensional model for a direct methanol fuel cell with a 3D anode structure. *J. Electrochem. Soc.*，**158**，B29-B35.

[395] Lamas，E. J. and Balbuena，P. B. 2003. Adsorbate effects on structure and shape of supported nanoclusters: A molecular dynamics study. *J. Phys. Chem. B*，**107**(42)，11682-11689.

[396] Lamas，E. J. and Balbuena，P. B. 2006. Molecular dynamics studies of a model polymercatalyst-carbon interface. *Electrochim. Acta*，**51**(26)，5904-5911.

[397] Lampinen，M. J.，and Fomino，M. 1993. Analysis of free energy and entropy changes for halfcell reactions. *J. Electrochem. Soc.*，**140**，3537-46.

[398] Lamy，C. and Leger，J.-M. 1991. Electrocatalytic oxidation of small organic molecules at platinum single crystals. *J. Chim. Phys.*，**88**，1649-1671.

[399] Lasia，A. 1995. Impedance of porous electrodes. *J. Electroanal. Chem.*，**397**，27-33.

[400] Lasia，A. 1997. Porous electrodes in the presence of a concentration gradient. *J. Electroanal. Chem.*，**428**，155-164.

[401] Lebedeva，N. P.，Koper，M. T. M.，Feliu，J. M.，and Santen，R. A. Van. 2002. Role of crystalline defects in electrocatalysis: Mechanism and kinetics of CO adlayer oxidation on stepped platinum electrodes. *J. Phys. Chem. B*，**106**(50)，12938-12947.

[402] Leberle，K.，Kempf，I.，and Zundel，G. 1989. An intramolecular hydrogen bond with large proton polarizability within the head group of phosphatidylserine. *Biophys. J.*，**55**，637-648.

[403] Lee，I.，Morales，R.，Albiter，M. A.，and Zaera，F. 2008. Synthesis of heterogeneous catalysts with well shaped platinum particles to control reaction selectivity. *Proc. Natl. Acad. Sci. USA*，**105**，15241-15246.

［404］ Lee, M., Uchida, M., Yano, H., Tryk, D. A., Uchida, H., and Watanabe, M. 2010. New evaluation method for the effectiveness of platinum/carbon electrocatalysts under operating conditions. *Electrochim. Acta*, **55**(28), 8504-8512.

［405］ Lee, S. J., Mukerjee, S., McBreen, J., Rho, Y. W., Kho, Y. T., and Lee, T. H. 1998. Effects of Nafion impregnation on performances of PEMFC electrodes. *Electrochim. Acta*, **43**(24), 3693-3701.

［406］ Lehmani, A., Bernard, O., and Turq, P. 1997. Transport of ions and solvent in confined media. *J. Stat. Phys.*, **89**(1-2), 379-402.

［407］ Lehmani, A., Durand-Vidal, S., and Turq, P. 1998. Surface morphology of Nafion 117 membrane by tapping mode atomic force microscope. *J. Appl. Polym. Sci.*, **68**(3), 503-508.

［408］ Leite, V. B. P., Cavalli, A., and Oliveira, O. N. 1998. Hydrogen-bond control of structure and conductivity of Langmuir films. *Phys. Rev. E*, **57**, 6835-6839.

［409］ Levie, R. De. 1963. On porous electrodes in electrolyte solutions: I. Capacitance effects. *Electrochim. Acta*, **8**(10), 751-780.

［410］ Levie, R. De. 1967. Electrochemical response of porous and rough electrodes. *Adv. Electroch. El. Eng.*, **6**, 329-397.

［411］ Li, G. and Pickup, P. 2003. Ionic conductivity of PEMFC electrodes: Effect of Nafion loading. *J. Electrochem. Soc.*, **150**(11), C745-C752.

［412］ Li, W. and Wang, C.-Y. 2007. Three-dimensional simulations of liquid feed direct methanol fuel cells. *J. Electrochem. Soc.*, **154**(3), B352-B361.

［413］ Lide, D.R. (ed). 1990. *CSIR Handbook of Chemistry and Physics*. Boca Raton, FL: CRC Press.

［414］ Lin, W. F., Jin, J. M., Christensen, P. A., Zhu, F., and Shao, Z. G. 2008. In-situ FT-IR spectroscopic studies of fuel cell electro-catalysis: From single-crystal to nanoparticle surfaces. *Chem. Eng. Commun.*, **195**, 147-166.

［415］ Lin, X., Ramer, N. J., Rappe, A. M., Hass, K. C., Schneider, W. F., and Trout, B. L. 2001. Effect of particle size on the adsorption of O and S atoms on Pt: A density-functional theory study. *J. Phys. Chem. B*, **105**, 7739-7747.

［416］ Lindahl, E., Hess, B., and Spoel, D. Van Der. 2001. GROMACS 3.0: A package for molecular simulation and trajectory analysis. *Mol. Model. Annu.*, **7**(8), 306-317.

［417］ Linford, R. G. (ed.). 1973. *Solid State Surface Science*. New York: Marcel Dekker.

［418］ Lisiecki, I. 2005. Size, shape, and structural control of metallic nanocrystals. *J. Phys. Chem. B*, **109**, 12231-12244.

［419］ Liu, F., Lu, G., and Wang, C. Y. 2007. Water transport coefficient distribution through the membrane in a polymer electrolyte fuel cell. *J. Membr. Sci.*, **287**, 126-131.

［420］ Liu, J. and Eikerling, M. 2008. Model of cathode catalyst layers for polymer electrolyte fuel cells:Theroleofporous-structureandwateraccumulation. *Electrochim.Acta*,**53**(13),4435-4446.

［421］ Liu, L., Zhang, L., Cheng, X., and Zhang, Y. 2009. On-time Determination of Ru crossover in DMFC. *ECS Trans.*, **19**, 43-51.

［422］ Liu, P. and Nørskov, J. K. 2001. Kinetics of the anode processes in PEM fuel cells—The promoting effect of Ru in PtRu anodes. *Fuel Cells*, **1**(3-4), 192-201.

［423］ Liu, W. J., Wu, B. L., and Cha, C. S. 1999. Surface diffusion and the spillover of H-adatoms and oxygen-containing surface species on the surface of carbon black and Pt/C porous electrodes. *J. Electroanal. Chem.*, **476**, 101-108.

［424］ Longworth, R. and Vaughan, D. J. 1968a. *Polym. Prepr. Am. Chem. Soc. Div. Polym. Chem.*, **9**, 525.

［425］ Longworth, R. and Vaughan, D. J. 1968b. Physical structure of ionomers. *Nature*, **218**(0), 85-87.

［426］ Lopez, N., Janssens, T. V. W., Clausen, B. S., Xu, Y., Mavrikakis, M., Bligaard, T., andNørskov, J. K. 2004. On the origin of the catalytic activity of gold nanoparticles for low-temperature CO oxidation. *J. Catal.*, **223**, 232-235.

［427］ Loppinet, B. and Gebel, G. 1998. Rodlike colloidal structure of short pendant chain perfluorinated ionomer solutions. *Langmuir*, **14**(8), 1977-1983.

［428］ Lota, G., Fic, K., and Frackowiak, E. 2011. Carbon nanotubes and their composites in electrochemical applications. *Energy Environ. Sci.*, **4**(5), 1592-1605.

［429］ MacKay, G. and Jan, N. 1984. Forest fires as critical phenomena. *J. Phys. A: Math. Gen.*, **17**(14), L757-760.

[430] MacMillan, B., Sharp, A. R., and Armstrong, R. L. 1999. N.m.r. relaxation in Nafion—The low temperature regime. *Polymer*, **40**(10), 2481-2485.

[431] Maillard, F., Savinova, E. R., Simonov, P. A., Zaikovskii, V. I., and Stimming, U. 2004. Infrared spectroscopic study of CO adsorption and electro-oxidation on carbon-supported Pt nanoparticles: Interparticle versus intraparticle heterogeneity. *J. Phys. Chem. B*, **108**(46), 17893-17904.

[432] Maillard, F., Savinova, E. R., and Stimming, U. 2007. CO monolayer oxidation on Pt nanoparticles: Further insights into the particle size effects. *J. Electroanal. Chem.*, **599**, 221-232.

[433] Maillard, F., Schreier, S., Hanzlik, M., Savinova, E. R., Weinkauf, S., and Stimming, U. 2005. Influence of particle agglomeration on the catalytic activity of carbon-supported Pt nanoparticles in CO monolayer oxidation. *Phys. Chem. Chem. Phys*, **7**, 385-393.

[434] Majsztrik, P. W., Satterfield, M. B., Bocarsly, A. B., and Benziger, J. B. 2007. Water sorption, desorption and transport in Nafion membranes. *J. Membr. Sci.*, **301**, 93-106.

[435] Makharia, R., Mathias, M. F., and Baker, D. R. 2005. Measurement of catalyst layer electrolyte resistance in PEFCs using electrochemical impedance spectroscopy. *J. Electrochem. Soc.*, **152**, A970-A977.

[436] Maldonado, L., Perrin, J-C., Dillet, J., and Lottin, O. 2012. Characterization of polymer electrolyte Nafion membranes: Influence of temperature, heat treatment and drying protocol on sorption and transport properties. *J. Membr. Sci.*, **389**, 43-56.

[437] Malek, K., Eikerling, M., Wang, Q., Navessin, T., and Liu, Z. 2007. Self-organization in catalyst layers of polymer electrolyte fuel cells. *J. Phys. Chem. C*, **111**(36), 13627-13634.

[438] Malek, K., Eikerling, M., Wang, Q., Liu, Z., Otsuka, S., Akizuki, K., and Abe, M. 2008. Nanophase segregation and water dynamics in hydrated Nafion: Molecular modeling and experimental validation. *J. Chem. Phys.*, **129**, 204702.

[439] Malek, K., Mashio, T., and Eikerling, M. 2011. Microstructure of catalyst layers in PEM fuel cells redefined: A computational approach. *Electrocatalysis*, **2**(2), 141-157.

[440] Manning, G. S. 1969. Limiting laws and counterion condensation in polyelectrolyte solutions I. colligative properties. *J. Chem. Phys.*, **51**(3), 924-933.

[441] Manning, G. S. 2011. Counterion condensation theory of attraction between like charges in the absence of multivalent counterions. *Eur. Phys. J. E.*, **34**(12), 1-18.

[442] Maranzana, G., Mainka, J., Lottin, O., Dillet, J., Lamibrac, A., Thomas, A., and Didierjean, S. 2012. A proton exchange membrane fuel cell impedance model taking into account convection along the air channel: On the bias between the low frequency limit of the impedance and the slope of the polarization curve. *Electrochim. Acta*, **83**, 13-27.

[443] Markovic, N. M., Grgur, B. N., and Ross, P. N. 1997. Temperature-dependent hydrogen electrochemistry on platinum low-index single-crystal surfaces in acid solutions. *J. Phys. Chem. B*, **101**, 5405-5413.

[444] Markovic, N. M., and Ross, Jr., P. N. 2002. Surface science studies of model fuel cell' electrocatalysts. *Surf. Sci. Rep.*, **45**(4), 117-229.

[445] Markovic, N. M., Schmidt, T. J., Grgur, B. N., Gasteiger, H. A., Behm, R. J., and P. N. Ross, Jr. 1999. The effect of temperature on the surface processes at the Pt(111)-liquid interface: Hydrogen adsorption, oxide formation and CO-oxidation. *J. Phys. Chem. B*, **103**, 8568-8577.

[446] Markvoort, A. J. 2010. Coarse-grained molecular dynamics. In: R. A. van Santen, P. Sautet (Eds), *Computational Methods in Catalysis and Materials Science*. Wiley-VCH.

[447] Marrink, S. J., Risselada, H. J., Yefimov, S., Tieleman, D. P., and de Vries, A. H. 2007. The MARTINI force field: coarse grained model for biomolecular simulations. *J. Phys. Chem. B*, **111**(27), 7812-7824.

[448] Marx, D. 2006. Proton transfer 200 years after von Grotthus: Insights from ab initio simulations. *Chem. Phys. Phys. Chem.*, **7**, 1848-1870.

[449] Marx, D. and Hutter, J. 2009. *Ab Initio Molecular dynamics: Basic Theory and Advanced Methods*. Cambridge: Cambridge University Press.

［450］ Marx, D., Tuckerman, M. E., Hutter, J., and Parrinello, M. 1999. The nature of the hydrated excess proton in water. *Nature*, **397**, 601-604.

［451］ Mathias, M. F., Makharia, R., Gasteiger, H. A., Conley, J. J., Fuller, T. J., Gittleman, C. J., Kocha, S. S., Miller, D. P., Mittelsteadt, C. K., Xie, T., Yan, S. G., and Yu, P. T. 2005. Two fuel cell cars in every garage? *Electrochem. Soc. Interface*, **14**, 24-35.

［452］ Matsui, J., Miyata, H., Hanaoka, Y., and Miyashita, T. 2011. Layered ultrathin proton conductive film based on polymer nanosheet assembly. *ACS Appl. Mater. Interfaces*, **3**, 1394-1397.

［453］ Mauritz, K.A. and Moore, R.B. 2004. State of understanding Nafion^R. *Chem. Rev.*, **104**, 4535-4585.

［454］ Mavrikakis, M., Hammer, B., and Nørskov, J. K. 1998. Effect of strain on the reactivity of metal surfaces. *Phys. Rev. Lett.*, **81**, 2819-2822.

［455］ Mayo, S. L., Olafson, B. D., and Goddard, W. A. 1990. DREIDING: A generic force field for molecular simulations. *J. Phys. Chem.*, **94**(26), 8897-8909.

［456］ Mayrhofer, K. J. J., Blizanac, B. B., Arenz, M., Stamenkovic, V. R., Ross, P. N., and Markovic, N. M. 2005. The impact of geometric and surface electronic properties of Pt-catalysts on the particle size effect in electrocatalysis. *J. Phys. Chem. B*, **109**, 14433-14440.

［457］ Mayrhofer, K. J. J., Strmcnik, D., Blizanac, B. B., Stamenkovic, V., Arenz, M., and Markovic, N. M. 2008. Measurement of oxygen reduction activities via the rotating disc electrode method: From Pt model surfaces to carbon-supported high surface area catalysts. *Electrochim. Acta*, **53**(7), 3181-3188.

［458］ McCallum, C. and Pletcher, D. 1976. An investigation of the mechanism of the oxidation of carbon monoxide adsorbed onto a smooth Pt electrode in aqueous acid. *J. Electroanal. Chem.*, **70**(3), 277-290.

［459］ Meiboom, S. 1961. Nuclear magnetic resonance study of the proton transfer in water. *J. Chem. Phys.*, **34**(2), 375.

［460］ Meier, J., Friedrich, K. A., and Stimming, U. 2002. Novel method for the investigation of single nanoparticle reactivity. *Faraday Discuss.*, **121**, 365-372.

［461］ Meier, J. C., Katsounaros, I., Galeano, C., Bongard, H. J., Topalov, A. A., Kostka, A., Karschin, A., Schüth, F., and Mayrhofer, K. J. J. 2012. Stability investigations of electrocatalysts on the nanoscale. *Energy Environ. Sci.*, **5**, 9319-9330.

［462］ Melchy, A. M. and Eikerling, M. 2014. Physical theory of ionomer aggregation in water. *Phys. Rev. E*, **89**, 032603.

［463］ Mench, M. M., Dong, Q. L., and Wang, C. Y. 2003. In situ water distribution measurements in a polymer electrolyte fuel cell. *J. Power Sources*, **124**, 90-98.

［464］ Meulenkamp, E. A. 1998. Size dependence of the dissolution of ZnO nanoparticles. *J. Phys. Chem. B*, **102**, 7764-7769.

［465］ Meyers, J. and Newman, J. 2002a. Simulation of the direct methanol fuel cell. II. Modeling and data analysis of transport and kinetic phenomena. *J. Electrochem. Soc.*, **149**, A718-A728.

［466］ Meyers, J. P. and Darling, R. M. 2006. Model of carbon corrosion in PEM fuel cells. *J. Electrochem. Soc.*, **153**, A1432-A1442.

［467］ Meyers, J. P. and Newman, J. 2002b. Simulation of the direct methanol fuel cell II. Modeling and data analysis of transport and kinetic phenomena. *J. Electrochem. Soc.*, **149**(6), A718-A728.

［468］ Mezedur, M.M., Kaviany, M., and Moore, W. 2002. Effect of pore structure, randomness sand size on effective mass diffusivity. *AICHE J.*, **48**, 15-24.

［469］ Miao, Zh., He, Y.-L., Li, X.-L., and Zou, J.-Q. 2008. A two-dimensional two-phase mass transport model for direct methanol fuel cells adopting a modified agglomerate approach. *J. Power Sources*, **185**, 1233-1246.

［470］ Mills, G., Jonsson, H., and Schenter, G. K. 1995. Reversible work transition state theory: Application to dissociative adsorption of hydrogen. *Surf. Sci.*, **324**, 305-337.

［471］ Milton, G. W. 2002. *The Theory of Composites*. Cambridge, MA: Cambridge University Press. Mirkin, M. V. 1996. Peer reviewed: Recent advances in scanning electrochemical microscopy. *Anal. Chem.*, **68**(5), 177A-182A.

［472］ Mitchell, P. 1961. Coupling of phosphorylation to electron and hydrogen transfer by a chemiosmotic type of mechanism. *Nature*, **191**, 144-148.

[473] Mogensen, M. 2012. Private communication.

[474] Moldrup, P., Olesen, T., Komatsu, T., Schjønning, P., and Rolston, D. E. 2001. Tortuosity, diffusivity, and permeability in the soil liquid and gaseous phases. *Soil Sci. Soc. Am. J.*, **65**(3), 613-623.

[475] Mologin, D. A., Khalatur, P. G., and Khokhlov, A. R. 2002. Structural organization of watercontaining Nafion: A cellular-automaton-based simulation. *Macromol. Theory Simul.*, **11**(5), 587-607.

[476] Mond, L. and Langer, C. 1889. A new form of gas battery. *Proc. Royal Soc. London*, **46**, 296-304.

[477] Monroe, C., Romero, T., Merida, W., and Eikerling, M. 2008. A vaporization-exchange model for water sorption and flux in Nafion. *J. Membr. Sci.*, **324**, 1-6.

[478] Moore, R. B., and Martin, C. R. 1988. Chemical and morphological properties of solution-cast perfluorosulfonate ionomers. *Macromolecules*, **21**(5), 1334-1339.

[479] Morgan, H., Taylor, D. M., and Oliveira, O. N. 1991. Proton transport at the monolayer-water interface. *Biochim. Biophys. Acta*, **1062**, 149-156.

[480] Moriguchi, I., Nakahara, F., Furukawa, H., Yamada, H., and Kudo, T. 2004. Colloidal crystaltemplated porous carbon as a high performance electrical double-layer capacitor material. *Electrochem. Solid-State Lett.*, **7**(8), A221-A223.

[481] Morris, D. R. and Sun, X. 1993. Water-sorption and transport properties of Nafion 117 H. *J. Appl. Pol. Sci.*, **50**(8), 1445-1452.

[482] Morrow, B. H. and Striolo, A. 2007. Morphology and diffusion mechanism of platinum nanoparticles on carbon nanotube bundles. *J. Phys. Chem. C*, **111**(48), 17905-17913.

[483] Mosdale, R. and Srinivasan, S. 1995. Analysis of performance and of water and thermal management in proton exchange membrane fuel cells. *Electrochim. Acta*, **40**(4), 413-421.

[484] Mosdale, R., Gebel, G., and Pineri, M. 1996. Water profile determination in a running proton exchange membrane fuel cell using small-angle neutron scattering. *J. Membr. Sci.*, **118**(2), 269-277.

[485] Motupally, S., Becker, A. J., and Weidner, J. W. 2000. Diffusion of water in Nafion 115 membranes. *J. Electrochem. Soc.*, **147**, 3171-3177.

[486] Mukerjee, S. 1990. Particle-size and structural effects in platinum electrocatalysis. *J. Appl. Electrochem.*, **20**, 537-548.

[487] Mukerjee, S. 2003. *Catalysis and Electrocatalysis at Nanoparticle Surfaces*. New York: Marcel Dekker.

[488] Mukerjee, S. and McBreen, J. 1998. Effect of particle size on the electrocatalysis by carbonsupported Pt electrocatalysts: An in situ XAS investigation. *J. Electroanal. Chem.*, **448**, 163-171.

[489] Mukherjee, P. P., and Wang, C.-Y. 2007. Direct numerical simulation modeling of bilayer cathode catalyst layers in polymer electrolyte fuel cells. *J. Electrochem. Soc.*, **154**, B1121-B1131.

[490] Mulla, S. S., Chen, N., Cumaranatunge, L., Blau, G. E., Zemlyanov, D. Y., Delgass, W. N., Epling, W. S., and Ribeiro, F. H. 2006. Reaction of NO and O_2 to NO_2 on Pt: Kinetics and catalyst deactivation. *J. Catal.*, **241**, 389-399.

[491] Müller, J. T., and Urban, P. M. 1998. Characterization of direct methanol fuel cells by AC impedance spectroscopy. *J. Power Sources*, **75**, 139-143.

[492] Mund, K. and Sturm, F. V. 1975. Degree of utilization and specific effective surface area of electrocatalyst in porous electrodes. *Electrochim. Acta*, **20**(6-7), 463-467.

[493] Murahashi, T., Naiki, M., and Nishiyama, E. 2006. Water transport in the proton exchangemembrane fuel cell: Comparison of model computation and measurements of effective drag. *J. Power Sources*, **162**, 1130-1136.

[494] Murgia, G., Pisani, L., Shukla, A. K., and Scott, K. 2003. A numerical model of a liquid-feed solid polymer electrolyte DMFC and its experimental validation. *J. Electrochem. Soc.*, **150**, A1231-A1245.

[495] Murtola, T., Bunker, A., Vattulainen, I., Deserno, M., and Karttunen, M. 2009. Multiscale modeling of emergent materials: Biological and soft matter. *Phys. Chem. Chem. Phys.*, **11**(12), 1869-1892.

[496] Nadler, B., Hollerbach, U., and Eisenberg, R. S. 2003. Dielectric boundary force and its crucial role in gramicidin. *Phys. Rev. E*, **68**(2), 021905.

[497] Nagle, J. F. and Morowitz, H. J. 1978. Molecular mechanisms for proton transport in membranes. *Proc. Natl. Acad. Sci.*, **75**, 298-302.

[498] Nagle, J. F. and Tristam-Nagle, S. 1983. Hydrogen bonded chain mechanisms for proton conduction and proton pumping. *J. Membr. Biol.*, **74**, 1-14.

[499] Nakamura, K., Hatakeyama, T., and Hatakeyama, H. 1983. Relationship between hydrogen bonding and bound water in polyhydroxystyrene derivatives. *Polymer*, **24**(7), 871-876.

[500] Nam, J. H. and Kaviany, M. 2003. Effective diffusivity and water-saturation distribution in single-and two-layer PEMFC diffusion medium. *Int. J. Heat Mass Trans.*, **46**(24), 4595-4611.

[501] Nara, H., Tominaka, S., Momma, T., and Osaka, T. 2011. Impedance analysis counting reaction distribution on degradation of cathode catalyst layer in PEFCs. *J. Electrochem. Soc.*, **158**, B1184-B1191.

[502] Narasimachary, S. P., Roudgar, A., and Eikerling, M. H. 2008. Ab initio study of interfacial correlations in polymer electrolyte membranes for fuel cells at low hydration. *Electrochim. Acta*, **53**(23), 6920-6927.

[503] Narayanan, R. and El-Sayed, M. A. 2008. Some aspects of colloidal nanoparticle stability, catalytic activity, and recycling potential. *Top. Catal.*, **47**(1-2), 15-21.

[504] Narayanan, R., Tabor, C., and El-Sayed, M. A. 2008. Can the observed changes in the size or shape of a colloidal nanocatalyst reveal the nanocatalysis mechanism type: Homogeneous or heterogeneous? *Top. Catal.*, **48**(1-4), 60-74.

[505] Nashawi, I.S., Malallah, A., and Al-Bisharah, M. 2010. Forecasting world crude oil production using multicyclic Hubbert model. *Energy Fuels*, **24**, 1788-1800.

[506] Natarajan, D. and Nguyen, T. V. 2001. A two-dimensional, two-phase, multicomponent, transient model for the cathode of a proton exchange membrane fuel cell using conventional gas distributors. *J. Electrochem. Soc.*, **148**(12), A1324-A1335.

[507] Nazarov, I. and Promislow, K. 2007. The impact of membrane constraint on PEM fuel cell water management. *J. Electrochem. Soc.*, **154**(7), B623-B630.

[508] Newman, J. S. and Tobias, C. W. 1962. Theoretical analysis of current distribution in porous electrodes. *J. Electrochem. Soc.*, **109**, 1183-1191.

[509] Neyerlin, K. C., Gu, W., Jorne, J., and Gasteiger, H. 2006. Determination of catalyst unique parameters for the oxygen reduction reaction in a PEMFC. *J. Electrochem. Soc.*, **153**, A1955-A1963.

[510] Nie, S., Feibelman, P. J., Bartelt, N. C., and Thürmer, K. 2010. Pentagons and heptagons in the first water layer on Pt(111). *Phys. Rev. Lett.*, **105**, 026102.

[511] Nishizawa, M., Menon, V. P., and Martin, C. R. 1995. Metal nanotubule membranes with electrochemically switchable ion-transport selectivity. *Science*, **268**, 700-702.

[512] Nocera, D. G. 2009. Living healthy on a dying planet. *Chem. Soc. Rev.*, **38**, 13-15.

[513] Nordlund, J. and Lindbergh, G. 2004. Temperature-dependent kinetics of the anode in the DMFC. *J. Electrochem. Soc.*, **151**(9), A1357-A1362.

[514] Nørskov, J. K., Rossmeisl, J., Logadottir, A., Lindqvist, L., Kitchin, J. R., Bligaard, T., and Jonsson, H. 2004. Origin of the overpotential for oxygen reduction at a fuel-cell cathode. *J. Phys. Chem. B.*, **108**(46), 17886-17892.

[515] Noskov, S. Y., Im, W., and Roux, B. 2004. Ion permeation through the α-hemolysin channel: Theoretical studies based on Brownian dynamics and Poisson-Nernst-Plank electrodiffusion theory. *Biophys. J.*, **87**(4), 2299.

[516] Noyes, A. A. 1910. *J. Chim. Phys.*, **6**, 505.

[517] Noyes, A. A. and Johnston, J. 1909. The conductivity and ionization of polyionic salts. *J. Am. Chem. Soc.*, **31**, 987-1010.

[518] Ogasawara, H., Brena, B., Nordlund, D., Nyberg, M., Pelmenschikov, A., Pettersson, L. G. M., and Nilsson, A. 2002. Structure and bonding of water on Pt(111). *Phys. Rev. Lett.*, **89**, 276102.

[519] O'Hayre, R., Lee, S. J., Cha, S. W., and Prinz, F. B. 2002. A sharp peak in the performance of sputtered platinum fuel cells at ultra-low platinum loading. *J. Power Sources*, **109**(2), 483-493.

[520] Ohs, J. H., Sauter, U., Maas, S., and Stolten, D. 2011. Modeling hydrogen starvation conditions in proton-

excahnge membrane fuel cells. *J. Power Sources*, **196**, 255-263.

[521] Oliveira, O. N., Leite, A., and Riuland V. B. P. 2004. Water at interfaces and its influence on the electrical properties of adsorbed films. *Braz. J. Phys.*, **34**, 73-83.

[522] Onishi, L. M., Prausnitz, J. M., and Newman, J. 2007. Water-nafion equilibria. Absence of Schroeder's paradox. *J. Phys. Chem. B*, **111**(34), 10166-10173.

[523] Oosawa, Fumio. 1968. A theory on the effect of low molecular salts on the dissociation of linear polyacids. *Biopolymers*, **6**(1), 135-144.

[524] Orazem, M. E., and Tribollet, B. 2008. *Electrochemical Impedance Spectroscopy*. New York: Wiley.

[525] Orilall, M. C., Matsumoto, F., Zhou, Q., Sai, H., Abruna, H. D., DiSalvo, F. J., and Wiesner, U. 2009. One-pot synthesis of platinum-based nanoparticles incorporated into mesoporous niobium oxide-carbon composites for fuel cell electrodes. *J. Am. Chem. Soc.*, **131**(26), 9389-9395.

[526] Ostwald, F. W. 1894. Die Wissenschaftliche Elektrochemie der Gegenwart und die Technische der Zukunft. (Scientific electrochemistry of today and technical electrochemistry of tomorrow). *Z. für Elektrotechnik und Elektrochemie*, **1**, 122-125.

[527] Paasch, G., Micka, K., and Gersdorf, P. 1993. Theory of the electrochemical impedance of macrohomogeneous porous electrode. *Electrochim. Acta*, **38**, 2653-2662.

[528] Paddison, S. J. 2001. The modeling of molecular structure and ion transport in sulfonic acid based ionomer membranes. *J. New Mater. Electrochem. Sys.*, **4**, 197-208.

[529] Paddison, S. J., and Elliott, J. A. 2006. On the consequences of side chain flexibility and backbone conformation on hydration and proton dissociation in perfluorosulfonic acid membranes. *Phys. Chem. Chem. Phys.*, **8**, 2193-2203.

[530] Paganin, V. A., Ticianelli, E. A., and Gonzalez, E. R. 1996. Development and electrochemical studies of gas diffusion electrodes for polymer electrolyte fuel cells. *J. Appl. Electrochem.*, **26**(3), 297-304.

[531] Pajkossy, T. and Nyikos, L. 1990. Scaling-law analysis to describe the impedance behavior of fractal electrodes. *Phys. Rev. B*, **42**(1), 709.

[532] Parsons, R. 2011. *Volacano Curves in Electrochemistry*. Hoboken, NJ: Wiley & Sons.

[533] Parthasarathy, A., Srinivasan, S., Appleby, A. J., and Martin, C. R. 1992. Temperature dependence of the electrode kinetics of oxygen reduction at the platinum/Nafion interface—A microelectrode investigation. *J. Electrochem. Soc.*, **139**(9), 2530-2537.

[534] Passalacqua, E., Lufrano, F., Squadrito, G., Patti, A., and Giorgi, L. 2001. Nafion content in the catalyst layer of polymer electrolyte fuel cells: Effects on structure and performance. *Electrochim. Acta*, **46**(6), 799-805.

[535] Patterson, T. W. and Darling, R. M. 2006. Damage to the cathode catalyst of a PEM fuel cell caused by localized fuel starvation. *Electrochem. Solid State Lett.*, **9**, A183-A185.

[536] Paul, R. and Paddison, S. J. 2001. A statistical mechanical model for the calculation of the permittivity of water in hydrated polymer electrolyte membrane pores. *J. Chem. Phys.*, **115**(16), 7762-7771.

[537] Paulus, U. A., Wokaun, A., Scherer, G. G., Schmidt, T. J., Stamenkovic, V., Radmilovic, V., Markovic, N. M., and Ross, P. N. 2002. Oxygen reduction on carbon-supported Pt-Ni and Pt-Co alloy catalysts. *J. Phys. Chem. B*, **106**(16), 4181-4191.

[538] Peckham, T. J. and Holdcroft, S. 2010. Structure-morphology-property relationships of nonperfluorinated proton-conducting membranes. *Adv. Mater.*, **22**(42), 4667-4690.

[539] Peckham, T. J., Yang, Y., and Holdcroft, S. 2010. Proton exchange membranes, D. P. Willkinson, J. J. Zhang, R. Hui, J. Fergus, and X. Li (Eds), *Proton Exchange Membrane Fuel Cells: Materials, Properties and Performance*. pp. 107-190. Boca Raton: CRC Press.

[540] Peron, J., Mani, A., Zhao, X., Edwards, D., Adachi, M., Soboleva, T., Shi, Z., Xie, Z., Navessin, T., and Holdcroft, S. 2010. Properties of Nafion^R NR-211 membranes for PEMFCs. *J. Membr. Sci.*, **356**(1-2), 44-51.

[541] Perrin, J. C., Lyonnard, S., Guillermo, A., and Levitz, P. 2006. Water dynamics in ionomer membranes by field-cycling NMR relaxometry. *J. Phys. Chem. B*, **110**(11), 5439-5444.

[542] Perrin, J. C., Lyonnard, S., and Volino, F. 2007. Quasielastic neutron scattering study of water dynamics in hydrat-

ed Nafion membranes. *J. Phys. Chem. C.*, **111**(8), 3393-3404.

[543] Perry, M. L., Newman, J., and Cairns, E. J. 1998. Mass transport in gas-diffusion electrodes: A diagnostic tool for fuel-cell cathodes. *J. Electrochem. Soc.*, **145**(1), 5-15.

[544] Peter, C. and Kremer, K. 2009. Multiscale simulation of soft matter systems—From the atomistic to the coarse-grained level and back. *Soft Matter*, **5**(22), 4357-4366.

[545] Petersen, M. K. and Voth, G. A. 2006. Characterization of the solvation and transport of the hydrated proton in the perfluorosulfonic acid membrane Nafion. *J. Phys. Chem. B*, **110**(37), 18594-18600.

[546] Petersen, M. K., Wang, F., Blake, N. P., Metiu, H., and Voth, G. A. 2005. Excess proton solvation and delocalization in a hydrophilic pocket of the proton conducting polymer membrane Nafion. *J. Phys. Chem. B*, **109**(9), 3727-3730.

[547] Petrii, O. A. 1996. Surface electrochemistry of oxides: Thermodynamic and model approaches. *Electrochim. Acta*, **41**(14), 2307-2312.

[548] Petry, O. A., Podlovchenko, B. I., Frumkin, A. N., and Lal, H. 1965. The behaviour of platinized-platinum and platinum-ruthenium electrodes in methanol solutions. *J. Electroanal. Chem.*, **10**, 253-269.

[549] Petukhov, A. V. 1997. Effect of molecular mobility on kinetics of an electrochemical Langmuir-Hinshelwood reaction. *Chem. Phys. Lett.*, **277**(5), 539-544.

[550] Peyrard, M. and Flytzanis, N. 1987. Dynamics of two-component solitary waves in hydrogenbonded chains. *Phys. Rev. A*, **36**, 903-914.

[551] Piela, P., Eickes, Ch., Brosha, E., Garzon, F., and Zelenay, P. 2004. Ruthenium crossover in direct methanol fuel cell with Pt-Ru black anode. *J. Electrochem. Soc.*, **151**, A2053-A2059.

[552] Piela, P., Fields, R., and Zelenay, P. 2006. Electrochemical impedance spectroscopy for direct methanol fuel cell diagnostics. *J. Electrochem. Soc.*, **153**, A1902-A1913.

[553] Pisani, L., Valentini, M., and Murgia, G. 2003. Analytical pore scale modeling of the reactive regions of polymer electrolyte fuel cells. *J. Electrochem. Soc.*, **150**, A1549-A1559.

[554] Pivovar, A. M., and Pivovar, B. S. 2005. Dynamic behavior of water within a polymer electrolyte fuel cell membrane at low hydration levels. *J. Phys. Chem. B*, **109**(2), 785-793.

[555] Pivovar, B. S. 2006. An overview of electro-osmosis in fuel cell polymer electrolytes. *Polymer*, **47**(11), 4194-4202.

[556] Pnevmatikos, S. 1988. Soliton dynamics of hydrogen-bonded networks: A mechanism for proton conductivity. *Phys. Rev. Lett.*, **60**, 1534-1537.

[557] Polle, A. and Junge, W. 1989. Proton diffusion along the membrane surface of thylakoids is not enhanced over that in bulk water. *Biophys. J.*, **56**, 27-31.

[558] Porod, G. 1982. Chapter 2. *Small Angle X-Ray Scattering*. O. Glatter and O. Kratley (Eds), London: Academic Press, pp. 17-51.

[559] Proton transport. 2011. Special section papers on transport phenomena in proton conducting media. *J. Phys.: Condens. Matter*, **23**, 234101-234111.

[560] Pushpa, K. K., Nandan, D., and Iyer, R. M. 1988. Thermodynamics of water sorption by perfluorosulphonate (Nafion-117) and polystyrene-divinylbenzene sulphonate (Dowex 50W) ion-exchange resins at 298pm 1K. *J. Chem. Soc., Faraday Trans.* 1, **84**(6), 2047-2056.

[561] Qi, Z. and Kaufman, A. 2002. open-circuit voltage and methanol crossover in DMFC. *J. Power Sources*, **110**, 177-185.

[562] Raistrick, I. D. 1986. Diaphragms, separators, and ion-exchange membranes. *Proceedings of the Symposium*, Boston, MA. *Electrochem. Soc. Proc. Series*, **86**(13), 172.

[563] Raistrick, I. D. 1989 (Oct. 24). *Electrode assembly for use in a solid polymer electrolyte fuel cell*. US Patent 4, 876,115.

[564] Raistrick, I. D. 1990. Impedance studies of porous electrodes. *Electrochim. Acta*, **35**(10), 1579-1586.

[565] Ramesh, P., Itkis, M. E., Tang, J. M., and Haddon, R. C. 2008. SWNT-MWNT hybrid architecture for proton exchange membrane fuel cell cathodes. *J. Phys. Chem. C*, **112**(24), 9089-9094.

[566] Rangarajan, S. K. 1969. Theory of flooded porous electrodes. *J. Electroanal. Chem.*, **22**, 89-104.

[567] Ravikumar, M. K. and Shukla, A. K. 1996. Effect of methanol crossover in a liquid-feed polymer-electrolyte direct methanol fuel cell. *J. Electrochem. Soc.*, **143**(8), 2601-2606.

[568] Reiser, C. A., Bregoli, L., Patterson, T. W., Yi, J. S., Yang, J. D., Perry, M. L., and Jarvi, Th. D. 2005. A reverse-current decay mechanism for fuel cells. *Electrochem. Solid State Lett.*, **8**, A273-A276.

[569] Reith, D., Pütz, M., and Müller-Plathe, F. 2003. Deriving effective mesoscale potentials from atomistic simulations. *J. Comput. Chem.*, **24**(13), 1624-1636.

[570] Ren, X. and Gottefeld, S. 2001. Electro-osmotic drag of water in poly(perfluorosulfonic acid) membranes. *J. Electrochem. Soc.*, **148**, A87-A93.

[571] Ren, X., Springer, T., Zawodzinski, T. A., and Gottefeld, S. 2000a. Methanol transport through Nafion membranes: Electro-osmotic drag effects on potential step measurements. *J. Electrochem. Soc.*, **147**, 466-474.

[572] Ren, X., Springer, T. E., and Gottesfeld, S. 2000b. Water and methanol uptakes in Nafion membranes and membrane effects in direct methanol cell performance. *J. Electrochem. Soc.*, **147**(1), 92-8.

[573] Renganathan, S., Guo, Q., Sethuraman, V. A., Weidner, J. W., and White, R. E. 2006. Polymer electrolyte membrane resistance model. *J. Power Sources*, **160**, 386-397.

[574] Rice, C. L. and Whitehead, R. 1965. Electrokinetic flow in a narrow cylindrical capillary. *J. Phys. Chem.*, **69**(11), 4017-4024.

[575] Rieberer, S. and Norian, K. H. 1992. Analytical electron microscopy of Nafion ion exchange membranes. *Ultramicroscopy*, **41**(1-3), 225-233.

[576] Rigsby, M. A., Zhou, W. P., Lewera, A., Duong, H. T., Bagus, P. S., Jaegermann, W., Hunger, R., and Wieckowski, A. 2008. Experiment and theory of fuel cell catalysis: Methanol and formic acid decomposition on nanoparticle Pt/Ru. *J. Phys. Chem. C*, **112**, 15595-15601.

[577] Rinaldo, S. G., Stumper, J., and Eikerling, M. 2010. Physical theory of platinum nanoparticle dissolution in polymer electrolyte fuel cells. *J. Phys. Chem. C*, **114**(13), 5773-5785.

[578] Rinaldo, S. G., Monroe, C. W., Romero, T., Merida, W., and Eikerling, M. 2011. Vaporizationexchange model for dynamic water sorption in Nafion: Transient solution. *Electrochem. Commun.*, **13**, 5-7.

[579] Rinaldo, S. G., Lee, W., Stumper, J., and Eikerling, M. 2012. Nonmonotonic dynamics in Lifshitz-Slyozov-Wagner theory: Ostwald ripening in nanoparticle catalysts. *Phys. Rev. E*, **86**, 041601.

[580] Rinaldo, S. G., Lee, W., Stumper, J., and Eikerling, M. 2014. Mechanistic principles of platinum oxide formation and reduction. *Electrocatalysis*, 1-11, DOI 10.1007/S12678-0140189-y.

[581] Rioux, R. M., Song, H., Grass, M., Habas, S., Niesz, K., Hoefelmeyer, J. D., Yang, P., and Somorjai, G. A. 2006. Monodisperse platinum nanoparticles of well-defined shape: Synthesis, characterization, catalytic properties and future prospects. *Top. Catal.*, **39**(3-4), 167-174.

[582] Rivin, D., Kendrick, C. E., Gibson, P. W., and Schneider, N. S. 2001. Solubility and transport behavior of water and alcohols in Nafion™. *Polymer*, **42**(2), 623-635.

[583] Roche, E. J., Pineri, M., Duplessix, R., and Levelut, A. M. 1981. Small-angle scattering studies of Nafion membranes. *J. Polym. Sci. Pol. Phys.*, **19**(1), 1-11.

[584] Roduner, E. (ed). 2006. *Nanoscopic Materials: Size-Dependent Phenomena*. Cambridge: Royal Society of Chemistry.

[585] Rollet, A. L., Diat, O., and Gebel, G. 2002. A new insight into Nafion structure. *J. Phys. Chem. B*, **106**(12), 3033-3036.

[586] Romero, T. and Merida, W. 2009. Water transport in liquid and vapor equilibrated Nafion membranes. *J. Membr. Sci.*, **338**, 135-144.

[587] Rosi-Schwartz, B., and Mitchell, G. R. 1996. Extracting force fields for disordered polymeric materials from neutron scattering data. *Polymer*, **37**(10), 1857-1870.

[588] Ross, P. N. (ed.). 2003. *Handbook of Fuel Cells*. Chichester: Wiley.

[589] Rossmeisl, J., Logadottir, A., and Nørskov, J. K. 2005. Electrolysis of water on (oxidized) metal surfaces. *Chem.*

Phys., **319**(1), 178-184.

[590] Rossmeisl, J., Greeley, J., and Karlberg, G. S. 2009. *Electrocatalysis and Catalyst Screening from Density Functional Theory Calculations*, pp. 57-92. John Wiley & Sons, Inc.

[591] Rossmeisl, J., Chan, K., Ahmed, R., Tripkovic, V., and Bjerketun, M. E. 2013. pH in atomic scale simulations of electrochemical interfaces. *Phys. Chem. Chem. Phys.*, **15**, 10321-10325.

[592] Roth, C., Benker, N., Mazurek, M., Fuess, F., and Scheiba H. 2005. Development of an in-situ cell for X-ray absorption measurements during fuel cell operation. *Adv. Eng. Mater.*, **7**(10), 952-956.

[593] Roudgar, A., and Groß, A. 2004. Local reactivity of supported metal clusters: Pd-n on Au(111). *Surf. Sci.*, **559**, L180-L186.

[594] Roudgar, A., Eikerling, M., and van Santen, R. 2010. Ab initio study of oxygen reduction mechanism at Pt4 cluster. *Phys. Chem. Chem. Phys.*, **12**, 614-620.

[595] Roudgar, A., Narasimachary, S. P., and Eikerling, M. 2006. Hydrated arrays of acidic surface groups as model systems for interfacial structure and mechanisms in PEMs. *J. Phys. Chem. B*, **110**(41), 20469-20477.

[596] Roudgar, A., Narasimachary, S. P., and Eikerling, M. 2008. Ab initio study of surfacemediated proton transfer in polymer electrolyte membranes. *Chem. Phys. Lett.*, **457**(4), 337-341.

[597] Rouquerol, J., Baron, G., Denoyel, R., Giesche, H., Groen, J., Klobes, P., Levitz, P., Neimark, A. V., Rigby, S., Skudas, S. R., Sing, K., Thommes, M., and Unger, K. 2011. Liquid intrusion and alternative methods for the characterization of macroporous materials (IUPAC Technical Report). *Pure Appl. Chem.*, **84**(1), 107-136.

[598] Rouzina, I. and Bloomfield, V. A. 1996. Macroion attraction due to electrostatic correlation between screening counterions. 1. Mobile surface-adsorbed ions and diffuse ion cloud. *J. Phys. Chem.*, **100**(23), 9977-9989.

[599] Rubatat, L., Gebel, G., and Diat, O. 2004. Fibrillar structure of Nafion: Matching Fourier and real space studies of corresponding films and solutions. *Macromolecules*, **37**(20), 7772-7783.

[600] Rubatat, L., Rollet, A. L., Gebel, G., and Diat, O. 2002. Evidence of elongated polymeric aggregates in Nafion. *Macromolecules*, **35**(10), 4050-4055.

[601] Rubinstein, M. and Colby, R. H. 2003. *Polymer Physics*. Oxford: Oxford University Press.

[602] Rudi, S., Tuaev, X., and Strasser, P. 2012. Electrocatalytic oxygen reduction on dealloyed Pt1xNix alloy nanoparticle electrocatalysts. *Electrocatalysis*, **3**, 265-273.

[603] Rupprechter, G. (ed). 2007. *Catalysis on Well-Defined Surfaces: From Single Crystals to Regular Nanoparticles*. New York: Kluwer Academic/Plenum.

[604] Sabatier, F. 1920. *La Catalyse en chimie organique*. Berauge, Paris.

[605] Sadeghi, E., Djilali, N., and Bahrami, M. 2008. Analytic determination of the effective thermal conductivity of PEM fuel cell gas diffusion layers. *J. Power Sources*, **179**, 200-208.

[606] Sadeghi, E., Djilali, N., and Bahrami, M. 2011. A novel approach to determine the in-plane thermal conductivity of gas diffusion layers in Proton exchange membrane fuel cells. *J. Power Sources*, **196**, 3565-3571.

[607] Sadeghi, E., Putz, A., and Eikerling, M. 2013a. Effects of ionomer coverage on agglomerate effectiveness in catalyst layers of polymer electrolyte fuel cells. *J. Solid State Electrochem.*, F1159-F1169.

[608] Sadeghi, E., Putz, A., and Eikerling, M. 2013b. Hierarchical model of reaction rate distribuiton and effectiveness factors in catalyst layers of polymer electrolyte fuel cells. *J. Electrochem. Soc.*, **160**, F1159-F1169.

[609] Saha, M. S., Gulla, A. F., Allen, R. J., and Mukerjee, S. 2006. High performance polymer' electrolyte fuel cells with ultra-low Pt loading electrodes prepared by dual ion-beam assisted deposition. *Electrochi. Acta*, **51**(22), 4680-4692.

[610] Sahimi, M. 1993. Flow phenomena in rocks: from continuum models to fractals, percolation, cellular automata, and simulated annealing. *Rev. Mod. Phys.*, **65**(4), 1393-1534.

[611] Sahimi, M. 1994. *Applications of Percolation Theory*. Boca Raton, FL: Taylor & Francis.

[612] Sahimi, M. 2003. *Heterogeneous Materials I: Linear Transport and Optical Properties*. Berlin, Germany: Springer.

[613] Sahimi, M., Gavalas, G. R., and Tsotsis, T. T. 1990. Statistical and continuum models of fluid solid reactions in

porous-media. *Chem. Eng. Sci.*, **45**, 1443-1502.

[614] Sakurai, I., and Kawamura, Y. 1987. Lateral electrical conduction along a phosphatidylcholine monolayer. *Biochim. Biophys. Acta*, **904**, 405-409.

[615] Sapoval, B. 1987. Fractal electrodes and constant phase angle response: Exact examples and counter examples. *Solid State Ionics*, **23**(4), 253-259.

[616] Sapoval, B., Chazalviel, J. N., and Peyriere, J. 1988. Electrical response of fractal and porous interfaces. *Phys. Rev. A*, **38**(11), 5867.

[617] Sarapuu, A., Kallip, S., Kasikov, A., Matisen, L., and Tammeveski, K. 2008. Electroreduction of oxygen on gold-supported thin Pt films in acid solutions. *J. Electroanal. Chem.*, **624**(1), 144-150.

[618] Sasaki, K., Zhang, L., and Adzic, R. R. 2008. Niobium oxide-supported platinum ultralow amount electrocatalysts for oxygen reduction. *Phys. Chem. Chem. Phys.*, **10**(1), 159-167.

[619] Sasikumar, G., Ihm, J. W., and Ryu, H. 2004. Dependence of optimum Nafion content in catalyst layer on platinum loading. *J. Power Sources*, **132**(1), 11-17.

[620] Satterfield, M. B. and Benziger, J. B. 2008. Non-Fickian water vapor sorption dynamics by Nafion membranes. *J. Phys. Chem. B*, **112**, 3693-3704.

[621] Sattler, M. L. and Ross, P. N. 1986. The surface structure of Pt crystallites supported on carbon black. *Ultramicroscopy*, **20**, 21-28.

[622] Schlick, S., Gebel, G., Pineri, M., and Volino, F. 1991. Fluorine-19 NMR spectroscopy of acid Nafion membranes and solutions. *Macromolecules*, **24**(12), 3517-3521.

[623] Schmickler, W. 1996. *Interfacial Electrochemistry*. New York: Oxford University Press.

[624] Schmickler, W. and Santos, E. 2010. *Interfacial Electrochemistry*, 2nd ed. Berlin: Springer.

[625] Schmidt, T. J., Gasteiger, H. A., Stäb, G. D., Urban, P. M., Kolb, D. M., and Behm, R. J. 1998. Characterization of high-surface-area electrocatalysts using a rotating disk electrode configuration. *J. Electrochem. Soc.*, **145**(7), 2354-2358.

[626] Schmidt-Rohr, K. and Chen, Q. 2008. Parallel cylindrical water nanochannels in Nafion fuelcell membranes. *Nat. Mat.*, **7**, 75-83.

[627] Schmuck, M. and Bazant, M. Z. 2012. Homogenization of the Poisson-Nernst-Planck equations for ion transport in charged porous media. *arXiv*, **32**, 168-174.

[628] Schneider, I. A., Kramer, D., Wokaun, A., and Scherer, G. G. 2007a. Oscillations in gas channels. II. unraveling the characteristics of the low-frequency loop in air-fed PEFC impedance spectra. *J. Electrochem. Soc.*, **154**, B770-B3782.

[629] Schneider, I. A., Freunberger, S. A., Kramer, D., Wokaun, A., and Scherer, G. G. 2007b. Oscillations in gas channels. Part I. The forgotten player in impedance spectroscopy in PEFCs. *J. Electrochem. Soc.*, **154**, B383-B388.

[630] Schneider, I. A., Kuhn, H., Wokaun, A., and Scherer, G. G. 2005. Study of water balance in a polymer electrolyte fuel cell by locally resolved impedance spectroscopy. *J. Electrochem. Soc.*, **152**, A2383-A2389.

[631] Schoenbein, Prof. 1839. On the voltaic polarization of certain solid and fluid substances. *Philos. Mag.*, **XIV**, 43-45.

[632] Schuster, M., Rager, T., Noda, A., Kreuer, K. D., and Maier, J. 2005. About the choice of the protogenic group in PEM separator materials for intermediate temperature, low humidityo peration: A critical comparison of sulfonic acid, phosphonic acid and imidazole functionalized model compounds. *Fuel Cells*, **5**(3), 355-365.

[633] Schwarz, D. H., and Djilali, N. 2007. 3D modeling of catalyst layers in PEM fuel cells. *J. Electrochem. Soc.*, **154**, B1167-B1178.

[634] Scott, K., Taama, W. M., Kramer, S., Argyropoulos, P., and Sundmacher, K. 1999. Limiting current behaviour of the direct methanol fuel cell. *Electrochim. Acta*, **45**, 945-57.

[635] Seeliger, D., Hartnig, C., and Spohr, E. 2005. Aqueous pore structure and proton dynamics in solvated Nafion membranes. *Electrochim. Acta*, **50**(21), 4234-4240.

[636] Senn, S. M. and Poulikakos, D. 2004. Tree network channels as fluid distributors constructing double-staircase polymer electrolyte fuel cells. *J. Appl. Phys.*, **96**(1), 842-852.

[637] Senn, S. M. and Poulikakos, D. 2006. Pyramidal direct methanol fuel cell. *Int. J. Heat Mass Transfer*, **49**, 1516-1528.

[638] Sepa, D. B., Vojnovic, M. V., and Damjanovic, A. 1981. Reaction intermediates as a controlling factor in the kinetics and mechanism of oxygen reduction at platinum electrodes. *Electrochim. Acta*, **26**(6), 781-793.

[639] Sepa, D. B., Vojnovic, M. V., Vracar, L. J. M., and Damjanovic, A. 1987. Different views regarding the kinetics and mechanisms of oxygen reduction at Pt and Pd electrodes. *Electrochim. Acta*, **32**(1), 129-134.

[640] Serowy, S., Saparov, S. M., Antonenko, Y. N., Kozlovsky, W., Hagen, V., and Pohl, P. 2003. Structural proton diffusion along lipid bilayers. *Biophys. J.*, **84**, 1031-1037.

[641] Seung, Y. S., Dong, L., Hickner, M. A., Glass, T. E., Webb, V., and McGrath, J. E. 2003. State of water in disulfonated poly (arylene ether sulfone) copolymers and a perfluorosulfonic acid copolymer (Nafion) and its effect on physical and electrochemical properties. *Macromolecules*, **36**(17), 6281-6285.

[642] Shan, J. and Pickup, P. G. 2000. Characterization of polymer supported catalysts by cyclic voltammetry and rotating disk voltammetry. *Electrochim. Acta*, **46**(1), 119-125.

[643] Shao, Y., Zhang, S., Engelhard, M. H., Li, G., Shao, G., Wang, Yong, Liu, Jun, Aksay, I. A., and Lin, Y. 2010. Nitrogen-doped graphene and its electrochemical applications. *J. Mater. Chem.*, **20**, 7491-7496.

[644] Shao-Horn, Y., Sheng, W. C., Chen, S., Ferreira, P. J., Holby, E. F., and Morgan, D. 2007. Instability of supported platinum nanoparticles in low-temperature fuel cells. *Top. Catal.*, **46**, 285-305.

[645] Shekhawat, A., Zapperi, S., and Sethna, J. P. 2013. Viewpoint: The breaking of brittle materials. *Phys. Rev. Lett*, **110**, 185505.

[646] Shen, J., Zhou, J., Astrath, N. G. C., Navessin, T., Liu, Z.-S. (Simon), Lei, C., Rohling, J. H., Bessarabov, D., Knights, S., and Ye, S. 2011. Measurement of effective gas diffusion coefficients of catalyst layers of PEM fuel cells with a Loschmidt diffusion cell. *J. Power Sources*, **96**, 674-78.

[647] Shklovskii, B. I., and Efros, A. L. 1982. *Electronic Properties of Doped Semiconductors*. New York: Springer.

[648] Silberstein, N. 2008. *Mechanics of proton exchange membranes: Time, temperature, and hydration dependence of the stress-strain behaviour of persulfonated polytetrafluorethylene*. Massachusetts Institute of Technology, Department of Mechanical Engineering.

[649] Silva, R. F., Francesco, M. De, and Pozio, A. 2004. Tangential and normal conductivities of Nafion membranes used in polymer electrolyte fuel cells. *J. Power Sources*, **134**, 1826.

[650] Siu, A., Schmeisser, J. and Holdcroft, S. 2006. Effect of water on the low temperature conductivity of polymer electrolytes. *J. Phys. Chem. B*, **110**(12), 6072-6080.

[651] Smalley, R. E. 2005. Future global energy properity: The terawatt challenge. *MRS Bull.*, **30**, 413-417.

[652] Smil, V. 2010. *Visions of Discovery: New Light on Physics, Cosmology, and Consciousness*. Cambridge: Cambridge University Press.

[653] Smitha, B., Sridhar, S., and Khan, A.A. 2005. Solid polymer electrolyte membranes for fuel cell applications—A review. *J. Membr. Sci.*, **259**(1-2), 10-26.

[654] Soboleva, T., Zhao, X., Malek, K., Xie, Z., Navessin, T., and Holdcroft, S. 2010. On the micro-, meso-, and macroporous structures of polymer electrolyte membrane fuel cell catalyst layers. *ACS Appl. Mater. Interfaces*, **2**(2), 375-384.

[655] Soboleva, T., Malek, K., Xie, Z., Navessin, T., and Holdcroft, S. 2011. PEMFC catalyst layers: The role of micropores and mesopores on water sorption and fuel cell activity. *ACS Appl. Mater. Interfaces*, **3**, 1827-1837.

[656] Soin, N., Roy, S. S., Karlsson, L., and McLaughlin, J. A. 2010. Sputter deposition of highly dispersed platinum nanoparticles on carbon nanotube arrays for fuel cell electrode material. *Diamond Relat. Mater.*, **19**, 595-598.

[657] Solla-Gullon, J, Vidal-Iglesias, FJ, Herrero, E, Feliu, JM, and Aldaz, A. 2006. CO mono-' layer oxidation on semi-spherical and preferentially oriented (100) and (111) platinum nanoparticles. *Electrochem. Comm.*, **8**(1), 189-194.

[658] Somorjai, G. A. (ed). 1994. *Introduction to Surface Chemistry and Catalysis*. New York: Wiley.

[659] Song, C., Ge, Q., and Wang, L. 2005. DFT studies of Pt/Au bimetallic clusters and their interactions with the CO

molecule. *J. Phys. Chem. B*，**109**，22341-22350.

[660] Spencer，J. B.，and Lundgren，J-O. 1973. Hydrogen bond studies. LXXIII. The crystal structure of trifluoromethane-sulphonic acid monohydrate，$H_3O^+CF_3SO_3^-$，at 298 and 83 K. *Acta Cryst. B*，**29**，1923-1928.

[661] Spohr，E. 2004. Molecular dynamics simulations of proton transfer in a model Nafion pore. *Mol. Simul.*，**30**，107-115.

[662] Spohr，E.，Commer，P.，and Kornyshev，A. A. 2002. Enhancing proton mobility in polymer electrolyte membranes：Lessons from molecular dynamics simulations. *J. Phys. Chem. B*，**106**，10560-10569.

[663] Springer，T. E.，Zawodzinski，T. A.，and Gottesfeld，S. 1991. Polymer electrolyte fuel cell model. *J. Electrochem. Soc.*，**138**(8)，2334-2342.

[664] Springer，T. E.，Zawodzinski，T. A.，Wilson，M. S.，and Gottefeld，S. 1996. Characterization of polymer electrolyte fuel cells using AC impedance spectroscopy. *J. Electrochem. Soc.*，**143**，587-599.

[665] Squadrito，G.，Maggio，G.，Passalacqua，E.，Lufrano，F.，and Patti，A. 1999. An empirical equation for polymer electrolyte fuel cell (PEFC) behaviour. *J. Appl. Electrochem.*，**29**，1449-1455.

[666] Srinivasan，S. and Hurwitz，H. D. 1967. Theory of a thin film model of porous gas-diffusion electrodes. *Electrochim. Acta*，**12**，495-512.

[667] Srinivasan，S.，Hurwitz，H. D.，and Bockris，J. O'.M. 1967. Fundamental equations of electrochemical kinetics at porous gas-diffusion electrodes. *J. Chem. Phys*，**46**，3108.

[668] Srinivasan，S.，Mosdale，R.，Stevens，Ph.，and Yang，Ch. 1999. Fuel Cells：Reaching the era of clean and efficient power generation in the twenty-first century. *Annu. Rev. Energy Environ.*，**24**，281-328.

[669] Stamenkovic，V.，Mun，B. S.，Mayrhofer，K. J. J.，Ross，P. N.，Markovic，N. M.，Rossmeisl，J.，Greeley，J.，and Nørskov，J. K. 2006. Changing the activity of electrocatalysts for oxygen reduction by tuning the surface electronic structure. *Angew. Chem. Int. Edit.*，**45**，2897-2901.

[670] Stamenkovic，V. R.，Fowler，B.，Mun，B. S.，Wang，G.，Ross，P. N.，Lucas，C. A.，and Markovic，' N. M. 2007a. Improved oxygen rduction activity on Pt_3Ni (111) via increased surface site availability. *Science*，**315**(5811)，493-497.

[671] Stamenkovic，V. R.，Mun，B. S.，Arenz，M.，Mayrhofer，K. J. J.，Lucas，C. A.，Wang，G.，Ross，P. N.，and Markovic，N. M. 2007b. Trends in electrocatalysis on extended and nanoscale Pt-bimetallic alloy surfaces. *Nat. Mat.*，**6**(3)，241-247.

[672] Stauffer，D.，and Aharony，A. 1994. *Introduction to Percolation Theory*，2nd ed. London：Taylor &. Francis.

[673] Stein，D.，Kruithof，M.，and Dekker，C. 2004. Surface-charge-governed ion transport in nanofluidic channels. *Phys. Rev. Lett.*，**93**，035901.

[674] Stejskal，E. O. 1965. Use of spin echoes in a pulsed magnetic-field gradient to study restricted diffusion and flow. *J. Chem. Phys.*，**43**，3597.

[675] Stephens，I. L.，Bondarenko，A. S.，Perez-Alonso，F. J.，Calle-Vallejo，F.，Bech，L.，Johansson，T. P.，Jepsen，A. K.，Frydendal，R.，Knudsen，B. P.，Rossmeisl，J.，et al. 2011. Tuning the activity of Pt (111) for oxygen electroreduction by subsurface alloying. *J. Am. Chem. Soc.*，**133**(14)，5485-5491.

[676] Tanimura，S. and Matsuoka，T. 2004. Proton transfer in nafion membrane by quantum chemistry calculation. *J. Polym. Sci. Pol. Phys.*，**42**(10)，1905-1914.

[677] Stilbs，P. 1987. Fourier transform pulsed-gradient spin-echo studies of molecular diffusion. *Prog. Nuc. Mag. Res. Spec.*，**19**(1)，1-45.

[678] Stonehart，P. and Ross，Jr，P. N. 1976. Use of porous electrodes to obtain kinetic rate constants for rapid reactions and adsorption isotherms of poisons. *Electrochim. Acta*，**21**(6)，441-445.

[679] Studebaker，M. L.，and Snow，C. W. 1955. The influence of ultimate composition upon the wettability of carbon blacks. *J. Phys. Chem.*，**59**(9)，973-976.

[680] Su，X.，Lianos，L.，Shen，Y. R.，and Somorjai，G. A. 1998. Surface-induced ferroelectric ice on Pt(111). *Phys. Rev. Lett.*，**80**，1533-1536.

[681] Sun，A.，Franc，J.，and Macdonald，D. D. 153. Growth and properties of oxide films on platinum：I. EIS and X-Ray

photoelectron spectroscopy studies. *J. Electrochem. Soc.*, **2006**, B260-B277.

[682] Sun, W., Peppley, B. A., and Karan, K. 2005. An improved two-dimensional agglomerate cathode model to study the influence of catalyst layer structural parameters. *Electrochim. Acta*, **50**(16), 3359-3374.

[683] Suntivich, J., Gasteiger, H. A., Yabuuchi, N., Nakanishi, H., Goodenough, J. B., and ShaoHorn, Y. 2011. Design principles for oxygen-reduction activity on perovskite oxide catalysts for fuel cells and metal-air batteries. *Nat. Chem.*, **3**(7), 546-550.

[684] Susut, C., Nguyen, T. D., Chapman, G. B., and Tong, Y. 2008. Shape and size stability of Pt nanoparticles for MeOH electro-oxidation. *Electrochim. Acta*, **53**, 6135-6142.

[685] Sutton, A.P. and Chen, J. 1990. Long-range Finnis-Sinclair Potentials. *Philos. Mag. Lett.*, **61**(3), 139-146.

[686] Suzuki, T., Tsushima, S., and Hirai, S. 2011. Effects of Nafion ionomer and carbon particles on structure formation in a proton-exchange membrane fuel cell catalyst layer fabricated by the decal-transfer method. *Int. J. Hydrogen Energy*, **36**, 12361-12369.

[687] Tabe, Y., Nishino, M., Takamatsu, H., and Chikahisa, T. 2011. Effects of cathode catalyst layer structure and properties dominating polymer electrolyte fuel cell performance. *J. Electrochem. Soc.*, **158**, B1246-B1254.

[688] Takaichi, S., Uchida, H., and Watanabe, M. 2007. Response of specific resistance distribution in electrolyte membrane to load change at PEFC operation. *J. Electrochem. Soc.*, **154**, B1373-B1377.

[689] Takeuchi, N., and Fuller, T. F. 2008. Modeling and investigation of design factors and their impact on carbon corrosion of PEMFC electrodes. *J. Electrochem. Soc.*, **155**, B770-B775.

[690] Tamayol, A., Wong, K. W., and Bahrami, M. 2012. Effects of microstructure on flow properties of fibrous porous media at moderate reynolds numbers. *Phys. Rev. E*, **85**, 026318.

[691] Tang, J. M., Jensen, K., Waje, M., Li, W., Larsen, P., Pauley, K., Chen, Z., Ramesh, P., Itkis, M. E., Yan, Y., and Haddon, R. C. 2007. High performance hydrogen fuel cells with ultralow pt loading carbon nanotube thin film catalysts. *J. Phys. Chem.*, **111**, 17901-17904.

[692] Tantram, A.D.S. and Tseung, A. C. 1969. Structure and performance of hydrophobic gas electrodes. *Nature*, **221**, 167-168.

[693] Tarasevich, M. R., Sadkowski, A., and Yeager, E., 1983. Comprehensive Treatise of Electrochemistry, Vol. 7: Kinetics and Mechanisms of Electrode Processes. New York: Plenum Press.

[694] Tarasevich, M. R., Sadkowski, A., and Yeager, E. 1983. Oxygen electrochemistry. Coway, B. E., Bockris, J. O'M., Yeager, E., Khan, S. U. M., and White, R. E. (eds), *Comprehensive Treatise of Electrochemistry*, Vol. 7, pp. 310-398. New York: Plenum Press.

[695] Taylor, C. D., Wasileski, S. A., Filhol, J. S., and Neurock, M. 2006. First principles reaction modeling of the electrochemical interface: Consideration and calculation of a tunable surface potential from atomic and electronic structure. *Phys. Rev. B.*, **73**, 165402-165418.

[696] Teissie, J., Prats, M., Soucaille, P., and Tocanne, J. F. 1985. Evidence for conduction of protons along the interface between water and a polar lipid monolayer. *Proc. Natl. Acad. Sci.*, **82**, 3217-3221.

[697] Teranishi, K., Tsushima, S., and Hirai, S. 2006. Analysis of water transport in PEFCs by magnetic resonance imaging measurement. *J. Electrochem. Soc.*, **153**, A664-A668.

[698] Springer, T. E., Wilson, M. S., and Gottesfeld, S. 1993. Modeling and experimental diagnostics in polymer electrolyte fuel cells. *J. Electrochem. Soc.*, **140**(12), 3513-3526.

[699] Thampan, T., Malhotra, S., Tang, H., and Datta, R. 2000. Modeling of conductive transport in proton-exchange membranes for fuel cells. *J. Electrochem. Soc.*, **147**(9), 3242-3250.

[700] Thiedmann, R., Gaiselmann, G., Lehnert, W., and Schmidt, V. 2012. Stochastic modeling of fuel cell components. Stolten, D., and Emonts, B. (eds), *Fuel Cell Science and Engineering: Materials, Processes, Systems and Technology*, Vol. 2, pp. 669-702. Weinheim: Wiley-VCH.

[701] Thiele, E. W. 1939. Relation between catalytic activity and size of particle. *Ind. Eng. Chem.*, **31**(7), 916-920.

[702] Thiele, S., Furstenhaupt, T., Banham, D., Hutzenlaub, T., Birss, V., and Zengerle, R. 2013. Multiscale tomography of nanoporous carbon-supported noble metal catalyst layers. *J. Power Sources*, **228**, 185-192.

[703] Thomas, S. C., Ren, X., Gottesfeld, S., and Zelenay, P. 2002. Direct methanol fuel cells: Progress in cell perform-ance and cathode research. *Electrochim. Acta*, **47**, 3741-3748.

[704] Tian, F., Jinnouchi, R., and Anderson, A. B. 2009. How potentials of zero charge and potentials for water oxidation to OH (ads) on Pt (111) electrodes vary with coverage. *J. Phys. Chem. C*, **113**(40), 17484-17492.

[705] Ticianelli, E. A., Derouin, Ch. R., and Srinivasan, S. 1988. Localization of platinum in low catalyst loading electrodes to attain high power densities in SPE fuel cells. *J. Electroanal. Chem.*, **251**, 275-295.

[706] Topalov, A. A., Katsounaros, I., Auinger, M., Cherevko, S., Meier, J. C., Klemm, S. O., and Mayrhofer, K. J. J. 2012. Dissolution of platinum: Limits for the deployment of electrochemical energy conversion? *Angew. Chem. Int. Ed.*, **51**(50), 12613-12615.

[707] Torquato, S. 2002. *Random Heterogeneous Materials: Microstructure and Macroscopic Properties*. Interdisciplinary Applied Mathematics. New York: Springer.

[708] Torrie, G. M., and Valleau, J. P. 1974. Monte Carlo free energy estimates using non-Boltzmann sampling: Applica-tion to the sub-critical Lennard-Jones fluid. *Chem. Phys. Lett.*, **28**, 578-581.

[709] Tsang, E. M. W., Zhang, Z., Shi, Z., Soboleva, T., and Holdcroft, S. 2007. Considerations of macromolecular structure in the design of proton conducting polymer membranes: Graft versus diblock polyelectrolytes. *J. Am. Chem. Soc.*, **129**(49), 15106-15107.

[710] Tsang, E. M. W., Zhang, Z., Yang, A. C. C., Shi, Z., Peckham, T. J., Narimani, R., Frisken, B. J., and Hold-croft, S. 2009. Nanostructure, morphology, and properties of fluorous copolymers bearing ionic grafts. *Macromole-cules*, **42**(24), 9467-9480.

[711] Tsironis, G. P. and Pnevmatikos, S. 1989. Proton conductivity in quasi-one-dimensional hydrogen-bonded systems—nonlinear approach. *Phys. Rev. B*, **39**(10), 7161-7173.

[712] Tuckerman, M. E., Laasonen, L., Sprik, M. and Parrinello, M. 1994. Ab initio simulations of water and water ions. *J. Phys: Condens. Matter*, **6**, A93-A100.

[713] Tuckerman, M. E., Laasonen, K., Sprik, M., and Parrinello, M. 1995. Ab initio molecular dynamics simulation of the solvation and transport of H_3O^+ and OH^- ions in water. *J. Phys. Chem.*, **99**, 5749-5752.

[714] Tuckerman, M. E., Marx, D., and Parrinello, M. 2002. The nature and transport mechanism of hydrated hydroxide in aqueous solution. *Nature*, **417**, 925-929.

[715] Vreven, T., Morokuma, K., Farkas, Ö., Schlegel, H. B., and Frisch, M. J. 2003. Geometry optimization with QM/MM, ONIOM, and other combined methods. I. Microiterations and constraints. *J. Comp. Chem.*, **24**(6), 760-769.

[716] Uchida, M., Aoyama, Y., Eda, N., and Ohta, A. 1995a. Investigation of the microstructure in the catalyst layer and effects of both perfluorosulfonate ionomer and PTFE-loaded carbon on the catalyst layer of polymer electrolyte fuel cells. *J. Electrochem. Soc.*, **142**(12), 4143-4149.

[717] Uchida, M., Aoyama, Y., Eda, N., and Ohta, A. 1995b. New preparation method for polymer electrolyte fuel cells. *J. Electrochem. Soc.*, **142**(2), 463-468.

[718] Uchida, M., Fukuoka, Y., Sugawara, Y., Eda, N., and Ohta, A. 1996. Effects of microstructure of carbon support in the catalyst layer on the performance of polymer-electrolyte fuel cells. *J. Electrochem. Soc.*, **143**(7), 2245-2252.

[719] United Nations Environment Program (UNEP) and Bloomberg New Energy Finance, *Global Trends in Renewable Energy Investment*. Technical report. 2011.

[720] Urata, S., Irisawa, J., Takada, A., Shinoda, W., Tsuzuki, S., and Mikami, M. 2005. Molecular dynamics simula-tion of swollen membrane of perfluorinated ionomer. *J. Phys. Chem. B*, **109**(9), 4269-4278. van der Geest, M. E., Dangerfield, N. J., and Harrington, D. A. 1997. An ac voltammetry study of Pt oxide growth. *J. Electroanal. Chem.*, **420**, 89-100.

[721] van der Vliet, D. F., Wang, C., Tripkovic, D., Strmcnik, D., Zhang, X. F., Debe, M. K., Atanasoski, R. T., Markovic, N. M., and Stamenkovic, V. R. 2012. Mesostructured thin films as electrocatalysts with tunable composi-tion and surface morphology. *Nat. Mat.*, **11**, 1051-1058.

[722] Van deVondele, J. and Hutter, J. 2007. Gaussian basis sets for accurate calculations on molecular systems in gas and

condensed phases. *J. Chem. Phys.*, **127**(11), 114105.

[723] Van deVondele, J., Krack, M., Mohamed, F., Parrinello, M., Chassaing, T. and Hutter, J. 2005. Quickstep: Fast and accurate density functional calculations using a mixed Gaussian and plane waves approach. *Comput. Phys. Commun.*, **167**(2), 103-128.

[724] van Santen, R. A., and Neurock, M. (eds). 2006. Molecular Heterogeneous Catalysis: A Conceptual and Computational Approach. Weinheim: Wiley-VCH. van Soestbergen, M., Biesheuvel, P. M., and Bazant, M. Z. 2010. Diffuse-charge effects on the transient response of electrochemical cells. *Phys. Rev. E*, **81**(2), 021503.

[725] Vartak, S., Roudgar, A., Golovnev, A., and Eikerling, M. 2013. Collective proton dynamics at highly charged interfaces studied by ab initio metadynamics. *J. Phys. Chem. B*, **117**(2), 583-588.

[726] Venkatnathan, A., Devanathan, R., and Dupuis, M. 2007. Atomistic simulations of hydrated Nafion and temperature effects on hydronium ion mobility. *J. Phys. Chem. B*, **111**(25), 7234-7244.

[727] Vetter, K. J., and Schultze, J. W. 1972a. The kinetics of the electrochemical formation and reduction of monomolecular oxide layers on platinum in 0.5 M H_2SO_4: Part I. Potentiostatic pulse measurements. *J. Electroanal. Chem. Interfacial Electrochem.*, **34**, 131-139.

[728] Vetter, K. J., and Schultze, J. W. 1972b. The kinetics of the electrochemical formation and reduction of monomolecular oxide layers on platinum in 0.5 M H_2SO_4: Part I. Potentiostatic pulse measurements. *J. Electroanal. Chem. Interfacial Electrochem.*, **34**, 141-158.

[729] Vielstich, W., Lamm, A., and Gasteiger, H. A. (eds). 2003. *Handbook of Fuel Cells: Fundamentals, Technology, Applications, 4-Volume Set*. Chichester: Wiley & Sons.

[730] Vielstich, W., Paganin, V. A., Lima, F. H. B., and Ticianelli, E. A. 2001. Non-electrochemical pathway of methanol oxidation at a platinum-catalyzed oxygen gas diffusion electrode. *J. Electrochem. Soc.*, **148**, A502-A505.

[731] Vishnyakov, A. and Neimark, A. V. 2000. Molecular simulation study of Nafion membrane solvation in water and methanol. *J. Phys. Chem. B*, **104**(18), 4471-4478.

[732] Vishnyakov, A. and Neimark, A. V. 2001. Molecular dynamics simulation of microstructure and molecular mobilities in swollen Nafion membranes. *J. Phys. Chem. B*, **105**(39), 9586-9594.

[733] Vishnyakov, A. and Neimark, A. V. 2005. Final report for US Army Research Office. *DAAD190110545*, *March*, **430**.

[734] Vol'fkovich, Y. M. andBagotsky, V. S. 1994. Themethodofstandardporosimetry: 1. Principles and possibilities. *J. Power Sources*, **48**(3), 327-338.

[735] Vol'fkovich, Y. M., Bagotsky, V. S., Sosenkin, V. E., and Shkolnikov, E. I. 1980. Techniques of standard porosimery, and possible areas of their use in electrochemistry. *Soviet Electrochem.*, **16**(11), 1325-1353.

[736] Vol'fkovich, Y. M., Sosenkin, V. E., and Nikol'skaya, N. F. 2010. Hydrophilic-hydrophobic and sorption properties of the catalyst layers of electrodes in a proton-exchange membrane fuel cell: A stage-by-stage study. *Russ. J. Electrochem.*, **46**, 438-449.

[737] Volino, F., Perrin, J. C., and Lyonnard, S. 2006. Gaussian model for localized translational motion: Application to incoherent neutron scattering. *J. Phys. Chem. B*, **110**(23), 11217-11223.

[738] Voth, G. A. 2008. *Coarse-Graining of Condensed Phase and Biomolecular Systems*. Taylor & Francis.

[739] Wakisaka, M., Asizawa, S., Uchida, H., and Watanabe, M. 2010. *In situ* STM observation of morphological changes of the Pt (111) electrode surface during potential cycling in 10 mM HF solution. *Phys. Chem. Chem. Phys.*, **12**, 4184-4190.

[740] Walbran, S. and Kornyshev, A. A. 2001. Proton transport in polarizable water. *J. Chem. Phys.*, **114**(22), 10039-10048.

[741] Wang, C.-Y. 2004. Fundamental models for fuel cell engineering. *Chem. Rev.*, **104**, 4727-4766. Wang, Q., Eikerling, M., Song, D., Liu, Zh., Navessin, T., Xie, Zh., and Holdcroft, S. 2004. Functionality graded cathode catalyst layers for polymer electrolyte fuel cell. *J. Electrochem. Soc.*, **151**, A950-A957.

[742] Wang, J. C. 1988. Impedance of a fractal electrolyte-electrode interface. *Electrochim. Acta*, **33**(5), 707-711.

[743] Wang, J. X., Zhang, J., and Adzic, R. R. 2007. Double-trap kinetic equation for the oxygen reduction reaction on Pt

(111) in acidic media. *J. Phys. Chem. A.*, **111**, 12702-12710.

[744] Wang, L., Roudgar, A. and Eikerling, M. 2009. Ab initio study of stability and site-specific oxygen adsorption energies of Pt nanoparticles. *J. Phys. Chem. C*, **113**(42), 17989-17996.

[745] Wang, L., Stimming, U., and Eikerling, M. 2010. Kinetic model of hydrogen evolution at an array of Au-supported catalyst nanoparticles. *Electrocatalysis*, **1**, 60-71.

[746] Wang, X., Kumar, R., and Myers, D. J. 2006. Effect of voltage on platinum dissolution: Relevance to polymer electrolyte fuel cells. *Electrochem. Solid State Lett.*, **9**, A225-A227.

[747] Wang, Y., and Feng, X. 2009. Analysis of reaction rates in the cathode electrode of polymer electrolyte fuel cell. II. Dual-layer electrodes. *J. Electrochem. Soc.*, **156**, B403-B409.

[748] Wang, Y., Kawano, Y., Aubuchon, S. R., and Palmer, R. A. 2003. TGA and time-dependent FTIR study of dehydrating Nafion Na membrane. *Macromolecules*, **36**(4), 1138-1146.

[749] Wang, Z. H., and Wang, C. Y. 2003. Mathematical modeling of liquid-feed direct methanol fuel cells. *J. Electrochem. Soc.*, **150**(4), A508-A519.

[750] Ward, A., Damjanovic, A., Gray, E., and O'Jea, M. 1976. Kinetics of the extended growth of anodic oxide films at platinum in H_2SO_4 solution. *J. Electrochem. Soc.*, **123**, 1599-1604.

[751] Warshel, A. 1991. Computer Modeling of Chemical Reactions in Enzymes and in Solutions. New York: Wiley.

[752] Warshel, A., and Weiss, R. M. 1980. An empirical valence bond approach for comparing reactions in solutions and in enzymes. *J. Am. Chem. Soc.*, **102**, 6218-6226.

[753] Wasserman, H.J., and Vermaak, J.S. 1972. On the determination of the surface stress of copper and platinum. *J. Surf. Sci.*, **32**, 168-174.

[754] Watanabe, M., and Motoo, S. 1975. Electrocatalysis by ad-atoms: Part Ⅲ. Enhancement of the oxidation of carbon monoxide on platinum by ruthenium ad-atoms. *J. Electroanal. Chem.*, **60**, 275-283.

[755] Weaver, M. J. 1998. Potentials of zero charge for platinum (111)-aqueous interfaces: A combined assessment from in-situ and ultrahigh-vacuum measurements. *Langmuir*, **14**(14), 3932-3936.

[756] Weber, A., and Newman, J. 2004a. Modeling transport in polymer-electrolyte fuel cells. *Chem. Rev.*, **104**, 4679-4726.

[757] Weber, A. Z., and Newman, J. 2003. Transport in polymer-electrolyte membranes. *J. Electrochem. Soc*, **150**, 1008.

[758] Weber, A. Z., and Newman, J. 2004b. A theoretical study of membrane constraint in polymer-electrolyte fuel cells. *AIChE J.*, **50**(12), 3215-3226.

[759] Weber, A. Z., and Newman, J. 2009. A combination model for macroscopic transport in polymer electrolyte membranes. In: Paddison, S. J., and Promislow, K. S. (eds), *Device and Materials Modeling in PEM Fuel Cells*. Springer.

[760] Weiner, J. H., and Askar, A. 1970. Proton migration in hydrogen-bonded chains. *Nature*, **226**(5248), 842-844.

[761] Wen, Z. H., Wang, Q., and Li, J. H. 2008. Template synthesis of aligned carbon nanotube arrays using glucose as a carbon source: Pt decoration of inner and outer nanotube surfaces for fuel cell catalysts. *Adv. Funct. Mater.*, **18**(6), 959-964.

[762] Wescott, J. T., Qi, Y., Subramanian, L., and Capehart, T. W. 2006. Mesoscale simulation of morphology in hydrated perfluorosulfonic acid membranes. *J. Chem. Phys.*, **124**, 134702.

[763] Whitaker, S. 1998. *The Method of Volume Averaging. Theory and Applications of Transport in Porous Media*. Dordrecht, the Netherlands: Kluwer Academic Publ.

[764] Whitesides, R. W., and Crabtree, R. W. 2007. Don't forget long-term fundamental research in energy. *Science*, **315**, 796-798.

[765] Wieckowski, A. Savinova, E. R., and Vayenas, C. G. 2003. *Catalysis and Electrocatalysis at Nanoparticle Surfaces*. New York: Marcel Dekker.

[766] Wilson, M. S. and Gottesfeld, S. 1992. High-performance catalyzed membranes of ultra-low Pt loadings for polymer electrolyte fuel cells. *J. Electrochem. Soc.*, **139**(2), L28-L30.

[767] Wu, D. S., Paddison, S. J., and Elliott, J. A. 2008. A comparative study of the hydrated morphologies of perfluoro-sulfonic acid fuel cell membranes with mesoscopic simulations. *Energy Environ. Sci.*, **1**, 284-293.

[768] Wu, X., Wang, X., He, G., and Benziger, J. 2011. Differences in water sorption and proton conductivity between Nafion and SPEEK. *J. Polym. Sci. B: Polym. Phys.*, **49**, 1437-1445.

[769] Wu, Y., Tepper, H. L., and Voth, G. A. 2006. Flexible simple point-charge water model with improved liquid-state properties. *J. Chem. Phys.*, **124**, 024503.

[770] Wynblatt, P., and Gjostein, N. A. 1976. Particle growth in model supported metal catalysts—I. Theory. *Acta Metall.*, **24**, 1165-1174.

[771] Xia, Z., Wang, Q., Eikerling, M., and Liu, Z. 2008. Effectiveness factor of Pt utilization in cathode catalyst layer of polymer electrolyte fuel cells. *Can. J. Chem.*, **86**(7), 657-667.

[772] Xiao, L., and Wang, L. C. 2004. Structures of platinum clusters: Planar or spherical? *J. Phys. Chem. A*, **108**, 8605-8614.

[773] Xiao, L., Zhang, H., Scanlon, E., Ramanathan, L. S., Choe, E. W., Rogers, D., Apple, T., and Benicewicz, B. C. 2005. High-temperature polybenzimidazole fuel cell membranes via a sol-gel process. *Chem. Mater.*, **17**, 5328-5333.

[774] Xie, G., and Okada, T. 1995. Water transport behavior in Nafion 117 membranes. *J. Electrochem. Soc.*, **142**, 3057-3062.

[775] Xie, J., More, K. L., Zawodzinski, T. A., and H. Smith, Wayne. 2004. Porosimetry of MEAs made by "thin film decal" method and its effect on performance of PEFCs. *J. Electrochem. Soc.*, **151**(11), A1841-A1846.

[776] Xie, J., Wood, D. L., More, K. L., Atanassov, P., and Borup, R. L. 2005. Microstructural changes of membrane electrode assemblies during PEFC durability testing at high humidity conditions. *J. Electrochem. Soc.*, **152**(5), A1011-A1020.

[777] Xie, Z., Zhao, X., Adachi, M., Shi, Z., Mashio, T., Ohma, A., Shinohara, K., Holdcroft, S., and Navessin, T. 2008. Fuel cell cathode catalyst layers from "green" catalyst inks. *Energy Environ. Sci.*, **1**, 184-193.

[778] Xing, L., Hossain, M. A., Tian, M., Beauchemin, D., Adjemian, K. T., and Jerkiewicz, G. 2014. *Electrocatalysis*, **5**, 96-112.

[779] Xiong, Y., Wiley, B. J., and Xia, Y. 2007. Nanocrystals with unconventional shapes—A class of promising catalysts. *Angew. Chem. Int. Edit.*, **46**, 7157-7159.

[780] Xu, C., He, Y. L., Zhao, T. S., Chen, R., and Ye, Q. 2006. Analysis of mass transport of methanol at the anode of a direct methanol fuel cell. *J. Electrochem. Soc.*, **153**, A1358-A1364.

[781] Xu, F., Diat, O., Gebel, G., and Morin, A. 2007. Determination of transverse water concentration profile through MEA in a fuel cell using neutron scattering. *J. Electrochem. Soc.*, **154**(12), B1389-B1398.

[782] Yacaman, M. J., Ascencio, J. A., Liu, H. B., and Gardea-Torresdey, J. 2001. Structure shape and stability of nanometric sized particles. *J. Vac. Sci. Technol. B*, 1091-1103.

[783] Yamada, H., Nakamura, H., Nakahara, F., Moriguchi, I., and Kudo, T. 2007. Electrochemical study of high electrochemical double layer capacitance of ordered porous carbons with both meso/macropores and micropores. *J. Phys. Chem. C*, **111**(1), 227-233.

[784] Yamamoto, K., Kolb, D. M., Ktz, R., and Lehmpfuhl, G. 1979. Hydrogen adsorption and oxide formation on platinum single crystal electrodes. *J. Electroanal. Chem. Interfacial Electrochem.*, **96**, 233-239.

[785] Yamamoto, S., and Hyodo, S. 2003. A computer simulation study of the mesoscopic structure of the polyelectrolyte membrane Nafion. *Polymer J.*, **35**(6), 519-527.

[786] Yan, Q., Toghiani, H., and Wu, J. 2006. Investigation of water transport through membrane in a PEM fuel cell by water balance experiments. *J. Power Sources*, **158**, 316-325.

[787] Yan, T. Z., and Jen, T.-C. 2008. Two-phase flow modeling of liquid-feed direct methanol fuel cell. *Int. J. Heat Mass Transfer*, **51**, 1192-1204.

[788] Yang, C., Srinivasan, S., Bocarsly, A. B., Tulyani, S., and Benziger, J. B. 2004. A comparison of physical proper-ties and fuel cell performance of Nafion and zirconium phosphate/Nafion composite membranes. *J. Membr. Sci.*, **237**

(1-2), 145-161.

[789] Yang, W. W., and Zhao, T. S. 2007. A two-dimensional, two-phase mass transport model for liquid feed DMFCs. *Electrochim. Acta*, **52**, 6125-6140.

[790] Yang, W. W., and Zhao, T. S. 2008. A transient two-phase mass transport model for liquid feed direct methanol fuel cells. *J. Power Sources*, **185**, 1131-1140.

[791] Yang, Y., and Liang, Y. C. 2009. Modelling and analysis of a direct methanol fuel cell with under-rib mass transport and two-phase flow at the anode. *J. Power Sources*, **194**, 712-729.

[792] Yang, Y. and Holdcroft, S. 2005. Synthetic strategies for controlling the morphology of proton conducting polymer membranes. *Fuel Cells*, **5**(2), 171-186.

[793] Yang, Y., Siu, A., Peckham, T. J., and Holdcroft, S. 2008. Structural and morphological features of acid-bearing polymers for PEM fuel cells. Scherer, Günther, G. (ed.), *Fuel Cells I*, pp. 55-126. Adv. in Polym. Sci., Vol. 215. Berlin, Heidelberg: Springer.

[794] Yao, K. Z., Karan, K., McAuley, K. B., Osthuizen, P., Peppley, B., and Xie, T. 2004. A review of mathematical models for hydrogen and direct methanol polymer electrolyte membrane fuel cells. *Fuel Cells*, **4**, 3-29.

[795] Ye, Q., Yang, X.-G., and Cheng, P. 2012. Modeling of spontaneous hydrogen evolution in a direct methanol fuel cell. *Electrochim. Acta*, **69**, 230-238.

[796] Ye, X., and Wang, C. Y. 2007. Measurement of water transport properties through membrane-electrode assemblies. *J. Electrochem. Soc.*, **154**, B676-B682.

[797] Yeager, E., O'Grady, W. E., Woo, M. Y. C., and Hagans, P. 1978. Hydrogen adsorption on single crystal platinum. *J. Electrochem. Soc.*, **125**, 348-349.

[798] Yoshida, H. and Miura, Y. 1992. Behavior of water in perfluorinated ionomer membranes containing various monovalent cations. *J. Membr. Sci.*, **68**(1), 1-10.

[799] Yoshioka, N., Kun, F., and Ito, N. 2010. Kertesz line of thermally activated breakdown' phenomena. *Phys. Rev. E.*, **82**(5), 055102.

[800] Yoshitake, M. and Watakabe, A. 2008. Perfluorinated ionic polymers for PEFCs (including supported PFSA). Scherer, Günther, G. (ed.), *Fuel Cells I*, pp. 127-155. Adv. in Polym. Sci., Vol. 215. Berlin, Heidelberg: Springer.

[801] Yuan, X.-Z., Song, C., Wang, H., and Zhang, J. (JJ). 2009. *Electrochemical Impedance Spectroscopy in PEM Fuel Cells: Fundamentals and Applications*. Berlin: Springer.

[802] Zalitis, C. M., Kramer, D., and Kucernak, A. R. 2013. Electrocatalytic performance of fuel cell reactions at low catalyst loading and high mass transport. *Phys. Chem. Chem. Phys.*, **15**(12), 4329-4340.

[803] Zallen, R. 1983. *The Physics of Amorphous Solids*. A Wiley-Interscience Publication, Weinheim: Wiley.

[804] Zamel, N., and Li, X. 2013. Effective transport properties for polymer electrolyte membrane fuel cells with a focus on the gas diffusion layer. *Progr. Energy Comb. Sci.*, **39**, 111-146.

[805] Zawodzinski, Jr., T. A., Neeman, M., Sillerud, L. O., and Gottesfeld, S. 1991. Determination of water diffusion coefficients in perfluorosulfonate ionomeric membranes. *J. Phys. Chem.*, **95**(15), 6040-6044.

[806] Zawodzinski, Jr., T. A., Springer, T. E., Uribe, F., and Gottesfeld, S. 1993. Characterization of polymer electrolytes for fuel cell applications. *Solid State Ionics*, **60**, 199-211.

[807] Zawodzinski, T. A., Springer, T. E., Davey, J., Jestel, R., Lopez, C., Valerio, J., and Gottesfeld, S. 1993a. A comparative study of water uptake by and transport through ionomeric fuel cell membranes. *J. Electrochem. Soc.*, **140**(7), 1981-1985.

[808] Zawodzinski, T. A., Gottesfeld, S., Shoichet, S., and McCarthy, T. J. 1993b. The contact angle betweenwater-andthesurfaceofperfluorosulphonicacidmembranes. *J.Appl.Electrochem.*, **23**(1), 86-88.

[809] Zawodzinski, T. A., Derouin, C., Radzinski, S., Sherman, R. J., Smith, V. T., Springer, T. E., and Gottefeld, S. 1993c. Water uptake by and transport through Nafion 117 membranes. *J. Electrochem. Soc.*, **140**, 1041-1047.

[810] Zeis, R., Mathur, A., Fritz, G., Lee, J., and Erlebacher, J. 2007. Platinum-plated nanoporous gold: An efficient, low Pt loading electrocatalyst for PEM fuel cells. *J. Power Sources*, **165**(1), 65-72.

[811] Zeitler, S., Wendler-Kalsch, E., Preidel, W., and Tegeder, V. 1997. Corrosion of platinum electrodes in phosphate

buffered saline solution. *Mater. Corros.*, **48**, 303-310.

[812] Zhang, J., and Unwin, P. R. 2002. Proton diffusion at phospholipid assemblies. *J. Am. Chem. Soc.*, **124**, 2379-2383.

[813] Zhang, J., Vukmirovic, M. B., Xu, Y., Mavrikakis, M., and Adzic, R. R. 2005. Controlling the catalytic activity of platinum-monolayer electrocatalysts for oxygen reduction with different substrates. *Angew. Chem. Int. Ed.*, **44** (14), 2132-2135.

[814] Zhang, J. J. (ed). 2008. *PEM Fuel Cell Electrocatalysts and Catalyst Layers*. London: Springer. Zhang, L., Wang, L., Holt, C. M. B., Navessin, T., Malek, K., Eikerling, M. H., and Mitlin, D. 2010. Oxygen reduction reaction activity and electrochemical stability of thin-film bilayer systems of platinum on niobium oxide. *J. Phys. Chem. C*, **114**(39), 16463-16474.

[815] Zhang, L., Wang, L. Y., Holt, C. M. B., Zahiri, B., Li, Z., Navessin, T., Malek, K., Eikerling, M., and Mitlin, D. 2012. Highly corrosion resistant platinum-niobium oxide-carbon nanotube electrodes for the oxygen reduction in PEM fuel cells. *Energy Environ. Sci.*, **5**(3), 6156-6172.

[816] Zhang, Z. H., Marble, A. E., MacMillan, B., Promislow, K., Martin, J., Wang, H. J., and Balcom, B. J. 2008. Spatial and temporal mapping of water content across Nafion membranes under wetting and drying conditions. *J. Magn. Res.*, **194**(2), 245-253.

[817] Zhao, T. S., Xu, C., Chen, R., and Yang, W. W. 2009. Mass Transport Phenomena in direct methanol fuel cells. *Progr. Energy Combust. Sci.*, **35**, 275-292.

[818] Zhdanov, V. P. and Kasemo, B. 1997. Kinetics of rapid reactions on nanometer catalyst particles. *Phys. Rev. B*, **55** (7), 4105.

[819] Zhdanov, V. P. and Kasemo, B. 2000. Simulations of the reaction kinetics on nanometer supported catalyst particles. *Surf. Sci. Rep.*, **39**(2), 25-104.

[820] Zhdanov, V. P. and Kasemo, B. 2003. One of the scenarios of electrochemical oxidation of CO on single-crystal Pt surfaces. *Surf. Sci.*, **545**(1), 109-121.

[821] Zhou, X., Chen, Z., Delgado, F., Brenner, D., and Srivastava, R. 2007. Atomistic simulation of conduction and diffusion processes in Nafion polymer electrolyte and experimental validation. *J. Electrochem. Soc.*, **154**(1), B82-B87.

[822] Zolfaghari, A., and Jerkiewicz, G. 1999. Temperature-dependent research on Pt(111) and Pt(100) electrodes in aqueous H2SO4. *J. Electroanal. Chem.*, **467**, 177-185.

[823] Zolfaghari, A., Chayer, M., and Jerkiewicz, G. 1997. Energetics of the underpotential deposition of hydrogenelectrodes: I. Absence of coadsorbed species. *J. Electrochem. Soc.*, **144**, 3034-3041.

[824] Zolotaryuk, A. V., Pnevmatikos, St., and Savin, A. V. 1991. Charge transport by solitons in hydrogen-bonded materials. *Phys. Rev. Lett.*, **67**, 707-710.

[825] Zundel, G., and Fritsch, J. 1986. *The Chemical Physics of Solvation*, Vol. 2. Amsterdam: Elsevier.

缩 略 语

ABL	Anode backing layer	阳极阻挡层
ACL	Anode catalyst layer	阳极催化层
AIMD	*Ab* initio molecular dynamics	分子动力学从头算理论
CCL	Cathode catalyst layer	阴极催化层
CCR	Carbon corrosion reaction	碳腐蚀反应
CGMD	Coarse-grained molecular dynamics	粗粒度分子动力学
CPMD	Car-Parrinello molecular dynamics	帕里内罗分子动力学
CL	Catalyst layer	催化层
DMFC	Direct methanol fuel cell	直接甲醇燃料电池
DPD	Dissipative particle dynamics	耗散粒子动力学
EIS	Electrochemical impedance spectroscopy	阻抗
EMF	Electromotive force	电动势
EVB	Empirical valence bond method	经验价键法
EW	Equivalent weight	当量
FAM	Flooded agglomerate model	水淹聚集模型
GDE	Gas diffusion electrode	气体扩散电极
GDL	Gas-diffusion layer	气体扩散层
HOR	Hydrogen oxidation reaction	氢氧化反应
IEC	Ion exchange capacity	离子交换容量
LE	Liquid equilibrated	液体平衡
MD	Methanol-depleted (domain)	甲醇损耗
MEA	Membrane-electrode assembly	膜电极
MHM	Macrohomogeneous model	宏观均相模型
MOR	Methanol oxidation reaction	甲醇氧化反应
MPL	Microporous layer	微孔层
MR	Methanol-rich (domain)	富甲醇
ORR	Oxygen reduction reaction	氧还原反应
PEFC	Polymer electrolyte fuel cell	聚合物电解质燃料电池
PEM	Polymer electrolyte membrane	电解质交换膜
PNP	Poisson-Nernst-Planck (theory)	泊松-能斯特-普朗克
PRD	Particle (or pore) radius distribution function	颗粒（孔）半径分布函数
PSD	Pore size distribution function	孔尺寸分布函数
PRD	Particle radius distribution function	颗粒半径分布函数
pzc	potential of zero charge	零电荷电势
RDF	Radial distribution function	径向分布函数
REV	Representative elementary volume	表征单元体积
SG	Surface group	表面官能团

SHE	Standard hydrogen electrode	标准氢电极
TAM	Triflic acid monohydrate crystal	三氟甲磺酸水合物晶体
TEM	Transmission electron microscopy	透射电子显微镜
TLM	Transmission line model	传输线模型
UTCL	Ultrathin catalyst layer	超薄的催化层
VASP	Vienna *ab initio* simulation package	维也纳从头算法模拟
VE	Vapor equilibrated	气相平衡

命　　名

希腊字母

α	无量纲常数，式（4.274）
α	PEM 中表面官能团重组系数（无量纲），式（2.36）
α	电子转移系数
$\alpha(\eta_0)$	过电位无量纲函数，式（5.185）
α_{eff}	电极反应的有效传递系数（无量纲）
α_c	阴极侧电极反应的有效转移系数（无量纲）
β	净水通量与质子通量之比
β_*	交叉参数，式（4.205）
β_{cross}	交叉参数，式（4.206）
γ	无量纲参数，式（4.125）
γ	无量纲参数，式（4.161）
γ	表面张力，$J \cdot cm^{-2}$
γ_H^+	质子反应级数（无量纲）
γ_{O_2}	氧反应级数（无量纲）
Γ_{agg}	凝聚体效率因子（无量纲）
$\overline{\Gamma}_{agg}$	凝聚体平均效率因子
Γ_{CL}	铂利用有效因子
Γ_{np}	铂纳米颗粒表面-体积原子比
δ_{CL}	无效质量传输的催化层反应渗透深度，cm
δ_{Pt}	铂质量密度，$kg \cdot m^{-3}$
δ_C	碳质量密度，$kg \cdot m^{-3}$
δ_I	离子聚合物质量密度，$kg \cdot m^{-3}$
E_O	氧吸附能，eV，式（3.36）
ΔG	反应中吉布斯自由能变化，$J \cdot mol^{-1}$
ΔG^s	水吸附吉布斯自由能，$kJ \cdot mol^{-1}$
ΔG^w	自由水表面，$kJ \cdot mol^{-1}$
ΔH	反应焓变，$J \cdot mol^{-1}$
ΔH_{vap}	蒸发焓，$J \cdot mol^{-1}$，式（1.47）
ΔS	反应熵变，$J \cdot mol^{-1} \cdot K^{-1}$
ΔS_{ORR}	半电池的熵变，$J \cdot mol^{-1} \cdot K^{-1}$，式（1.45）
ΔV	水吸收造成的膜体积膨胀，cm^3，式（2.52）
ϵ	无量纲参数，式（5.202）
ϵ	小参数，式（4.164）
ϵ_v	单电池电压效率（无量纲）

ϵ_{cell}	电池效率
ϵ_{fuel}	电池总效率
ϵ_{rev}	燃料电池理论热动力学效率
ϵ_{rev}^{heat}	卡诺热机效率
ε	无量纲反应渗透深度，式（4.56）
ε	势阱深度，eV，式（2.60）
ε_*	$\varepsilon / \sqrt{c_1}$，式（4.98），式（4.56）
ε_F	催化剂颗粒中电子费米等级，J
ε_F^{el}	电解质赝费米能，J
ε_{CL}	催化层孔隙度
ε_{ij}	伦纳德－琼斯势的相互作用，$J \cdot mol^{-1}$
ε_r	水的相对介电常数（无量纲）
σ_μ	金属表面电荷密度，$C \cdot cm^{-2}$
ζ_0	无量纲参数，式（4.72）
η	催化层的局部过电势，V
η	孔溶胀函数（无量纲），第2章
η^1	小扰动过电压，V
η^0	膜-CL 之间过电势，V
η_0^{crit}	局部极化曲线负斜率的临界电势，V，式（5.188）
η_1	CL/GDL 界面过电势，V
η_1^{lim}	CL/GDL 界面有限过电势，V，式（4.134）
η_{cr}^c	阴极碳腐蚀过电势，V
η_{HOR}	HOR 过电势，V，式（1.37）
η_{hy}	HOR 过电势，V
η_{mt}	MOR 过电势，V
η_{mt}^1	MOR 过电势小微扰，V
η_{ORR}	ORR 过电势，V，式（1.35）
$\eta_{ox,0}$	膜/CCL 界面 ORR 过电势，V
$\eta_{ox,1}$	CCL/GDL 界面 ORR 过电势，V
η_{ox}	ORR 过电势，V
η_{ox}^1	ORR 过电势小微扰，V
η_{ox}^a	阳极侧 ORR 过电势，V
η_{ox}^c	阴极侧 ORR 过电势，V
η_{PEM}	膜电势损失，V，式（1.36）
η_{Ru}	钌氧化过电势，V，式（5.231）
η_{tot}	电池总过电势，V，式（1.38）
$\Theta(x)$	阶跃函数
κ	复合参数确定催化层操作的状态，式（1.88）
λ	膜的水含量

λ_b 体相水对 PEM 中含水量的贡献

λ_p 孔隙特征参数，cm，式（2.83）

λ_s 表面水对 PEM 中含水量的影响

λ_D 德拜长度，cm，式（2.81）

λ 氧的化学计量，式（5.51）

$\tilde{\mu}$ 电化学能，$J \cdot mol^{-1}$

μ 无量纲参数，式（5.88）

μ 运动黏度，$m^2 \cdot s^{-1}$，式（2.85）

μ 孤子迁移率，$m \cdot Ns^{-1}$，式（2.63）

$\mu_{e^-}^{0,M}$ 金属电子的化学能，$J \cdot mol^{-1}$，式（1.3）

$\mu_{H^+}^b$ 体相水质子迁移率，$cm^2 \cdot V^{-1} \cdot s^{-1}$

$\mu_{H^+}^{0,s}$ 标准状态下电解液中的质子化学能，$J \cdot mol^{-1}$，式（1.3）

$\mu_{H_2}^{0,g}$ 标准状态下气态氢的化学能，$J \cdot mol^{-1}$，式（1.3）

μ_{mt} 无量纲参数，式（5.140）

$\mu_{O_2}^{0,g}$ 标准状态下气态氧的化学能，$J \cdot mol^{-1}$，式（1.6）

$\mu_{H_2O}^{0,g}$ 标准状态下液态水的化学能，$J \cdot mol^{-1}$，式（1.6）

μ_{ox} 无量纲参数，式（5.140）

μ_{sol} 孤子迁移率，$cm^2 \cdot V^{-1} \cdot s^{-1}$，式（2.63）

ν 反应级数或小参数

ν_{net} 氧化/还原净速率，$A \cdot cm^{-3}$

ξ 无量纲参数，式（5.166）

ξ 无量纲参数，式（2.39）

ξ 无量纲的甲醇吸附率，式（4.233）

ξ_k 成分摩尔分数 k

ξ_{CL}^{lv} 总液面/蒸汽界面几何电极表面积比，式（1.47）

ξ_{Pt} Pt 催化剂表面积增强系数（各向异性，无量纲）

ρ 空间电荷密度，$C \cdot cm^{-3}$

ρ_p^{dry} 干聚合物的质量密度，$kg \cdot m^{-3}$

ρ_w 水的密度，$kg \cdot m^{-3}$

ρ_H^+ 质子电荷密度，$C \cdot cm^{-3}$

σ 膜内孔或束表面电荷密度，$C \cdot cm^{-2}$

σ_m 金属表面电荷密度，$C \cdot cm^{-2}$

σ_R 膜内条形理想表面电荷密度，$C \cdot cm^{-2}$，式（2.8）

σ_t 催化层的质子传导率，$S \cdot cm^{-1}$

σ_{ij} 有效半径，cm，式（2.14）

σ_{PEM} 膜的质子传导率，$S \cdot cm^{-1}$

σ_{SG} 散射截面，cm^2

τ GDL 弯曲度

ϕ 电子导体相电势，V

ϕ	电势，V，辅助变数
ϕ^{pzfc}	零电荷电势，V
ϕ^{eq}	电子导体相平衡势，V
ϕ_{λ}	无量纲函数，式（5.71）
Φ	无量纲函数，式（4.274）
Φ	电解质（膜）电势，V
Φ_{∞}	未扰动膜电势，V，式（5.251）
Φ_{eq}	电解质（膜）平衡电势，V
Γ_{stat}	铂利用因子（无量纲）
ω	圆频率，rad·s^{-1}
Ω	无量纲参数，式（2.60）

罗马字母

a	无量纲参数（式5.160）
a_H^+	质子活性，式（1.2）
b	塔菲儿斜率，V
b_{cr}	碳腐蚀速率塔菲儿斜率，V
b_{hy}	HOR 塔菲儿斜率，V
b_{mt}	MOR 塔菲儿斜率，V
b_{ox}	ORR 塔菲儿斜率，V
C	电容，F
C_{dl}	双层体积比电容，F·cm^{-3}
c	体积摩尔浓度，mol·cm^{-3}
c^0	通道入口的摩尔浓度，mol·cm^{-3}
c^0	稳态摩尔浓度，mol·cm^{-3}
c^1	通道出口的摩尔浓度，mol·cm^{-3}
c^1	摩尔浓度的小扰动，mol·cm^{-3}
c_1	CCL/GDL 界面体积摩尔浓度，mol·cm^{-3}
c_b	GDL 氧浓度，mol·cm^{-3}
c_1	阴极通道氧浓度，mol·cm^{-3}
c_h	空气中氧的摩尔浓度，mol·cm^{-3}
c_h^0	进入空气通道的氧气摩尔浓度，mol·cm^{-3}
c_h^0	（进气口）参考摩尔浓度，mol·cm^{-3}
c_O	氧化剂摩尔浓度，mol·cm^{-3}
c_R	还原剂摩尔浓度，mol·cm^{-3}
c_t	CCL 氧气摩尔浓度，mol·cm^{-3}
c_w	水的摩尔浓度，mol·cm^{-3}
c_{tot}	气体混合物的总摩尔浓度，mol·cm^{-3}
c_{hy}	氢摩尔浓度，mol·cm^{-3}
c_{hy}^h	阳极通道氢离子浓度，mol·cm^{-3}

c_{hy}^{h0} 参考氢摩尔浓度，$mol \cdot cm^{-3}$

c_{mt} 甲醇的摩尔浓度，$mol \cdot cm^{-3}$

c_{mt}^{1} 甲醇浓度的小扰动，$mol \cdot cm^{-3}$

$c_{ox,1}$ CCL/GDL 界面氧浓度，$mol \cdot cm^{-3}$，式（4.207）

D CL 中燃料分子有效扩散系数，$cm^2 \cdot s^{-1}$

D_b GDL 中氧气扩散系数，$cm^2 \cdot s^{-1}$

D_K 克努曾扩散系数，$cm^2 \cdot s^{-1}$，式（1.32）

D_s 膜内水的自扩散系数，$cm^2 \cdot s^{-1}$

D_{ik} K-i 混合物 i 的二元扩散系数，$cm^2 \cdot s^{-1}$，式（1.31）

D_{mt} CCL 甲醇扩散系数，$cm^2 \cdot s^{-1}$，式（4.198）

D_{ox} CCL 氧气扩散系数，$cm^2 \cdot s^{-1}$，式（4.198）

D_{lr} 膜内水的长程扩散系数，$cm^2 \cdot s^{-1}$

D_t 膜内水的局部扩散系数，$cm^2 \cdot s^{-1}$

E 孤子能量，eV，式（2.61）

E_0 孤子能量，式（2.61）

E_{coh} Pt 纳米颗粒的内聚能，eV，式（3.30）

E^{eq} 半电池反应的平衡电位，V

$E_{1/2}^{eq}$ 半电池平衡电势，V

E_{cell} 燃料电池电势，V

E_{cell} 电池电势，V

$E_{H^+,H_2}^{0,M}$ 在标准条件下，氢电极的平衡势，V，式（1.2）

E_{H+,H_2}^{eq} 氢电极平衡电位，V，式（1.2）

E_{mt}^{eq} MOR 平衡电势，V

$E_{O_2,H^+}^{0,M}$ 标准条件下的氧电极的平衡电位，V，式（1.5）

E_{O_2,H^+}^{eq} 氧电极的平衡电位，V，式（1.5）

E_{O_2,H_2}^{0} 在标准条件下，氢氧燃料电池的平衡电位，V，式（1.8）

E_{O_2,H_2}^{eq} 氢氧燃料电池的平衡电位，V，式（1.8）

E_{ox}^{eq} ORR 平衡电势，V

E_{Ru}^{eq} 钌氧化平衡电势，V

E_{SHE} 氢电极的标准电位。按照惯例，$E_{SHE} = 0$

E_{solv} 溶解能，J

F 法拉第常数

h 通道高度（深度），cm

I 总电流，A

IEC 离子交换容量，$mol \cdot g^{-1}$

i 虚数单位

i_* 体积交换电流密度，$A \cdot cm^{-3}$

i_{mt} MOR 体积交换电流密度，$A \cdot cm^{-3}$

i_{ox} ORR 体积交换电流密度，$A \cdot cm^{-3}$

i_{ads}	催化剂表面的甲醇吸附特性，$A \cdot cm^{-3}$	
J	电池内平均电流密度，$A \cdot cm^{-2}$	
j	催化层的局部质子电流密度，$A \cdot cm^{-2}$	
j^0	每单位几何电极表面积的交换电流密度，$A \cdot cm^{-2}$	
j^a	阳极电流密度，$A \cdot cm^{-2}$	
j^c	阴极电流密度，$A \cdot cm^{-2}$	
j^0_*	每单位催化剂活性表面积的交换电流密度，$A \cdot cm^{-2}$	
j_0	电池电流密度，$A \cdot cm^{-2}$	
j_0^{crit}	局部极化曲线负斜率的临界电流密度，$A \cdot cm^{-2}$，式 (5.189)	
j_D	CCL 中的氧传输电流密度 ，$A \cdot cm^{-2}$，式 (4.77)	
j_w	透膜水通量	
j_{lim}^a	在 ABL 中由于甲醇传输而限制电流密度，$A \cdot cm^{-2}$，式 (4.204)	
j_{lim}^R	电阻限制电流密度，$A \cdot cm^{-2}$，式 (4.219)	
j_{lim}^{a0}	甲醇限流密度，$A \cdot cm^{-2}$，式 (5.222)	
j_{lim}^{c0}	在通道入口的 GDL 中由于氧气输送而限制电流密度，$mol \cdot cm^{-3}$，式 (4.210)	
j^l	液态水通量密度，$A \cdot cm^{-2}$	
j_m	无量纲膜参数，式 (5.34)	
$j_{\sigma,0}$	特征电流密度，$A \cdot cm^{-2}$，式 (5.47)	
j_σ	特征电流密度，$A \cdot cm^{-2}$，式 (4.103)	
j_{crit}^0	线性区域开始时的临界电流密度，$A \cdot cm^{-2}$，式 (4.218)	
j_{cross}	甲醇等效电流密度，$A \cdot cm^{-2}$，式 (4.203)	
j_{cr}^*	碳腐蚀表面交换电流密度，$A \cdot cm^{-2}$	
j_{cr}^a	阳极碳腐蚀电流密度，$A \cdot cm^{-2}$，式 (5.223)	
j_{cr}^c	阴极碳腐蚀电流密度，$A \cdot cm^{-2}$，式 (5.215)	
j_{D0}	电流密度特征，$A \cdot cm^{-2}$，式 (5.66)	
j_{hy}^*	HOR 表面交换电流密度，$A \cdot cm^{-2}$	
j_{hy}^a	阳极 HOR 电流密度，$A \cdot cm^{-2}$，式 (5.203)	
j_{hy}^c	阴极 HOR 电流密度，$A \cdot cm^{-2}$	
j_{hy}^∞	HOR 表面交换电流密度，$A \cdot cm^{-2}$	
j_{hy}^{loc}	通过阳极 GDL 的氢扩散限制电流密度，$A \cdot cm^{-2}$，式 (5.205)	
j_{mt}^*	表面交换电流密度，$A \cdot cm^{-2}$	
j_{mt}^a	阳极侧的总 MOR 电流密度，$A \cdot cm^{-2}$	
j_{mt}^T	MOR 阴极侧的总 MOR 电流密度，$A \cdot cm^{-2}$，式 (5.221)	
j_{ox}^*	ORR 表面交换电流密度，$A \cdot cm^{-2}$	
j_{ox}^a	阳极侧的 ORR 电流密度，$A \cdot cm^{-2}$，式 (5.211)	
j_{ox}^c	阴极侧的 ORR 电流密度，$A \cdot cm^{-2}$，式 (5.214)	
j_{ox}^∞	ORR 表面交换电流密度，$A \cdot cm^{-2}$	
$j_{ox}^{lim,a}$	阳极侧限氧电流密度，$A \cdot cm^{-2}$	

$j_{ox}^{lim,c}$	阴极侧限氧电流密度，$A \cdot cm^{-2}$	
j_{ox}^{BV}	Butler-Volmer ORR 电流密度，$A \cdot cm^{-2}$，式（5.212）	
j_{ref}	参考（特征）电流密度，$A \cdot cm^{-2}$，式（4.52）	
j_{ref}^{m}	参考电流密度，$A \cdot cm^{-2}$，式（5.199）	
j^{v}	水汽通量密度，$A \cdot cm^{-2}$	
k	膜中束聚集数	
k	水合氢离子耦合常数，式（2.57）	
k_{b}	波尔兹曼常数，$k_b = 1.3806 J \cdot K^{-1}$	
ks	无量纲参数，式（5.232）	
K_{vap}	挥发速率常数，$atm^{-1} \cdot s^{-1}$，式（1.47）	
L	通道长度，cm	
L	PEM 中圆柱孔的长度，第 2 章	
L_0	PEM 中圆柱形参考孔的长度，cm，第 2 章	
L_{cell}	单个电池厚度，cm	
l_b	GDL 厚度，cm	
l_{CL}	催化层厚度，cm	
l_D	反应穿透深度，式（4.91）	
l_b^{a}	阳极 GDL 的厚度，cm	
l_b^{c}	阴极 GDL 的厚度，cm	
l_d	低氧传输条件下转换域的特征长度，cm，式（1.87）	
L_h	氧气通道长度，cm	
l_m	膜厚度，cm	
l_N	反应穿透深度，cm	
l_s	散射长度，cm	
l_{free}	大气压力下，空气中分子的平均自由路径，cm	
l_p	在弱质子传输条件下转换域的特征长度，cm，式（1.86）	
l_{PEM}	膜厚度	
$\tilde{l}_D$	无量纲反应穿透深度，式（4.77）	
m	H_3O^+ 离子质量，g，式（2.57）	
m_C	碳担载量，$mg \cdot cm^{-2}$	
m_I	离子交联聚合物担载量，$mg \cdot cm^{-2}$	
m_{Pt}	铂担载量，$mg \cdot cm^{-2}$	
M_w	水分子量，$kg \cdot mol^{-1}$	
M_{ox}^{crit}	在一个独立电池中提供所有片段的实际局部阻力的最小氧气流，$mol \cdot s^{-1}$，式（5.174）	
N	摩尔通量，$mol \cdot cm^{-2} \cdot s^{-1}$	
N_0	每体积溶液中 H_3O^+ 离子数，式（2.62）	
n	反应中的电子数，V	
n_H	膜内的质子密度，cm^{-3}	

N_{uc} 单电池数量，式（2.47）

p CCL 厚度方向 Nafion 含量的相对变化，式（4.265）

p 渗流理论中的位点占位概率（无纲量）

p_c 位点占据概率的渗透阈值（无量纲）

P_e 沛克莱数，式（1.30）

PRD 粒子半径分布函数

P_c 毛细管压强，Pa

P_g 气体压强，Pa

P_l 液体压强，Pa

P_s 饱和蒸气压，Pa

P_{cell}^s 单个燃料电池的特定功率，$W \cdot g_{Pt}^{-1}$

P^v 水蒸气压，Pa

P^{el} 弹性压，Pa

P^{osm} 渗透压，Pa

P^v 水蒸气分压，Pa

P_{cell} 燃料电池功率密度，$W \cdot cm^{-2}$

P_{cell} 单个燃料电池的体积功率密度，$W \cdot L^{-1}$

P_{H_2} 氢气在标准压力下的分压，式（1.2）

P_{O_2} 标准压力下的氧气分压，式（1.5）

q 波数，cm^{-1}

q_{tot} 催化层的热通量，式（4.296）

q_{tot}^{high} 电流状态下的 CL 热通量，$W \cdot cm^{-2}$，式（4.292）

q_{tot}^{low} 低电流状态下的 CL 热通量，$W \cdot cm^{-2}$，式（4.288）

Q_{PEM} 膜中焦耳产热率

Q_{rev} 可逆性燃料电池反应热，$J \cdot mol^{-1}$

Q_J 焦耳热产生速率，$W \cdot cm^{-3}$，式（1.46）

Q_{ORR} 在 ORR 中产生的热容量，$W \cdot cm^{-3}$，式（1.45）

Q_{vap} 由于液态水蒸发而产生的热量消耗，$W \cdot cm^{-3}$，式（1.47）

R 孔隙半径，cm

R PEM 的圆柱形孔隙半径，第 2 章

R 阻抗，Ω

R_g 气体常数

R_0 PEM 的圆柱形参考孔隙半径，第 2 章

R_{lv} 水蒸气源项，$A \cdot cm^{-3}$，式（4.17）

R_{reac} 电化学源项，$A \cdot cm^{-3}$，式（4.16）

R_{Ω} 电池阻抗，$\Omega \cdot cm^2$

r 径向坐标，cm

r_B 离子交联聚合物半径，cm

R_c 毛细管孔径，cm

r_C	包含单离子交联聚合物的椭圆单元电池的半径，cm
R_R	膜内条形长度，cm
R_s	光斑半径 ，cm
R_{acl}	阳极催化剂膜电阻，$\Omega \cdot cm^2$
R_{act}	CL 的活化电阻，$\Omega \cdot cm^2$，式（1.79）和式（4.113）
R_{ccl}	CCL 微分电阻，$\Omega \cdot cm^2$
R_{ct}	电荷迁移电阻，$\Omega \cdot cm^2$
R_{exp}	ORR 速率的指数近似，$A \cdot cm^{-3}$，式（4.151）
R_{MOR}	MOR 速率，$A \cdot cm^{-3}$
R^1_{MOR}	MOR 速率的小扰动，$A \cdot cm^{-3}$
R_{ORR}	ORR 容积率 ，$A \cdot cm^{-3}$
R^1_{ORR}	ORR 速率的小扰动，$A \cdot cm^{-3}$
R_{PEM}	电解质膜阻抗，$\Omega \cdot cm^2$
R_{reac}	反应速率，$A \cdot cm^{-3}$
R_{seg}	局部微分阻抗，$\Omega \cdot cm^2$，式（5.193）
s	过渡区厚度 ，cm，式（5.232）
S	液相饱和度
S_r	阴极催化层中的液体水饱和度（无纲量）
S_{ECSA}	电化学催化剂活性表面，cm^2
T	电池温度，K
t_*	时间常数，式（5.84）
u	氧气或燃料利用率
u_i	i th H_3O_+ 离子位移，cm，式（2.57）
U_{LJ}	兰纳-琼斯（LJ）电能，$J \cdot mol^{-1}$
υ	通道内的流速，$cm \cdot s^{-1}$
$V(r)$	系统的势能，J
$V(u_i)$	有效的基板电势，eV，式（2.57）
υ^0	通道内的入口流速，$cm \cdot s^{-1}$
υ_0	最大可能孤子速度，$cm \cdot s^{-1}$，式（2.60）
$\bar{V}_p$	离聚物体积模量（每个主链重复单元，包括一个侧链），$L \cdot mol^{-1}$
$\bar{V}_w$	水体积模量，$L \cdot mol^{-1}$
V_p^{dry}	干聚合物体积
V_w	水容量
w	通道的平面宽度，cm
υ_0	干 PEM 的单位电池体积，cm^3，第 2 章
υ_p	PEM 中圆柱孔的体积 ，cm^3，第 2 章
W_{cell}	单个燃料电池的体积能量密度 ，$J \cdot L^{-1}$
W_{out}	燃料电池的实际电能，$J \cdot mol^{-1}$
$W_{rev,el}$	在可逆过程中最大限度的电能，$J \cdot mol^{-1}$

x　穿过催化剂层或 MEA 的坐标

X_c　渗透阈值的体积分数（无纲量）

X_P　催化层中总孔隙体积分数（无纲量）

X_w　水体积分数（无纲量）

X_{el}　催化层中离子的体积分数（无纲量）

X_{PtC}　催化层中 Pt 和 C 的体积分数（无纲量）

X_P　催化层的气孔率

Z　阻抗，$\Omega \cdot cm^2$

z　沿通道配位，cm

Z_{im}　阻抗虚部，$\Omega \cdot cm^2$

Z_{re}　阻抗实部，$\Omega \cdot cm^2$